建筑给水排水施工图标准化设计

赵　俊　汤福南　陆文慷　主　编

徐　凤　朱建荣　主　审

上海建筑设计研究院有限公司　组织编写

中国建筑工业出版社

图书在版编目（CIP）数据

建筑给水排水施工图标准化设计 / 赵俊，汤福南，陆文慷主编；上海建筑设计研究院有限公司组织编写. — 北京：中国建筑工业出版社，2022.12

ISBN 978-7-112-27957-9

Ⅰ．①建… Ⅱ．①赵… ②汤… ③陆… ④上… Ⅲ．①给排水系统－施工设计－标准化－中国 Ⅳ．①TU991

中国版本图书馆 CIP 数据核字(2022)第 174356 号

本书共 5 章，分别为概述、建筑给水排水施工图标准化设计内容、建筑给水排水施工图标准化设计说明、建筑给水排水施工图标准化计算书、建筑给水排水施工图标准化设计图纸；另编有 3 个附录，分别为给水水质指标、不同水温时的密度和焓值表、全国各地暴雨强度计算公式。其中第 3 章建筑给水排水施工图标准化设计说明包含 139 个独立的模块化表格，第 4 章建筑给水排水施工图标准化计算书包含 97 个独立的模块化表格，第 5 章建筑给水排水施工图标准化设计图纸包括 67 张标准化设计图纸。

本书主要适用于建筑给水排水行业工程设计人员的设计，也可用于建设单位、设计顾问、审图公司的校审，还能用于相关行业从业人员的培训和学习。

责任编辑：于　莉
责任校对：芦欣甜

建筑给水排水施工图标准化设计

赵　俊　汤福南　陆文慷　主　编
徐　凤　朱建荣　主　审
上海建筑设计研究院有限公司　组织编写

*

中国建筑工业出版社出版、发行(北京海淀三里河路 9 号)
各地新华书店、建筑书店经销
北京红光制版公司制版
北京市密东印刷有限公司印刷

*

开本：787 毫米×1092 毫米　1/16　印张：29¼　字数：725 千字
2022 年 11 月第一版　　2022 年 11 月第一次印刷
定价：**118.00** 元
ISBN 978-7-112-27957-9
(39926)

序 一

上海建筑设计研究院有限公司（以下简称上海院）成立于 1953 年，是一家具有工程咨询、建筑工程设计、城市规划、建筑智能化及系统工程设计资质的综合性甲级设计院。

自五年前公司机电设计院将标准化设计工作作为重点科研项目进行研究以来，建筑给水排水专业的标准化设计工作一直走在各项研究工作的最前沿。为进一步推动高效工作模式、实现标准化设计流程及标准化表达方式、确保各部门设计人员设计格式的统一、满足各级校审工作的标准化要求，决定将建筑给水排水专业最新的标准化研究成果整理成书，供我国建筑给水排水同行们参考使用。

《建筑给水排水施工图标准化设计》一书的出版得益于上海院给水排水专业大量工程技术人员的多年付出，特别是 2021 年 5 月末正式启动编写以来的一年多时间中，编写人员付出了极大的心血，在参考了大量设计规范、标准、规程、设计手册、学术论文等资料的基础上，进行了大量创新性编写，取得了卓有成效的成果。全书文字部分以模块化表格为主要形式，通过不同模块化表格的组成方式可以迅速而高效地编辑完成设计说明及计算书；模块化表格中又具有固定设计元素和可变设计元素两大类，其中固定部分不需要再编辑，而可变部分则需要填写必要的设计内容；对于可以实现标准化设计的图纸部分均提供了相应的图示模板，特别是针对设备机房部分，加入了标准化的节点详图，可大幅度提高出图的效率。这些创新性的标准化工作和成果，对于建筑给水排水工程技术人员充分理解整个工程建设项目的设计内容、统一设计思想和设计文件制作格式、快速提高年轻工程技术人员的业务水平都具有特别突出的作用。全书共分为 5 章，全面介绍了建筑给水排水专业在施工图阶段设计文件中能够实现标准化设计的主要内容，编写理念清晰、内容翔实、知识丰富、可实施性强。

人工智能设计将是未来重要发展趋势，而标准化设计将是人工智能设计中最基础的工作内容，并将极大地推动人工智能设计的快速发展。本书的出版将是建筑设计行业向人工智能设计正式迈进的序章，其作用将不仅仅是针对建筑给水排水专业，更重要的是对整个建筑设计行业中的其他相关设计专业也具有明确的领航和示范作用。上海院能成为本书的编写单位，并作为标准化设计的先行者，甚感荣幸。

2023 年 1 月上海院将成立 70 周年，此时此刻，由我院给水排水专业工程技术人员倾情奉献的《建筑给水排水施工图标准化设计》一书，既是为我国建筑给水排水行业作出的杰出贡献，也是向我院成立 70 周年的隆重献礼。在此，非常感谢这一年多来编写人员的艰辛付出和努力，感谢我院资深总工徐凤、朱建荣以及赵俊等同志专业而严谨的校审工作。

最后，要特别感谢中国建筑工业出版社对本书顺利出版给予的大力支持。

上海建筑设计研究院有限公司党委书记、董事长

序　二

　　由上海建筑设计研究院有限公司组织编写的《建筑给水排水施工图标准化设计》一书将于近日出版，我非常高兴能够应邀为本书作序，也趁此机会得以提前阅读了本书的内容。《建筑给水排水施工图标准化设计》一书以标准化设计为重要抓手，结合当前对人工智能设计前期研究工作的成果，创新性地将标准化设计内容、信息化编著构思、模块化编写格式、汇编及整理的大量数据和资料、颇有新意的标准化图示模板等内容进行了整合，形成了建筑给水排水专业在施工图设计阶段较为完整的标准化设计模板，对建筑给水排水标准化设计工作的发展具有深远的推动意义，对规范和统一标准化工作格式与流程，以及对广大建筑给水排水从业人员加强和完善自我学习意识与能力、迅速提高工作效率均有显著的作用。

　　2021年10月，中共中央、国务院印发了《国家标准化发展纲要》，明确提出：到2025年，实现标准供给由政府主导向政府与市场并重转变，标准运用由产业与贸易为主向经济社会全域转变，标准化工作由国内驱动向国内国际相互促进转变，标准化发展由数量规模型向质量效益型转变。中国工程建设标准化协会建筑给水排水专业委员会自成立以来始终致力于工程建设领域建筑给水排水专业的标准化建设工作，并以国家宏观政策为引领，为积极提高标准化建设在经济社会高质量发展中的地位，为有效推动我国标准化建设综合竞争力再上新台阶做出了大量卓有成效的工作。作为本专业委员会的主任委员，此次能够看到本协会委员为标准化设计工作编写的新书以及对建筑给水排水标准化设计所作的探索性工作感到由衷的高兴；对编写人员花费的大量心血和努力，表达深深的敬意。

　　感谢上海院编写组全体同行们的积极工作，也期望编写人员在未来的某个阶段能够将本书的成果与数字化设计相结合，打造出我国具有自主知识产权的数字化设计平台，为建筑给水排水行业的发展及崭新的工作模式作出更大的贡献。

徐扬

中国工程建设标准化协会建筑给水排水专业委员会主任委员

前　言

为早日实现建筑设计行业跨越式发展的奋斗目标，全面适应和对接我国信息化、智慧化、标准化设计的发展方向，上海建筑设计研究院有限公司组织编写的《建筑给水排水施工图标准化设计》一书由中国建筑工业出版社正式出版发行。本书由上海院给水排水技术委员会全体成员共同编写，由院资深总工徐凤和朱建荣、院现任总工赵俊等负责校审。全书以国家现行标准、图集为基础，结合了最新版本的设计类手册、已经正式发表的学术论文，以及可供参考的网络信息及资料，综合了上海院多年来在建筑给水排水专业的技术积淀，经过不断整合、创新和提炼，终于将本书编写完成。希望本书的出版发行能切实解决设计文件编写格式的统一性难题、充分提高设计工作效率、不断完善设计质量、进而统一内部校审工作的思想，也希望能够对我国建筑给水排水专业的设计工作作出一份贡献。

本书定名为《建筑给水排水施工图标准化设计》，明确应用于施工图设计阶段，主要是因为施工图设计阶段是整个设计阶段中最为确定的阶段，也是最有可能实现标准化设计的阶段；同时该阶段也是整个设计阶段中最重要的阶段，将这个阶段的标准化设计工作做好，也能对之前的工作阶段起到很强的借鉴和参考作用，甚至能为方案阶段提供大量可供分析的内容、数据及参照的图示。

全书共分为 5 章，编审的主要人员及分工如下：

1. 主编：赵俊、汤福南、陆文慷
2. 主审：徐凤、朱建荣
3. 校审：吴桐斌、邓俊峰、邱蓉
4. 各章节主编及主要编写人员：

章节名称	主要编写人员	章节主编
序一	姚军	姚军
序二	徐扬	徐扬
前言	赵俊	赵俊
第 1 章　概述	赵俊	赵俊
第 2 章　建筑给水排水施工图标准化设计内容	赵俊	赵俊
第 3 章　建筑给水排水施工图标准化设计说明		
3.1　工程概况 　3.2　设计依据	赵俊、吴健斌、殷春蕾、戴鼎立、王昊宇	赵俊
3.3　设计范围	殷春蕾、戴鼎立	殷春蕾
3.4　总则	赵俊、汤福南、陆文慷	赵俊
3.5　建筑与小区室外给水排水及消防系统	倪轶炯、归晨成	倪轶炯
3.6　室内给水系统	陆文慷、范天玮	陆文慷
3.7　室内热水系统	包虹	包虹

章节名称	主要编写人员	章节主编
3.8　室内生活排水系统 3.9　室内雨水系统	吴健斌、王箐阳	吴健斌
3.10　室内消防系统	汤福南、吴圣滢	汤福南
3.11　给水排水及消防设施安装	周海山、屠菊	周海山
3.12　海绵城市给水排水设计	燕艳、侯梦甜	燕艳
3.13　绿色建筑给水排水设计	燕艳、黄丽莎	燕艳
3.14　节水设计 3.15　节能设计 3.16　环境保护 3.17　卫生防疫	倪轶炯、黄飞	倪轶炯
3.18　装配式建筑给水排水设计 3.19　给水排水设施支吊架及抗震设计	赵俊、殷春蕾、戴鼎立、王昊宇	赵俊
3.20.1　给水深度处理系统 3.20.2　直饮水系统 3.20.3　游泳池给水排水系统 3.20.4　温泉及浴池给水排水系统 3.20.5　水景给水排水系统 3.20.6　绿化浇灌给水排水系统 3.20.7　太阳能生活热水系统 3.20.8　建筑雨水及中水回用系统 3.20.9　满管压力流（虹吸）雨水排水系统	周海山、屠菊	周海山
3.20.10　污水处理系统 3.20.11　废水处理系统 3.20.12　真空排水系统	吴健斌、王箐阳	吴健斌
第4章　建筑给水排水施工图标准化计算书		
4.1　给水系统 4.2　排水系统 4.3　热水系统 4.4　消防系统 4.5　其他专项系统	刘琉、赵俊、殷春蕾、张晓波、李一凡	刘琉
第5章　建筑给水排水施工图标准化设计图纸		
5.1　标准化设计主要设备表及图例	王莹、戴鼎立	王莹
5.2　标准化设计展开原理图	戴鼎立、王莹、赵俊	戴鼎立
5.3　标准化设计二次深化设计专篇图	戴鼎立、王莹	戴鼎立
5.4　标准化设计机房详图	唐杰方、王昊宇、王莹、赵俊	唐杰方
5.5　标准化设计卫生间详图	王昊宇、王莹	王昊宇
附录1　给水水质指标	陆文慷、范天玮	陆文慷
附录2　不同水温时的密度和焓值表	赵俊、戴鼎立	赵俊
附录3　全国各地暴雨强度计算公式	赵俊、倪轶炯、吴圣滢、戴鼎立、王昊宇	赵俊

感谢上海院建筑给水排水专业全体编写组成员的共同努力和付出，感谢上海院领导对本书编写工作的大力支持，感谢中国建筑工业出版社对本书出版的鼎力支持，也感谢提供资料、数据及信息的专家和学者，本书历经1年半的编写时间，终于得以问世。

由于在编写过程中掌握的资料尚有局限性，以及编写成员对各类引用和参考资料的理解因素，难免存在纰漏和不足之处，编写组诚挚希望得到广大读者的批评指正。本次编写的内容为我院编写的1.0版，今后编写组还将随着规范的不断更新、新技术的不断涌现以及广大设计人员在使用本书过程中不断反馈的优化和修改意见，以本版为基础进一步修订、补充、完善和提升，为早日迈进人工智能设计打好基础。

全书引用及参考的资料众多，故在参考文献中仍会有缺漏的内容，敬请各方谅解。

目　录

第1章 概　　述

1.1　发展历程与时代变革

自改革开放以来，我国房地产行业已经持续高速发展数十年，全国各地诞生了大量标志性的建筑物，建筑设计行业也同步迎来了高速发展。建筑设计行业广泛依赖于建筑师在思维方面的创造，也需要依靠大量工程师将建筑师的构思落实在各专业设计中。在20世纪90年代以前，工程设计人员基本依靠图板、丁字尺、鸭嘴笔或针管笔等绘图工具进行设计和手工制图工作，并且延续了半个多世纪。从20世纪90年代中期开始，由于电子计算机技术的发展和应用，建筑设计行业开始引入电子计算机作为主要的设计工具，生产力开始大幅度提高，其工作效能是手工绘制图纸的数十倍以上，特别是年轻设计师，接受新技术的能力更强，于是开始出现设计分工——年轻设计师以计算机绘制图纸为主，有经验的设计师逐步走向了更加高端的设计阶段，进一步解放了生产力。最近十年，建筑信息模型（BIM）技术在建筑设计中得到了较为广泛的应用，不仅对于不规则建筑物的设计帮助极大，对于各类建筑物后期运维也有着极为关键的作用。

随着电子计算机的普及，设计单位的生产能力一直在没有极限似地进步和提高着，导致最近行业内出现了设计时间不断被压缩的不科学现象，这种现象在设计初期可能通过人员的增加来实现，但是压缩设计时间终将是有极限的，笔者称之为平衡点。如果超过这个平衡点，不仅会显著降低设计的质量，更为严重的会阻碍优秀设计人员加入这个行业，并降低整个建筑设计行业的水平，当然这是一个长期的趋势。

建筑设计行业同时也面临着世界范围内百年未遇之变局，正如习近平总书记在中国共产党成立100周年大会上所讲的：我们实现了第一个百年奋斗目标，正在意气风发向着全面建成社会主义现代化强国的第二个百年奋斗目标迈进。诚如是，整个建筑设计行业也必将面临重大的变革，绝不能再依靠传统的设计模式去"等、靠、要"，特别是随着国家宏观领域对于"碳达峰、碳中和"的控制要求，设计人员的设计方法需要改变，设计思维也需要改变，从而引领传统的建筑设计行业走向新的设计高峰，为实现全面建成社会主义现代化强国的第二个百年奋斗目标做出行业的新贡献。

1.2　标准化设计简述

社会发展至今设计行业已经不仅仅着眼于计算机辅助设计这个问题了，大多数从业人员因为电子计算机的广泛应用，一方面生产力得到了飞速提升，另一方面动手能力却在下降，我们必须充分看到这方面的问题。特别是动手能力的下降，导致人们对于工作中普遍产生的问题的处理方式变得单一化，解决应对的能力往往局限在虚拟的计算机系统，也就

1

是说，计算机从原来为人们服务、降低人们的工作强度的工具，逐渐转变成主导人们社会生活的因素，从属关系发生了颠倒。因此，可以分析得出这样的结论：假如没有计算机的参与，各行各业的从业人员的工作能力都会急剧下降，包括设计理念、工作效率、解决问题的能力。既然动手能力下降了，那么为什么生产产品的质量没有明显的下降或者是出现明显的问题呢？同样是因为有计算机。特别是在制造工厂，因为有数控机床，而且采用标准化的生产模式，同一个流水线生产的同一批次的产品几乎没有误差，人为影响因素也可以忽略不计。当然，这是在生产制造类的企业，而工程设计单位基本上属于以人的思维和个人能力为主体的工作环境，电子计算机虽然提升了速度，但远远没有达到人工智能的水平，这是因为整个行业中尚缺少标准化的设计模式和内涵。当电子计算机在设计领域也能够达到类似生产制造类企业中数控机床的自我生产能力时，设计单位的生产力也会再一次得到解放，并且焕发出新的生命力。因此，焕发新的生命力关键在于标准化设计。

标准化设计是指：在整个建筑设计工作中，采用电子计算机与人工智能设计思想相结合的方式，在一定规则条件下，实现由电子计算机自动完成局部或整个工程项目设计的全过程。在国际上，目前有一些专业的设计公司已经能够实现类似的标准化设计，但没有实现系统性的技术更新；而国内少数大型设计公司也出现了标准化设计的雏形。就给水排水专业来看，已经能做到用于地下车库排水、设备机房排水的集水坑不需要细化设计，只要确定点位，其余内容均能实现自动化设计，集水坑的平面尺寸、坑内高度、排水泵等无需再人为设计，仅需明确设置的点位、采用哪种集水坑即可，非常方便，关键是可以显著减少差错，也方便与其他专业协调。再比如住宅卫生间位置，上下楼层基本是一致的，那么在平面布局不变的情况下，仅确定立管的位置，卫生间的给水、排水设计将自动完成。这两个所谓的局部标准化设计并非完全是新的内容，但是正在逐步向更高的设计方式——人工智能设计（AI Design）的方向发展。

标准化设计主要应包含标准化的设计文件和标准化的设计图纸。为适应目前国内设计市场的发展和变化，并符合我国建筑行业设计深度的规定，可以细分为标准化设计说明、标准化计算书和标准化设计图纸三部分。

1.3 设想与发展

标准化设计是设计变革的第一步，也是最重要的一步，笔者称之为设计规则。而制定了这个设计规则，才能最终引领当代设计走向人工智能设计（AI Design）。对于人工智能设计（AI Design），笔者设想这种设计模式应当是只要将设计师的思想输入软件中，电子计算机就能够在 AI 的指令下，自行进行项目的设计，而输送的内容，除了可以由设计师进行必要的审核外，也能对局部设计内容进行人为的修改，计算机系统将对这种修改进行基于规则的识别工作，并及时进行系统的更新，重新完成设计，且无论是哪个专业发现问题进行了局部修改，都不会影响各个专业的设计协调性。

本书的研究重点仍然聚焦在人工智能设计（AI Design）的前一个阶段——标准化设计阶段。笔者期望将细分的三个部分，即标准化设计说明、标准化计算书和标准化设计图纸进行严格意义上的切分，形成若干可供自由编辑的独立模块，每个模块形成相对固定的格式，使用时，可以将这些模块进行自由组合，形成所需要的内容进行输出，并且不因为项目的属性是住宅还是公共建筑而有过多的改变。对于这种设计方式，文字部分相对容易解决，困难的是设计图纸实现标准化设计的问题。为此，可以从如下三方面进行探讨：

（1）哪些内容可以标准化。经分析认为：设计说明、计算书、部分类型的标准化机房、部分二次深化设计以及一些展开原理图模板等是可以标准化的（基本上就是平面图之外的所有内容都在进行标准化的研究和细化工作）。

（2）期望的标准化设计形式。笔者认为：最主要的就是表格化以及模块化两种形式。表格化是为了一目了然，而不是原来的平铺直叙，另外也是为了方便调用；模块化是为了方便各种组合。简单讲，如果是一个设计说明，笔者事先将其拆分成139个模块，每个模块都是表格，当进行住宅设计时，可能用到80个模块化表格，而进行医院设计时，可能用到110个模块化表格。但无论是怎样的设计说明，这139个模块基本就都能满足设计要求了，设计人员只要通过排列组合方式即可解决。这样的结果一定能提高设计人员的效率，也对原来只有专业负责人才能做的工作进行了部分的解放，并且全公司在设计内容及格式方面能够保持高度一致性，除了需要填空的数据外，其余内容都事先做好，那么理论上通过这种方式完成的设计就不会出现差错。

下面列举一个模块化的表格（表1.1）：

氮气气体灭火系统设计汇总表　　　　　　　　　　　　　　　　表 1.1

序号	项目名称	内容	实施情况	备注
1	设计及验收依据	《建筑设计防火规范》GB 50016—2014（2018年版）	☐	
		《气体灭火系统施工及验收规范》GB 50263—2007	☐	
		《气体灭火系统设计规范》GB 50370—2005	☐	
		《气体灭火系统及部件》GB 25972—2010	☐	
		《工业金属管道工程施工规范》GB 50235—2010	☐	
		《输送流体用无缝钢管》GB/T 8163—2018	☐	
		《惰性气体灭火系统技术规程》CECS 312：2012	☐	
		保护区域建筑平面布置图	☐	
2	设计范围	本设计文件为氮气气体灭火系统范围内的工艺施工图设计	☐	
		本设计说明为氮气气体灭火系统专项设计说明，说明未见部分参照建筑给水排水设计说明相关部分，其他专业设计说明详见相应专业的施工图纸	☐	
		本设计文件提供的专项设计说明及工艺施工图须由业主认可的专业承包商深化设计，并经主体设计单位审核通过后才能用于施工，本设计文件仅供招标使用	☐	
		其他	☐	
3	概况及主要设计参数	_____（项目名称）位于_____	☐	
		设置氮气气体灭火系统，系统储存压力： ☐15MPa ☐20MPa ☐30MPa 其他 喷头入口压力：≥_____MPa	☐	
		系统按全淹没灭火方式设计	☐	

序号	项目名称	内容	实施情况	备注
3	概况及主要设计参数	灭火剂用量计算依据： □保护区环境温度：_____℃（一般取 20℃） □海拔高度修正系数：_____（见表 4.4.11-1 或表 4.4.12-1 计算内容输出模板序号 4） □备用要求：灭火系统的储存装置 72h 内不能重新充装恢复工作的，应按系统原存储量的 100% 设置备用量	□	
		系统选择情况： □管网式，采用组合分配形式，设置区域有____、____；…… □其他	□	
		灭火设计浓度均采用 40.3%，当灭火剂喷放到设计用量的 95% 时，其喷放时间不应大于 60s，且不应小于 48s，灭火抑制时间不小于 10min	□	
		钢瓶启动方式： □设置启动钢瓶　　□电磁型驱动装置　　□其他	□	

这是一个关于氮气气体灭火系统的设计汇总模块（仅引用了前 3 个序号），并已经实现了表格化，而关于气体灭火系统的内容，本书中已经编写完成了关于 IG100、IG541 以及七氟丙烷三种常用系统的技术措施模块，无论设计人员实际选用何种灭火技术，都可直接调用所对应的模块化表格，调用以后按顺序排列所有工程中需要的模块化表格，然后完成表格中的填空内容。

（3）如何方便使用的问题。拆分成 139 个模块化表格是一种手段或设计形式，但是如何方便使用是关键。目前笔者的考虑是将 139 个模块化表格再做成一个大表格，每个对应的表格后有一个勾选的框，用于在设计之初勾选确定这个表格究竟是用还是不用。这个勾选的权限属于专业负责人，其在前期的工作主要是确认某个项目中哪些模块化表格需要使用，哪些不需要使用，然后这个勾选后的表格才可以交给其下属，哪怕下属的工作年限很短也可以轻松应对上级交付的工作，因为其所要做的工作就是将上级交付勾选的内容调用组合好，然后将空格填写完毕，这样一份完整的说明就产生了。

这样的工作方式具有鲜明的优缺点：优点是可以提高整体设计工作效率 20% 以上；全体人员交付的设计产品格式统一；内容基本准确；内部审核及外部审图趋于标准化格式，尽可能避免出现分歧；为下一步人工智能设计（AI Design）打好基础。缺点是对于主动学习意识不强的设计人员，会抑制其个人能力的提升，弱化其学习的意志。

基于上述分析，有必要对人工智能设计（AI Design）问题进行初步的讨论：

（1）AI 设计离我们究竟有多近。即设计人员尚能按照目前的设计方式维持多少年不被淘汰。如果有较大规模软件公司和资金投入，上述提及的工作将在未来 5～10 年完全实现。笔者目前尚不清楚国内公司的投入决心，更加不清楚国外顾问公司的解决方案，所以 10 年以内可能是一个相对合理的时间窗口。

（2）AI 设计能替代多少工作内容。除了方案阶段主要依靠人力的思维外，设计图纸阶段绝大多数内容都可以由 AI 功能实现，很多平面的组合、甚至于消防疏散等难题，在计算机识别面前也很容易解决。简单讲，越是规则化的、细节化的内容，就越可以提前实现 AI 设计。

（3）需要推进的工作。在以工程建设项目为核心业务的设计公司依然是建筑专业为龙头，建筑平面如果能完全做到计算机自动识别，其他所有专业的问题都将迎刃而解。例如：给水排水专业进行卫生间设计时，如需要进行给水排水的 AI 设计，就必须让计算机能够自动识别墙线、门窗以及各种卫生器具，如果达成这样的方式，那么原则上只要确定出给水及排水立管的位置和拟采用的给水排水系统模式，就可以实现 AI 设计。

路漫漫其修远兮，吾将上下而求索。在智慧城市建设即将掀起新高潮的时机，笔者深信人工智能设计（AI Design）已经离我们越来越近了，这可能是自采用电子计算机辅助设计后的第二次重大设计变革的节点，其好处不仅仅是解决了快的问题，更重要的是解决了正确性的问题。建筑给水排水专业非常荣幸能够走在最前沿，并为本行业的标准化设计乃至未来的人工智能设计（AI Design）作出自己的一份绵薄贡献。

第 2 章 建筑给水排水施工图标准化设计内容

2.1 说明及分类

本书阐述的标准化设计内容是指建筑给水排水施工图阶段中的可标准化设计内容，共分为标准化设计说明、标准化计算书以及标准化设计图纸三个部分。

标准化设计说明指将建筑给水排水施工图设计说明拆解为 139 个独立的模块（也可以根据今后发展需要而扩展），每个独立的模块均表格化，可独立编辑修改或增加，有独立的表头及编号，内容涵盖了常用公共建筑、居住建筑等民用建筑领域的各种建筑类型，设计人员可根据建筑类型的实际需求对上述已经拆解并编辑完善的 139 个模块化表格进行调用及组合，形成适用于该建筑类型的给水排水施工图设计说明。

标准化计算书指将建筑给水排水施工图阶段涉及的主要常用计算公式编辑为 97 个独立的模块（本书中仅列出了国家标准中明确的计算内容），每个独立的模块均表格化，可独立编辑修改或增加，有独立的表头及编号，内容涵盖了常用公共建筑、住宅等民用建筑领域的各种建筑类型，设计人员可根据建筑类型的实际需求调用所需的模块化表格，形成适用于该建筑类型的给水排水计算书。

标准化设计图纸指实际工程中可标准化设计的内容，主要包括标准化设备机房图纸、标准化二次深化设计专篇图纸、主要设备表、图例以及系统展开原理图标准化图示模板。标准化设备机房图纸指在平面规则布置的前提下，采用平面、局部剖面示意、展开剖面示意及系统展开原理图的方式进行标准化图示，设计人员在采用该标准化设备机房图纸后，仅需根据建筑平面进行适当布置，而在已有的标准化图示中无需再绘制设备及管道透视图，但需要根据工程设计参数填写安装标高及管径，安装标高及管径等均已在图示中用表格形式体现。标准化二次深化设计专篇图纸指结合标准化设计说明及标准化设备机房图纸的表达方式，形成可供业主工程招标的标准化设计图示，但不能直接用于施工。主要设备表及图例仍然以民用建筑工程给水排水设计深度图样为基准。系统展开原理图标准化图示模板则规定了系统展开原理图中可实现标准化的关键因子，例如常用设备机房的最基本表达方式、超高层建筑系统设计表达方式、超大型地下室系统设计表达方式，此外，还规定了楼层线的表达方式、文字最小字高等。

2.2 革新内容与拆分原则

2.2.1 标准化设计主要革新内容

本书中提供的标准化设计内容，针对多个设计环节进行了革新，比较重要的有如下内容：

（1）将设计说明拆分为若干可用于各种类型建筑使用的常用模块化表格，并完成表格中的设计内容，表格中预留的空白处为工程建设项目的主要设计参数及指标（带有预留空白处的表格用灰色底纹进行了标注）；

（2）将模块化表格及标准化图纸归类汇总，编制成三张综合选用表，提供勾选方框；

（3）将室内、外设计元素严格分开编写，特别是室外部分独立成篇；

（4）各设计系统中的主要控制元素分散至各系统独立编写，不再汇总编辑，但在各设计系统中相对独立（例如管道材料及其安装）；

（5）二次深化设计内容均独立成篇并配置设计图纸，在综合设计说明中提供简略编辑内容；

（6）引用的设计依据性文件按照国家标准、行业标准、地方标准和团体标准以及对应的版本号顺序排列；

（7）将计算书中常用计算内容编辑为独立的计算表格，每个表格中包含计算公式、注解以及计算数据；

（8）对生活水泵房、消防水泵房、屋顶水箱和稳压设备机房以及热交换器等常用的设备机房的设备及管道的设计进行标准化革新，在机房布置规则的前提下取消透视图；

（9）对复杂建筑类型的系统展开原理图进行基本设计元素的规定，提供更加直观、便于审阅的图示。

2.2.2　拆分原则

为实现标准化设计，将设计说明、计算书以及设计图纸三部分进行了必要的拆分。拆分后可以将整个设计内容分成固定设计元素以及可变设计元素两大类。固定设计元素一般为引自标准规范中的重要条文、专业用语与规定以及工程建设项目中需要表达的重要内容；可变设计元素一般为工程建设项目的内容、需要列出的关键设计参数以及其他需要人为界定的设计内容。基于这种拆分原则，为了减少后期设计人员的修正性工作，笔者进行了更为细化的拆分，力争整理出更多的固定设计元素部分（仅当标准规范更新时才需要更新编辑），并压缩可变设计元素部分（所有表格中预留的空白处）。笔者对书中具有可变设计元素的模块化表格或表格中的部分内容做出标识，用灰色底纹表达，无底纹标识的部分为固定设计元素，设计人员可以直接引用。

这样的拆分原则，使得设计人员调用模块化表格时，可一目了然，并非常清楚设计文件中尚有哪些内容需要在调用后再进行编辑和修改。无论是固定设计元素的模块化表格还是可变设计元素的模块化表格均具有勾选的功能，同时模块化表格中的每个子项也具有勾选的功能。所有具有勾选的表达方式，可使设计人员在标准化操作流程中保持高效性和正确性，更重要的是为后期进入人工智能设计（AI Design）做好铺垫工作。

2.3　适用范围及应用方法

2.3.1　适用范围

本书提供的标准化设计内容适用于民用建筑中各种类型的公共建筑和居住建筑的施工

图设计，施工图前期的设计阶段也可以借鉴或使用，特别是计算书部分。

本书主要适用范围是建筑设计类公司；还可用于各地的审图公司；此外，亦可作为设计初学人员的培训教材。

2.3.2 应用方法

1. 综合选用表

本书提供了三张综合选用表，即标准化设计说明综合选用表、标准化计算书综合选用表和标准化设计图纸综合选用表，分别用于标准化设计说明、标准化计算书以及标准化设计图纸，并分别对应本书第3章、第4章、第5章的内容（详见表2.3.2-1～表2.3.2-3）。

标准化设计说明综合选用表　　　　　　　　　　表 2.3.2-1

序号	说明表格编号	说明表格名称及内容	实施情况	备注
3.1～3.4　工程建设项目综述			☐	必选项
1	表 3.1	工程概况选用表	☐	必选项
2	表 3.2	设计依据汇总表	☐	必选项
3	表 3.3	设计范围汇总表	☐	必选项
4	表 3.4	总则汇总表	☐	必选项
3.5　建筑与小区室外给水排水及消防系统			☐	必选项
5	表 3.5.1-1	城镇管网设计条件汇总表	☐	必选项
6	表 3.5.1-2	室外设计技术规定汇总表	☐	必选项
7	表 3.5.2	室外给水管道设计汇总表	☐	必选项
8	表 3.5.3	室外消防管道设计汇总表	☐	必选项
9	表 3.5.4	室外非传统水回用管道设计汇总表	☐	可选项
10	表 3.5.5	室外热水管道设计汇总表	☐	可选项
11	表 3.5.6	室外污水管道设计汇总表	☐	必选项
12	表 3.5.7	室外雨水管道设计汇总表	☐	必选项
13	表 3.5.8	室外冷却水管道设计汇总表	☐	可选项
14	表 3.5.9	室外附属设施汇总表	☐	必选项
15	表 3.5.10-1	室外管道及材料要求汇总表	☐	必选项
16	表 3.5.10-2	塑料检查井井筒规格选用表	☐	可选项
17	表 3.5.11	室外管道试压及验收要求汇总表	☐	必选项
18	表 3.5.12-1	室外管道安装要求汇总表	☐	必选项
19	表 3.5.12-2	石油沥青涂料外防腐层构造要求表	☐	可选项
20	表 3.5.12-3	室外生活排水管最小坡度	☐	必选项
21	表 3.5.12-4	室外雨水管最小坡度	☐	必选项
3.6　室内给水系统			☐	必选项
22	表 3.6.1	给水系统基本规定汇总表	☐	必选项
23	表 3.6.2	水源、水压及水质汇总表	☐	必选项

续表

序号	说明表格编号	说明表格名称及内容	实施情况	备注
3.6	室内给水系统		☐	必选项
24	表 3.6.3	生活用水量及用水定额汇总表	☐	必选项
25	表 3.6.4	给水系统设计汇总表	☐	必选项
26	表 3.6.5	给水系统水表与计量汇总表	☐	必选项
27	表 3.6.6	给水系统控制要求汇总表	☐	必选项
28	表 3.6.7	给水系统管材及阀门选用表	☐	必选项
29	表 3.6.8	给水系统管道及附件安装汇总表	☐	必选项
30	表 3.6.9	给水系统试压及验收要求汇总表	☐	必选项
3.7	室内热水系统		☐	必选项
31	表 3.7.1	热水系统基本规定汇总表	☐	必选项
32	表 3.7.2	热水系统供水范围汇总表	☐	必选项
33	表 3.7.3	热源、热媒、水源及水质汇总表	☐	必选项
34	表 3.7.4-1	热水量及耗热量汇总表	☐	必选项
35	表 3.7.4-2	生活热水用水量及用水定额表	☐	必选项
36	表 3.7.4-3	卫生器具的一次和小时热水用水定额及水温	☐	可选项
37	表 3.7.5	热水系统设计汇总表	☐	必选项
38	表 3.7.6	热水系统水表与计量汇总表	☐	必选项
39	表 3.7.7	热水系统控制要求汇总表	☐	必选项
40	表 3.7.8	热水系统管道及材料选用表	☐	必选项
41	表 3.7.9	热水系统试压及验收要求汇总表	☐	必选项
42	表 3.7.10	热水系统管道安装汇总表	☐	必选项
3.8	室内生活排水系统		☐	必选项
43	表 3.8.1	生活排水系统基本规定汇总表	☐	必选项
44	表 3.8.2	排水量及排水水质汇总表	☐	必选项
45	表 3.8.3	生活排水系统设计汇总表	☐	必选项
46	表 3.8.4	通气要求汇总表	☐	必选项
47	表 3.8.5	生活排水系统控制要求汇总表	☐	必选项
48	表 3.8.6	生活排水管道及材料要求汇总表	☐	必选项
49	表 3.8.7	生活排水管道安装要求汇总表	☐	必选项
50	表 3.8.8	生活排水系统试压及验收要求汇总表	☐	必选项
3.9	室内雨水系统		☐	必选项
51	表 3.9.1	雨水系统基本规定汇总表	☐	必选项
52	表 3.9.2	雨水量及指标汇总表	☐	必选项
53	表 3.9.3	雨水系统设计汇总表	☐	必选项
54	表 3.9.4	雨水系统控制要求汇总表	☐	必选项
55	表 3.9.5	雨水系统管道及材料要求汇总表	☐	必选项
56	表 3.9.6	雨水系统管道安装要求汇总表	☐	必选项
57	表 3.9.7	雨水系统试压及验收要求汇总表	☐	必选项

序号	说明表格编号	说明表格名称及内容	实施情况	备注
3.10	室内消防系统		☐	必选项
58	表3.10.1-1	室内消防系统一般规定汇总表	☐	必选项
59	表3.10.1-2	消防系统设计依据汇总表	☐	必选项
60	表3.10.2-1	消防系统设计主要内容汇总表	☐	必选项
61	表3.10.2-2	消防水系统技术参数汇总表	☐	必选项
62	表3.10.3-1	室内消火栓系统设计汇总表	☐	必选项
63	表3.10.3-2	室内消火栓水量选用表	☐	必选项
64	表3.10.3-3	室内消火栓系统技术要求汇总表	☐	必选项
65	表3.10.3-4	室内消火栓系统控制要求汇总表	☐	必选项
66	表3.10.3-5	室内消火栓系统管材及安装要求汇总表	☐	必选项
67	表3.10.3-6	室内消火栓系统试压及验收要求汇总表	☐	必选项
68	表3.10.4-1	自动喷水灭火系统设计汇总表	☐	必选项
69	表3.10.4-2	自动喷水灭火系统水量选用表	☐	必选项
70	表3.10.4-3	自动喷水灭火系统技术要求汇总表	☐	必选项
71	表3.10.4-4	自动喷水灭火系统控制要求汇总表	☐	必选项
72	表3.10.4-5	自动喷水灭火系统管材及安装要求汇总表	☐	必选项
73	表3.10.4-6	自动喷水灭火系统试压及验收要求汇总表	☐	必选项
74	表3.10.4-7	雨淋系统设计汇总表	☐	可选项
75	表3.10.4-8	雨淋系统技术要求汇总表	☐	可选项
76	表3.10.4-9	水幕系统设计汇总表	☐	可选项
77	表3.10.4-10	水幕系统技术要求汇总表	☐	可选项
78	表3.10.5	水喷雾灭火系统技术要求汇总表	☐	可选项
79	表3.10.6-1	高压细水雾灭火系统技术要求汇总表	☐	可选项
80	表3.10.6-2	高压细水雾灭火系统防护区设计参数汇总表	☐	可选项
81	表3.10.7-1	室内自动消防炮灭火系统技术要求汇总表	☐	可选项
82	表3.10.7-2	喷射型自动射流灭火系统技术要求汇总表	☐	可选项
83	表3.10.7-3	喷洒型自动射流灭火系统技术要求汇总表	☐	可选项
84	表3.10.8	泡沫灭火系统技术要求汇总表	☐	可选项
85	表3.10.9-1	七氟丙烷气体灭火系统设计汇总表	☐	可选项
86	表3.10.9-2	气体灭火系统防护区设计参数表	☐	可选项
87	表3.10.10	氮气气体灭火系统设计汇总表	☐	可选项
88	表3.10.11	惰性气体（IG541）气体灭火系统设计汇总表	☐	可选项
89	表3.10.12	超细干粉灭火系统设计汇总表	☐	可选项
90	表3.10.13	厨房烹饪操作自动灭火系统设计汇总表	☐	可选项
91	表3.10.14	建筑灭火器配置设计汇总表	☐	必选项
3.11	给水排水及消防设施安装		☐	必选项
92	表3.11.1	给水排水及消防设施安装一般规定汇总表	☐	必选项
93	表3.11.2	安装参考图集汇总表	☐	必选项

续表

序号	说明表格编号	说明表格名称及内容	实施情况	备注
3.11	给水排水及消防设施安装		☐	必选项
94	表3.11.3	设施安装及技术要求汇总表	☐	必选项
95	表3.11.4	设施防冻及保温汇总表	☐	必选项
3.12	海绵城市给水排水设计		☐	可选项
96	表3.12.1	海绵城市给水排水设计依据汇总表	☐	可选项
97	表3.12.2	海绵城市设计概述汇总表	☐	可选项
98	表3.12.3-1	海绵设施选型一览表	☐	可选项
99	表3.12.3-2	海绵设施设计要求汇总表	☐	可选项
100	表3.12.4	海绵设施施工要求汇总表	☐	可选项
101	表3.12.5	海绵设施运行维护要点汇总表	☐	可选项
3.13	绿色建筑给水排水设计		☐	可选项
102	表3.13.1	绿色建筑给水排水设计依据汇总表	☐	可选项
103	表3.13.2-1	绿建工程概况一览表	☐	可选项
104	表3.13.2-2	绿色节水技术概况表	☐	可选项
105	表3.13.2-3	绿色建筑评估表	☐	可选项
106	表3.13.3-1	绿色建筑给水排水自评分汇总表	☐	可选项
107	表3.13.3-2	绿色建筑给水排水技术说明汇总表	☐	可选项
3.14	节水设计		☐	必选项
108	表3.14.1	节水设计依据汇总表	☐	必选项
109	表3.14.2-1	生活用水节水用水量汇总表	☐	必选项
110	表3.14.2-2	非传统水原水回收量汇总表	☐	必选项
111	表3.14.2-3	非传统水回用系统用水量汇总表	☐	必选项
112	表3.14.3	节水给水设计汇总表	☐	必选项
113	表3.14.4	建筑中水利用技术要求汇总表	☐	可选项
114	表3.14.5	雨水利用方式汇总表	☐	可选项
115	表3.14.6	节水设施技术规定汇总表	☐	必选项
3.15	节能设计		☐	必选项
116	表3.15-1	节能给水排水设计依据汇总表	☐	必选项
117	表3.15-2	节能给水排水设计汇总表	☐	必选项
3.16	环境保护		☐	必选项
118	表3.16	环境保护给水排水设计汇总表	☐	必选项
3.17	卫生防疫		☐	必选项
119	表3.17	卫生防疫给水排水设计汇总表	☐	必选项
3.18	装配式建筑给水排水设计		☐	可选项
120	表3.18.1	装配式建筑给水排水设计一般规定汇总表	☐	可选项
121	表3.18.2	装配式建筑给水排水设计汇总表	☐	可选项

续表

序号	说明表格编号	说明表格名称及内容	实施情况	备注
3.19	给水排水设施支吊架及抗震设计		☐	可选项
122	表 3.19.1	给水排水设施支吊架及抗震设计一般规定汇总表	☐	可选项
123	表 3.19.2	抗震支吊架设计汇总表	☐	可选项
124	表 3.19.3-1	成品支吊架设计汇总表	☐	可选项
125	表 3.19.3-2	标准钢管支吊架最大间距表	☐	可选项
3.20	其他专项设计		☐	必选项
126	表 3.20	项目给水排水专项设计内容统计表	☐	可选项
127	表 3.20.1	给水深度处理系统专项设计汇总表	☐	可选项
128	表 3.20.2	直饮水系统专项设计汇总表	☐	可选项
129	表 3.20.3	游泳池给水排水系统专项设计汇总表	☐	可选项
130	表 3.20.4	温泉及浴池给水排水系统专项设计汇总表	☐	可选项
131	表 3.20.5	水景给水排水系统专项设计汇总表	☐	可选项
132	表 3.20.6	绿化浇灌给水排水系统专项设计汇总表	☐	可选项
133	表 3.20.7	太阳能生活热水系统专项设计汇总表	☐	可选项
134	表 3.20.8-1	雨水回用系统专项设计汇总表	☐	可选项
135	表 3.20.8-2	中水回用系统专项设计汇总表	☐	可选项
136	表 3.20.9	满管压力流（虹吸）雨水排水系统专项设计汇总表	☐	可选项
137	表 3.20.10	污水处理系统专项设计汇总表	☐	可选项
138	表 3.20.11	废水处理系统专项设计汇总表	☐	可选项
139	表 3.20.12	真空排水系统专项设计汇总表	☐	可选项

注：备注列中分为必选项和可选项，必选项为绝大多数工程建设项目中应该表述的设计内容，从项目设计完整性看，应当纳入；但某些改建、装修工程也可能仅涉及局部设计内容，此时必选项中少部分内容可能并不涉及，也可不列入。可选项指工程建设项目中有该部分设计内容时才选用。

标准化计算书综合选用表　　　表 2.3.2-2

序号	计算表格编号	计算表格名称及内容	实施情况	备注
4.1	给水系统		☐	必选项
1	表 4.1.1	生活用水量计算表	☐	必选项
2	表 4.1.2	住宅建筑支管段生活给水管道设计秒流量计算表	☐	必选项
3	表 4.1.3	住宅建筑干管段生活给水管道设计秒流量计算表	☐	必选项
4	表 4.1.4-1	公共建筑生活给水管道设计秒流量计算表一	☐	必选项
5	表 4.1.4-2	公共建筑生活给水管道设计秒流量计算表二	☐	必选项
6	表 4.1.4-3	卫生器具、厨房设备及化验水嘴同时给水百分数（%）汇总表	☐	可选项
7	表 4.1.5	生活水箱（池）有效容积计算表	☐	必选项

序号	计算表格编号	计算表格名称及内容	实施情况	备注
4.1 给水系统			☐	必选项
8	表 4.1.6-1	生活水泵参数选用计算表	☐	必选项
9	表 4.1.6-2	管网水头损失（H_g）计算表	☐	必选项
10	表 4.1.6-3	阀门和螺纹管件摩阻损失的折算管道长度总和（l_1）计算表	☐	可选项
11	表 4.1.7	气压水罐容积计算表	☐	可选项
12	表 4.1.8	冷却塔补充水量计算表	☐	可选项
13	表 4.1.9	游泳池与水上游乐池给水系统设计计算表	☐	可选项
14	表 4.1.10	饮水系统设计计算表	☐	可选项
4.2 排水系统			☐	必选项
15	表 4.2.1-1	建筑生活排水管道设计秒流量计算表一	☐	必选项
16	表 4.2.1-2	建筑生活排水管道设计秒流量计算表二	☐	必选项
17	表 4.2.2	室内外生活排水横管水力计算表	☐	必选项
18	表 4.2.3	生活排水立管水力计算表	☐	必选项
19	表 4.2.4	化粪池有效容积计算表	☐	可选项
20	表 4.2.5-1	污水泵设计计算表	☐	必选项
21	表 4.2.5-2	集水井（池）有效容积计算表	☐	必选项
22	表 4.2.6	油水分离装置处理量计算表	☐	可选项
23	表 4.2.7	降温池设计计算表	☐	可选项
24	表 4.2.8	消毒池有效容积及加药量计算表	☐	可选项
25	表 4.2.9	衰变池设计计算表	☐	可选项
26	表 4.2.10-1	中和池设计计算表	☐	可选项
27	表 4.2.10-2	酸碱中和药剂比耗量表	☐	可选项
28	表 4.2.10-3	酸（碱）当量值 R 表	☐	可选项
29	表 4.2.11	建筑屋面设计雨水流量计算表	☐	必选项
30	表 4.2.12	小区场地设计雨水流量计算表	☐	必选项
31	表 4.2.13	室内外雨水排水横管水力计算表	☐	必选项
32	表 4.2.14	屋面天沟水力计算表	☐	必选项
33	表 4.2.15	溢流孔溢流量设计计算表	☐	可选项
34	表 4.2.16	溢流管溢流量设计计算表	☐	可选项
4.3 热水系统			☐	必选项
35	表 4.3.1-1	全日集中热水供应系统生活热水设计小时耗热量及设计小时热水量计算表	☐	必选项
36	表 4.3.1-2	各地冷水计算温度汇总表	☐	可选项
37	表 4.3.1-3	1 个标准大气压下不同水温（0～100℃）的密度值统计表	☐	可选项
38	表 4.3.2-1	生活热水系统用水量汇总计算表	☐	必选项
39	表 4.3.2-2	太阳能热水系统平均耗热量计算表	☐	可选项
40	表 4.3.2-3	水源热泵设计小时供热量计算表	☐	可选项

序号	计算表格编号	计算表格名称及内容	实施情况	备注
4.3	热水系统		☐	必选项
41	表 4.3.3	定时、全日集中热水供应系统及局部热水供应系统（按卫生器具小时热水用水定额计）生活热水设计小时耗热量及设计小时热水量计算表	☐	必选项
42	表 4.3.4	集中热水供应系统热源设备及水加热设备的设计小时供热量计算表	☐	必选项
43	表 4.3.5	水加热器的加热面积计算表	☐	必选项
44	表 4.3.6	集中生活热水供应系统利用低谷电制备生活热水时热水箱总容积及电热机组功率计算表	☐	可选项
45	表 4.3.7	开式热水供应系统膨胀管设置高度及最小管径计算表	☐	可选项
46	表 4.3.8	热水供应系统中压力式膨胀罐的总容积计算表	☐	必选项
47	表 4.3.9-1	太阳能热水系统的集热器总面积计算表	☐	可选项
48	表 4.3.9-2	我国的太阳能资源分区及其特征表	☐	可选项
49	表 4.3.10	集热水加热器或集热水箱（罐）的有效容积计算表	☐	可选项
50	表 4.3.11	强制循环的太阳能集热系统集热循环水泵的流量及扬程计算表	☐	可选项
51	表 4.3.12	水源热泵贮热水箱（罐）的有效容积计算表	☐	可选项
52	表 4.3.13	水源热泵系统快速式水加热器两侧与热泵及贮热水箱（罐）连接的循环水泵流量和扬程计算表	☐	可选项
53	表 4.3.14	热水供应系统的热水循环流量计算表	☐	必选项
54	表 4.3.15	集中热水供应系统循环水泵的流量及扬程计算表	☐	必选项
55	表 4.3.16	第一循环管的自然压力值计算表	☐	可选项
56	表 4.3.17-1	游泳池与水上游乐池热水系统设计计算表	☐	可选项
57	表 4.3.17-2	与池水温度相等的饱和空气的水蒸气分压（P_b）及饱和蒸汽的蒸发汽化潜热（γ）数据表	☐	可选项
58	表 4.3.17-3	与水池环境气温相等的水蒸气分压力（P_q）数据表	☐	可选项
59	表 4.3.17-4	全国部分城市海拔高度及夏季大气压参考数据	☐	可选项
4.4	消防系统		☐	必选项
60	表 4.4.1-1	消防用水量计算表	☐	必选项
61	表 4.4.1-2	建筑物室外消火栓设计流量汇总表（L/s）	☐	可选项
62	表 4.4.1-3	建筑物室内消火栓设计流量汇总表	☐	可选项
63	表 4.4.1-4	民用建筑和厂房采用湿式系统的设计基本参数汇总表	☐	可选项
64	表 4.4.1-5	自动喷水灭火系统设置场所火灾危险等级分类表	☐	可选项
65	表 4.4.1-6	仓库危险级场所的湿式系统的设计基本参数汇总表	☐	可选项
66	表 4.4.1-7	货架内开放洒水喷头数量表	☐	可选项
67	表 4.4.1-8	水幕系统设计基本参数汇总表	☐	可选项
68	表 4.4.2	消防给水管道单位长度沿程水头损失计算表	☐	必选项
69	表 4.4.3-1	消防水泵的设计扬程和流量以及消防给水所需要的设计压力计算表	☐	必选项

续表

序号	计算表格编号	计算表格名称及内容	实施情况	备注
4.4	消防系统		☐	必选项
70	表 4.4.3-2	消防给水系统管件和阀门当量长度表（m）	☐	可选项
71	表 4.4.3-3	各种管件和阀门的当量长度折算系数表	☐	可选项
72	表 4.4.4	消防管道某点处压力计算表	☐	可选项
73	表 4.4.5	室外最不利点消火栓压力计算表	☐	必选项
74	表 4.4.6-1	消防给水系统水泵启停压力计算表（稳压泵设于高位）	☐	必选项
75	表 4.4.6-2	消防给水系统水泵启停压力计算表（稳压泵设于低位）	☐	必选项
76	表 4.4.7-1	自动跟踪定位射流灭火系统设计流量计算表	☐	可选项
77	表 4.4.7-2	自动跟踪定位射流灭火系统灭火装置的性能参数表	☐	可选项
78	表 4.4.7-3	自动跟踪定位射流灭火系统管道总水头损失计算表	☐	可选项
79	表 4.4.7-4	自动跟踪定位射流灭火系统水泵或消防给水设计压力计算表	☐	可选项
80	表 4.4.8-1	消火栓灭火系统减压计算表	☐	必选项
81	表 4.4.8-2	喷淋灭火系统减压计算表	☐	必选项
82	表 4.4.9	消防水泵停泵水锤压力计算表	☐	必选项
83	表 4.4.10-1	自动喷水灭火系统设计流量计算表	☐	必选项
84	表 4.4.10-2	自动喷水灭火系统管段水力计算汇总表	☐	必选项
85	表 4.4.11-1	七氟丙烷气体灭火系统设计计算表	☐	可选项
86	表 4.4.11-2	七氟丙烷灭火浓度及惰化浓度汇总表	☐	可选项
87	表 4.4.12-1	IG541 气体灭火系统设计计算表	☐	可选项
88	表 4.4.12-2	IG541 混合气体灭火浓度及惰化浓度汇总表	☐	可选项
89	表 4.4.13	建筑灭火器配置设计计算表	☐	必选项
4.5	其他专项系统		☐	可选项
90	表 4.5.1-1	建筑中水系统原水量及中水用水量设计计算表	☐	可选项
91	表 4.5.1-2	建筑中水系统收集及利用率计算表	☐	可选项
92	表 4.5.1-3	建筑中水系统设计计算表	☐	可选项
93	表 4.5.2-1	建筑与小区室外场地设计雨水流量计算表	☐	可选项
94	表 4.5.2-2	每日雨水控制及利用的雨水径流总量和渗透量设计计算表	☐	可选项
95	表 4.5.2-3	雨水回用系统设计计算表	☐	可选项
96	表 4.5.2-4	雨水调蓄水量计算表	☐	可选项
97	表 4.5.2-5	雨水资源化利用率及年径流污染控制率计算表	☐	可选项

标准化设计图纸综合选用表　　　　　　　　　　表 2.3.2-3

序号	图纸编号	图纸名称	实施情况	备注
5.1	标准化设计主要设备表及图例		☐	必选项
1	图 5.1-1	给水排水主要设备表一	☐	必选项
2	图 5.1-2	给水排水主要设备表二	☐	必选项

续表

序号	图纸编号	图纸名称	实施情况	备注
5.1		标准化设计主要设备表及图例	☐	必选项
3	图 5.1-3	图例一	☐	必选项
4	图 5.1-4	图例二	☐	必选项
5.2		标准化设计展开原理图	☐	必选项
5	图 5.2-1	系统展开原理图使用说明	☐	必选项
6	图 5.2-2	给水系统展开原理图图示模板	☐	必选项
7	图 5.2-3	热水系统展开原理图图示模板	☐	必选项
8	图 5.2-4	生活排水系统展开原理图图示模板	☐	必选项
9	图 5.2-5	雨水排水系统展开原理图图示模板	☐	必选项
10	图 5.2-6	地下室压力排水系统展开原理图图示模板	☐	必选项
11	图 5.2-7	消火栓系统展开原理图图示模板	☐	必选项
12	图 5.2-8	自动喷水系统展开原理图图示模板	☐	必选项
5.3		标准化设计二次深化设计专篇图	☐	可选项
13	图 5.3.1-1	太阳能热水系统设计说明	☐	可选项
14	图 5.3.1-2	太阳能热水预加热系统原理图	☐	可选项
15	图 5.3.2-1	游泳池系统设计说明一	☐	可选项
16	图 5.3.2-2	游泳池系统设计说明二	☐	可选项
17	图 5.3.2-3	游泳池水处理工艺流程图	☐	可选项
18	图 5.3.2-4	游泳池工艺设计局部节点详图	☐	可选项
19	图 5.3.3-1	满管压力流（虹吸）雨水排水系统设计说明	☐	可选项
20	图 5.3.3-2	满管压力流（虹吸）雨水排水系统原理图	☐	可选项
21	图 5.3.3-3	满管压力流（虹吸）雨水排水系统节点详图	☐	可选项
22	图 5.3.4-1	雨水回用系统设计说明	☐	可选项
23	图 5.3.4-2	雨水回用系统工艺流程图	☐	可选项
24	图 5.3.5-1	IG100氮气灭火系统设计说明一	☐	可选项
25	图 5.3.5-2	IG100氮气灭火系统设计说明二	☐	可选项
26	图 5.3.5-3	IG100氮气灭火系统原理图	☐	可选项
27	图 5.3.5-4	IG100氮气灭火系统组合分配原理图	☐	可选项
28	图 5.3.5-5	预制式七氟丙烷气体灭火系统设计说明一	☐	可选项
29	图 5.3.5-6	预制式七氟丙烷气体灭火系统设计说明二	☐	可选项
30	图 5.3.5-7	预制式七氟丙烷气体灭火系统原理图	☐	可选项
31	图 5.3.6-1	高压细水雾灭火系统设计说明一	☐	可选项
32	图 5.3.6-2	高压细水雾灭火系统设计说明二	☐	可选项
33	图 5.3.6-3	高压细水雾灭火系统原理图	☐	可选项
34	图 5.3.6-4	高压细水雾灭火系统工作流程图	☐	可选项

序号	图纸编号	图纸名称	实施情况	备注
5.3		标准化设计二次深化设计专篇图	☐	可选项
35	图 5.3.7-1	喷射型自动射流灭火系统设计说明	☐	可选项
36	图 5.3.7-2	喷射型自动射流灭火系统原理图	☐	可选项
37	图 5.3.7-3	喷射型自动射流灭火装置安装图	☐	可选项
5.4		标准化设计机房详图	☐	必选项
38	图 5.4.1-1	生活水泵房标准化图纸使用说明	☐	必选项
39	图 5.4.1-2	生活水泵房标准化布置索引图	☐	必选项
40	图 5.4.1-3	生活水泵房给水排水平面大样图	☐	必选项
41	图 5.4.1-4	生活水泵房平面定位布置图	☐	必选项
42	图 5.4.1-5	生活水池与管道布置节点详图	☐	必选项
43	图 5.4.1-6	生活水泵系统展开原理图及设备布置节点详图	☐	必选项
44	图 5.4.2-1	热水机房标准化图纸使用说明	☐	必选项
45	图 5.4.2-2	热水机房标准化布置索引图	☐	必选项
46	图 5.4.2-3	闭式双热源/设水加热器及储热水罐/辅助热源直接加热系统平面大样图	☐	必选项
47	图 5.4.2-4	闭式双热源/设水加热器及储热水罐/辅助热源直接加热系统展开原理图及设备布置节点详图	☐	必选项
48	图 5.4.2-5	闭式单热源（自带储热水罐）/直接加热系统平面大样图	☐	必选项
49	图 5.4.2-6	闭式单热源（自带储热水罐）/直接加热系统展开原理图及设备布置节点详图	☐	必选项
50	图 5.4.3-1	消防水泵房标准化图纸使用说明（设消防水池）	☐	必选项
51	图 5.4.3-2	消防水泵房标准化布置索引图（设消防水池）	☐	必选项
52	图 5.4.3-3	消防水泵房平面大样图（设消防水池）	☐	必选项
53	图 5.4.3-4	消防水泵房平面定位布置图（设消防水池）	☐	必选项
54	图 5.4.3-5	消防水池与管道布置节点详图（设消防水池）	☐	必选项
55	图 5.4.3-6	消防水泵系统展开原理图及设备布置节点详图（设消防水池）	☐	必选项
56	图 5.4.3-7	消防水泵房标准化图纸使用说明及布置索引图（不设消防水池）	☐	必选项
57	图 5.4.3-8	消防水泵房平面大样及定位布置图（不设消防水池）	☐	必选项
58	图 5.4.3-9	消防水泵系统展开原理图及设备布置节点详图（不设消防水池）	☐	必选项
59	图 5.4.4-1	屋顶消防水箱间标准化图纸使用说明	☐	必选项
60	图 5.4.4-2	屋顶消防水箱间标准化布置索引图	☐	必选项
61	图 5.4.4-3	屋顶消防水箱间平面大样图	☐	必选项
62	图 5.4.4-4	屋顶消防水箱间平面定位布置图	☐	必选项
63	图 5.4.4-5	屋顶消防水箱与管道布置节点详图	☐	必选项
64	图 5.4.4-6	消防稳压系统展开原理图及设备布置节点详图	☐	必选项

续表

序号	图纸编号	图纸名称	实施情况	备注
5.5		标准化设计卫生间详图	☐	必选项
65	图 5.5-1	卫生间大样图标准化图纸使用说明	☐	必选项
66	图 5.5-2	卫生间（接排水立管）标准化大样图示例	☐	必选项
67	图 5.5-3	卫生间（底层独立出户）标准化大样图示例	☐	必选项

2. 应用说明

本书按照施工图设计阶段的内容进行编写，如有其他设计阶段可以参照本书或部分节选相关内容，但本书尚不能覆盖所有建筑类型的工程设计内容，仅对主要的建筑类型进行了表述，例如居住建筑、办公、酒店和医院等，对于不能编撰入内的部分，可以根据各单位自身的特点进行自我完善和提升。此外，本书中未对某些不属于本专业设计的内容，但少量设计单位自行决定归入本专业设计的内容进行编写，如医院中的医用气体系统设计、燃气系统设计、建筑与小区防洪设计、工业建筑内的工艺管道系统设计等。

按照本书中表述的内容进行标准化设计时，应遵循如下应用步骤及应用方法：

（1）前期准备工作阶段

该阶段属于项目配合阶段，亦为项目设计构思阶段，设计人员应根据项目实际情况确定给水排水各设计系统的形式以及主要设备机房的布置。

（2）选用综合选用表

根据前期准备工作阶段确定的内容，由专业负责人勾选标准化设计说明综合选用表（表 2.3.2-1）、标准化计算书综合选用表（表 2.3.2-2）、标准化设计图纸综合选用表（表 2.3.2-3），并交由设计人员完成下一阶段工作。

（3）编写标准化设计说明及标准化计算书

设计人员按照表 2.3.2-1、表 2.3.2-2 的勾选要求，逐一调用对应的模块化表格，顺序排列形成标准化设计说明及标准化计算书草稿，然后对可变设计元素的模块化表格逐一编辑填写，完成标准化设计说明及标准化计算书。

（4）绘制标准化设计图纸

设计人员基于（1）～（3）的初步工作结果，并结合标准化设计图纸综合选用表（表 2.3.2-3）的勾选要求，完成相对应的标准化设计图纸的绘制与设计。

（5）校审

如果采用本书中规定的应用步骤及应用方法时，应完全基于本书中的表格及内容对所提交的设计文件中相对应的环节内容逐一核对审核，无论是格式还是内容有一项不满足时都将被退回，因设计及校审的版本一致的缘故，校审方很容易查找到不一致或出现差错的地方。

校审人员可直接调用新的综合选用表，在"实施情况"列的选用方框中打"×"，明确表示该表错误；并注明差错位置及内容。

第3章 建筑给水排水施工图标准化设计说明

本章共编辑了139个模块化表格，主要分为如下两大类：

第一类属于固定设计元素，其内容可直接调用，一般无需再编辑，参见表3.4。这类表格内容完整，基本涵盖了大多数的民用建筑，但设置了"实施情况"及"备注"这两列。"实施情况"这列中设置了选用的方框，如果勾选则表示表格中的该序号行为选用行，未勾选则可以在调用时删除，当然也可以保留；"备注"这列用于对该序号行的解释，正式出具图纸时不列出。

第二类属于可变设计元素，其内容在调用时应填写完整表格中的预留空白处，参见表3.1。这类表格有较多内容需结合工程建设项目自身特点以及具体设计参数有针对性地填写，故必须预留空白填写的位置，也设置了"实施情况"及"备注"这两列，设置这两列的功能与上述一致。

针对"实施情况"及"备注"这两列的使用，仅在第一个模块化表格即表3.1末尾的注中进行了详细的使用说明，后面各表中均省略了同样的内容。各模块化表格的最后一个序号行设置为"其他"，属于可编辑项，设计人员可根据项目实际情况增补内容，如无增补内容，可删除该序号行。

3.1 工程概况

工程概况选用表 表3.1

序号	项目名称	内容	实施情况	备注
1	工程建设项目所在城市和周边道路分布	建设位置位于____； 基地北侧为____，东侧为____，南侧为____，西侧为____	☐	工程建设位置指省市区县； 基地位置精确至道路，如无道路，应说明可供参照的对象
		共分为____地块（片区）； ____地块（片区）北侧为____，东侧为____，南侧为____，西侧为____； ____地块（片区）北侧为____，东侧为____，南侧为____，西侧为____； ……	☐	
2	工程建设项目分期建设情况	分为___期建设，其中本次设计仅针对___期设计； ____地块（片区）内设有____栋建筑物；____地块（片区）内设有____栋建筑物； ……	☐	如有分期建设情况，应明确分期建设情况； 分期建设包括分地块（片区）及多栋建筑物等情况，应明确分期建设的具体地块（片区）及各栋建筑物情况

序号	项目名称	内容	实施情况	备注
3	工程建设属性	属于新建/改建/扩建/修缮工程	☐	应明确属性，如为复杂工程，有不同属性时，应分别详细列出
		____为新建工程	☐	
		____为改建工程	☐	
		____为扩建工程	☐	
		____为修缮工程	☐	
4	工程建设项目的建设指标	基地面积____ m²，总建筑面积____ m²，地上建筑面积____ m²，地下建筑面积____ m²	☐	如仅指单栋建筑物参照第一行即可； 如为分期建设，需填写第二行； 如分地块（片区），需填写第三行； 当为建筑群时，应根据实际需要确定是否要分栋单独撰写相关指标（见第四行）。 一般住宅可不用分栋写，而复杂公共建筑则有必要分栋写指标
		其中____期总建筑面积____ m²；____期总建筑面积____ m²； ……	☐	
		各地块（片区）建设指标： ____地块（片区）总建筑面积____ m²，地上建筑面积____ m²，地下建筑面积____ m²； ____地块（片区）总建筑面积____ m²，地上建筑面积____ m²，地下建筑面积____ m²； ……	☐	
		____地块（片区）内建有____栋建筑物，其中____栋建筑物地上建筑面积____ m²，地下建筑面积____ m²；____栋建筑物地上建筑面积____ m²，地下建筑面积____ m²；…… ____地块（片区）内建有____栋建筑物，其中____栋建筑物地上建筑面积____ m²，地下建筑面积____ m²；____栋建筑物地上建筑面积____ m²，地下建筑面积____ m²；……	☐	
5	本期工程建设项目的建筑设计楼层基本情况	建有单栋建筑物：为超高/高/多层建筑物	☐	应明确建筑物栋数及主要建筑物属性，并标识主体建筑高度； 多栋时，建筑高度是否分栋撰写应结合工程实际情况确定。 一般超高层建筑必须分栋撰写；同时有超高层、高层、多层时，也需要相应标出；建议单体建筑不多时，每栋均需标明建筑属性（超高层/高层/多层）、建筑高度、楼层数量（包括地下室层数）
		建有多栋建筑物： 主体建筑为超高/高/多层建筑物，建筑高度____ m； ____栋建筑物地上为____层，建筑高度____ m，地下有____层； ____栋建筑物地上为____层，建筑高度____ m，地下有____层； ……	☐	

续表

序号	项目名称	内容	实施情况	备注
6	工程建设项目的建筑功能	项目主要功能包括：____，____，……； 其中____楼层为____，____楼层为____； ……	☐	单体建筑物时参照第一行； 多栋建筑物时参照第二行
		各栋建筑物主要功能情况为： ____栋建筑物____楼层为____，____楼层为____，……； ____栋建筑物____楼层为____，____楼层为____，……； ……	☐	
7	绿色建筑、海绵城市建设及装配式建筑的设计情况	绿色建筑按____星设计	☐	应根据各城市政府主管部门要求确定
		海绵城市建设主要控制指标： 年径流总量控制率为____%，年径流污染控制率为____%； ……	☐	应根据各城市政府主管部门提供的建设指标确定
		____采用装配式建筑设计	☐	说明哪些建筑采用装配式设计
8	工程建设项目所在地气象及地质资料	项目最大冻土深度为____ m	☐	
		项目最大积雪厚度为____ mm	☐	
		项目夏季主导风向为____风	☐	
9	其他	简述	☐	如有

注：1. 表中第 4 列实施情况处有选用方框，如需要采用该序号行，则点击方框出现"√"，即"☑"，无此选项时则为空白方框，即"☐"。正式出具设计图纸时，用"☐"表示的序号行可以不列出。

　　2. 表中第 5 列为本表格序号行的编写说明及解释，正式出具设计图纸时，不列出。

　　3. 序号 5 中超高层、高层和多层建筑高度的分类，按《民用建筑设计统一标准》GB 50352—2019 第 3.1.2 条的规定划分。

　　4. 因各类新增的原因，本表中未表达的内容，可编入序号 9 及以后。

3.2　设计依据

设计依据汇总表　　　　　　　　　　　　　　　　　　　　　　　表 3.2

序号	标准名称	编号及版本	实施情况
3.2.1	国家标准		☐
1	《生活饮用水卫生标准》	GB 5749—2022	☐
2	《污水综合排放标准》	GB 8978—1996	☐
3	《二次供水设施卫生规范》	GB 17051—1997	☐
4	《燃气容积式热水器》	GB 18111—2021	☐
5	《医疗机构水污染物排放标准》	GB 18466—2005	☐

续表

序号	标准名称	编号及版本	实施情况
6	《室外给水设计标准》	GB 50013—2018	☐
7	《室外排水设计标准》	GB 50014—2021	☐
8	《建筑给水排水设计标准》	GB 50015—2019	☐
9	《城镇燃气设计规范》	GB 50028—2006（2020 年版）	☐
10	《压缩空气站设计规范》	GB 50029—2014	☐
11	《氧气站设计规范》	GB 50030—2013	☐
12	《人民防空地下室设计规范》	GB 50038—2005	☐
13	《住宅设计规范》	GB 50096—2021	☐
14	《公共建筑节能设计标准》	GB 50189—2015	☐
15	《建筑给水排水及采暖工程施工质量验收规范》	GB 50242—2002	☐
16	《给水排水管道工程施工及验收规范》	GB 50268—2008	☐
17	《医院洁净手术部建筑技术规范》	GB 50333—2013	☐
18	《建筑中水设计标准》	GB 50336—2018	☐
19	《民用建筑设计统一标准》	GB 50352—2019	☐
20	《民用建筑太阳能热水系统应用技术标准》	GB 50364—2018	☐
21	《建筑与小区雨水控制及利用工程技术规范》	GB 50400—2016	☐
22	《燃气工程项目规范》	GB 55009—2021	☐
23	《民用建筑节水设计标准》	GB 50555—2010	☐
24	《传染病医院建筑施工及验收规范》	GB 50686—2011	☐
25	《医用气体工程技术规范》	GB 50751—2012	☐
26	《城镇给水排水技术规范》	GB 50788—2012	☐
27	《传染病医院建筑设计规范》	GB 50849—2014	☐
28	《建筑机电工程抗震设计规范》	GB 50981—2014	☐
29	《综合医院建筑设计规范》	GB 51039—2014	☐
30	《建筑节能与可再生能源利用通用规范》	GB 55015—2021	☐
31	《建筑给水排水与节水通用规范》	GB 55020—2021	☐
3.2.2	国家推荐性标准		☐
1	《真空管型太阳能集热器》	GB/T 17581—2021	☐
2	《太阳能热水系统设计、安装及工程验收技术规范》	GB/T 18713—2002	☐
3	《节水型产品通用技术条件》	GB/T 18870—2011	☐
4	《城市污水再生利用 城市杂用水水质》	GB/T 18920—2020	☐
5	《城市污水再生利用 景观环境用水水质》	GB/T 18921—2019	☐
6	《太阳热水系统性能评定规范》	GB/T 20095—2006	☐
7	《节水型卫生洁具》	GB/T 31436—2015	☐
8	《建筑抗震支吊架通用技术条件》	GB/T 37267—2018	☐

续表

序号	标准名称	编号及版本	实施情况
9	《绿色建筑评价标准》	GB/T 50378—2019	□
10	《民用建筑太阳能热水系统评价标准》	GB/T 50604—2010	□
11	《绿色办公建筑评价标准》	GB/T 50908—2013	□
12	《绿色医院建筑评价标准》	GB/T 51153—2015	□
13	《建筑与工业给水排水系统安全评价标准》	GB/T 51188—2016	□
3.2.3	建筑专项行业标准/医院专项行业标准		□
1	《剧场建筑设计规范》	JGJ 57—2016	□
2	《民用建筑绿色设计规范》	JGJ/T 229—2010	□
3	《医用中心吸引系统通用技术条件》	YY/T 0186—1994	□
4	《医用中心供氧系统通用技术条件》	YY/T 0187—1994	□
5	《医院污水处理工程技术规范》	HJ 2029—2013	□
3.2.4	城建行业工种建设规程/推荐性		□
1	《城镇供热管网设计规范》	CJJ 34—2010	□
2	《二次供水工程技术规程》	CJJ 140—2022	□
3	《建筑排水金属管道工程技术规程》	CJJ 127—2009	□
4	《建筑排水塑料管道工程技术规程》	CJJ/T 29—2010	□
5	《建筑给水塑料管道工程技术规程》	CJJ/T 98—2014	□
6	《建筑与小区管道直饮水系统技术规程》	CJJ/T 110—2017	□
7	《建筑给水金属管道工程技术标准》	CJJ/T 154—2020	□
8	《建筑给水复合管道工程技术规程》	CJJ/T 155—2011	□
9	《建筑排水复合管道工程技术规程》	CJJ/T 165—2011	□
3.2.5	城镇建设行业标准/推荐性		□
1	《饮用净水水质标准》	CJ 94—2005	□
2	《节水型生活用水器具》	CJ/T 165—2014	□
3	《建筑排水用高密度聚乙烯（HDPE）管材及管件》	CJ/T 250—2018	□
4	《建筑机电设备抗震支吊架通用技术条件》	CJ/T 476—2015	□
5	《生活热水水质标准》	CJ/T 521—2018	□
3.2.6	上海市工程建设规范/地方标准/政府批文		□
1	《城市煤气、天然气管道工程技术规程》	DGJ 08-10—2004	□
2	《住宅设计标准》	DGJ 08-20—2019	□
3	《机动车停车库（场）环境保护设计规程》	DGJ 08-98—2014	□
4	《公共建筑节能设计标准》	DGJ 08-107—2015	□
5	《饮食行业环境保护设计规程》	DGJ 08-110—2004	□
6	《公共建筑绿色设计标准》	DGJ 08-2143—2018	□
7	《太阳能热水系统应用技术规程》	DG/TJ 08-2004A—2014	□

续表

序号	标准名称	编号及版本	实施情况
8	《绿色建筑评价标准》	DG/TJ 08-2090—2020	☐
9	《城镇排水管道设计规程》	DG/TJ 08-2222—2016	☐
10	《海绵城市建设技术标准》	DG/TJ 08-2298—2019	☐
11	《海绵城市设施施工验收与运行维护标准》	DG/TJ 08-2370—2021	☐
12	《污水综合排放标准》	DB 31/199—2018	☐
13	《上海市建筑节能条例》（2011年1月1日实施）		☐
14	《关于进一步推进本市民用建筑太阳能热水系统应用的通知》（沪建建管〔2013〕48号）		☐
15	《上海市人民政府办公厅关于贯彻落实〈国务院办公厅关于推进海绵城市建设的指导意见〉的实施意见》（沪府办〔2015〕111号）		☐
16	《上海市海绵城市专项规划（2016—2035）》		☐
3.2.7	团体标准		☐
1	《医院污水处理设计规范》	CECS 07：2004	☐
2	《建筑给水钢塑复合管管道工程技术规程》	T/CECS 125：2020	☐
3	《建筑给水薄壁不锈钢管管道工程技术规程》	T/CECS 153：2018	☐
4	《建筑排水柔性接口铸铁管管道工程技术规程》	T/CECS 168：2021	☐
5	《建筑给水铜管管道工程技术规程》	CECS 171：2004	☐
6	《虹吸式屋面雨水排水系统技术规程》	CECS 183：2015	☐
7	《建筑排水高密度聚乙烯（HDPE）管道工程技术规程》	CECS 282：2010	☐
8	《建筑排水聚丙烯静音管道工程技术规程》	CECS 404：2015	☐
9	《建筑排水用机械式连接高密度聚乙烯（HDPE）管道工程技术规程》	CECS 440：2016	☐
10	《污水提升装置应用技术规程》	T/CECS 463—2017	☐
11	《公用终端直饮水设备应用技术规程》	T/CECS 468—2017	☐
12	《室内真空排水系统工程技术规程》	T/CECS 544—2018	☐
3.2.8	消防类国家标准		☐
1	《建筑设计防火规范》	GB 50016—2014（2018年版）	☐
2	《汽车库、修车库、停车场设计防火规范》	GB 50067—2014	☐
3	《自动喷水灭火系统设计规范》	GB 50084—2017	☐
4	《人民防空工程设计防火规范》	GB 50098—2009	☐
5	《建筑灭火器配置设计规范》	GB 50140—2005	☐
6	《泡沫灭火系统设计规范》	GB 50151—2021	☐
7	《水喷雾灭火系统设计规范》	GB 50219—2014	☐
8	《自动喷水灭火系统施工及验收规范》	GB 50261—2017	☐
9	《气体灭火系统施工及验收规范》	GB 50263—2007	☐

续表

序号	标准名称	编号及版本	实施情况
10	《固定消防炮灭火系统设计规范》	GB 50338—2003	□
11	《干粉灭火系统设计规范》	GB 50347—2004	□
12	《气体灭火系统设计规范》	GB 50370—2005	□
13	《细水雾灭火系统技术规范》	GB 50898—2013	□
14	《消防给水及消火栓系统技术规范》	GB 50974—2014	□
15	《自动跟踪定位射流灭火系统技术标准》	GB 51427—2021	□
16	《消防设施通用规范》	GB 55036—2022	□
3.2.9	消防类国家推荐性标准		□
1	《电动汽车分散充电设施工程技术标准》	GB/T 51313—2018	□
3.2.10	上海市工程建设规范及地方标准（消防类）		□
1	《民用建筑水灭火系统设计规程》	DGJ 08—94—2007	□
3.2.11	团体标准（消防类）		□
1	《厨房设备灭火装置技术规程》	CECS 233：2007	□
2	《自动消防炮灭火系统技术规程》	CECS 245：2008	□
3	《大空间智能型主动喷水灭火系统技术规程》	CECS 263：2009	□
4	《惰性气体灭火系统技术规程》	CECS 312：2012	□
5	《干粉灭火装置技术规程》	CECS 322：2012	□
3.2.12	本项目土地出让合同		□
3.2.13	业主提供的建设项目设计要求		□
3.2.14	建筑专业提供的图纸		□
3.2.15	项目扩初批文		□
3.2.16	建设单位提供的项目任务书和市政管线资料		□
3.2.17	其他有关的现行设计规范、规程和设计文件		□

注：1. 表中列举的各类规范、标准、规程及各类用于设计的文件仅为部分常用的内容，尚有很多内容未列出，需由设计人员根据工程项目属性添加。

2. 表中3.2.3部分提及的建筑专项行业标准很多，本表中仅列出剧场一种，其余建筑专项行业标准需由设计人员根据工程项目属性添加。

3. 表中3.2.6部分主要针对地方标准及当地政府批文，本表仅列举了上海市的相关内容，其他省份需由设计人员根据工程项目所在地添加。

4. 表中3.2.7及3.2.11两部分提及的推荐性团体标准内容众多，本表中仅列举了部分常用的标准，其余未列出的部分需由设计人员根据工程建设项目实际情况增补或取舍。

5. 本表及以下各表中，除设计依据中引用的国家标准的版本号注明年份以外，其余部分当为泛指时，可不列出标准的年份；如特指标准中的具体条文时，须列出所引用国家标准的年份。

3.3　设计范围

设计范围汇总表

表 3.3

序号	项目名称	内容	实施情况	备注
1	室内外给水系统设计	专指：工程建设项目用地红线范围内	☐	
2	室内外热水系统设计	专指：工程建设项目用地红线范围内	☐	
3	室内外雨水、排水系统设计	专指：工程建设项目用地红线范围内	☐	
4	室内外燃气管道系统设计	专指：工程建设项目用地红线范围内；公共建筑：燃气管道部分由业主另行委托专业公司设计；住宅：燃气管道部分由设计单位完成	☐	
5	室内外消防给水系统设计	专指：工程建设项目红线范围内	☐	
6	室内地下室战时人防设计	由业主另行委托专业公司设计	☐	
7	需二次深化的系统设计	专指：气体灭火系统、高压细水雾灭火系统、水喷雾灭火系统、大空间智能灭火系统、厨房设备自动灭火系统、超细干粉灭火系统、游泳池系统、直饮水处理系统、管道纯水系统、雨水收集利用系统、太阳能热水系统、虹吸雨水系统、污水处理系统、室外绿化浇灌系统、景观及景观水处理系统、实验用气体系统、机电工程抗震系统等，应由有资质的专业承包商负责深化设计	☐	详见本表注2
8	特殊功能区设计	专指：有洁净要求的实验室、洁净室、中心供应、屏障区等给水排水管道，应由业主委托专业净化设计公司负责深化设计	☐	未尽部分需由设计人员自行补充
9	工程建设项目用地红线处与市政管道连接	专指：由室外总水表井接出至城镇给水管和项目最后一个雨（污）水检查井接出至城镇雨（污）水检查井之间的工程建设项目红线外管道，由市政有关部门负责设计	☐	
10	其他		☐	

注：1. 序号4提及的室内外燃气管道系统设计部分，因国内设计单位出现不同专业设计的情况，所以设计人员应根据本单位设计专业分工进行设计。

2. 一般在图纸设计阶段，如专业承包商尚未确定时，设计单位应能提供完整的设计招标文件供业主招标，并有义务进行答疑，后期根据项目实际需要以及合约规定确定是否出具深化图纸（合约中如有独立分包除外）。

3. 序号7需二次深化的系统设计及序号8特殊功能区设计部分，表中仅列出了部分设计内容，尚有部分内容未列出，需由设计人员根据工程项目实际情况添加。

4. 针对序号9工程建设项目用地红线处与市政管道连接部分，如还有市政中水、热力等管道，处理方式相同。

3.4　总则

	总则汇总表		表 3.4

序号	内容	实施情况	备注
1	本设计文件（指设计图纸、计算书或其他纸质文件）中表达的内容以及未完全表达的部分，均应完全符合所有现行国家全文强制规范、国家现行标准、地方现行标准以及引用的推荐团体标准的规定，详见设计依据汇总表	☐	
2	本设计文件，未经设计者书面批准，任何部分不得复印	☐	
3	发现本设计文件或与本设计文件相关联的其他图纸及文件中存在矛盾时，承建单位应及时与设计单位联系，并以设计单位的解释为准	☐	
4	施工单位除应严格按照本设计文件组织施工外，还应严格按照已经颁布实施的国家现行标准执行。当发现本设计文件中未完全表达的部分对组织施工有困难时，应及时与设计单位联系，并以设计单位的答复为准	☐	
5	应使用设计图纸上标明的尺寸，若标注尺寸与现场尺寸不符时，应立即与设计单位联系，并以设计单位的答复为准	☐	
6	所有施工图纸均需经审图公司审核同意后方可施工；需由政府主管部门审核的系统，还需经政府主管部门审核同意后方可施工	☐	
7	项目中采用的给水排水、消防灭火系统的所有设备应符合国家现行有关标准和准入制度的要求，并应由政府主管部门认可的权威机构出具检测合格的证明文件；进口设备还应出具相应的国际认证文件；给水设施的材料与设备还必须满足卫生安全的要求	☐	
8	项目中给水排水系统采用的设备、管道管件和附件等的设计工作压力等级，不应小于系统的工作压力，消防灭火系统采用的设备、管道管件和附件等的设计工作压力等级，应大于系统的工作压力，且应保证系统在可能最大运行压力时安全可靠	☐	详见本表注 2
9	项目中给水排水与节水工程防洪、防涝标准不应低于所在区域城镇设防的要求	☐	防洪、防涝标准应由项目所在地的主管部门提供，主要采用土建措施防范
	无论给水排水设计文件中是否注明，连接建筑出入口的下沉地面、下沉广场、下沉庭院及地下车库出入口坡道以及整体下沉的建筑小区，应采取土建措施禁止防洪水位以下的客水进入这些下沉区域	☐	
10	无论本设计文件中是否明确，项目中给水排水与节水工程选用的工艺、设备、器具和产品均应为节水和节能型	☐	
11	严寒或寒冷等冬季结冰地区，应对明露以及可能出现冰冻的给水排水和消防设施采取防冻措施，冰冻线以下的直埋管道可不采取防冻措施	☐	详见本表注 3
12	无论图纸中是否表达，对于有湿陷性黄土、膨胀土等特殊地质构造情况的项目，均应严格按照相应的国家现行标准施工和验收	☐	详见本表注 4

续表

序号	内容	实施情况	备注
13	消防用水与其他用水共用水池时，应采取确保消防用水量不作他用的技术措施。水景和游泳池用作消防水源时，应有保证在任何情况下均能满足消防给水系统所需的水量和水质的技术措施	☐	消防用水量的保证，既有水量问题，也有水质问题。露天的水景和游泳池则特别需要考虑这两个问题
14	所有给水排水、消防管道的安装必须满足现行国家标准《建筑机电工程抗震设计规范》GB 50981中的抗震要求，具体深化由专业公司完成；所有抗震支吊架的产品应满足《建筑机电设备抗震支吊架通用技术条件》CJ/T 476的要求	☐	
15	其他	☐	

注：1. 如有未完全表达的内容，设计人员需根据项目实际情况添加入序号15及以后。
2. 根据《建筑给水排水与节水通用规范》GB 55020—2021起草说明第三部分术语中第1条、第2条规定，建筑给水排水系统为建筑给水排水管道系统、给水排水设备及设施的总称，而设施指为给水排水设置的泵房、水池（箱）、化粪池、水泵、阀门、电控装置、消毒设备、压力水容器、检查井及阀门井等装置及设备。序号8中提及的设备、管道管件和附件已包含了为满足管道系统功能要求，而在管道系统中设置的各种非管道管件类配件，如阀门、流量计、压力表、软接头、过滤器等。
3. 序号11中提及的可能出现冰冻的给水排水和消防设施一般指室外消防灭火设施、地下车库消防灭火设施、贴临外墙敷设在室内的水管等；此外，对于独立设置的设备机房，还应与暖通专业复核确认是否有采暖设计。
4. 特殊地质构造情况比较复杂，一般项目地块在前期地质勘察完成后，会出具详细的勘察报告，设计人员需以此为设计依据执行。

3.5 建筑与小区室外给水排水及消防系统

3.5.1 室外设计条件及规定

城镇管网设计条件汇总表 　　　　　　　　　　　　　表 3.5.1-1

序号	内容	实施情况	备注
1	城镇给水管网： 水源为城镇自来水，项目所在地市政供水水压最低值为＿＿MPa（由当地水务部门/业主 提供），最低水压处的绝对标高约为＿＿m； 采用两路/一路/多路供水方式，拟从＿＿路、＿＿路、……上市政供水管道分别引入 DN＿＿、DN＿＿、……供水管道进入基地并形成 DN＿＿的环网后供本项目生活、消防使用	☐	
2	城镇污水管网： 项目周边＿＿路上有 DN＿＿城镇污水管道，预留标高＿＿m； ＿＿路上有 DN＿＿城镇污水管道，预留标高＿＿m； …… 项目设＿＿路污水排出管道接入城镇污水管道，接入＿＿路的管道标高为＿＿m，管径为 DN＿＿（排入点市政检查井编号＿＿）；接入＿＿路的管道标高为＿＿m，管径为 DN＿＿（排入点市政检查井编号＿＿）；……	☐	

续表

序号	内容	实施情况	备注
3	城镇雨水管网： 项目周边____路上有 DN ____城镇雨水管道，预留标高____ m； ____路上有 DN ____城镇雨水管道，预留标高____ m； …… 项目设____路雨水排出管道接入城镇雨水管道，接入____路的管道标高为____ m，管径为 DN ____（排入点市政检查井编号____）；接入____路的管道标高为____ m，管径为 DN ____（排入点市政检查井编号____）；……	☐	当雨水排入天然河道时，应单独列出，并说明初期雨水的排放要求
4	天然水体： 本工程基地排水可排入基地____侧____（江/河/湖/海等），其常水位标高____ m，汛期水位标高____ m，历史最高水位标高____ m； 排入点应满足排水水质标准____，排水流量____ m³/h	☐	
5	城镇中水管网： 项目周边____路上有 DN ____城镇中水管道；…… 项目所在地城镇中水水压最低值为____ MPa（由当地主管部门提供）	☐	
6	城镇热水管网： 项目周边____路上有 DN ____城镇热水管道，供水温度为____℃，回水温度为____℃	☐	
7	城镇燃气管网： 项目周边____路上有 DN ____城镇燃气管道，压力为____ MPa（由当地主管部门提供）	☐	
8	其他	☐	

注：1. 任何工程建设项目中，只要涉及与城镇管网相关的设计内容，均需要引用本表，其后各章节中的相关描述可省略或略写。

2. 如工程建设项目分期建设或存在多个地块，应每个地块逐一描述，详见表 3.1。

3. 序号 1 当城镇给水管网尚不具备两路供水条件时，可采用一路供水方式，但供水管管径宜满足生活供水要求，并贮存充足的消防用水；当供水管管径偏小时，也可采用多路供水方式满足工程设计项目的要求，但应对多路供水情况逐一描述。

4. 序号 6、7 中，如有多条城镇道路下敷设有热水及燃气管道，宜逐一列出，也可仅列出拟采用的管道。

5. 序号 7 中列出的燃气系统设计内容，仅供读者参考。

室外设计技术规定汇总表　　　　　　　　　　　　　　表 3.5.1-2

序号	内容	实施情况	备注
1	室外图纸标高一律以 m 计，平面尺寸以 m 计	☐	
2	室外图纸中的坐标体系按____城市坐标体系设计	☐	
3	图中所注室外地坪标高为____（绝对/相对）标高（____高程），管道按照____（绝对/相对）标高标注设计； 采用相对标高时，±0.00m 相当于绝对标高____ m	☐	

序号	内容	实施情况	备注
4	给水、排水等市政接口的位置与标高需经市政管理部门审批（或备案）同意后方可实施	☐	
5	室外总水表井接出至城镇给水管和项目最后一个雨（污）水检查井接出至城镇雨（污）水管网检查井的管道管径、设置位置及标高等应结合市政有关部门设计的内容复核确定	☐	
6	室外污水管道接城镇污水管网前应设置专用监测井（格栅井），该井由市政有关部门负责设计	☐	
7	室外雨水口应设置在雨水控制利用设施末端，以溢流形式排放；超过雨水径流控制要求的降雨溢流排入市政雨水管渠	☐	《建筑给水排水与节水通用规范》GB 55020—2021 第4.5.10条规定
8	室外红线内设置的各类设施，除应符合各级规范和标准规定外，还应满足功能设计要求，宜采用国家建筑标准设计图集中的设施	☐	
9	其他	☐	

3.5.2　室外给水管道设计

室外给水管道设计汇总表　　　　　　　　　　　　　　　表 3.5.2

序号	内容	实施情况	备注
1	水源：城镇自来水，采用____路供水方式，进水总管上设置计量水表，生活用水和消防用水分别计量	☐	
2	水压：市政供水压力为____MPa	☐	
3	水量：项目最高日用水量____ m³/d，最大时用水量____ m³/h	☐	
4	市政压力管道敷设：充分利用市政供水压力，项目地下室至____层采用城镇给水管道直接供水。由生活用水进水管后分别埋地/地下室架空敷设引入各单体，各单体市政供水引入管上分别设置生活计量水表	☐	
5	自行加压管道敷设：项目生活加压泵房统一设置于____栋____层。分区设置变频泵，____层至____层为第一区，____层至____层为第二区，____层至____层为第三区，…… 分区供水管道通过室外埋地引入各单体，各单体引入管上分别设置计量水表	☐	自行加压管道指因市政压力不足，项目设置水泵加压供水后的管道
6	埋地敷设给水管道埋设深度为____ m	☐	
7	水表采用____（远传/机械）水表	☐	
8	其他	☐	

3.5.3　室外消防管道设计

室外消防管道设计汇总表

表 3.5.3

序号	项目名称	内容	实施情况	备注
1	水源	城镇自来水，采用两路供水方式，可满足室内外消防用水量，进水总管上设置计量水表，生活用水和消防用水分别计量，不设室外消防水池	□	
		城镇自来水，采用一路供水方式，进水总管上设置计量水表，生活用水和消防用水分别计量，设置消防水池，供室内外消防用水	□	
2	消防用水量	项目消防总用水量为____ L/s	□	项目中如还有其他消防用水量，应自行添加
		室外消火栓用水量为____ L/s，火灾延续时间按____h计； 室内消火栓用水量为____ L/s，火灾延续时间按____h计； 自动喷水用水量为____ L/s，火灾延续时间按____ h计； ……	□	
3	设置系统	项目室外消防为低压制，由市政供水压力直接供应，室外消火栓由室外消防环管直接接出	□	当室外消防用水量大时，也可采用 3 台水泵，2用 1 备配置
		项目室外消防为临时高压制，设有室外消火栓泵（2 台，1 用 1 备）和稳压泵（2 台，1 用 1 备，并配置有效容积150L 气压罐），设于消防泵房内，从贮存室外消防用水的消防水池内吸水，向室外消防管网增压	□	
4		室外消火栓布置间距不大于 120m，保护半径不大于 150m，消防扑救面上室外消火栓不少于 2 个，人防出入口和车库出入口附近均设有室外消火栓。水泵接合器及 15～40m 范围内设置对应的室外消火栓	□	
5		室外消火栓采用三出水室外消火栓，规格为 DN150/DN100，采用地上式/地下式	□	
6	其他		□	

3.5.4　室外非传统水回用管道设计

室外非传统水回用管道设计汇总表

表 3.5.4

序号	内容	实施情况	备注
1	原水：本项目非传统水原水为____（雨水/盥洗废水/空调冷凝水/生活污水）	□	项目中如有其他原水，应自行添加
2	非传统水回用于____（绿化浇灌/道路冲洗/车库地面冲洗/洗车/空调系统冷却水/冲厕用水/水景补水）	□	
3	非传统水回用处理出水水质应满足现行国家标准《城市污水再生利用　城市杂用水水质》GB/T 18920 和《城市污水再生利用　景观环境用水水质》GB/T 18921 的要求	□	

序号	内容	实施情况	备注
4	非传统水用水量、处理工艺、机房等说明详见专项设计说明	☐	
5	室外非传统水管网供应绿化浇灌/道路冲洗/室外洗车/水景补水时，水景补水管道应与其他管网分开，不设置自来水补水。道路冲洗及室外洗车按____m间隔预留快速接水阀	☐	
6	绿化灌溉采用____节能灌溉方式（滴灌或微喷灌），并设置土壤湿度感应器、雨天关闭装置等节水控制设施	☐	
7	道路冲洗采用高压水枪冲洗	☐	
8	雨水调蓄池设于室外地下，采用____（模块化PE材质/一体化成品/钢筋混凝土雨水池）	☐	采用新技术及新材料时，可自行添加
9	非传统水回用供水管与生活饮用水管严格分开，供水管上不得装取水龙头，并应采取下列防止误接、误用、误饮的措施： 供水管外壁应涂特别的颜色； 当设有取水口时，应设锁具或专门开启工具； 水池、阀门、水表、给水栓、取水口均应有明显的"中水"/"雨水"/"河道水"标识； 工程验收时应逐段进行检查，防止误接	☐	
10	其他	☐	

3.5.5 室外热水管道设计

室外热水管道设计汇总表　　　　　　　　　　表 3.5.5

序号	内容	实施情况	备注
1	室外热水管道为热水系统供至各单体的供水及回水管道，热水系统的设计详见室内热水章节	☐	
2	室外热水管道埋地敷设，应采用成品保温直埋管。预制保温直埋管的保温构造及热损失、膨胀补偿、固定、安装选型等工作由直埋管承包商完成，但必须经过主体设计单位确认	☐	
2	室外热水管道敷设于专用的管沟内，均采用发泡橡塑保温，保温层厚度同室内管道，管径大于等于DN80采用____（0.8mm）厚铝合金薄板保护层，管径小于等于DN65采用____（0.5mm）厚铝合金薄板保护层	☐	
	室外热水管道架空敷设，均采用发泡橡塑保温，保温层厚度：$DN\leqslant$____，采用____mm，$DN>$____，采用____mm，保护层采用____（0.8mm）厚铝合金薄板	☐	
3	埋地敷设热水管道埋设深度为____m	☐	
4	进入各单体的热水供、回水管道均设置水表，水表采用____（远传/机械）水表	☐	

序号	内容	实施情况	备注
5	热水管道采用的补偿管道热胀冷缩措施有： □热水管道上每____m设置不锈钢膨胀节，膨胀量____mm □每____m设置门形弯 □其他补偿措施	□	
6	其他	□	

3.5.6　室外污水管道设计

室外污水管道设计汇总表　　　　　　　　　　　　表 3.5.6

序号	内容	实施情况	备注
1	室外排水系统采用污、废水合/分 流方式；污、废水与雨水分流的方式	□	
2	基地所有污、废水均经污水检测井后再排入城镇污水管网	□	
	项目设置____座____型化粪池	□	具体参数详见表 3.5.9
3	项目污、废水总排放量最高日为____m³/d，最大时为____m³/h，其中餐饮含油废水的排水量为____m³/d，____m³/h	□	
4	项目在____（位置）设有污水提升泵站____座	□	具体参数详见表 3.5.9
5	项目中室外排水管道的起点埋设标高除注明外，均采用____m	□	
6	其他	□	

3.5.7　室外雨水管道设计

室外雨水管道设计汇总表　　　　　　　　　　　　表 3.5.7

序号	内容	实施情况	备注
1	本基地采用____市/地区的暴雨强度公式 □上海地区按《暴雨强度公式与设计雨型标准》DB31/T 1043—2017 □其他地区可参照《给水排水设计手册 第5册：城镇排水》（第三版） □其他设计资料	□	出图时应列出相关暴雨强度公式
2	室外暴雨设计重现期 P 为____年，径流系数 φ 为____，t 为____min，q 为____L/(s·hm²)	□	
3	基地汇水面积约为____m²，雨水流量为____L/s	□	
4	接入城镇雨水管道：项目设有____路 DN____雨水排出管道	□	
	接入天然水体：项目周边____河（湖）常水位____m，高潮位____m，最低允许接入标高____m；本项目拟设____路 DN____雨水排出管道，设计接入____河（湖），出口标高____m	□	排入天然河道需经水务部门同意

序号	内容	实施情况	备注
5	屋面和地面雨水经雨水斗和路旁雨水口收集后，经室外雨水管网排入城镇雨水管；地下车库入口坡道、下沉式广场、敞开楼梯间设雨水集水坑，雨水经潜污泵提升后排入室外雨水管网	□	
6	项目设有雨水提升泵站____座	□	具体参数详见表3.5.9
7	项目中室外雨水管道的起点埋设标高除注明外，均采用____ m	□	
8	其他	□	

3.5.8 室外冷却水管道设计

室外冷却水管道设计汇总表　　　　　　　　　　　　　　　　表3.5.8

序号	内容	实施情况	备注
1	设计参数：冷却水供/回水设计温度为____℃/____℃，湿球温度____℃	□	
2	设置____套空调冷却循环水系统，供____（单体/功能分区）	□	
3	冷却塔设置于总体____区域；冷却水管道采用____方式敷设，以连接冷却塔及冷冻机组；需根据冷冻机数量配备冷却循环水泵，并设置于____层制冷机房内	□	
4	项目采用冷却塔形式为： □超低噪声开式横流冷却塔　□其他	□	
5	每组冷却塔风机均为双速风机，为避免循环冷却水系统在冷却水泵停泵时出现溢流情况，冷却塔集水盘之间设置平衡管	□	
6	其他	□	

3.5.9 附属设施

室外附属设施汇总表　　　　　　　　　　　　　　　　表3.5.9

序号	项目名称	内容	实施情况	备注
1	阀门、水表及附件	埋地敷设的给水排水管道的阀门、水表等均设置在阀门井或水表井内，采用砖砌阀门井或水表井	□	
2	化粪池	污水接入城镇污水管道前，设有化粪池； 化粪池停留时间为____ h，清掏周期____ d； 化粪池采用： □砖砌　□钢筋混凝土　□成品玻璃钢　□其他 项目设置____座化粪池，分别为____ m³ 或____型	□	

序号	项目名称	内容	实施情况	备注
3	雨水调蓄池	项目室外设置＿＿座埋地雨水调蓄池，有效调蓄容积分别为＿＿ m³、＿＿ m³、…… 雨水调蓄池采用： □钢筋混凝土　□成品模块化（PE材质）　□其他	□	采用新技术及新材料时，可自行添加
		有回用处理功能时，处理工艺为＿＿，详见专项设计说明	□	
4	污水处理站/装置	项目室外设置＿＿座埋地污水处理装置，处理生活污水/实验室废水，…… 处理目标为水质达到＿＿（标准）＿＿级；处理工艺为＿＿；废水处理装置通气管应高空排放	□	
5	污水提升泵站	污水接入市政污水管网前，设置提升泵站，泵站为埋地设置，设计流量＿＿ m³/h，扬程＿＿ m；泵站采用： □钢筋混凝土　□成品污水泵站　□其他	□	
6	雨水提升泵站	雨水接入城镇雨水管道/河道前，设置提升泵站，泵站为埋地设置，设计流量＿＿ m³/h，扬程＿＿ m；泵站采用： □钢筋混凝土　□成品雨水泵站　□其他	□	
7	隔油池	餐饮废水经室外埋地隔油池隔油处理后，排入室外污水管网。隔油池采用： □成品　□钢筋混凝土　□砖砌　□其他 选用国家建筑标准设计图集《小型排水构筑物》04S519，＿＿型，有效容积＿＿ m³，设计流速＿＿ m/s，停留时间＿＿ min，人工除油周期＿＿ d	□	
8	消毒池	＿＿废水经室外埋地消毒池消毒处理后，排入室外污水管网。消毒池投加药剂方式： □次氯酸钠　□其他，投加量为＿＿ mg/L； 消毒池有效容积＿＿ m³，设计流速＿＿ m/s，停留时间＿＿ min	□	
9	衰变池	＿＿废水经室外埋地衰变池停留后，排入室外污水管网。衰变池停留时间＿＿ d。衰变池有效容积＿＿ m³，设计推流流速＿＿ m/s。衰变池出口监测排水总 $\alpha<1$Bq/L，总 $\beta<10$Bq/L	□	
10	降温池	温度大于40℃的锅炉房/热水机房排水需接入降温池冷却至40℃以下后，方可排入室外排水管网。降温池采用钢筋混凝土 形式，选用国家建筑标准设计图集《小型排水构筑物》04S519，＿＿型，有效容积＿＿ m³，二次蒸发筒由池顶/侧壁 引出，接至不影响交通和安全的地方	□	
11	其他		□	

3.5.10 管道及材料要求

室外管道及材料要求汇总表   表 3.5.10-1

序号	项目名称	内容	实施情况	备注
1	管道及材料的基本要求	给水排水管道工程所用的原材料、半成品、成品等产品的品种、规格、性能必须符合国家有关标准的规定和设计要求； 接触饮用水的产品必须符合有关卫生要求； 严禁使用国家明令淘汰、禁用的产品	☐	
2	室外给水管道管材及连接方式	—	☐	
	(1) 室外埋地市政压力给水管道（含市政压力直供的室外消防管道）	管径≥DN100时，采用给水球墨铸铁管（内壁涂塑或水泥砂浆衬里），K9级，管外壁自带防腐，橡胶圈承插连接，压力等级1.0 MPa； 管径<DN100时，采用内涂塑镀锌钢管，丝扣（螺纹）连接，压力等级1.0 MPa	☐	管径<DN100时，也可采用HDPE/PE（电热熔）、PVC-U（粘）等塑料管材
		钢丝网骨架PE管，电热熔连接，压力等级1.0 MPa	☐	该种材质管径不大于De315
	(2) 室外消火栓管道（加压）	内外壁热浸镀锌钢管，法兰（沟槽连接件连接/法兰）连接，压力等级1.6 MPa	☐	
		给水球墨铸铁管（内壁涂塑或水泥砂浆衬里），K9级，管外壁自带防腐，橡胶圈承插连接，压力等级1.0 MPa	☐	
	(3) 室外埋地敷设的室内消防系统管道（含水泵接合器连接管）	____（内外壁热浸镀锌钢管/加厚钢管/无缝钢管），____（沟槽连接件连接/法兰）连接，压力等级 ____（1.6/2.5）MPa	☐	一般不会用到DN65以下管道
	(4) 室外埋地回用水管道	内涂塑热浸镀锌钢管，管径≥DN100时采用法兰连接，管径<DN100时采用丝扣（螺纹）连接，压力等级1.0MPa	☐	如有较大管径，也可采用球墨铸铁管
		钢丝网骨架PE管，电热熔连接，压力等级1.0MPa	☐	该种材质管径一般不大于De315
	(5) 室外埋地绿化管道	给水用HDPE管，电热熔连接，压力等级1.0 MPa	☑	
	(6) 其他		☐	
3	室外排水管道管材及连接方式	—	☐	
	(1) 室外污水管道	HDPE双壁波纹管（内径系列），环刚度不应小于8 kN/m²，承插橡胶圈连接	☐	
		HDPE双壁缠绕管，环刚度不应小于8 kN/m²，承插橡胶圈连接	☐	
		污水用球墨铸铁排水管（自带内外防腐），承插橡胶圈连接	☐	

序号	项目名称	内容	实施情况	备注
3	（2）室外雨水管道	HDPE 双壁波纹管（内径系列），环刚度不应小于 8 kN/m²，承插橡胶圈连接	☐	
		HDPE 双壁缠绕管，环刚度不应小于 8 kN/m²，承插橡胶圈连接	☐	
		管径≥DN300 时，采用钢筋混凝土管（Ⅱ管级及以上），承插橡胶圈连接； 管径＜DN300 时，采用 HDPE 双壁波纹管，环刚度不应小于 8 kN/m²，承插橡胶圈连接	☐	
	（3）室外压力排水管道	内涂塑热浸镀锌钢管，管径≥DN100 时采用法兰连接，管径＜DN100 时采用丝扣（螺纹）连接，压力等级 1.0MPa	☐	
		热浸镀锌钢管，管径≥DN100 时采用法兰连接，管径＜DN100 时采用丝扣（螺纹）连接，压力等级 1.0MPa	☐	
	（4）其他		☐	
4	室外阀门	—	☐	
	（1）室外埋地给水阀门	带启闭刻度显示的暗杆闸阀，壳体为球墨铸铁 材质，阀芯为＿＿（黄铜/青铜/不锈钢）材质，压力等级＿＿（1.0/1.6）MPa	☐	建议采用 1.6MPa
	（2）室外埋地消防阀门	带启闭刻度显示的暗杆闸阀，壳体为球墨铸铁 材质，阀芯为＿＿（黄铜/青铜/不锈钢）材质，压力等级＿＿（1.6/2.5）MPa	☐	建议采用 1.6MPa
	（3）室外埋地压力排水阀门	（带启闭刻度显示的）暗杆闸阀，壳体为球墨铸铁 材质，阀芯为＿＿（黄铜/青铜/不锈钢）材质，压力等级＿＿（1.0/1.6）MPa	☐	建议采用 1.6MPa
	（4）室外埋地回用水管道阀门	（带启闭刻度显示的）暗杆闸阀，壳体为球墨铸铁材质，阀芯为＿＿（黄铜/青铜/不锈钢）材质，压力等级＿＿（1.0/1.6）MPa	☐	建议采用 1.6MPa，小管径的回用水塑料管上也可采用塑料阀门或铜球阀、截止阀
	（5）其他		☐	
5	排水检查井材质	室外排水、雨水系统除特殊注明外均采用塑料排水检查井； 塑料检查井井筒尺寸按表 3.5.10-2 选用（井筒直径为 DN1000 时，井筒上口采用收口人孔井圈）	☐	
		满管压力流雨水排水系统（虹吸雨水系统）排出管第一个雨水检查井应采用钢筋混凝土井，其规格不小于 1.0m×1.0m，其他技术要求按相应的规范执行	☐	
		当检查井位于非车行道路上时，雨水系统可采用砖砌结构；当检查井位于车行道路上时，应采用钢筋混凝土结构。砖砌或混凝土检查井的规格按国家建筑标准设计图集《钢筋混凝土及砖砌排水检查井》20S515 执行	☐	

序号	项目名称	内容	实施情况	备注
5	排水检查井材质	雨水检查井采用： □塑料成品　　□钢筋混凝土检查井 雨水口采用＿＿型雨水口	□	
6	其他		□	

注：1. 本表列出了较为常用的多种室外给水排水管道，设计人员可以直接勾选其中的一种，也可以根据项目的实际情况自行增补。
　　2. 序号3室外排水管道管材及连接方式中提及的环刚度数值应根据管道埋设深度及管径确定，本书中暂定数值为最低值。

塑料检查井井筒规格选用表　　　　　　　　　　表 3.5.10-2

序号	井筒直径 （mm）	接入管道最大直径 （mm）	井筒管材选择	承口形式
1	200	160	平壁实壁管	□粘接承口 □带窝槽弹性密封承口
			平壁结构壁管	带窝槽弹性密封承口
2	315	200	双壁波纹管	不带窝槽弹性密封承口
			平壁实壁管	□粘接承口 □带窝槽弹性密封承口
			平壁结构壁管	带窝槽弹性密封承口
3	450	400	双壁波纹管	不带窝槽弹性密封承口
4	630	600	双壁波纹管	不带窝槽弹性密封承口
5	700	600	双壁波纹管	不带窝槽弹性密封承口
6	1000（带收口锥体）	1200	双壁波纹管	不带窝槽弹性密封承口

注：1. 表中数据参照了国家建筑标准设计图集《建筑小区塑料排水检查井》08SS523、《塑料排水检查井——井筒直径 $\phi700\sim\phi1000$》16S524 及江苏省工程建设标准设计图集《排水用塑料检查井》苏 S11—2015 的规定。
　　2. 国家建筑标准设计图集《塑料排水检查井——井筒直径 $\phi700\sim\phi1000$》16S524 适用的最大埋地排水管管径为 $DN600$，国家建筑标准设计图集《建筑小区塑料排水检查井》08SS523 适用的最大埋地排水管管径为 $DN800$。当埋地排水管管径大于 $DN600$ 时，应根据项目实际情况，慎重选用。

3.5.11　试压及验收要求

室外管道试压及验收要求汇总表　　　　　　　　表 3.5.11

序号	项目名称	内容	实施情况	备注
1	基本要求	室外埋地给水排水管道、消防管道安装完毕后应按照国家现行标准《给水排水管道工程施工及验收规范》GB 50268、《消防给水及消火栓系统技术规范》GB 50974、《埋地塑料排水管道工程技术规程》CJJ 143 进行验收	□	

续表

序号	项目名称	内容	实施情况	备注
2	给水管道试验压力	市政压力供水管道的工作压力为 0.30 MPa，试验压力为 0.60 MPa。其他二次供水管道、消防管道的工作压力及试验压力见各系统设计施工说明	☐	
3	给水管道试验方法	（1）室外埋地给水管道在试验压力下稳压 10min，压力降应小于 0.02MPa，然后降到工作压力应不渗不漏	☐	
		（2）消防管道的试验按各系统设计施工说明要求执行	☐	
4	消防管网的冲洗	消防管网安装完毕后，应采用生活用水对其进行冲洗，管网冲洗应连续进行； 当出口处水的颜色、透明度与入口处水的颜色、透明度基本一致时，可结束冲洗； 管网冲洗结束后，应将管网内的水排除干净	☐	
5	生活供水管网的冲洗和消毒	给水设施在交付使用前必须进行冲洗和消毒，并经有关部门检验，符合现行国家标准《生活饮用水卫生标准》GB 5749 的要求后方可使用	☐	
6	室外埋地排水管的试验	（1）当塑料排水管道沟槽回填至设计高程后，应在 12～24h 内测量管道竖向直径变形量，并应计算管道变形率不得大于 3%	☐	
		（2）雨、污水管道必须经密闭性试验合格后方可投入使用	☐	

3.5.12　安装要求

室外管道安装要求汇总表　　　　　　　　　　　表 3.5.12-1

序号	项目名称	内容	实施情况	备注
1	管沟开挖	沟槽开挖时应采取防止沟槽坍塌的安全技术措施； 沟槽底部的开挖宽度，当管道公称直径小于等于 500mm 时，对非金属管，管道每边工作面净宽不宜小于 400mm，对金属管，管道每边工作面净宽不宜小于 300mm；当管道公称直径大于 500mm 时，管道每边工作面净宽可经计算确定，且不宜小于 500mm； 管沟开挖的断面形式一般可采用直壁、放坡以及直壁与放坡相结合的形式； 人工开挖沟槽的槽深超过 3m 应分层开挖，每层的深度不超过 2m；采用机械挖槽时，沟槽分层的深度按机械性能确定	☐	参数选用来源于上海市地方标准《埋地塑料排水管道工程技术规程》DG/TJ 08-308—2002 第 6.3.3 条
2	给水、消防和压力排水管道的管顶覆土	管顶最小覆土深度： 金属管道不小于 0.70m，车行道下应不小于 0.90m； 非金属管道不小于 1.20m； 应保证管道最小管顶覆土在冰冻线以下 0.30m	☐	如采用特殊材质的管道时，还应参照相应的技术规程

序号	项目名称	内容	实施情况	备注
3	管道基础	（1）有压管道基础： 　　如地基为未经扰动的原状土层，则沟底应平整，坡度应顺畅，并不得有坚硬的物体和块石； 　　如地基为回填土土层，则应夯实，其压实度不应低于原地基土的密实度； 　　如沟基为岩石或小区地基土质较差时，管道下方应铺设150mm厚的砂垫层，并铺平、夯实； 　　如小区的地基土质松软，则应采用C15混凝土做基础，其厚度为不小于150mm； 　　如遇沟基为淤泥虚土时，应挖除淤泥夯实虚土，并采用填砂填块或其他适当的基础处理措施，然后再采用C15混凝土做基础，其厚度为不小于150mm	□	
		（2）排水管道基础： 　　塑料排水管道应敷设于天然地基上，地基承载能力特征值（f_{ak}）不应小于60kPa； 　　当遇不良地质情况时（如地下水位高的软土地基、地基不均匀的管段区域和地下水流动区域），应先按地基处理规范对地基进行处理或按照国家建筑标准设计图集《埋地塑料排水管道施工》04S520第58页施工后再进行管道敷设； 　　塑料排水管应根据项目所在地的地质勘探情况及规定设置垫层基础	□	关于地质情况各地均不相同，即便同一城市的不同地区也会有较大差异，故应根据实际勘探结果确定做法
4	回填	（1）有压管道回填： 　　管顶上部200mm以内应回填砂子或无块石及冻土块的土，并不得用机械回填； 　　管顶上部500mm以内不得回填直径大于50mm的块石和冻土块，并不得用机械回填； 　　管顶上部500mm以上部分回填土中的块石和冻土块不得集中； 　　上部用机械回填时，机械不得在管沟上行走； 　　回填压实应逐层进行，且不得损伤管道； 刚性管道两侧和管顶以上500mm范围内夯实时，应采用轻型压实机具； 　　柔性管道回填从管底基础部位开始到管顶以上500mm范围内，必须采用人工回填	□	
		（2）排水管道回填： 　　管基支承角$2\alpha+30°$（180°）范围内的管底腋角部位必须用中砂或粗砂填充密实，与管壁紧密接触，不得用土或其他材料填充； 　　沟槽应分层对称回填、夯实，每层回填高度不得大于200mm； 　　柔性管道回填从管底基础部位开始到管顶以上500mm范围内，可采用中砂、粗砂、碎石屑、最大粒径小于40mm的砂砾，必须采用人工回填； 　　管顶500mm以上部位采用原土分层回填，可用机械从管道轴线两侧同时夯实；每层回填高度应不大于200mm； 　　塑料排水管道管顶0.5m以上部位回填土的压实度，应按相应的场地或道路设计要求确定，不宜小于90%；管顶0.5m以下各部位回填土应符合《埋地塑料排水管道工程技术规程》CJJ 143—2010第4.9.3条中表4.9.3的规定	□	

序号	项目名称	内容	实施情况	备注
5	管道防腐	(1) 项目按加强级 防腐要求实施	☐	管道防腐层种类见表 3.5.12-2； 也可不同系统管道采用不同等级防腐
		(2) 球墨铸铁管管内防腐可采用内壁涂塑或水泥砂浆衬里的成品产品，外壁应出厂时自带防腐；若所购产品外壁未做防腐处理，则外防腐可采用刷冷底子油一遍、石油沥青两道	☐	
		(3) 埋地管道连接用的螺栓、螺母以及垫片等附件应采用防腐蚀材料或涂覆沥青涂层等防腐涂层	☐	
6	阀门井、水表井、支墩	(1) 砖砌阀门井参照国家建筑标准设计图集《室外给水管道附属构筑物》05S502 第 68 页施工	☐	
		(2) 室外砖砌水表井参照国家建筑标准设计图集《室外给水管道附属构筑物》05S502 第 43 页或自来水公司的要求实施	☐	
		(3) 室外消火栓及阀门井参照国家建筑标准设计图集《室外消火栓及消防水鹤安装》13S201 第 15、16 页（SSF150/65-1.6）实施	☐	
		(4) 管道转弯、三通接口、阀门接口处均应设置混凝土支墩，均参照国家建筑标准设计图集《柔性接口给水管道支墩》10S505	☐	
		(5) 室外埋地消防管道施工应按照现行国家标准《消防给水及消火栓系统技术规范》GB 50974 实施	☐	
7	排水管道施工标准	室外埋地塑料雨污水管道按《埋地塑料排水管道工程技术规程》CJJ 143、《埋地塑料排水管道施工》04S520 的规定执行，并参照国家建筑标准设计图集《埋地塑料排水管道施工》04S520、《建筑小区塑料排水检查井》08SS523、《塑料排水检查井——井筒直径 $\phi700\sim\phi1000$》16S524 施工	☐	上海地区可按照国家建设标准设计图集《埋地塑料排水管道工程技术规程》DG/TJ 08-308—2002 执行
		室外混凝土管道按国家建筑标准设计图集《混凝土排水管道基础及接口》04S516 施工，钢筋混凝土及砖砌排水检查井按《钢筋混凝土及砖砌排水检查井》20S515 施工	☐	
8	塑料排水管道环刚度	管材环刚度的选择： 室外埋地塑料排水管当埋深小于等于 4.0m 时，其环刚度采用 8.0kN/m²； 室外埋地塑料排水管当埋深大于 4.0m 时，其环刚度采用 10.0kN/m²； 当管道覆土深度超过国家建筑标准设计图集《市政排水管道工程及附属设施》06MS201 和《埋地塑料排水管道工程技术规程》CJJ 143—2010 所规定的最大覆土深度时，须由管道制造商对管道的环刚度进行加强设计（并应在提供的管道上注明）	☐	
9	塑料排水管道变形率	塑料排水管道的变形率应不超过 3%	☐	
10	排水管道施工要求	(1) 室外排水管道应按设计坡度施工，排水管道连接变换管径时需管顶平接，排水管道转弯和交汇处，应保证水流转角不得小于 90°	☐	

续表

序号	项目名称	内容	实施情况	备注
10	排水管道施工要求	(2) 雨水检查井须落低 300mm，污水检查井不落低，但须粉出流槽	□	
		(3) 室外排水管道基础、雨水检查井、污水检查井、道路雨水口、明沟雨水口（其中道路雨水口、明沟雨水口的盖板形式、材质及尺寸须结合景观设计要求）参照国家建筑标准设计图集《钢筋混凝土及砖砌排水检查井》20S515 施工	□	
		(4) 核放射区域出户至衰变池处检查井（如有）采用 600mm×600mm 混凝土小方井，井壁需采取防辐射措施；管道覆土深度不满足规范要求时，则应按照规范要求进行加固处理；位于车行道的检查井应采用具有足够承载力和稳定性良好的井盖与井座，并设置防坠网	□	
		(5) 位于路面上的井盖，上表面应同路面相平，无路面井盖应高出室外设计标高 50mm，并宜在井口周围用 0.02 的坡度向外做水泥砂浆护坡	□	
		(6) 井盖：雨污水井盖均采用铸铁井盖，并有雨污水井盖字样，车行道下采用重型铸铁井盖，步行道或绿地可采用轻型井盖	□	
		(7) 雨水口参照国家建筑标准设计图集《雨水口》16S518 施工	□	
11	排水管道的坡度	室外污水管最小坡度按表 3.5.12-3 执行；室外雨水管最小坡度按表 3.5.12-4 执行	□	
12	窨井	污水井和雨水口的井盖应与地坪铺装协调一致，绿地内采用____，道路上采用____	□	
		位于车行道的检查井、集水井、阀门井，应采用具有足够承载力和稳定性良好的井盖与井座，井盖基座和井体分离设置，并设有效的防盗、防坠落措施（可设为双层井盖），防坠网承重大于____(150) kg	□	
		所有检查井、集水井、阀门井井盖上应有明显的属性标识	□	
		建筑高度超过 100m 的建筑的屋面雨水管道接入室外检查井时，检查井井壁应有足够强度耐受雨水冲刷，井盖应能溢流雨水	□	《建筑给水排水与节水通用规范》GB 55020—2021 第 4.5.7 条规定

石油沥青涂料外防腐层构造要求表　　　　　　　　　表 3.5.12-2

防腐层层次（从金属表面起）	普通级（三油二布）		加强级（四油三布）		特加强级（五油四布）	
	构造	厚度	构造	厚度	构造	厚度
1	底料（冷底子油）一层	≥4.0mm	底料（冷底子油）一层	≥5.5mm	底料（冷底子油）一层	≥7.0mm
2	沥青涂层（厚度≥1.5mm）		沥青涂层（厚度≥1.5mm）		沥青涂层（厚度≥1.5mm）	
3	玻璃布一层（加强包扎层）		玻璃布一层（加强包扎层）		玻璃布一层（加强包扎层）	
4	沥青涂层（厚度1.0～1.5mm）		沥青涂层（厚度1.0～1.5mm）		沥青涂层（厚度1.0～1.5mm）	
5	玻璃布一层（加强包扎层）		玻璃布一层（加强包扎层）		玻璃布一层（加强包扎层）	
6	沥青涂层（厚度1.0～1.5mm）		沥青涂层（厚度1.0～1.5mm）		沥青涂层（厚度1.0～1.5mm）	
7	聚氯乙烯工业薄膜一层（外包保护层）		玻璃布一层（加强包扎层）		玻璃布一层（加强包扎层）	
8			沥青涂层（厚度1.0～1.5mm）		沥青涂层（厚度1.0～1.5mm）	
9			聚氯乙烯工业薄膜一层（外包保护层）		玻璃布一层（加强包扎层）	
10					沥青涂层（厚度1.0～1.5mm）	
11					聚氯乙烯工业薄膜一层（外包保护层）	

室外生活排水管最小坡度　　　　　　　　　表 3.5.12-3

名称	公称直径（mm）	最小设计坡度	最大设计充满度
生活排水埋地塑料管	DN150	0.005	0.50
	DN200	0.004	0.50
	DN250	0.004	0.50
	DN300	0.003	0.50

室外雨水管最小坡度　　　　　　　　　表 3.5.12-4

名称	公称直径（mm）	最小设计坡度
13 号沟头的雨水口连接管	DN150	0.010
雨水口连接管	DN200	0.003
雨水埋地塑料管	DN300	0.003
	DN400	0.003
	DN500～DN800	0.002
	DN900～DN1200	0.0015

3.6 室内给水系统

3.6.1 基本规定

给水系统基本规定汇总表　　　　　　　　　　表 3.6.1

序号	内容	实施情况	备注
1	建筑给水系统的设计应满足生活用水对水质、水量、水压、安全供水以及消防给水的要求	□	
2	在满足使用要求与卫生安全的条件下，建筑给水系统应节水节能，系统运行的噪声和振动等不得影响人们的正常工作和生活	□	
3	无论设计文件中是否注明，项目中生活饮用水给水系统的涉水产品均应采用质量合格的材料与设备，并应符合现行国家标准《生活饮用水输配水设备及防护材料的安全性评价标准》GB/T 17219 的规定	□	
4	所有设备、器材、管材、管件、阀门和配件等系统组件的产品工作压力等级，在给水系统中应不小于系统的工作压力，且均应保证系统在可能最大运行压力时安全可靠	□	
5	生活饮用水水箱间、给水泵房应设置入侵报警系统等技防、物防安全防范和监控措施	□	
6	其他	□	

3.6.2 水源、水压及水质

水源、水压及水质汇总表　　　　　　　　　　表 3.6.2

序号	内容	实施情况	备注
1	项目水源、水压要求及资料来源见表 3.5.1-1；其中生活用水从____路上的城镇供水管道引入 DN ____ 的供水管道	□	
2	生活给水系统的水质，应符合现行国家标准《生活饮用水卫生标准》GB 5749 的要求	□	详见本表注 2
3	高星级宾馆的生活用水进行深度水质处理，水处理具体工艺流程按酒店管理公司的要求设计	□	
4	制剂和医疗用水水质应符合医疗工艺要求	□	
5	所有贮水池（箱）均需配置消毒设施，生活水箱人孔应上锁	□	
6	供水设施在交付使用前应进行清洗和消毒，并经有关资质认证机构取样化验，水质符合现行国家标准《生活饮用水卫生标准》GB 5749 的要求后方可使用	□	
7	其他	□	

注：1. 序号 1 中为略写，表 3.5.1-1 中已有详细表述。

　　2. 如需对水质有重要规定时，详见附录 1 附表 1-1～附表 1-3，各地有特别规定时，还应遵循地方标准及规定。

　　3. 本表中还有其他项目需进行深度水质处理时，设计人员应自行添加。

3.6.3　用水量及用水定额

生活用水量及用水定额汇总表

表 3.6.3

序号	名称		用水单位	最高日用水定额 q₁ (L)	平均日用水定额 q_ad (L)	用水数量 m	最高日小时变化系数 K_h	使用时数 T (h)	最高日用水量 Q_d (m³/d)	最大时用水量 Q_h (m³/h)	平均日用水量 Q_ad (m³/d)	平均时用水量 Q_h (m³/h)	实施情况	备注
1	普通住宅	有大便器、洗脸盆、洗涤盆、洗衣机、热水器和沐浴设备	每人每日	130~300	50~200		2.8~2.3	24					☐	
		有大便器、洗脸盆、洗涤盆、洗衣机、集中热水供应（或家用热水机组和沐浴设备）	每人每日	180~320	60~230		2.5~2.0	24					☐	
2	别墅	有大便器、洗脸盆、洗涤盆、洗衣机、洒水栓、家用热水机组和沐浴设备	每人每日	200~350	70~250		2.3~1.8	24					☐	
3	宿舍	居室内设卫生间	每人每日	150~200	130~160		3.0~2.5	24					☐	
		设公用盥洗卫生间	每人每日	100~150	90~120		6.0~3.0	24					☐	
4	招待所、培训中心、普通旅馆	设公用卫生间、盥洗室	每人每日	50~100	40~80		3.0~2.5	24					☐	
		设公用卫生间、盥洗室、淋浴室	每人每日	80~130	70~100		3.0~2.5	24					☐	
		设公用卫生间、盥洗室、淋浴室、洗衣室	每人每日	100~150	90~120		3.0~2.5	24					☐	
		设单独卫生间、公用洗衣室	每人每日	120~200	110~160		3.0~2.5	24					☐	
5	酒店式公寓		每人每日	200~300	180~240		2.5~2.0	24					☐	

续表

序号	名称		用水单位	最高日用水定额 q_d (L)	平均日用水定额 q_{al} (L)	用水数量 m	最高日小时变化系数 K_h	使用时数 T (h)	最高日用水量 Q_d (m³/d)	最大时用水量 Q_h (m³/h)	平均日用水量 Q_{ad} (m³/d)	平均时用水量 Q_{ah} (m³/h)	实施情况	备注
6	宾馆客房	旅客	每床位每日	250~400	220~320		2.5~2.0	24					□	
		员工	每人每日	80~100	70~80		2.5~2.0	8~10					□	
7	医院住院部	设公用卫生间、盥洗室	每床位每日	100~200	90~160		2.5~2.0	24					□	
		设单独卫生间	每床位每日	150~250	130~200		2.5~2.0	24					□	
		医务人员	每人每班	150~250	130~200		2.0~1.5	8					□	
	门诊部、诊疗所	病人	每病人每次	10~15	6~12		1.5~1.2	8~12					□	
		医务人员	每人每班	80~100	60~80		2.5~2.0	8					□	
	疗养院、休养所住房部		每床位每日	200~300	180~240		2.0~1.5	24					□	
8	养老院、托老所	全托	每人每日	100~150	90~120		2.5~2.0	24					□	
		日托	每人每日	50~80	40~60		2.0	10					□	
9	幼儿园、托儿所	有住宿	每儿童每日	50~100	40~80		3.0~2.5	24					□	
		无住宿	每儿童每日	30~50	25~40		2.0	10					□	
10	公共浴室	淋浴	每顾客每次	100	70~90		2.0~1.5	12					□	
		浴盆、淋浴	每顾客每次	120~150	120~150		2.0~1.5	12					□	
		桑拿浴（淋浴、按摩池）	每顾客每次	150~200	130~160		2.0~1.5	12					□	
11	理发室、美容院		每顾客每次	40~100	35~80		2.0~1.5	12					□	
12	洗衣房		每公斤干衣	40~80	40~80		1.5~1.2	8					□	
13	餐饮业	中餐酒楼	每顾客每次	40~60	35~50		1.5~1.2	10~12					□	
		快餐店、职工及学生食堂	每顾客每次	20~25	15~20		1.5~1.2	12~16					□	
		酒吧、咖啡馆、茶座、卡拉OK房	每顾客每次	5~15	5~10		1.5~1.2	8~18					□	
		西餐厅	每顾客每次	40	35		1.5~1.2	10~12					□	

续表

序号	名称		用水单位	最高日用水定额 q_L (L)	平均日用水定额 q_{aL} (L)	用水数量 m	最高日小时变化系数 K_h	使用时数 T (h)	最高日用水量 Q_d (m³/d)	最大时用水量 Q_h (m³/h)	平均日用水量 Q_{ed} (m³/d)	平均时用水量 Q_{ah} (m³/h)	实施情况	备注
14	商场	员工及顾客	每平方米营业厅每日	5~8	4~6		1.5~1.2	12					□	
15	办公楼	坐班制办公	每人每班	30~50	25~40		1.5~1.2	8~10					□	
		公寓式办公	每人每日	130~300	120~250		2.5~1.8	10~24					□	
		酒店式办公	每人每日	250~400	220~320		2.0	24					□	
16	科研楼	化学	每工作人员每日	460	370		2.0~1.5	8~10					□	
		生物	每工作人员每日	310	250		2.0~1.5	8~10					□	
		物理	每工作人员每日	125	100		2.0~1.5	8~10					□	
		药剂调制	每工作人员每日	310	250		2.0~1.5	8~10					□	
17	图书馆	阅览者	每座位每次	20~30	15~25		1.5~1.2	8~10					□	
		员工	每人每日	50	40		1.5~1.2	8~10					□	
18	书店	顾客	每平方米营业厅每日	3~6	3~5		1.5~1.2	8~12					□	
		员工	每人每班	30~50	27~40		1.5~1.2	8~12					□	
19	教学、实验楼	中小学校	每学生每日	20~40	15~35		1.5~1.2	8~9					□	
		高等院校	每学生每日	40~50	35~40		1.5~1.2	8~9					□	
20	电影院、剧院	观众	每观众每场	3~5	3~5		1.5~1.2	3					□	
		演职员	每人每场	40	35		2.5~2.0	4~6					□	
21	健身中心		每人每次	30~50	25~40		1.5~1.2	8~12					□	
22	体育场（馆）	运动员淋浴	每人每次	30~40	25~40		3.0~2.0	4					□	
		观众	每人每场	3	3		1.2	4					□	
23	会议厅		每座位每次	6~8	6~8		1.5~1.2	4					□	

续表

序号	名称		用水单位	最高日用水定额 q_L (L)	平均日用水定额 q_{aL} (L)	用水数量 m	最高日小时变化系数 K_h	使用时数 T (h)	最高日用水量 Q_i (m³/d)	最大时用水量 Q_h (m³/h)	平均日用水量 Q_{ad} (m³/d)	平均时用水量 Q_{ah} (m³/h)	实施情况	备注
24	会展中心（展览馆、博物馆）	观众	每平方米营业厅每日	3~6	3~5		1.5~1.2	8~16					□	
		员工	每人每班	30~50	27~40		1.5~1.2	8~16					□	
25	航站楼、客运站旅客		每人次	3~6	3~6		1.5~1.2	8~16					□	
26	菜市场地面冲洗及保鲜用水		每平方米每日	10~20	8~15		2.5~2.0	8~10					□	
27	小计		—										□	
28	未预见水量			按10%估算									□	
29	合计		—										□	
30	空调补水		—	最高日循环水量的 1%~2%	平均日循环水量的 1%~2%								□	详见本表注3
31	绿化浇灌用水		每平方米每日	1~3	0.33~1.8								□	
32	道路浇洒用水		每平方米每日	2~3	0.4~1.5								□	
33	停车库地面冲洗用水		每平方米每次	2~3	2~3		1.0	6~8					□	
34	其他												□	
35	总计												□	
36	最高日用水总量（ΣQ_i）(m³/d)												□	
37	最大时用水总量（ΣQ_h）(m³/h)												□	
38	年生活用水总量（$d \cdot \Sigma Q_{ad}$）(m³/年)												□	

注：1. 表中主要设计参数引自《建筑给水排水设计标准》GB 50015—2019中表3.2.1及表3.2.2。
2. 复杂工程需分区、分段计算时，应参照本表的格式引用。
3. 表中序号30提供的数据还应与供暖与通风专业协商确认。
4. 表中平均日用水定额提供的范围包含了一区～三区的特大城市、大城市、中小城市等各种类型。设计人员在具体取值时，还应参照《民用建筑节水设计标准》GB 50555—2010第3.1.1~3.1.6条以及表3.1.2、表3.1.3、表3.1.5、表3.1.6的规定确定，并与计算结果保持一致。
5. 序号34可用于添加本表未提及的用水单项，如游泳池补充水等。

3.6.4　设计系统

给水系统设计汇总表

表 3.6.4

序号	项目名称	内容	实施情况	备注
1	市政供水范围	项目拟直接利用城镇给水管网水压的楼层为____层~____层	☐	
2	多高层分区方式	给水系统竖向分____区； ____层~____层为一区；____层~____层为二区；……	☐	
3	多高层各区供水方式	____区由城镇给水管网直接供水	☐	
		____区由恒压变频水泵机组、生活贮水池联合供水	☐	
		____区由屋顶生活水箱供水	☐	
		____区由屋顶生活水箱、减压阀供水	☐	
		……	☐	
4	超高层建筑分段方式	采用分段转输输水方式，共分为____段； ____层~____层为第一段； ____层~____层为第二段； …… 在____避难层设置____m³ 中间生活供水/转输水箱和____泵；…… 转输输水顺序由下往上，直至屋顶生活水箱	☐	
5	超高层建筑各段内供水方式	第一段分为____区；其中____层~____层为一区；____层~____层为二区；…… ____区由城镇给水管网直接供水； ____区由恒压变频水泵机组、生活贮水池联合供水； ____区由____避难层设置的中间生活供水/转输水箱供水（或由上一段经减压阀供水）	☐	详见本表注1
		第二段分为____区；其中____层~____层为一区；____层~____层为二区；…… ____区由____避难层设置的恒压变频水泵机组、中间生活供水/转输水箱供水； ____区由____避难层设置的中间生活供水/转输水箱、减压阀供水； ____区由____避难层设置的中间生活供水/转输水箱供水（或由上一段经减压阀供水）；	☐	
		……	☐	
		最高段分为____区；其中____层~____层为一区；____层~____层为二区；…… ____区由____避难层设置的恒压变频水泵机组、中间生活供水/转输水箱供水； ____区由____层设置的屋顶生活水箱、减压阀供水； ____区由____层设置的屋顶生活水箱供水； ____区由____层设置的恒压变频水泵机组、屋顶生活水箱供水	☐	

序号	内容	实施情况	备注
6	整个建筑物在＿＿层设置与城镇给水管网衔接的主生活供水泵房，内配置＿＿m³生活贮水池＿＿座及＿＿组恒压变频水泵机组；其中泵组一供＿＿栋，泵组二供＿＿栋，……	☐	详见本表注2
	整个建筑物在＿＿层设置与城镇给水管网衔接的主生活供水泵房，内配置＿＿m³生活贮水池＿＿座及＿＿组定频供水泵机组；其中泵组一供＿＿栋，泵组二供＿＿栋，……	☐	
7	整个建筑物在＿＿避难层设置中间生活转输泵房，内配置＿＿m³中间生活供水/转输水箱及＿＿台供水泵机组……	☐	
8	整个建筑物在＿＿层设置屋顶生活泵房，内配置＿＿m³屋顶生活水箱＿＿座及＿＿台屋顶生活水箱供水泵机组……	☐	
9	在＿＿层设置空调补水泵房，内配置＿＿m³贮水池及＿＿台空调冷却塔补水泵	☐	
10	生活给水系统竖向分区中的最高静水压力均小于0.45MPa	☐	
11	各用水点供水压力大于0.2MPa处均设置减压设施	☐	有工艺要求除外，但需表达
12	根据酒店管理公司要求，客房所需最低水压力为＿＿MPa	☐	
13	厨房给水预留管道接口，具体由专业厂商深化设计	☐	
14	医院感染楼、发热和肠道门诊的给水系统单独设置供水设施，不得由城镇给水管网直接供水	☐	
15	下列场所的用水点应采用非手动开关，并应采取防止污水外溅的措施：公共卫生间的洗手盆、小便斗、大便器；护士站、治疗室、中心（消毒）供应室、监护病房等房间的洗手盆；产房、手术刷手池、无菌室、血液病房和烧伤病房等房间的洗手盆；诊室、检验科等房间的洗手盆；有无菌要求或防止院内感染场所的卫生器具	☐	
16	其他	☐	

注：1. 此处应按工程建设项目实际分段、分区和供水情况填写。建筑高度不超过100m的建筑物，宜采用垂直分区并联供水的供水方式；建筑高度超过100m的建筑物，宜采用垂直分区串联供水的供水方式。
　　2. 复杂项目中，与城镇给水管网衔接的主生活供水泵房可能有多个，应逐一描述位置及设备配置情况。

3.6.5 水表与计量

给水系统水表与计量汇总表　　　　　表3.6.5

序号	内容	实施情况	备注
1	工程建设项目根据建筑物内不同使用功能的要求，分别设置水表进行计量。人防用水、空调系统补水、洗衣房、水加热器、游泳池、喷水池、中水系统、冷却塔补水、锅炉补水、室外绿化灌溉、浇洒道路系统、雨水回用系统补水、太阳能热水系统补水、空气源热泵热水系统补水、医院各科室用水、食堂用水、手术部用水、中心供应用水、商业租户、厨房等均分别设水表计量	☐	如还有未提及的独立系统也应设置水表计量

序号	内容	实施情况	备注
2	室内水表采用＿＿＿水表	□	推荐采用远传水表
3	接管公称直径小于等于 50mm 时，采用旋翼式水表；接管公称直径大于 50mm 时，采用螺翼式水表	□	详见本表注
4	其他	□	

注：水表口径可按下列规定确定：
(1) 用水量均匀的生活给水系统，如公共浴室、洗衣房、公共食堂等用水密集型的建筑可按给水设计秒流量选定水表的常用流量值；
(2) 用水量不均匀的生活给水系统，如住宅、旅馆等公共建筑可按给水设计秒流量选定水表的过载流量值；
(3) 在消防时除生活用水外尚需通过消防流量的水表，应以生活用水的设计流量叠加消防流量进行校核，校核流量不应大于水表的过载流量。

3.6.6　控制要求

给水系统控制要求汇总表　　　　　　　　　　　　　　　表 3.6.6

序号	内容	实施情况	备注
1	恒压变频给水设备，电源应为双电源或双回路供电，供水设备的运行由水泵出水管上的压力传感装置控制	□	
2	屋顶水箱采用水泵加压进水，设置水箱水位自动控制水泵启、停的装置；当一组水泵供给多个水箱进水时，在水箱进水管上宜装设电信号控制阀，由水位监控设备实现自动控制	□	
3	水塔、水池应设水位监视和溢流报警装置，水箱宜设水位监视和溢流报警装置，信号应传至监控中心	□	
4	设于地下室的贮水池进水管上设置事故电动切断阀，由水池溢流水位控制其关闭，待事故排除后，人工复位	□	
5	屋顶消防水箱内的液位计控制水箱进水管上电动阀的启闭	□	
6	其他	□	

3.6.7　管道及阀门

给水系统管材及阀门选用表　　　　　　　　　　　　　表 3.6.7

序号	项目名称	材料要求	实施情况	备注
1	室内冷水管	(1) 冷水管采用薄壁不锈钢管，管径小于等于 100mm 时采用卡压、双卡压、环压卡凸、焊接式连接，管径大于 100mm 时采用不锈钢沟槽式机械接头连接。应符合《薄壁不锈钢管》CJ/T 151、《建筑给水薄壁不锈钢管管道工程技术规程》T/CECS 153 及国家建筑标准设计图集《建筑给水薄壁不锈钢管道安装》22S407-2 的规定	□	
		(2) 冷水管采用薄壁铜管，钎焊焊接。应符合国家现行标准《无缝铜水管和铜气管》GB/T 18033 及《建筑给水铜管道工程技术规程》CECS 171 的规定	□	

序号	项目名称	材料要求	实施情况	备注
1	室内冷水管	（3）冷水管采用钢塑复合管，管径小于 100mm 时采用丝扣连接，管径大于等于 100mm 时，水泵房内管道采用法兰或沟槽式机械接头连接。钢塑复合管与铜管、塑料管连接及与阀门、给水栓连接时都应采用相匹配的专用过渡接头。应符合《建筑给水复合管道工程技术规程》CJJ/T 155 的规定	☐	
		（4）冷水管采用铝塑（PAP）复合管，管道连接方式为卡套式、卡压式、扩口卡紧式连接，管径大于 32mm 时采用挤压夹紧式连接。由分水器到各配水点应采用中间无连接件的整支管道。应符合现行国家标准《铝塑复合压力管 第1部分：铝管搭接焊式铝塑管》GB/T 18997.1 及《铝塑复合压力管 第 2 部分：铝管对接焊式铝塑管》GB/T 18997.2 的规定	☐	
		（5）冷水管采用聚丙烯管道（PP-R），热熔连接。现行国家标准应符合《冷热水用聚丙烯管道系统 第1部分：总则》GB/T 18742.1 的规定	☐	
		（6）冷水管采用 PVC-U 给水塑料管，承插粘接。应符合现行国家标准《给水用硬聚氯乙烯（PVC-U）管材》GB/T 10002.1 的规定	☐	
		（7）冷水管采用丙烯酸共聚聚氯乙烯管道（AGR），管件采用 No.80 胶粘剂粘接。管材及管件应符合《给水用丙烯酸共聚聚氯乙烯管材及管件》CJ/T 218 的规定	☐	
		（8）冷水管采用 PE-X 给水塑料管，管道连接方式为金属管件机械连接，即卡箍式、卡压式、扩口卡紧式连接等。由分水器到各配水点应采用中间无连接件的整支管道。管材及管件应符合现行国家标准《冷热水用交联聚乙烯（PE-X）管道系统 第1部分：总则》GB/T 18992.1 及《冷热水用交联聚乙烯（PE-X）管道系统 第 2 部分：管材》GB/T 18992.2 的规定	☐	
		（9）其他	☐	
2	室内冷水系统阀门	（1）当管径大于 DN50 时采用不锈钢或铁壳铜芯闸阀，当管径小于等于 DN50 时采用不锈钢或全铜截止阀或球阀	☐	详见本表注2
		（2）其他	☐	

注：1. 如还有未完全表达的系统内容，或当采用类似管道、管件及连接技术时，设计人员需根据项目实际情况添加入相应序号的（其他）行及以后。

2. 给水管道上使用的各类阀门的材质，应耐腐蚀和耐压。根据管径大小和所承受压力的等级及使用温度，可采用全铜、全不锈钢、铁壳铜芯和全塑阀门等。各类阀门的性能及使用场合如下：

(1) 闸阀：宜选用弹性座封闸阀。弹性座封闸阀利用了弹性闸板产生微量弹性变性的补偿作用达到良好的密封效果，开关轻巧。可用在要求水流阻力小的部位（水泵吸水管上），适用于管径大于 50mm 的管道上、水流需双向流动的管段上。

(2) 蝶阀：蝶阀具有结构紧凑、体积小、质量轻、操作灵活、维修方便等特点。可用在安装空间较小的部位，适用于管径大于 50mm 的管道上、水流需双向流动的管段上。

(3) 截止阀：截止阀结构简单、维修方便，工作行程小、启闭时间短，密封性能好。可用在需要调节流量、水压的管道上，适用于管径小于 50mm 的管道上、经常启闭的管段上。

(4) 球阀：球阀启闭迅速、轻便，流量体阻力小、无振动、噪声小，结构简单、便于维修，密封性能好、不受安装方向限制。可用在安装空间较小的部位、入户水表前、需经常操作的管段上。

3.6.8 管道安装

给水系统管道及附件安装汇总表

表 3.6.8

序号	内容	实施情况	备注
1	所有给水排水、消防工程的安装必须满足抗震要求	☐	
2	项目室内管道系统所注标高均为管中标高，尺寸单位除特殊说明外，标高为 m，其余为 mm	☐	
3	管道安装前必须将管内污物及锈蚀清除干净，安装时应保持管道的清洁，严禁施工杂物等落入管内	☐	
4	管道压力试验合格后应进行系统清洗，直至系统排出水的色泽和透明度与入口水目测一致为合格，清洗后过滤器应及时拆洗干净	☐	
5	室内冷、热水管上下平行敷设时冷水管应在热水管下方；垂直平行敷设时，冷水管应在热水管右侧；卫生器具的冷水连接管，应在热水连接管的右侧	☐	
6	凡穿过梁、楼板、墙板的管道，均应根据图上地位和标高，并结合实际施工情况及时配合土建预留孔洞或预埋套管，套管做法见国家建筑标准设计图集	☐	
7	所有水池、水箱的溢流管末端管口均用 18 目不锈钢丝网包扎	☐	
8	凡穿过变形缝处均应设金属软管（$L=$ ____ mm）及检修阀门	☐	
9	管道支架或吊架的安装可参照国家建筑标准设计图集，特殊支架或吊架由安装单位现场确定，并应满足施工验收规范的要求	☐	
10	管道穿越楼板及墙板处均应预埋钢套管，穿越地下室外墙时应预埋防水钢套管： （1）套管管径比管道管径大二档，套管应比毛地坪高出 80mm，比毛墙每边伸出 30mm； （2）穿楼板时套管与管道之间的缝隙应用不燃密实材料和防水油膏填实； （3）穿墙套管与管道之间的缝隙应用不燃密实材料填实； （4）穿越地下室外墙时套管与管道之间的缝隙应用石棉水泥和防水油麻填实	☐	
11	给水管道应避免穿越人防地下室，必须穿越时应按现行国家标准《人民防空地下室设计规范》GB 50038 的要求设置防护阀门等	☐	
12	管道支、吊架需采用镀锌成品预制件，做法详见国家建筑标准设计图集《装配式管道支吊架（含抗震支吊架）》18R417-2	☐	
13	水泵房内管道均配置弹性支、吊架	☐	
14	钢管水平安装支架间距按现行国家标准《建筑给水排水及采暖工程施工质量验收规范》GB 50242 的规定施工	☐	
15	从人防围护结构或防护密闭门引入的压力流管道应在其内侧设置防护阀门；穿越防护单元之间的防护密闭隔墙时应在其两侧设置防护阀门；阀门的压力等级均不得小于 1.0MPa，凡进入人防地下室的管道及其穿过的人防围护结构，均应采取防护密闭措施，具体详见人防设计单位的图纸	☐	

续表

序号	内容	实施情况	备注
16	管道防腐及油漆： （1）在涂刷油漆前，应清除表面的灰尘、污垢、锈斑、焊渣等杂物，涂刷油漆厚度应均匀，不得有脱皮、气泡、流淌和漏涂等现象； （2）铸铁管表面涂刷清漆 2 道； （3）埋地金属管（除不锈钢管）的外壁均按三油二布的要求做好石油沥青涂料的外防腐层； （4）埋地不锈钢管需外缠二层聚乙烯胶带或玻璃纤维塑料布防腐（缠绕边需重叠 1/3～1/2）	☐	
17	管道保温及防冻： （1）室外明露的给水管均采用＿＿mm 厚的 ＿＿（B1 级柔性泡沫橡塑保温管/A 级离心玻璃棉制品）保温，外扎玻璃布一道，再加铝合金薄板保护层；管径大于等于 DN80 采用＿＿（0.8mm）厚铝合金薄板保护层，管径小于等于 DN65 采用＿＿（0.5mm）厚铝合金薄板保护层； （2）设有空调系统的房间中，其吊顶内的给水管均采用＿＿（10mm）厚的＿＿（难燃（B1）型橡塑发泡保温管/A 级离心玻璃棉制品）防结露保温，外扎玻璃布一道	☐	
18	管道标识： （1）给水管道应为蓝色环； （2）DN150 以下管道色环宽度为 30mm，间距 1.5～2.0m。DN150～DN300 管道色环宽度为 50mm，间距 2.0～2.5m。水流方向箭头和标识字体为白色或黄色	☐	《建筑给水排水与节水通用规范》GB 55020—2021 第 8.1.9 条规定
19	其他	☐	

3.6.9 试压及验收要求

给水系统试压及验收要求汇总表　　　　　　　　　　表 3.6.9

序号	内容	实施情况	备注
1	给水管道系统进行水压试验，采用分区试压和系统试压相结合的方法	☐	
2	供＿＿楼生活水泵出水管最高工作压力为＿＿MPa，试验压力为＿＿MPa	☐	
3	冷水总管最高工作压力为＿＿MPa，试验压力为 ＿＿MPa	☐	
4	冷水支管最高工作压力为＿＿MPa，试验压力为＿＿MPa	☐	
5	试验压力值以管道系统最低处为准	☐	
6	给水管道系统的试压要求：金属管或复合管道系统在试验压力下稳压 10min，压力降应小于 0.02MPa，然后降到工作压力，压力应不降，且不渗不漏	☐	
7	塑料管道系统在试验压力下稳压 1h，压力降应小于 0.05MPa，然后在工作压力 1.15 倍状态下稳压 2h，压力降不得超过 0.03MPa，连接处不得渗漏	☐	
8	供水设施在交付使用前应进行清洗和消毒，并经有关资质认证机构取样化验，水质符合现行国家标准《生活饮用水卫生标准》GB 5749 的要求后方可使用	☐	

续表

序号	内容	实施情况	备注
9	系统竣工后，必须进行工程验收，验收应符合下列要求：管道的材质、管径、接头、连接方式及采取的防腐、保温措施应符合设计要求，管道标识应符合设计要求	☐	
10	其他	☐	

注：高层、超高层建筑物存在分段及分区供水情况，需逐一表述。

3.7 室内热水系统

3.7.1 基本规定

热水系统基本规定汇总表 表 3.7.1

序号	内容	实施情况	备注
1	热水设施应采用质量合格的材料与设备，同时必须满足卫生安全的要求	☐	
2	所有设备、器材、管材管件、阀门和配件等系统组件的产品工作压力等级，在热水系统中应不小于系统的工作压力，且均应保证系统在可能最大运行压力时安全可靠	☐	
3	热水供应系统应在满足使用要求水量、水质、水温和水压的条件下节约能源、节约用水	☐	
4	集中热水供应系统应设热水循环系统，居住建筑热水配水点出水温度达到最低出水温度的出水时间不应大于15s，公共建筑配水点出水时间不应大于10s	☐	详见本表注
5	其他	☐	

注：本条引自《建筑给水排水与节水通用规范》GB 55020—2021 第5.1.3条的规定。

3.7.2 供水范围

热水系统供水范围汇总表 表 3.7.2

序号	内容	实施情况	备注
1	宾馆客房、餐厅厨房、健身中心、泳池淋浴、洗衣房等	☐	
2	医院门急诊楼、医技楼、住院部、餐厅厨房、浴室、手术室等	☐	
3	养老院护理楼、自理公寓、餐厅厨房、健身中心、浴室等	☐	
4	体育馆、游泳馆、体育场等更衣淋浴	☐	
5	有使用集中供应热水系统要求的小区	☐	
6	较大型公共浴室、洗衣房、厨房等耗热量大的用水部位	☐	
7	其他	☐	

注：如还有本表中未提及的供水范围，设计人员应自行添加。

3.7.3 热源、热媒、水源及水质

热源、热媒、水源及水质汇总表 表 3.7.3

序号	项目名称	内容		实施情况	备注
1	供热热源	采用稳定、可靠的余热、废热、地热		☐	
		当以地热为热源时，应按地热水的水温、水质和水压，采取相应的技术措施处理使其满足使用要求		☐	
		供热设备	☐热水/蒸汽锅炉　☐燃油/燃气热水机组 ☐空气源热泵　☐水源热泵（地上/地下） ☐电加热设备	☐	
		市政热力管网	☐采用能保证全年供热的热力管网热水 ☐不能保证全年供热时段，应设置____供热设备	☐	
		太阳能光热	采用系统（详见太阳能热水系统专项设计）： ☐集中集热集中供热 ☐集中集热分散供热 ☐分散集热分散供热 系统为____（开式/闭式），产品类型____（真空管/平板），设置位置在____，集热面积约____m²	☐	
		其他		☐	
2	供热热媒	由设在____锅炉房内的热水锅炉____℃的高温热水提供		☐	
		由设在____机房内的燃气热水机组____℃的高温热水提供		☐	
		由市政热力管网____MPa热水提供，供、回水温度分别为：____℃、____℃		☐	
		空调热泵余热回收系统供集中生活热水系统的一级预加热使用，锅炉/热水机组的高温热水供集中生活热水系统的二级加热使用		☐	
		其他		☐	
3	水源	集中热水供应系统的冷水补水应与冷水系统同水源，冷水、热水系统压力分区应一致		☐	
4	水质	生活热水的原水水质，应符合现行国家标准《生活饮用水卫生标准》GB 5749 及《生活热水水质标准》CJ/T 521 的规定		☐	
		集中热水供应系统的原水的水处理，应根据水质、水量、水温、水加热设备的构造、使用要求等因素经技术经济比较按现行国家标准《建筑给水排水设计标准》GB 50015—2019 第 6.2.3 条规定确定		☐	
		生活热水水质应符合现行国家标准《建筑给水排水与节水通用规范》GB 55020 的规定		☐	详见本表注 3

续表

序号	项目名称	内容	实施情况	备注
4	水质	集中热水供应系统应采取如下灭菌方式： □设紫外光催化二氧化钛（AOT）消毒装置 □设银离子消毒器 □系统内热水定期升温灭菌 □其他 集中热水供应系统的水加热设备的出水温度不应高于70℃，配水点热水出水温度不应低于46℃。	□	《建筑给水排水与节水通用规范》GB 55020—2021 第5.2.3、5.2.4条规定
		系统不设灭菌消毒设施时，水温设置要求如下： □医院、疗养所等建筑的水加热设备出水温度应为60～65℃ □其他建筑的水加热设备出水温度应为55～60℃ □系统设灭菌消毒设施时水加热设备出水温度可相应降低5℃	□	类似建筑功能可参照相应温度要求设计
5	其他		□	

注：1. 供热热源采用空气源热泵时，项目所在地区宜满足夏热冬暖、夏热冬冷的要求。
　　2. 采用地下水源热泵时，项目所在地区应满足地下水源充沛、水文地质条件适宜，并能保证回灌的要求；采用地表水源热泵时，应经当地水务、交通航运等部门审批，必要时应进行生态环境、水质卫生方面的评估。
　　3. 引自《建筑给水排水与节水通用规范》GB 55020—2021 第5.2.2条，数据取值详见表5.2.2-1及表5.2.2-2。

3.7.4　热水量、耗热量及热水用水定额

热水量及耗热量汇总表　　　　　　　　　　表 3.7.4-1

序号	项目名称	内容	实施情况	备注
1	温度	热水的供水温度按60℃设计，冷水计算温度为____℃	□	
2	热水用水量 q_{rh}	项目60℃热水的最高日热水用水量为____m³/d，最大小时用水量为____m³/h	□	
		如分区时，各区参数如下： ____区，最大小时用水量____m³/h； ____区，最大小时用水量____m³/h； ……	□	
		如有分段及分区时，各区段参数如下： ____段____区，最大小时用水量____m³/h；…… ____段____区，最大小时用水量____m³/h；…… ……	□	
3	设计小时耗热量 Q_h	项目设计小时耗热量为____kJ/h	□	
		如有分区时，各区参数如下： ____区，设计小时耗热量为____kJ/h； ____区，设计小时耗热量为____kJ/h； ……	□	
		如有分段及分区时，各区段参数如下： ____段____区，设计小时耗热量为____kJ/h；…… ____段____区，设计小时耗热量为____kJ/h；…… ……	□	
4		热水用水定额根据卫生器具完善程度、区域条件和使用要求，可按表3.7.4-2确定；小时变化系数按《建筑给水排水设计标准》GB 50015—2019表6.4.1确定	□	
5	其他		□	

注：1. 序号2、3中提及的分区、分段主要指高层或超高层建筑的设计情况。
　　2. 当有游泳池等特殊用水单项设计时，应将数据填入表中省略号处。

表 3.7.4-2

生活热水用水量及用水定额表

序号	建筑物名称		单位	最高日用水定额 q_r (L)	平均日用水定额 q_{ar} (L)	用水数量 m	最高日小时变化系数 K_h	使用时数 T (h)	最高日热水量 Q_{rd} (m³/d)	最大时热水量 q_{rh} (m³/h)	平均日热水量 Q_{ard} (m³/d)	平均时热水量 q_{arh} (m³/d)	实施情况	备注
1	普通住宅	有热水器和沐浴设备	每人每日	40~80	20~60	100~6000	4.80~2.75	24					□	
		有集中热水供应和沐浴设备	每人每日	60~100	25~70	100~6000		24						
2	别墅		每人每日	70~110	30~80		4.21~2.47	24					□	
3	酒店式公寓		每人每日	80~100	65~80	150~1200	4.00~2.58	24					□	
4	宿舍楼	居室内设卫生间	每人每日	70~100	40~55	150~1200	4.80~3.20	24					□	
		设公用盥洗室	每人每日	40~80	35~45	150~1200		24						
5	招待所、培训中心、普通旅馆	设公用盥洗室	每人每日	25~40	20~30	150~1200	3.84~3.00	24 或定时供应					□	
		设公用盥洗室、淋浴室	每人每日	40~60	35~45	150~1200	3.84~3.00	24 或定时供应						
		设公用盥洗室、淋浴室、洗衣室	每人每日	50~80	45~55	150~1200	3.84~3.00	24 或定时供应						
		设单独卫生间、公用洗衣室	每人每日	60~100	50~70	150~1200	3.84~3.00	24 或定时供应						
6	宾馆客房	旅客	每床位每日	120~150	110~140	150~1200	3.33~2.60	24					□	
		员工	每人每日	40~50	35~40			24						
7	医院住院部	设公用盥洗室	每床位每日	60~100	40~70	50~1000	3.63~2.56	24					□	
		设公用盥洗室、淋浴室	每床位每日	70~130	65~90	50~1000	3.63~2.56	24						
		设单独卫生间	每床位每日	110~200	110~140	50~1000	3.63~2.56	24						
		医务人员	每人每班	70~130	65~90	50~1000	3.63~2.56	24					□	

续表

序号	建筑物名称		单位	最高日用水定额 q_r (L)	平均日用水定额 q_{ar} (L)	用水数量 m	最高日小时变化系数 K_h	使用时数 T (h)	最高日热水量 Q_{rd} (m³/d)	最大时热水量 q_{rh} (m³/h)	平均日热水量 Q_{ard} (m³/d)	平均时热水量 q_{arh} (m³/d)	实施情况	备注
7	门诊部、诊疗所	病人	每病人每次	7~13	3~5			8~12					☐	
		医务人员	每人每班	40~60	30~50			8					☐	
		疗养院、休养所住房部	每床位每日	100~160	90~110			24					☐	
8	养老院	全托	每床位每日	50~70	45~55	50~1000	3.20~2.74	24					☐	
		日托	每位每日	25~40	15~20			24					☐	
9	幼儿园、托儿所	有住宿	每儿童每日	25~50	20~40	50~1000	4.80~3.20	24					☐	
		无住宿	每儿童每日	20~30	15~20			10					☐	
10	公共浴室	淋浴	每顾客每次	40~60	35~40			12					☐	
		淋浴、浴盆	每顾客每次	60~80	55~70			12					☐	
		桑拿浴（淋浴、按摩池）	每顾客每次	70~100	60~70			12					☐	
11	理发室、美容院		每顾客每次	20~45	20~35			12					☐	
12	洗衣房		每kg干衣	15~30	15~30			8					☐	
13	餐饮厅	中餐酒楼	每顾客每次	15~20	8~12			10~12					☐	
		快餐店、职工及学生食堂	每顾客每次	10~12	7~10			12~16					☐	
		酒吧、咖啡厅、茶座、卡拉OK房	每顾客每次	3~8	3~5			8~18					☐	
14	办公楼	坐班制办公	每人每班	5~10	4~8			8~10					☐	
		公寓式办公	每人每日	60~100	25~70			10~24					☐	
		酒店式办公	每人每日	120~160	55~140			24					☐	
15	健身中心		每人每次	15~25	10~20			12					☐	
16	体育场（馆）	运动员淋浴	每人每次	17~26	15~20			4					☐	
17	会议厅		每座位每次	2~3	2			4					☐	
18	其他													

注：
1. 本表引自《建筑给水排水设计标准》GB 50015—2019 中表 6.2.1-1。表中引用的用水定额已包含在表 3.6.3 中。
2. 本表以 60℃热水水温为计算温度，卫生器具使用水温见表 3.7.4-3。
3. 表中平均日用水定额仅用于计算太阳能集热器面积和节水用水量。
4. 最高日用水定额与平均日用水定额，分段计算时，应参照本表的格式引用。
5. 序号 18 可用于添加本表未提及的用水单项，如游泳池补水等。
6. 其余说明详见表 4.3.1-1 的注。

卫生器具的一次和小时热水用水定额及水温 表 3.7.4-3

序号	卫生器具名称		一次用水量（L）	小时用水量（L）	使用水温（℃）
1	住宅、旅馆、宾馆、酒店式公寓	带有淋浴器的浴盆	150	300	40
		无淋浴器的浴盆	125	250	40
		淋浴器	70～100	140～200	37～40
		洗脸盆、盥洗槽水嘴	3	30	30
		洗涤盆（池）	—	180	50
2	宿舍、招待所、培训中心	淋浴器 有淋浴小间	70～100	210～300	37～40
		淋浴器 无淋浴小间	—	450	37～40
		盥洗槽水嘴	3～5	50～80	30
3	餐饮业	洗涤盆（池）	—	250	50
		洗脸盆 工作人员用	3	60	30
		洗脸盆 顾客用	—	120	30
		淋浴器	40	400	37～40
4	幼儿园、托儿所	浴盆 幼儿园	100	400	35
		浴盆 托儿所	30	120	35
		淋浴器 幼儿园	30	180	35
		淋浴器 托儿所	15	90	35
		盥洗槽水嘴	15	25	30
5	医院、疗养院、休养所	洗涤盆（池）	—	180	50
		洗手盆	—	15～25	35
		洗涤盆（池）	—	300	50
		淋浴器	—	200～300	37～40
		浴盆	125～150	250～300	40
6	公共浴室	浴盆	125	250	40
		淋浴器 有淋浴小间	100～150	200～300	37～40
		淋浴器 无淋浴小间	—	450～540	37～40
		洗脸盆	5	50～80	35
7	办公楼	洗手盆	—	50～100	35
8	理发室、美容院	洗脸盆	—	35	35
9	实验室	洗脸盆	—	60	50
		洗手盆	—	15～25	30
10	剧场	淋浴器	60	200～400	37～40
		演员用洗脸盆	5	80	35
11	体育场馆	淋浴器	30	300	35
12	工业企业生活间	淋浴器 一般车间	40	360～540	37～40
		淋浴器 脏车间	60	180～480	40
		洗脸盆 一般车间	3	90～120	30
		盥洗槽水嘴 脏车间	5	100～150	35
13	净身器		10～15	120～180	30

注：1. 本表引自《建筑给水排水设计标准》GB 50015—2019 中表 6.2.1-2。
　　2. 一般车间指《工业企业设计卫生标准》GBZ 1—2010 中规定的 3、4 级卫生特征的车间，脏车间指该标准中规定的 1、2 级卫生特征的车间。
　　3. 学生宿舍等建筑的淋浴间，当使用刷卡用水时，其一次用水量和小时用水量可按表中数值的 25%～40% 取值。

3.7.5　设计系统

热水系统设计汇总表　　　　　　　　　　　　　　　　　　　表 3.7.5

序号	内容	实施情况	备注
1	热水系统的竖向分区与给水系统相同，详见表 3.6.4	□	
2	热水系统供热设备设置位置： 设置于____层____机房，共____台，主要设计参数为____； 设置于____层____机房，共____台，主要设计参数为____； ……	□	按项目实际分区和供水情况填写
3	热水系统加热设备采用： □导流型容积式水加热器　□半容积式水加热器　□半即热式水加热器 □快速式水加热器　□内置加热盘管的加热水箱　□贮热水箱　□其他	□	
4	热水系统加热设备设置位置： 设置于____层____机房，共____台，主要设计参数为____，供____的生活热水； 设置于____层____机房，共____台，主要设计参数为____，供____的生活热水； ……	□	按项目实际分区和供水情况填写
5	采用定时供应的热水系统有：____、____、……（位置）； 采用全日供应的热水系统有：____、____、……（位置）	□	按项目实际分区和供水情况填写
6	集中热水供应系统应设热水循环管道，热水循环管道采用同程布置的方式循环，热水系统各分支/子系统均配置热水循环泵，采取机械循环方式，设置情况如下： ____层____机房设有热水循环泵____台，用于____（分支/子系统）的热水循环； ____层____机房设有热水循环泵____台，用于____（分支/子系统）的热水循环； ……	□	按项目实际分区和供水情况填写
7	集中热水供应系统设置的热水循环管道不能做到同程布置时，采用的方式： □导流三通　□大阻力短管　□温控循环阀　□流量平衡阀	□	按项目实际分区和供水情况填写
8	闭式热水系统应设置密闭式膨胀罐，每个独立的分支/子系统均须至少配置一台，分别设于____层、____层、……	□	按项目实际分区和供水情况填写
9	当卫生设备设有冷热水混合器或混合龙头时，冷、热水供应系统在配水点处应有相近的水压	□	
10	公共浴室淋浴器出水水温应稳定，多于 3 个淋浴器的配水管道布置成环形	□	
11	老年照料设施、安定医院、幼儿园、监狱等建筑的淋浴和浴盆设备的热水管道应采取防烫伤措施	□	详见本表注 1
12	精神病人病房、手术室刷手池采用恒温供水，温度控制在不超过 40℃，可采用冷热水混合器、TW 型自力式三通温控阀、恒温水嘴等	□	
13	医院洗婴池的热水供应应防止烫伤或冻伤且为恒温，末端温度可调节，供水温度宜为 35～40℃	□	详见本表注 2
14	其他	□	

注：1. 本条引自《建筑给水排水与节水通用规范》GB 55020—2021 第 5.1.2 条的规定。
　　2. 本条引自《综合医院建筑设计规范》GB 51039—2014 第 6.4.10 条的规定。

3.7.6 水表与计量

热水系统水表与计量汇总表 表 3.7.6

序号	内容	实施情况	备注
1	项目根据建筑物内不同使用功能的要求，分别设置水表进行计量；加热设备冷水补水管、设有集中热水供应系统的住宅、公寓、洗衣房、厨房、游乐设施、公共浴池、不同收费标准的进户热水管道上等均分别设水表计量	☐	
2	室内水表均采用热水水表，采用____水表	☐	推荐采用远传水表
3	接管公称直径小于等于 50mm 时，采用旋翼式水表；接管公称直径大于 50mm 时，采用螺翼式水表	☐	
4	其他	☐	

3.7.7 控制要求

热水系统控制要求汇总表 表 3.7.7

序号	内容	实施情况	备注
1	集中热水供应系统的循环水泵设备用泵，交替运行	☐	
2	全日集中热水供应系统在循环水泵前的回水总管上设温度传感器，由温度控制循环水泵启、停	☐	
3	定时集中热水供应系统的循环水泵宜手动控制，或定时自动控制	☐	
4	热水总回水管上设温度控制阀控制总回水管的开、关	☐	
5	水加热设备的出水温度应根据其贮热调节容积大小分别采用不同温级精度要求的自动温度控制装置	☐	
6	采用汽水换热的水加热设备时，为防止被加热水超温出流，宜在热媒管上增设切断汽源的电动阀	☐	
7	其他	☐	

3.7.8 管道及材料要求

热水系统管道及材料选用表 表 3.7.8

序号	设计系统	材料要求	实施情况	备注
1	室内热水供、回水管	（1）采用薄壁不锈钢管，管径小于等于 100mm 时采用卡压、双卡压、环压卡凸、焊接式连接，管径大于 100mm 时采用不锈钢沟槽式机械接头连接。管材应符合《薄壁不锈钢管》CJ/T 151、《建筑给水薄壁不锈钢管管道工程技术规程》T/CECS 153 及国家建筑标准设计图集《建筑给水薄壁不锈钢管道安装》22S407-2 的规定	☐	
		（2）采用薄壁铜管，钎焊接。管材应符合国家现行标准《无缝铜水管和铜气管》GB/T 18033 及《建筑给水铜管管道工程技术规程》CECS 171 的规定	☐	

续表

序号	设计系统	材料要求	实施情况	备注
1	室内热水供、回水管	（3）采用钢塑复合管，管径小于 100mm 时采用丝扣连接，管径大于等于 100mm 时、水泵房内管道采用法兰或沟槽式机械接头连接。钢塑复合管与铜管、塑料管连接及与阀门、给水栓连接时都应采用相匹配的专用过渡接头。管材应符合《建筑给水复合管道工程技术规程》CJJ/T 155 的规定	□	
		（4）采用铝塑（PAP）复合管，管道连接方式为卡套式、卡压式、扩口卡紧式连接，管径大于 32mm 时采用挤压夹紧式连接。由分水器到各配水点应采用中间无连接件的整支管道。管材应符合现行国家标准《铝塑复合压力管 第 1 部分：铝管搭接焊式铝塑管》GB/T 18997.1 及《铝塑复合压力管 第 2 部分：铝管对接焊式铝塑管》GB/T 18997.2 的规定	□	
		（5）采用聚丙烯管道（PP-R），热熔连接。应符合现行国家标准《冷热水用聚丙烯管道系统 第 1 部分：总则》GB/T 18742.1 的规定	□	
		（6）采用 PVC-U 给水塑料管，承插粘接。应符合现行国家标准《给水用硬聚氯乙烯（PVC-U）管材》GB/T 10002.1 的规定	□	
		（7）采用 PE-X 给水塑料管，管道连接方式为金属管件机械连接，即卡箍式、卡压式、扩口卡紧式连接等。由分水器到各配水点应采用中间无连接件的整支管道。管材及管件应符合现行国家标准《冷热水用交联聚乙烯（PE-X）管道系统 第 1 部分：总则》GB/T 18992.1 及《冷热水用交联聚乙烯（PE-X）管道系统 第 2 部分：管材》GB/T 18992.2 的规定	□	
		（8）其他	□	
2	室内热水系统阀门	（1）当管径大于 DN50 时采用不锈钢或铁壳铜芯闸阀，当管径小于等于 DN50 时采用不锈钢或全铜截止阀或球阀	□	
		（2）其他	□	

注：1. 如有未完全表达的系统内容，或当采用类似管道、管件及连接技术时，设计人员需根据项目实际情况添加入相应序号的（其他）行及以后。

　　2. 序号 2 中，阀门种类很多，此处仅列举了一种，设计人员应根据项目实际情况添加，或参见表 3.6.7 注 2。

3.7.9　试压及验收要求

热水系统试压及验收要求汇总表　　　　　　表 3.7.9

序号	内容	实施情况	备注
1	热水管道系统进行水压试验，采用分区试压和系统试压相结合的方法	□	
2	供____楼生活水泵出水管最高工作压力为____MPa，试验压力为____MPa	□	
3	热水供、回水总管最高工作压力为____MPa，试验压力为____MPa	□	
4	热水供、回水支管最高工作压力为____MPa，试验压力为____MPa	□	

续表

序号	内容	实施情况	备注
5	试验压力值以管道系统最低处为准	☐	
6	热水、热媒管道系统的试压要求：金属管或复合管道系统在试验压力下稳压 10min，压力降应小于 0.02MPa，然后降到工作压力，压力应不降，且不渗不漏	☐	
7	塑料管道系统在试验压力下稳压 1h，压力降应小于 0.05MPa，然后在工作压力 1.15 倍状态下稳压 2h，压力降不得超过 0.03MPa，连接处不得渗漏	☐	
8	供水设施在交付使用前应进行清洗和消毒，并经有关资质认证机构取样化验，水质符合要求后方可使用	☐	
9	系统竣工后，必须进行工程验收，验收应由建设单位组织质检、设计、施工、监理单位参加，验收不合格不应投入使用	☐	
10	管网验收应符合下列要求： 管道的材质、管径、接头、连接方式及采取的防腐、保温措施应符合设计要求，管道标识应符合设计要求； 热水横干管敷设坡道应符合设计要求； 系统中自动排气阀应符合设计要求	☐	
11	其他	☐	

3.7.10 管道安装

热水系统管道安装汇总表　　　　　　　　表 3.7.10

序号	内容	实施情况	备注
1	所有热水供、回水管道的安装必须满足抗震要求	☐	
2	项目室内管道系统所注标高均为管中标高，尺寸单位除特殊说明外，标高为米，其余为毫米	☐	
3	热水供、回水管道应做保温，均采用____mm 厚的 ____（B1 级柔性泡沫橡塑保温管/A 级离心玻璃棉制品）保温，外扎玻璃布一道，室外管再加____（0.8mm）厚铝合金薄板保护层	☐	
4	热水供、回水管道的直线管段每隔 20m 设置补偿器，高温供、回水管道的直线管段每隔 15m 设置补偿器，补偿器的补偿量应大于 30mm 补偿器采用：☐弯管式膨胀接头　☐不锈钢波纹管	☐	
5	补偿器、固定支架及活动导向支架的具体设置要求还应根据补偿器供应商提供的安装手册确定	☐	
6	配水干管和立管最高点应设置排气装置，系统最低点应设置泄水装置	☐	
7	管道坡度： 热水供、回水横干管的敷设坡度上行下给式系统不小于 0.005； 热水供、回水横干管的敷设坡度下行上给式系统不小于 0.003	☐	

续表

序号	内容	实施情况	备注
8	保温管道与支吊架之间应垫经防腐处理的木衬垫隔热，垫块厚度应与绝热厚度相同	☐	
9	热水管道穿越建筑物墙壁、楼板和基础处应设置金属套管，穿越屋面及地下室外墙时应设置金属防水套管	☐	
10	卫生间内嵌墙暗敷的热水支管均采用带 PVC 保温层的薄壁不锈钢管，管径不宜大于 20mm。嵌墙敷设的薄壁不锈钢管不得采用卡套式连接	☐	
11	管道标识： 热水管道应为黄色环，热水回水管道应为棕色环	☐	《建筑给水排水与节水通用规范》GB 55020—2021 第 8.1.9 条规定
12	其他	☐	

3.8　室内生活排水系统

3.8.1　基本规定

生活排水系统基本规定汇总表　　　　　　表 3.8.1

序号	项目名称	内容	实施情况	备注
1	市政排水条件	见表 3.5.1-1	☐	
2	排水体制	项目室内生活排水采用污、废水合流/分流 体制	☐	
		室外生活排水采用污、废水合流/分流体制	☐	
		室外雨水、生活排水采用分流体制	☐	
		其他	☐	
3	排水出路	排入市政排水管（渠）/天然水体 之前应设置排水监测井	☐	
		排入前☐需要 ☐不需要 设置提升设施	☐	
		提升设施位置____，规模____，设备选型 ____，构筑物形式____，占地面积____ m²，事故排放措施____	☐	
		其他	☐	
4	技术要求	项目室内管道系统所注标高均为管中标高，尺寸单位除特殊说明外，标高为____ m，其余为____ mm	☐	
		所有管道的壁厚均须满足系统工作压力的要求；所有阀门、管道接口、配件等的压力等级均须满足系统工作压力的要求	☐	
		所有排水工程的安装必须满足抗震设计要求	☐	

序号	项目名称	内容	实施情况	备注
4	技术要求	生活饮用水箱（池）、中水箱（池）、雨水清水池的泄水管道、溢流管道应采用间接排水，严禁与污水管道直接连接	☐	
		公共场所的排水管道、设备和构筑物应采取不影响公众安全的防护措施	☐	
		污、废水排出管需等建筑物沉降稳定后，再与室外检查井接通	☐	
		项目降板区域需设不少于二道防水层	☐	
		地面排水沟不得跨越防火分区	☐	
		穿越人民防空地下室围护结构的排水管道应采取防护密闭措施	☐	
		洗衣机排水纳入污废水系统	☐	
		非传染性等清洁的集中空调系统冷凝水单独收集后接入雨水收集池进行回用	☐	
		项目的便器应采用构造内自带存水弯的便器，其水封深度不小于50mm	☐	根据绿建设计要求确定
		卫生器具排水管不得重复设置水封	☐	
		水封装置的水封深度不得小于50mm，严禁采用钟罩式结构地漏及采用活动机械活瓣替代水封	☐	
		其他	☐	

3.8.2 排水量及排水水质

排水量及排水水质汇总表

表3.8.2

序号	项目名称	内容	实施情况	备注
1	排水量	生活排水最高日排水量为____ m³/d（平均日排水量为____ m³/d），最大时排水量为____ m³/h	☐	
		其中，____系统最高日排水量为____ m³/d，最大时排水量为____ m³/h ……	☐	
2	排水水质	项目排水水质应符合以下标准要求： ☐《污水综合排放标准》GB 8978 ☐《污水排入城镇下水道水质标准》GB/T 31962 ☐《医疗机构水污染物排放标准》GB 18466 ☐ 其他（特殊标准或地方标准）	☐	应根据工程性质、地域位置、排放方式等选择相应水质标准

3.8.3　生活排水系统

生活排水系统设计汇总表　　　　　　　　　表 3.8.3

序号	项目名称	内容	实施情况	备注
1	系统描述	项目中____、____、……采用重力排水方式	☐	
		项目中____、____、……采用机械提升排水方式	☐	
		重力排水和机械提升排水不得合并排出室外	☐	
		项目需单独设置的生活排水系统有： ☐职工食堂、营业餐厅的厨房含油脂废水 ☐车库地面冲洗废水 ☐空调冷凝水 ☐阳台洗衣、洗涤废水 ☐垃圾房废水 ☐含有致病菌、放射性元素超过排放标准的医疗、科研机构的污废水 ☐实验室有毒有害废水 ☐应急防疫隔离区及医疗保健站的排水 ☐其他	☐	
		地下室卫生间污水收集和排水方式： ☐集水井和潜水排污泵 ☐成套污水提升装置	☐	
		地下层污水坑均采用密闭盖板，且设置专用伸顶通气管	☐	
2	预处理措施	厨房、餐饮含油废水：☐土建隔油池　☐成品隔油器 ☐其他____	☐	
		车库地坪冲洗废水：☐直排室外　☐沉砂隔油池　☐其他____	☐	采用直排方式须有地方允许
		生活污废水：☐直排室外　☐化粪池　☐其他____	☐	
		垃圾房废水：☐直排室外　☐消毒池　☐其他____	☐	
		空调冷凝水：☐直排室外　☐消毒池　☐其他____	☐	
		其他	☐	
3	特殊排水系统	项目特殊排水系统有：____；……	☐	
		____特殊排水系统的产生部位____； 日产污水量____；处理措施____； 选用设备规格为____	☐	
		……	☐	
4	洁净区域排水要求	(1) 洁净区域排水设备在排水口下部设置高位水封装置，有效水封高度采用 100mm		
		(2) 洁净区域不应设置地漏，如必须设置，则应采用可开启式密闭地漏	☐	
		(3) 洁净区域卫生器具及装置的污水通气系统独立设置		
		(4) 排水管道均应暗装，并采取防结露措施（具体做法详见后续保温篇章）；与本房间无关的管道不应穿越		
		(5) 其他	☐	

序号	项目名称	内容	实施情况	备注
5	实验室排水要求	（1）实验废水系统、通气系统单独设置	☐	
		（2）实验废水排水横干管设置在辅助区域走道技术夹层内，排水支管应按实验室单元设置，采取防回流措施	☐	
		（3）实验室内部应避免设置地漏，必须设置时，应采用内带活动网框的可开启式密闭地漏，活动网框应易于取放和清理	☐	
		（4）排水管道的水封应保证充满水或消毒液	☐	
		（5）实验室通气管口应设置消毒装置，管口四周应具备良好的通风条件，消毒装置采用： ☐纳米光子净化杀菌装置　　☐其他	☐	
		（6）实验仪器、实验器皿的前三道清洗废水中废液浓度较高，应按危险废物处置，定点回收，专业处理；实验器皿放入高温高压灭菌锅中灭菌消毒，灭菌后的实验器皿可再次进行后道清洗，后道清洗废水可由管网收集后排至室外污水检查井	☐	
		（7）实验室排水设施有效水封高度采用 50～100mm	☐	
		（8）动物房排水横管管径比计算管径大一档	☐	
		（9）其他	☐	
6	地漏和水封	项目中采用的地漏均采用带活动过滤网的无水封直通型地漏加存水弯，地漏的通水能力须满足地面排水要求	☐	
		地漏应设置在易溅水器具附近地面的最低处，并不影响人员或轮椅通行	☐	
		空调机房、垃圾房等采用内带活动网框的可开启式密封地漏	☐	
		洗衣机附近采用防溢地漏	☐	
		项目中地漏水封采用就近的洗手（脸）盆排水补充	☐	
		排水设施的有效水封高度不得小于 50mm，不大于 100mm	☐	
		管道井等易干涸部位的地漏采用防干涸地漏并应安排固定人员定期补水以防水封干涸	☐	
		其他	☐	
7	专项系统设置情况	中水系统：（详见建筑中水专项内容） ☐不设置 ☐设置，处理工艺采用＿＿＿；处理规模为＿＿＿	☐	
		污水处理系统：（详见污水处理专项内容） ☐不设置 ☐设置，处理工艺采用＿＿＿；处理规模为＿＿＿	☐	
		真空排水系统：（详见真空排水专项内容） ☐不设置 ☐设置，系统总流量 $Q_w =$ ＿＿＿ L/s，真空负荷 $Q_{VP} =$ ＿＿＿ m³/h	☐	

注：如还有本表未提及的排水系统，设计人员应自行添加。

3.8.4　通气要求

通气要求汇总表

表 3.8.4

序号	项目名称	内容	实施情况	备注
1	系统描述	项目□全部　□局部 设置通气系统； 未设置通气系统的有____	□	
		项目设置的通气立管有： □专用通气管　□主通气立管　□副通气立管 □自循环通气管	□	
		项目设置的通气系统方式有： □伸顶通气　□侧墙通气　□环形通气　□器具通气 □辅助通气　□其他	□	
		项目排水立管与通气立管的连接采用： □结合通气管　□H 管， 且为□每层　□隔层　□其他____方式连接，结合通气 管（H 管）管径与通气立管同径	□	
		项目设置自循环通气系统： □是　□否，设置的部位有____	□	
		项目需设置独立通气管的部位有： □污水处理构筑物 □隔油池（器） □感染科排水系统 □发热和肠道门诊排水系统 □病理科、检验科、血液科、牙科、核医学科等排水系统 □实验废水排水系统 □太平间、解剖室排水系统 □其他	□	
2	技术要求	(1) 项目连接大气的通气管口设置消毒净化措施情况： □设，设置的部位有____，采用的消毒净化措施是____ □不设	□	
		(2) 通气管伸出屋顶时应考虑屋面结构上部防水层、保温层厚度以及当地积雪厚度，管口应高于屋面____ m，并应采取措施满足防雷要求	□	
		(3) 通气管不得接纳污水、废水、雨水等，不得与风道、烟道连接	□	
		(4) 通气横管按不小于 0.01 的上升坡度敷设，不得出现下弯	□	
		(5) 无论图纸是否注明，侧墙通气管口应避开空调进风口 4m 以上的距离	□	
		(6) 其他	□	

3.8.5 控制要求

生活排水系统控制要求汇总表   表 3.8.5

序号	项目名称	内容	实施情况	备注
1	控制要求	（1）集水井潜水泵的启闭由集水井内的高、低水位控制，并设置超高、超低报警水位，各水位详见相应图纸标注	☐	
		（2）排水泵应有不间断的动力供应，拟采用双电源或双回路	☐	
		（3）成套污水提升器的控制要求以最终产品为准	☐	
		（4）所有用电设备或材料（泵站、水泵、电动阀等）均应在控制中心控制并显示其工作状态；消防控制室（盘）应能显示各水池、集水井的高低水位信号以及电源和备用电力等是否处于正常状态的反馈信号，并能控制水泵、电磁阀、电动阀等的操作	☐	
		（5）须纳入消防电源的集水井有：＿＿＿	☐	
2	其他		☐	

3.8.6 管道及材料要求

生活排水管道及材料要求汇总表   表 3.8.6

序号	项目名称	材料要求	实施情况	备注
1	耐高温重力排水管	柔性接口机制排水铸铁管及配件，法兰承插式柔性连接；管材采用离心铸造工艺，管件采用机压砂型铸造成型	☐	指用于厨房等区域有高温热水长期排放的场合
		热浸镀锌钢管及配件，管径小于等于 DN80 时丝扣连接，管径大于 DN80 时沟槽式机械接头连接	☐	
		其他	☐	
2	耐高温机械提升排水管	热浸镀锌钢塑复合管及配件（内涂塑/内外涂塑），公称压力不低于＿＿＿ MPa，管径小于等于 DN80 时丝扣连接，管径大于 DN80 时沟槽式机械接头连接	☐	指用于厨房等区域有高温热水长期排放的场合
		热浸镀锌钢管及配件，公称压力不低于＿＿＿ MPa，管径小于等于 DN80 时丝扣连接，管径大于 DN80 时沟槽式机械接头连接	☐	
		其他	☐	
3	预埋或垫层内敷设重力排水管	柔性接口机制排水铸铁管及配件，卡箍连接，三油二布防腐	☐	在结构层中预埋管道时，应采用金属管道
		热浸镀锌钢塑复合管及配件（内涂塑/内外涂塑），管径小于等于 DN80 时丝扣连接，管径大于 DN80 时沟槽式机械接头连接，三油二布防腐	☐	
		热浸镀锌钢管及配件，管径小于等于 DN80 时丝扣连接，管径大于 DN80 时沟槽式机械接头连接，三油二布防腐	☐	
		其他	☐	

序号	项目名称	材料要求	实施情况	备注
4	实验室耐腐蚀排水管	耐腐蚀的 316L 不锈钢管及配件，沟槽式连接	☐	塑料管道大多能耐腐蚀，但因为连接方式可能导致渗漏，故推荐采用热熔或法兰连接
		HDPE 排水管及配件，热熔连接	☐	
		耐腐蚀的 FRPP 排水管及配件，柔性承插法兰连接	☐	
		其他	☐	
5	辐射性废水排水管	含铅柔性接口机制铸铁排水管及配件，法兰承插式柔性连接；立管安装于壁厚不小于 150mm 的混凝土管道井内	☐	
		外覆铅防护层、耐腐蚀的 FRPP 排水管及配件，柔性承插法兰连接；立管应安装在壁厚不小于 150mm 的混凝土管道井内	☐	
		其他	☐	
6	普通重力排水管	柔性接口机制排水铸铁管及配件，法兰承插式柔性连接；管材采用离心铸造工艺，管件采用机压砂型铸造成型	☐	塑料排水管道管材种类及管道连接方式较多，设计人员需根据项目实际情况及特点进行合理取舍
		HDPE 塑料排水管及配件，热熔连接	☐	
		HDPE 塑料排水管及配件，沟槽式压环柔性连接	☐	
		FRPP 静音排水管及配件，柔性承插法兰连接	☐	
		PVC-U 排水管及配件，承插粘接	☐	
		其他	☐	
7	普通机械提升排水管	热浸镀锌钢塑复合管及配件（内涂塑/内外涂塑），公称压力不低于____ MPa，管径小于等于 DN80 时丝扣连接，管径大于 DN80 时沟槽式机械接头连接	☐	
		热浸镀锌钢管及配件，公称压力不低于____ MPa，管径小于等于 DN80 时丝扣连接，管径大于 DN80 时沟槽式机械接头连接	☐	
		其他	☐	
8	特殊单立管	☐苏维托单立管排水系统 ☐加强型苏维托单立管排水系统	☐	
		AD 型特殊单立管排水系统	☐	
		____旋流器单立管排水系统	☐	
		特殊单立管内壁加筋配置情况：☐加　☐不加；加筋数量为____根	☐	
		其他	☐	
9	其他排水管	使用部位：____，管道材料：____，连接方式：____	☐	

3.8.7　管道安装

生活排水管道安装要求汇总表　　　　　　　表 3.8.7

序号	项目名称	内容	实施情况	备注
1	排水管防结露	有防结露要求的排水管采用难燃型橡塑发泡保温管保温，保温厚度为____ mm，外扎玻璃布一道（其导热系数 λ≤0.037W/（m·K），热水温度为 60℃）	☐	
		采用防结露保温措施的排水管有： ☐洁净区排水管 ☐空调机房排水管 ☐净化机房排水管 ☐其他	☐	

序号	项目名称	内容	实施情况	备注
2	阀门	污水泵出口拟采用：HQ11X-1.0/HQ41X-1.0 球型污水止回阀	☐	
		其他	☐	
3	通用技术要求	(1) 项目是否存在排水横管必须穿越变形缝的情况： ☐不存在 ☐存在，采取的有效措施是____	☐	
		(2) 当采用 PVC-U、HDPE 等塑料排水管道贯穿具有耐火性能要求的建筑结构或构件时，对于公称直径大于 50mm 的管道，在以下管道部位必须设置防止火势蔓延的阻火圈或阻火胶带： 1) 竖向贯穿部位的下侧； 2) 水平贯穿部位的两侧； 阻火圈或阻火胶带的耐火极限，不应小于管道贯穿部位的建筑结构或构件的耐火极限	☐	《建筑防火封堵应用技术标准》GB/T 51410—2020 第 5.2.4 条规定
		(3) 排水管道穿越楼层设套管且底部都架空时，应在立管底部设支墩或其他固定措施	☐	
		(4) 项目地下室设有人防，除防爆地漏以外上层排水管道不得穿越下层人防顶板，排水管道应敷设在人防顶板之上的覆土层内	☐	
		(5) 排水管道坡度： ☐塑料排水横干管坡度 $DN75 \geqslant 2.5\%$，$DN100 \geqslant 1.2\%$，$DN150 \geqslant 0.7\%$，$DN200 \geqslant 0.5\%$；塑料排水横支管坡度均为 2.6%； ☐铸铁排水横管坡度 $DN50 \geqslant 3.5\%$，$DN75 \geqslant 2.5\%$，$DN100 \geqslant 2.0\%$，$DN150 \geqslant 1.0\%$，$DN200 \geqslant 0.8\%$； ☐敷设在地下室覆土层内的铸铁排水管坡度 $DN50 \geqslant 2.5\%$，$DN75 \geqslant 1.5\%$，$DN100 \geqslant 1.2\%$，$DN150 \geqslant 0.7\%$，$DN200 \geqslant 0.5\%$； ☐其他	☐	
		(6) 排水支管与主管连接必须采用顺水三通或斜三通	☐	
		(7) 存水弯管径应与洁具排水管管径相同，室内排水横管尽量紧贴楼板底或梁底敷设	☐	
		(8) 无论图中是否注明，排水横管管长大于 12m 时应在横管中间设置清扫口	☐	
		(9) 所有排水管清扫口应预留足够空间作维修用，所有排水管道的配件需带门弯或清扫口	☐	
		(10) 污、废水立管和通气立管在转弯处的弯头必须加固支撑	☐	
		(11) 污、废水立管和通气立管如采用塑料管时，每层均需设伸缩节；横管在大于 2m 处需设伸缩节，以后每隔 4m 设伸缩节	☐	如采用的塑料排水管有特殊技术规定时，应参照相应规定设置
		(12) 管道安装前必须将管内污物或锈蚀清除干净，安装时应保持管道的清洁，严禁施工杂物等落入管内；所有预埋管件等，预埋前须用堵头堵住两端，使用时拆去堵头，以防堵塞	☐	

续表

序号	项目名称	内容	实施情况	备注
3	通用技术要求	（13）穿过梁、楼板、墙板的管道，均应根据图上位置和标高，并结合实际施工情况及时配合土建预留孔洞或预埋套管，套管管径比管道管径至少大二档，套管应比毛地坪高出 80mm，比毛墙每边伸出 30mm，穿楼板时套管与管道之间的缝隙应用不燃密实材料和防水油膏填实，穿墙套管与管道之间的缝隙应用不燃密实材料填实，穿越地下室外墙时套管与管道之间的缝隙应用石棉水泥和防水油麻填实，套管做法见国家建筑标准设计图集	□	
		（14）管道支吊架需采用镀锌成品预制件，排水干管支吊架均采用防震减振型，做法详见国家建筑标准设计图集《装配式管道支吊架（含抗震支吊架）》18R417-2	□	
		（15）其他	□	
4	管道标识	管道的标识，采用黄棕色环	□	《建筑给水排水与节水通用规范》GB 55020—2021 第 8.1.9 条第 4 款规定
		DN150 以下管道色环宽度为 30mm，间距 1.5～2.0m；DN150～DN300 管道色环宽度为 50mm，间距 2.0～2.5m；水流方向箭头和标识字体可为白色或黄色	□	
5	管道油漆	在涂刷油漆前，应清除表面的灰尘、污垢、锈斑、焊渣等杂物，涂刷油漆厚度应均匀，不得有脱皮、气泡、流淌和漏涂等现象	□	
		铸铁管表面涂刷清漆 2 道	□	
6	管道防腐	埋地金属管（除不锈钢管）的外壁均按三油二布的要求做好石油沥青涂料的外防腐层	□	
		其他	□	
7	实验室区域技术要求	（1）给水管道、管件、阀门安装前后应清除油垢并进行脱脂处理	□	
		（2）给水排水管道、消防管道穿过墙壁和楼板时应设套管，套管内的管段不应有接头，套管与墙和楼板之间、管道与套管之间应采用不燃和不产尘的密封材料封闭；管道与套管之间的缝隙应采用柔性材料填充密实；套管的两侧应设置扣板，应用工程胶密实；管道穿越楼板和防火墙处应满足楼板或防火墙耐火极限的要求	□	
		（3）实验室的单元检修阀等配件应设置在辅助工作区、实验室外走廊等部位，阀门处应设置明显标识	□	
		（4）在负压实验室、实验室洁净区、动物房屏障区等区域内，排水系统管道不应设置明露的检查口、清扫口等附配件	□	
		（5）排水管道的通气管口应高出屋面不小于 2m，通气管口周边应通风良好，并应远离进气口；出屋面的排水通气管口上设置的纳米光触媒杀菌装置等，其安装位置与方式应便于维修与更换，应耐湿耐腐蚀	□	
		（6）实验室区域的排水管道应严格密封	□	
		（7）不同性质的实验废水排水管应标识明显的基本色、色环、水流方向箭头和文字，理化类实验废水管可采用黄色并标识"理化实验废水"，生物类实验废水管采用红色并标识"生物实验废水"	□	
		（8）排水管道应进行严格的闭水试验，防止管道内污水外渗和泄漏	□	

序号	项目名称	内容	实施情况	备注
7	实验室区域技术要求	（9）排水设备、器材应选用安全可靠的产品，以减少维修的风险	☐	
		（10）卫生器具应防喷溅、防粘结；材料应耐腐蚀且不具备吸附功能	☐	
		（11）其他	☐	
8	其他要求		☐	

3.8.8 试压及验收要求

生活排水系统试压及验收要求汇总表　　　　　　　　　　表 3.8.8

序号	项目名称	内容	实施情况	备注
1	试压要求	（1）排水主立管及水平干管均应做通球试验，通球球径不小于排水管道管径的 2/3，通球率必须达到 100%	☐	
		（2）隐蔽或埋地的排水管道在隐蔽前必须做灌水试验，其灌水高度应不低于底层卫生器具的上边缘	☐	
		（3）检验方法：满水 15min 水面下降后，再灌满观察 5min，液面不下降、管道及接口无渗漏为合格	☐	
2	验收要求	系统验收应满足现行国家标准《建筑给水排水及采暖工程施工质量验收规范》GB 50242 的规定	☐	

3.9 室内雨水系统

3.9.1 基本规定

雨水系统基本规定汇总表　　　　　　　　　　表 3.9.1

序号	项目名称	内容	实施情况	备注
1	市政排水条件	见表 3.5.1-1	☐	
2	排水体制	项目屋面雨水应有组织排放，室外雨水、生活排水采用分流排水体制	☐	
3	雨水排水出路	排入市政雨水管（渠）/天然水体 之前宜设置排水监测井	☐	
		排入前 ☐需要 ☐不需要 设置提升设施	☐	
		提升设施位置____，规模____，设备选型____，构筑物形式____，占地面积____，事故排放措施____	☐	
		其他	☐	

序号	项目名称	内容	实施情况	备注
4	技术规定	（1）项目室内管道系统所注标高均为管中标高，尺寸单位除特殊说明外，标高为＿＿ m，其余为＿＿ mm	☐	
		（2）所有管道的壁厚均须满足系统工作压力的要求；所有阀门、管道接口、配件等的压力等级均须满足系统工作压力的要求	☐	
		（3）屋面雨水收集或排水系统应独立设置，严禁与建筑生活污水、废水排水连接，严禁在民用建筑室内设置敞开式检查口或检查井	☐	《建筑给水排水与节水通用规范》GB 55020—2021 第 4.5.3 条规定
		（4）室外雨水口应设置在雨水控制利用设施末端，以溢流形式排放；超过雨水径流控制要求的降雨溢流排入市政雨水管渠	☐	《建筑给水排水与节水通用规范》GB 55020—2021 第 4.5.10 条规定
		（5）所有雨水工程的安装必须满足抗震要求	☐	
		（6）公共场所的雨水管道、设备和构筑物应采取不影响公众安全的防护措施	☐	
		（7）雨水排出管需等建筑物沉降稳定后，再与室外检查井接通	☐	
		（8）穿越人民防空地下室围护结构的排水管道应采取防护密闭措施	☐	
		（9）阳台雨水不得与屋面雨水共用排水立管	☐	
		（10）当阳台雨水和阳台生活排水设施共用排水立管时，不得排入室外雨水管道	☐	
		（11）其他	☐	

3.9.2　雨水量及指标

雨水量及指标汇总表　　　　　　　　　　　　　表 3.9.2

序号	项目名称	内容	实施情况	备注
1	暴雨强度公式	项目采用＿＿（市/地区）暴雨强度公式：＿＿	☐	
2	主要设计参数	项目＿＿（位置）雨水采用压力流（虹吸）排水系统，设计重现期采用＿＿年，其屋面雨水排水工程与溢流设施的总排水能力按＿＿年重现期的雨水量设计，计算径流系数 $\varphi=$＿＿，$t=$＿＿ min，$q=$＿＿ L/（s·10000m²）	☐	
		项目＿＿（位置）雨水采用重力流排水系统，设计重现期采用＿＿年，其屋面雨水排水工程与溢流设施的总排水能力按＿＿年重现期的雨水量设计，计算径流系数 $\varphi=$＿＿，$t=$＿＿ min，$q=$＿＿ L/（s·10000m²）	☐	

序号	项目名称	内容	实施情况	备注
2	主要设计参数	项目____（位置）雨水采用87型雨水斗系统，设计参数采用____	☐	详见本表注
		项目室外雨水设计重现期为____年，计算径流系数 $\psi=$ ____，$t=$____ min，$q=$____ L/（s·10000m²）	☐	
		地下车库入口坡道处设计重现期为____年；下沉式广场暴雨设计重现期为____年；……	☐	
		基地汇水面积约为____ m²，雨水流量为____ L/s，共分为____路____排水管排放至____；……	☐	复杂工程有多个汇水面积时，需逐一表述

注：具体设计要求详见《建筑屋面雨水排水系统技术规程》CJJ 142。

3.9.3 雨水系统

雨水系统设计汇总表 表3.9.3

序号	项目名称	内容	实施情况	备注
1	系统描述	项目中____、____、……采用重力排水方式	☐	
		项目中____、____、……采用机械提升排水方式	☐	
		项目中____、____、……采用满管压力流（虹吸）排水方式（详见专项设计内容）	☐	
		重力排水和机械提升排水不得合并排出室外	☐	
		项目单独设置的雨水系统有： ☐裙房屋面雨水 ☐阳台雨水 ☐其他	☐	
		项目____（位置）的雨水溢流采用自然溢流（开设空洞直接散水）的方式； ____（位置）的雨水溢流采用溢流管道系统的方式	☐	
		屋面雨水经雨水斗、地面雨水经雨水沟和路旁雨水口收集后，排入室外小区雨水管	☐	
2	预处理措施	项目____（性质）的雨水需采用预处理，预处理方式和措施为：____	☐	
3	专项系统设置情况	雨水回收利用系统： ☐设置，回收利用系统采用的处理工艺是____，处理规模为____（详见雨水回用专项内容） ☐不设置	☐	
		海绵城市建设： ☐设置，设置的主要内容有：____，其中____采用的工艺是____，处理规模为____；……（详见海绵城市专项内容） ☐不设置	☐	
		其他	☐	

3.9.4　控制要求

雨水系统控制要求汇总表 表 3.9.4

序号	项目名称	内容	实施情况	备注
1	控制要求	集水井潜水泵的启闭由集水井内的高、低水位控制，并设置超高、超低报警水位，各水位详见相应图纸标注	☐	
		排水泵应有不间断的动力供应，拟采用双电源或双回路	☐	
		项目屋面设置超警戒水位报警系统，报警水位____m	☐	
		所有用电设备或材料（泵站、水泵、电动阀等）均应在控制中心控制并显示其工作状态；消防控制室（盘）应能显示各水池、集水井的高低水位信号以及电源和备用电力等是否处于正常状态的反馈信号，并能控制水泵、电磁阀、电动阀等的操作	☐	
		须纳入消防电源的集水井有：____	☐	
		其他	☐	

3.9.5　管道及材料要求

雨水系统管道及材料要求汇总表 表 3.9.5

序号	项目名称	材料要求	实施情况	备注
1	重力流雨水管	HDPE 静音排水管及配件，热熔连接	☐	
		FRPP 静音排水管及配件，热熔连接	☐	
		PVC-U 排水管及配件，承插粘接	☐	
		热浸镀锌钢管及配件，管径小于等于 $DN80$ 时丝扣连接，管径大于 $DN80$ 时沟槽式机械接头连接	☐	
		室外明露重力流雨水管： ☐采用符合紫外光老化性能标准_____建筑排水塑料管及配件 ☐采用 R-R 承口橡胶密封圈连接	☐	
		其他	☐	
2	机械提升雨水管	热浸镀锌钢塑复合管及配件（内涂塑/内外涂塑），公称压力不低于____MPa，管径小于等于 $DN80$ 时丝扣连接，管径大于 $DN80$ 时沟槽式机械接头连接	☐	
		热浸镀锌钢管及配件，公称压力不低于____MPa，管径小于等于 $DN80$ 时丝扣连接，管径大于 $DN80$ 时沟槽式机械接头连接	☐	
		其他	☐	
3	满管压力流雨水管	详见专项设计内容	☐	
4	其他		☐	

3.9.6 管道安装

雨水系统管道安装要求汇总表　　　　　　　　　　　　　　表 3.9.6

序号	项目名称	内容	实施情况	备注
1	雨水管防结露	有防结露要求的雨水管采用难燃型橡塑发泡保温管保温，保温厚度为____ mm，外扎玻璃布一道（其导热系数 λ≤0.037W/（m·K），热水温度为 60℃）； 采用防结露保温措施的雨水管有： □洁净区雨水管 □其他	☐	
2	通用技术要求	(1) 项目是否存在排水横管必须穿越变形缝的情况： □不存在 □存在，采取的有效措施是____	☐	
		(2) 当采用 PVC-U、HDPE 等塑料排水管道贯穿具有耐火性能要求的建筑结构或构件时，对于公称直径大于50mm 的管道，在以下管道部位必须设置防止火势蔓延的阻火圈或阻火胶带： 1) 竖向贯穿部位的下侧； 2) 水平贯穿部位的两侧； 阻火圈或阻火胶带的耐火极限，不应小于管道贯穿部位的建筑结构或构件的耐火极限	☐	《建筑防火封堵应用技术标准》GB/T 51410—2020 第 5.2.4 条规定
		(3) 雨水管道穿越楼层设且底部都架空时，应在立管底部设支墩或其他固定措施	☐	
		(4) 雨水排水管最小管径和最小设计坡度： 雨水出户横管：管径≥DN100；金属管坡度≥1.0%，塑料管坡度≥0.5%； 重力流雨水悬吊横管：管径≥DN100；金属管坡度≥1.0%，塑料管坡度≥0.5%	☐	
		(5) 雨水排水管的转向处作顺水连接	☐	
		(6) 雨水立管转弯处的弯头必须加固支撑	☐	
		(7) 雨水立管如采用塑料管时，每层均需设伸缩节；横管在大于 2m 处需设伸缩节，以后每隔 4m 设伸缩节	☐	
		(8) 每个雨水汇水范围内，雨水排水立管不少于 2 根	☐	
		(9) 项目屋面天沟及雨水斗采用的融冰化雪措施是____	☐	
		(10) 重力流屋面雨水排水系统，悬吊管管径不得小于雨水斗连接管的管径，立管管径不得小于悬吊管的管径；单斗单立管重力流排水系统，悬吊管、立管管径可与雨水斗连接管的管径相同	☐	
		(11) 重力流雨水排水系统中长度大于 15m 的雨水悬吊管，应设检查口，其间距不宜大于 20m，且应布置在便于维修操作处	☐	
		(12) 有埋地排出管的重力流屋面雨水排出管系统，立管底部设检查口	☐	

序号	项目名称	内容	实施情况	备注
2	通用技术要求	(13) 雨水管应牢固地固定在建筑物的承重结构上	☐	
		(14) 屋面雨水排水管、附配件以及连接接口应能耐受屋面灌水高度产生的正压	☐	
		(15) 雨水斗标高高于 250m 的屋面雨水系统，其管道、附配件以及连接接口承压能力不应小于 2.5MPa	☐	
		(16) 87 型雨水斗屋面雨水系统和有超标雨水汇入的屋面雨水系统，其管道、附配件以及连接接口应能耐受系统在运行期间产生的负压	☐	
		(17) 管道安装前必须将管内污物或锈蚀清除干净，安装时应保持管道的清洁，严禁施工杂物等落入管内；所有预埋管件预埋前须用堵头堵住两端，使用时拆去堵头，以防堵塞	☐	
		(18) 穿过梁、楼板、墙板的管道，均应根据图上位置和标高，并结合实际施工情况及时配合土建预留孔洞或预埋套管，套管管径比管道管径至少大二档，套管应比毛地坪高出 80mm，比毛墙每边伸出 30mm，穿楼板时套管与管道之间的缝隙应用不燃密实材料和防水油膏填实，穿墙套管与管道之间的缝隙应用不燃密实材料填实，穿越地下室外墙时套管与管道之间的缝隙应用石棉水泥和防水油麻填实，套管做法见国标图集	☐	
		(19) 管道支吊架需采用镀锌成品预制件，排水干管支吊架均采用防震减振型，做法详见国家建筑标准设计图集《装配式管道支吊架（含抗震支吊架）》18R417-2	☐	
		(20) 其他	☐	
3	管道标识	管道的标识，采用黄棕色环	☐	《建筑给水排水与节水通用规范》GB 55020—2021 第 8.1.9 条第 4 款规定
		DN150 以下管道色环宽度为 30mm，间距 1.5～2.0m；DN150～DN300 管道色环宽度为 50mm，间距 2.0～2.5m；水流方向箭头和标识字体为白色或黄色	☐	
4	管道油漆	在涂刷油漆前，应清除表面的灰尘、污垢、锈斑、焊渣等杂物，涂刷油漆厚度应均匀，不得有脱皮、气泡、流淌和漏涂等现象	☐	
		铸铁管表面涂刷清漆 2 道	☐	
5	管道防腐	埋地金属管（除不锈钢管）的外壁均按三油二布的要求做好石油沥青涂料的外防腐层	☐	
		其他	☐	
6	其他技术要求		☐	

3.9.7 试压及验收要求

雨水系统试压及验收要求汇总表 表 3.9.7

序号	项目名称	内容	实施情况	备注
1	试压要求	（1）雨水主立管及水平干管均应做通球试验，通球球径不小于排水管道管径的 2/3，通球率必须达到 100%	☐	
		（2）室内雨水管安装后应做灌水试验，灌水高度必须到每根立管上部的雨水斗。灌水试验持续 1h，不渗不漏	☐	
2	验收要求	系统验收应满足《建筑给水排水及采暖工程施工质量验收规范》GB 50242 的规定	☐	

3.10 室内消防系统

3.10.1 基本规定

室内消防系统一般规定汇总表 表 3.10.1-1

序号	内容	实施情况	备注
1	附设在建筑物内的消防水泵房，均应设置在地下二层及以上，或室内地坪与室外出入口地坪高差小于等于 10m 的地下楼层内	☐	为消防水泵房设置的要求
2	（1）无论设计文件中是否明确，高压和临时高压消防给水系统的系统工作压力均应满足现行国家标准《消防给水及消火栓系统技术规范》GB 50974 第 8.2.3 条的要求	☐	为系统设计要求
	（2）消防水泵流量扬程性能曲线应为无驼峰、无拐点的光滑曲线，消防水泵零流量时的压力不应大于设计工作压力的 140%，且宜大于设计工作压力的 120%；消防水泵出流量为设计流量的 150% 时，其出口压力应不低于设计工作压力的 65%	☐	
3	（1）消防用水与其他用水共用的水池，应采取确保消防用水量不作他用的技术措施	☐	主要为低位消防水池的要求
	（2）消防水池（高位、中间转输或低位）、高位消防水箱应设置溢流水管和排水设施，并应采用间接排水	☐	
	（3）消防水池（低位）的出水管应保证消防水池的有效容积能被全部利用	☐	
	（4）消防水池（低位）应设置就地水位显示的装置，并应在消防控制中心或值班室等地点设置显示消防水池水位的装置，同时应有最高和最低报警水位	☐	
4	（1）高位消防水箱等应采取防冻、防潮、防晒措施	☐	为高位消防水箱的要求
	（2）高位消防水箱的出水管应保证消防水箱的有效容积能被全部利用	☐	
	（3）高位消防水箱应设置就地水位显示的装置，并在消防控制中心或值班室等地点设置显示水位的装置，同时应有最高和最低报警水位	☐	
	（4）当高位消防水箱在屋顶露天设置时，水箱的人孔以及进出水管的阀门等应采取锁具或阀门箱等保护措施	☐	
	（5）设置高位水箱间时、水箱间内的环境温度或水温不应低于 5℃	☐	

续表

序号	内容	实施情况	备注
5	（1）消防水泵均采取自灌式吸水	☐	为各类消防水泵的要求；根据电气专业规范要求，消防水泵自动巡检功能已为可选项
	（2）消防水泵吸水管的布置应避免形成气囊；吸水管和出水管上均设置压力表	☐	
	（3）消防稳压泵的设计流量不应小于消防给水系统管网的正常泄流量和系统自动启动流量	☐	
	（4）消防稳压泵的设计压力应满足系统自动启动和管网充满水的要求	☐	
	（5）消防水泵自动巡检功能可符合现行国家标准《消防给水及消火栓系统技术规范》GB 50974 的相关规定	☐	
6	（1）所有消防管道的安装必须满足现行国家标准《建筑机电工程抗震设计规范》GB 50981 中的抗震要求，应由专业公司完成深化设计	☐	为管道设置要求
	（2）消防给水系统中采用的设备、器材、管材管件、阀门和配件等系统组件的产品工作压力等级，应大于消防给水系统的工作压力，且应保证系统在可能最大运行压力时安全可靠	☐	
	（3）消防系统中的系统组件，必须符合国家现行相关标准的规定，并应符合消防产品市场准入制度的要求	☐	
	（4）消防给水与灭火设施中的供水管道及其他灭火剂输送管道，在安装后应进行强度试验、严密性试验和冲洗	☐	
	（5）消防给水与灭火设施中位于爆炸危险性环境的供水管道及其他灭火介质输送管道和组件，应采取静电防护措施	☐	
7	消防水泵房内的止回阀均采用缓闭止回阀或消声止回阀，并配置水锤消除器；水锤消除器的公称压力应大于系统工作压力	☐	为管道附件设置要求（阀门等）
8	每组消防水泵均须在消防水泵房内设置流量和压力测试装置	☐	为系统中重要附件的设置要求
9	消防减压阀处应设置压力试验排水管道，其直径应不小于 DN100	☐	
10	自动喷水灭火系统末端试水装置处的排水立管管径应不小于 DN80	☐	
11	消防水泵控制柜设置在专用消防水泵控制室时，其防护等级不应低于 IP30；与消防水泵设置在同一空间时，其防护等级不应低于 IP55	☐	
12	消防系统采用的所有设备、系统组件、管材管件和附件以及其他配套使用的设备和材料，应经国家消防产品质量监督检验中心检测合格，并应符合国家现行相关产品标准的规定，同时出具出厂合格证或质量认证书；重要场所可要求提供国际相关认证	☐	国际相关认证指 FM、UL 或其他欧盟认证等
13	气压水罐、组合式消防水池、屋顶消防水箱、地下水和地表水取水设施及其附件等，应符合国家现行相关产品或技术标准的规定	☐	
14	消防系统按智慧消防物联网功能设计时，应满足监控、运维管理、数据传输、物联网平台搭建科学合理等要求，并应符合当地的规定	☐	为消防物联网设计要求
15	消防给水与灭火设施应具有在火灾时可靠动作，并按照设定要求持续运行的性能；与火灾自动报警系统联动的灭火设施，其火灾探测与联动控制系统应能联动灭火设施及时启动	☐	
16	其他	☐	

消防系统设计依据汇总表　　　　　　　表 3.10.1-2

序号	标准名称	编号及版本	实施情况
	消防类国家标准		☐
1	《建筑设计防火规范》	GB 50016—2014（2018 年版）	☐
2	《汽车库、修车库、停车场设计防火规范》	GB 50067—2014	☐
3	《自动喷水灭火系统设计规范》	GB 50084—2017	☐

续表

序号	标准名称	编号及版本	实施情况
4	《人民防空工程设计防火规范》	GB 50098—2009	□
5	《建筑灭火器配置设计规范》	GB 50140—2005	□
6	《泡沫灭火系统技术标准》	GB 50151—2021	□
7	《水喷雾灭火系统设计规范》	GB 50219—2014	□
8	《自动喷水灭火系统施工及验收规范》	GB 50261—2017	□
9	《气体灭火系统施工及验收规范》	GB 50263—2007	□
10	《固定消防炮灭火系统设计规范》	GB 50338—2003	□
11	《干粉灭火系统设计规范》	GB 50347—2004	□
12	《气体灭火系统设计规范》	GB 50370—2005	□
13	《细水雾灭火系统技术规范》	GB 50898—2013	□
14	《消防给水及消火栓系统技术规范》	GB 50974—2014	□
15	《自动跟踪定位射流灭火系统技术标准》	GB 51427—2021	□
16	《消防设施通用规范》	GB 55036—2022	□
消防类国家推荐性标准			□
1	《电动汽车分散充电设施工程技术标准》	GB/T 51313—2018	□
上海市工程建设规范及地方标准（消防类）			□
1	《民用建筑水灭火系统设计规程》	DGJ 08-94—2007	□
团体标准（消防类）			□
1	《厨房设备灭火装置技术规程》	CECS 233：2007	□
2	《自动消防炮灭火系统技术规程》	CECS 245：2008	□
3	《大空间智能型主动喷水灭火系统技术规程》	CECS 263：2009	□
4	《惰性气体灭火系统技术规程》	CECS 312：2012	□
5	《干粉灭火装置技术规程》	CECS 322：2012	□
本项目土地出让合同			□
业主提供的建设项目设计要求			□
建筑专业提供的图纸			□
项目扩初批文			□
建设单位提供的项目任务书和市政管线资料			□
其他有关的现行设计规范、规程和设计文件			□

注：表中列举的各类规范、标准、规程及各类用于设计的文件仅为部分常用的内容，尚有很多内容未列出，需由设计人员根据工程项目属性添加。

3.10.2 供水系统及设施概述

消防系统设计主要内容汇总表　　　　　表 3.10.2-1

序号	项目名称	内容	实施情况	备注
1	市政接入条件	城镇给水管网： 水源为城镇自来水，项目所在地市政供水水压最低值为____MPa（由当地水务部门/业主提供），最低水压处的绝对标高约为____m； 采用两路/一路/多路供水方式，拟从____路、____路、……的市政供水管道分别引入 DN ____、DN ____、……供水管道进入基地并形成 DN ____的环网后供本项目生活、消防使用	□	消防供水系统应优先采用两路供水

续表

序号	项目名称	内容	实施情况	备注
2	火灾发生次数	项目按同一时间内 一次/两次 火灾次数设计	☐	
3	系统设计要求	整个项目合用＿＿个消防系统（应优先采用1个）	☐	详见本表注1
		基地室外消防用水与生活用水管道系统拟采用： ☐分设 ☐合并	☐	
		采用＿＿供水，室外消防环管为 DN＿＿	☐	
		项目消防用水量供水来源： ☐消防水池供水 ☐城镇供水管网直接供水	☐	
4	设计系统种类	（1）室外消火栓系统	☐	
		（2）室内消火栓系统	☐	
		（3）自动喷水灭火系统	☐	
		（4）自动跟踪定位射流灭火系统（详见消防专项设计说明）	☐	
		（5）泡沫-水喷淋系统（详见消防专项设计说明）	☐	
		（6）雨淋系统（详见消防专项设计说明）	☐	
		（7）水幕系统（详见消防专项设计说明）	☐	
		（8）高压细水雾灭火系统（详见消防专项设计说明）	☐	
		（9）水喷雾系统（详见消防专项设计说明）	☐	
		（10）防护冷却系统（详见消防专项设计说明）	☐	
		（11）气体灭火系统（详见消防专项设计说明）	☐	
		（12）脉冲超细干粉灭火装置（详见消防专项设计说明）	☐	
		（13）厨房设备灭火装置（详见消防专项设计说明）	☐	
		（14）手提式或推车式灭火器	☐	
		（15）其他	☐	
5	消防贮水构筑物	（1）消防水池贮存了＿＿系统、＿＿系统、……的用水量； 总有效容积为＿＿m³，设置位置在＿＿，分为＿＿（格/座），每（格/座）的有效容积为＿＿m³	☐	详见本表注2
		（2）＿＿避难层设置中间转输水箱，有效容积为＿＿m³，分为＿＿（格/座），每（格/座）的有效容积为＿＿m³； ……	☐	
		（3）＿＿层设置中间消防减压/消防供水水箱，有效容积为＿＿m³，分为＿＿（格/座），每（格/座）的有效容积为＿＿m³； ……	☐	
		（4）＿＿层设置屋顶消防水箱，有效容积为＿＿m³，分为＿＿（格/座），每（格/座）的有效容积为＿＿m³	☐	
6	其他		☐	

注：1. 复杂工程、地块过大跨越市政道路（道路下无通道连接）或项目分期建设时，可能会设计多个消防系统。
2. 用于超高层建筑设计时，中间转输水箱与中间消防减压/消防供水水箱有时可以合并设计。

消防水系统技术参数汇总表　　　　　　　　表 3.10.2-2

序号	用水项目	系统设计流量（L/s）	火灾延续时间（h）	一次灭火用水量（m³）	实施情况	备注
1	室外消火栓系统				☐	
2	室内消火栓系统				☐	
3	自动喷水灭火系统				☐	
4	自动跟踪定位射流灭火系统				☐	
5	泡沫-水喷淋系统				☐	设计人员需复核哪些消防水系统的用水量计入消防水池
6	雨淋系统				☐	
7	水幕系统				☐	
8	高压细水雾灭火系统				☐	
9	水喷雾系统				☐	
10	防护冷却系统				☐	
11	其他				☐	
12	消防总用水量	—	—		☐	
13	消防水池总有效容积	—	—		☐	

注：1. 序号 1~10 的"一次灭火用水量"列处，除应注明一次灭火用水量外，还应注明该灭火用水量是否计入消防水池的计算。
　　2. 项目中如还有其他消防水系统时，设计人员可编入序号 11。

3.10.3　室内消火栓系统

室内消火栓系统设计汇总表　　　　　　　　表 3.10.3-1

序号	项目名称	内容	实施情况	备注
1	系统形式	☐高压消防给水系统　　☐临时高压消防给水系统	☐	
2	多层分区及供水方式	室内消火栓系统分为 1 个区	☐	室内消火栓泵一般采用 1 用 1 备，流量大时宜采用 2 用 1 备
		消防水池设置情况： ☐设　设置位置＿＿＿； ☐不设	☐	
		室内消火栓泵设置情况： ☐设　设置位置＿＿＿，台数为＿＿＿用＿＿＿备，设计参数：流量为＿＿＿L/s，扬程为＿＿＿m，功率为＿＿＿kW，转速为＿＿＿r/min，效率为＿＿＿% ☐不设	☐	
		屋顶消防水箱设置情况： ☐设　设置位置＿＿＿； ☐不设	☐	
		室内消火栓稳压泵设置情况： ☐设　设置位置＿＿＿，台数为＿＿＿用＿＿＿备，设计参数：流量为＿＿＿L/s，扬程为＿＿＿m，功率为＿＿＿kW，转速为＿＿＿r/min，效率为＿＿＿%，配置150L气压罐1个 ☐不设	☐	
		消防水池供水方式 ☐消防水池＋室内消火栓泵＋屋顶消防水箱＋室内消火栓稳压泵联合供水 ☐消防水池＋室内消火栓泵＋消防气压供水设备联合供水	☐	

续表

序号	项目名称	内容	实施情况	备注
2	多层分区及供水方式	城镇供水管网直接供水方式 □城镇供水管网＋室内消火栓泵＋屋顶消防水箱＋室内消火栓稳压泵联合供水 □城镇供水管网＋室内消火栓泵＋消防气压供水设备联合供水	□	
3	高层分区及供水方式	室内消火栓系统分为 2 个区，每个分区静压小于等于 1.0MPa； ___层～___层为一区；___层～___层为二区； 一区由消防水池/城镇供水管网＋室内消火栓泵＋屋顶消防水箱＋减压阀组联合供水，减压阀组设置于___； 二区由消防水池/城镇供水管网＋室内消火栓泵＋屋顶消防水箱＋室内消火栓稳压泵/消防气压供水设备 联合供水	□	
		消防水池设置情况： □设　设置位置___； □不设	□	
		室内消火栓泵设置情况： 设置位置___，台数为___用___备，设计参数：流量为___L/s，扬程为___m，功率为___kW，转速为___r/min，效率为___%	□	
		屋顶消防水箱设置情况：设置位置___	□	
		室内消火栓稳压泵设置情况： 设置位置___，台数为___用___备，设计参数：流量为___L/s，扬程为___m，功率为___kW，转速为___r/min，效率为___%，配置150L气压罐 1 个	□	
		消防水池供水方式 □消防水池＋室内消火栓泵＋屋顶消防水箱＋室内消火栓稳压泵联合供水 □消防水池＋室内消火栓泵＋屋顶消防水箱＋消防气压供水设备联合供水	□	
		城镇供水管网直接供水方式 □城镇供水管网＋室内消火栓泵＋屋顶消防水箱＋室内消火栓稳压泵联合供水 □城镇供水管网＋室内消火栓泵＋屋顶消防水箱＋消防气压供水设备联合供水	□	
4	超高层建筑分段、分区及供水方式	室内消火栓系统采用分段转输输水方式，共分为___段； ___层～___层为第一段； ___层～___层为第二段； …… 在___避难层设置___m³中间生活供水/转输水箱和___泵；…… 转输输水顺序由下往上，直至屋顶消防水箱	□	
		第一段分为___区；其中___层～___层为一区；___层～___层为二区；…… 本段第一区由消防水池＋室内消火栓转输泵＋屋顶消防水箱/中间消防供水箱＋减压水箱/减压阀组 联合供水， 本段其余各区均由消防水池＋室内消火栓转输泵＋屋顶消防水箱/中间消防供水箱＋减压水箱/减压阀组/直接供水 联合供水， 第一段___区（指最高区）当水压不足时，采用 □增设消火栓稳压设备保持水压 □由上一区消防供水箱＋减压水箱/减压阀组 联合供水	□	

序号	项目名称	内容	实施情况	备注
4	超高层建筑分段、分区及供水方式	第二段分为___区；其中___层~___层为一区；___层~___层为二区；…… 本段各区均由下一区消防转输水箱+下一区室内消火栓转输泵+屋顶消防水箱/中间消防供水箱+减压水箱/减压阀组/直接供水 联合供水； 第二段___区（指最高区）当水压不足时，采用 □增设消火栓稳压设备保持水压 □由上一区消防水箱+减压水箱/减压阀组 联合供水	□	
		……	□	
		最高段分为___区；其中___层~___层为一区；___层~___层为二区；…… 本段各区均由下一区消防转输水箱+下一区室内消火栓转输泵+屋顶消防水箱+减压水箱/减压阀组/直接供水 联合供水； 本段___区（指最高区）当水压不足时，采用 □增设消火栓稳压设备保持水压 □增设消防气压供水设备	□	
		消火栓系统每个分区静压小于等于1.0MPa	□	
		室内消火栓转输泵设置共分___级，配置情况如下： (1) 第一级转输泵设置位置___，由___层消防水池转输至___层中间转输水箱，台数为___用___备，设计参数：流量为___L/s，扬程为___m，功率为___kW，转速为___r/min，效率为___%； (2) 第二级转输泵设置位置___，由___层转输至___层中间转输水箱，台数为___用___备，设计参数：流量为___L/s，扬程为___m，功率为___kW，转速为___r/min，效率为___%； (3) …… (4) 最高一级转输泵设置位置___，由___层转输至___层屋顶消防水箱，台数为___用___备，设计参数：流量为___L/s，扬程为___m，功率为___kW，转速为___r/min，效率为___%	□	
		消火栓稳压设备配置情况如下： (1) ___层设有室内消火栓稳压泵，台数为___用___备，设计参数：流量为___L/s，扬程为___m，功率为___kW，转速为___r/min，效率为___%，配置150L气压罐1个 (2) ……	□	
		消防气压供水设备配置情况如下： (1) ___层设有消防气压供水设备，台数为___用___备，设计参数：流量为___L/s，扬程为___m，功率为___kW，转速为___r/min，效率为___%，配置___L气压罐1个 (2) ……	□	
		减压阀组设置情况如下： ___层设有可调/比例 式减压阀组___组，规格为DN___，采用并联/串联 方式布置； ……	□	
5	其他		□	

注：1. 超高层建筑采用"一泵到顶"供水方式时，无中间转输水箱和中间转输水泵，分区供水形式与高层建筑类似，一般可分为3~4个区；序号4的超高层建筑消防系统需设置中间转输水箱和中间转输水泵。

2. 在复杂的超高层建筑中，也可能同时存在局部采用临时高压消防给水系统、局部采用高压消防给水系统的情况，如出现这种情况，可结合序号3及序号4逐一表述。

室内消火栓水量选用表　　　　　　　　　表 3.10.3-2

序号	建筑物名称		高度 h (m)、层数、体积 V (m³)、座位数 n (个)、火灾危险性		消火栓用水量 (L/s)	火灾延续时间 (h)	实施情况	备注
1	工业建筑	厂房	h≤24	甲、乙、丁、戊	10		☐	
				丙　V≤5000	10		☐	
				丙　V>5000	20		☐	
			24<h≤50	乙、丁、戊	25		☐	
				丙	30		☐	
			h>50	乙、丁、戊	30		☐	
				丙	40		☐	
		仓库	h≤24	甲、乙、丁、戊	10		☐	
				丙　V≤5000	15		☐	
				丙　V>5000	25		☐	
			h>24	丁、戊	30		☐	
				丙	40		☐	
2	民用建筑	单层及多层	科研楼、实验楼	V≤10000	10		☐	
				V>10000	15		☐	
			车站、码头、机场的候车（船、机）楼和展览建筑（包括博物馆）等	5000<V≤25000	10		☐	
				25000<V≤50000	15		☐	
				V>50000	20		☐	
			剧场、电影院、会堂、礼堂、体育馆等	800<n≤1200	10		☐	
				1200<n≤5000	15		☐	
				5000<n≤10000	20		☐	
				n>10000	30		☐	
			旅馆	5000<V≤10000	10		☐	
				10000<V≤25000	15		☐	
				V>25000	20		☐	
			商店、图书馆、档案馆等	5000<V≤10000	15		☐	
				10000<V≤25000	25		☐	
				V>25000	40		☐	
			病房楼、门诊楼等	5000<V≤25000	10		☐	
				V>25000	15		☐	
			办公楼、教学楼、公寓、宿舍等其他建筑	高度超过15m 或 V>10000	15		☐	
			住宅	21<h≤27	5		☐	
		高层	住宅	27<h≤54	10		☐	
				h>54	20		☐	
			二类公共建筑	h≤50	20		☐	
			一类公共建筑	h≤50	30		☐	
				h>50	40		☐	

序号	建筑物名称		高度 h（m）、层数、体积 V（m³）、座位数 n（个）、火灾危险性	消火栓用水量（L/s）	火灾延续时间（h）	实施情况	备注
3	国家级文物保护单位的重点砖木或木结构的古建筑		V≤10000	20		☐	
			V>10000	25		☐	
4	地下建筑		V≤5000	10		☐	
			5000<V≤10000	20		☐	
			10000<V≤25000	30		☐	
			V>25000	40		☐	
5	人防工程	展览厅、影院、剧场、礼堂、健身体育场所等	V≤1000	5		☐	
			1000<V≤2500	10		☐	
			V>2500	15		☐	
		商场、餐厅、旅馆、医院等	V≤5000	5		☐	
			5000<V≤10000	10		☐	
			10000<V≤25000	15		☐	
			V>25000	20		☐	
		丙、丁、戊类生产车间、自行车库	V≤2500	5		☐	
			V>2500	10		☐	
		丙、丁、戊类物品库房、图书资料档案库	V≤3000	5		☐	
			V>3000	10		☐	
6	其他					☐	
7	室内消火栓用水量（L/s）		—			☐	

注：1. 表中数据引自《消防给水及消火栓系统技术规范》GB 50974—2014 中表 3.5.2。
  2. 如有表中未提及的建筑类型，用水量可按照相似的建筑类型选用，但应按照标准高的数据选用。
  3. 表中一类、二类建筑分类，按照《建筑设计防火规范》GB 50016—2014（2018 年版）中表 5.1.1 执行。
  4. 表中火灾延续时间按照《消防给水及消火栓系统技术规范》GB 50974—2014 中表 3.6.2 执行。

室内消火栓系统技术要求汇总表　　　　　　　　　　表 3.10.3-3

序号	内容	实施情况	备注
1	每层均配有组合式消火栓箱，内有 DN65 室内消火栓一只，Φ19 水枪一支，DN65×25m 长的锦纶衬胶水带一卷；另加设 DN25 消防软管卷盘，DN25×30m 长胶管一套，Φ8 水枪一支	☐	
2	每只消火栓箱内均设有一副消防报警按钮，并配有手提式灭火器_____具，每具_____kg 灭火器采用：☐储压式磷酸铵盐干粉（ABC 干粉）灭火器 ☐其他	☐	
3	_____层~_____层采用减压稳压型消火栓，出口动压不大于 0.5MPa； ……	☐	
4	消火栓箱设置在前室、走道、楼梯等明显易于取用的地点，并满足每个防火分区内的任何一点都有二股水柱到达； _____（位置）水枪充实水柱长度不小于_____ m，_____大空间场所的水枪充实水柱长度不小于_____ m	☐	

序号	内容	实施情况	备注
5	室内消火栓系统超压时，应设置泄压阀组，拟在_____（位置）设置泄压阀组，设定压力为_____MPa；……	☐	
6	系统设置_____套水泵接合器，规格为DN_____，详见室外消防总平面图	☐	
7	护士站设置消防软管卷盘灭火器组合箱；手术部的消火栓应满足洁净区与卫生要求	☐	
8	其他	☐	

室内消火栓系统控制要求汇总表　　　　　　表3.10.3-4

序号	内容	实施情况	备注
1	消火栓泵组的开启由屋顶消防水箱出水管上的流量开关和消防泵出水管上的压力开关控制	☐	
2	消火栓泵应能手动启停和自动启动，消火栓泵控制柜在平时应使消防水泵处于自动启泵状态，但不应设置自动停泵的控制功能，停泵应由具有管理权限的工作人员根据火灾扑救情况确定	☐	
3	消火栓泵及稳压泵控制柜应设置机械应急启泵功能，并应保证在控制柜内的控制线路发生故障时由有管理权限的人员在紧急时启动消防水泵及稳压泵，机械应急启动时，应确保消火栓泵在报警5.0min内正常工作	☐	
4	消火栓泵组可在消防中心内或泵房内手动开启	☐	
5	消火栓泵组启动的同时应向消防中心报警	☐	
6	消防控制柜或控制盘应设置专用线路连接的手动直接启泵按钮	☐	
7	所有备用泵在工作泵发生故障时应自动投入工作	☐	

室内消火栓系统管材及安装要求汇总表　　　　　　表3.10.3-5

序号	材料及安装要求	实施情况	备注
1	系统最高工作压力为_____MPa，试验压力为_____MPa，选用管材压力等级为_____MPa	☐	
2	当系统工作压力小于等于1.2MPa时，采用热浸镀锌钢管及配件	☐	
	当系统工作压力大于1.2MPa时，采用热浸镀锌加厚钢管及配件或热浸镀锌无缝钢管及配件	☐	
	当系统工作压力大于1.6MPa时，采用热浸镀锌无缝钢管及配件	☐	
	其他	☐	
3	当管径小于等于DN50时，采用螺纹连接，当安装空间较小时宜采用沟槽连接件连接；当管径大于DN50时，采用沟槽连接件连接	☐	
	其他连接方式	☐	
4	所有埋地敷设的钢管其外壁均按普通级防腐要求实施	☐	详见本表注1
5	凡穿过变形缝处均应设金属软管（L=_____mm）及检修阀门	☐	

续表

序号	材料及安装要求	实施情况	备注
6	室外明露的消防管均采用_____mm 厚的 _____（B1 级柔性泡沫橡塑保温管/A 级离心玻璃棉制品）保温，再扎玻璃布一道，再加铝合金薄板保护层；管径大于等于 DN80 采用_____（0.8mm）厚铝合金薄板保护层，管径小于等于 DN65 采用_____（0.5mm）厚铝合金薄板保护层	☐	详见本表注 2
7	消防系统管径大于 DN50 时采用不锈钢或球墨铸铁蝶阀（水泵吸水管均采用球墨铸铁闸阀），管径小于等于 DN50 时采用闸阀	☐	
8	其他	☐	

注：1. 管道防腐层种类见表 3.5.12-2。
2. 具体设计参数应根据项目所在地的冬季室外温度确定。

室内消火栓系统试压及验收要求汇总表　　　　表 3.10.3-6

序号	内容	实施情况	备注
1	室内消火栓系统强度试验压力为 _____MPa，严密性试验压力为_____MPa	☐	
2	水压强度试验的测试点应设在系统管网的最低点	☐	
3	强度试验的要求：对管网注水时，应将管网内的空气排净，并应缓慢升压，达到试验压力后，稳压 30min，管网应无泄漏、无变形，且压力降不应大于 0.05MPa 为合格	☐	
4	严密性试验的要求：应在强度试验和管网冲洗合格后进行，试验压力值为系统工作压力，应稳压 24h 无泄漏	☐	
5	竣工后，室内消火栓系统必须进行工程验收，验收应由建设单位组织质检、设计、施工、监理单位参加，验收不合格不应投入使用，验收应符合现行国家标准《消防给水及消火栓系统技术规范》GB 50974 的规定	☐	
6	其他	☐	

3.10.4　自动喷水灭火系统

1. 自动喷水灭火系统

自动喷水灭火系统设计汇总表　　　　表 3.10.4-1

序号	项目名称	内容	实施情况	备注
1	系统形式	☐高压消防给水系统　　☐临时高压消防给水系统	☐	
2	多层分区及供水方式	室内自动喷水灭火系统分为 1 个区	☐	室内喷淋泵一般采用 1 用 1 备，流量大时宜采用 2 用 1 备
		消防水池设置情况： ☐设　设置位置_____； ☐不设	☐	
		室内喷淋泵设置情况： ☐设　设置位置_____，台数为_____用_____备，设计参数：流量为_____L/s，扬程为_____m，功率为_____kW，转速为_____r/min，效率为_____% ☐不设	☐	
		屋顶消防水箱设置情况： ☐设　设置位置_____； ☐不设	☐	

续表

序号	项目名称	内容	实施情况	备注
2	多层分区及供水方式	室内喷淋稳压泵设置情况： □设　设置位置_____，台数为_____用_____备，设计参数：流量为_____ L/s，扬程为_____ m，功率为_____ kW，转速为_____ r/min，效率为_____%，配置150L气压罐1个 □不设	□	
		消防水池供水方式 □消防水池＋室内喷淋泵＋屋顶消防水箱＋室内喷淋稳压泵联合供水 □消防水池＋室内喷淋泵＋消防气压供水设备联合供水	□	
		城镇供水管网直接供水方式 □城镇供水管网＋室内喷淋泵＋屋顶消防水箱＋室内喷淋稳压泵联合供水 □城镇供水管网＋室内喷淋泵＋消防气压供水设备联合供水	□	
3	高层分区及供水方式	室内喷淋系统分为2个区，每个分区静压小于等于1.2MPa； _____层～_____层为一区；_____层～_____层为二区； 一区由消防水池/城镇供水管网＋室内喷淋泵＋屋顶消防水箱＋减压阀组联合供水，减压阀组设置于_____； 二区由消防水池/城镇供水管网＋室内喷淋泵＋屋顶消防水箱＋室内喷淋稳压泵/消防气压供水设备联合供水	□	
		消防水池设置情况： □设　设置位置_____； □不设	□	
		室内喷淋泵设置情况： 设置位置_____，台数为_____用_____备，设计参数：流量为_____ L/s，扬程为_____ m，功率为_____ kW，转速为_____ r/min，效率为_____%	□	
		屋顶消防水箱设置情况：设置位置_____	□	
		室内喷淋稳压泵设置情况： 设置位置_____，台数为_____用_____备，设计参数：流量为_____ L/s，扬程为_____ m，功率为_____ kW，转速为_____ r/min，效率为_____%，配置150L气压罐1个	□	
		消防水池供水方式 □消防水池＋室内喷淋泵＋屋顶消防水箱＋室内喷淋稳压泵联合供水 □消防水池＋室内喷淋泵＋屋顶消防水箱＋消防气压供水设备联合供水	□	
		城镇供水管网直接供水方式 □城镇供水管网＋室内喷淋泵＋屋顶消防水箱＋室内喷淋稳压泵联合供水 □城镇供水管网＋室内喷淋泵＋屋顶消防水箱＋消防气压供水设备联合供水	□	

序号	项目名称	内容	实施情况	备注
4	超高层建筑分段、分区及供水方式	室内喷淋系统采用分段转输输水方式，共分为_____段；_____层~_____层为第一段；_____层~_____层为第二段；…… 在_____避难层设置_____ m³中间生活供水/转输水箱和_____泵；…… 转输输水顺序由下往上，直至屋顶消防水箱	□	
		第一段分为_____区；其中_____层~_____层为一区；_____层~_____层为二区；…… 本段第一区由消防水池＋室内喷淋转输泵＋屋顶消防水箱/中间消防供水箱＋减压水箱/减压阀组联合供水； 本段其余各区均由消防水池＋室内喷淋转输泵＋屋顶消防水箱/中间消防供水箱＋减压水箱/减压阀组/直接供水联合供水； 第一段_____区（指最高区）当水压不足时，采用 □增设喷淋稳压设备保持水压 □由上一区消防水箱＋减压水箱/减压阀组联合供水	□	
		第二段分为_____区；其中_____层~_____层为一区；_____层~_____层为二区；…… 本段各区均由下一区消防转输水箱＋下一区室内喷淋转输泵＋屋顶消防水箱/中间消防供水箱＋减压水箱/减压阀组/直接供水联合供水； 第二段_____区（指最高区）当水压不足时，采用 □增设喷淋稳压设备保持水压 □由上一区消防水箱＋减压水箱/减压阀组联合供水	□	
		……	□	
		最高段分为_____区；其中_____层~_____层为一区；_____层~_____层为二区；…… 本段各区均由下一区消防转输水箱＋下一区室内喷淋转输泵＋屋顶消防水箱＋减压水箱/减压阀组/直接供水联合供水； 本段_____区（指最高区）当水压不足时，采用 □增设喷淋稳压设备保持水压 □增设消防气压供水设备	□	
		喷淋系统每个分区静压小于等于1.2MPa	□	
		室内喷淋转输泵设置共分_____级，配置情况如下： (1)第一级转输泵设置位置_____，由_____层消防水池转输至_____层中间转输水箱，台数为_____用_____备，设计参数：流量为_____ L/s，扬程为_____ m，功率为_____ kW，转速为_____ r/min，效率为_____%； (2)第二级转输泵设置位置_____，由_____层转输至_____层中间转输水箱，台数为_____用_____备，设计参数：流量为_____ L/s，扬程为_____ m，功率为_____ kW，转速为_____ r/min，效率为_____%； (3)…… (4)最高一级转输泵设置位置_____，由_____层转输至_____层屋顶消防水箱，台数为_____用_____备，设计参数：流量为_____ L/s，扬程为_____ m，功率为_____ kW，转速为_____ r/min，效率为_____%	□	

续表

序号	项目名称	内容	实施情况	备注
4	超高层建筑分段、分区及供水方式	喷淋稳压设备配置情况如下： （1）_____层设有室内喷淋稳压泵，台数为_____用_____备，设计参数：流量为_____ L/s，扬程为_____ m，功率为_____ kW，转速为_____ r/min，效率为_____%，配置150L气压罐1个 （2）……	☐	
		消防气压供水设备配置情况如下： （1）_____层设有消防气压供水设备，台数为_____用_____备，设计参数：流量为_____ L/s，扬程为_____ m，功率为_____ kW，转速为_____ r/min，效率为_____%，配置_____ L气压罐1个 （2）……	☐	
		减压阀组设置情况如下： _____层设有可调/比例式减压阀组_____组，规格为DN_____，采用并联/串联方式布置； ……	☐	
5	其他		☐	

注：1. 超高层建筑采用"一泵到顶"供水方式时，无中间转输水箱和中间转输水泵，分区供水形式与高层建筑类似，一般可分为3～4个区；序号4的超高层建筑消防系统需设置中间转输水箱和中间转输水泵。

2. 在复杂的超高层建筑中，也可能同时存在局部采用临时高压消防给水系统、局部采用高压消防给水系统的情况，如出现这种情况，可结合序号3及序号4逐一表述。

自动喷水灭火系统水量选用表　　　　　　表 3.10.4-2

序号	火灾危险等级或适用场所		最大净空高度 h（m）	喷水强度 [L/(min·m²)]	作用面积（m²）	喷淋用水量（L/s）	实施情况	备注
1	轻危险级			4		15	☐	
2	中危险级	Ⅰ级	h≤8	6	160	25	☐	
3		Ⅱ级		8		30	☐	
4	严重危险级	Ⅰ级		12	260	70	☐	
5		Ⅱ级		16		95	☐	
6	民用建筑	中庭、体育馆、航站楼等	8<h≤12	12	160	—	☐	
7			12<h≤18	15	160	—	☐	
8		影剧院、音乐厅、会展中心等	8<h≤12	15	160	—	☐	
9			12<h≤18	20	160	—	☐	
10	厂房	制衣制鞋、玩具、木器、电子生产车间等	8<h≤12	15	160	—	☐	
11		棉纺厂、麻纺厂、泡沫塑料生产间等	8<h≤12	20	160	—	☐	
12	其他						☐	

注：1. 表中数据引自《自动喷水灭火系统设计规范》GB 50084—2017中表5.0.1和表5.0.2；最大净空高度超过8m的超级市场采用湿式系统的设计基本参数应按《自动喷水灭火系统设计规范》GB 50084—2017第5.0.5条及第5.0.6条的规定选用；仓库的设计基本参数应按《自动喷水灭火系统设计规范》GB 50084—2017第5.0.5～5.0.7条的规定选用。

2. 表中未列入的场所，应根据本表规定场所的火灾危险性类比确定。

3. 装设网格、格栅类通透性吊顶的场所，系统的喷水强度应按表中数据的1.3倍确定。

自动喷水灭火系统技术要求汇总表　　　　　表 3.10.4-3

序号	内容	实施情况	备注
1	(1) 湿式水力报警阀设置位置： □集中设置　□每栋单体建筑分设　□其他	☐	
	(2) 报警阀上的压力开关将信号传至消防中心报警并启动喷淋泵	☐	
	(3) 每个报警阀组控制的最不利点洒水喷头处应设末端试水装置，其他防火分区、楼层均应设直径为25mm的试水阀	☐	
2	每层或每个防火分区均设置水流指示器及信号蝶阀以发出信号至消防中心	☐	
3	(1) 项目地下车库内喷头采用：□易熔金属喷头　□其他 _____（位置）喷头采用：□玻璃球型喷头　□快速响应喷头　□易熔金属喷头 □隐蔽式喷头　□其他； _____（位置）喷头采用：□玻璃球型喷头　□快速响应喷头　□易熔金属喷头 □隐蔽式喷头　□其他； …… (2) 项目喷头的公称动作温度： □93℃，设于厨房、热交换机房、锅炉房及其他环境温度高于60℃等区域； □68℃，无特殊说明场合（易熔金属喷头公称动作温度为72℃级）； □121℃，建筑采光顶棚下布置； (3) 地下室库房、地上的中庭回廊、建筑高度大于100m的公共建筑主体、病房、_____、_____、均采用快速响应喷头； (4) 预作用系统的喷头均为直立型或干式下垂型（$K=80$）快速响应喷头； (5) 局部应用系统应采用快速响应喷头	☐	
4	(1) 二次装修应根据装修吊顶设计调整喷头位置，其间距应符合有关规范的要求，吊顶内净高大于0.8m且有可燃物时应设喷头	☐	
	(2) 无吊平顶场所，当水平障碍物的宽度大于1.2m时，其下方应增设喷头，当喷头溅水盘高于附近梁底或高于宽度小于1.2m的通风管道、排管、桥架腹面时，喷头溅水盘高于梁底、通风管道、排管、桥架腹面的最大垂直距离应满足现行国家标准《自动喷水灭火系统施工及验收规范》GB 50261的要求	☐	
	(3) 喷淋管道翻越其他障碍物时，在最高点加设自动排气阀，在最低处设三通或堵头	☐	
	(4) 项目的直线加速机房、CT、DSA等大型机房及其控制室设置充气双连锁预作用喷水灭火系统，系统由火灾自动报警系统和充气管道上的压力开关控制，作用面积按现行国家标准《自动喷水灭火系统设计规范》GB 50084—2017中表5.0.1、表5.0.4-1～表5.0.4-5规定值的1.3倍确定	☐	
5	血液病房、手术室和有创检查的医疗设备机房，不应设置自动喷水灭火系统	☐	
6	系统设置_____套水泵接合器，规格为DN_____，详见室外消防总平面图	☐	
7	系统配一套泄压阀，设定压力为_____MPa	☐	
8	局部应用系统设置要求： (1) 局部应用系统应用于室内最大净空不超过8m的民用建筑中，为局部设置且保护区域总建筑面积不超过1000m²的湿式系统，设置局部应用系统的场所应为轻危险级或中危险级Ⅰ级场所； (2) 局部应用系统应采用快速响应洒水喷头，喷水强度应符合表3.10.4-2的规定，持续喷水时间不应低于0.5h； (3) 局部应用系统保护区内的房间和走道均应布置喷头； (4) 采用标准覆盖面积洒水喷头且喷头总数不超过20只，或采用扩大覆盖面积洒水喷头且喷头总数不超过12只的局部应用系统，可不设置报警阀； (5) 其他	☐	
9	其他	☐	

自动喷水灭火系统控制要求汇总表 表 3.10.4-4

序号	内容	实施情况	备注
1	喷淋泵组的开启由屋顶消防水箱出水管上的流量开关、消防泵出水管上的压力开关及报警阀组压力开关控制	□	
2	喷淋泵组可在消防中心内或泵房内手动开启	□	
3	喷淋泵组启动的同时应向消防中心报警	□	
4	喷淋泵不设置自动停泵的控制功能,喷淋泵及稳压泵均设置就地强制启停泵按钮,并配置保护装置	□	
5	所有喷淋备用泵在工作泵发生故障时应自动投入工作	□	
6	喷淋泵控制柜在平时应使喷淋泵处于自动启泵状态,喷淋泵不得设置自动停泵的控制功能,喷淋泵应能手动启动和自动启动	□	
7	自动喷水灭火系统中各水流指示器的信号应接至消防中心	□	
8	自动喷水灭火系统中湿式报警阀的压力开关信号应接至消防中心	□	
9	(1)预作用系统应由火灾自动报警系统、消防水泵出水干管上的压力开关、高位消防水箱出水管上的流量开关和报警阀组压力开关直接自动启动消防水泵; (2)预作用系统应同时具备自动控制、消防控制室(盘)远程控制、预作用装置或雨淋报警阀处现场手动应急操作三种开启报警阀组的控制方式	□	
10	消防控制室(盘)应能显示水流指示器、压力开关、信号阀、消防水泵、消防水池及水箱水位、有压气体管道气压以及电源和备用动力等是否处于正常状态的反馈信号,并应能控制消防水泵、电磁阀、电动阀等的操作	□	
11	其他	□	

自动喷水灭火系统管材及安装要求汇总表 表 3.10.4-5

序号	材料要求	实施情况	备注
1	系统最高工作压力为_____MPa,试验压力为_____MPa,选用管材压力等级为_____MPa	□	
2	当系统工作压力小于等于1.2MPa时,采用热浸镀锌钢管及配件	□	
	当系统工作压力大于1.2MPa时,采用热浸镀锌加厚钢管及配件或热浸镀锌无缝钢管及配件	□	
	当系统工作压力大于1.6MPa时,采用热浸镀锌无缝钢管及配件	□	
	其他	□	
3	当管径小于等于 DN50 时,采用螺纹连接,当安装空间较小时宜采用沟槽连接件连接;当管径大于 DN50 时,采用沟槽连接件连接	□	
4	所有埋地敷设的钢管其外壁均按 普通级防腐要求实施	□	详见本表注
5	凡穿过变形缝处均应设金属软管(L=_____mm)及检修阀门	□	
6	室外明露的消防管均采用_____mm厚的_____(B1级柔性泡沫橡塑保温管/A级离心玻璃棉制品)保温,外扎玻璃布一道,再加铝合金薄板保护层;管径大于等于 DN80 采用_____(0.8mm)厚铝合金薄板保护层,管径小于等于 DN65 采用_____(0.5mm)厚铝合金薄板	□	

序号	材料要求	实施情况	备注
7	消防系统管径大于 DN50 时采用不锈钢或球墨铸铁蝶阀（水泵吸水管均采用球墨铸铁闸阀），管径小于等于 DN50 时采用闸阀	☐	
8	自动喷淋系统报警阀前、后及水流指示器前均采用安全信号阀	☐	
9	其他	☐	

注：管道防腐层种类见表 3.5.12-2。

自动喷水灭火系统试压及验收要求汇总表 表 3.10.4-6

序号	内容	实施情况	备注
1	自动喷水灭火系统强度试验压力为_____ MPa，严密性试验压力为_____ MPa	☐	
2	强度试验的测试点应设在系统管网的最低点	☐	
3	消防系统管道的强度试验要求：对管网注水时，应将管网内的空气排净，并应缓慢升压，达到试验压力后，稳压 30min，管网应无泄漏、无变形，且压力降不应大于 0.05MPa 为合格	☐	
4	消防系统管道的严密性试验应在强度试验和管网冲洗合格后进行。试验压力值为系统工作压力，应稳压 24h 无泄漏	☐	
5	系统竣工后，必须进行工程验收，验收应由建设单位组织质检、设计、施工、监理单位参加，验收不合格不应投入使用，验收应符合现行国家标准《自动喷水灭火系统施工及验收规范》GB 50261 的规定	☐	
6	其他	☐	

2. 雨淋系统

雨淋系统设计汇总表 表 3.10.4-7

序号	项目名称	内容	实施情况	备注
1	系统形式	☐高压消防给水系统　☐临时高压消防给水系统	☐	
2	分区及供水方式	室内雨淋系统设 1 个分区	☐	详见本表注 1
		消防水池设置情况： ☐设　设置位置_____； ☐不设	☐	
		室内雨淋泵设置情况： ☐设　设置位置_____，台数为_____用_____备，设计参数：流量为_____ L/s，扬程为_____ m，功率为_____ kW，转速为_____ r/min，效率为_____% ☐不设	☐	详见本表注 2
		屋顶消防水箱设置情况： ☐设　设置位置_____； ☐不设	☐	
		室内雨淋稳压泵设置情况： ☐设　设置位置_____，台数为_____用_____备，设计参数：流量为_____ L/s，扬程为_____ m，功率为_____ kW，转速为_____ r/min，效率为_____%，配置150L气压罐 1 个 ☐不设	☐	

续表

序号	项目名称	内容	实施情况	备注
2	分区及供水方式	消防水池供水方式 □消防水池＋室内雨淋泵＋屋顶消防水箱＋室内雨淋稳压泵联合供水 □消防水池＋室内雨淋泵＋消防气压供水设备联合供水	□	
		城镇供水管网直接供水方式 □城镇供水管网＋室内雨淋泵＋屋顶消防水箱＋室内雨淋稳压泵联合供水 □城镇供水管网＋室内雨淋泵＋消防气压供水设备联合供水	□	
3	其他		□	

注：1. 雨淋系统比较特殊，在建筑物内采用较少，但复杂工程也有多个区使用的情况，如工程建设项目中出现此类情况，设计人员应根据本表格式逐一表述。
　　2. 室内雨淋泵一般采用1用1备，流量大时宜采用2用1备。

雨淋系统技术要求汇总表　　　　　　　　　　　　表 3.10.4-8

序号	内容	实施情况	备注
1	_____区域和_____区域的葡萄架下部为严重危险Ⅱ级，设置雨淋系统	□	
	其他位置	□	
2	雨淋系统设计水量为_____L/s，见表3.10.4-2，每个雨淋报警阀控制的喷水面积不宜大于该表中作用面积	□	
3	雨淋系统设置单独消防泵组	□	详见本表注
4	在_____（位置）设置_____套雨淋阀，其中_____套保护_____（部位），_____套保护_____（部位）；……	□	
5	雨淋阀组中电磁阀的入口设置过滤器；雨淋阀控制腔的入口设置止回阀	□	
6	系统采用：$K=115$的开式洒水喷头	□	
7	系统控制要求： （1）在自动控制下，雨淋阀组上的电磁阀须同时接收到设置在防护区内的烟感及温感探头各自独立发出的火灾信号后，再打开雨淋阀； （2）系统同时设置手动控制装置，供远距离打开雨淋阀组上的电磁阀； （3）雨淋阀组上应设置紧急手动装置，供就地手动打开雨淋阀	□	
8	系统设置_____套水泵接合器，规格为DN_____，详见室外消防总平面图	□	
9	系统管材及安装要求、试压及验收要求等见表3.10.4-5及表3.10.4-6	□	
10	其他	□	

注：当雨淋系统用水量与自动喷水灭火系统用水量接近，且灭火时不会同时工作时，可与自动喷水灭火系统设置的消防泵组合并。

3. 水幕系统

水幕系统设计汇总表   表 3.10.4-9

序号	项目名称	内容	实施情况	备注
1	系统形式	□高压消防给水系统　□临时高压消防给水系统	□	
2	分区及供水方式	室内水幕系统分为1个区	□	详见本表注
		消防水池设置情况： □设　设置位置_____； □不设	□	
		室内水幕泵设置情况： □设　设置位置_____，台数为_____用_____备，设计参数：流量为_____L/s，扬程为_____m，功率为_____kW，转速为_____r/min，效率为_____% □不设	□	室内水幕泵一般采用1用1备，流量大时宜采用2用1备
		屋顶消防水箱设置情况： □设　设置位置_____； □不设	□	
		室内水幕稳压泵设置情况： □设　设置位置_____，台数为_____用_____备，设计参数：流量为_____L/s，扬程为_____m，功率为_____kW，转速为_____r/min，效率为_____%，配置150L气压罐1个 □不设	□	
		消防水池供水方式 □消防水池＋室内水幕泵＋屋顶消防水箱＋室内水幕稳压泵联合供水 □消防水池＋室内水幕泵＋消防气压供水设备联合供水	□	
		城镇供水管网直接供水方式 □城镇供水管网＋室内水幕泵＋屋顶消防水箱＋室内水幕稳压泵联合供水 □城镇供水管网＋室内水幕泵＋消防气压供水设备联合供水	□	
3	其他		□	

注：水幕系统比较特殊，在建筑物内采用较少，但复杂工程也有多个区使用的情况，如工程建设项目中出现此类情况，设计人员应根据本表格式逐一表述。

水幕系统技术要求汇总表   表 3.10.4-10

序号	内容	实施情况	备注
1	（1）在_____区域设置(防护冷却水幕系统/保护防火卷帘)，喷水强度为_____L/(s·m)，火灾持续时间为_____h；……	□	
	（2）在_____区域设置防火分割水幕系统，喷水强度为2.0L/(s·m)，火灾持续时间为_____h；……	□	
	（3）其他位置	□	
2	在_____（位置）设置_____套雨淋阀，其中_____套保护_____（部位），_____套保护_____（部位）；……	□	

序号	内容	实施情况	备注
3	系统配置雨淋阀，其电磁阀的入口设置过滤器，控制腔的入口设置止回阀	☐	
4	（1）防护冷却水幕系统采用 $K=80$ 的水幕喷头，喷头单排布置，防护冷却水幕系统应与其保护的防火卷帘联动启动	☐	
	（2）防火分割水幕系统采用 $K=80$ 的开式喷头，喷头双排布置，防火分割水幕系统应与火灾探测报警系统联动	☐	
	（3）防火分割水幕系统采用 $K=80$ 的水幕喷头，喷头三排布置，防火分割水幕系统应与火灾探测报警系统联动	☐	
	（4）其他	☐	
5	水幕系统设置单独消防泵组	☐	详见本表注1
6	当采用防护冷却水幕系统保护防火卷帘、防火玻璃墙等防火分隔设施时，系统应独立设置，且应符合下列要求： （1）喷头设置高度不应超过 8m；当设置高度为 4～8m 时，应采用快速响应喷头； （2）喷头设置高度不超过 4m 时，喷水强度不应小于 $0.5L/(s \cdot m)$，当超过 4m 时，每增加 1m，喷水强度应增加 $0.1L/(s \cdot m)$； （3）喷头的设置应确保喷洒到保护对象后布水均匀，喷头间距为 1.8～2.4m；喷头溅水盘与防火分隔设施的水平距离不应大于 0.3m，与顶板的距离应符合现行国家标准《自动喷水灭火系统设计规范》GB 50084—2017 第 7.1.15 条的规定； （4）持续喷水时间不应小于系统设置部位的耐火极限要求	☐	
7	系统设置_____套水泵接合器，规格为 DN_____，详见室外消防总平面图	☐	
8	系统控制要求： （1）在自动控制下，雨淋阀组上的电磁阀须同时接收到设置在防护区内的烟感及温感探头各自独立发出的火灾信号后，再打开雨淋阀； （2）系统同时设置手动控制装置，供远距离打开雨淋阀组上的电磁阀； （3）雨淋阀组上应设置紧急手动装置，供就地手动打开雨淋阀	☐	详见本表注2
9	系统管材及安装要求、试压及验收要求等见表 3.10.4-5 及表 3.10.4-6	☐	
10	其他	☐	

注：1. 当水幕系统用水量与自动喷水灭火系统用水量接近，且灭火时不会同时工作时，可与自动喷水灭火系统设置的消防泵组合并。
　　2. 火灾报警除烟感、温感外，还有红外对射、空气采样等，舞台等特殊区域应采用空气采样，较为空旷的大空间可采用红外对射。

3.10.5　水喷雾灭火系统

水喷雾灭火系统技术要求汇总表

表 3.10.5

序号	内容	实施情况	备注
1	在_____层_____机房设置水喷雾灭火系统	☐	
2	系统设置_____套雨淋阀，水喷雾喷头工作压力不小于_____ MPa	☐	多采用 0.35MPa
3	系统设计喷雾强度为_____ $L/(min \cdot m^2)$，持续喷雾时间为_____ h； 系统用水量为_____ L/s	☐	

序号	内容	实施情况	备注
4	水喷雾灭火系统消防泵组设置方式： □ 独立设置，设置位置_____，台数为_____用_____备，设计参数：流量为_____ L/s，扬程为_____ m，功率为_____ kW，转速为_____ r/min，效率为_____%；系统设置_____套水泵接合器，规格为 DN _____，详见室外消防总平面图； □ 与自动喷水灭火系统设置的消防泵组合用	□	
5	(1) 系统的响应时间不大于_____ s； (2) 喷头选型需符合下列要求： □ 扑救电气火灾，应选用离心雾化型水雾喷头，离心雾化型水雾喷头应带柱状过滤网 □ 室内粉尘场所设置的水雾喷头应带防尘帽 (3) 系统应具有自动控制、手动控制和应急机械启动三种控制方式；但当响应时间大于120s时，可采用手动控制和应急机械启动两种控制方式； (4) 输送机皮带的保护面积应按上行皮带的上表面面积确定，长距离的皮带宜实施分段保护，但每段长度不宜小于100m	□	
6	(1) 在自动控制下，雨淋阀组上的电磁阀须同时接收到设置在防护区内的烟感及温感探头各自独立发出的火灾信号后，再打开雨淋阀； (2) 系统同时设置手动控制装置，供远距离打开雨淋阀组上的电磁阀； (3) 雨淋阀组上应设置紧急手动装置，用于就地手动打开雨淋阀	□	
7	水喷雾灭火系统的控制设备应具有下列功能： 监控消防水泵的启、停状态； 监控雨淋报警阀的开启状态，监视雨淋报警阀的关闭状态； 监控电动或气动控制阀的开、闭状态； 监控主、备用电源的自动切换	□	
8	水喷雾灭火系统供水泵的动力源应具备下列条件之一： □ 一级电力负荷的电源 □ 二级电力负荷的电源，同时设置备用动力的柴油机 □ 主、备动力源全部采用柴油机	□	
9	系统管材及安装要求、试压及验收要求等见表 3.10.4-5 及表 3.10.4-6	□	
10	其他	□	

3.10.6 高压细水雾灭火系统

高压细水雾灭火系统技术要求汇总表 表 3.10.6-1

序号	项目名称	内容	实施情况	备注
1	设计及验收依据	《建筑设计防火规范》GB 50016—2014（2018 年版）	□	
		《建筑给水排水设计标准》GB 50015—2019	□	
		《细水雾灭火系统技术规范》GB 50898—2013	□	
		《工业金属管道工程施工规范》GB 50235—2010	□	
		《细水雾灭火系统选用与安装》12SS209	□	
		保护区域建筑平面布置图	□	
		美国消防协会《细水雾灭火系统标准》NFPA750（参考依据）	□	
		经国家固定灭火系统和耐火构件质量监督检验中心检测的型式检验报告、国家 3C 认证以及国际通用的 FM、UL 或 EN 认证	□	

序号	项目名称	内容	实施情况	备注
2	设计范围	本设计文件为高压细水雾灭火系统范围内的工艺施工图设计	☐	
		本设计说明为高压细水雾灭火系统专项设计说明，说明未见部分参照建筑给排水设计说明相关部分，其他专业的设计说明详见相应专业的施工图纸	☐	
		本设计文件提供的专项设计说明及工艺施工图须由业主认可的专业承包商深化设计，并经主体设计单位审核通过后才能用于施工，本设计文件仅供招标使用	☐	
		其他	☐	
3	概况及主要工艺设计要求	＿＿＿（项目名称）位于＿＿＿＿	☐	
		高压细水雾开式灭火系统设备机房设于保护区外的＿＿＿＿（位置）机房内	☐	
		高压细水雾灭火系统防护区设计参数汇总情况见表 3.10.6-2	☐	
		高压细水雾开式灭火系统防护区域为： ☐消控中心 ☐电气设备机房，包括：＿＿＿、＿＿＿、…… ☐数据中心，包括：＿＿＿、＿＿＿、…… ☐档案馆，包括：＿＿＿、＿＿＿、…… ☐医用设备机房，包括：＿＿＿、＿＿＿、…… ☐其他	☐	
		高压细水雾灭火系统由高压细水雾不锈钢九柱塞立式泵组、细水雾喷头、区域控制阀组、过滤器、不锈钢管道以及火灾报警控制系统等组成，且应通过国家固定灭火系统和耐火构件质量监督检验中心检测的型式检验，并出具检验报告、国家 3C 认证以及国际通用的 FM、UL 或 EN 认证	☐	
		开式系统： 高压细水雾泵组共设＿＿＿＿套，其中 第一套保护＿＿＿＿、＿＿＿＿、……防护区，泵组设计流量为＿＿＿＿L/min，工作压力为＿＿＿＿MPa，功率为＿＿＿＿kW； 第二套保护＿＿＿＿、＿＿＿＿、……防护区，采用＿＿＿＿（开式/闭式）系统， 泵组设计流量为＿＿＿＿L/min，工作压力为＿＿＿＿MPa，功率为＿＿＿＿kW； ……	☐	
		闭式系统： 高压细水雾泵组共设＿＿＿＿套，其中 第一套保护＿＿＿＿、＿＿＿＿、……防护区，泵组设置＿＿＿＿台泵，每台设计流量为＿＿＿＿L/min，工作压力为＿＿＿＿MPa，功率为＿＿＿＿kW，配置稳压泵 2 台，1 用 1 备，$Q=$＿＿＿＿L/s，$H=$＿＿＿＿m，$N=$＿＿＿＿kW； 第二套保护＿＿＿＿、＿＿＿＿、……防护区，泵组设置＿＿＿＿台泵，每台设计流量为＿＿＿＿L/min，工作压力为＿＿＿＿MPa，功率为＿＿＿＿kW，配置稳压泵 2 台，1 用 1 备，$Q=$＿＿＿＿L/s，$H=$＿＿＿＿m，$N=$＿＿＿＿kW； ……	☐	

序号	项目名称	内容	实施情况	备注
3	概况及主要工艺设计要求	系统工作压力按照最不利点进行水力计算，采用 Darcy-Weisbach（达西-魏斯巴赫）公式计算	□	
		主要设计参数： □系统持续喷雾时间 30min； □开式系统的响应时间不大于 30s； □最不利喷头工作压力不低于 10MPa； □高压泵组泵体材料为不锈钢，其工作压力不小于 14MPa； □细水雾粒径 Dv0.5 小于 65μm、Dv0.99 小于 100μm； □其他	□	
		高压细水雾喷头要求： □_____防护区选用 K 为_____，q 为_____ L/min 的_____（种类）喷头； □_____防护区选用 K 为_____，q 为_____ L/min 的_____（种类）喷头； □_____防护区选用 K 为_____，q 为_____ L/min 的_____（种类）喷头； ……	□	
		供水及水质要求： （1）系统的水质不应低于现行国家标准《生活饮用水卫生标准》GB 5749 的规定，系统补水水源的水质应与系统的水质要求一致； （2）系统供水压力要求不低于 0.2MPa，且不得大于 0.6MPa； （3）供水方式 □水源水量及水压不满足要求时，采用设贮水箱的增压供水方式，设置水泵 2 台，1用1备，参数为：$Q=$_____ L/s，$H=$_____ m，$N=$_____ kW，高压细水雾泵组供水电磁阀开启时，同时启动增压泵； □不设增压供水设施 （4）设置的贮水箱为_____不锈钢材质，水箱制作和安装要求参照国家建筑标准设计图集《矩形给水箱》12S101，水箱有效容积为_____ m³	□	
4	工作原理	开式系统：在准工作状态下，从泵组出口至区域阀前的管网由稳压泵维持压力 1.0～1.2MPa，阀后空管。发生火灾后，由火灾报警系统联动依次开启对应的区域控制阀和主泵，喷放细水雾灭火；或者手动开启对应的区域控制阀，管网降压自动启动主泵，喷放细水雾灭火。经人员确认火灾扑灭后，手动关闭主泵和区域控制阀，火灾报警系统复位，管网恢复、系统复位	□	
		闭式系统：平时由稳压泵保持系统压力，发生火灾后，火灾报警装置探测到火灾发生，随即报警，当闭式喷头达到温控指标时，喷放细水雾灭火，管网降压自动启动主泵直至灭火。经人员确认火灾扑灭后，手动关闭消防泵和区域控制阀，火灾报警系统复位，管网恢复、系统复位	□	

序号	项目名称	内容	实施情况	备注
5	系统控制	（1）瓶组系统具备三种控制方式：自动控制、手动控制和机械应急操作，其机械应急操作应能在钢瓶间内直接手动启动系统；泵组系统应具有自动、手动控制方式；开式系统的自动控制应能在接收到两个独立的火灾报警信号后自动启动；闭式系统的自动控制应能在喷头动作后，由动作信号反馈装置直接连锁自动启动； （2）在消防控制室内和防护区入口处，应设置系统手动启动装置；手动启动装置和机械应急操作装置应能在一处完成系统启动的全部操作，并应采取防止误操作的措施；手动启动装置和机械应急操作装置上应设置与所保护场所对应的明确标识；设置系统的场所以及系统的手动操作位置，应在明显位置设置系统操作说明	☐	
6	计量方式	标高以米计，设计标高以首层地坪为±0.00m计，尺寸除注明外均以毫米计	☐	
		设计文件中标注的管道标高均以管中心计	☐	
7	管材及附件	（1）管道：管道采用满足系统工作压力要求的无缝不锈钢管316L，管道采用氩弧焊焊接或卡套连接，管道的材质和性能应符合现行国家标准《流体输送用不锈钢无缝钢管》GB/T 14976 和《流体输送用不锈钢焊接钢管》GB/T 12771 的规定； （2）过滤器：在贮水箱进口处应设置_____（材料）过滤器，出水口或控制阀前应设置过滤器，过滤器的设置位置应便于维护、更换和清洗等。过滤器的材质应为不锈钢，过滤器的网孔孔径不应大于喷头最小喷孔孔径的80%	☐	
8	安装	（1）穿墙及过楼板的管道必需加套管；穿过墙体的套管长度不应小于该墙体的厚度，穿过楼板的套管长度应高出楼地面50mm。管道焊缝处不得置于套管内，管道与套管之间的空隙应用不燃材料填塞密实。设置在有爆炸危险场所的管道应采取导除静电的措施。细水雾管道过伸缩缝、沉降缝处需加补偿装置。 （2）泵组应严格按照设备使用说明书进行安装（吊装时应整体吊装），控制盘的电气线路接口应采取有效防水措施，防止控制盘受潮，泵组控制柜的操作距离不小于1.00m。增压泵的安装同消防泵，按国家建筑标准设计图集《消防专用水泵选用及安装（一）》19S204-1 及《消防专用水泵选用及安装（二）》22S204-2 安装。 （3）区域控制阀组应安装在防护区域外方便操作的地方（包括电动阀、控水球阀、压力开关、压力表等），正面操作距离不小于1.00m，箱底安装高度距地面0.80m，进出水口的连接管道必须在区域阀箱定位后进行安装，安装环境温度在4～50℃之间，其空气湿度不得超过90%，安装管道前，必须彻底用高压喷射冲洗管道，以去除泥土、铁屑、细小微粒等杂质。 （4）设在有爆炸危险环境中的系统，其管网和组件应采取静电导除措施。 （5）管道支吊架应满足强度要求，管道与支吊架之间采用橡胶垫或石棉垫绝缘，以避免碳钢对不锈钢产生电偶腐蚀作用，管道最大支吊架安装间距可参见下表：	☐	

续表

<table>
<tr><th>序号</th><th>项目名称</th><th>内容</th><th>实施情况</th><th>备注</th></tr>
<tr><td>8</td><td>安装</td><td>
<table>
<tr><th colspan="3">管道最大支吊架安装间距</th></tr>
<tr><th>管道外径×壁厚
(mm)</th><th>公称直径
(mm)</th><th>支吊架安装间距
(m)</th></tr>
<tr><td>12×1.5</td><td>DN10</td><td>1.7</td></tr>
<tr><td>22×2</td><td>DN15</td><td>2.2</td></tr>
<tr><td>28×2.5</td><td>DN20</td><td>2.4</td></tr>
<tr><td>34×3</td><td>DN25</td><td>2.8</td></tr>
<tr><td>42×3.5</td><td>DN32</td><td>2.8</td></tr>
</table>
管道末端应采用金属支架固定，支架或支架的位置应不影响喷头的喷雾效果，支架和喷头之间的管道长度不应大于250mm</td><td>□</td><td></td></tr>
<tr><td>9</td><td>试压</td><td>水压强度试验压力为系统工作压力的1.5倍，试压采用试压装置缓慢升压，当压力升至试验压力后，稳压5min，管道无损坏、变形，再将试验压力降至设计压力，稳压120min，以压力不降、无渗漏、目测管道无变形为合格。压力试验合格后，系统管道宜采用压缩空气或氮气进行吹扫，吹扫压力不应大于管道的设计压力，流速不宜小于20m/s</td><td>□</td><td></td></tr>
<tr><td>10</td><td>与其他专业协调</td><td>(1) 与建筑专业协调：
对泵房间的要求：环境温度为4～50℃；耐火等级不应低于二级；室内应保持干燥和良好的通风；门应向疏散方向开启，门宽宜在1.2m以上。
(2) 与电气专业协调：
1) 配电系统需分别提供两路AC380V/60kW及两路AC380V/2.2kW电源至消防泵房，接口位置设在高压细水雾泵组及增压泵组控制柜内，包括增压泵控制柜至增压泵之间的电源线BTTZ-5×$4mm^2$；进线孔在泵组控制柜底板上，设备金属外壳应作接地保护；增压泵控制柜和泵组控制柜敷设控制电缆WDZAN-BYJ-2×1.5；
2) 配电系统需提供一路AC220V/1A消防专用电源线至现场高压细水雾区域控制阀箱内，接口位置在细水雾区域控制阀箱内接线端子排上。
(3) 与火灾自动报警衔接：
火灾报警控制系统及与细水雾系统的联动控制部分要求如下：
1) 需针对系统的每个保护分区设置两路火灾探测器或两路不同种类的火警信号；
2) 需针对系统的每个保护分区主要出入口的内侧设置消防警铃或声光报警器，外侧设置声光报警器和喷雾指示灯；
3) 针对高压细水雾泵组，在消防控制中心设置远程手动控制高压细水雾泵组启动、停止，并能接收泵组运行及泵组故障信号的装置；
4) 控制每个保护分区对应的消防警铃、声光报警器、释放指示灯；
5) 控制每个保护分区对应的开式区域阀组，并接收压力开关的返回信号；
6) 系统启动时，联动切断带电保护对象的电源，并同时切断或关闭可燃气体、液体或粉体供应的设备和设施。
(4) 与暖通专业协调：
在实施灭火前，应自动关闭相应通风、空调系统等，在灭火完毕后，应对房间进行通风</td><td>□</td><td>此处与电气专业衔接处提及的电线、电缆规格和型号仅为示意</td></tr>
</table>

续表

序号	项目名称	内容	实施情况	备注
11	其他	细水雾管网及喷头位置可以根据现场情况进行优化,但必须将优化方案报主体设计单位审核后方可实施	□	
		区域控制阀箱进出水口的连接管道必须在区域控制阀箱定位后按照其实际进出水管位置进行配合安装	□	

高压细水雾灭火系统防护区设计参数汇总表　　　表 3.10.6-2

序号	防护区域名称	层高(m)	面积(m²)	喷雾强度[L/(min·m²)]	喷头的系数 K	最低工作压力(MPa)	喷头数量(只)	阀箱型号	阀箱数量(只)	系统类型(开式/闭式)	喷头安装高度(m)
1											
2											
3											
4	……										

3.10.7　自动跟踪定位射流灭火系统

1. 室内自动消防炮灭火系统

室内自动消防炮灭火系统技术要求汇总表　　　表 3.10.7-1

序号	内容	实施情况	备注
1	设计及验收主要依据: 《建筑设计防火规范》GB 50016—2014(2018年版) 《消防给水及消火栓系统技术规范》GB 50974—2014 《自动跟踪定位射流灭火系统技术标准》GB 51427—2021 《室内固定消防炮选用及安装》08S208	□	
2	本设计文件提供的自动消防炮灭火系统专项设计说明及工艺施工图须由业主认可的专业承包商深化设计,并经主体设计单位审核通过后才能用于施工,本设计文件仅供招标使用	□	
3	设置自动消防炮灭火系统保护区域为:_____处(净空高度大于12m的高大空间场所;净空高度大于8m且不大于12m,难以设置自动喷水灭火系统的高大空间场所)	□	
4	自动消防炮装置采用_____(种类),共设置_____台,每台装置技术参数:流量_____L/s,工作压力_____MPa,保护半径_____m,安装高度_____m	□	
5	系统设计流量:系统最大设计流量按_____台装置同时喷水计算,系统设计流量_____L/s,火灾延续时间按1h计算	□	
6	系统中设有水流指示器与信号阀,自动消防炮灭火系统设置独立的消防水泵及供水管网	□	
7	探测装置应符合下列规定: (1)应采用复合探测方式,并应能有效探测和判定保护区域内的火源; (2)监控半径应与对应灭火装置的保护半径或保护范围相匹配; (3)探测装置的布置应保证保护区域内无探测盲区; (4)探测装置应满足相应使用环境的防尘、防水、抗现场干扰等要求	□	

序号	内容	实施情况	备注
8	系统应设置声、光警报器，并应满足下列要求： （1）保护区内应均匀设置声、光警报器，可与火灾自动报警系统合用； （2）声、光警报器的声压级不应小于60dB，在环境噪声大于60dB的场所，其声压级应高于背景噪声15dB	□	
9	系统应具有自动控制、消防控制室手动控制和现场手动控制三种控制方式；消防控制室手动控制和现场手动控制相对于自动控制应具有优先权； 当探测到火源后，应至少有2台灭火装置对火源扫描定位，并应至少有1台且最多2台灭火装置自动开启射流，且其射流应到达火源进行灭火； 系统自动启动后应能连续射流灭火，当系统探测不到火源时，应连续射流不小于5min后停止喷射，系统停止射流后再次探测到火源时，应能再次启动射流灭火； 信号阀、自动控制阀的启、闭信号应传至消防控制室； 控制主机应具有与火灾自动报警系统和其他联动控制设备的通信接口	□	
10	管道及材料： （1）室内、外架空管道宜采用_____（热浸镀锌钢管/热浸镀锌加厚钢管/热浸镀锌无缝钢管），承压等级为_____ MPa，架空管道不应采用焊接连接，宜采用下列连接方式： □沟槽连接　□螺纹连接　□法兰连接　□卡压连接　□其他 （2）埋地管道宜采用球墨铸铁管、钢丝骨架复合管和加强防腐的钢管管材；埋地金属管道外壁应采取可靠的防腐措施； （3）阀门应密闭可靠，并应有明显的启、闭标志	□	
11	试压及验收： （1）系统强度试验压力为_____ MPa，严密性试验压力为_____ MPa； （2）水压强度试验的测试点应设在系统管网的最低点； （3）消防系统管道的强度试验要求：对管网注水时，应将管网内的空气排净，并应缓慢升压，达到试验压力后，稳压30min，管网应无泄漏、无变形，且压力降不应大于0.05MPa为合格； （4）消防系统管道的严密性试验应在强度试验和管网冲洗合格后进行，试验压力值为系统工作压力，应稳压24h无泄漏； （5）系统竣工后，必须进行工程验收，验收应由建设单位组织质检、设计、施工、监理单位参加，验收不合格不应投入使用； （6）所有模拟末端试水装置均应做下列功能或参数的检验并符合设计要求：模拟火灾探测功能；报警、联动控制信号传输与控制功能；流量、压力参数；排水功能；手动与自动相互转换功能	□	
12	安装参见表3.10.4-5	□	
13	设计文件中标注的尺寸均以毫米计，标高以米计	□	
13	设计文件中标注的管道标高均以管中心计	□	
14	其他	□	

2. 喷射型自动射流灭火系统

喷射型自动射流灭火系统技术要求汇总表　表 3.10.7-2

序号	内容	实施情况	备注
1	设计及验收主要依据： 《建筑设计防火规范》GB 50016—2014（2018年版） 《自动喷水灭火系统设计规范》GB 50084—2017 《消防给水及消火栓系统技术规范》GB 50974—2014 《自动跟踪定位射流灭火系统技术标准》GB 51427—2021 《室内固定消防炮选用及安装》08S208	□	

序号	内容	实施情况	备注
2	本设计文件提供的喷射型自动射流灭火系统专项设计说明及工艺施工图须由业主认可的专业承包商深化设计，并经主体设计单位审核通过后才能用于施工，本设计文件仅供招标使用	□	
3	设置喷射型自动射流灭火系统保护区域为：_____处（净空高度大于 12m 的高大空间场所；净空高度大于 8m 且不大于 12m，难以设置自动喷水灭火系统的高大空间场所）	□	
4	喷射型自动射流灭火装置采用_____（种类），共设置_____台，每台装置技术参数：流量_____L/s，工作压力_____MPa，保护半径_____m，安装高度_____m	□	
5	系统设计流量：系统最大设计流量按_____台装置同时喷水计算，系统设计流量_____L/s，火灾延续时间按 1h 计算	□	喷射型自动射流灭火装置的额定工作压力上限为 0.8MPa，最大保护半径为 28m
6	系统中设有水流指示器与信号阀，系统拟与自动喷水灭火系统合用一套供水系统时，在自动喷水灭火系统湿式报警阀前将管道分开，在各分区管网末端最不利点处设置模拟末端试水装置	□	
7	探测装置应符合下列规定： (1) 应采用复合探测方式，并应能有效探测和判定保护区域内的火源； (2) 监控半径应与对应灭火装置的保护半径或保护范围相匹配； (3) 探测装置的布置应保证保护区域内无探测盲区； (4) 探测装置应满足相应使用环境的防尘、防水、抗现场干扰等要求	□	
8	系统应设置声、光警报器，并应满足下列要求： (1) 保护区内应均匀设置声、光警报器，可与火灾自动报警系统合用； (2) 声、光警报器的声压级不应小于 60dB，在环境噪声大于 60dB 的场所，其声压级应高于背景噪声 15dB	□	
9	系统应具有自动控制、消防控制室手动控制和现场手动控制三种控制方式；消防控制室手动控制和现场手动控制相对于自动控制应具有优先权； 当探测到火源后，应至少有 2 台灭火装置对火源扫描定位，并应至少有 1 台且最多 2 台灭火装置自动开启射流，且其射流应能到达火源进行灭火； 系统自动启动后应能连续射流灭火，当系统探测不到火源时，应连续射流不小于 5min 后停止喷射，系统停止射流后再次探测到火源时，应能再次启动射流灭火； 信号阀、自动控制阀的启、闭信号应传至消防控制室； 控制主机应具有与火灾自动报警系统和其他联动控制设备的通信接口	□	
10	管道及材料： (1) 室内、外架空管道宜采用_____（热浸镀锌钢管/热浸镀锌加厚钢管/热浸镀锌无缝钢管），承压等级为_____MPa，架空管道不应采用焊接连接，宜采用下列连接方式： □沟槽连接　□螺纹连接　□法兰连接　□卡压连接　□其他 (2) 埋地管道宜采用球墨铸铁管、钢丝骨架复合管和加强防腐的钢管管材；埋地金属管道外壁应采取可靠的防腐措施； (3) 阀门应密闭可靠，并应有明显的启、闭标志	□	

序号	内容	实施情况	备注
11	试压及验收： （1）系统强度试验压力为_____MPa，严密性试验压力为_____MPa； （2）水压强度试验的测试点应设在系统管网的最低点； （3）消防系统管道的强度试验要求：对管网注水时，应将管网内的空气排净，并应缓慢升压，达到试验压力后，稳压30min，管网应无泄漏、无变形，且压力降不应大于0.05MPa为合格； （4）消防系统管道的严密性试验应在强度试验和管网冲洗合格后进行，试验压力值为系统工作压力，应稳压24h无泄漏； （5）系统竣工后，必须进行工程验收，验收应由建设单位组织质检、设计、施工、监理单位参加，验收不合格不应投入使用； （6）所有模拟末端试水装置均应做下列功能或参数的检验并应符合设计要求：模拟火灾探测功能；报警、联动控制信号传输与控制功能；流量、压力参数；排水功能；手动与自动相互转换功能	☐	
12	安装参见表3.10.4-5	☐	
13	设计文件中标注的尺寸均以毫米计，标高以米计	☐	
13	设计文件中标注的管道标高均以管中心计	☐	
14	其他	☐	

3. 喷洒型自动射流灭火系统

喷洒型自动射流灭火系统技术要求汇总表　　　　　表 3.10.7-3

序号	内容	实施情况	备注
1	设计及验收主要依据： 《建筑设计防火规范》GB 50016—2014（2018年版） 《自动喷水灭火系统设计规范》GB 50084—2017 《消防给水及消火栓系统技术规范》GB 50974—2014 《自动跟踪定位射流灭火系统技术标准》GB 51427—2021	☐	
2	本设计文件提供的喷洒型自动射流灭火系统专项设计说明及工艺施工图须由业主认可的专业承包商深化设计，并经主体设计单位审核通过后才能用于施工，本设计文件仅供招标使用	☐	
3	设置喷洒型自动射流灭火系统保护区域为：_____处（净空高度大于12m且小于25m的高大空间场所；净空高度大于8m且不大于12m，难以设置自动喷水灭火系统的高大空间场所）	☐	
4	系统设计流量_____L/s，喷水强度_____L/(min·m²)，作用面积_____m²，火灾延续时间按1h计算	☐	
5	喷洒型自动射流灭火装置采用_____（种类），共设置_____台，每台规格是_____	☐	
6	系统应具有自动控制、消防控制室手动控制和现场手动控制三种控制方式；消防控制室手动控制和现场手动控制相对于自动控制应具有优先权； 喷洒型自动射流灭火系统在自动控制状态下，当探测到火源后，发现火源的探测装置对应的灭火装置应自动开启射流，且其中应至少有一组灭火装置的射流能到达火源进行灭火； 系统自动启动后应能连续射流灭火，当系统探测不到火源时，应连续射流不小于5min后停止喷射，系统停止射流后再次探测到火源时，应能再次启动射流灭火	☐	

续表

序号	内容	实施情况	备注
7	系统拟与自动喷水灭火系统合用一套供水系统，系统中设有水流指示器与信号阀	☐	
8	管道及材料： (1) 室内、外架空管道宜采用_____（热浸镀锌钢管/热浸镀锌加厚钢管/热浸镀锌无缝钢管），承压等级为_____MPa，架空管道的连接方式宜采用沟槽连接件、螺纹、法兰、卡压等方式，不应采用焊接连接； (2) 埋地管道宜采用球墨铸铁管、钢丝骨架复合管和加强防腐的钢管管材，承压等级为_____MPa，埋地金属管道外壁均应采取可靠的防腐措施； (3) 阀门应密闭可靠，并应有明显的启、闭标志	☐	
9	试压及验收： (1) 系统强度试验压力为_____MPa，严密性试验压力为_____MPa； (2) 水压强度试验的测试点应设在系统管网的最低点； (3) 消防系统管道的强度试验要求：对管网注水时，应将管网内的空气排净，并应缓慢升压，达到试验压力后，稳压30min，管网应无泄漏、无变形，且压力降不应大于0.05MPa为合格； (4) 消防系统管道的严密性试验应在强度试验和管网冲洗合格后进行，试验压力值为系统工作压力，应稳压24h无泄漏； (5) 系统竣工后，必须进行工程验收，验收应由建设单位组织质检、设计、施工、监理单位参加，验收不合格不应投入使用	☐	
10	安装参见表3.10.4-5	☐	
11	其他	☐	

3.10.8　泡沫灭火系统

泡沫灭火系统技术要求汇总表　　　　　　　　　　　表 3.10.8

序号	内容	实施情况	备注
1	设计及验收主要依据：《泡沫灭火系统技术标准》GB 50151—2021	☐	
2	_____区域设置泡沫-水喷淋灭火系统	☐	
3	主要设计参数： (1) 系统作用面积为_____m²； (2) 泡沫混合液的供给强度为6.5L/(min·m²)，采用3%水成膜泡沫液； (3) 泡沫混合液连续供给时间不小于10min； (4) 泡沫混合液与水的连续供给时间之和不小于60min； (5) 系统供水量为_____m³/h	☐	详见本表注2
4	泡沫比例混合器的进口压力为_____MPa（0.60～1.20MPa）	☐	
5	闭式泡沫-水喷淋灭火系统输送的泡沫混合液应在8L/s至最大设计流量范围内达到额定的混合比	☐	
6	当系统管道充水时，在8L/s的流量下，自系统启动至喷泡沫的时间不应大于2min	☐	
7	系统应同时具备自动启动、手动启动和应急机械手动启动功能；系统自动或手动启动后，泡沫液供给控制装置应自动随供水主控阀的动作而动作或与之同时动作；应急机械手动启动力不应超过180N	☐	

序号	内容	实施情况	备注
8	本设计文件提供的泡沫-水喷淋灭火系统专项设计说明及工艺施工图须由业主认可的专业承包商深化设计,并经主体设计单位审核通过后才能用于施工,本设计文件仅供招标使用	☐	
9	系统安装及验收应按照现行国家标准《泡沫灭火系统技术标准》GB 50151 及项目所在地的规定执行	☐	
10	设计文件中标注的尺寸均以毫米计,标高以米计	☐	
	设计文件中标注的管道标高均以管中心计	☐	
11	其他	☐	

注:1. 泡沫灭火系统有多种类型,但民用建筑领域使用较少,本表中列出的是泡沫-水喷淋灭火系统中泡沫混合液采用 3% 水成膜泡沫液的情况,如采用其他系统设计人员可根据本表格式自行编写。

2. 系统最大作用面积为 465m²,当防护区面积小于 465m² 时,可按防护区实际面积确定。

3.10.9 七氟丙烷气体灭火系统

七氟丙烷气体灭火系统设计汇总表   表 3.10.9-1

序号	项目名称	内容	实施情况	备注
1	设计及验收依据	《建筑设计防火规范》GB 50016—2014(2018 年版)	☐	
		《气体灭火系统施工及验收规范》GB 50263—2007	☐	
		《气体灭火系统设计规范》GB 50370—2005	☐	
		《气体灭火系统及部件》GB 25972—2010	☐	
		《工业金属管道工程施工规范》GB 50235—2010	☐	
		《输送流体用无缝钢管》GB/T 8163—2018	☐	
		保护区域建筑平面布置图	☐	
2	设计范围	本设计文件为七氟丙烷气体灭火系统范围内的工艺施工图设计	☐	
		本设计说明为七氟丙烷气体灭火系统专项设计说明,说明未见部分参照建筑给水排水设计说明相关部分,其他专业的设计说明详见相应专业的施工图纸	☐	
		本设计文件提供的专项设计说明及工艺施工图须由业主认可的专业承包商深化设计,并经主体设计单位审核通过后才能用于施工,本设计文件仅供招标使用	☐	
		其他	☐	
3	概况及主要设计参数	_____(项目名称)位于_____	☐	
		设置七氟丙烷气体灭火系统,系统储存压力为_____ MPa;喷头入口压力≥_____ MPa	☐	
		系统按全淹没灭火方式设计	☐	
		灭火剂用量计算依据: ☐保护区环境温度:_____ ℃(一般取 20℃) ☐海拔高度修正系数:_____(见表 4.4.11-1 或表 4.4.12-1 计算内容输出模板序号 4) ☐备用要求:灭火系统的储存装置 72h 内不能重新充装恢复工作的,应按系统原存储量的 100% 设置备用量	☐	

续表

序号	项目名称	内容	实施情况	备注
3	概况及主要设计参数	系统选择情况： □管网式，采用组合分配形式，设置区域有_____、_____；…… □预制式，设置区域有_____、_____；…… □其他	□	
		灭火设计浓度： □运营商机房、IT 机房灭火设计浓度为 8%，设计喷放时间为 8s，灭火浸渍时间为 5min； □进线机房、10kV 开关站、变电站灭火设计浓度为 9%，设计喷放时间为 10s，灭火浸渍时间为 10min； □变电所下方管沟及 10kV 开关站下方管沟灭火设计浓度为 10%，设计喷放时间为 10s，灭火浸渍时间为 20min	□	
		钢瓶启动方式： □设置启动钢瓶　□电磁型驱动装置　□其他	□	
4	基本技术要求	(1) 项目设置独立的气体灭火报警与联动控制系统，设置的气体灭火报警设施为： □感烟探测器+感温探测器 □红外对射探测装置 □空气采样探测装置 □其他	□	
		(2) 防护区要求： 1) 防护区尺寸： □管网式系统最大防护区的面积不大于 800m²，容积不大于 3600m³； □预制式系统最大防护区的面积不大于 500m²，容积不大于 1600m³； 系统最大防护区的面积为_____ m²，容积为_____ m³ 2) 防护区的门应向疏散方向开启，喷放灭火剂前，防护区内除泄压口以外的开口应能自行关闭，但亦应保证用于疏散的门在任何状态下都可以从防护区内部打开； 3) 气体保护区应实行完全的防火分隔，围护结构及门窗应满足耐火极限不小于 0.5h，吊顶的耐火极限不宜低于 0.25h，气体防护区的围护结构承受内压的允许压强不宜低于 1200Pa； 4) 防护区域内影响气体灭火效果的各种设备都应能保证在喷放气体前联动停止或关闭； 5) 各防护区的入口处应设置灭火系统防护标志和放气指示灯	□	防护区设计参数详见表 3.10.9-2
		(3) 泄压口： 1) 每个防护区应设置泄压口，可采用成品泄压装置； 2) 泄压口的设置位置位于保护区净高的 2/3 以上处，靠外墙（走道）	□	
		(4) 通风要求： 灭火后的防护区应通风换气，无窗及设固定窗扇的防护区，应设置机械排风装置，排风口宜设在防护区的下部并应直通室外；有可开启外窗的防护区，可采用自然通风换气的方法；防护区通风换气的次数按照不少于 6 次/h 考虑	□	

续表

序号	项目名称	内容	实施情况	备注
4	基本技术要求	(5) 钢瓶间要求： 1) 钢瓶间的环境温度应在−10～50℃之间，并保持干燥和良好通风，瓶组应避免阳光直射； 2) 钢瓶间内应设置应急照明和能够与消防控制中心直接联系的消防通信设施； 3) 钢瓶间的承重不宜小于1200kg/m²；钢瓶间内设置的钢瓶数量及规格见表3.10.9-2	□	
5	控制方式及要求	(1) 控制方式： □管网式系统设置自动控制、手动控制和机械应急操作三种控制方式 □预制式系统充装压力为_____MPa，并应设自动控制、手动控制两种启动方式	□	
		(2) 控制要求： 1) 在开始释放气体前，具有0～30s可调的延时功能，同时在保护区内外可发出声光报警，以通知人员疏散撤离； 2) 自动控制时，须同时接收到设置在防护区内烟感及温感探头各自独立发出的火灾信号后，再启动灭火系统； 3) 手动控制装置和手动与自动转换装置应设置在防护区疏散出口门外便于操作的地方； 4) 机械应急操作装置应设置在钢瓶间或防护区疏散出口门外便于操作的地方； 5) 有人值班时，应切换为手动控制模式，无人值班时，切换为自动控制模式； 6) 当人员进入防护区时，应能将灭火系统转换为手动控制方式；当人员离开防护区时，应能将灭火系统恢复为自动控制方式； 7) 防护区内外应设手动、自动控制状态的显示装置； 8) 灭火系统的手动控制及机械应急操作应有防止误操作的警示显示与措施	□	
6	系统安装	(1) 管材：应采用内外热浸镀锌无缝钢管及配件，连接方式为： □公称直径等于或小于80mm的管道，宜采用螺纹连接，公称直径大于80mm的管道，宜采用法兰连接 □焊接	□	

公称直径 (mm)	管道外径×壁厚 (mm)	公称直径 (mm)	管道外径×壁厚 (mm)	公称直径 (mm)	管道外径×壁厚 (mm)
DN15	22×4	DN40	48×5	DN100	114×8.5
DN20	27×4	DN50	60×5.5	DN125	140×9.5
DN25	34×4.5	DN65	76×6.5	DN150	168×10
DN32	42×5	DN80	89×7.5		

| | | (2) 管道敷设：
1) 管道穿过墙壁、楼板处应安装套管，穿墙套管的长度应和墙厚相等，穿过楼板的套管应高出楼面50mm，管道与套管之间的空隙应用柔性不燃烧材料填实；
2) 管道应固定牢固；管道支架或吊架之间的距离不应大于以下规定： | □ | |

续表

序号	项目名称	内容	实施情况	备注
6	系统安装	**管道支架或吊架之间的距离** | 公称直径（mm）	距离（m）	公称直径（mm）	距离（m） | |---|---|---|---| | DN15 | 1.5 | DN65 | 3.5 | | DN20 | 1.8 | DN80 | 3.7 | | DN25 | 2.1 | DN100 | 4.3 | | DN32 | 2.4 | DN125 | 5.2 | | DN40 | 2.7 | DN150 | 5.2 | | DN50 | 3.4 | | | 3）管道末端喷嘴处应采用支架固定，支架与喷嘴间的管道长度不应大于500mm； 4）公称直径大于或等于50mm的主干管道，垂直和水平方向至少应各安装一个防晃支架，当穿过建筑物楼层时，每层应设一个防晃支架，当水平管道改变方向时，应设防晃支架 （3）油漆和吹扫： 1）水压强度试验后或气压严密性试验前管道要进行吹扫，吹扫管道可采用压缩空气或氮气；吹扫完毕，采用白布检查，直至无铁锈、尘土、水渍及其他杂物出现； 2）灭火剂输送管道的外表面应涂红色油漆，在吊顶内、活动地板下等隐蔽场所内的管道，可涂红色油漆色环，每个防护区的色环宽度、间距应一致	□	
		（4）集流管：系统的集流管应根据现场钢瓶间的实际形状和尺寸，以及瓶组的实际摆放方式，由专业承包商设计和定制，并经严格试验合格后方可安装	□	
		（5）喷嘴：喷嘴安装前应与设计文件上标明的型号规格和喷孔方向逐个核对，并应符合设计要求；安装在吊顶下的喷嘴，其连接螺纹不应露出吊顶，喷嘴挡流罩应紧贴吊顶安装	□	
7	试压及验收	项目应按现行国家标准《气体灭火系统施工及验收规范》GB 50263的规定进行试压和验收	□	
8	其他要求	气体灭火系统储存容器或容器阀上，应设安全泄压装置和压力表，安全泄压装置的动作压力应符合气体灭火系统设计规定	□	
		设有气体灭火系统的场所，须配置空气呼吸器	□	
		系统开通运行前，启动管路与启动气瓶应保持分离状态，并应经过消防检测和验收，操作维护人员应当经过培训	□	
9	系统计算结果	见表3.10.9-2	□	

表 3.10.9-2

气体灭火系统防护区设计参数表

系统名称	序号	楼层 (F)	防护区名称	防护区面积 (m²)	层高 (m)	防护区体积 (m³)	设计浓度 (%)	设计用量 (kg)	工作压力 (MPa)	储瓶规格 (L)	每瓶药剂量 (kg)	储瓶数量 (套)	总药剂量 (kg)	主管管径 (mm)	喷嘴数量 (只)	泄压口面积 (m²)	实施情况	备注
系统 1	1																☐	
	…																☐	
系统 2	1																☐	
	…																☐	
系统 3	1																☐	
	…																☐	
……																	☐	

注：系统采用组合分配设计时，系统设置的储瓶总数应为该系统中最大防护区设置的储瓶数量。

3.10.10　氮气（IG100）气体灭火系统

氮气气体灭火系统设计汇总表　表 3.10.10

序号	项目名称	内容	实施情况	备注
1	设计及验收依据	《建筑设计防火规范》GB 50016—2014（2018 年版）	☐	
		《气体灭火系统施工及验收规范》GB 50263—2007	☐	
		《气体灭火系统设计规范》GB 50370—2005	☐	
		《气体灭火系统及部件》GB 25972—2010	☐	
		《工业金属管道工程施工规范》GB 50235—2010	☐	
		《输送流体用无缝钢管》GB/T 8163—2018	☐	
		《惰性气体灭火系统技术规程》CECS 312：2012	☐	
		保护区域建筑平面布置图	☐	
2	设计范围	本设计文件为氮气气体灭火系统范围内的工艺施工图设计	☐	
		本设计说明为氮气气体灭火系统专项设计说明，说明未见部分参照建筑给水排水设计说明相关部分，其他专业设计说明详见相应专业的施工图纸	☐	
		本设计文件提供的专项设计说明及工艺施工图须由业主认可的专业承包商深化设计，并经主体设计单位审核通过后才能用于施工，本设计文件仅供招标使用	☐	
		其他	☐	
3	概况及主要设计参数	＿＿＿＿＿（项目名称）位于＿＿＿＿＿	☐	
		设置氮气气体灭火系统，系统储存压力： ☐15MPa　☐20MPa　☐30MPa　其他 喷头入口压力：≥＿＿＿＿＿MPa	☐	
		系统按全淹没灭火方式设计	☐	
		灭火剂用量计算依据： ☐保护区环境温度：＿＿＿＿＿℃（一般取 20℃） ☐海拔高度修正系数：＿＿＿＿＿（见表 4.4.11-1 或表 4.4.12-1 计算内容输出模板序号 4） ☐备用要求：灭火系统的储存装置 72h 内不能重新充装恢复工作的，应按系统原存储量的 100% 设置备用量	☐	
		系统选择情况： ☐管网式，采用组合分配形式，设置区域有＿＿＿＿＿、＿＿＿＿＿；…… ☐其他	☐	
		灭火设计浓度均采用 40.3%，当灭火剂喷放到设计用量的 95% 时，其喷放时间不应大于 60s，且不应小于 48s，灭火抑制时间不小于 10min	☐	
		钢瓶启动方式： ☐设置启动钢瓶　☐电磁型驱动装置　☐其他	☐	
4	基本技术要求	（1）项目设置独立的气体灭火报警与联动控制系统，设置的气体灭火报警设施为： ☐感烟探测器＋感温探测器 ☐红外对射探测装置 ☐空气采样探测装置 ☐其他	☐	

序号	项目名称	内容	实施情况	备注
4	基本技术要求	（2）防护区要求： 1）防护区尺寸：管网式系统最大防护区的面积不大于 800m²，容积不大于 3600m³；系统最大防护区的面积为_____ m²，容积为_____ m³； 2）防护区的门应向疏散方向开启，喷放灭火剂前，防护区内除泄压口以外的开口应能自行关闭，但亦应保证用于疏散的门在任何状态下都可以从防护区内部打开； 3）气体保护区应实行完全的防火分隔，围护结构及门窗应满足耐火极限不小于 0.5h，吊顶的耐火极限不宜低于 0.25h，气体防护区的围护结构承受内压的允许压强不宜低于 1200Pa； 4）防护区域内影响气体灭火效果的各种设备都应能保证在喷放气体前联动停止或关闭； 5）各防护区的入口处应设置灭火系统防护标志和放气指示灯	☐	防护区设计参数详见表 3.10.9-2
		（3）泄压口： 1）每个防护区应设置泄压口，可采用成品泄压装置； 2）泄压口的设置位置位于保护区净高的 2/3 以上处，靠外墙（走道）	☐	
		（4）通风要求： 灭火后的防护区应通风换气，无窗及设固定窗扇的防护区，应设置机械排风装置，排风口宜设在防护区的下部并应直通室外；有可开启外窗的防护区，可采用自然通风换气的方法；防护区通风换气的次数按照不少于 6 次/h 考虑	☐	
		（5）钢瓶间要求： 1）钢瓶间的环境温度应在 −10～50℃ 之间，并保持干燥和良好通风，瓶组应避免阳光直射； 2）钢瓶间内应设置应急照明和能够与消防控制中心直接联系的消防通信设施； 3）钢瓶间的承重不宜小于 1200kg/m²；钢瓶间内设置的钢瓶数量及规格见表 3.10.9-2	☐	
5	控制方式及要求	（1）控制方式：设置自动控制、手动控制和机械应急操作三种控制方式	☐	
		（2）控制要求： 1）在开始释放气体前，具有 0～30s 可调的延时功能，同时在保护区内、外可发出声光报警，以通知人员疏散撤离； 2）自动控制时，须同时接收到设置在防护区内烟感及温感探头各自独立发出的火灾信号后，再启动灭火系统； 3）手动控制装置和手动与自动转换装置应设置在防护区疏散出口门外便于操作的地方； 4）机械应急操作装置应设置在钢瓶间或防护区疏散出口门外便于操作的地方； 5）有人值班时，应切换为手动控制模式，无人值班时，切换为自动控制模式； 6）当人员进入防护区时，应能将灭火系统转换为手动控制方式；当人员离开防护区时，应能将灭火系统恢复为自动控制方式； 7）防护区内外应设手动、自动控制状态的显示装置； 8）灭火系统的手动控制及机械应急操作应有防止误操作的警示显示与措施	☐	

序号	项目名称	内容	实施情况	备注
6	系统安装	（1）管材：应采用内外热浸镀锌无缝钢管及配件，连接方式为： □公称直径等于或小于80mm的管道，宜采用螺纹连接，公称直径大于80mm的管道，宜采用法兰连接 □焊接 表格见下	□	

（1）管材表格：

公称直径（mm）	管道外径×壁厚（mm）	公称直径（mm）	管道外径×壁厚（mm）	公称直径（mm）	管道外径×壁厚（mm）
DN15	22×4	DN40	48×5	DN100	114×8.5
DN20	27×4	DN50	60×5.5	DN125	140×9.5
DN25	34×4.5	DN65	76×6.5	DN150	168×10
DN32	42×5	DN80	89×7.5		

（2）管道敷设：

1）管道穿过墙壁、楼板处应安装套管，穿墙套管的长度应和墙厚相等，穿过楼板的套管应高出楼面50mm，管道与套管之间的空隙应用柔性不燃烧材料填实；

2）管道应固定牢固；管道支架或吊架之间的距离不应大于以下规定：

管道支架或吊架之间的距离			
公称直径（mm）	距离（m）	公称直径（mm）	距离（m）
DN15	1.5	DN65	3.5
DN20	1.8	DN80	3.7
DN25	2.1	DN100	4.3
DN32	2.4	DN125	5.2
DN40	2.7	DN150	5.2
DN50	3.4		

3）管道末端喷嘴处应采用支架固定，支架与喷嘴间的管道长度不应大于500mm；

4）公称直径大于或等于50mm的主干管道，垂直和水平方向至少应各安装一个防晃支架，当穿过建筑物楼层时，每层应设一个防晃支架，当水平管道改变方向时，应设防晃支架

（3）油漆和吹扫：

1）水压强度试验后或气压严密性试验前管道要进行吹扫，吹扫管道可采用压缩空气或氮气；吹扫完毕，采用白布检查，直至无铁锈、尘土、水渍及其他杂物出现；

2）灭火剂输送管道的外表面应涂红色油漆，在吊顶内、活动地板下等隐蔽场所内的管道，可涂红色油漆色环，每个防护区的色环宽度、间距应一致

（4）集流管：系统的集流管应根据现场钢瓶间的实际形状和尺寸，以及瓶组的实际摆放方式，由专业承包商设计和定制，并经严格试验合格后方可安装

（5）喷嘴：喷嘴安装前应与设计文件上标明的型号规格和喷孔方向逐个核对，并应符合设计要求；安装在吊顶下的喷嘴，其连接螺纹不应露出吊顶，喷嘴挡流罩应紧贴吊顶安装

（实施情况栏各项均为 □）

序号	项目名称	内容	实施情况	备注
7	试压及验收	项目应按现行国家标准《气体灭火系统施工及验收规范》GB 50263 的规定进行试压和验收	☐	
8	其他要求	气体灭火系统储存容器或容器阀上，应设安全泄压装置和压力表，安全泄压装置的动作压力应符合气体灭火系统设计规定	☐	
		设有气体灭火系统的场所，须配置空气呼吸器	☐	
		系统开通运行前，启动管路与启动气瓶应保持分离状态，并应经过消防检测和验收，操作维护人员应当经过培训	☐	
9	系统计算结果	见表 3.10.9-2	☐	

3.10.11　惰性气体（IG541）气体灭火系统

惰性气体（IG541）气体灭火系统设计汇总表　　　　　表 3.10.11

序号	项目名称	内容	实施情况	备注
1	设计及验收依据	《建筑设计防火规范》GB 50016—2014（2018 年版）	☐	
		《气体灭火系统施工及验收规范》GB 50263—2007	☐	
		《气体灭火系统设计规范》GB 50370—2005	☐	
		《气体灭火系统及部件》GB 25972—2010	☐	
		《工业金属管道工程施工规范》GB 50235—2010	☐	
		《输送流体用无缝钢管》GB/T 8163—2018	☐	
		《惰性气体灭火系统技术规程》CECS 312：2012	☐	
		保护区域建筑平面布置图	☐	
2	设计范围	本设计文件为惰性气体（IG541）气体灭火系统范围内的工艺施工图设计	☐	
		本设计说明为惰性气体（IG541）气体灭火系统专项设计说明，说明未见部分参照建筑给水排水设计说明相关部分，其他专业设计说明详见相应专业的施工图纸	☐	
		本设计文件提供的专项设计说明及工艺施工图须由业主认可的专业承包商深化设计，并经主体设计单位审核通过后才能用于施工，本设计文件仅供招标使用	☐	
		其他	☐	
3	概况及主要设计参数	＿＿＿＿（项目名称）位于＿＿＿＿	☐	
		设置惰性气体（IG541）气体灭火系统，系统储存压力≥＿＿＿＿MPa；喷头入口压力≥＿＿＿＿MPa	☐	
		系统按全淹没灭火方式设计	☐	

序号	项目名称	内容	实施情况	备注
3	概况及主要设计参数	灭火剂用量计算依据： □保护区环境温度：_____℃（一般取 20℃） □海拔高度修正系数：_____（见表 4.4.11-1 或表 4.4.12-1 计算内容输出模板序号 4） □备用要求：灭火系统的储存装置 72h 内不能重新充装恢复工作的，应按系统原存储量的 100% 设置备用量	□	
		系统选择情况： □管网式，采用组合分配形式，设置区域有_____、_____；…… □预制式，设置区域有_____、_____；…… □其他	□	
		灭火设计浓度均采用_____%，当灭火剂喷放到设计用量的 95% 时，其喷放时间不应大于 60s，且不应小于 48s，灭火抑制时间不小于 10min	□	
		钢瓶启动方式： □设置启动钢瓶　□电磁型驱动装置　□其他	□	
4	基本技术要求	（1）项目设置独立的气体灭火报警与联动控制系统，设置的气体灭火报警设施为： □感烟探测器＋感温探测器 □红外对射探测装置 □空气采样探测装置 □其他	□	
		（2）防护区要求： 1）防护区尺寸： □管网式系统最大防护区的面积不大于 800m²，容积不大于 3600m³ □预制式系统最大防护区的面积不大于 500m²，容积不大于 1600m³ 系统最大防护区的面积为_____ m²，容积为_____ m³ 2）防护区的门应向疏散方向开启，喷放灭火剂前，防护区内除泄压口以外的开口应能自行关闭，但亦应保证用于疏散的门在任何状态下都可以从防护区内部打开； 3）气体保护区应实行完全的防火分隔，围护结构及门窗应满足耐火极限不小于 0.5h，吊顶的耐火极限不宜低于 0.25h，气体防护区的围护结构承受内压的允许压强不宜低于 1200Pa； 4）防护区域内影响气体灭火效果的各种设备都应能保证在喷放气体前联动停止或关闭； 5）各防护区的入口处应设置灭火系统防护标志和放气指示灯	□	防护区设计参数详见表 3.10.9-2
		（3）泄压口： 1）每个防护区应设置泄压口，可采用成品泄压装置； 2）泄压口的设置位置位于保护区净高的 2/3 以上处，靠外墙（走道）	□	
		（4）通风要求： 灭火后的防护区应通风换气，无窗及设固定窗扇的防护区，应设置机械排风装置，排风口宜设在防护区的下部并应直通室外；有可开启外窗的防护区，可采用自然通风换气的方法；防护区通风换气的次数按照不少于 6 次/h 考虑	□	

序号	项目名称	内容	实施情况	备注
4	基本技术要求	（5）钢瓶间要求： 1）钢瓶间的环境温度应在−10～50℃之间，并保持干燥和良好通风，瓶组应避免阳光直射； 2）钢瓶间内应设置应急照明和能够与消防控制中心直接联系的消防通信设施； 3）钢瓶间的承重不宜小于1200kg/m²；钢瓶间内设置的钢瓶数量及规格见表3.10.9-2	☐	
5	控制方式及要求	（1）控制方式： ☐管网式系统设置自动控制、手动控制和机械应急操作三种控制方式 ☐预制式系统充装压力为_____MPa，并应设自动控制、手动控制两种启动方式	☐	
		（2）控制要求： 1）在开始释放气体前，具有0～30s可调的延时功能，同时在保护区内、外可发出声光报警，以通知人员疏散撤离； 2）自动控制时，须同时接收到设置在防护区内烟感及温感探头各自独立发出的火灾信号后，再启动灭火系统； 3）手动控制装置和手动与自动转换装置应设置在防护区疏散出口门外便于操作的地方； 4）机械应急操作装置应设置在钢瓶间或防护区疏散出口门外便于操作的地方； 5）有人值班时，应切换为手动控制模式，无人值班时，切换为自动控制模式； 6）当人员进入防护区时，应能将灭火系统转换为手动控制方式；当人员离开防护区时，应能将灭火系统恢复为自动控制方式； 7）防护区内外应设手动、自动控制状态的显示装置； 8）灭火系统的手动控制及机械应急操作应有防止误操作的警示显示与措施	☐	
6	系统安装	（1）管材：应采用内外热浸镀锌无缝钢管及配件，连接方式为：☐公称直径等于或小于80mm的管道，宜采用螺纹连接，公称直径大于80mm的管道，宜采用法兰连接 ☐焊接 <table><tr><td>公称直径（mm）</td><td>管道外径×壁厚（mm）</td><td>公称直径（mm）</td><td>管道外径×壁厚（mm）</td><td>公称直径（mm）</td><td>管道外径×壁厚（mm）</td></tr><tr><td>DN15</td><td>22×4</td><td>DN40</td><td>48×5</td><td>DN100</td><td>114×8.5</td></tr><tr><td>DN20</td><td>27×4</td><td>DN50</td><td>60×5.5</td><td>DN125</td><td>140×9.5</td></tr><tr><td>DN25</td><td>34×4.5</td><td>DN65</td><td>76×6.5</td><td>DN150</td><td>168×10</td></tr><tr><td>DN32</td><td>42×5</td><td>DN80</td><td>89×7.5</td><td></td><td></td></tr></table>	☐	
		（2）管道敷设： 1）管道穿过墙壁、楼板处应安装套管，穿墙套管的长度应和墙厚相等，穿过楼板的套管应高出楼面50mm，管道与套管之间的空隙应用柔性不燃烧材料填实；	☐	

续表

序号	项目名称	内容	实施情况	备注
6	系统安装	2）管道应固定牢固；管道支架或吊架之间的距离不应大于以下规定： 管道支架或吊架之间的距离 | 公称直径（mm）	距离（m）	公称直径（mm）	距离（m） | | DN15 | 1.5 | DN65 | 3.5 | | DN20 | 1.8 | DN80 | 3.7 | | DN25 | 2.1 | DN100 | 4.3 | | DN32 | 2.4 | DN125 | 5.2 | | DN40 | 2.7 | DN150 | 5.2 | | DN50 | 3.4 | | | 3）管道末端喷嘴处应采用支架固定，支架与喷嘴间的管道长度不应大于 500mm； 4）公称直径大于或等于 50mm 的主干管道，垂直和水平方向至少应各安装一个防晃支架，当穿过建筑物楼层时，每层应设一个防晃支架，当水平管道改变方向时，应设防晃支架	□	
		（3）油漆和吹扫： 1）水压强度试验后或气压严密性试验前管道要进行吹扫，吹扫管道可采用压缩空气或氮气；吹扫完毕，采用白布检查，直至无铁锈、尘土、水渍及其他杂物出现； 2）灭火剂输送管道的外表面应涂红色油漆，在吊顶内、活动地板下等隐蔽场所内的管道，可涂红色油漆色环，每个防护区的色环宽度、间距应一致	□	
		（4）集流管：系统的集流管应根据现场钢瓶间的实际形状和尺寸，以及瓶组的实际摆放方式，由专业承包商设计和定制，并经严格试验合格后方可安装	□	
		（5）喷嘴：喷嘴安装前应与设计文件上标明的型号规格和喷孔方向逐个核对，并应符合设计要求；安装在吊顶下的喷嘴，其连接螺纹不应露出吊顶，喷嘴挡流罩应紧贴吊顶安装	□	
7	试压及验收	项目应按现行国家标准《气体灭火系统施工及验收规范》GB 50263 的规定进行试压和验收	□	
8	其他要求	气体灭火系统储存容器或容器阀上，应设安全泄压装置和压力表，安全泄压装置的动作压力应符合气体灭火系统设计规定	□	
		设有气体灭火系统的场所，须配置空气呼吸器	□	
		系统开通运行前，启动管路与启动气瓶应保持分离状态，并应经过消防检测和验收，操作维护人员应当经过培训	□	
9	系统计算结果	见表 3.10.9-2	□	

3.10.12 超细干粉灭火系统

超细干粉灭火系统设计汇总表 　　　　　　　　　　　　　　表 3.10.12

序号	内容	实施情况	备注
1	主要设计及验收依据有： 安徽省地方标准《超细干粉灭火装置设计、施工及验收规范》DB34/T 5020—2015 湖北省地方标准《超细干粉无管网灭火系统设计、施工及验收规范》DB42/294—2004	☐	
2	本设计文件提供的超细干粉灭火系统专项设计说明及工艺施工图须由业主认可的专业承包商深化设计，并经主体设计单位审核通过后才能用于施工，本设计文件仅供招标使用	☐	
3	设置脉冲超细干粉灭火系统用于保护： ☐裙房、地下室及塔楼各强电间　☐其他	☐	
4	设计喷射强度大于等于 0.32kg/(s·m²)，喷射时间小于 1s	☐	
5	项目按分区应用或局部应用方式设计	☐	
6	对防护区要求： (1) 防护区应为独立的封闭空间； (2) 防护区不能自动关闭开口总面积不得超过封闭区域侧面、顶面、地面总内表面积的 15%； (3) 防护区围护结构及门窗的耐火极限均不宜低于 0.5h，吊顶的耐火极限不宜低于 0.25h，围护结构承受内压的允许压强不宜低于 1200Pa	☐	
7	(1) 系统应设有自动控制和手动控制两种启动方式； (2) 无人值守场所应选用主动型脉冲超细干粉自动灭火装置，有人值守场所选用自动脉冲超细干粉灭火装置，灭火装置在接到两个独立火灾信号后才启动	☐	
8	灭火装置布置：正方形布置边长不大于 2.5m，矩形布置长边边长不大于 3m，安装高度不大于 6m	☐	
9	系统安装及验收应按照项目所在地的规定执行	☐	
10	其他	☐	

3.10.13 厨房烹饪操作自动灭火系统

厨房烹饪操作自动灭火系统设计汇总表 　　　　　　　　　　表 3.10.13

序号	内容	实施情况	备注
1	主要设计及验收依据有：《厨房设备灭火装置技术规程》CECS 233：2007	☐	
2	本设计文件提供的厨房烹饪操作自动灭火系统专项设计说明及工艺施工图须由业主认可的专业承包商深化设计，并经主体设计单位审核通过后才能用于施工，本设计文件仅供招标使用	☐	
3	厨房烹饪操作间的排油烟罩及烹饪部位均设置自动灭火装置	☐	
4	喷头喷射强度：烹饪设备 0.4L/(s·m²)；排烟罩 0.02L/(s·m²)；排烟管道 0.02L/(s·m²)	☐	
5	喷头最小工作压力 0.10MPa	☐	
6	灭火剂维持喷射时间为_____s，设计用量为_____L	☐	

续表

序号	内容	实施情况	备注
7	（1）一套厨房设备灭火装置应保护一个防护单元，当一个防护单元需要采用多套厨房设备灭火装置保护时，应保证这些灭火装置在灭火时同时启动； （2）同一防护单元的所有喷嘴，应保证系统动作时同时喷放灭火剂； （3）排烟管道的保护长度，应自距离排烟管道延伸段最近的烟道进口端算起，向内延伸不小于 6m； （4）厨房设备灭火装置应采用经国家消防产品质量监督检验测试中心型式检验合格的产品	☐	
8	厨房设备灭火装置由灭火剂储存容器组件、驱动气体储存容器组件、管路、喷嘴、阀门及其驱动装置、感温器、控制装置、燃料阀等组成	☐	
9	（1）厨房设备灭火装置具有自动控制、手动控制和机械应急操作三种启动方式； （2）厨房设备灭火装置启动时应联动自动关闭燃料阀，在喷放完灭火剂需继续喷放冷却水时，应在喷放灭火剂后 5s 内自动切换到喷放冷却水状态； （3）控制装置、报警器及手动操作装置的设置，应便于操作、检查和维护，控制装置应正确显示厨房设备灭火装置的工作状态； （4）当采用电动装置时，厨房设备灭火装置的电源应设置备用电源，且延续工作时间不应小于 12h，主、备用电源应有工作指示； （5）厨房设备灭火装置手动操作装置和相关阀门处应设置清晰明显的标志	☐	
10	系统安装及验收应按照项目所在地的规定执行	☐	
11	其他	☐	

3.10.14　建筑灭火器配置

建筑灭火器配置设计汇总表　　　　　　　　　　表 3.10.14

序号	内容	实施情况	备注
1	变电站、服务器机房、电信机房、有线电视机房、消防控制室、_____、_____ 等属 E 类火灾，为严重危险级； 柴油发电机房、_____属 B 类火灾，为严重危险级； 锅炉房、_____为 C 类火灾，为中危险级； 除上述区域外的其他部位均属_____类火灾，为严重危险级	☐	
2	每层均设置手提式灭火器，各楼层强、弱电间设置手提式灭火器，每处设置_____具_____（种类）灭火器，规格为_____ kg/每具	☐	详见本表注
3	项目中手提式灭火器可设置于每只消火栓箱的下部，如有超出消火栓箱内灭火器保护距离的区域，必须增设灭火器设置点位	☐	
4	变电站、服务器机房、网络机房、通信机房、控制室、UPS 间另设置推车式磷酸铵盐干粉灭火器（20kg/每具）	☐	
5	A 类火灾场所的手提式灭火器及推车式灭火器的最大保护距离分别为 15m 及 30m； B 类火灾场所的手提式灭火器及推车式灭火器的最大保护距离分别为 9m 及 18m； E 类火灾场所的灭火器的最大保护距离不低于场所内 A 类或 B 类火灾的规定	☐	
6	在每只消火栓箱的下部均设置手提式灭火器	☐	
7	MRI 采用外包装是铝制的灭火器	☐	
8	其他	☐	

注：一般均采用规格为 5kg/具的磷酸铵盐干粉灭火器，数量为 2~3 具。

3.11　给水排水及消防设施安装

3.11.1　基本规定

给水排水及消防设施安装一般规定汇总表　　　　　　表 3.11.1

序号	内容	实施情况	备注
1	给水排水及消防设施安装应满足相关规范的安全性要求，所选用的设备应符合国家相关产品的技术规范要求，不得选用禁止使用、淘汰的产品	☐	
2	设备安装前应按设计要求检验其型号、规格，应有产品合格证和安装使用说明书，核对无误后方能进行安装；安装应按说明书要求进行或由供货商提供指导，吊装时应安全、稳妥，受力点不得使设备产生扭曲变形或损伤	☐	
3	设备的安装应保证设备的正常运行和相关检修要求，且不得影响其他设备设施的运行	☐	
4	应根据相关的设备要求，对设备安装的机房提出相关的土建要求；所有设备安装前混凝土基础必须进行质量交接验收，合格后方可安装设备，包括设备基础尺寸、位置，基础的强度，基础表面的平整度、水平度均应符合要求	☐	
5	所有设备安装用的预埋件、预留洞等应与土建施工单位密切配合，避免遗漏和返工；机房内均应配合土建预埋管卡，以便固定管道；热交换器、热水膨胀罐、分水器、集水器等均应配合土建制作基础及预埋铁板	☐	
6	当设备安装无参考图集时，应绘制相关的安装详图或提供相关设备厂家的安装参考图	☐	
7	当设备安装参照国家建筑标准设计图集时，应符合相关图集的适用范围	☐	
8	当采用新工艺、新设备时，应加强对相关设备安装方式的指导	☐	
9	当设备依据的标准规范进行修订或有新的标准规范出版实施时，与现行工程建设标准不符的内容、限制、淘汰的技术或产品，视为无效；设计人员在参考使用时，应注意加以区分，并应对相关内容进行复核后选用	☐	
10	其他	☐	

3.11.2　安装参考图集

安装参考图集汇总表　　　　　　表 3.11.2

序号	图集名称	图集编号	实施情况	备注
1	《建筑排水设备附件选用安装》	04S301	☐	
2	《热泵热水系统选用及安装》	22S127	☐	
3	《热水器选用及安装》	08S126	☐	
4	《小型潜水排污泵选用及安装》	08S305	☐	
5	《雨水斗选用及安装》	09S302	☐	
6	《医疗卫生设备安装》	09S303	☐	

续表

序号	图集名称	图集编号	实施情况	备注
7	《卫生设备安装》	09S304	□	
8	《矩形给水箱》	12S101	□	
9	《叠压（无负压）供水设备选用与安装》	12S109	□	
10	《倒流防止器选用及安装》	12S108-1	□	
11	《真空破坏器选用与安装》	12S108-2	□	
12	《室外消火栓及消防水鹤安装》	13S201	□	
13	《二次供水消毒设备选用及安装》	14S104	□	
14	《太阳能集中热水系统选用与安装》	15S128	□	
15	《室内消火栓安装》	15S202	□	
16	《数字集成全变频叠压供水设备选用与安装》	16S110	□	
17	《变频调速供水设备选用与安装》	16S111	□	
18	《水加热器选用及安装》	16S122	□	
19	《管道和设备保温、防结露及电伴热》	16S401	□	
20	《餐饮废水隔油设备选用与安装》	16S708	□	
21	《消防给水稳压设备选用与安装》	17S205	□	
22	《消防专用水泵选用及安装（一）》	19S204-1	□	
23	《污水提升装置选用与安装》	19S308	□	
24	《生活热水加热机组（热水机组选用与安装)》	20S121	□	
25	《自动喷水灭火设施安装》	20S206	□	
26	《消防水泵接合器安装》	99S203	□	

注：当有新版本图集出版后，应及时更新相应的图集名称和编号；由于国家建筑标准设计图集众多，本表仅做部分引用，未尽处由设计人员自行补充。

3.11.3　设施安装及技术要求

设施安装及技术要求汇总表　　　　　　　　　　　表 3.11.3

序号	项目名称	内容	实施情况	备注
1	给水设备	（1）水箱（池）： 1）建筑物内的生活饮用水箱（池）应采用独立结构形式，不得利用建筑物本体结构作为水箱（池）的壁板、底板及顶盖； 2）生活饮用水箱（池）应设置消毒设施； 3）生活饮用水箱（池）应安装在专用房间内，房间内应无污染、不结冻、通风良好并维修方便，室外设置的水箱及管道应采取防冻、隔热措施； 4）建筑物内的水箱（池）不应毗邻配变电所或在其上方，不宜毗邻居住用房或在其下方；	□	

序号	项目名称	内容	实施情况	备注
1	给水设备	5）建筑物内的水箱（池）侧壁与墙面间距不宜小于0.7m，安装有管道的侧面，净距不宜小于1.0m，水箱（池）与室内建筑凸出部分间距不宜小于0.5m；水箱（池）顶部与楼板间距不宜小于0.8m，水箱（池）底部应架空，距地面不宜小于0.5m，并应有排水条件； 6）水箱（池）应设进水管、出水管、溢流管、泄水管、通气管、人孔，水箱（池）人孔需加锁，进出水管布置不得产生水流短路，溢流管、通气管管口需设置防虫网罩； 7）出水管管底应高于水箱（池）内底，高差不小于0.1m； 8）当水箱（池）容积大于50m³时，宜分为容积基本相等的两格，并能独立工作	□	
		（2）紫外线消毒器/紫外线协同防污消毒器： 1）设备一端需要有大于1.2m的检修空间，另一端不小于0.6m； 2）需设置排水措施； 3）安装于水箱出水管上时，须满足消毒器进水管与水箱最低水位高差大于0.5m，流量按设计秒流量选用； 4）安装于水泵出水管上时，流量按泵组最大工作流量选用，无气压罐时其出水管上应设止回阀，有气压罐时可不设； 5）安装于水泵吸水管上时，流量按泵组最大工作流量选用	□	紫外线消毒器及紫外线协同防污消毒器基本为同一类产品
		（3）水箱臭氧自洁器： 1）外置式水箱臭氧自洁器应安装于水箱旁，设备与水箱距离应小于3m； 2）吸水管中心线必须低于水箱最低工作水位且臭氧输出管线应从水箱顶部进入水箱，严禁封堵臭氧释能器出口； 3）水箱臭氧自洁器的控制器应安装于干燥通风处（有防雨、防水措施）； 4）内置式水箱自洁器必须将臭氧释能器放于水箱底部； 5）应优先选用外置式水箱臭氧自洁器	□	
		（4）水泵： 1）水泵等设备不得设置在卧室、客房及病房的上层、下层或毗邻上述用房，不得影响居住环境； 2）水泵安装应根据周边环境（房间）对噪声的控制要求，选择相应的隔振措施，水泵机组均设减振台座，在整个系统充满水后，必须重新调整，保证减振台座的水平度； 3）水泵混凝土基础宜大于水泵机组的基座，混凝土基础的尺寸和要求应根据所选水泵的产品要求确定，水泵基础顶面高出泵房地面的高度不小于0.1m； 4）水泵及其控制柜应设置防鼠、防蚊虫、防水淹措施； 5）生活供水设备/生活水泵的两个相邻机组及机组至墙面的净距： □当电机功率≤22kW时，机组间距不宜小于0.4m，机组至墙0.8m； □当电机功率＞22kW且＜55kW时，机组间距不宜小于0.8m，机组至墙1.0m； □当电机功率≥55kW时，机组间距不宜小于1.2m，机组至墙1.2m； 6）相邻两个消防水泵机组及机组至墙面的净距：	□	

序号	项目名称	内容	实施情况	备注
1	给水设备	□当电机功率小于 22kW 时，不宜小于 0.6m； □当电机功率为 22～55kW 时（含 22kW），不宜小于 0.8m； □当电机功率为 55～255kW 时（不含 255kW），不宜小于 1.2m； 7）柴油泵的机组净距不宜小于 1.2m，当其功率为 55～255kW 时（不含 255kW），不宜小于 1.4m； 8）水泵如考虑就地检修时，应至少在每个机组一侧增加设置机组宽度加 0.5m 的检修通道； 9）水泵房内的主要通道宽度不应小于 1.2m； 10）泵房内的管道外底距地面的距离： □当管径不大于 150mm 时，不应小于 0.2m； □当管径大于或等于 200mm 时，不应小于 0.25m； 11）泵房内宜有水泵检修场地，检修场地按水泵或电机外形尺寸四周有不小于 0.7m 的通道，泵房内单排布置的电控柜前面应有不小于 1.5m 的检修通道，泵房内应设置手动/电动起重设备； 12）水泵应采用自灌式吸水，吸水管上设置喇叭口或旋流防止器，水泵吸水管与吸水总管的连接应采用管顶平接或高出管顶连接； 13）每台水泵应设有压力表、检修阀门、止回阀或水泵多功能控制阀/带空气隔断的倒流防止器等，消防泵每泵设置水锤消除器，生活泵按需设置水锤消除器； 14）变频恒压供水设备需配置变频控制柜及气压罐，每泵宜配置变频器	□	
		（5）容积式电热水器、容积式燃气热水器、燃气热水机组： 1）燃气热水器及电热水器必须带有保证使用安全的装置，严禁在浴室内安装直接排气式燃气热水器等在使用空间内积聚有害气体的加热设备； 2）燃气热水器及电热水器安装位置应避开易燃气体发生泄漏的地方或有强腐蚀气体的环境，避开强电、强磁场直接作用的地方，避开易产生振动的地方，除室外安装的电热水器，其余安装位置应避免阳光直射、雨淋、风吹等自然环境影响； 3）电热水器安装方式有内藏式、壁挂式和落地式三种，燃气热水器安装方式有壁挂式和落地式两种。壁挂式通过支架悬挂在墙上，墙体材料和构造应保证具有足够的连接强度，支架应安装在承重墙上，非承重砌体墙应预埋混凝土块，非承重轻质隔墙板应采用穿墙螺栓固定挂钩等加强措施；落地安装时需设置混凝土基础，基础高度不小于 0.1m，基础尺寸不应小于炉体直径； 4）燃气热水器及电热水器需预留一定的检修空间，经常操作及维修的部位前方应留有不小于 500mm 的空间，成排安装的热水器，相邻两热水器间距不得小于 600mm； 5）燃气热水器顶部与顶板的距离不小于 900mm； 6）燃气热水器及电热水器设置处的地面宜作防水处理和设置排水措施，地漏及其连接排水管道需满足 90℃ 的高温排水，室外安装的电热水器，接线盒等部位应设置防雨罩； 7）燃气热水器及电热水器供水管上应设置止回阀/倒流防止器，需设置安全阀； 8）燃气热水机组宜与其他建筑物分离设置，当机房设置在建筑物内时，不应设置在人员密集场所的上层、下层或毗邻位置，并应设对外的安全出口；	□	

序号	项目名称	内容	实施情况	备注
1	给水设备	9）燃气热水器及其排烟管周边 150mm 内应无可燃物； 10）燃气热水器的排烟口距可开启门窗/自然通风口的左侧、右侧及底部不小于 1.2m，距可开启门窗/自然通风口上部不小于 0.3m，排烟口距机械通风口的左侧、右侧及底部不小于 0.9m，且不可设置在机械通风口下部	□	
		（6）水加热器： 1）导流型容积式/半容积式水加热器的前端应有满足检修时抽出加热盘管的空间和条件； 2）水加热器（含保温厚度）侧面与墙、柱之间的净距及水加热器之间的净距不小于 0.7m，后端与墙、柱之间的净距不小于 0.5m； 3）水加热器上部附件的最高点与建筑结构最低点的垂直净距应满足安装检修的需要，并不得小于 0.2m； 4）水加热器用房的高度应满足设备、管道的安装和运行要求，并保证检修时能起吊搬运设备，并应有安装检修用的通道和吊装孔； 5）水加热器安装时应与结构专业配合预制混凝土基础或支敦，并预埋地脚螺栓与设备牢固固定以防震； 6）各类阀门和仪表的安装高度应便于操作和观察	□	
		（7）其他	□	
2	排水设备	（1）潜水泵： 1）集水井底坡度坡向水泵设置处，潜水泵采用： □移动式安装（单泵软管）； □固定式安装，带自耦合装置固定安装，预埋件由厂家配合预埋； 2）单泵质量大于 80kg 的污水池（集水坑）检修孔上方楼板或梁上宜预埋吊钩； 3）安装在污水池（集水坑）内的金属管道及金属构件表面应采用加强级防腐，总厚度不小于 5.5mm，池外金属管道及金属构件先刷防锈漆 2 遍，再刷面漆 2 遍； 4）室内污水池（集水坑）的井盖选择： □非密闭井盖，用于提升清洁废水，如消防废水、雨水等； □密闭井盖，用于提升污废水，如厨房含油废水、卫生间污水及其他对室内环境有污染的污水等，并设置通气管，该污水坑（集水井）宜布置单独的污水泵房，并有良好的通风设施	□	
		（2）污水提升装置： 1）污水提升装置宜设置在独立房间内，其地面应做好防水，并设有排水措施； 2）污水提升装置宜设置刚性混凝土基础，并提资相关荷载给结构专业复核，基础顶面应平整规则，设备底座应与基础充分锚固； 3）污水提升装置近旁处宜设置集水坑； 4）污水提升装置附近宜设置清洗用水龙头及排水措施； 5）污水提升装置的四周及上方应预留不小于 600mm 的安装、检修空间，坑内安装时，污水提升装置与四周坑壁、坑盖板的距离不宜小于 200mm； 6）污水提升装置应有保证装置进入安装位置的通道或吊装孔； 7）污水提升装置设置在独立房间时，换气次数不少于 3～5 次/h，设置在卫生间内时，换气次数不少于 6～8 次/h	□	

序号	项目名称	内容	实施情况	备注
2	排水设备	（3）厨房餐饮隔油器（设备）： 1) 除简易隔油器外，均应设置独立房间，并需考虑设备的运输通道（含门宽）和检修空间； 2) 隔油器一侧可靠墙，其余三面距墙不少于 0.6m，隔油器上方净空不小于 0.6m； 3) 除简易隔油器外，均宜设置刚性混凝土基础，提资相关荷载给结构专业复核； 4) 隔油设备设置场所宜设置通风换气系统，换气次数不少于 15 次/h； 5) 隔油设备附近宜设置清洗龙头及排水措施，隔油设备应设置通气管，通气管应单独接到室外； 6) 除简易隔油器外，为避免紊流情况并防止管道堵塞，隔油器进水管道的安装应满足如下要求：竖向立管应以 2 个 45°弯头，中间配以长度不小于 250mm 的短管连接至隔油器，接至隔油器的排水横管长度不小于 10 倍的管径，坡度不小于 1%	□	
		（4）其他	□	
3	消防设备	（1）室外消火栓： 1) 室外消火栓安装形式： □支管浅装 □支管深装 □无检修阀干管安装 □有检修阀干管安装 2) 连接室外消火栓的支管应尽量短，当有长支管时，应采取措施避免管道长期不动引起的水质污染； 3) 在柔性接口的铸铁管道水流方向改变处，应设置支敦等稳定措施； 4) 室外消火栓弯管底座或消火栓三通下设支墩，支墩必须托紧弯管或三通底部； 5) 泄水口设于室外时，泄水口处作卵石渗水层； 6) 寒冷地区选用地上式室外消火栓时，与干管连接的支管及检修阀门应深装于冰冻线以下，且设于阀门井内，冬季时阀后水应放空，阀门井的井盖应选用保温井口及井盖； 7) 地下式室外消火栓顶部进水口或顶部出水口应正对井口，顶部进水口或顶部出水口与消防井盖底面的距离不应大于 0.4m，井内应有足够的操作空间，并应做好防水措施，地下式室外消火栓应设置永久性固定标志； 8) 当室外消火栓安装部位存在落物危险时，上方应采取防坠落物撞击的措施； 9) 室外消火栓安装位置不应妨碍交通，在易碰撞地点应设置防撞设施	□	连接室外消火栓的支管不宜超过 15m
		（2）消防水鹤： 消防水鹤一般用于消防车快速上水，适用于安装在寒冷地区，安装形式为支管深埋在冰冻线以下，且设于阀门井内，市政消防水鹤的安装空间应满足使用要求，并不应妨碍市政道路和人行道的畅通	□	

序号	项目名称	内容	实施情况	备注
3	消防设备	（3）室内消火栓： 1）室内消火栓安装形式：□明装 □半暗装 □暗装； 2）室内消火栓栓口距地面高度宜为1.1m，出水方向宜与设置消火栓的墙面成90°角或向下，栓口不应安装在门轴侧； 3）室内消火栓箱的安装应平正、牢固，暗装的消火栓箱不应破坏隔墙的耐火性能； 4）消火栓箱门的开启不应小于120°； 5）室内消火栓及消防软管卷盘和轻便水龙应设置明显的永久性固定标志，当室内消火栓因美观要求需要隐蔽安装时，应有明显的标志，并应便于开启使用	□	
		（4）报警阀组： 1）报警阀组应在供水管网试压、冲洗合格后进行安装，应先安装水源控制阀、报警阀，然后进行报警阀辅助管道的连接，水源控制阀、报警阀与配水干管的连接应与水流方向一致； 2）安装报警阀组的室内地面应有排水设施，排水能力应满足报警阀调试、验收和利用试水阀门泄空系统管道的要求； 3）报警阀组应安装在便于操作的明显位置，距室内地面高度宜为1.2m；两侧与墙的距离不应小于0.5m；正面与墙的距离不应小于1.2m；报警阀组凸出部位之间的距离不应小于0.5m； 4）水力警铃应安装在有人值班的地点附近或公共通道的外墙上； 5）水力警铃和报警阀连接的管道管径为DN20，距离不超过20m	□	
		（5）水流指示器： 1）水流指示器应在管道试压和冲洗合格后进行安装； 2）水流指示器的电器元件应竖直安装在水平管道上侧，其动作方向应与水流方向一致，安装后的水流指示器桨片、膜片应动作灵活，不应与管壁发生碰擦； 3）信号阀应安装在水流指示器的进水侧，与水流指示器间距不宜小于300mm	□	
		（6）减压孔板： 1）减压孔板应采用不锈钢制作； 2）设置在直径不小于50mm的水平直管段上，前后管段的长度均不宜小于该管段直径的5倍，孔口直径不应小于设置管段的30%，且不宜小于20mm	□	
		（7）试水阀、末端试水装置： 1）试水阀和末端试水装置距离地面1.5m，便于检查、试验，并应有相应排水能力的排水设施，当采用带有信号反馈功能的试水阀和末端试水装置时，可安装于高位，但应方便检修； 2）试水阀和末端试水装置应设置防止被他用的措施	□	
		（8）喷头： 1）喷头安装必须在系统试压、冲洗合格后进行； 2）喷头安装时，不应对喷头进行拆装、改动，并严禁给喷头、隐蔽式喷头的装饰盖板附加任何装饰性涂层； 3）喷头安装应使用专用扳手，严禁利用喷头的框架施拧；喷头的框架、溅水盘产生变形或释放原件损伤时，应采用规格、型号相同的喷头更换； 4）安装在易受机械损伤处的喷头，应加设喷头防护罩； 5）喷头与障碍物的距离应满足《自动喷水灭火系统设计规范》GB 50084—2017第7.2节的要求； 6）应根据规范要求设置备品备件	□	

序号	项目名称	内容	实施情况	备注
3	消防设备	（9）消防洒水软管： 1）消防洒水软管出水口的螺纹应和喷头的螺纹标准一致； 2）消防洒水软管安装弯曲时应大于软管标记的最小弯曲半径； 3）消防洒水软管应安装支架进行固定，确保连接喷头处锁紧； 4）消防洒水软管波纹段与接头处 60mm 之内不得弯曲； 5）应用在洁净室区域的消防洒水软管应采用全不锈钢材料制作的编织网形式的焊接软管，不得采用橡胶圈密封的组装形式的软管； 6）应用在风烟管道处的消防洒水软管应采用全不锈钢材料制作的编织网形式的焊接软管，且应安装配套防火底座和与喷头响应温度对应的自熔密封塑料袋	□	
		（10）消防水泵接合器 1）消防水泵接合器安装形式：□地上　□地下　□墙式； 2）地上式和地下式消防水泵接合器如用于采暖室外计算温度低于 −15℃ 的地区，需做保温井口或采取其他保温措施； 3）墙式消防水泵接合器的安装高度距地面宜为 0.7m，与墙面上的门、窗、孔、洞的净距不应小于 2.0m，且不应安装在玻璃幕墙下方； 4）地下式消防水泵接合器的安装，应使进水口与井盖底面的距离不大于 0.4m，且不应小于井盖的半径； 5）消防水泵接合器处应设置永久性标志铭牌，并应标明供水系统、供水范围和额定压力； 6）地下式消防水泵接合器应采用铸有"消防水泵接合器"标志的铸铁井盖，并应在其附近设置指示其位置的永久性固定标志	□	
		（11）大型设备应考虑安装及维护时，进出建筑物的运输通道	□	
		（12）其他	□	

3.11.4　防冻及保温

设施防冻及保温汇总表　　　　　　　　　　表 3.11.4

序号	项目名称	内容	实施情况	备注
1	保温设置范围及保温材料选用	（1）室外明露的_____管均采用____mm 厚的____（B1 级柔性泡沫橡塑保温管/A 级离心玻璃棉制品）保温，外扎玻璃布一道，再加铝合金薄板保护层；管径大于等于 DN80 采用_____（0.8mm）厚铝合金薄板保护层；管径小于等于 DN65 采用____（0.5mm）厚铝合金薄板保护层	□	
		（2）设有空调系统的房间中，其吊顶内的____管均采用_____（10mm）厚____（难燃（B1）型橡塑发泡保温管/A 级离心玻璃棉制品）防结露保温，外扎玻璃布一道	□	
		（3）热水供、回水管均采用____mm 厚的____（B1 级柔性泡沫橡塑保温管/A 级离心玻璃棉制品）保温，外扎玻璃布一道， 室外管再加_____（0.8）mm 厚铝合金薄板保护层	□	

序号	项目名称	内容	实施情况	备注
2	生活热水管道保温厚度	(1) 室内 5℃全年≤105d，介质温度小于70℃ **离心玻璃棉 / 柔性泡沫橡塑** 公称直径（mm）：≤DN25 / 厚度（mm）40；公称直径（mm）≤DN40 / 厚度（mm）32 DN32～DN80 / 50；DN50～DN80 / 36 DN100～DN350 / 60；DN100～DN150 / 40 ≥DN400 / 70；≥DN200 / 45 (2) 室内 5℃全年≤150d，介质温度小于70℃ **离心玻璃棉 / 柔性泡沫橡塑** 公称直径（mm）≤DN40 / 厚度（mm）50；公称直径（mm）≤DN50 / 厚度（mm）40 DN50～DN100 / 60；DN65～DN125 / 45 DN125～DN300 / 70；DN150～DN300 / 50 ≥DN350 / 80；≥DN350 / 55	☐	应根据各地的节能设计标准中热水管道经济绝热厚度选用； 如当地无特殊要求，可参考本表
3	热媒及热媒回水管保温	室内热媒及热媒回水管均采用难燃型夹筋铝箔复面的离心玻璃棉管瓦保温，60℃时λ≤0.041W/(m·K)，密度64kg/m³； 施工时，用专用胶水与管壁粘贴，接缝处用铝箔胶带密封； 室外管再加_____（0.8）mm厚_____（铝合金薄板/不锈钢薄板）； 保护层保温厚度如下表： **室内 / 室外** 公称直径（mm）≤DN25 / 厚度（mm）50；公称直径（mm）≤DN20 / 厚度（mm）50 DN32～DN50 / 55；DN25～DN32 / 55 DN70～DN80 / 60；DN40～DN50 / 60 DN100～DN150 / 65；DN70～DN80 / 65 ≥DN200 / 70；DN100～DN150 / 70 ；≥DN200 / 75	☐	常用于锅炉热水、太阳能系统热媒及大于60℃的高温热水；采用其他保温材料时，按此表格式填写
4	设备保温	热交换器、热水膨胀罐采用_____（50）mm厚 B1 级（难燃型）柔性泡沫橡塑板保温，外包玻璃布，再加0.3mm厚铝皮保护壳	☐	
		换热器、膨胀罐、热水循环泵及冷热水管道上的阀门、水过滤器等均需保温，保温材料应与所连接的管道保温材料相同，厚度不小于上述保温厚度表中的最大厚度，保温应美观，不妨碍运动部件的活动，并能方便拆洗和维护	☐	
5	电伴热	_____区域的_____（管/雨水斗/天沟/排水存水弯）设置_____（防冻/保温）电伴热，电伴热带采用_____（变功率电伴热带/恒功率电伴热带）	☐	详见本表注
6	其他	保温应在试压合格及完成除锈防腐处理后进行； 其他	☐	

注：当采用恒功率电伴热带时应采用并联式，每个电伴热系统均需单独设置温控器和线传感器。

3.12　海绵城市给水排水设计

海绵城市给水排水设计内容，在全国各地要求均有所不同，作为标准化设计的一部分，本书以上海市的设计专篇格式编写。

3.12.1　设计依据

海绵城市给水排水设计依据汇总表

表 3.12.1

序号	标准名称	编号及版本	实施情况
1	《室外排水设计标准》	GB 50014—2021	☐
2	《建筑给水排水设计标准》	GB 50015—2019	☐
3	《给水排水构筑物工程施工及验收规范》	GB 50141—2008	☐
4	《给水排水管道工程施工及验收规范》	GB 50268—2008	☐
5	《建筑与小区雨水控制及利用工程技术规范》	GB 50400—2016	☐
6	《民用建筑节水设计标准》	GB 50555—2010	☐
7	《城镇给水排水技术规范》	GB 50788—2012	☐
8	《城镇雨水调蓄工程技术规范》	GB 51174—2017	☐
9	《海绵城市建设评价标准》	GB/T 51345—2018	☐
10	《海绵型建筑与小区雨水控制及利用》	17S705	☐
11	《海绵城市建设技术指南——低影响开发雨水系统构建（试行）》	2014 年版	☐
12	《城镇道路工程施工与质量验收规范》	CJJ 1—2008	☐
13	《城市道路工程设计规范》	CJJ 37—2012（2016 年版）	☐
14	《埋地塑料排水管道工程技术规程》	CJJ 143—2010	☐
15	《透水水泥混凝土路面技术规程》	CJJ/T 135—2009	☐
16	《透水砖路面技术规程》	CJJ/T 188—2012	☐
17	《透水沥青路面技术规程》	CJJ/T 190—2012	☐
18	《公路沥青路面施工技术规范》	JTG F40—2004	☐
19	《种植屋面工程技术规程》	JGJ 155—2013	☐
20	《住宅建筑绿色设计标准》	DGJ 08-2139—2021	☐
21	《公共建筑绿色设计标准》	DGJ 08-2143—2021	☐
22	《海绵城市建设技术标准图集》	DBJT 08-128—2019	☐
23	《道路排水性沥青路面技术规程》	DG/TJ 08-2074—2016	☐
24	《海绵城市建设技术标准》	DG/TJ 08-2298—2019	☐
25	《海绵城市设施施工验收与运行维护标准》	DG/TJ 08-2370—2021	☐
26	《屋顶绿化技术规范》	DB31/T 493—2017	☐
27	《上海市建设项目设计文件海绵专篇（章）编制深度（试行）》	2019 年版	☐
28	《上海市人民政府办公厅关于贯彻落实〈国务院办公厅关于推进海绵城市建设的指导意见〉的实施意见》（沪府办〔2015〕111 号）		☐
29	《上海市海绵城市专项规划（2016—2035）》		☐

注：表中列举的各类规范、标准、规程及各类用于设计的文件仅为部分常用的内容，上海地区项目可直接引用，其他地区项目需将上海市地方标准替换为项目所在地的地方标准及当地政府批文。

3.12.2 工程概述

海绵城市设计概述汇总表　　　　　　　　　　　　表 3.12.2

序号	项目名称	内容	实施情况	备注
1	工程概况	_____（项目名称）位于_____，详见表3.1	☐	
2	设计范围	建设总用地面积为_____ m²，设计内容包括：场地中所有的海绵城市技术措施，包括：_____（绿化屋面、下凹式绿地、透水铺装和雨水调蓄池等）	☐	
3	设计目标	(1) 年径流总量控制率_____%，对应的设计降雨量_____mm； (2) 年径流污染控制率_____%； (3) 雨水资源利用率_____%	☐	详见本表注
4	设计原则	(1) 规划引领： 以国家出台的宏观政策为指导，以现行国家标准为基本的设计原则，积极响应国家和当地政府的号召，完成海绵城市对年径流总量和年径流污染的控制目标	☐	
		(2) 因地制宜： 以项目所在地区的气象、水文、地质以及自然生态系统的现状作为场地开发规划的基础，具体分析场地各项规划设计条件，进行合理的竖向设计以及海绵设施的布置，尽量保持场地原来的排水方向	☐	
		(3) 生态优先： 优先利用自然排水系统和场地中设置的海绵设施，实现雨水的自然积存、自然渗透、自然净化和雨水资源的利用，最大限度地减少城市开发建设对生态环境的影响	☐	
		(4) 合理的技术选择与设施布置： 合理组织地表径流，开展竖向设计，保证建筑、道路、绿地等区域的雨水尽可能通过重力流自然汇入海绵设施；同时，深入分析各项海绵设施的特点和适用性，再根据场地、建筑、道路和绿地的布置情况以及前期的竖向设计合理布置海绵设施	☐	
5	设计思路	(1) 减小场地径流系数： 通过设置绿化屋面和透水铺装降低场地径流系数	☐	
		(2) 合理的径流组织： 1) 建筑屋面采用_____（内/外）排水系统，屋面雨水通过雨水立管排入_____（室外雨水管网或绿地），再通过_____（下凹式绿地/雨水花园等/雨水调蓄池）调蓄； 2) 室外道路宜采用生态排水方式，竖向设计应有利于雨水径流汇入道路周边的海绵设施，路面雨水通过道路找坡流入周边绿地，再通过_____（下凹式绿地/雨水花园等）消纳雨水径流； 3) 超过_____（下凹式绿地/雨水花园等）调蓄能力的雨水会溢流入室外雨水管网，最终通过雨水调蓄池调蓄； 4) 调蓄池中的雨水通过_____净化后回用于_____（屋面和地面绿化浇灌、道路和车库冲洗及水景补水）	☐	

注：海绵城市设计目标应根据项目所在地的海绵城市相关政策文件和当地规划文件确定。

3.12.3 海绵设施选型及设计要点

根据年径流总量控制目标，结合项目地块现状地形、地质条件、水文状态、项目周边现状市政雨污水管线接口条件，以低影响开发设计为总领，将低影响开发技术设施融入建筑、景观、排水、道路等工程设计，实现净化水质、涵养地下水、降低内涝风险、提升排水能力的目标。

海绵设施选型一览表　　　　　　　　　　　　　表 3.12.3-1

序号	内容	实施情况	备注
1	绿化屋面	□	绿化屋面设置在不需要放置设备的屋面上，设置绿化屋面可以有效减少屋面径流总量和径流污染负荷，有利于建筑的保温隔热，节约空调和供暖的电能；同时，绿化屋面营造了景观效果，对提升建筑美感具有积极意义，并能有效改善区域生态环境
2	屋面雨水立管断接	□	屋面雨水宜采取雨水立管断接或设置集水井等方式引入周边绿地内小型、分散的设施，或通过植草沟、雨水管渠将雨水引入场地内的集中调蓄设施
3	透水铺装	□	铺设透水铺装可以显著降低路面径流系数，减少地面径流量
4	下凹式绿地和雨水花园	□	合理进行竖向设计，并选取适宜汇水的位置设置下凹式绿地和雨水花园，以调蓄路面和绿地的雨水径流，有效削减洪峰流量，减轻排水系统的压力，降低内涝风险
5	植草沟	□	设置植草沟可用于转输距下凹式绿地和雨水花园位置较远的雨水径流，在转输过程中也可起到截留雨水中悬浮颗粒物的作用
6	雨水调蓄池和雨水罐	□	场地内无法通过下凹式绿地、雨水花园等调蓄的雨水，经室外雨水管网流入管网末端设置的雨水调蓄池暂时贮存，调蓄池中部分雨水经净化后回用，其余部分待降雨后排入市政雨水管网
7	其他	□	

海绵设施设计要求汇总表　　　　　　　　　　　表 3.12.3-2

序号	海绵设施名称	内容	实施情况	备注
1	绿化屋面	(1) 设置面积为_____ m²； (2) 种植屋面的基本构造层应包括：基层、绝热层、普通防水层、耐根穿刺防水层、保护层、排（蓄）水层、过滤层、种植土层和植被层； (3) 简单式种植屋面荷载不应小于_____ kN/m²，花园式种植屋面荷载不应小于_____ kN/m²，种植土的荷重应按饱和水密度计算，植物荷载应包括初栽植物荷载和植物生长期增加的可变荷载； (4) 种植屋面防水层应满足一级防水等级设防要求，防水层采用不少于两道防水设防，上道应为耐根穿刺防水材料； (5) 过滤层材料的搭接宽度不应小于150mm，过滤层应沿种植挡墙向上铺设，与种植土高度一致； (6) 排（蓄）水系统应结合找坡、泛水和排水沟设计，种植平屋面的排水坡度不宜小于2%，天沟、檐沟的排水坡度不宜小于1%； (7) 屋面防水层的泛水高度高出种植土不应小于250mm，地下建筑顶板防水层的泛水高度高出种植土不应小于500mm	□	详见本表注1
2	屋面雨水立管断接	屋面雨水宜采取雨水立管断接或设置集水井等方式引入周边绿地内小型、分散的设施，或通过植草沟、雨水管渠将雨水引入场地内的集中调蓄设施	□	

序号	海绵设施名称	内容	实施情况	备注
3	透水铺装	（1）透水砖路面： 1）设置面积为_____ m²； 2）透水砖路面结构层的组合设计，应根据路面荷载、地基承载力、土基的均质性、地下水的分布及季节冻胀等情况进行，并应满足结构层强度、透水、贮水能力及抗冻性等要求： □ 全透水：对于人行道，混凝土面层强度等级不小于C20，设计厚度不宜小于80mm；其他路面强度等级不小于C30，设计厚度不宜小于180mm □ 半透水：混凝土面层强度等级不小于C30，厚度不宜小于180mm 3）透水砖的透水系数应大于1.0×10⁻²cm/s，透水砖的接缝宽度不宜大于3mm； 4）透水砖面层与基层之间应设置找平层，找平层宜采用水泥粗砂干拌（比例1:5~1:7），厚度宜为20~30mm，其透水性能不宜低于面层所采用的透水砖，找平层与透水基层之间宜设置透水土工布隔离层，土工布规格为150g/m²以上； 5）透水基层包括透水粒料基层、透水水泥混凝土基层、水泥稳定碎石基层等类型，并应具有足够的强度、透水性和水稳定性，连续孔隙率不应低于10%； 6）当透水砖路面土基为黏性土时，宜设置垫层，垫层材料宜采用透水性能好的砂或砂砾等颗粒材料； 7）透水砖路面下的土基应具有一定的透水性能，透水系数不应小于1.0×10⁻³mm/s，且土基顶面距地下水位宜大于1.0m；当土基透水系数及地下水位高程等条件不满足要求时，宜增加路面排水设计； 8）透水砖路面内部雨水收集可采用多孔管道及排水盲沟形式	□	详见本表注2
		（2）透水水泥混凝土路面： 1）设置面积为_____ m²； 2）设计基层全透水结构时，其透水混凝土面层强度等级应不小于C20，厚度不应小于60mm；设计基层半透水结构和基层不透水结构时，其透水混凝土面层强度等级不小于C30，厚度分别不小于100mm和150mm； 3）设计透水混凝土面层时，应设计纵向和横向接缝，纵向接缝的间距按路面宽度在3.0~4.5m范围内确定，横向接缝的间距一般为4~6m；广场平面面积不宜大于25m²，面层板的长宽比不宜超过1.30；透水混凝土面层施工长度超过30m或与其他构造物连接处（如侧沟、建筑物、窨井、铺面的连锁砌块、沥青铺面）应设置胀缝； 4）基层全透水结构层的技术要求：级配砂砾及级配砾石基层、级配碎石及级配砾石基层和底基层的总厚度不应小于150mm； 5）基层半透水结构层的技术要求：稳定土基层或石灰、粉煤灰稳定砂砾基层和底基层的总厚度不小于180mm； 6）基层不透水结构层的技术要求：水泥混凝土基层的抗压强度等级不低于C20，厚度等于100~150mm；稳定土底基层或石灰、粉煤灰稳定砂砾底基层厚度不应小于150mm； 7）基层为混凝土结构时，铺设透水混凝土面层前应做界面处理； 8）基层有结构缝时，面层缩缝应与其相应结构缝位置一致，缝内应填嵌柔性材料； 9）路面排水系统可利用排水沟或雨水井，面积较大的广场宜设置排水盲沟排水	□	

序号	海绵设施名称	内容	实施情况	备注
3	透水铺装	（3）透水沥青路面： 1）设置面积为_____ m²； 2）透水沥青混合料应满足道路路面使用功能，并应满足透水、抗滑、降噪的要求； 3）透水基层应满足施工机械的承载要求，可选用排水式沥青稳定碎石、级配碎石、大粒径透水性沥青混合料、骨架空隙型水泥稳定碎石和透水水泥混凝土； 4）半透式沥青路面透水结构层下部应设置封层，封层材料的渗透系数不应大于 80mL/min，应与上下结构层粘结良好；对于软土、膨胀土、湿陷性黄土、盐渍土、粉性土等地质条件特殊路段，不宜采用全透式沥青路面； 5）路基土渗透系数大于或等于 $7×10^{-5}$ cm/s 的公园、小区道路、停车场、广场和中、轻型荷载道路可选用全透式沥青路面；全透式沥青路面路基顶面应设置反滤隔离层，可选用粒料类材料或土工织物； 6）全透式沥青路面的垫层可采用粗砂、砂砾、碎石等透水性好的粒料类材料，垫层厚度不宜小于 15cm	□	
4	下凹式绿地	设置面积为_____ m²，下凹深度_____ m，有效调蓄深度为_____ m	□	
		（1）绿地地形设计应保证硬化铺装的汇水区标高高于下凹式绿地，雨水径流通过地表坡度汇集到过滤设施或转输设施中，然后进入下凹式绿地； （2）下凹式绿地应选择地势平坦且土壤排水性良好的场地，若土壤渗透能力低于 $5×10^{-6}$ m/s，宜通过使用绿化废弃物、草炭、有机肥等有机介质促进土壤团粒形成，增强土壤渗透能力； （3）绿地地面标高至少低于周围道路 50mm，使道路雨水可以自然汇流入绿地；下凹式绿地内应设置溢流雨水口，保证暴雨时径流的溢流排放，溢流雨水口顶部标高宜高于绿地 50～100mm； （4）当下凹式绿地种植土底部距离季节性最高地下水位小于 1m 时，应在种植土下方设置滤水层、排水层和厚度不小于 1.2mm 的防水膜；当下凹式绿地边缘距建筑基础小于 3m（水平距离）时，应在其边缘设置厚度不小于 1.2mm 的防水膜； （5）植物宜根据设施水分条件、径流雨水水质等进行选择，选择长期耐旱、短期耐涝的乡土植物； （6）下凹式绿地周围如有设立缘石，应在适当位置开口，使路面雨水能够流入绿地	□	
5	雨水花园	设置面积为_____ m²，下凹深度_____ m，有效调蓄深度为_____ m	□	
		（1）雨水花园自上而下宜设置蓄水层、覆盖层、种植层、透水土工布和砾石层，径流污染较重的区域可根据需要在透水土工布和砾石层之间增设过滤介质层； （2）填料层厚度宜为 50mm，调蓄型雨水花园可采用瓜子片作为填料层的填料，净化型雨水花园可采用沸石作为填料层的填料，综合功能型雨水花园可采用改良种植土作为填料层的填料；	□	

序号	海绵设施名称	内容	实施情况	备注
5	雨水花园	（3）雨水花园边缘距离建筑物基础应不少于3.0m，若不能满足时，应增加防渗措施； （4）应选择地势平坦且土壤排水性良好的场地，不得设置在供水系统或水井周边； （5）雨水花园内应设置溢流设施，溢流设施顶部应低于汇水面100mm；雨水花园的底部与当地地下水季节性最高水位的距离应大于1m，当不能满足要求时，应在底部敷设防渗材料； （6）应分散布置，汇水面积宜为雨水花园面积的10～20倍；常用单个雨水花园面积宜为30～40m²，边坡坡度宜为1:4	□	
6	植草沟	设置面积为_____ m²，下凹深度_____ m，坡度为_____	□	
		（1）断面形式宜采用倒抛物线形、三角形或梯形； （2）边坡坡度不宜大于1:3，纵坡不应大于4%，纵坡较大时宜设置为阶梯形植草沟或在中途设置消能设施； （3）最大流速应小于0.8m/s，粗糙系数为0.2～0.3； （4）植草沟内植被高度宜控制在100～200mm； （5）植草沟分为转输型植草沟和滞蓄型植草沟，应符合下列规定： 1）转输型植草沟结构较简单，素土之上设置300mm种植土，可不设置雨水口和排水管，但下游需衔接雨水花园等源头减排设施或雨水口；小区、广场等径流总量高、污染程度低的区域，宜采用转输型植草沟； 2）滞蓄型植草沟结构层由上至下宜采用300mm种植土、透水土工布、400mm砾石排水层、素土夯实，溢流口设置高度根据蓄水层高度确定，排水层应设排水管道；道路、停车场等污染程度较高的区域，宜采用滞蓄型植草沟	□	
7	雨水调蓄池和雨水罐	有效容积为_____ m³	□	
		（1）雨水调蓄池、雨水罐应设置在室外； （2）屋面和硬质地面弃流宜分别采用2～3mm和3～5mm径流厚度； （3）雨水调蓄池可采用室外地埋式塑料模块蓄水池、硅砂砌块水池、混凝土水池等； （4）蓄水模块作为雨水贮存设施时，应考虑周边荷载的影响，其竖向荷载能力和侧向荷载能力应大于上层铺装和道路荷载与施工要求，塑料模块外围包有土工布层	□	详见本表注3
8	浅层调蓄设施	有效容积为_____ m³	□	
		（1）可采用管道或箱涵拼装而成； （2）宜设置进水井、进出水管、排泥检查井、溢流口、取水口和单向截止阀等设施； （3）宜具有排泥功能； （4）具有渗透功能的调蓄池四周宜采用粒径20～50mm级配碎石包裹，调蓄池上、下碎石层厚度均应大于150mm； （5）两组调蓄池间距不应小于800mm； （6）底部设置穿孔管排水时，宜选择不小于200g/m长丝土工布包裹	□	

序号	海绵设施名称	内容	实施情况	备注
		有效容积为_____ m³	☐	
9	管道调蓄	（1）根据设计重现期和规范要求计算确定建筑室外雨水系统的设计管径，在此基础上放大系统的设计管径，并按 1 年重现期以自清流速进行校核，确定系统的设计放大管径； （2）分别计算设计管径和设计放大管径的管道总蓄水量，其差值为设计管道蓄水量，并以放大管径底部可用空间值校核； （3）与该管道相连的检查井应在底部设置放空管，重力流放空时，放空管管径应使管道中贮存的雨水放空时流速不小于 0.75m/s	☐	
10	其他		☐	

注：1. 绿化屋面还应符合下列规定：
　　（1）绿色屋顶面积占宜建绿色屋顶总面积的比例不应低于 30%。
　　（2）绿化屋面的设计应满足现行行业标准《种植屋面工程技术规程》JGJ 155—2013 和现行上海市地方标准《屋顶绿化技术规范》DB31/T 493 的相关规定。
　　2. 透水铺装还应符合下列规定：
　　（1）透水水泥混凝土路面、透水砖路面可分为半透式和全透式，人行道、非机动车道、停车场和广场宜采用全透式，轻型荷载道路可选用半透式。
　　（2）当透水铺装设置在地下室顶板上时，顶板覆土厚度应不小于 600mm，并应设置排水板层或渗排水管。
　　3. 上海市对于雨水调蓄池及雨水回用系统的规定：
　　（1）硬化面积超过 1hm² 的新建建筑与小区应设置雨水调蓄设施，雨水调蓄设施规模宜按照每公顷硬化面积不低于 250m³ 设置。
　　（2）建筑与小区排水系统宜对屋面雨水进行收集回用，新建住宅、公建和改建公建项目的雨水资源利用率不宜低于 5%，规划用地面积 2hm² 以上的新建公建应配套建设雨水收集利用设施。

3.12.4　海绵设施施工

海绵设施施工要求汇总表　　　　　　　　　　表 3.12.4

序号	海绵设施名称	内容	实施情况	参考规范
1	绿化屋面	（1）施工顺序：基层→保温隔热层→找平（坡）层→普通防水层→蓄水或淋水检验→耐根穿刺防水层→保护层→排（蓄）水层和过滤层→电气系统、灌溉系统→园林小品→种植土层→植被层→环境清理、细部修正。 （2）保温隔热层： 1）坡屋面的隔热层应采用粘贴法或机械固定法施工； 2）保温板应紧贴基层，并铺平垫稳；铺设保温板接缝应互相错开，并用同类材料嵌填密实；粘贴保温板时，胶粘剂应与保温板的材性相容。 （3）普通防水层： 卷材与基层宜满粘施工，坡度大于 3%，不得空铺施工；应在阴阳角、水落口、凸出屋面管道根部、泛水、天沟、檐沟、变形缝等细部构造部位设防水增强层；当屋面坡度小于等于 15% 时，卷材应平行于屋脊铺贴，当屋面坡度大于 15% 时，卷材应垂直于屋脊铺贴，上下两层卷材不得互相垂直铺贴。	☐	

序号	海绵设施名称	内容	实施情况	参考规范
1	绿化屋面	(4) 耐根穿刺防水卷材： 1) 改性沥青类耐根穿刺防水卷材搭接缝应一次焊接完成，并溢出5～10mm沥青胶封边； 2) 高分子耐根穿刺防水卷材暴露内部增强织物的边缘应密封处理，密封材料应与防水卷材相容。 (5) 排（蓄）水层和过滤层： 1) 无纺布过滤层铺于排（蓄）水层之上，铺设应平整、无皱折，搭接宜采用粘合或缝合固定，搭接宽度不应小于150mm，边缘沿种植挡墙上翻时应与种植土高度一致； 2) 排（蓄）水层应铺设至排水沟边缘或落水口周边，凹凸塑料排（蓄）水板宜采用搭接法施工，搭接宽度不应小于100mm。 (6) 种植土层 种植土应及时摊平铺设、分层踏实，平整度和坡度应符合竖向设计要求	☐	
		(7) 参考规范： 1)《地下工程防水技术规范》GB 50108—2008 2)《屋面工程技术规范》GB 50345—2012 3)《种植屋面工程技术规程》JGJ 155—2013	☐	
2	透水铺装	(1) 透水砖： 1) 透水砖铺筑时，基准点和基准面应根据平面设计图、工程规模及透水砖规格、形状和尺寸设置；透水砖的铺筑应从透水砖基准点开始，并以透水砖基准线为基准按设计图铺筑，基准点宜每3～5m设置，应用经纬仪或直尺测定纵、横方格网，定好面砖基准线，并宜在路幅中线（或边线）上每隔5～10m安设一块透水砖作为平面、高程控制点； 2) 透水砖铺筑过程中，应随时检查牢固性与平整度，应及时修整，不得采用向砖底部填塞砂浆或支垫等方法进行砖面找平； 3) 透水砖的接缝宜采用中砂灌缝，曲线外侧透水砖的接缝宽度不应大于5mm、内侧不应小于2mm，竖曲线透水砖的接缝宽度宜为2～5mm； 4) 铺设时应将砖轻轻平放，用橡胶锤锤打稳定、平整，不得损坏边角，也可采用高频小振幅板夯（80～90Hz）振压2～3遍； 5) 路基、垫层、基层及找平层的施工可按现行行业标准《城镇道路工程施工与质量验收规范》CJJ 1—2008执行； 6) 铺筑过程中，施工人员不得直接站在找平层上作业，不得在新铺设的砖面上拌合砂浆或堆放材料； 7) 铺筑完成后，应及时灌缝，及时清除砖面上的杂物、碎屑，面砖上不应有残留水泥砂浆，基层达到规定强度前，不应有车辆进入	☐	详见本表注1
		(2) 透水水泥混凝土： 1) 透水水泥混凝土拌合物摊铺时，以人工均匀摊铺，施工时应特别注意边角处有无缺料现象，应及时补料进行人工压实； 2) 透水水泥混凝土宜采用强制式搅拌机进行搅拌，新拌混凝土出机至运输到作业面的时间不宜超过30min； 3) 透水水泥混凝土的拌制宜先将集料和50%用水量加入搅拌机拌合30s，再加入水泥、增强剂、外加剂拌合40s，最后加入剩余用水量拌合50s以上；	☐	

续表

序号	海绵设施名称	内容	实施情况	参考规范
2	透水铺装	4）透水水泥混凝土拌合物运输时应防止离析，应保持拌合物的湿度，必要时应采取遮盖等措施； 5）透水混凝土宜采用专用低频振动压实机压实，或采用平板振动器振动和专用滚压工具滚压； 6）透水混凝土压实后，宜使用机械对透水混凝土面层进行收面，必要时配合人工拍实、抹平； 7）透水混凝土面层施工后，宜在 48h 内涂刷保护剂； 8）透水混凝土路面施工时需设置伸缩缝，深度与路面厚度相同，施工中的缩缝、胀缝均嵌入定型的橡树塑胶材料；道路工程施工时，每 5m 左右应设置一道小胀缝，缝宽 10~15mm；广场的接缝应为不大于 25m² 的分隔，缝宽 15~20mm； 9）浇筑完毕后应立即覆膜养护，养护时间不宜少于 14d，养护期间不得通行车辆，覆盖材料应保持完整	☐	详见本表注 1
		（3）透水沥青： 1）应采用沥青摊铺机摊铺，摊铺机应缓慢、均匀、连续不间断地摊铺，摊铺速度宜控制在 1.5~3.0m/min； 2）一台摊铺机的铺筑宽度不宜超过 6.0~7.5m，宜采用两台或多台摊铺机前后错开 10~20m 成梯队方式同步摊铺； 3）透水沥青混合料摊铺温度不应低于 160℃；初压温度不应低于 150℃；终压温度不应低于 80℃； 4）透水沥青混合料出厂温度控制在 170~185℃，储料过程中温度下降不得超过 10℃；出料温度低于 155℃ 或高于 195℃ 的沥青混合料必须做废弃处理	☐	
3	下凹式绿地	（1）施工顺序：施工准备→土方开挖→进水、排水设施施工→微地形构建→栽植土回填→植物栽种； （2）下凹式绿地靠近机动车道一侧 1~2m 范围内的防渗措施应满足设计要求，当设计未明确时路基应呈梯形延伸至绿地内 1~1.5 倍路基深度；施工时路基区域的各项排水施工措施满足《城镇道路工程施工与质量验收规范》CJJ 1—2008 的规定； （3）溢流式雨水口设置位置、深度及间距应符合设计要求，安装应顺直； （4）截污设施、溢流设施、检查井、渗管的施工应符合设计要求和《给水排水管道工程施工及验收规范》GB 50268 的规定； （5）下凹式绿地回填土面宜低于周边场地 100~200mm，进水口截污设施应正确设置，且保证雨水无返流、积水现象，进水口通道必须顺畅，溢流式雨水口顶面标高应符合设计要求，无设计要求时，其顶面应低于周边场地 100mm、高出下凹式绿地底面 100mm 以上，以确保暴雨时雨水的溢流排放；下凹式绿地的构造做法应符合设计要求； （6）栽植土以排水良好的砂性土壤为宜，应避免重型机械碾压，对已压实的土壤需要借助机械改善土壤密实度，当土壤渗透性较差时，应通过改良措施（如：适量加入有机质、膨胀页岩、多孔陶粒等碎材来改良土壤结构）增大土壤渗透能力，保证土壤渗透能力符合规范和设计要求； （7）应按设计要求就近选用本地耐滞、耐淹、耐旱的植物，满足根系发达、净化能力强的属性，能够对雨水冲刷带来的污染物进行初步净化； （8）在下凹式绿地的雨水集中入口、坡度较大的截污设施出水口处，应采取铺设卵石、设置消能坎、放置隔离织物料、栽种永久性植被等消能措施，防止水流对下凹式绿化带的冲击；如设计没有明确时宜采用直径为 100~200mm 的卵石作为水流消能措施，布置宽度宜为 200~300mm	☐	《园林绿化工程施工及验收规范》CJJ 82—2012

序号	海绵设施名称	内容	实施情况	参考规范
4	雨水花园	（1）施工顺序：挖掘→素土夯实至密实度要求→铺设透水土工布→填充碎石→设置进水、排水设施→填充碎石→铺设透水土工布→填充碎石→填充砂滤层→换填土层→铺种植营养土及种植植物→铺设树皮覆盖层→残土处理→清扫整理； （2）严格按照设计图进行放线，埋设控制点； （3）应根据设计图纸并结合现场实际地形地貌控制高程； （4）雨水花园沟槽周边应设置挡土袋、预沉淀池等，防止周边水土流失对沟槽渗透性能、深度造成影响；已完工的入水口设施应进行临时封堵； （5）进水口及溢流口处的种植密度可适当加密，利用植物拦截较大颗粒物及垃圾； （6）覆盖层：一般采用干枯的树叶、树皮进行覆盖，最大深度为50～80mm； （7）植被及种植土层：种植土层厚度根据植物类型而定，当采用草本植物时一般厚度为250mm左右，种植土一般选用渗透系数较大的砂质土壤，中砂含量为60%～85%，有机成分含量为5%～10%，黏土含量不超过5%； （8）种植土层与换填土层间设置透水土工布或50～100mm砂滤层；采用透水土工布时，应防止种植土随雨水流入砾石排水层，且搭接宽度不应小于200mm，防止尖锐物体损坏； （9）砾石排水层：铺设厚度应符合设计要求，砾石应洗净且粒径不小于穿孔管的开孔孔径；采用透水土工布包裹方式时，应避免换填土层/种植土层内的土壤随雨水流失进入排水层； （10）铺设防渗膜时，应将沟槽内的石块、树枝等尖锐材料清理干净	□	
5	植草沟	（1）施工顺序：土方开挖→场地平整→断面施工→台坎、配水设施及溢流设施施工→植物种植→卵石垫层铺设； （2）植草沟沟渠应按设计形式施工，表面平整、密实；兼顾入渗的植草沟沟槽应避免重型机械碾压造成基层土壤渗透性能降低，已压实的土壤可对基层不小于300mm厚范围内的土壤进行翻土作业，尽量恢复其渗透性能； （3）断面施工成形按照设计要求确定植草沟坡度，每隔5m检测与设计坡度是否一致； （4）断面形状应严格按设计要求施工，表面应平整，不含大块碎石等；边坡可轻度压实保证其稳定；沿纵坡方向各断面边坡应保持一致，线形应流畅、美观； （5）植草沟的进出水口应与周边排水设施平顺衔接；设计未明确时，当进出水口坡度较大时应设置卵石或跌水消能等缓冲措施； （6）铺设台坎时块石应级配良好、清洁，不能使用浆砌，应直接铺设，其顶面标高应严格按照设计要求控制； （7）应先种植坡面和边坡植物，再种植沟底植物；在种植沟底植物前，应再次确认其坡度和形状是否被破坏； （8）雨季施工时应采取排水、保土措施； （9）植草沟处于低洼地带，如设计无排水措施，施工时应设置排水设施或集水井；溢流设施应满足设计要求，设计图纸未明确时应在植草沟距离周边地面下0.2m左右标高处设置小型排水管引流，保证汇集的超量雨水有组织排放	□	

序号	海绵设施名称	内容	实施情况	参考规范
6	雨水调蓄池和雨水罐	(1) 钢筋混凝土蓄水池： 1) 施工顺序：土方开挖→模板、钢筋制作安装→商品混凝土浇筑振实→养护→拆模→检查验收； 2) 施工单位施工前应对业主所交控制桩进行复核； 3) 土方开挖制定专项施工方案应根据土质按照比例放坡，应减少对地基土和周边土的扰动，机械开挖至设计标高以上 200～300mm 后，由人工完成开挖与整平； 4) 固定在模板上的预埋管、预埋件必须安装牢固，位置准确；安装前应清除铁锈和油污，安装后应做标志； 5) 钢筋加工、连接、安装，模板的制作以及混凝土的施工应符合现行国家标准《混凝土结构工程施工质量验收规范》GB 50204 的相关规定； 6) 混凝土蓄水池的防水施工应符合现行国家标准《地下工程防水技术规范》GB 50108 的相关规定； 7) 蓄水池位于地下水位较高区域时，在设计明确时，施工时根据当地实际情况要采取相应的抗浮措施（桩基拉结、增加自重等）	□	
		(2) 蓄水模块： 1) 施工顺序：土方开挖→基础处理→底部土工布/防水膜→进出水井定位→反冲洗管安装→模块定位与安装→侧面及顶板土工布/防水膜→管道与模块连接→土方回填→机电设备安装→系统调试运行； 2) 基础采用夯实处理或浇筑混凝土板，以满足地基承载力要求，再铺设 100mm 中砂垫层，中砂铺设完毕后应防止人等在其上行走； 3) 在中砂垫层上铺设土工布、防水膜，土工布及防水膜的长度与宽度在雨水模块拼装完毕后，应能包裹至雨水模块顶部边沿，并有一定的富余量；土工布铺装可采用搭接，最小搭接宽度不应小于 30cm，弧形段铺装应保留富余；铺设过程中可采用砖压或胶带固定，防止刮风或回填移动；防水膜应使用宽幅产品，减少搭接焊接缝，其搭接宽度不应小于 10cm；防水膜采用双焊缝焊接，减少丁字缝焊接，杜绝十字缝焊接；防水膜焊接完毕后，应分段进行闭水试验，焊缝不漏水为合格； 4) 蓄水模块安装前定位放线应符合设计要求，码放整齐，模块箱之间的缝隙不应大于 2mm；安装时应使用橡皮锤缓冲板（木板）隔开敲打，严禁用橡皮锤直接敲打蓄水模块及其配件，安装组合密实为合格； 5) 蓄水模块安装过程中应及时安装反冲洗管、进出水管等设施； 6) 侧面及顶部土工布、防水膜紧紧包裹好蓄水模块，进出水管、连通管路与防水膜之间应采用专用密封装置对连接部位进行密封处理； 7) 蓄水模块两侧应分层、对称回填，分层回填厚度不应大于30cm；应采用小型机械分层逐步夯实，夯实操作中模块布膜侧面需使用挡板保护，防止机械误操作损坏布膜及模块； 8) 机电设备安装完成通电后，整体进行运行调试工作，对整个系统功能进行测试	□	

序号	海绵设施名称	内容	实施情况	参考规范
6	雨水调蓄池和雨水罐	（3）雨水罐： 1）施工顺序：施工准备→土方开挖→基坑及边坡处理→建造进出水设施→安装雨水罐→土方回填； 2）雨水罐一般设置在雨水收集系统末端以保证雨水收集量；雨水罐进水口拦污设施设置应正确，以初步净化雨水，降低后续清理难度； 3）采用地埋式雨水罐时，应确保基坑承载力满足设计要求，基坑应安全放坡、尺寸准确；采用垂直开挖时应对支护方式进行稳定性验算；基坑开挖前应对土体降水，开挖成型后保持基坑底部干燥并做好排水措施； 4）采用地埋式雨水罐时，回填前应对雨水罐注水，注水容积应大于总容积的 2/3，回填应分层对称填筑，回填密实度应满足设计要求； 5）安放在地面上的雨水罐应确保固定牢靠、外形美观、使用方便、便于维护；对地面最大荷载有要求时，应按照设计要求设置允许荷载标志； 6）雨水罐周边应按设计要求做好溢流排水设施； 7）雨水罐顶部检查口应按设计要求设防坠落设施； 8）雨水罐设置在公众可接触的地方时，应采取防止误接、误用、误饮的措施	□	

注：1. 参考规范主要有：《透水砖路面技术规程》CJJ/T 188—2012、《透水水泥混凝土路面技术规程》CJJ/T 135—2009、《透水沥青路面技术规程》CJJ/T 190—2012、《公路沥青路面施工技术规范》JTG F40—2004 及《城镇道路工程施工与质量验收规范》CJJ 1—2008。
2. 上海地区的海绵设施施工应按照上海市地方标准《海绵城市设施施工验收与运行维护标准》DG/TJ 08—2370—2021 执行。

3.12.5 海绵设施运行维护

海绵设施运行维护要点汇总表   表 3.12.5

序号	海绵设施名称	内容	实施情况	备注
1	绿化屋面	（1）定期清理垃圾和落叶，防止屋面雨水斗堵塞，干扰植物生长； （2）定期检查排水沟、雨水口等排水设施，及时清理垃圾与沉积物； （3）定期检查屋顶种植层是否有裂缝、接缝分离、屋顶漏水等现象，屋顶出现漏水时，应及时排查原因，按要求修复或更换防渗层； （4）如发现雨水口沉降、破裂或移位现象，应加以调查，妥善维修； （5）定期检查评估植物是否存在病虫害感染、长势不良等情况，当植被出现缺株时，应及时补种； （6）在植物长势不良处重新播种，如有需要，更换易存活的植物品种；根据植物种类，采取防寒、防晒、防火、防冻措施； （7）定期检查灌溉系统，保证其运行正常，旱季根据植物品种及时浇灌； （8）定期检查土壤基质是否有产生侵蚀通道的迹象，并及时补充种植土； （9）每年汛期前、后应进行巡视，汛期内每月巡视次数不应少于一次，每次暴雨后应进行一次巡查	□	

序号	海绵设施名称	内容	实施情况	备注
2	透水铺装	（1）及时清理透水铺装面层上的沉积物和垃圾等物质； （2）禁止在透水铺装及其汇水区堆放黏性物、砂土或其他可能造成堵塞的物质； （3）当运输一些危险物质（如农药、汽油等）时要用密闭容器包装，避免洒落，以防污染透水铺装面层，进而污染地下水； （4）定期检查透水铺装面层是否存在破损、裂缝、沉降等； （5）当出现损害道路结构的沉降、裂缝等危害时，应局部修整找平或对道路基层进行修复； （6）当透水铺装面层出现破损时应及时修补或更换； （7）当路面出现积水时，检查透水铺装出水口是否堵塞，如有堵塞应立即疏通，确保排空时间小于72h； （8）当出现孔隙堵塞造成透水能力下降时，可使用高压水或压缩空气冲洗、真空泵抽吸等方法清除堵塞物，注意控制冲洗水压避免破坏透水铺装面层； （9）日常巡视的频次不应少于每周1次，遇雨季或自然灾害等极端天气情况，应适当提高巡查频率，透水功能巡查时间宜在雨后1～2h；发现路面明显积水时，应分析原因，及时采取维修保养措施	☐	
3	下凹式绿地	（1）按照绿化养护要求进行常规养护与保洁，保证下凹式绿地内的清洁，有垃圾、杂物等及时清理； （2）定期巡查入口区是否出现堵塞、损坏、侵蚀、沉降等现象，截污设施和消能设施是否完善，出现问题及时处理； （3）定期巡查溢流口、排水口是否有淤堵或破损，及时清理垃圾，修复设备； （4）若冲刷造成水土流失，应设置碎石缓冲或采取其他防冲刷措施，对于种植土和覆盖层，应进行填补修补，若覆盖层厚度减少至原设计厚度的2/3时，应进行整体填补； （5）边坡出现坍塌时，应进行加固； （6）下凹式绿地内的植物根据品种特性，应定期修剪，修剪效果保持在设计范围内，修剪的草屑应及时清理，不得堆积； （7）定期巡查下凹式绿地内的植物是否存在病虫害、缺水、入侵物种等情况，当植被缺株时，应及时补种；设施内杂草等如入侵植物宜手动清除； （8）日常巡视每周不少于1次，汛期应根据实际需要提高巡视频率	☐	
4	雨水花园	（1）按照绿化养护要求进行常规养护与保洁，保证雨水花园内的清洁，有垃圾、杂物等及时清理； （2）定期巡查入口区是否出现堵塞、损坏、侵蚀、沉降等现象，截污设施和消能设施是否完善，出现问题及时处理； （3）定期巡查溢流口、排水口是否有淤堵或破损，及时清理垃圾，修复设备； （4）若冲刷造成水土流失，应设置碎石缓冲或采取其他防冲刷措施，对于种植土和覆盖层，应进行填补修补，若覆盖层厚度减少至原设计厚度的2/3时，应进行整体填补； （5）雨水花园内的植物根据品种特性，应定期修剪，修剪效果保持在设计范围内，修剪的草屑应及时清理，不得堆积； （6）定期巡查雨水花园内的植物是否存在病虫害、缺水、入侵物种等情况，当植被缺株时，应及时补种；设施内杂草等如入侵植物宜手动清除； （7）日常巡视每周不少于1次，汛期应根据实际需要提高巡视频率	☐	

序号	海绵设施名称	内容	实施情况	备注
5	植草沟	（1）按常规要求进行保洁，清除植草沟内的垃圾与杂物； （2）当植草沟产生淤积，过水断面减少25％或影响景观时，应进行清淤； （3）定期检查植草沟进水口（开孔立缘石、管道等）和出水口是否有侵蚀或堵塞，如有应及时处理； （4）定期及暴雨后检查冲刷侵蚀情况以及典型断面、纵向坡度的均匀性，修复对植草沟底部土壤的明显冲蚀，修复工作需符合植草沟的原始设计； （5）根据植被品种定期修剪，修剪高度保持在设计范围内，不宜过分修剪，一般可控制在75～100mm之间； （6）修剪的草屑应及时清理，不得堆积，保证美观；植草沟内的杂草宜手动清除，不宜使用除草剂和杀虫剂，特别是在生长期，应限制使用； （7）旱季时需要按照植物的生长需求进行浇灌； （8）对于湿式植草沟，若其植被难以发挥功能，则需要重新配置植物； （9）日常巡视应至少每周一次	□	
6	雨水调蓄池和雨水罐	（1）池体内沉积物淤积高度超过设计清淤高度时，应及时进行清淤； （2）定期检查弃流井、进水口、溢流口及通风口堵塞或淤积情况，及时清理垃圾与沉积物，确保通风口通畅； （3）当雨水采用入渗方式进入调蓄模块或调蓄池系统时，应定期检查入渗表面是否有积水，查明滤层表面是否被沉积物、藻类及其他物质堵塞，如有需要，清除并替换表层过滤介质； （4）对调蓄设施内蓄水情况进行记录，当存水超过一周时应及时放空，避免滋生病菌； （5）住宅小区设置下沉式广场用于雨水调蓄时，应加强暴雨期间安全巡查，并在暴雨后及时排空和清洗； （6）定期检查泵、阀门、液位计、流量计、过滤罐等设施及喷灌系统，保证其能正常工作； （7）定期检查进水口和溢流口，当冲刷造成水土流失时，应及时设置碎石缓冲或采取其他防冲刷措施； （8）防误接、误用、误饮等警示标识、护栏等安全防护设施及预警系统损坏或缺失时，应及时进行修复和完善； （9）对于雨水罐罐体宜做好防护措施，如塑料材质应防紫外线长时间照射，陶瓷材质周边应做好防撞护栏等；并应检查组成部件是否有明显损坏，若有损坏及时更换； （10）在冬季气温降至0℃前，应将雨水罐及其连接管路中留存的雨水放空，以免受冻损坏	□	

3.13 绿色建筑给水排水设计

绿色建筑给水排水设计专篇包括设计依据、建设工程项目概况、给水排水专业绿色设计等方面的内容。本节依据上海市现行绿色建筑设计相关要求编写标准化模板，其他地区项目专篇内容可按照当地不同要求对其做相应调整。

3.13.1　设计依据

绿色建筑给水排水设计依据汇总表　　　　　　　　　　　　表 3.13.1

序号	标准名称	编号及版本	实施情况
1	《室外给水设计标准》	GB 50013—2018	□
2	《室外排水设计标准》	GB 50014—2021	□
3	《建筑给水排水设计标准》	GB 50015—2019	□
4	《公共建筑节能设计标准》	GB 50189—2015	□
5	《民用建筑节水设计标准》	GB 50555—2010	□
6	《绿色建筑评价标准》	GB/T 50378—2019	□
7	《绿色办公建筑评价标准》	GB/T 50908—2013	□
8	《绿色医院建筑评价标准》	GB/T 51153—2015	□
9	《节水型产品通用技术条件》	GB/T 18870—2011	□
10	《城市污水再生利用　城市杂用水水质》	GB/T 18920—2020	□
11	《城市污水再生利用　景观环境用水水质》	GB/T 18921—2019	□
12	《节水型卫生洁具》	GB/T 31436—2015	□
13	《民用建筑绿色设计规范》	JGJ/T 229—2010	□
14	《节水型生活用水器具》	CJ/T 164—2014	□
15	《公共建筑节能设计标准》	DGJ 08-107—2015	□
16	《公共建筑绿色设计标准》	DGJ 08-2143—2021	□
17	《绿色建筑评价标准》	DG/TJ 08-2090—2020	□
18	《上海市绿色建筑工程设计文件编制深度规定》	2021 年修订版	□
19	项目土地出让合同		□
20	业主提供的建设项目设计要求		□
21	建筑专业提供的图纸		□
22	项目扩初批文		□
23	建设单位提供的项目任务书和市政管线资料		□
24	其他有关的现行设计规范、规程和设计文件		□

注：表中针对地方标准及当地政府批文部分仅列举了上海市地方标准及政府批文，其余地区项目需由设计人员根据项目所在地实际情况进行修改添加。

3.13.2　建设工程项目概况

1. 项目总体概况

绿建工程概况一览表　　　　　　　　　　　　表 3.13.2-1

序号	项目名称	内容	实施情况	备注
1	项目概况	项目建于_____（省/市/区）	□	详见本表注1
2	建筑气候区划	项目属于_____地区；光气候分区属_____地区	□	详见本表注2

序号	项目名称	内容	实施情况	备注
3	降雨量	项目所在地常年平均降雨量为＿＿＿＿mm	☐	
4	土地使用性质	☐住宅用地 ☐公共设施用地 ☐工业用地 ☐其他用地	☐	
5	建筑类型	☐住宅建筑 ☐公共建筑 ☐其他建筑	☐	
6	绿建设计等级	☐项目按照绿色＿＿＿＿＿级设计 ☐其他认证及等级有＿＿＿＿＿＿＿＿＿＿＿＿＿	☐	
7	其他		☐	

注：1. 项目概况具体内容，见表3.1。
　　2. 气候区划分为夏热冬暖地区、夏热冬冷地区、严寒地区、寒冷地区、温暖地区；光气候分区分为Ⅰ～Ⅶ区。

2. 绿色节水技术概况

绿色节水技术概况表　　　　　　　　　　　　表3.13.2-2

序号	项目内容	技术内容	实施情况	备注
1	非传统水源利用	市政再生水利用	☐	
		建筑中水利用	☐	
		雨水利用	☐	
		河道水利用	☐	应取得当地主管部门许可
2	卫生器具水效等级	一级	☐	
		二级	☐	
		三级	☐	
3	用水计量	远传水表	☐	
		分级计量	☐	
4	集中热水系统	太阳能热水系统	☐	
		其他辅助热源	☐	常见如燃气热水炉、空气源热泵、冷凝热回收等
5	节水灌溉方式	喷灌	☐	
		微喷灌	☐	
		滴灌	☐	
		其他	☐	常见如渗灌等
6	雨水控制	年径流总量控制	☐	
		年径流污染控制	☐	
		其他控制	☐	
7	景观水景	非传统水补水	☐	
8	其他		☐	

3. 绿色建筑等级

绿色建筑评估表　　　　表 3. 13. 2-3

序号	名称	控制项基础分值	评价指标评分项满分值					提高与创新
			安全耐久	健康舒适	生活便利	资源节约	环境宜居	
1	预评价分值（满分）	400	100	100	70	200	100	100
2	评价分值（满分）	400	100	100	100	200	100	100
3	自评分							
4	每类指标最低分值	400	30	30	30	60	30	—
5	预估总分							
6	等级判定	基本级：[40～60)；一星级：[60～70)；二星级：[70～85)；三星级：[85～110)						
7	结论	项目满足现行国家标准《绿色建筑评价标准》GB/T 50378—2019 ＿＿＿＿ 星级标准						

注：1. 本表仅适用于《绿色建筑评价标准》GB/T 50378—2019，若选用绿色建筑地方标准，则由设计人员根据
工程项目所在地自行更改。

2. 表中序号 3 及序号 5 应根据项目实际情况填写分值。

3. 13. 3　给水排水专业绿色设计

1. 与给水排水相关的绿色建筑技术

绿色建筑给水排水自评分汇总表　　　　表 3. 13. 3-1

序号	分类	条文号	技术内容	评价分	自评分	实施情况	备注
1	安全耐久	4.2.6-2	结构与设备管线分离	7		☐	建筑结构为装配式体系 SI 可直接得分
		4.2.6-3	设备设施布置适应建筑空间变化	4		☐	
		4.2.7	耐久性部件	10		☐	室内给水系统采用耐久性能好的管道，且满足《建筑给水排水设计标准》GB 50015 对给水系统管材选用的规定；水嘴寿命达到《陶瓷片密封水嘴》GB 18145 要求的 1. 2 倍，阀门寿命超出《水力控制阀》CJ/T 219 要求的 1. 5 倍
2	健康舒适	5.1.3	给水排水系统合规	必选		☐	
		5.2.3	水质达标	8		☐	
		5.2.4	贮水设施卫生要求	9		☐	
		5.2.5	管道、设备、设施永久性标识	8		☐	
3	生活便利	6.2.8	用水远传计量系统、水质在线监测系统	7		☐	用水计量水表 1 级、2 级采用远传水表
4	资源节约	7.1.7	合理利用水资源	必选		☐	
		7.2.9	可再生能源利用	10		☐	太阳能热水系统的太阳能保证率为 50%

续表

序号	分类	条文号	技术内容	评价分	自评分	实施情况	备注
4	资源节约	7.2.10	节水卫生器具	15		☐	一般要求卫生器具的用水效率等级达到2级以上
		7.2.11	绿化灌溉及空调冷却水系统采用节水设备或技术	12		☐	非传统水源不可用于喷灌，可用微喷灌代替
		7.2.13	非传统水源利用	15		☐	根据《建筑给水排水与节水通用规范》GB 55020—2021第3.4.3条规定，非亲水性的室外景观水体用水水源不得采用市政自来水和地下井水（可采用中水、雨水等非传统水源或地表水）；根据《公共建筑绿色设计标准》DGJ 08-2143—2021第8.4.4条规定，医院、老年人照料设施、托儿所及幼儿园、室内菜市场不得采用非传统水
5	环境宜居	8.1.4	雨水控制利用	必选		☐	大于10hm²的场地进行雨水控制利用专项设计
		8.1.6	场地内不应有排放超标的污染源	必选		☐	
		8.2.2	雨水外排总量控制	10		☐	
6	提高与创新	9.2.6	应用建筑信息模型（BIM）技术	15		☐	
		9.2.9	采用保险产品	20		☐	
		9.2.10	采用绿色建筑创新，并有明显效益	40		☐	

注：1. 本表仅适用于《绿色建筑评价标准》GB/T 50378—2019，若选用绿色建筑地方标准，则由设计人员根据工程项目所在地自行更改，如：上海市地方标准《绿色建筑评价标准》DG/TJ 08-2090—2020第4.1.9条规定"室外明露等区域和公共部位有可能冰冻的给水、消防管道应有防冻措施"为上海市绿色建筑必选达标控制项，应在此表中列出。

2. 表中第5列显示为"必选"的项目为绿色建筑达标控制项，应在第6列填写"满足"，其余应根据项目实际情况填写分值。

2. 给水排水专业绿色建筑技术说明

绿色建筑给水排水技术说明汇总表 　　　　　　　　　表3.13.3-2

序号	分类	内容	实施情况	备注
1	水源	（1）项目基地内有____路供水，分别引自____路和____路市政给水管，管径DN____，给水压力____MPa	☐	
		（2）供水系统采用竖向分区供水，____层由市政管网水压直接供水，____层由水池＋变频水泵联合供水	☐	

续表

序号	分类	内容	实施情况	备注
1	水源	（3）生活给水水质满足现行国家标准《生活饮用水卫生标准》GB 5749 的要求，应采用含氯消毒剂消毒，贮水更新时间不超过 48h	□	
		（4）雨水回用水质应满足现行国家标准《城市污水再生利用 城市杂用水水质》GB/T 18920 的要求，应采用含氯消毒剂消毒	□	
		（5）预留各类水质的监测取水点，生活给水水质监测取水点位于水箱出水口和系统终端龙头出水点；雨水回用水质监测取水点位于回用出水口和灌溉取水点计量水表后	□	
		（6）水泵选用低噪声机组，吸水管和出水管上应设置减振装置，水泵机组应设置减振装置	□	
		（7）用水点处水压大于 0.2MPa 的配水支管设置减压设施，同时满足给水配件最低工作压力的要求	□	
2	可再生能源热水	（1）热水节水用水量平均日____m³，全年____m³	□	
		（2）太阳能热水 集热板的安装位置：□屋面　□阳台　□墙面　□其他 类型：□平板式　□真空管　□其他 放置方向形式： □按纬度最大集热效果方向 □垂直或近似垂直方向 □水平方向 热水系统：□集中　□集中-分散　□分散 辅助加热装置：□燃气　□热泵　□电 有效集热面积约____m²，由太阳能提供的热水量占建筑生活热水消耗总量的比例为：____%；热水保证率为：____；集热效率：____	□	
		（3）其他可再生能源热水系统形式： □热水来源____，提供的热水量占建筑生活热水消耗总量的比例为：____%； □其他可再生能源用于生活热水系统的设计参数及系统形式	□	
3	非传统水源	（1）收集部分屋面和场地雨水，经初期径流弃流、水质处理达标后回用于杂用水系统（绿化浇灌、道路和车库地面冲洗），杂用水系统采用非传统水源的用水量____m³/d，占其总用水量____m³/d 的比例不低于____%	□	比例不低于40%或60%
		（2）冲厕采用非传统水源的用水量____m³/d；占其总用水量____m³/d 的比例不低于____%	□	比例不低于30%或50%
		（3）冷却水补充采用非传统水源的用水量____m³/d；占其总用水量____m³/d 的比例不低于____%	□	比例不低于20%或40%
4	雨水外排总量控制	（1）年雨水径流总量的控制率为：□55%　□70%　□其他 设计控制雨量为：□____mm；……	□	设计控制雨量根据不同项目所在地对应不同数值
		（2）项目用地面积____m²，场地内设计降雨控制量____m³	□	
		（3）减少地表径流的措施： □透水地面　□屋顶绿化　□其他	□	

序号	分类	内容	实施情况	备注
4	雨水外排总量控制	(4) 雨水调蓄措施： □下凹式绿地_____ m² □浅草沟_____ m² □雨水花园_____ m² □自然水体_____ m² □蓄水池_____ m³ □其他	□	
		(5) 雨水回收部位：□屋面 □道路 □其他	□	
		(6) 场地综合径流系数为：____	□	
5	用水计量	(1) 按用途设置水表：对厨房、卫生间、空调、绿化、水景、游泳池等不同用途分别计量；或按付费管理单元设置水表：对各单体按楼栋计量，便于后期楼栋外租管理	□	
		(2) 设置用水量远传计量水表，分类分级统计用水情况	□	上海地区远传水表设计应满足《公共建筑用能监测系统工程技术标准》DGJ 08-2068 的要求
		(3) 所采集用水计量数据能满足管网漏损自动检测、分析与整改，要求管网漏损率低于 5%	□	
		(4) 设置水质在线监测系统，能够监测生活饮用水、管道直饮水、游泳池水、非传统水源、空调冷却水的水质指标，记录并保存水质监测结果，且能随时供用户查询	□	
6	节水、节能设备	(1) 所有用水器具和设备均采用满足现行国家标准《节水型产品通用技术条件》GB/T 18870 要求的产品	□	节水型坐便器的排水横支管应满足通用坡度规定，塑料排水横支管的标准坡度为 0.026
		(2) 使用具有较高用水效率等级的卫生器具： □全部卫生器具的用水效率等级达到 2 级 □50% 以上卫生器具的用水效率等级达到 1 级且其他达到 2 级 □全部卫生器具的用水效率等级达到 1 级	□	
		(3) 水泵效率满足现行国家标准《清水离心泵能效限定值及节能评价值》GB 19762 的规定： □限定值 □节能评价值要求	□	
		(4) 绿化灌溉： 1) 绿化灌溉形式：□微喷灌 □喷灌 □其他； 2) 感应关闭装置：□土壤湿度感应装置 □雨天关闭装置	□	
7	管材、附件及安装	(1) 建筑内给水排水各类管道、设备、设施应参照现行国家标准《工业管道的基本识别色、识别符号和安全标识》GB 7231、《建筑给水排水及采暖工程施工质量验收规范》GB 50242 的相关要求设置永久性标识	□	管道、阀门、分支处应按照系统分区设置明显的区分标识和水流方向标识，供水管道上的标识间隔不宜大于 3m

序号	分类	内容	实施情况	备注
		（2）室内给水排水系统采用耐腐蚀、抗老化、耐久等综合性能好的塑料管、不锈钢管、铜管	□	
		（3）水嘴寿命超出现行国家标准《陶瓷片密封水嘴》GB 18145 相应产品标准寿命要求的1.2倍	□	
		（4）阀门寿命超出现行行业标准《水力控制阀》CJ/T 219 要求的1.5倍	□	
		（5）给水排水管线与建筑结构分离，设置公共管井；或卫生间架空地面设置同层排水（住宅或酒店）	□	
7	管材、附件及安装	（6）室外明露等区域和公共部位有可能冰冻的给水、消防管道采取防冻措施。管道保温层应满足现行国家标准《设备及管道绝热设计导则》GB/T 8175、《设备及管道绝热技术通则》GB/T 4272 和现行国家建筑标准设计图集《管道和设备保温、防结露及电伴热》16S401 等的规定。 1）室外明露的给水管道（包括室外平台下、下沉广场室外区域、地下车库坡道出口至车库起坡线内的给水管道）均采用50mm厚的难燃B1级橡塑发泡保温管保温，外扎玻璃布一道，再加铝合金薄板保护层；管径大于等于DN80采用0.8mm厚铝合金薄板保护层，管径小于等于DN65采用0.5mm厚铝合金薄板保护层； 2）室外明露的消防管道（包括室外平台下、下沉广场室外区域、地下车库坡道出口至车库起坡线内的消防管道）、消防水箱等设备均采用50mm厚难燃B1级橡塑发泡保温管保温，外包玻璃布，再加铝合金薄板保护层；管径大于等于DN80采用0.8mm厚铝合金薄板保护层，管径小于等于DN65采用0.5mm厚铝合金薄板保护层	□	
		（7）雨水回用管道应设置防止误饮、误用、误接的措施： 1）雨水回用管道所有组件和附属设施应配置"回用雨水"等耐久标识； 2）管道应涂浅绿色，埋地、暗敷管道应设置连续耐久标志带； 3）管道上不得装设水龙头； 4）当设有取水口时，应设置锁具或专门开启工具，且取水口应配置明显的"回用雨水禁止饮用"等耐久标识	□	
		（8）采用以下设施、管道及附件的漏损控制措施，且管网漏损率不得大于5%： 1）阀门：项目采用的不锈钢闸阀、截止阀等阀门泄漏等级不应小于D级； 2）洁具：卫生洁具密封性能试验时间应比现行国家标准增加50%，且无渗漏； 3）水箱：水箱应设置溢流报警装置，且水箱进水管上应设置机械和电气双重控制功能，达到溢流液位时，自动联动关闭阀门并报警； 4）水表：水表应采用具有CMC或CMA标志的产品，精度等级不低于2级； 5）设备：设备的密封漏水量应比现行国家标准降低10%； 6）管材和管件：管材和管件密封性能试验时间应比现行国家标准增加50%，且无渗漏	□	

序号	分类	内容	实施情况	备注
8	环保卫生设施	（1）厨房废水经厨房区域内不锈钢隔油器隔油预处理后，再收集至地下室一体化油水分离器处理，达标后排至室外污水管网；一体化油水分离器设置通气管，高空排放废气；污废水立管伸至屋顶高空排放废气	☐	
		（2）选用自带水封的便器，且水封深度不小于50mm	☐	
		（3）生活饮用水卫生要求 1）水池、水箱等贮水设施制定并实施定期清洗消毒计划，且生活饮用水贮水设施每半年清洗消毒不少于1次； 2）生活水箱采用成品水箱，符合现行国家标准《二次供水设施卫生规范》GB 17051和现行行业标准《二次供水工程技术规程》CJJ 140的规定； 3）生活水箱分格，体形及进出水管设置合理保证水流通畅，检查口加锁，溢流管及通气管口设防虫网防止生物进入，确保贮水水质安全。水箱材质达到食品级，且在工厂内制作完成，主体结构不采用现场焊接的方式。焊接材料应选用水箱同材质，焊缝进行抗氧化处理	☐	
9	提高与创新	（1）给水排水设计过程中应用BIM技术，完成协同设计	☐	
		（2）场地雨水通过入渗、滞蓄、回用等低影响开发措施，实现设计重现期雨水零排放；建筑污废水通过梯级利用、生态处理、再生利用、就地消纳等，实现污水零排放	☐	
		（3）其他	☐	

注：本表仅适用于《绿色建筑评价标准》GB/T 50378—2019，若选用绿色建筑地方标准，则由设计人员根据工程项目所在地自行更改。

3.14 节水设计

3.14.1 设计依据

节水设计依据汇总表　　　　　　　　　　　表3.14.1

序号	标准名称	编号及版本	实施情况
	国家标准		☐
1	《建筑给水排水设计标准》	GB 50015—2019	☐
2	《公共建筑节能设计标准》	GB 50189—2015	☐
3	《建筑中水设计标准》	GB 50336—2018	☐
4	《民用建筑设计统一标准》	GB 50352—2019	☐
5	《建筑与小区雨水控制及利用工程技术规范》	GB 50400—2016	☐
6	《民用建筑节水设计标准》	GB 50555—2010	☐
7	《城镇给水排水技术规范》	GB 50788—2012	☐
8	《建筑给水排水与节水通用规范》	GB 55020—2021	☐

续表

序号	标准名称	编号及版本	实施情况
国家推荐性标准			☐
1	《绿色建筑评价标准》	GB/T 50378—2019	☐
2	《绿色办公建筑评价标准》	GB/T 50908—2013	☐
3	《绿色医院建筑评价标准》	GB/T 51153—2015	☐
4	《节水型产品通用技术条件》	GB/T 18870—2011	☐
5	《城市污水再生利用　城市杂用水水质》	GB/T 18920—2020	☐
6	《城市污水再生利用　景观环境用水水质》	GB/T 18921—2019	☐
7	《节水型卫生洁具》	GB/T 31436—2015	☐
建筑专项行业标准			☐
1	《民用建筑绿色设计规范》	JGJ/T 229—2010	☐
推荐性城镇建设行业标准			☐
1	《节水型生活用水器具》	CJ/T 164—2014	☐
上海市工程建设规范/地方标准/政府批文			☐
1	《公共建筑绿色设计标准》	DGJ 08-2143—2021	☐
2	《绿色建筑评价标准》	DG/TJ 08-2090—2020	☐
其他有关的现行设计规范、规程和设计文件			☐

注：针对地方标准及当地政府批文，本表仅列举了上海市的相关内容，其余省市需由设计人员根据工程项目所在地添加。

3.14.2　节水用水量

生活用水节水用水量汇总表　　表 3.14.2-1

序号	用水部位	用水数量	用水单位	用水量定额	使用时数	用水天数 (d/年)	用水量 平均日 (m³/d)	全年 (m³/年)	备注
1									
2									
3									
合计									

注：本表专用于节水用水量统计，也可直接引用表 3.6.3。

非传统水原水回收量汇总表　　表 3.14.2-2

序号	排水部位	用水数量	原水排水量标准	排水系数	用水天数 (d/年)	原水量 平均日 (m³/d)	全年 (m³/年)	备注
1								
2								
3								
合计								

非传统水回用系统用水量汇总表　　　　　　　表 3.14.2-3

序号	用水部位	用水数量	用水单位	中水用水定额	使用时数	用水天数 (d/年)	用水量		备注
							平均日 (m³/d)	全年 (m³/年)	
1									
2									
3									
合计									

3.14.3　节水设计内容

节水给水设计汇总表　　　　　　　表 3.14.3

序号	内容	实施情况	备注
1	给水用水定额见表 3.6.3，满足《民用建筑节水设计标准》GB 50555 中的节水规定，年节水用水量为_____ m³	☐	
2	60℃热水用水定额见表 3.7.4-2，满足《民用建筑节水设计标准》GB 50555 中的节水规定	☐	
3	利用市政给水管网压力，给水系统的_____层～_____层采用市政给水管网直接供水	☐	
4	给水、热水、非传统水回用供水系统中配水支管处供水压力大于 0.2MPa 者均设支管减压阀，控制各用水点处水压小于等于 0.2MPa	☐	
5	给水、热水采用相同供水分区，或设置支管减压阀保证冷热水压力差不大于 0.02MPa，保证冷热水供水压力平衡	☐	
6	集中热水供应系统设干管、立管循环系统，循环管道同程布置或采取满足同程设计的技术措施，不循环配水支管长度均小于 15m	☐	
7	管道直饮水系统设供、回水管道同程布置的循环系统，不循环配水支管长度均小于或等于 3m	☐	
8	空调冷却水循环使用，冷却塔集水盘设连通管保证水量平衡	☐	
9	游泳池和水上游乐设施的水应循环使用，并采取下列节水措施： (1) 游泳池表面加设覆盖膜减少蒸发量； (2) 滤罐反冲洗水经_____处理后回用于补水； (3) 采用上述措施后，控制游泳池（水上游乐设施）补水量为循环水量的_____%	☐	
10	浇洒绿地与景观用水： (1) 庭院绿化、草地采用微喷或滴灌等节水灌溉方式； (2) 景观水池可兼作雨水收集贮存水池，由满足《城市污水再生利用 景观环境用水水质》GB/T 18921 规定的中水补水	☐	
11	项目采用的非传统水回用系统有： ☐建筑中水利用（详见专项设计表 3.20.8-2） ☐雨水利用（详见专项设计表 3.20.8-1）	☐	
12	其他	☐	

3.14.4　建筑中水利用

建筑中水利用技术要求汇总表

表 3.14.4

序号	内容	实施情况	备注
1	卫生间、公共浴室的盆浴、淋浴排水、盥洗排水、空调循环冷却系统排污水、冷凝水、游泳池及水上游乐设施水池排污水等废水均作为中水原水回收，处理后用于冲厕、车库地面及车辆冲洗、绿化用水或景观用水	☐	使用者需根据工程实际删减或增加
2	中水原水平均日收集水量_____ m³/d，中水设备日处理时间取_____ h，平均时处理水量_____ m³/h，取设备处理规模为_____ m³/h	☐	
3	(1) 中水处理采用的工艺流程为： ☐生物处理和物化处理相结合，_____ ☐生物处理，_____ ☐物化处理，_____ ☐其他 (2) 处理后的中水水质应符合《城市污水再生利用　城市杂用水水质》GB/T 18920 或《城市污水再生利用　景观环境用水水质》GB/T 18921 的规定	☐	处理流程应根据原水水质、水量和中水水质、水量及使用要求等因素，经技术经济比较后确定
4	水量平衡示意图 J—自来水；W—中水原水；M—中水供水；P—排污水 ①提供中水原水的用水设备；②中水用水设备；③原水调节池；④水处理设备；⑤中水贮水池 q_1—自来水总用水量_____ m³/d；q_{1-1}—自来水供水的用水设备用水量_____ m³/d；q_{1-2}—中水贮水池的自来水补水量_____ m³/d；q_2—中水原水水量_____ m³/d；q_3—处理设备日处理量_____ m³/d；q_{2-1}—调节池溢水排污量_____ m³/d；q_{3-1}—处理设备自用水量_____ m³/d；q_4—中水产水量_____ m³/d；q_{4-1}—中水贮水池溢水、排污量_____ m³/d；q_5—中水用水设备用水量_____ m³/d；q_6—中水供水设备排污水量_____ m³/d；q_7—总排污水量_____ m³/d	☐	详见本表注
5	中水调节池设自来水补水兼缺水报警水位和停止补水水位	☐	
6	其他	☐	

注：设计人员应根据工程建设项目的实际情况绘制水量平衡图，表中序号 4 提及的水量平衡示意图引自《民用建筑节水设计标准》GB 50555—2010 附录 A.4.4。

3.14.5 雨水利用

	雨水利用方式汇总表		表 3.14.5
序号	内容	实施情况	备注
1	间接利用Ⅰ：采用透水路面；室外绿地低于道路 100mm，屋面雨水排至地面后流入绿地渗透到地下补充地下水源	☐	需根据项目实际情况选用正确的利用方式或进行必要的调整
2	间接利用Ⅱ：屋面雨水排至室外雨水检查井，再经室外渗管渗入地下补充地下水源	☐	
3	直接利用：屋面雨水经弃流初期雨水后，收集到雨水蓄水池，经机械过滤等方式处理达到《城市污水再生利用 城市杂用水水质》GB/T 18920 或《城市污水再生利用景观环境用水水质》GB/T 18921 的规定后，进入回用水贮水池，用于杂用水系统供水或用于水景补水	☐	
4	其他	☐	

3.14.6 节水设施

	节水设施技术规定汇总表		表 3.14.6
序号	内容	实施情况	备注
1	卫生器具及配件： (1) 所有用水器具应满足《节水型生活用水器具》CJ/T 164 及《节水型产品通用技术条件》GB/T 18870 的要求，用水器具的用水效率等级均为_____级； (2) 公共建筑卫生间的大便器、小便器均采用自闭式（公共卫生间宜采用脚踏自闭式）、感应式冲洗阀； (3) 洗脸盆、洗手盆、洗涤池（盆）采用陶瓷片等密封耐用、性能优良的水嘴，公共卫生间的水龙头采用自动感应式控制； (4) 营业性公共浴室淋浴器采用恒温混合阀，脚踏开关；学校、旅馆职工、工矿企业等公共浴室、大学生公寓、学生宿舍公用卫生间等淋浴器采用刷卡用水	☐	
2	住宅给水、热水、中水、管道直饮水入户管上均设专用水表	☐	
3	给水、热水、中水系统根据不同用途、不同使用（管理）单元单独设置水表计量，住宅入户、租户区、贮水池、厨房、空调设备补水、车库冲洗、绿化浇洒、空调循环冷却水、锅炉房补充水单独设置水表计量	☐	
4	冷却塔及配套节水设施： (1) 选用散热性能、收水性能优良的冷却塔，冷却塔布置在通风良好、无湿热空气回流的地方； (2) 循环水系统设水质稳定处理设施，投加环保性缓蚀阻垢药剂，药剂采用自动投加设自动排污装置或在靠近冷凝器的冷却水回水管上设电子（或静电或永磁）水处理仪及机械过滤器； (3) 冷却塔补水控制在循环水量的 2%以内	☐	
5	游泳池及水上游乐设施的水应循环使用，采用高效混凝剂和过滤滤料的过滤罐，滤速为_____m/h，提高过滤效率，减少排污量	☐	
6	消防水池（箱）与空调冷却塔补水池（箱）合一，夏季形成活水，控制水质变化。消防水池（箱）设消毒器，延长换水周期，减少补水量	☐	

续表

序号	内容	实施情况	备注
7	各贮水池（箱）的溢流水位均设置报警装置及超水位自动关闭系统，其信息传至监控中心，以防止进水管阀门故障时，水池长时间溢流排水	☐	
8	供水系统管材与管件的选用应符合国家现行有关标准的规定，采用卫生、严密、防腐、耐压、耐久的密封材料	☐	
9	供水管道上选用高性能的阀门	☐	
10	供水管道的敷设采取严密的防漏措施，杜绝和减少漏水量	☐	
11	其他	☐	

3.15　节能设计

节能给水排水设计依据汇总表　　　　　　表 3.15-1

序号	标准名称	编号及版本	实施情况
	国家标准		☐
1	《建筑给水排水设计标准》	GB 50015—2019	☐
2	《公共建筑节能设计标准》	GB 50189—2015	☐
3	《建筑中水设计标准》	GB 50336—2018	☐
4	《民用建筑设计统一标准》	GB 50352—2019	☐
5	《民用建筑太阳能热水系统应用技术标准》	GB 50364—2018	☐
6	《建筑与小区雨水控制及利用工程技术规范》	GB 50400—2016	☐
7	《民用建筑节水设计标准》	GB 50555—2010	☐
8	《城镇给水排水技术规范》	GB 50788—2012	☐
9	《建筑节能与可再生能源利用通用规范》	GB 55015—2021	☐
	国家推荐性标准		☐
1	《绿色建筑评价标准》	GB/T 50378—2019	☐
2	《民用建筑太阳能热水系统评价标准》	GB/T 50604—2010	☐
3	《绿色办公建筑评价标准》	GB/T 50908—2013	☐
4	《绿色医院建筑评价标准》	GB/T 51153—2015	☐
5	《真空管型太阳能集热器》	GB/T 17581—2021	☐
6	《太阳热水系统设计、安装及工程验收技术规范》	GB/T 18713—2002	☐
7	《节水型产品通用技术条件》	GB/T 18870—2011	☐
8	《城市污水再生利用　城市杂用水水质》	GB/T 18920—2020	☐
9	《城市污水再生利用　景观环境用水水质》	GB/T 18921—2019	☐
10	《太阳热水系统性能评定规范》	GB/T 20095—2006	☐
11	《节水型卫生洁具》	GB/T 31436—2015	☐
	建筑专项行业标准		☐
1	《民用建筑绿色设计规范》	JGJ/T 229—2010	☐

序号	标准名称	编号及版本	实施情况
	推荐性城镇建设行业标准		☐
1	《节水型生活用水器具》	CJ/T 164—2014	☐
	上海市工程建设规范/地方标准/政府批文		☐
1	《公共建筑节能设计标准》	DGJ 08-107—2015	☐
2	《公共建筑绿色设计标准》	DGJ 08-2143—2021	☐
3	《太阳能热水系统应用技术规程》	DG/TJ 08-2004A—2014	☐
4	《绿色建筑评价标准》	DG/TJ 08-2090—2020	☐
5	《上海市建筑节能条例》（2011 年 1 月 1 日实施）		☐
6	《关于进一步推进本市民用建筑太阳能热水系统应用的通知》（沪建建管〔2013〕48 号）		☐
	其他有关的现行设计规范、规程和设计文件		☐

注：针对地方标准及当地政府批文，本表仅列举了上海市的相关内容，其余省份需由设计人员根据工程项目所在地添加。

节能给水排水设计汇总表 表 3.15-2

序号	内容	实施情况	备注
1	给水用水定额见表 3.6.3，满足现行国家标准《民用建筑节水设计标准》GB 50555 中的节水规定，年节水用水量为_____ m³	☐	可列用水量表，计算年用水量
2	60℃热水用水定额见表 3.7.4-2，满足现行国家标准《民用建筑节水设计标准》GB 50555 中的节水规定	☐	
3	给水系统竖向分区的压力均小于_____ MPa	☐	
4	给水系统分区内低层部分各用水点供水压力大于 0.2MPa 处均设置支管减压阀	☐	
5	水泵选型尽可能使工况点位于水泵-扬程曲线的高效段内，其效率不应低于现行国家标准《清水离心泵能效限定值及节能评价值》GB 19762 规定的节能评价值	☐	
6	采用的热源及加热设备应符合现行国家标准《建筑节能与可再生能源利用通用规范》GB 55015 中关于能效指标、性能指标的规定，所有用电设备均采用高效节能型设备，换热器采用节能型水-水热交换器	☐	
7	冷热水系统分区一致，或设置支管减压阀保证冷热水压力差不大于 0.02MPa，保证冷热水供水压力平衡	☐	
8	集中热水供应系统设干管、立管循环系统，循环管道同程布置，不循环的配水支管长度小于或等于 3m	☐	
9	空调冷却水、游泳池水循环使用	☐	
10	庭院绿化、场地绿化采用微喷灌或滴灌方式	☐	
11	所有水嘴均采用陶瓷密封水嘴	☐	
12	利用市政给水管网压力，给水系统的_____层~_____层采用市政给水管网直接供水	☐	
13	室内热水管及附属设备、室外明露管道采用发泡橡塑保温，室内敷设时外扎工业布一道，室外敷设时再加_____mm 厚铝皮保护壳；发泡橡塑的导热系数为：0.036W/(m·K)	☐	

序号	内容	实施情况	备注
14	给水系统根据不同用途、不同使用（管理）单元单独设置水表计量，住宅入户、租户区、贮水池、厨房、空调设备补水、车库冲洗、绿化浇洒、空调循环冷却水、锅炉房补充水单独设置水表计量	☐	
15	设置雨水收集处理系统供室外绿化用水及景观水池补水	☐	
16	设置中水系统供_____使用	☐	
17	_____设置太阳能热水系统 概况_____，系统组成_____，防过热、防冻、防雷等系统_____，控制要求_____	☐	详见表 3.20.7
18	各贮水池（箱）的溢流水位均设置报警装置及超水位自动关闭系统，其信息传至监控中心，以防止进水管阀门故障时，水池长时间溢流排水	☐	
19	采用楼宇自动控制系统监视和控制能源的使用	☐	
20	消防水池（箱）与空调冷却塔补水池（箱）合用，夏季形成活水，控制水质变化	☐	注意当地水务主管部门是否同意，是否有消防用水价格问题
21	所有用水器具满足现行国家标准《节水型生活用水器具》CJ/T 164 及《节水型产品通用技术条件》GB/T 18870 的要求，用水器具的用水效率等级均为_____级	☐	
22	公共卫生间的洗手盆、小便器均采用感应式或自闭式	☐	
23	供水系统管材与管件的选用应符合国家现行有关标准的规定，采用卫生、严密、防腐、耐压、耐久的密封材料	☐	
24	供水管道上选用高性能的阀门	☐	
25	供水管道的敷设采取严密的防漏措施，杜绝和减少漏水量	☐	
26	热水支管减压阀后的热水管均采用支管自控电伴热措施，以保持支管内热水的温度要求	☐	
27	其他	☐	

3.16 环境保护

环境保护给水排水设计汇总表　　　　　　　　　　　　表 3.16

序号	内容	实施情况	备注
1	室内排水系统采用污、废水分/合流，均设通气系统；室外排水系统采用雨、污水分流	☐	
2	地下车库的地面排水排至设在地下层的沉砂隔油池，经沉砂隔油处理后再由潜污泵提升后排至室外污水检查井	☐	
3	厨房废水经二级隔油处理后（含油废水先经用水器具自带的隔油器处理后再排至油水分离器处理）排入室外排水系统	☐	

续表

序号	内容	实施情况	备注
4	所有污、废水均经室外污水检测井处理后再排入城市排水管网	☐	
5	项目污、废水总排放量为_____ m³/d, _____ m³/h, 其中餐饮含油废水的排放量为_____ m³/d, _____ m³/h	☐	
6	采用隔振处理水泵, 其他振动源采用消声处理降低噪声, 以减少对环境的影响	☐	
7	地下室污、废水排入地下污水集水坑由潜污泵提升排至室外污水管网	☐	
8	存水弯的水封高度不小于50mm	☐	
9	其他	☐	

3.17 卫生防疫

卫生防疫给水排水设计汇总表　　　　　　　　　表 3.17

序号	内容	实施情况	备注
1	自建供水设施的供水管道严禁与城镇供水管道直接连接, 生活饮用水管道严禁与建筑中水、回用雨水等非生活饮用水管道连接	☐	
2	生活用水水池(箱)设加锁密闭人孔盖, 生活饮用水水池(箱)采用_____ (S30408/S31603/SUS444)不锈钢板材质的水箱, 生活饮用水水池上部无污水管道	☐	
3	生活饮用水水池(箱)进水管与水泵吸水管对侧设置, 以防短流, 且水池(箱)进水管管口高出水池(箱)内溢流水位	☐	
4	生活饮用水水池(箱)、中水池(箱)、雨水清水池的泄水管道、溢流管道应采用间接排水, 严禁与污水管道直接连接, 当泄水管道、溢流管道的出口排至泵房内排水明沟时, 管底(口)高出排水沟沿不小于0.15m, 水池(箱)顶设通气管	☐	
5	生活用水水池(箱)的溢流管和放空管出口须加设防虫网罩, 防止杂物尘埃进入池(箱)内污染水质, 水池(箱)须定期清洗, 以保证水质	☐	
6	生活贮水池(箱)均设置消毒装置	☐	
7	从市政给水管上引入的生活和消防给水管, 在管道起端前均设置倒流防止器	☐	
8	给水管道严禁通过毒物污染区, 通过腐蚀区域的给水管道应采取安全保护措施	☐	
9	无论设计文件中是否注明, 生活饮用水给水系统不得因管道、设施产生回流而受污染, 并应根据回流性质、回流污染危害程度, 采取可靠的防回流措施	☐	
10	室内污水排水管道系统设置通气管系统, 以改善排水水力条件和卫生间的空气卫生条件	☐	
11	室内所用排水地漏的水封高度不小于50mm	☐	
12	化粪池与地下取水构筑物的净距不小于30m	☐	《建筑给水排水设计标准》GB 50015—2019 第4.10.13条规定
13	其他	☐	

3.18　装配式建筑给水排水设计

3.18.1　一般规定

装配式建筑给水排水设计一般规定汇总表　　　　表 3.18.1

序号	内容	实施情况	备注
1	项目装配率总指标为_____%	☐	详见本表注
	给水排水专业装配率达到_____%；其中管道总装配率为_____%；设施及组件总装配率为_____%	☐	
2	给水排水管道设计应满足装配式建筑使用功能和给水排水系统功能的要求，并应符合标准化、精确化的要求	☐	
3	给水排水管道应进行管道集成化设计，深化设计单位宜采用 BIM 技术，并需经过主体设计单位审核后，方可用于施工	☐	
4	无论设计图纸中是否表达完整，给水排水管道应进行管道的预留及预埋设计，在预制结构部品部件安装完成后，不应凿剔沟、槽及开设孔洞；预留设计时，宜采用预留管槽及孔洞方式	☐	
5	水平方向有管道穿越预制结构部品部件时，预制结构部品部件上应预留足够管道穿越的圆形孔洞，同一部品部件上有多个孔洞预留时，孔洞中心的标高宜一致、尺寸宜相同；不同系统的管道穿越时，孔洞尺寸宜相同，中心标高应满足系统功能要求；孔洞的大小及设置的高度不应影响预制结构部品部件的强度；当管道穿越楼板时，宜采用预埋套管方式安装	☐	
6	给水排水管道穿越楼板或墙体时，应采取防水、防火、隔声等封堵措施，并应符合相关现行国家标准的规定	☐	
7	集成化设计的给水排水、消防管道支吊架系统应优先采用（共用）装配式支吊架；管道井内的管道宜采用装配式支架。装配式支吊架应采用标准化连接组件和配件，宜具有可调节高度和水平距离的功能；装配式支吊架系统应由专业承包商进行深化设计，并经主体设计单位审核后，方可用于施工	☐	
8	采用集成式卫生间和集成式厨房时，无论设计图纸中是否表达完整，应在与给水排水管道的接口连接处设置检修口	☐	
9	采用的给水排水、消防灭火设施及组件应符合集成化、标准化、智能化和小型化等要求，满足现场装配或整体式吊装要求；设备与管道连接的接口能够满足安全可靠、构造简单、施工便捷、检修方便、环保节能等要求；采用的设备基座或隔振设施与设备类型匹配，采用了整体式基座或整体式隔振设施	☐	
10	其他	☐	

注：目前给水排水专业装配率尚无确定方法，一般应大于等于 50%，与土建专业保持一致。本书中提供的管道总装配率计算方法引自《装配式建筑给水排水管道工程技术规程》T/CECS 1091—2022。

3.18.2 系统设计

装配式建筑给水排水设计汇总表 表3.18.2

序号	设计系统	设计要求	实施情况	备注
1	给水系统	（1）项目中给水系统采用的管道及管件应选用配套产品，其中给水干管应满足工厂预制、现场直接装配的要求	□	给水系统中，干管因为管径较大，大多设置在公共部位，应采用管道分离式安装方式；支管则可以根据需要采用管道分离式安装方式或管道预埋式安装方式
		（2）给水干管采用管道分离式安装； ＿＿＿给水干管采用＿＿＿管道材料及＿＿＿连接方式； ……	□	
		（3）给水支管采用管道分离式/管道预埋式安装； ＿＿＿给水支管＿＿＿管道材料及＿＿＿连接方式； ……	□	
		（4）采用管道预埋式安装时，应采用柔性盘管，柔性盘管外壁应设有保护套管，以便于更换内管	□	
		（5）在预制结构部品部件中暗敷的给水管道应符合国家现行标准规定，不得影响结构安全	□	
		（6）装配式居住建筑内采用了 □分水器给水系统　□其他	□	
		（7）装配式住宅内采用了集成式卫生间和集成式厨房	□	
		（8）装配式住宅生活热水系统，采用了分户设置的装配式太阳能生活热水设施	□	
		（9）其他	□	
2	排水系统	（1）排水管道应采用管道分离式安装	□	国内未见排水系统的管道采用管道预埋式安装方式
		（2）管道材料及连接方式： ＿＿＿生活排水管道采用＿＿＿管道材料及＿＿＿连接方式；…… ＿＿＿雨水管道采用＿＿＿管道材料及＿＿＿连接方式；…… 压力排水管道采用＿＿＿管道材料及＿＿＿连接方式；……	□	
		（3）生活排水系统采用同层排水技术，并满足国家现行标准的相关规定	□	
		（4）装配式居住建筑内采用不降板同层排水系统，卫生器具的布置满足一字形或L形布局要求，并采用专用排水配件满足设计和安装要求	□	
		（5）排水管道垂直穿越楼板或屋面时，宜采用预埋的方式；无论设计图纸中是否注明，连接接头不得埋设在结构板内	□	
		（6）排水管道垂直穿越楼板时，上、下层的楼板采用留洞方式，预留孔洞应精确定位，不应采取现场开凿的方式进行立管垂直度的调整	□	
		（7）装配式居住建筑内采用了集成式卫生间和集成式厨房	□	
		（8）其他	□	

序号	设计系统	设计要求	实施情况	备注
3	消防系统	（1）消防管道应采用管道分离式安装	☐	
		（2）_____消防管道采用_____管道材料及_____连接方式；……	☐	
		（3）消防系统宜采用装配式管道及管件，并应满足在工厂预制、施工现场直接装配的要求	☐	
		（4）消防管道垂直穿越楼板时，宜采用预埋方式；上、下层楼板如采用留洞的方式，预留孔洞应精确定位，不应采取现场开凿的方式进行立管垂直度的调整	☐	
		（5）其他	☐	
4	其他系统	（1）采用了抗震支吊架系统，符合国家现行标准的规定	☐	
		（2）采用了装配式或成品支吊架系统，满足管道装配率要求	☐	
		（3）其他	☐	

注：如还有未完全表达的系统内容，或当采用类似管道、管件及连接技术时，设计人员需根据项目实际情况添加入序号 4 的（3）及以后。

3.18.3　计算要求

装配式建筑给水排水设计的装配率计算包括管道总装配率和设施及组件总装配率两部分。其中设施及组件总装配率尚无计算依据，管道总装配率应根据安装中采用的某种材质及其连接方式的管道长度（L_i）、某种材质管道的总长度（L）、某种材质管道及其连接方式的管道装配率（R_i）、某种材质管道在某个设计系统中的权重（G_i）以及某个设计系统在整个给水排水设计系统中的权重（W_i）等数值经求和计算确定，并应按下式计算（详见《装配式建筑给水排水管道工程技术规程》T/CECS 1091—2022 第 3.6 节及条文说明中的计算示例）：

$$P = \Sigma \left(\Sigma \frac{L_i}{L} R_i G_i \right) W_i \tag{3.18.3}$$

式中　P——管道总装配率，%；

　　　L_i——某种材质及其连接方式的管道长度，m；

　　　L——某种材质管道的总长度，m；

　　　R_i——某种材质管道及其连接方式的管道装配率，%；

　　　G_i——某种材质管道在某个设计系统中的权重，%；

　　　W_i——某个设计系统在整个给水排水设计系统中的权重，%。

3.19 给水排水设施支吊架及抗震设计

3.19.1 一般规定

给水排水设施支吊架及抗震设计一般规定汇总表　　　　　　表3.19.1

序号	内容	实施情况	备注
1	项目所在地区的抗震设防烈度为_____度，设计基本地震加速度值为_____g	☐	
	给水排水管道工程抗震设计配置情况： ☐采用抗震支吊架，设置位置包括：_____、_____、…… ☐不采用抗震支吊架，采用成品支吊架，设置位置包括：_____、_____、…… ☐其他	☐	
2	主要设计依据 (1) 所有给水排水、消防管道的设计及安装应符合现行国家标准《建筑机电工程抗震设计规范》GB 50981 的规定	☐	
	(2) 所有抗震支吊架的产品应满足现行国家标准《建筑抗震支吊架通用技术条件》GB/T 37267、《建筑机电设备抗震支吊架通用技术条件》CJ/T 476 的要求	☐	
3	项目给水排水及消防工程管线抗震设计包括：抗震支吊架设置位置、抗震支撑形式、选用产品构造形式、选用产品性能要求等	☐	
4	给水排水管道工程抗震设计应由专业承包商进行深化设计，深化设计方案应根据主体设计单位提供的针对管道抗震的要求以及规范规定对抗震支吊架设置节点的荷载逐点计算及验算地震作用、逐点复核选用产品性能，不应擅自更改节点设置位置，未能全部通过计算及验算的深化设计方案及产品不得使用	☐	
5	施工单位应严格按照深化设计图纸施工，不得擅自更改深化设计方案中规定的抗震设防范围及节点数量	☐	
6	产品选型及验算的软件应获得国家计算机软件中心提供的"技术鉴定报告"	☐	
7	深化设计文件须经主体设计单位审核通过后方能用于施工	☐	
8	其他	☐	

3.19.2 抗震支吊架

抗震支吊架设计汇总表　　　　　　表3.19.2

序号	项目名称	内容	实施情况	备注
1	综合设计要求	需要设防的室内给水、热水以及消防管道中管径大于等于DN65的水平管道，当其采用吊架、支架或托架固定时，应设置抗震支撑及相应的抗震支吊架	☐	
		抗震支吊架设置的节点荷载应逐点进行计算及验算	☐	
		抗震支吊架应采用成品构件，连接用构件应符合现行国家标准《建筑机电工程抗震设计规范》GB 50981—2014 第 2.1.6 条条文说明的规定	☐	

序号	项目名称	内容	实施情况	备注
1	综合设计要求	在施工现场除型材和螺杆须切割及开孔外，不应再进行焊接或其他机械加工，型材及连接部位的尺寸和规格应根据深化设计方案要求进行选用	☐	
		抗震支吊架应严格按照深化设计施工图进行施工，抗震支吊架的安装形式、规格型号、抗震构件及材料应与深化设计施工图中表述内容一致	☐	
		高层建筑及抗震设防烈度9度地区建筑的入户管之后应设软接头；高层建筑及抗震设防烈度9度地区建筑宜采用柔性接口的机制排水铸铁管	☐	
2	产品质量要求	（1）组件性能应提供符合现行国家标准《建筑抗震支吊架通用技术条件》GB/T 37267 要求的型式检验报告	☐	
		（2）部件性能应提供符合现行国家标准《建筑抗震支吊架通用技术条件》GB/T 37267 要求的组件荷载性能检测报告	☐	
3	检查要求	产品涂层厚度检测：电镀锌≥5μm，热浸锌≥60μm；槽钢齿牙深度≥1.2mm；产品耐腐蚀性能检测：符合现行国家标准《人造气氛腐蚀试验 盐雾试验》GB/T 10125 中性盐雾试验检测要求，电镀锌96h，热浸锌480h	☐	
4	其他		☐	

3.19.3　成品支吊架

成品支吊架设计汇总表　　　　　　　　　　　　　　表 3.19.3-1

序号	项目名称	内容	实施情况	备注
1	成品支吊架的设计及安装依据	《室内管道支架及吊架》03S402	☐	
		《装配式管道支吊架》（含抗震支吊架）18R417-2	☐	
		《金属、非金属风管支吊架》（含抗震支吊架）19K112	☐	
		《混凝土用机械锚栓》JG/T 160—2017	☐	
		《冷弯薄壁型钢结构技术规范》GB 50018—2002	☐	
		《装配式支吊架通用技术要求》GB/T 38053—2019	☐	
2	标准钢管安装间距	见表 3.19.3-2	☐	
3	支吊架防腐要求	钢构件采用金属保护层的防腐方式，槽钢采用275g预镀锌板冷弯成型，如在腐蚀性强的区域应使用热浸镀锌，锌层厚度需在45μm以上	☐	
		耐腐蚀性能按现行国家标准《人造气氛腐蚀试验 盐雾试验》GB/T 10125中性盐雾试验检测，预镀锌、电镀锌产品不少于96h，热浸锌不少于480h的相关要求	☐	
		镀锌厚度按照现行国家标准《金属覆盖层 钢铁制件热浸镀锌层 技术要求及试验方法》GB/T 13912中的规定进行检测	☐	

续表

序号	项目名称	内容	实施情况	备注
4	产品要求	成品支吊架应满足现行国家标准《装配式支吊架通用技术要求》GB/T 38053 的型式检验要求，并提供国家认可的检验报告	□	
		各型号槽钢均应提供三面抗压检测报告，并应经过抗疲劳性能检测	□	
		采用的钢结构夹具应方便后期调节固定，并成套使用	□	
		锚栓应提供锚栓锁键抗冲击性能检测及抗疲劳性能检测报告	□	
5	其他		□	

标准钢管支吊架最大间距表　　　　　表 3.19.3-2

公称直径 (mm)	满水管质量 (kg/m)	保温管质量 (kg/m)	常规设计间距 (m)	吊杆规格	锚栓规格
DN15	1.20	2.5	1.5	M10	M10
DN20	1.80	3.2	2.0	M10	M10
DN25	2.65	4.3	2.0	M10	M10
DN32	3.91	5.5	2.5	M10	M10
DN40	4.41	6.0	3.0	M12	M12
DN50	5.96	7.6	3.0	M12	M12
DN65	9.16	13.9	3.0	M12	M12
DN80	12.15	18.4	3.0	M12	M12
DN100	18.90	28.8	3.0	M12	M12
DN125	27.12	38.2	3.0	M12	M12
DN150	34.76	50.6	3.0	M12	M12
DN200	64.73	79.5	3.0	M12	M12
DN250	95.40	111.7	3.0	M12	M12
DN300	130.85	150.0	3.0	M12	M12

3.20 其他专项设计

项目给水排水专项设计内容统计表　　　　　表 3.20

序号	设计系统	内容	实施情况	备注
1	给水深度处理系统	项目中_____（给水分系统）设置了_____（何种）给水深度处理； 系统产水量：最大小时产水量_____ m³/h；最高日产水量_____ m³/d； 采用的处理工艺流程为：_____ ······	□	
		详见专项设计说明		

续表

序号	设计系统	内容	实施情况	备注
2	直饮水系统	系统采用：□管道集中直饮水系统　□终端直饮水设备　□其他； 系统产水量：最大小时产水量＿＿＿m³/h；最高日产水量＿＿＿m³/d； 采用的处理工艺流程为：＿＿＿＿＿ ……	□	
		详见专项设计说明		
3	游泳池给水排水系统	(1) 项目设置的水池形式为： □游泳池　□幼儿戏水池　□竞赛池　□跳水池　□训练池　□造浪池　□环流河　□其他 (2) ＿＿＿池（哪种形式）设置于：□室内　□室外；…… (3) ＿＿＿池（哪种形式）主要设计参数：池体面积＿＿＿＿＿m²，池体容积＿＿＿＿＿m³，循环方式＿＿＿（逆流/顺流/混合流），池水设计温度＿＿＿℃，初次总加热量＿＿＿kW，恒温耗热量＿＿＿kW； (4) ＿＿＿池（哪种形式）消毒方式：□氯消毒　□臭氧消毒　□紫外消毒　□其他；…… (5) 采用的处理工艺流程为：＿＿＿＿＿	□	
		详见专项设计说明		
4	温泉及浴池给水排水系统	(1) 项目在＿＿＿（室内/室外）设置＿＿＿（温泉/浴池）； (2) 池体面积＿＿＿m²，池体容积＿＿＿m³，池水设计温度＿＿＿℃；初次总加热量＿＿＿kW，恒温耗热量＿＿＿kW；…… (3) 消毒方式：□氯消毒　□臭氧消毒　□紫外消毒　□其他；…… (4) 采用的处理工艺流程为：＿＿＿＿＿	□	
		详见专项设计说明		
5	水景给水排水系统	(1) 项目共设＿＿＿＿＿水景，分别为＿＿＿＿＿类型水景； (2) 水景水面面积＿＿＿＿＿m²，池体容积＿＿＿＿＿m³； (3) 采用的处理工艺流程为：＿＿＿＿＿	□	
		详见专项设计说明		
6	绿化浇灌给水排水系统	项目中＿＿＿＿＿绿化采用＿＿＿＿＿高效节水灌溉方式，浇灌面积＿＿＿＿＿m²； ……	□	
		详见专项设计说明		
7	太阳能生活热水系统	项目在＿＿＿＿＿（位置）设置了太阳能集热设施； 系统采用：□集中集热-集中供热　□集中集热-分散供热　□分散集热-分散供热； 集热面积＿＿＿＿＿m²，集热器种类为：□真空管　□平板　□其他	□	
		详见专项设计说明		
8	雨水回用系统	项目在＿＿＿＿＿（位置）设置了雨水回用系统； 收集雨水包括：＿＿＿＿＿、＿＿＿＿＿、……；雨水收集池容积＿＿＿＿＿m³，处理量＿＿＿＿＿m³/h，回用于＿＿＿＿＿、＿＿＿＿＿、……； 采用的处理工艺流程为：＿＿＿＿＿	□	
		详见专项设计说明		

续表

序号	设计系统	内容	实施情况	备注
9	中水回用系统	项目在_____（位置）设置了中水回用系统； 收集原水包括：_____、_____、……；处理量_____ m³/h，回用于_____、_____、……； 采用的处理工艺流程为：_____	☐	
		详见专项设计说明		
10	满管压力流（虹吸）雨水排水系统	项目在_____（位置）设置了满管压力流（虹吸）雨水排水系统； 屋面汇水总面积为_____ m²； 设计重现期采用_____年，总排水能力按_____年雨水量复核	☐	
		详见专项设计说明		
11	污水处理系统	项目在_____（位置）设置了污水处理系统； 处理的污水包括：_____、_____、……； 污水的设计处理水量为_____ m³/d，_____ m³/h； 采用的处理工艺流程为：_____	☐	
		详见专项设计说明		
12	废水处理系统	项目在_____（位置）设置了废水处理系统； 处理的废水包括：_____、_____、……； 废水处理能力为：_____ m³/h； 采用的处理工艺流程为：_____	☐	
		详见专项设计说明		
13	真空排水系统	项目在_____（位置）设置了真空排水泵站； 该系统用于排除_____、_____、……排水； 系统总流量 Q_w = _____ L/s，真空负荷 Q_{VP} = _____ m³/h	☐	
		详见专项设计说明		

3.20.1 给水深度处理系统

给水深度处理系统专项设计汇总表　　　　　　　　　　　　表 3.20.1

序号	项目名称	内容	实施情况	备注
1	主要设计依据	《生活饮用水卫生标准》GB 5749—2022	☐	管理方、使用方或顾问方指业主、酒店管理公司厨房洗涤顾问等
		《室外给水设计标准》GB 50013—2018	☐	
		《建筑给水排水设计标准》GB 50015—2019	☐	
		《建筑给水排水及采暖工程施工质量验收规范》GB 50242—2002	☐	
		《工业锅炉水质》GB/T 1576—2018	☐	
		由管理方、使用方或顾问方提供的水质指标要求	☐	
		其他	☐	
2	设计范围及要求	本设计文件为给水深度处理范围内的工艺施工图设计	☐	
		本设计说明为给水深度处理专项设计说明，说明未见部分参照建筑给水排水设计说明相关部分	☐	
		本设计文件提供的专项设计说明及工艺施工图须由业主认可的专业承包商深化设计，并经主体设计单位审核通过后才能用于施工，本设计文件仅供招标使用	☐	
		其他	☐	

续表

序号	项目名称	内容	实施情况	备注
3	概况及工艺设计参数	____（项目名称）位于_____	☐	深度处理工艺流程尚有很多，未提及的工艺流程需由设计人员根据水质、水量不同自行增减；民用建筑用于水质提标的有酒店等，医院和工业厂房应根据使用方要求选择
		____（水处理设施）设于_____层_____（机房位置）	☐	
		给水深度处理用于： ☐生活给水深度处理　☐纯水处理　☐软化水处理　☐其他	☐	
		系统产水量： 最大小时产水量_____m³/h；最高日产水量_____m³/d； 每日运行时间_____h	☐	
		原水水质要求：☐市政自来水　☐其他	☐	
		产水水质要求： ☐提标生活水　☐纯水　☐超纯水　☐软化水　☐其他	☐	
4	工艺流程	常规深度处理工艺流程： 原水箱→提升泵→多介质过滤器→活性炭过滤器→精密过滤器→紫外线消毒装置→供水泵供水（仅用于水质提标） 软化水处理工艺流程： 原水箱→提升泵→预过滤→软水器→软水箱→供水泵供水 纯水处理工艺流程： 原水箱→提升泵→多介质过滤器→活性炭过滤器→阳离子交换器（原水硬度大时需设置）→精密过滤器→高压泵→RO膜组→RO产水箱→紫外线消毒装置→供水泵供水 超纯水处理工艺流程： 原水箱→提升泵→超滤装置→超滤水箱→提升泵→5μm保安过滤器→高压泵→RO膜组→RO产水箱→增压泵→EDI装置→纯水箱→供水泵供水	☐	
5	控制要求	运行方式采用：☐自动（液位连锁启停）　☐人工　☐定时	☐	
		其他	☐	
6	主要设备技术要求	（1）多介质过滤器： 数量___台，规格（直径___mm，高度___m），材质___，滤料___，处理量___m³/h，运行流速___m/h，工作压力___MPa，反冲洗周期___； 反冲洗方式：☐气水反冲洗　☐水反冲洗； 运行方式：☐自动（液位连锁启停）　☐人工	☐	
		（2）活性炭过滤器： 数量___台，规格（直径___mm，高度___m），材质___，滤料___，处理量___m³/h，运行流速___m/h，工作压力___MPa，反冲洗周期___；反冲洗方式：水反冲洗； 运行方式：☐自动（液位连锁启停）　☐人工	☐	
		（3）保安过滤器： 数量___台，规格（直径___mm，高度___m），材质___，滤芯材质：☐PP聚丙烯　☐其他，滤芯数量_____（支/台），处理量___m³/h，过滤精度_____m/h，工作压力___MPa； 运行方式：自动	☐	

序号	项目名称	内容	实施情况	备注
6	主要设备技术要求	（4）软化装置： 数量＿＿台，规格（直径＿＿mm，高度＿＿m），材质＿＿，填料＿＿（软化树脂），处理量＿＿m³/h，工作压力＿＿MPa；运行方式：自动（前后压差控制）	☐	
		（5）反渗透（RO）膜组： 数量＿＿台，规格（直径＿＿mm，高度＿＿m），材质＿＿，处理量＿＿m³/h，工作压力＿＿MPa；运行方式：自动	☐	
		（6）原水箱/净水箱/软水箱/纯水箱： ☐原水箱，有效容积＿＿m³，规格（长宽高）＿＿m，材质＿＿ ☐净水箱，有效容积＿＿m³，规格（长宽高）＿＿m，材质＿＿ ☐软水箱，有效容积＿＿m³，规格（长宽高）＿＿m，材质＿＿ ☐纯水箱，有效容积＿＿m³，规格（长宽高）＿＿m，材质＿＿	☐	
		（7）水泵：流量＿＿m³/h，扬程＿＿m，材质＿＿	☐	
7	主要施工依据	《建筑给水排水及采暖工程施工质量验收规范》GB 50242—2002	☐	
		《给水排水管道工程施工及验收规范》GB 50268—2008	☐	
		甲方提供的有关书面文件及相关图纸资料	☐	
		其他	☐	
8	计量单位	设计文件中标注的尺寸均以mm计，标高以m计	☐	
		设计文件中标注的管道标高均以管中心计	☐	
		其他	☐	
9	管道安装和施工要求	参照的国家建筑标准设计图集：（见表3.11.2或自行添加） ☐……		
		管道支吊架设置：☐抗震支吊架　☐成品支吊架　☐其他	☐	
		主要设备基础： 采用基础尺寸规格为：＿＿（长）×＿＿（宽）×＿＿（高） ……		
10	管道及配件	管材采用＿＿，连接方式为＿＿； 通用阀门：DN50及以下采用＿＿，DN50以上采用＿＿，阀门材质＿＿； 控制类阀门设置情况： ☐＿＿（种类）水力控制阀，设置位置＿＿；…… ☐电动控制阀，设置位置＿＿； ☐电磁阀，设置位置＿＿； ☐气动阀，设置位置＿＿； ☐其他	☐	
11	管道试压、冲洗、消毒、保温、设备安装要求等	安装（含保温）：见表3.6.8、表3.11.3、表3.11.4	☐	
		试压：见表3.6.9	☐	
		冲洗和消毒：在交付使用前必须进行冲洗和消毒，并经有关部门检验，符合现行国家标准《生活饮用水卫生标准》GB 5749的要求后方可使用	☐	
		其他	☐	
12	水质检验	应根据使用方对水质控制的要求，设置合理的水质检验设施及报警措施，当出水水质不达标时，应及时反馈报警，并停止系统运行；待系统修复并经水质检验合格后，才能恢复运营	☐	
13	其他		☐	

3.20.2　直饮水系统

直饮水系统专项设计汇总表

表 3.20.2

序号	项目名称	内容	实施情况	备注
1	主要设计依据	《生活饮用水卫生标准》GB 5749—2022	☐	
		《室外给水设计标准》GB 50013—2018	☐	
		《建筑给水排水设计标准》GB 50015—2019	☐	
		《建筑给水排水及采暖工程施工质量验收规范》GB 50242—2002	☐	
		《饮用净水水质标准》CJ 94—2005	☐	
		《建筑与小区管道直饮水系统技术规程》CJJ/T 110—2017	☐	
		《公用终端直饮水设备应用技术规程》T/CECS 468—2017	☐	
		其他	☐	
2	设计范围及要求	本设计文件为直饮水系统范围内的工艺施工图设计	☐	
		本设计说明为直饮水系统专项设计说明，说明未见部分参照建筑给水排水设计说明相关部分	☐	
		本设计文件提供的专项设计说明及工艺施工图须由业主认可的专业承包商深化设计，并经主体设计单位审核通过后才能用于施工，本设计文件仅供招标使用	☐	
		其他	☐	
3	概况及工艺设计参数	＿＿＿（项目名称）位于＿＿＿＿＿	☐	
		系统设置类型： ☐管道集中直饮水系统　☐终端直饮水设备　☐其他	☐	
		采用管道集中直饮水系统：＿＿＿＿＿（水处理设施）设于＿＿＿层＿＿＿（机房位置）	☐	
		采用终端直饮水设备：直饮水设备分设于＿＿＿层＿＿＿（位置）、……	☐	
		原水水质要求：☐市政自来水　☐其他	☐	
		出水水质应达到＿＿＿＿＿＿（标准）的规定	☐	详见本表注
		饮用水定额为＿＿＿＿＿	☐	
		系统产水量： 最大小时产水量＿＿＿＿＿ m³/h；最高日产水量＿＿＿＿＿ m³/d；每日运行时间＿＿＿＿ h	☐	
4	工艺流程及要求	管道集中直饮水系统循环方式： ☐全日循环　☐定时循环　☐其他	☐	
		采用城市自来水为水源的管道集中直饮水系统处理工艺流程： ☐活性炭＋超滤工艺（原水为微污染水，硬度和含盐量适中或稍低时） ☐活性炭＋纳滤工艺（原水为微污染水，硬度和含盐量偏高时） ☐活性炭＋反渗透工艺（原水为微污染水，硬度和含盐量偏高时） ☐臭氧＋活性炭＋纳滤工艺（原水有机物污染严重时） ☐臭氧＋活性炭＋反渗透工艺（原水有机物污染严重时） ☐其他	☐	

序号	项目名称	内容	实施情况	备注
5	主要设备技术要求	（1）预处理系统采用石英砂多介质过滤器： 数量___台，规格（直径___mm，高度___m），材质___，滤料___，处理量___m³/h，运行流速___m/h，工作压力___MPa，反冲洗周期___，反冲洗方式___	☐	
		（2）预处理系统采用活性炭过滤器： 数量___台，规格（直径___mm，高度___m），材质___，滤料___，处理量___m³/h，运行流速___m/h，工作压力___MPa，反冲洗周期___，反冲洗方式___	☐	
		（3）预处理系统采用全自动软水器： 数量___台，规格（直径___mm，高度___m），材质___，填料___（软化树脂），处理量___m³/h，工作压力___MPa	☐	由原水的硬度决定是否设置
		（4）预处理精密过滤器（保安过滤器）： 数量___台，规格（直径___mm，高度___m），材质___，滤芯材质___（PP聚丙烯），滤芯数量___（支/台），处理量___m³/h，过滤精度___m/h，工作压力___MPa	☐	
		（5）纳滤膜过滤器： 数量___台，规格（直径___mm，高度___m），材质___，处理量___m³/h，工作压力___MPa	☐	
		（6）超滤膜过滤器： 数量___台，规格（直径___mm，高度___m），材质___，处理量___m³/h，工作压力___MPa	☐	
		（7）反渗透设备主机： 数量___台，规格（直径___mm，高度___m），材质___，处理量___m³/h，工作压力___MPa	☐	
		（8）消毒工艺： 采用___消毒装置，设置___台，每台处理量___m³/h，工作压力___MPa	☐	
		（9）原水箱/纯水箱：有效容积___m³，规格（长宽高）___m，材质___	☐	
		（10）水泵：流量___m³/h，扬程___m，材质___	☐	
6	主要施工依据	《建筑给水排水及采暖工程施工质量验收规范》GB 50242—2002	☐	
		《给水排水管道工程施工及验收规范》GB 50268—2008		
		《建筑与小区管道直饮水系统技术规程》GJJ/T 110—2017	☐	
		甲方提供的有关书面文件及相关图纸资料	☐	
		其他	☐	
7	计量单位	设计文件中标注的尺寸均以mm计，标高以m计	☐	
		设计文件中标注的管道标高均以管中心计	☐	
		其他	☐	
8	管道安装和施工要求	参照的国家建筑标准设计图集：（见表3.11.2或自行添加） ☐……	☐	
		管道支吊架设置：☐抗震支吊架　☐成品支吊架　☐其他		
		主要设备基础： 采用基础尺寸规格为：___（长）×___（宽）×___（高） ……		

续表

序号	项目名称	内容	实施情况	备注
9	管道及配件	管材采用＿＿，连接方式为＿＿； 通用阀门：DN50 及以下采用＿＿，DN50 以上采用＿＿，阀门材质＿＿； 控制类阀门设置情况： □＿＿（种类）水力控制阀，设置位置＿＿；…… □电动控制阀，设置位置＿＿； □电磁阀，设置位置＿＿； □气动阀，设置位置＿＿； □其他	□	药剂管、泥管等管道应由承包商配套供应
10	管道试压、冲洗、消毒、保温、设备安装要求等	安装（含保温）：见表 3.6.8、表 3.11.3、表 3.11.4	□	直饮水管道应隔热保温，不应靠近热源
		试压：见表 3.6.9	□	处理设备的试验压力应按产品要求确定
		冲洗和消毒：在交付使用前必须进行冲洗和消毒，并经有关部门检验，符合现行国家标准《生活饮用水卫生标准》GB 5749 的要求后方可使用	□	
		其他	□	
11	水质检验	系统应进行日常供水水质检验，项目采用的水质检验方式为： □年检　□季度检　□月检　□周检　□日检　□其他	□	采用终端直饮水设备时，水样采样点应设在经水处理后的产品出水点
		日、周检项目的水样采样点应设置在： □建筑与小区管道直饮水供水系统原水入口处 □经水处理后的产品出水点 □用户点和净水机房内的循环回水点	□	
		其他检验方式设置点＿＿	□	
12	其他		□	

注：序号 3 中提及的出水水质标准主要有《饮用净水水质标准》CJ 94、《生活饮用水卫生标准》GB 5749 等。

3.20.3　游泳池给水排水系统

游泳池给水排水系统专项设计汇总表　　　表 3.20.3

序号	项目名称	内容	实施情况	备注
1	主要设计依据	《生活饮用水卫生标准》GB 5749—2022	□	
		《建筑给水排水设计标准》GB 50015—2019	□	
		《游泳池给水排水工程技术规程》CJJ 122—2017	□	
		《游泳池水质标准》CJ/T 244—3016	□	
		国际游泳联合会及相关专业部门要求	□	
		其他	□	

序号	项目名称	内容	实施情况	备注
2	设计范围	本设计文件为游泳池给水排水系统范围内的工艺施工图设计	☐	
		本设计说明为游泳池给水排水系统专项设计说明，说明未见部分参照建筑给水排水设计说明相关部分	☐	
		本设计文件提供的专项设计说明及工艺施工图须由业主认可的专业承包商深化设计，并经主体设计单位审核通过后才能用于施工，本设计文件仅供招标使用	☐	
		其他	☐	
3	概况及工艺设计参数	(1) _____（项目名称）位于_____	☐	
		(2) 项目设置的水池形式为： ☐游泳池 ☐幼儿戏水池 ☐竞赛池 ☐跳水池 ☐训练池 ☐造浪池 ☐环流河 ☐其他	☐	
		(3) ___池（哪种形式）设置于：☐室内 ☐室外；……	☐	
		(4) ___池（哪种形式）设于_____层，其水处理设施设于_____层_____（机房位置）；……	☐	
		(5) ___池（哪种形式）的池水水质___，补充水水质___；……	☐	
		(6) ___池（哪种形式）主要设计参数： 池体面积_____m²，池体水深_____m，池体容积_____m³，补水量_____m³/h，循环方式____（逆流/顺流/混合流），循环周期___h，循环流量___m³/h，过滤器滤速___m/h，池水设计温度___℃，初次充水时间___h，放空时间___h，均衡水池/平衡水池有效容积___m³，初次加热时间___h，初次总加热量___kW，恒温耗热量___kW，预留结构荷载___t/m²； 消毒方式：☐氯消毒 ☐臭氧消毒 ☐紫外消毒 ☐其他	☐	
		(7) ___池（哪种形式）的循环系统配置： ☐每个水池独立设置 ☐水上游乐池可合用一个系统 ☐其他 ……	☐	详见本表注1
		(8) ___池（哪种形式）初次充水和补水方式为：___（市政直供/加压变频水泵）；……	☐	初次手动直接向水池充水，平时一般补水到均衡水池/平衡水池
		(9) ___池（哪种形式）放空方式为：☐重力排空 ☐动力式强排放空方式；……	☐	
		(10) ___池（哪种形式）的循环系统流程为：___；……	☐	
		(11) 游泳池的池水水质应符合现行行业标准《游泳池水质标准》CJ/T 244 的规定	☐	

续表

序号	项目名称	内容	实施情况	备注
4	主要系统要求	＿＿池（哪种形式）的设置情况： （1）动力系统（水泵）：各个系统均设置备用泵，每台泵均自带毛发收集器，水泵选用：□工程塑料泳池专用泵　□不锈钢水泵； （2）过滤系统：过滤器数量＿＿，规格（直径＿＿mm，高度＿＿m），材质＿＿，滤料＿＿，单台处理量＿＿m³/h，运行流速＿＿m/h，工作压力＿＿MPa，反冲洗周期＿＿，反冲洗方式＿＿； （3）消毒系统： 1）紫外线消毒设备：采用中压紫外灯消毒器，紫外线剂量不小于＿＿（室内 60MJ/cm² /室外 640MJ/cm²）； 2）臭氧消毒设备：采用＿＿（分流量全程式/全流量半程式）消毒工艺，臭氧投加量＿＿mL/h，接触时间＿＿min；臭氧采用负压方式投加到水过滤器后的循环水中，并应采用与循环水泵连锁的全自动控制投加系统；臭氧接触反应器采用立式/卧式，接触塔罐体材质为：(SUS316L 不锈钢/玻璃钢)，内外涂防腐涂层； 3）氯消毒系统：氯消毒剂应投加到过滤器过滤后的循环水中，池水中余氯量为＿＿mg/L（以有效氯计），药剂配制浓度为＿＿%，次氯酸钠消毒剂采用外购成品型次氯酸钠溶液，严禁将氯消毒剂直接注入游泳池； 4）pH 调整剂在滤后湿式投加，采用＿＿，设计投加量为＿＿mg/L； 5）絮凝剂在泵前湿式投加，采用＿＿，设计投加量为＿＿mg/L； 6）加热恒温系统：采用＿＿板式换热器间接加热方式，初次总加热量＿＿kW，恒温耗热量＿＿kW，初次加热时开启＿＿台板式换热器，恒温时开启＿＿台，热媒进回水温度为＿＿℃，换热片板材采用＿＿，单台换热面积＿＿m²，换热量＿＿kW	□	
		其他＿＿池（哪种形式）的设置情况：	□	
5	主要施工依据	《建筑给水排水及采暖工程施工质量验收规范》GB 50242—2002	□	
		《给水排水管道工程施工及验收规范》GB 50268—2008	□	
		《游泳池给水排水工程技术规程》CJJ 122—2017	□	
		《游泳池设计及附件安装》10S605	□	
		其他	□	
6	计量单位	设计文件中标注的尺寸均以 mm 计，标高以 m 计	□	
		设计文件中标注的管道标高均以管中心计	□	
		其他	□	
7	管道安装和施工要求	参照的国家建筑标准设计图集：（见表 3.11.2 或自行添加） □……	□	
		管道支吊架设置：□抗震支吊架　□成品支吊架　□其他 主要设备基础： ＿＿采用基础尺寸规格为：＿＿（长）×＿＿（宽）×＿＿（高） ……		
8	管道及配件	（1）水处理循环系统管道采用＿＿MPa 的＿＿，连接方式为＿＿	□	
		（2）热媒管道采用＿＿MPa 的＿＿，连接方式为＿＿	□	

序号	项目名称	内容	实施情况	备注
8	管道及配件	（3）阀门：DN50 及以下采用___，DN50 以上采用___，阀门材质___	☐	
		（4）给水口、池底排水回水格栅材质采用___	☐	
		（5）池壁给水时水流速度应采用 1.0m/s，池底给水时水流速度不宜小于 0.5m/s	☐	
		（6）池底排水回水格栅数量不得少于 2 个，游泳池和水上游乐池的进水口、池底回水口和泄水口应配设格栅盖板，格栅间隙宽度不应大于 8mm，泄水口的数量应满足不会对人体造成伤害的负压。通过格栅的水流速度不应大于 0.2m/s	☐	
		（7）比赛用跳水池必须设置水面制波和喷水装置	☐	
9	管道试压、冲洗、消毒、保温、设备安装要求等	安装（含保温）：见表 3.6.8、表 3.11.3、表 3.11.4	☐	
		试压：见表 3.6.9	☐	
		冲洗和消毒：在交付使用前必须进行冲洗和消毒，并经有关部门检验，符合现行国家标准《生活饮用水卫生标准》GB 5749 的要求后方可使用	☐	
		各设施溢流排水管、放空排水管应按现行国家标准《给水排水管道工程施工及验收规范》GB 50268 的要求进行闭水试验合格后方能隐蔽或进入下道工序	☐	
		其他	☐	
10	套管预埋	所有管道穿越地下室外墙时，应预埋防水套管；所有穿水池壁及安装在水池底部的管道，施工时应密切配合土建进行预埋套管、预留孔洞；套管管径较穿管大 1～2 号；套管做法可参见国家建筑标准设计图集《防水套管》02S404；管道穿越消防车道的，应预埋比穿路管管径大 1～2 号的钢套管作为保护管	☐	
11	安全要求	臭氧发生器房间内，应在位于臭氧发生器设备水平距离 1.0m 内，不低于地面上 0.3m 且不超过设备高度的墙壁上设置臭氧气体浓度检测传感报警器 1 个	☐	
12	其他		☐	

注：1. 游泳池必须采用循环给水的供水方式，并应设置池水循环净化处理系统；不同使用要求的游泳池应设置各自独立的池水循环净化处理系统；当多座水上游乐池合用一套池水循环净化处理系统时，需满足《游泳池给水排水工程技术规程》CJJ 122—2017 第 4.1.5 条的规定。

2. 存在多个游泳池时，应按本表格式逐一表述。

3.20.4 温泉及浴池给水排水系统

温泉及浴池给水排水系统专项设计汇总表　　　　表 3.20.4

序号	项目名称	内容	实施情况	备注
1	主要设计依据	《生活饮用水卫生标准》GB 5749—2022	☐	
		《建筑给水排水设计标准》GB 50015—2019	☐	
		《游泳池给水排水工程技术规程》CJJ 122—2017	☐	

续表

序号	项目名称	内容	实施情况	备注
1	主要设计依据	《公共浴场给水排水工程技术规程》CJJ 160—2011	☐	
		《游泳池水质标准》CJ/T 244—2016	☐	
		其他	☐	
2	设计范围及要求	本设计文件为温泉及浴池给水排水系统范围内的工艺施工图设计	☐	
		本设计说明为温泉及浴池给水排水系统专项设计说明，说明未见部分参照建筑给水排水设计说明相关部分	☐	
		本设计文件提供的专项设计说明及工艺施工图须由业主认可的专业承包商深化设计，并经主体设计单位审核通过后才能用于施工，本设计文件仅供招标使用	☐	
		其他	☐	
3	概况及主要工艺参数	＿＿＿（项目名称）位于＿＿＿＿	☐	（1）温泉水的原水处理系统需根据相关温泉水情况分别设置相应的处理系统； （2）温泉宜采用低压紫外消毒方式
		项目属性： 设置在＿＿＿（室内/室外）的＿＿＿（浴池或温泉类型）	☐	
		系统水源＿＿＿（自来水/温泉水）水温为＿＿＿℃，供水量为＿＿＿m³/h，水质为＿＿＿	☐	
		温泉原水处理工艺流程为＿＿＿＿＿； 循环水系统处理工艺流程为＿＿＿＿＿	☐	
		主要设计参数： 池体面积＿＿＿＿m²，池体水深＿＿＿＿m，池体容积＿＿＿＿m³，补水量＿＿m³/h，循环方式＿＿＿（逆流/顺流/混合流），循环周期＿＿＿h，循环流量＿＿＿m³/h，过滤器滤速＿＿m/h，池水设计温度＿＿＿℃，初次充水时间＿＿＿h，均衡水池/平衡水池有效容积＿＿＿m³，放空时间＿＿h，初次加热时间＿＿＿h，初次总加热量＿＿＿kW，恒温耗热量＿＿＿kW，预留结构荷载＿＿＿t/m²； 消毒方式：☐氯消毒　☐臭氧消毒　☐紫外消毒　☐其他	☐	
4	主要系统要求	（1）动力系统（水泵） 1）各个系统均设置备用泵，每台泵均自带毛发收集器； 2）循环水处理泵及动力给水泵应采用＿＿＿（卧式/立式）离心泵，噪声不应大于＿＿＿dB，采用＿＿＿材质； 3）板换/臭氧等加压泵应采用＿＿＿（管道立式泵），噪声不应大于＿＿＿dB，采用＿＿＿材质； 4）推流泵应采用＿＿＿（大流量双吸泵），噪声不应大于＿＿＿dB，采用＿＿＿材质	☐	
		（2）过滤系统： 过滤器数量＿＿＿台，规格（直径＿＿＿mm，高度＿＿＿m），材质＿＿＿，滤料＿＿＿，单台处理量＿＿＿m³/h，运行流速控制在＿＿＿m/h，工作压力＿＿＿MPa，反冲洗周期＿＿＿，反冲洗方式＿＿＿	☐	

序号	项目名称	内容	实施情况	备注
4	主要系统要求	（3）消毒系统： 1）紫外线消毒设备：采用＿＿＿（中压/低压）紫外灯消毒器，紫外线剂量不小于＿＿＿（室内 60MJ/cm² /室外 640MJ/cm²）； 2）臭氧消毒设备：采用＿＿＿（分流量全程式/全流量半程式）消毒工艺，臭氧投加量＿＿＿mL/h，接触时间＿＿＿min，臭氧采用负压方式投加到水过滤器后的循环水中，并应采用与循环水泵连锁的全自动控制投加系统，臭氧接触反应器采用立式/卧式，接触塔罐体材质为（SUS316L 不锈钢/玻璃钢），内外涂防腐涂层； 3）氯消毒系统：氯消毒剂应投加到过滤器过滤后的循环水中，池水中余氯量为＿＿＿mg/L（以有效氯计），药剂配制浓度为＿＿＿％，次氯酸钠消毒剂采用外购成品型次氯酸钠溶液，严禁将氯消毒剂直接注入游泳池	□	
		（4）水质监控及药剂投加： 1）采用水质检测仪检测水质并控制投药泵运行，实现自动投药功能，水质检测仪同时监控 pH、余氯、ORP 三项指标； 2）循环回水进入循环水泵前由计量泵连续定比自动投加混凝剂，采用铝盐，配制浓度宜为＿＿＿（3~5)%，投加量为＿＿＿（3~5）mg/L； 3）投加氯消毒剂的同时投加 pH 调整剂，在消毒剂投加点之后（距离不小于 10 倍管径）投加，采用稀盐酸溶液，配制浓度宜为＿＿＿（1~3)%，投加量为＿＿＿（1~3）mg/L，使池水 pH 保持在＿＿＿； 4）加热恒温系统：采用＿＿板式换热器间接加热方式，初次总加热量＿＿kW，恒温耗热量＿＿kW，初次加热时开启＿＿＿台板式换热器，恒温时开启＿＿＿台，热媒为＿＿＿，热媒进回水温度为＿＿＿℃，换热片板材采用＿＿＿，单台换热面积＿＿m²，换热量＿＿＿kW； 5）白天开启水处理系统及恒温系统，晚上仅开启恒温系统维持水温； 6）温泉区域放空采用重力放空，排水接至雨水井/机房集水井	□	
5	安全性要求	所有管道进出地下室的位置均需设置独立阀门	□	
		成品回水口须采用防漩涡回水口，位置及数量应满足规范要求		
		采用格栅回水口时，格栅宽度不大于 8mm，回水流速不大于 0.2m/s，且便于检修		
		所有循环水处理泵及动力给水泵回水管上均需设置真空破坏装置并与系统联动		
		带按摩功能的温泉 SPA 池均需设置急停按钮（带玻璃罩采用安全电压产品），安装位置位于观察员位置附近，由观察员操作		
		臭氧发生器房间内，应在位于臭氧发生器设备水平距离 1.0m 内，不低于地面上 0.3m 且不超过设备高度的墙壁上设置臭氧气体浓度检测传感报警器 1 个		
		初次充水应先充自来水，再充温泉水，避免温泉水高温对池体管道、阀门及池体附件造成影响		
		设备房需设置独立通风排风系统以保证其通风次数不少于 6 次/h，通风口数量、尺寸、标高、位置等应详暖通专业图纸		

序号	项目名称	内容	实施情况	备注
6	主要施工依据	《建筑给水排水及采暖工程施工质量验收规范》GB 50242—2002	□	
		《给水排水管道工程施工及验收规范》GB 50268—2008		
		《游泳池给水排水工程技术规程》CJJ 122—2017		
		其他		
7	计量单位	设计文件中标注的尺寸均以 mm 计，标高以 m 计	□	
		设计文件中标注的管道标高均以管中心计	□	
		其他	□	
8	管道安装和施工要求	参照的国家建筑标准设计图集：（见表 3.11.2 或自行添加） □……	□	
		管道支吊架设置：□抗震支吊架　□成品支吊架　□其他		
		主要设备基础： ＿＿＿（设备）采用基础尺寸规格为：＿＿＿（长）×＿＿＿（宽）×＿＿＿（高） ……		
9	管道及配件	（1）浴池循环回水管，采用＿＿＿MPa 的＿＿＿（材质）管道，＿＿＿连接方式； （2）循环给水管，采用＿＿＿MPa 的＿＿＿（材质）管道，＿＿＿连接方式； （3）有压温泉收集管，采用＿＿＿MPa 的＿＿＿（材质）管道，＿＿＿连接方式； （4）机房明露温泉供水管，采用＿＿＿MPa 的＿＿＿（材质）管道，＿＿＿连接方式； （5）放空管，采用＿＿＿MPa 的＿＿＿（材质）管道，＿＿＿连接方式； （6）溢流管，采用＿＿＿MPa 的＿＿＿（材质）管道，＿＿＿连接方式； （7）冷泉制取管采用不锈钢管，换热盘管采用铜管，管外胀接薄片为薄铝片，钢管与铜管用法兰连接； （8）温泉井到水箱的管道采用＿＿＿MPa 的＿＿＿（材质）管道，＿＿＿连接方式； （9）热媒管道采用＿＿＿MPa 的＿＿＿（材质）管道，＿＿＿连接方式	□	
		阀门：DN50 及以下采用球阀，DN50 以上采用蝶阀/闸阀，阀门材质＿＿＿，所有阀门需满足本项目水温、水质、水压要求，需采用耐腐蚀、耐压、耐温材质	□	
		温泉区池内所有池体附件采用＿＿＿（316L 不锈钢/ABS/亚克力等）材质	□	
10	管道试压、冲洗、消毒、保温、设备安装要求等	试压见表 3.7.9，安装见表 3.7.10	□	
		各溢流排水管、放空排水管应按现行国家标准《给水排水管道工程施工及验收规范》GB 50268 的要求进行闭水试验合格后方能隐蔽或进入下道工序； 回水管确需绕行时只可向下绕行，且须于绕行管最低处装设阀门放空，最高点及局部隆起点应设自动排气阀	□	

续表

序号	项目名称	内容	实施情况	备注
10	管道试压、冲洗、消毒、保温、设备安装要求等	除自来水进水管、温泉池溢流排水管和温泉池放空管不作保温外，其余温泉池相关管道均作保温，埋地管道保温材料采用聚氨酯，保温直管道随管道整体在工厂发泡，接口处保温现场发泡，直接埋在土壤中的管道保温层外用玻璃钢管作保护层； 　　性能指标要求：树脂含量45%～55%，密度为（1.8±0.2）g/cm³，表面硬度32巴氏硬度，抗拉强度＞2000kg/cm，冲击强度：1kg钢球1m自由落下无断裂、无裂纹； 　　厚度要求：管径≤DN125时为1.2mm，管径≥DN150时为2mm	□	
11	套管预埋	所有管道穿越地下室外墙时，应预埋防水套管；所有穿水池壁及安装在水池底部的管道，施工时应密切配合土建进行预埋套管、预留孔洞；套管管径较穿管大1～2号；套管做法可参见国家建筑标准设计图集《防水套管》02S404；管道穿越消防车道的，应预埋比穿路管管径大1～2号的钢套管作为保护管	□	
12	其他		□	

注：序号3、4中提及的仅为某个温泉或浴池的表述方式，当有多个池时，应分别表述。

3.20.5　水景给水排水系统

水景给水排水系统专项设计汇总表

表3.20.5

序号	项目名称	内容	实施情况	备注
1	主要设计依据	《地表水环境质量标准》GB 3838—2002	□	
		《生活饮用水卫生标准》GB 5749—2022	□	
		《室外给水设计标准》GB 50013—2018	□	
		《室外排水设计标准》GB 50014—2021	□	
		《城市污水再生利用 景观环境用水水质》GB/T 18921—2019	□	
		《游泳池水质标准》CJ/T 244—2016	□	
		其他	□	
2	工程概况和设计范围	＿＿＿（项目名称）位于＿＿＿＿＿	□	
		水景共有＿＿＿＿＿处，分别为＿＿＿＿＿＿类型水景，水景水面面积＿＿＿m²，深度为＿＿＿m，水体容积为＿＿＿m³	□	
		本设计文件的设计范围为水景池水处理循环系统、消毒系统、水景池放空、溢流、充水、补水等	□	
		本设计说明为水景给水排水专项设计说明，说明未见部分参照建筑给水排水设计说明相关部分	□	
		水景喷头选型和造型等由水景景观专业确定，给水排水专业仅负责相关给水排水管线路由设计	□	
		本次提供的设计文件，须由业主认可的专业承包商深化设计，并经主体设计单位审核通过后才能用于施工，本设计文件仅供招标使用	□	
		其他	□	

续表

序号	项目名称	内容	实施情况	备注
3	水景池水质卫生标准（常规检测项）	经处理后的池水达到现行国家标准《地表水环境质量标准》GB 3838 中的____类水质各项要求（非直接接触人体/非全身接触水景）或《游泳池水质标准》CJ/T 244 中水质各项要求（全身接触水景）	□	
4	设计参数	设计补水水源为_____，水质为_____，水景水质为_____	□	
		循环周期为____h，循环水量为____m³/h，反冲洗运行方式采用：□自动　□手动	□	
		消毒方式为：□氯消毒　□紫外消毒；消毒运行方式为：□自动　□手动	□	
5	系统设计	循环系统：水景池过滤方式采用：□逆流式　□顺流式　□混合流　□其他循环水量由设在____的回水口进入池水净化系统，经过净化（加药、过滤、消毒杀菌）后由设置于____的多孔给水管送回池内继续使用	□	
		过滤设备：池水净化过滤系统采用____（砂钢/一体化过滤设备），过滤设备采用自动反冲洗，反冲洗时间____min，反冲洗强度为____L/(s・m²)	□	
		水景池消毒系统采用：□紫外线＋普通氯消毒　□氯消毒	□	
6	计量单位	设计文件中标注的尺寸均以 mm 计，标高以 m 计	□	
		设计文件中标注的管道标高均以管中心计	□	
		其他	□	
7	管材及接口	水景池内管道采用____MPa 的____（材质）管道，连接方式为____	□	
		室外埋地循环管道采用____MPa 的____（材质）管道，连接方式为____	□	
		地下室及处理机房内管道采用____MPa 的____（材质）管道，连接方式为____	□	
8	阀门	阀门：DN50 及以下采用____，DN50 以上采用____，阀门材质____，____（水下调节阀/液压阀/气动阀/水下电磁阀等）阀门：DN50 及以下采用____，DN50 以上采用____，阀门材质____	□	
9	管道敷设	(1) 管道均暗敷在池底、池壁或通道下； (2) 管道坡度：各种管道应按所标注标高进行施工，放空管、溢流管沿泄水方向设坡，坡度如下：DN____，i=____； (3) 管道固定：见表 3.6.8； (4) 所有穿水池壁及安装在水池槽内的管道，施工时应密切配合土建进行预埋套管、预留孔洞，防水套管安装详见国家建筑标准设计图集《防水套管》02S404 刚性防水套管； (5) 给水管与其他管道相遇时可绕行；回水管与其他管道相遇时，可向下绕行，但绕行管最低处必须装设旁通管与阀门放空； (6) 水处理设备间换气次数按 12 次/h 计	□	

序号	项目名称	内容	实施情况	备注
10	管道试压、冲洗、消毒、保温、设备安装要求等	试压见表3.6.9	☐	
		安装、保温等室内部分见表3.6.8，室外部分见表3.5.12-1	☐	
11	其他		☐	

注：单个项目中可能存在多个水景设施，本表提供了某种水景的标准填写格式，设计人员可根据项目中水景实际设置情况，按本表格式进行填写。

3.20.6 绿化浇灌给水排水系统

绿化浇灌给水排水系统专项设计汇总表　　　　表3.20.6

序号	项目名称	内容	实施情况	备注
1	主要设计依据	《地表水环境质量标准》GB 3838—2002	☐	
		《室外给水设计标准》GB 50013—2018	☐	
		《室外排水设计标准》GB 50014—2021	☐	
		《城市绿地设计规范》GB 50420—2007（2016年版）	☐	
		《城市园林绿化评价标准》GB/T 50563—2010	☐	
		《埋地塑料给水管道工程技术规程》CJJ 101—2016	☐	
		其他	☐	
2	工程概况和设计范围	＿＿＿（项目名称）位于＿＿＿＿	☐	
		景观范围内的总用地面积＿＿＿ m²，绿化面积＿＿＿ m²，绿化种植面积＿＿＿m²	☐	
		本设计文件的设计范围为景观绿地范围内的绿化浇灌和地面雨水排放	☐	
		本设计说明为绿化浇灌给水排水专项设计说明，说明未见部分参照建筑给水排水设计说明相关部分	☐	
		垂直绿化浇灌系统仅根据绿化布置预留给水排水接口，须由深化设计单位进行深化设计	☐	
		本次提供的设计文件，须由业主认可的专业承包商深化设计，并经主体设计单位审核通过后才能用于施工，本设计文件仅供招标使用	☐	
		其他	☐	
3	绿地浇灌给水系统	设计给水量和压力： 设计流量＿＿＿ m³/h，浇灌系统起端工作压力＿＿＿MPa	☐	
		设计水源为＿＿＿＿，水质为＿＿＿＿	☐	
		给水方式采用：＿＿＿＿	☐	
		过滤系统：为确保喷灌系统的正常使用，在浇灌系统起端加装＿＿＿（自动清洗网式过滤器），过滤精度不小于80目	☐	

续表

序号	项目名称	内容	实施情况	备注
3	绿地浇灌给水系统	灌水方式： □绿化浇洒应采用高效节水灌溉方式，主要采用_____的灌溉方式； 　□树木设置_____（树笼灌水器）； 　□草坪地被设置_____（喷灌/微喷灌）； 　□垂直绿化设置_____（滴灌、微喷灌），其灌溉系统仅预留接口； 　□喷头采用____（地埋散射喷头/旋转喷头），喷洒角度可根据地块调整； 　□灌溉系统采用____（自动/人工）控制方式； 　□灌溉工作方式采用____（轮灌/分区/同时）	□	
4	计量单位	设计文件中标注的尺寸均以 mm 计，标高以 m 计	□	
		设计文件中标注的管道标高均以管中心计	□	
		其他	□	
5	管材及接口	室外灌溉给水管采用____MPa 的____（材质）管道，连接方式为_____	□	
6	管道敷设及防腐	室内部分见表 3.6.8，室外部分见表 3.5.12-1 给水管敷设深度为____m，当覆土深度不足时，采取____加固措施	□	
7	管道试压	见表 3.6.9	□	
8	灌溉系统技术要求	（1）所有管线、阀门均安装在种植区域内，施工前需仔细查看场地情况，了解可能影响施工的建筑、植物、路面等完成情况	□	
		（2）铺设塑料管道的沟底应平整，不得有凸出的尖硬物体，土壤的颗粒粒径不大于 12mm，必要时可铺 100mm 厚砂垫层	□	
		（3）埋地塑料管道回填时，管周回填土不得夹杂尖硬物体直接与塑料管壁接触，应先用砂土或颗粒粒径不大于 12mm 的土壤回填至管顶上侧 300mm 处	□	
		（4）控制器安装雨量感应器，应确保雨量感应器无障碍物阻挡	□	
		（5）电磁阀、隔离阀应采用成品阀门箱保护，阀门箱用于安装埋在地面下的阀门，阀门箱的安装与布道、路牙、建筑及景观保持一定的距离	□	
		（6）管网主管线管径大于等于 DN150 的管道埋设深度为 1.0m 左右，支干管埋深 0.6m，电磁阀后连接喷头的管道可适当减小埋深，但不得小于 0.4m；管道安装时沟槽底要平整光滑，不允许有直径大于 3cm 的硬物	□	
		（7）灌溉管道安装完毕填土定位后，应进行管道水压试验，试验压力不低于 0.6MPa	□	
		（8）每隔 40m 左右安装一个快速取水阀，通过取水钥匙方便取水，取水阀埋地安装，预留水景补水口，安装 De25 球阀	□	
		（9）喷头、管线的安装位置倘若与植物的种植位置相冲突时，按照实际情况调整；所有喷头需使用铰接接头与支管连接，喷头的安装应垂直于地面；灌水器顶部与沉降后的绿地表面平齐，紧贴灌水器的土壤必须夯实；根据地形变化，喷嘴型号可做相应调整；安装时由灌溉承包商调整灌溉出水口和喷嘴，选择最佳的喷洒半径和喷洒角度，防止向道路或建筑物过度喷洒或产生地表径流；在每个阀门处调节流量，以获得每个控制区最合适的水压	□	

序号	项目名称	内容	实施情况	备注
8	灌溉系统技术要求	（10）在给水主管网最高处安装自动进排气阀，用于释放灌水初期管内过高的压力，以防止水锤发生；在地势低处安装泄水阀，用于排尽管道积水，冬季不灌溉时需要打开泄水阀放空管道，以防止管道冻坏	□	
		（11）凡是过路及过桥的给水管均须采用镀锌钢管作套管保护，过桥管要做好固定保护，套管管径比对应给水管管径大两个等级	□	
		（12）控制线要求：所有灌溉控制电线及零线均采用直埋信号电缆，与灌溉管线共沟直埋敷设，并须设置于主管的下方，每隔3m中心距离用胶带捆扎电线，图纸中并未显示出灌溉控制电线、零线及备用电线，在绿化区内没有主管或支管的地方，控制线应该安装在PVC导管内	□	
		（13）绿化灌溉给水管道需分段试压，试验压力为工作压力的1.5倍，水压试验方法和验收标准按相应规范执行，在对所有管道进行冲洗完毕后，方可安装灌水器	□	
		（14）未说明部分按现行国家标准《喷灌工程技术规范》GB/T 50085和相关国家及地方设计、施工规范执行	□	
9	其他		□	

3.20.7 太阳能生活热水系统

太阳能生活热水系统专项设计汇总表　　　　表 3.20.7

序号	项目名称	内容	实施情况	备注
1	主要设计依据	《建筑给水排水设计标准》GB 50015—2019	□	
		《建筑物防雷设计规范》GB 50057—2010	□	
		《民用建筑太阳能热水系统应用技术标准》GB 50364—2018	□	
		《建筑节能与可再生能源利用通用规范》GB 55015—2021	□	
		《太阳能集热器性能试验方法》GB/T 4271—2021	□	
		《真空管型太阳能集热器》GB/T 17581—2021	□	
		其他	□	
2	设计范围	本设计文件为太阳能生活热水系统范围内的工艺施工图设计	□	
		本设计说明为太阳能生活热水系统专项设计说明，说明未见部分参照建筑给水排水设计说明相关部分	□	
		本设计文件提供的专项设计说明及工艺施工图须由业主认可的专业承包商深化设计，并经主体设计单位审核通过后才能用于施工，本设计文件仅供招标使用	□	
		其他	□	
3	工程概况	＿＿＿（项目名称）位于＿＿＿	□	
		处于北纬＿＿＿、东经＿＿＿，属＿＿＿气候	□	

续表

序号	项目名称	内容	实施情况	备注
4	各月设计用气象参数	水平面月平均日太阳总辐照量：___ kJ/(m²·d)； 倾斜面月平均日太阳总辐照量：___ kJ/(m²·d)； 月日照小时数：___ h； 月平均室外气温：___ ℃； 冷水温度：___ ℃	☐	
5	太阳能热水系统	太阳能热水系统选用： ☐开式系统 ☐闭式系统	☐	
		太阳能热水系统选用： ☐集中集热-集中供热水 ☐集中集热-分散供热水 ☐分散集热-分散供热水	☐	
		系统循环方式采用：☐强制循环 ☐自然循环	☐	
		系统采用换热方式：☐直接 ☐间接	☐	
		太阳能集热器产生的热水用于： ☐生活热水的预加热水 ☐生活热水	☐	
		太阳能保证率为___，贮热水箱和管路的热损失率为___，辅助热源为___，集中供给各用热水点，并设有热水循环泵强制同程机械循环、动态回水，以保证热水供/回水温度达到60℃/55℃	☐	供回水温度应根据项目实际情况确定
		太阳能热水系统应采取防冻、防结露、防过热、防电击、防雷、抗雹、抗风、抗震等技术措施	☐	
6	集热器性能参数	(1) 设置的集热器面积为___ m²，设置于___（位置）	☐	
		(2) 产品类型___（真空管/平板），采用的集热器规格为___，全日集热效率为___，材质为___，能抵抗强风、冰雹等恶劣天气	☐	
		(3) 集热器安装方式采用：☐水平安装 ☐倾斜安装； 最大机械荷载（分散荷载）：___（350kg/m²，另需考虑雪荷载60~80kg/m²）； 集热器承压≥___ MPa	☐	
		(4) 集热器内部输送介质为：☐防冻液 ☐水； 介质输入管道材质为___	☐	
		(5) 集热器外壳材质应为___，外壳应有保护涂层，能防腐、抗氧化、抗侵蚀、耐臭氧等，满足使用寿命不低于15年	☐	
		(6) 集热器采用抗风、抗雪设计，在使用过程中能抗风载、雪载	☐	
7	集热系统水泵性能要求	集热循环泵的泵壳、叶轮、轴承等与输送介质接触的部件材质选用应保证输送介质为防冻液的情况下能正常使用	☐	
8	其他集热系统要求	所有与集热系统相关联的设备中，与特殊介质接触的部件的材质应保证在输送介质为防冻液的情况下能正常使用，所有与集热系统相关联的设备耐温要求不应低于100℃	☐	
9	系统说明	(1) 集热系统由设置在___（屋面/阳台/立面）上的太阳能集热器、散热器及热媒供回水管道组成	☐	
		(2) 当集热器出水温度与系统设定的温度差达到设定值时，集热循环泵启动，将太阳能集热器吸收的热量___ kW换热至储水罐中/储存到热水箱	☐	

序号	项目名称	内容	实施情况	备注
9	系统说明	(3) 储热系统及供热系统由____（容积式热交换器/热水箱/闭式储水罐）组成，通过____（直接/间接）换热的方式，将太阳能的热量最大限度地储存到水罐中	□	
		(4) 防冻系统采用方式： □回流或排空　□防冻循环控制　□防冻液	□	
		(5) 防过热系统采用方式： □设置空气散热器　□设置遮阳措施　□防冻液	□	
		(6) 定压补液系统：通过控制系统传输信号，____（手动/自动）补液	□	
10	主要施工依据	《建筑给水排水及采暖工程施工质量验收规范》GB 50242—2002	□	
		《给水排水管道工程施工及验收规范》GB 50268—2008	□	
		《太阳能集中热水系统选用与安装》15S128	□	
		《管道和设备保温、防结露及电伴热》16S401	□	
		《室内管道支架及吊架》03S402	□	
		《常用小型仪表及特种阀门选用安装》01SS105	□	
		其他	□	
11	计量单位	设计文件中标注的尺寸均以 mm 计，标高以 m 计	□	
		设计文件中标注的管道标高均以管中心计	□	
		其他	□	
12	管道安装和施工要求	参照的国家建筑标准设计图集：（见表 3.11.2 或自行添加） □……	□	
		管道支吊架设置：□抗震支吊架　□成品支吊架　□其他		
		主要设备基础： ____采用基础尺寸规格为：____（长）×____（宽）×____（高） ……		
13	管道及配件	(1) 太阳能热水系统的热媒供回水管道采用____MPa 的____（材质）管道，连接方式为____，生活热水管道同给水排水设计说明内相关部分内容	□	
		(2) 阀门：DN50 及以下采用截止阀，DN50 以上采用蝶阀，阀门材质为不锈钢	□	
		(3) 开式太阳能集热系统应采用耐温不低于 100℃的金属管材、管件、附件及阀件；闭式太阳能集热系统应采用耐温不低于 200℃的金属管材、管件、附件及阀件；直接太阳能集热系统宜采用不锈钢管材	□	
14	管道试压	见表 3.7.9	□	
15	保温	(1) 室外明露及安装在室内公共部位有可能结冻的热水管、热水回水管、热媒管、热媒回水管、供热设备管道，应采取保温措施； (2) 室外水泵如长期不用，或环境温度低于 0℃时，应将泵内水放空，或对水泵做保温处理，以免泵体冻裂； (3) 太阳能热水系统的热媒供水管道和热媒回水管道采用难燃型夹筋铝箔复面的离心玻璃棉管瓦保温（60℃时其导热系数小于或等于0.041W/(m·K)），施工时，用专用胶水与管壁粘贴，接缝处用铝箔胶带密封	□	
16	运行控制	采用____（定温控制/温差控制），具体为____	□	具体根据太阳能热水系统形式确定
17	其他		□	

注：序号 4 中，采用太阳能热水系统时，应满足日照时数大于 1400h/年且年太阳辐射量大于 4200MJ/m² 的要求，所在地区位置的年极端最低气温不低于－45℃。

3.20.8　建筑雨水及中水回用系统

雨水回用系统专项设计汇总表　　表 3.20.8-1

序号	项目名称	内容	实施情况	备注
1	主要设计依据	《地表水环境质量标准》GB 3838—2002	☐	
		《室外排水设计标准》GB 50014—2021	☐	
		《建筑给水排水设计标准》GB 50015—2019	☐	
		《城市排水工程规划规范》GB 50318—2017	☐	
		《建筑中水设计标准》GB 50336—2018	☐	
		《建筑与小区雨水控制及利用工程技术规范》GB 50400—2016	☐	
		《城镇给水排水技术规范》GB 50788—2012	☐	
		《建筑给水排水与节水通用规范》GB 55020—2021	☐	
		《城市污水再生利用 城市杂用水水质》GB/T 18920—2020	☐	
		《城市污水再生利用 景观环境用水水质》GB/T 18921—2019	☐	
		其他	☐	
2	设计范围	本设计文件为雨水回用系统范围内的工艺施工图设计	☐	
		本设计说明为雨水回用系统专项设计说明，说明未见部分参照建筑给水排水设计说明相关部分	☐	
		本设计文件提供的专项设计说明及工艺施工图须由业主认可的专业承包商深化设计，并经主体设计单位审核通过后才能用于施工，本设计文件仅供招标使用	☐	
		项目雨水回用系统的设计包括：雨水预处理系统、雨水调蓄池、净化处理系统、雨水供水系统、自动控制系统	☐	
		其他	☐	
3	工程概况和主要设计参数	_____（项目名称）位于_____	☐	
		项目共收集_____m² _____（硬质屋面/绿化屋面/地面）雨水	☐	
		日回用水量___ m³，年回用水量____ m³，年收集水量____ m³	☐	
		雨水处理设备每日运行时间_____h，处理量_____m³/h	☐	
		雨水收集池容积_____m³，清水池容积_____m³	☐	
4	水质	屋面雨水弃流厚度为2～3mm，地面雨水弃流厚度为3～5mm；初期雨水弃流后的水质：____（COD/SS/色度）；处理后的出水水质：_____（标准名称），满足相应用途的回用水质要求	☐	出水水质应根据雨水回用用途确定
5	雨水回用处理工艺	（1）项目的雨水回用处理工艺流程采用_____	☐	
		（2）雨水收集系统：由_____（雨水预处理系统、雨水收集池、雨水处理系统、雨水清水池）组成	☐	
		（3）雨水预处理系统：采用___（装置），用于_____（作用）	☐	预处理系统一般由截污挂篮装置、弃流过滤装置等组成

续表

序号	项目名称	内容	实施情况	备注
5	雨水回用处理工艺	（4）雨水调蓄池：采用____（一体化埋地模块/室外混凝土水池），容积为____ m³，设置水池清洗措施情况：□设置 □不设	□	当雨水调蓄池容积包括雨水回用收集池容积及部分海绵调蓄容积时，需分别注明容积
		（5）净化处理系统：采用____（埋地一体机/过滤器）；絮凝剂采用____；消毒剂采用_____，投加量/浓度为_____，投加方式为_____，消毒时间为_____min	□	
		（6）雨水供水系统：____（室内/室外）设置有效容积____ m³ ____（材质）的清水池____座，采用____（供水设备）供____（用途）用水	□	
		（7）自动控制系统：采用_____（雨水系统控制器）进行控制，控制器采用芯片程序控制，配有显示屏，可以做到对_____（各调蓄池液位的监控，水泵工作状况的监控，净化设备的控制，同时监控供水、排水、补水等情况）	□	
6	用水安全措施	（1）雨水供水管道应与生活饮用水管道分开设置，严禁回用雨水进入生活饮用水给水系统，供水管路应设补水系统，并满足如下要求： 1）补水的水质应满足雨水供水系统的水质要求； 2）补水应在净化雨水供水量不足时进行； 3）补水能力应满足雨水中断时系统的用水量要求； 4）补水管路为自来水时，应在补水管路上设置倒流防止器，以防污染自来水； 5）清水池（箱）内的自来水补水管出水口应高于清水池（箱）内溢流水位，补水管口最低点高出溢流边缘的空气间隙不得小于2.5倍补水管管径，且不应小于150mm；向蓄水池（箱）补水时，补水管口应设在池外，且应高于室外地面	□	
		（2）雨水供水管道上不得装设取水龙头，并应采取下列防止误接、误用、误饮的措施： 1）管外壁应按设计规定涂淡绿色或标识环； 2）有取水口时，应设锁具或专门开启工具； 3）水表、给水栓、取水口应有明显"雨水"标识； 4）雨水供水管道应与生活饮用水管道分开设置	□	
7	主要施工依据	《建筑给水排水及采暖工程施工质量验收规范》GB 50242—2002	□	
		《给水排水管道工程施工及验收规范》GB 50268—2008	□	
		《建筑与小区雨水控制及利用工程技术规范》GB 50400—2016	□	
		《海绵型建筑与小区雨水控制及利用》17S705	□	
		其他	□	

续表

序号	项目名称	内容	实施情况	备注
8	计量单位	设计文件中标注的尺寸均以 mm 计，标高以 m 计	□	
		设计文件中标注的管道标高均以管中心计	□	
		其他	□	
9	管道安装和施工要求	参照的国家建筑标准设计图集：（见表 3.11.2 或自行添加）□……	□	
		管道支吊架设置：□抗震支吊架　□成品支吊架　□其他		
		主要设备基础：_____采用基础尺寸规格为：____（长）×____（宽）×____（高）……		
10	管道及配件	(1) 管道采用___MPa 的___（材质）管道，连接方式为____； (2) 阀门：DN50 及以下采用___，DN50 以上采用____，阀门材质___	□	
11	管道试压、保温、设备安装要求等	安装（含保温）：见表 3.6.8、表 3.11.3、表 3.11.4	□	
		试压：见表 3.6.9	□	
		其他	□	
12	处理机房要求	(1) 为防止异味影响环境，雨水处理机房进出门需具有良好的密封性，机房内换气次数不少于 12 次/h； (2) 储药、加药间需配备紧急洗眼装置，换气次数不少于___次/h	□	
13	其他		□	

中水回用系统专项设计汇总表　　　　表 3.20.8-2

序号	项目名称	内容	实施情况	备注
1	主要设计依据	《污水综合排放标准》GB 8978—1996	□	
		《室外排水设计标准》GB 50014—2021	□	
		《建筑给水排水设计标准》GB 50015—2019	□	
		《建筑中水设计标准》GB 50336—2018	□	
		《城镇给水排水技术规范》GB 50788—2012	□	
		《城市污水再生利用 城市杂用水水质》GB/T 18920—2020	□	
		《城市污水再生利用 景观环境用水水质》GB/T 18921—2019	□	
		其他	□	
2	设计范围	本设计文件为中水回用系统范围内的工艺施工图设计	□	
		本设计说明为中水回用系统专项设计说明，说明未见部分参照建筑给水排水设计说明相关部分	□	

序号	项目名称	内容	实施情况	备注
2	设计范围	本设计文件提供的专项设计说明及工艺施工图须由业主认可的专业承包商深化设计，并经主体设计单位审核通过后才能用于施工，本设计文件仅供招标使用	☐	
		项目中水回用系统的设计包括：原水、中水处理系统、中水供水系统、控制系统	☐	
		其他	☐	
3	工程概况和主要设计参数	＿＿＿＿（项目名称）位于＿＿＿＿	☐	
		收集＿＿＿、＿＿＿、……作为中水原水，用于＿＿＿＿（回用对象）	☐	
		项目中水原水量为＿＿ m³/d，中水年供水量为＿＿ m³；建筑中水用水量＿＿ m³/d，建筑年总用水量＿＿ m³；中水处理设备每日运行时间＿＿ h，处理量＿＿ m³/h	☐	
		原水池采用＿＿座有效容积为＿＿＿ m³＿＿（材质）的水池；中水贮存池采用＿＿座有效容积为＿＿＿ m³＿＿（材质）的水池	☐	
4	水质	原水水质：＿＿＿＿ 处理后的出水水质：＿＿＿＿＿＿＿（标准名称），满足相应用途的回用水质要求	☐	
5	中水回用处理工艺	（1）原水系统：＿＿＿排水经＿＿＿（化粪池/格栅井）后，进入原水调节池；原水系统设分流和水量调节设施，用以控制和调节进入处理设备的原水量；暂不收集的原水宜在流入处理站之前依靠重力排至室外	☐	详见本表注
		（2）中水处理系统： 中水回用处理工艺流程为＿＿＿	☐	
		（3）设施采用形式： ☐成套设备，处理规模＿＿ m³/h，材质为＿＿＿ ☐非成套设备，主要构筑物有＿＿＿、＿＿＿、……，参数分别为＿＿＿、＿＿＿、……	☐	
		（4）消毒剂：采用＿＿＿，投加量/浓度为＿＿＿，投加方式为＿＿＿，消毒时间为＿＿＿min	☐	
		（5）污泥处理：产生的污泥排至化粪池或经污泥浓缩池和机械脱水装置处理后外运（污泥量小时可排至化粪池）	☐	
		（6）中水供水系统：设置＿＿座有效容积＿＿ m³＿＿（材质）的清水池，采用＿＿＿（供水设备）供＿＿＿（用途）用水	☐	
		（7）控制系统：应采用自动控制系统，并同时设置手动控制。自动控制系统原理如下：当清水池内水位低于设定水位时，中水处理系统应处于待机状态，可以运行向清水池供水；当清水池内水位达到设定水位时，中水处理系统应处于锁定状态，不可以运行	☐	

续表

序号	项目名称	内容	实施情况	备注
6	用水安全措施	（1）中水管道严禁与生活饮用水给水管道连接	☐	
		（2）中水贮存池内的自来水补水管应采取防污染措施，自来水补水管应从水箱上部或顶部接入，补水管口最低点高于溢流边缘的空气间隙不得小于2.5倍补水管管径，且不应小于150mm	☐	
		（3）中水管道上不得装设取水龙头，当装有取水口时，必须采取严格的防止误饮、误用的措施	☐	
		（4）中水供水管道上应采取下列防止误接、误用、误饮的措施： 1）中水管网中所有组件和附属设施的显著位置应配置"中水"耐久标识，中水管道应涂淡绿色环，埋地、暗敷中水管道应设置连续耐久标志带； 2）中水管道取水口处应配置"中水禁止饮用"的耐久标识； 3）公共场所及绿化、道路喷洒等杂用的中水用水口应设带锁装置； 4）中水管道，应进行检查防止错接，工程验收时应逐段进行检查，防止误接	☐	
		（5）对于采用电解法现场制备二氧化氯，或处理工艺可能产生有害气体的中水处理站，应设置事故通风系统，事故通风量应根据放散物的种类、安全及卫生浓度要求，按全面排风计算确定，且换气次数不应少于12次/h	☐	
7	主要施工依据	《建筑给水排水及采暖工程施工质量验收规范》GB 50242—2002	☐	
		《给水排水管道工程施工及验收规范》GB 50268—2008	☐	
		其他	☐	
8	计量单位	设计文件中标注的尺寸均以mm计，标高以m计	☐	
		设计文件中标注的管道标高均以管中心计	☐	
		其他	☐	
9	管道安装和施工要求	参照的国家建筑标准设计图集：（见表3.11.2或自行添加） ☐……	☐	
		管道支吊架设置：☐抗震支吊架 ☐成品支吊架 ☐其他		
		主要设备基础： ___采用基础尺寸规格为：___（长）×___（宽）×___（高） ……		
10	管道及配件	（1）管道采用___MPa的___（材质）管道，连接方式为___； （2）阀门：DN50及以下采用___，DN50以上采用___，阀门材质___	☐	
11	管道试压、保温、设备安装要求等	安装（含保温）：见表3.6.8、表3.11.3、表3.11.4	☐	
		试压：见表3.6.9	☐	
		其他	☐	

序号	项目名称	内容	实施情况	备注
12	处理机房要求	（1）为防止异味影响环境，中水处理机房进出门需具有良好的密封性，机房内换气次数为： □不少于 12 次/h（当处理构筑物为敞开时） □不少于 8 次/h（当处理构筑物为有盖板时） （2）储药、加药间需配备紧急洗眼装置，其换气次数不少于 12 次/h，对于采用现场制备二氧化氯、次氯酸钠等消毒剂的中水处理站，加药间应与其他房间隔开，并有直接通向室外的门； （3）中水处理机房应有可靠排水措施，当机房地面低于室外地坪时，应设置集水设施用污水泵排出，污水泵的流量不应小于最大小时来水量	□	
13	其他		□	

注：表中序号 5 提及中水回用处理工艺还应符合以下规定：
（1）回用处理的工艺流程应根据原水水质和出水水质、处理量等参照规范选用，格式可参照表 3.20.1 序号 4。
（2）当用于供暖、空调补水等其他用途时，应根据水质需要增加相应的深度处理措施。
（3）原水为生活污水时宜设置化粪池，其余设置格栅；原水为洗浴废水的中水系统，污水吸水泵上应设置毛发过滤器。

3.20.9 满管压力流（虹吸）雨水排水系统

满管压力流（虹吸）雨水排水系统专项设计汇总表 表 3.20.9

序号	项目名称	内容	实施情况	备注
1	主要设计依据	《室外排水设计标准》GB 50014—2021	□	
		《建筑给水排水设计标准》GB 50015—2019	□	
		《建筑给水排水与节水通用规范》GB 55020—2021	□	
		《建筑屋面雨水排水系统技术规程》CJJ 142—2014	□	
		《虹吸式屋面雨水排水系统技术规程》CECS 183：2015	□	
		其他	□	
2	设计范围	本设计文件为满管压力流雨水排水系统专项设计图纸	□	
		本设计说明为满管压力流雨水排水系统专项设计说明，说明未见部分参照建筑给水排水设计说明相关部分	□	
		本设计文件提供的专项设计说明及工艺施工图须由业主认可的专业承包商深化设计，并经主体设计单位审核通过后才能用于施工，本设计文件仅供招标使用	□	
		其他	□	
3	工程概况和主要设计参数	_____（项目名称）位于_____	□	
		其中____（裙房/塔楼）屋面采用满管压力流雨水排水系统设计	□	
		满管压力流雨水排水系统设计重现期为____年；降雨历时____min； 溢流设施采用：□溢流口 □管道溢流系统； 其排水能力按____年雨水量复核	□	

续表

序号	项目名称	内容	实施情况	备注
3	工程概况和主要设计参数	按____市暴雨强度公式，设计降雨强度为____，径流系数为__	□	
		满管压力流雨水排水系统总汇水面积____ m²，其中__（位置）屋面汇水面积为____ m²，共设置____个满管压力流雨水排水系统	□	
4	雨水斗	项目中满管压力流雨水斗采用的规格有： □DN50　□DN75　□DN100　□DN125　□DN150 □其他 ____规格的雨水斗共设__个，____规格的雨水斗共设__个，…… 雨水斗采用____（材质），雨水斗额定流量为____ L/s；斗前水深为____mm，雨水斗设置间距不宜大于20m，距裙房与塔楼交界处的距离不应大于10m，不应小于1m	□	
5	管材及配件	用于同一系统的管道（含与雨水斗相连的连接管）与管件，宜采用相同的材质	□	
		满管压力流屋面雨水系统的管道、附配件以及连接口性能应能耐受系统正压和负压设计计算值的规定，管材供应厂商应提供管材耐正压和负压的检测报告	□	
		采用HDPE承压塑料管及配件，电熔连接，管道及配件承压等级为____ MPa；选用S12.5管系列、有"BD"标识的管材	□	
		采用热浸镀锌钢管及配件，管道及配件承压等级为____ MPa，管径小于等于DN80时丝扣连接，管径大于DN80时沟槽式机械接头连接（负压段采用E型密封圈）	□	
		采用不锈钢管道及配件，焊接，耐腐蚀性能不低于S30408，管道及配件承压等级为____ MPa	□	
		采用涂塑复合钢管及配件，沟槽式机械连接（负压段采用E型密封圈），管道及配件承压等级为____ MPa	□	
		其他	□	
6	消能	与排出管连接的起始雨水检查井应能承受水流的冲力，并应采用钢筋混凝土检查井或消能井，尺寸不宜小于1.0m×1.0m，其出口处水流速度应小于1.8m/s，否则应在雨水检查井内设置牢固的消能钢板等消能措施	□	如采用其他消能措施，设计人员自行添加
		起始雨水检查井出水管管顶应低于雨水排出管管底0.3m，检查井接入管与排出管的方向宜呈180°，且不得小于90°	□	
		每个雨水检查井宜接一根排出管，接排出管的检查井井盖宜开通气孔或采用格栅井盖，通气孔的面积不宜小于检查井井筒截面积的30%	□	
		当同一检查井接多根排出管时，宜设带排气功能的消能井	□	

序号	项目名称	内容	实施情况	备注
7	主要施工依据	《建筑给水排水及采暖工程施工质量验收规范》GB 50242—2002	☐	
		《给水排水管道工程施工及验收规范》GB 50268—2008	☐	
		《虹吸式屋面雨水排水系统技术规程》CECS 183：2015	☐	
		《雨水斗选用及安装》09S302	☐	
		《屋面雨水排水管道安装》15S412	☐	
		《海绵型建筑与小区雨水控制及利用》17S705	☐	
		其他	☐	
8	计量单位	设计文件中标注的尺寸均以 mm 计，标高以 m 计	☐	
		设计文件中标注的管道标高均以管中心计	☐	
		其他	☐	
9	管道安装和施工要求	参照的国家建筑标准设计图集：（见表 3.11.2 或自行添加）☐……	☐	
		管道支吊架设置：☐抗震支吊架　☐成品支吊架　☐其他	☐	
		悬吊管无坡度，但不得倒坡	☐	
		连接管设计流速不应小于 1.0m/s，悬吊管设计流速不宜小于 1.0m/s；立管设计流速不宜小于 2.2m/s，且不宜大于 10m/s	☐	
		过渡段下游的流速不宜大于 1.8m/s，当流速大于 1.8m/s 时应采取消能措施	☐	
		满管压力流雨水排水系统可根据雨水排水系统承包商的要求设置检查口	☐	
		项目屋面天沟及雨水斗采用的融冰化雪措施是_____	☐	
		其他要求见表 3.9.6	☐	
10	管道标识	采用黄棕色环	☐	
11	密封性能和验收	（1）系统密封性能验收应堵住所有雨水斗，向屋顶或天沟灌水，水位应淹没雨水斗，持续 1h 后，雨水斗周围屋面应无渗漏现象	☐	
		（2）安装在室内的雨水管道，应根据管材和建筑高度进行灌水试验，灌水高度必须达到每根立管上部雨水斗口	☐	
		（3）当立管高度大于 250m 时，应对下部 250m 高度管段进行灌水试验，其余部分进行通水试验	☐	
		（4）灌水试验持续 1h 后，管道及其所有连接处应无渗水现象	☐	
12	其他	（1）用于满管压力流屋面雨水系统水力计算的计算软件应经过权威部门的鉴定； （2）满管压力流雨水排水系统排水时的噪声应符合国家对该类建筑物的噪声要求	☐	
		（3）设置溢流口时，其底边高出雨水斗顶≥50mm	☐	
		（4）雨水沟最小宽度为_____mm，最小深度为_____mm	☐	
		其他	☐	

3.20.10　污水处理系统

污水处理系统专项设计汇总表　　　　　　　　　表 3.20.10

序号	项目名称	内容	实施情况	备注
1	主要设计依据	《污水综合排放标准》GB 8978—1996	□	
		《室外给水设计标准》GB 50013—2018	□	
		《室外排水设计标准》GB 50014—2021	□	
		《建筑给水排水设计标准》GB 50015—2019	□	
		《医疗机构水污染物排放标准》GB 18466—2005	□	
		《污水排入城镇下水道水质标准》GB/T 31962—2015	□	
		《医院污水处理工程技术规范》HJ 2029—2013	□	
		《医院污水处理设计规范》CECS 07：2004	□	
		项目的相关环评报告、批复等文件	□	
		其他	□	
2	设计范围	本设计文件为污水处理站范围内的工艺施工图设计	□	
		本设计说明为污水处理站专项设计说明，说明未见部分参照建筑给水排水设计说明相关部分，其他专业的设计说明详见相应专业的施工图纸	□	
		本设计文件提供的专项设计说明及工艺施工图须由业主认可的专业承包商深化设计，并经主体设计单位审核通过后才能用于施工，本设计文件仅供招标使用	□	
		其他	□	
3	工程概况和主要设计参数	_____（项目名称）位于_____	□	
		项目的污水原水包括：_____、_____、……；污水总排放量为_____ m³/d；其中须进行处理后排放的有：_____，其污水量为_____ m³/d	□	
		项目污水处理站设计处理规模_____ m³/d，每天按_____ h运行，小时处理水量_____ m³/h	□	
		项目污水处理站设于_____（位置），采用_____工艺，具体污水处理工艺流程为_____	□	工艺流程表达方式见表 3.20.1 序号 4
		设施采用形式： □成套设备，处理规模_____ m³/h，材质为_____ □非成套设备，主要构筑物有_____、_____、……，参数分别为_____、_____、……	□	
		按规范要求处理系统拟采用并联模式运行，运行总水量不变，并联模式共分为_____组，每组处理规模为_____ m³/h	□	
		项目污水处理站消毒剂采用_____，投加量为_____ g/m³污水，消毒时间为_____ min	□	
		项目污水处理站污泥处理采用_____	□	

续表

序号	项目名称	内容	实施情况	备注
3	工程概况和主要设计参数	项目污水处理站进水水质化验结果如下：_____；设计出水水质达到_____标准，具体指标如下：_____	☐	
		项目污水处理站设置事故水池： ☐不设 ☐设，其有效容积为_____ m³，规格为_____	☐	
		其他	☐	
4	计量	设计文件中标注的尺寸均以 mm 计，标高以 m 计	☐	
		本工艺设计图纸所有构（建）筑物尺寸、定位坐标等以土建施工图为准	☐	
		设计文件中管道（包括预埋管）标高除特别注明外均指管内底标高，预留孔均为孔底标高	☐	
		钢制设备尺寸及预留孔、预埋构件位置尺寸等均以设备制作图为准，均由设备安装施工单位实施	☐	
		室内地面标高为±0.00，相当于____ 高程____ m	☐	项目中可能有不止一个高程体系，通常采用黄海高程
		图中管径均采用公称直径表示	☐	
5	管道材料及连接方式	（1）管材及连接方式： ☐与主体建筑的设计要求一致 ☐按承包商配套采用，但需主体建筑设计单位审核确认 ☐其他	☐	（1）中如采用其他选项时，须将（2）填写完整
		（2）管材及连接方式： ☐空气管道采用_____，连接方式为_____ ☐工艺管道（包括污水管、污泥管、回流管、排空管等）采用_____，连接方式为_____ ☐给水（自来水）管道采用_____，连接方式为_____ ☐药剂管道采用_____，连接方式为_____	☐	
		（3）其他	☐	
6	排水水质标准	《污水综合排放标准》GB 8978—1996	☐	应根据项目性质、地域位置、排放方式等选择相应排水水质标准
		《污水排入城镇下水道水质标准》GB/T 31962—2015	☐	
		《医疗机构水污染物排放标准》GB 18466—2005	☐	
		其他标准	☐	
7	阀门	除图纸注明外，阀门口径＜DN100 的采用闸阀，阀门口径≥DN100 的一般采用蝶阀	☐	
		其他	☐	
8	防腐及面漆	所有钢制设备、管道均需做防腐处理，表面除锈	☐	
		埋地钢管外壁采用环氧煤沥青防腐层防腐，防腐等级为普通级，外露的管道、钢制件以红丹酚醛防锈漆打底两道，再刷面漆两道	☐	
		面漆选用由承包商负责，建议采用：空气管——本色，污水管——银灰，污泥管——黑色，给水管——本色，栏杆——黄色	☐	

续表

序号	项目名称	内容	实施情况	备注
9	安装及试压	参照的国家建筑标准设计图集：（其他见表 3.11.2 或自行添加） □《建筑排水管道安装——塑料管道》19S406 □《建筑生活排水柔性接口铸铁管道与钢塑复合管道安装》13S409 □《给水排水构筑物设计选用图（水池、水塔、化粪池、小型排水构筑物）》07S906 □《一体化污水处理设备选用与安装（一）》21CS04-1 □《防水套管》02S404 □《钢制管件》02S403 □其他	□	
		管道支吊架设置：□抗震支吊架　□成品支吊架　□其他	□	
		主要设备基础： ＿＿采用基础尺寸规格为：＿＿（长）×＿＿（宽）×＿＿（高） ……	□	
		埋地敷设的各种管道均应坐落在稳定的基础上，不允许埋在虚土上，如遇地质较差处应采用砾石砂或块石做加固处理	□	
		站内地下管线较多，有交叉管道敷设时，按先深后浅的原则，施工单位应做好有关施工组织设计，管道交叉时小管让大管，有压管让无压管，当垂直净距小于 200mm 时需加固	□	
		水处理构筑物、调蓄构筑物施工完毕后应进行功能性试验，试验应符合现行国家标准《给水排水构筑物工程施工及验收规范》GB 50141 的要求	□	
		与各类构筑物连接的管道，在构筑物充水预压稳定后方可接通	□	
		各种输水管道安装完毕后应进行水压试验，给水管道还需进行冲洗消毒，水压试验及冲洗消毒应符合现行国家标准《给水排水管道工程施工及验收规范》GB 50268 的要求	□	
		项目设计文件中钢制管及法兰规格参照国家建筑标准设计图集《钢制管件》02S403，法兰按 $PN=$＿＿＿（0.6）MPa 设计；埋地塑料管敷设参照国家建筑标准设计图集《埋地塑料排水管道施工》04S520	□	
		其他	□	
10	管槽开挖及回填	管槽开挖宽度见表 3.5.12-1	□	
		不设挡土措施时，管槽开挖坡度可采用 1∶0.5	□	
		管槽回填：回填必须在管道水压试验和闭水试验合格后进行，回填时，槽底至管顶以上 500mm 范围内，不得含有大于 50mm 的砖、石块等，回填土的压实度不应小于 90%	□	
11	主要施工验收规范	《给水排水管道工程施工及验收规范》GB 50268—2008	□	
		《给水排水构筑物工程施工及验收规范》GB 50141—2008	□	
		《工业金属管道工程施工规范》GB 50235—2010	□	
		《现场设备、工业管道焊接工程施工规范》GB 50236—2011	□	

续表

序号	项目名称	内容	实施情况	备注
11	主要施工验收规范	《机械设备安装工程施工及验收通用规范》GB 50231—2009	☐	
		《风机、压缩机、泵安装工程施工及验收规范》GB 50275—2010	☐	
		其他	☐	
12	其他注意事项	鼓风机、水泵均用法兰连接管道,管道上的阀门和仪表应安装整齐,风机进出管应用支架承重并固定,不得将进出管、阀门等荷载直接加在风机上,安装时严禁异物进入风机,风机应采取减震和消声措施	☐	
		曝气系统由专业承包商提供安装,安装完成后应进行清水试验,逐步调整直至布气均匀,并在承包商指导下进行调试运行	☐	
		钢制平台、楼梯等视现场情况制作安装	☐	
		排污口设置排污标志	☐	
		其他设备安装时均严格按照产品说明书及相关规范进行安装	☐	
		项目各设备基础均待设备到位校核后再按实际尺寸浇筑,设备安装按各自标准执行并在承包商指导下进行,项目中各设备预埋尺寸与位置均由承包商配合提供	☐	
		各专业间应密切配合,协调好土建和安装交叉施工的关系,预埋件施工前应复核土建及相关工艺、给水排水、电气图纸以及设备供应商提供的资料,确保准确无误	☐	
		污水处理站运行时,严禁明火,确保处理站安全	☐	
		其他	☐	

3.20.11 废水处理系统

废水处理系统专项设计汇总表　　　　　　　　　　　　表 3.20.11

序号	项目名称	内容	实施情况	备注
1	废水来源和系统简述	____(项目名称)位于____; 项目____产生的____废水,由独立的排水管道收集,并设置单独的通气系统,经____处理后,排入____; ……	☐	
2	设计范围	本设计文件为废水处理设施范围内的工艺施工图设计	☐	
		本设计说明为废水处理设施专项设计说明,说明未见部分参照建筑给水排水设计说明相关部分,其他专业的设计说明详见相应专业的施工图纸	☐	
		本设计文件提供的专项设计说明及工艺施工图须由业主认可的专业承包商深化设计,并经主体设计单位审核通过后才能用于施工,本设计文件仅供招标使用	☐	
		其他	☐	
3	废水水量	最高日产水量为_____ m³/d	☐	

续表

序号	项目名称	内容	实施情况	备注
4	处理设施及工艺流程	采用＿＿（方式）进行处理，并设有＿＿、……等辅助功能；其中＿＿处理设施设于＿＿（机房/楼层），处理能力为＿＿ m³/h	☐	
		采用的工艺流程为：＿＿	☐	
		药剂投加情况： ☐投加，采用＿＿药剂，投加量为＿＿ g/m³ ☐不投加	☐	
		采用的消毒措施： ☐不设 ☐设，采用＿＿消毒剂，投加量为＿＿ g/m³	☐	
5	主要设备规格参数	成套设备：设于＿＿（机房/楼层），规格参数是：＿＿，材质为＿＿	☐	
		非成套设备： ＿＿（设备名称）：设于＿＿（机房/楼层），设有＿＿台，规格参数是：＿＿，材质为＿＿； ＿＿（设备名称）：设于＿＿（机房/楼层），设有＿＿台，规格参数是：＿＿，材质为＿＿； ……	☐	
6	管材、配件和连接方式	管材及连接方式宜与主体建筑设计一致，也可按承包商配套采用，但需主体建筑设计单位审核确认	☐	
		如由承包商配套采用，则 ＿＿管道及其配件采用＿＿，连接方式为＿＿； ＿＿管道及其配件采用＿＿，连接方式为＿＿； ……	☐	
7	阀门	除图纸注明外，阀门口径＜DN100 的采用闸阀，阀门口径≥DN100 的一般采用蝶阀	☐	应根据项目实际情况选用
		其他	☐	
8	排水水质标准	《污水综合排放标准》GB 8978—1996	☐	应根据项目性质、地域位置、排放方式选择相应水质标准
		《医疗机构水污染物排放标准》GB 18466—2005	☐	
		《污水排入城镇下水道水质标准》GB/T 31962—2015	☐	
		其他标准	☐	
9	计量单位	设计文件中标注的尺寸均以 mm 计，标高以 m 计	☐	
		设计文件中标注的管道标高均以管中心计	☐	
		其他	☐	
10	安装及施工技术要求	参照的国家建筑标准设计图集：（其他见表 3.11.2 或自行添加） ☐《建筑排水管道安装——塑料管道》19S406 ☐《建筑生活排水柔性接口铸铁管道与钢塑复合管道安装》13S409 ☐《给水排水构筑物设计选用图（水池、水塔、化粪池、小型排水构筑物）》07S906 ☐《一体化污水处理设备选用与安装（一）》21CS04-1 ☐《防水套管》02S404 ☐《钢制管件》02S403 ☐其他	☐	

续表

序号	项目名称	内容	实施情况	备注
10	安装及施工技术要求	管道支吊架设置：□抗震支吊架　□成品支吊架　□其他	□	
		主要设备基础： ＿＿＿＿采用基础尺寸规格为：＿＿＿（长）×＿＿＿（宽）×＿＿＿（高） ……	□	
		埋地敷设的各种管道均应坐落在稳定的基础上，不允许埋在虚土上，如遇地质较差处应采用砾石砂或块石做加固处理	□	
		有交叉管道敷设时，按先深后浅的原则，施工单位应做好有关施工组织设计，管道交叉时小管让大管，有压管让无压管，当垂直净距小于200mm时需加固	□	
		其他	□	
11	验收及试压	水处理构筑物、调蓄构筑物施工完毕后应进行功能性试验，试验应符合《给水排水构筑物工程施工及验收规范》GB 50141的要求	□	
		与各类构筑物连接的管道，在构筑物充水预压稳定后方可接通	□	
		各种输水管道安装完毕后应进行水压试验，给水管道还需进行冲洗消毒，水压试验及冲洗消毒应符合《给水排水管道工程施工及验收规范》GB 50268的要求	□	
		项目设计文件中钢制管及法兰规格参照国家建筑标准设计图集《钢制管件》02S403，法兰按 $PN=$ ＿＿＿（0.6）MPa设计；埋地塑料管敷设参照国家建筑标准设计图集《埋地塑料排水管道施工》04S520	□	
		其他	□	
12	其他		□	

注：1. 工程建设项目中，需要处理的废水有多种，本表提供了某种废水处理的标准填写格式，设计人员可根据项目实际情况，按本表格式进行填写。
2. 序号3中提及的工艺流程可能涉及多种，设计人员确定后，可将工艺流程按表3.20.1序号4格式填写。

3.20.12　真空排水系统

真空排水系统专项设计汇总表　　　　表3.20.12

序号	项目名称	内容	实施情况	备注
1	主要设计依据	《建筑给水排水设计标准》GB 50015—2019	□	
		《室内真空排水系统工程技术规程》T/CECS 544—2018	□	
		其他	□	
2	设计范围	本设计文件为真空排水系统范围内的工艺施工图设计	□	
		本设计说明为真空排水系统专项设计说明，说明未见部分参照建筑给水排水设计说明相关部分，其他专业的设计说明详见相应专业的施工图纸	□	
		本设计文件提供的专项设计说明及工艺施工图须由业主认可的专业承包商深化设计，并经主体设计单位审核通过后才能用于施工，本设计文件仅供招标使用	□	
		其他	□	

续表

序号	项目名称	内容	实施情况	备注
3	系统简述	项目设置真空排水系统的部位有＿＿＿、＿＿＿、……	□	
		真空排水系统由真空泵站、真空界面单元和相应的系统管道等组成，真空泵站设置在＿＿＿	□	
		真空排水系统配置真空罐情况：□配备真空罐　□无真空罐	□	
		真空排水系统配置的真空界面单元有： □真空坐便器 □真空蹲便器 □真空小便器 □真空界面阀单元 □真空地漏 □真空汲水器 □真空冷凝水收集装置 □真空隔油器 □其他	□	
4	主要设计参数	系统总流量 $Q_W=$ ＿＿＿ L/s，真空负荷 $Q_{VP}=$ ＿＿＿ m³/h	□	
5	主要设备规格参数	＿＿＿（设备名称）：设于＿＿＿（位置），设有＿＿＿台，规格参数是：＿＿＿，材质为＿＿＿； ＿＿＿（设备名称）：设于＿＿＿（位置），设有＿＿＿台，规格参数是：＿＿＿，材质为＿＿＿； ……	□	
6	控制要求	真空排水系统中，真空泵和排水泵不得在同一时间开启	□	
		真空泵站应采用双电源或双回路供电；控制系统拟设于真空泵站内，应具备自动控制系统正常运行及监视系统内各电气设备运行状态的功能，并应配备设备监测系统和远程监视系统的接入端口	□	
		其他	□	
7	管材、配件和连接方式	真空排水管、泵站排污管和通气管采用工业级 PVC-U 管及配件，压力等级＿＿＿（PN10 以上），耐负压能力不小于−0.09MPa，承插粘接	□	
		真空排水管、泵站排污管和通气管采用工业级 HDPE 管及配件，压力等级＿＿＿（PN10 以上），耐负压能力不小于−0.09MPa，电熔连接	□	
		真空排水管、泵站排污管和通气管采用工业级不锈钢管及配件，压力等级＿＿＿（PN10 以上），耐负压能力不小于−0.09MPa，焊接	□	
		其他	□	
8	管道安装和施工要求	真空泵站排气管应伸顶高空排放	□	
		配备真空罐的真空排水系统通气管，应有不小于0.5%的坡度坡向真空泵站，管口采取防虫防雨措施	□	
		塑料排水管道不得与排放热水的设备直接连接，应有不小于0.4m的金属管段过渡	□	

续表

序号	项目名称	内容	实施情况	备注
8	管道安装和施工要求	排水管道的横管与横管、横管与立管的连接，全部采用45°弯头，不能采用90°弯头	☐	
		真空排水横管须有 $i=0.002$ 的水平坡度坡向真空泵站（除提升管外），不得出现倒坡，每隔 25～30m 设置一个传输袋，兼作水封及管道补偿措施	☐	
		真空排水管道应在水平主横管的最低点设置检查口或清扫口，相邻检查口或清扫口间距为 25～35m	☐	
		其他	☐	
9	系统测试和验收	系统测试和验收应满足《室内真空排水系统工程技术规程》T/CECS 544—2018 的规定	☐	
10	其他		☐	

第4章 建筑给水排水施工图标准化计算书

本章以国家现行标准中列出的计算公式为主要依据，共计编辑了97个自成体系的模块化计算表格，每个表格均有独立和相对完整的计算功能，可以用于某种单一或几个相互关联的功能计算，并按照给水、排水、热水、消防和其他专项设计五个类型进行归类。每个模块化计算表格均分为计算公式及取值、计算内容输出模板两个部分。其中，计算公式及取值主要列出了该模块化计算表格引用的计算公式、计算公式的用途、计算公式中各设计参数的名称、定义和单位，方便设计人员在开始计算前即能一目了然整个模块化计算表格内容；这部分内容虽然属于固定设计元素，但由于每个表格中可能列出了多个计算公式分别用于不同的设计情况，所以设计人员在此阶段仍需选择实际采用的计算公式。计算内容输出模板属于可变设计元素，主要列出了整个计算的过程、每个设计参数的名称、定义、单位、取值范围或取值方式，如果有较充分的依据时，还在此处注明了设计参数取值的引用出处；计算过程是按照计算时的逻辑关系顺序排列的，设计人员按照表格中的格式逐一填入即可，无漏项的可能。设计人员还能在表格的末尾自行添加诸如容积计算后的尺寸规格，或者是水泵计算后的实际选配水泵情况，本章仅在部分表格中进行了示范例举。

本章编辑的模块化计算表格相互之间可能存在一定的关联性。例如，关于生活水泵的模块化计算表格就将水泵的流量和扬程的计算公式放入同一个表格中，保持了计算的完整性；但同时，由于水泵的流量涉及最大时流量或秒流量不同的计算内容，而扬程也涉及各种水头损失的计算内容，相当复杂，所以关于水泵的这个模块化计算表格实际上为主计算表格，与之相关联配套使用的还有关于流量和水头损失的辅助计算表格。针对这种情况，每个主计算表格均会在表格中或者在表后的注中进行说明，清晰表达相互索引的关系，方便设计人员迅速找到各辅助计算表格，最终形成完整的生活水泵的模块化计算表格。完成工程建设项目中要求计算的所有设计工作后，设计人员应将被引用的所有模块化计算表格按照计算的逻辑关系顺序排列输出，形成完整的标准化计算书。

本章编辑的模块化计算表格还可按是否设置"实施情况以及备注"列，分为两大类，设置了"实施情况以及备注"列的表格均为设计人员需要计算填写的表格，未设置"实施情况以及备注"列的表格属于被引用的表格，以设计参数的具体数据列表为主，均属于固定设计元素。表格中还存在表中表的情况，主要针对某些表格中设计参数可选值不多无需再单独设表格或者是引用这些参数时其出处本就是简单的表格。

本章编辑的部分模块化计算表格的表后有较长的"注"，"注"的内容有时是独立的注释，用于解释表格中某个或多个序号行中的表达含义，这些内容往往比较重要，但又不适宜在表格中占用较长的篇幅，因此设"注"进行重点说明；有时"注"是对某些被引用的设计参数中存在特例的一种补充说明或者是不太容易被设计人员理解时的解释；也有时"注"被用于对某列中的设计参数的取值方式及取值范围进行规定；此外，表格中也会在最右侧的备注栏中采用"详见本表注×"或"见注×"的方式将某些必须予以注解的序号行通过这种醒目的索引方式进行关联，使设计人员可以快速关注到与该序号行相关的重要注释；再有，就是"注"本身就是引自某部国家现行标准中的注。

由于计算书在整个工程建设项目中属于最重要的设计文件，而且是施工图标准化设计说明以及标准化设计图纸最重要的设计依据，既要求精准细致，又要求严谨全面。因此设计人员在使用本章编辑的模块化计算表格前，有必要认真阅读表格的使用方式，特别是应该与本书第2章中的"标准化计算书综合选用表"进行配套选用，从而提高设计人员的工作效率、工作准确性及一致性。

4.1　给水系统

4.1.1　生活用水计算

生活用水量计算表

表 4.1.1

名称	序号	内容		实施情况	备注
计算公式及取值	1	最高日生活用水量计算公式	$Q_d = \dfrac{q_L \cdot m}{1000}$	□	
	2	最大时生活用水量计算公式	$Q_h = K_h \cdot Q_d/T$	□	
	3	平均日生活用水量计算公式	$Q_{ad} = \dfrac{q_{aL} \cdot m}{1000}$	□	
	4	平均时生活用水量计算公式	$Q_{ah} = Q_{ad}/T$	□	
	5	年生活用水量计算公式	$Q_a = Q_{ad} \cdot d$	□	
	Q_d	最高日生活用水量（m³/d）	最高日生活用水定额（L/用水单位）	q_L	□
	m	生活用水数量	最大时生活用水量（m³/h）	Q_h	□
	K_h	最高日小时变化系数	使用时数（h）	T	□
	Q_{ad}	平均日生活用水量（m³/d）	平均日生活用水定额（L/用水单位）	q_{aL}	□
	Q_{ah}	平均时生活用水量（m³/h）	年生活用水量（m³/年）	Q_a	□
	d	年使用天数（d），住宅可取 365d，公共建筑可按照实际使用情况确定		□	

序号	名称		用水单位	最高日用水定额 q_L（L）	平均日用水定额 q_{aL}（L）	用水数量 m	最高日小时变化系数 K_h	使用时数 T（h）	最高日用水量 Q_d（m³/d）	最大时用水量 Q_h（m³/h）	平均日用水量 Q_{ad}（m³/d）	平均时用水量 Q_{ah}（m³/h）	实施情况	备注
1	普通住宅	有大便器、洗脸盆、洗涤盆、热水器和淋浴设备	每人每日	130~300	50~200		2.8~2.3	24					□	
		有大便器、洗脸盆、洗涤盆、洗衣机、集中热水供应（或家用热水机组）和淋浴设备	每人每日	180~320	60~230		2.5~2.0	24					□	

续表

序号	名称		用水单位	最高日用水定额 q_L (L)	平均日用水定额 q_{aL} (L)	用水数量 m	最高日小时变化系数 K_h	使用时数 T (h)	最高日用水量 Q_d (m³/d)	最大时用水量 Q_h (m³/h)	平均日用水量 Q_{ad} (m³/d)	平均时用水量 Q_{ah} (m³/h)	实施情况	备注
2	别墅	有大便器、洗脸盆、洗涤盆、洒水栓、家用淋浴设备、洗衣机组和淋浴热水设备	每人每日	200~350	70~250		2.3~1.8	24					□	
3	宿舍	居室内设卫生间	每人每日	150~200	130~160		3.0~2.5	24					□	
		设公用盥洗卫生间	每人每日	100~150	90~120		6.0~3.0	24					□	
4	招待所、培训中心、普通旅馆	设公用卫生间、盥洗室	每人每日	50~100	40~80		3.0~2.5	24					□	
		设公用卫生间、盥洗室、淋浴室	每人每日	80~130	70~100		3.0~2.5	24					□	
		设公用卫生间、盥洗室、淋浴室、洗衣室	每人每日	100~150	90~120		3.0~2.5	24					□	
		设单独卫生间、公用洗衣室	每人每日	120~200	110~160		3.0~2.5	24					□	
5	酒店式公寓		每床位每日	200~300	180~240		2.5~2.0	24					□	
6	宾馆客房	旅客	每床位每日	250~400	220~320		2.5~2.0	24					□	
		员工	每人每日	80~100	70~80		2.5~2.0	8~10						
7	医院住院部	设公用卫生间、盥洗室	每床位每日	100~200	90~160		2.5~2.0	24						
		设公用卫生间、盥洗室、淋浴室	每床位每日	150~250	130~200		2.5~2.0	24					□	
		设公共浴室、病房设卫生间、盥洗室	每床位每日	250~300	220~240		2.5~2.0	24					□	

计算内容输出模板

续表

序号		名称	用水单位	最高日用水定额 q_L (L)	平均日用水定额 q_{aL} (L)	用水数量 m	最高日小时变化系数 K_h	使用时数 T (h)	最高日用水量 Q_d (m³/d)	最大时用水量 Q_h (m³/h)	平均日用水量 Q_{ad} (m³/d)	平均时用水量 Q_{ah} (m³/h)	实施情况	备注
7	医院住院部	设单独卫生间（包含淋浴及盥洗）	每床位每日	250~400	220~320		2.5~2.0	24					□	
		贵宾病房	每床位每日	400~600	—		2.0	24					□	
		综合医院医务人员	每人每班	150~250	130~200		2.0~1.5	8					□	
		传染病医院医务人员	每人每班	150~300	130~240		2.0~1.5	8					□	
	门诊部、诊疗所	综合医院病人	每病人每次	10~15	6~12		1.5~1.2	8~12					□	
		传染病医院病人	每病人每次	25~50	20~40		2.5	8~12					□	
		综合医院医务人员、后勤职工	每人每班	80~100	60~80		2.5~2.0	8					□	
		传染病医院医务人员、后勤职工	每人每班	80~150	70~120		2.5~2.0	8					□	
8	疗养院、休养所住房部		每床位每日	200~300	180~240		2.0~1.5	24					□	
	养老院、托老所	全托	每人每日	100~150	90~120		2.5~2.0	24					□	
		日托	每人每日	50~80	40~60		2.0	10					□	
9	幼儿园、托儿所	有住宿	每儿童每日	50~100	40~80		3.0~2.5	24					□	
		无住宿	每儿童每日	30~50	25~40		2.0	10					□	
10	公共浴室	淋浴	每顾客每次	100	70~90		2.0~1.5	12					□	
		浴盆、淋浴	每顾客每次	120~150	120~150		2.0~1.5	12					□	
		桑拿浴（淋浴、按摩池）	每顾客每次	150~200	130~160		2.0~1.5	12					□	
11	理发室、美容院		每顾客每次	40~100	35~80		2.0~1.5	12					□	

计算内容输出模板

续表

序号	名称		用水单位	最高日用水定额 q_L (L)	平均日用水定额 q_{aL} (L)	用水数量 m	最高日小时变化系数 K_h	使用时数 T (h)	最高日用水量 Q_d (m³/d)	最大时用水量 Q_h (m³/h)	平均日用水量 Q_{ad} (m³/d)	平均时用水量 Q_{ah} (m³/h)	实施情况	备注
12	洗衣房	医院除外	每 kg 干衣	40~80	40~80		1.5~1.2	8					☐	
		综合医院	每 kg 干衣	60~80	60~80		1.5~1.0	8					☐	
		传染病医院	每 kg 干衣	80~150	80~150		1.5~1.0	8					☐	
13	餐饮业	中餐酒楼	每顾客每次	40~60	35~50		1.5~1.2	10~12					☐	
		快餐店、职工及学生食堂	每顾客每次	20~25	15~20		1.5~1.2	12~16					☐	
		酒吧、咖啡馆、茶座、卡拉OK房	每顾客每次	5~15	5~10		1.5~1.2	8~18					☐	
		西餐厅	每顾客每次	40	35		1.5~1.2	10~12					☐	
		综合医院食堂	每人每次	20~25	15~20		2.5~1.5	12~16					☐	
		传染病医院食堂	每人每次	25~50	20~40		2.5~1.5	12~16					☐	
14	商场	员工及顾客	每 m² 营业厅每日	5~8	4~6		1.5~1.2	12					☐	
15	办公楼	坐班制办公	每人每班	30~50	25~40		1.5~1.2	8~10					☐	
		公寓式办公	每人每日	130~300	120~250		2.5~1.8	10~24					☐	
		酒店式办公	每人每次	250~400	220~320		2.0	24					☐	
16	科研楼	化学	每工作人员每日	460	370		2.0~1.5	8~10					☐	
		生物	每工作人员每日	310	250		2.0~1.5	8~10					☐	
		物理	每工作人员每日	125	100		2.0~1.5	8~10					☐	
		药剂调制	每工作人员每日	310	250		2.0~1.5	8~10					☐	

计算内容输出模板

续表

序号	名称		用水单位	最高日用水定额 q_L (L)	平均日用水定额 q_aL (L)	用水数量 m	最高日小时变化系数 K_h	使用时数 T (h)	最高日用水量 Q_d (m³/d)	最大时用水量 Q_h (m³/h)	平均日用水量 Q_ad (m³/d)	平均时用水量 Q_ah (m³/h)	实施情况	备注
17	图书馆	阅览者	每座位每次	20~30	15~25		1.5~1.2	8~10					☐	
		员工	每人每日	50	40			8~10					☐	
18	书店	顾客	每 m² 营业厅每日	3~6	3~5		1.5~1.2	8~12					☐	
		员工	每人每班	30~50	27~40		1.5~1.2	8~12					☐	
19	教学楼、实验楼	中小学校	每学生每日	20~40	15~35		1.5~1.2	8~9					☐	
		高等院校	每学生每日	40~50	35~40		1.5~1.2	8~9					☐	
20	电影院、剧院	观众	每观众每场	3~5	3~5		1.5~1.2	3					☐	
		演职员	每人每场	40	35		2.5~2.0	4~6					☐	
21	健身中心		每人每次	30~50	25~40		1.5~1.2	8~12					☐	
22	体育场（馆）	运动员淋浴	每人每次	30~40	25~40		3.0~2.0	4					☐	
		观众	每人每场	3	3		1.2	4					☐	
23	会议厅		每座位每次	6~8	6~8		1.5~1.2	4					☐	
24	会展中心（展览馆、博物馆）	观众	每 m² 营业厅每日	3~6	3~5		1.5~1.2	8~16					☐	
		员工	每人每班	30~50	27~40		1.5~1.2	8~16					☐	
25	航站楼、客运站旅客		每人次	3~6	3~6		1.5~1.2	8~16					☐	
26	菜市场地面冲洗及保鲜用水		每 m² 每日	10~20	8~15		2.5~2.0	8~10					☐	
27	小计		—					—					☐	
28	未预见水量			按序号 27 小计值的 10% 估算									☐	
29	合计												☐	

计算内容输出模板

211

续表

序号	名称	用水单位	最高日用水定额 q_L (L)	平均日用水定额 q_{aL} (L)	用水数量 m	最高日小时变化系数 K_h	使用时数 T (h)	最高日用水量 Q_d (m³/d)	最大时用水量 Q_h (m³/h)	平均日用水量 Q_{ad} (m³/d)	平均时用水量 Q_{ah} (m³/h)	实施情况	备注
30	空调补水		最高日循环水量的1%~2%	平均日循环水量的1%~2%								□	
31	绿化浇灌用水	每 m² 每日	1~3	0.33~1.8								□	
32	道路浇洒用水	每 m² 每日	2~3	0.4~1.5								□	
33	停车库地面冲洗用水	每 m² 每次	2~3	2~3		1.0	6~8					□	
34	其他	—	—	—	—								
35	总计												
36	ΣQ_d (m³/d)	最高日用水总量为 _____ m³/d										□	
37	ΣQ_h (m³/h)	最大时用水总量为 _____ m³/h											
38	$d \cdot \Sigma Q_{ad}$ (m³/年)	年生活用水总量为 _____ m³/年（住宅可取365d，公共建筑可按照实际使用情况确定）											

（左侧栏目：计算内容输出模板）

注：1. 表中数据引自《建筑给水排水设计标准》GB 50015—2019 中表 3.2.1 和表 3.2.2，《综合医院建筑设计规范》GB 50849—2014 中表 6.1.2。

2. 计算内容输出模板序号 1~26 为工程建设项目中各种建筑功能需要用到的生活用水的选项及相应的指标和数据，设计人员需根据项目中实际包含的功能选用；计算内容输出模板序号 31~33，设计人员应根据工程建设项目的实际情况进行取舍；计算内容输出模板序号 30 列出的数据还应和采暖与通风专业协调确定；计算内容输出模板序号 30 列出的数据还应和通风专业协调确定；计算内容输出模板中提供的综合医院及传染病医院的数据中，如后勤职工不需淋浴时，可按每人每班 50L 计。

3. 超高层项目设计时，可按本表格式分楼计算用水量，分区独立计算各自用水量，应按本表格式分栋计算序列出。

4. 表中平均日用水定额提供的范围包含了一区~三区的特大城市，大城市，中小城市等各种类型，设计人员在具体取值时，还应参照《民用建筑节水设计标准》GB 50555—2010 第 3.1.1~3.1.6 条以及表 3.1.1，表 3.1.2，表 3.1.3，表 3.1.5，表 3.1.6 的规定确定。

5. 序号 34 可用于添加本表未提及的用水单项，如游泳池补充水等。

212

4.1.2　住宅建筑支管段生活给水管道设计秒流量计算

住宅建筑支管段生活给水管道设计秒流量计算表　　　　　　　表 4.1.2

名称	序号	内容		实施情况	备注
计算公式及取值	1	住宅建筑最大用水时卫生器具给水当量平均出流概率计算公式	$U_0 = \dfrac{100 \cdot q_L \cdot m \cdot K_h}{0.2 \cdot N_G \cdot T \cdot 3600}$（%）	☐	
	2	计算管段卫生器具给水当量的同时出流概率计算公式	$U = 100\dfrac{1 + \alpha_c (N_g - 1)^{0.49}}{N_g^{0.5}}$（%）	☐	
	3	对应上述计算管段的设计秒流量计算公式	$q_g = 0.2 \cdot U \cdot N_g$	☐	
	U_0	生活给水管道的最大用水时卫生器具给水当量平均出流概率（%）		☐	
	q_L	最高日用水定额，按表4.1.1取用		☐	
	m	每户用水人数		☐	
	K_h	最高日小时变化系数，按表4.1.1取用		☐	
	N_G	每户设置的卫生器具给水当量数		☐	
	T	用水时数（h）		☐	
	0.2	一个卫生器具给水当量的额定流量（L/s）		☐	
	α_c	对应于U_0的系数		☐	
	N_g	计算管段的卫生器具给水当量总数		☐	
	U	计算管段的卫生器具给水当量同时出流概率（%）		☐	
	q_g	计算管段的设计秒流量（L/s）		☐	

名称	序号	名称		用水单位	最高日用水定额 q_L（L）	用水数量 m	最高日小时变化系数 K_h	用水时数 T（h）	每户卫生器具给水当量数 N_G	平均出流概率 U_0（%）	实施情况	备注
计算内容输出模板	1	普通住宅	有大便器、洗脸盆、洗涤盆、洗衣机、热水器和沐浴设备	每人每日	130~300		2.8~2.3	24			☐	
	2		有大便器、洗脸盆、洗涤盆、洗衣机、集中热水供应（或家用热水机组）和沐浴设备		180~320		2.5~2.0	24			☐	
	3	别墅	有大便器、洗脸盆、洗涤盆、洗衣机、洒水栓、家用热水机组和沐浴设备		200~350		2.3~1.8	24			☐	

序号	名称	用水单位	最高日用水定额 q_L (L)	用水数量 m	最高日小时变化系数 K_h	用水时数 T (h)	每户卫生器具给水当量数 N_G	平均出流概率 U_0 (%)	实施情况	备注

左侧纵向文字:计算内容输出模板

4　α_c　实施情况 ☐

对应于 U_0 的系数,引自《建筑给水排水设计标准》GB 50015—2019 附录 B,项目中 α_c 取____

U_0 (%)	α_c	U_0 (%)	α_c
1.0	0.00323	4.0	0.02816
1.5	0.00697	4.5	0.03263
2.0	0.01097	5.0	0.03715
2.5	0.01512	6.0	0.04629
3.0	0.01939	7.0	0.05555
3.5	0.02374	8.0	0.06489

5　N_g　实施情况 ☐

下表引自《建筑给水排水设计标准》GB 50015—2019 表 3.2.12 中与住宅相关的数据,项目中给水当量总数 N_g 为____

序号	名称		给水当量 N	卫生器具数量 n	当量小计 N	实施情况
1	洗涤盆	单阀水嘴	0.75~1.00			☐
		混合水嘴	0.75~1.00 (0.70)			☐
2	洗脸盆	单阀水嘴	0.75			☐
		混合水嘴	0.75 (0.50)			☐
3	浴盆	单阀水嘴	1.00			☐
		混合水嘴(含带淋浴转换器)	1.20(1.00)			☐
4	淋浴器	混合阀	0.75(0.50)			☐
5	大便器	冲洗水箱浮球阀	0.50			☐
6	净身盆冲洗水嘴		0.50(0.35)			☐
7	家用洗衣机水嘴		1.00			☐
8	当量总数 N_g					☐

上表中括号内的数值系在有热水供应时,单独计算冷水或热水时使用。当浴盆上附设淋浴器时,或混合水嘴有淋浴器转换开关时,其当量只计水嘴,不计淋浴器

| 6 | U (%) | 计算管段的卫生器具给水当量同时出流概率为____% | ☐ | |
| 7 | q_g (L/s) | 计算管段的设计秒流量为____ L/s | ☐ | |

注:1. 本表主要用于计算单户或户内卫生洁具配置相同时的给水管段的设计秒流量。

　　2. 设计秒流量还可以由上表中计算出的 U_0、N_g、U 直接根据《建筑给水排水设计标准》GB 50015—2019 附录 C 查表求得。

4.1.3　住宅建筑干管段生活给水管道设计秒流量计算

住宅建筑干管段生活给水管道设计秒流量计算表　　　　　　　　表 4.1.3

名称	序号	内容		实施情况	备注
计算公式及取值	1	住宅建筑不同户型的最大用水时卫生器具给水当量平均出流概率计算公式	$U_{0i} = \dfrac{100 q_{L} \cdot m \cdot K_{h}}{0.2 \cdot N_{G} \cdot T \cdot 3600}$（%）	☐	
	2	给水干管的最大用水时卫生器具给水当量平均出流概率计算公式	$\overline{U}_0 = \dfrac{\Sigma U_{0i} N_{gi}}{\Sigma N_{gi}}$	☐	
	3	计算管段卫生器具给水当量的同时出流概率计算公式	$U = 100 \dfrac{1 + \alpha_c (N_g - 1)^{0.49}}{N_g^{0.5}}$（%）	☐	
	4	对应上述计算管段的设计秒流量计算公式	$q_g = 0.2 \cdot U \cdot N_g$	☐	
	U_{0i}	不同户型的最大用水时卫生器具给水当量平均出流概率（%）		☐	
	q_{L}	最高日用水定额，按表 4.1.1 取用		☐	
	m	每户用水人数		☐	
	K_{h}	最高日小时变化系数，按表 4.1.1 取用		☐	
	N_{G}	每户设置的卫生器具给水当量数		☐	
	T	用水时数（h）		☐	
	0.2	一个卫生器具给水当量的额定流量（L/s）		☐	
	N_{gi}	上述对应管段的卫生器具给水当量总数		☐	
	$\overline{U}_0$	给水干管的卫生器具给水当量平均出流概率（%）		☐	
	α_c	对应于 $\overline{U}_0$ 的系数		☐	
	N_g	计算管段的卫生器具给水当量总数		☐	
	U	计算管段的卫生器具给水当量同时出流概率（%）		☐	
	q_g	计算管段的设计秒流量（L/s）		☐	

名称	序号	名称	用水单位	最高日用水定额 q_{L}（L）	用水数量 m	最高日小时变化系数 K_{h}	用水时数 T（h）	每户卫生器具给水当量数 N_{G}	平均出流概率 U_{0i}（%）	实施情况	备注
计算内容输出模板	1	户型 1	卫生洁具配置要求见表 4.1.2	每人每日			24		$U_{01} =$	☐	
	2	户型 2	卫生洁具配置要求见表 4.1.2				24		$U_{02} =$	☐	
	3	其他户型	卫生洁具配置要求见表 4.1.2				24		……	☐	

序号	名称	用水单位	最高日用水定额 q_L(L)	用水数量 m	最高日小时变化系数 K_h	用水时数 T(h)	每户卫生器具给水当量数 N_G	平均出流概率 U_{0i}(%)	实施情况	备注
4	N_g									

(计算内容输出模板)

下表引自《建筑给水排水设计标准》GB 50015—2019 表3.2.12中与住宅相关的数据，项目中不同户型给水当量总数分别为：N_{g1} = ____

序号	名称		给水当量 N	卫生器具数量 n	当量小计 N	实施情况
1	洗涤盆	单阀水嘴	0.75~1.00			☐
		混合水嘴	0.75~1.00 (0.70)			☐
2	洗脸盆	单阀水嘴	0.75			☐
		混合水嘴	0.75 (0.50)			☐
3	浴盆	单阀水嘴	1.00			☐
		混合水嘴 (含带淋浴转换器)	1.20 (1.00)			☐
4	淋浴器	混合阀	0.75(0.50)			☐
5	大便器	冲洗水箱浮球阀	0.50			☐
6	净身盆冲洗水嘴		0.50(0.35)			☐
7	家用洗衣机水嘴		1.00			☐
8	当量总数 N_{g1}					☐

上表中括号内的数值系在有热水供应时，单独计算冷水或热水时使用。当浴盆上附设淋浴器时，或混合水嘴有淋浴器转换开关时，其当量只计水嘴，不计淋浴器

N_{g2} = ____

序号	名称		给水当量 N	卫生器具数量 n	当量小计 N	实施情况
1	洗涤盆	单阀水嘴	0.75~1.00			☐
		混合水嘴	0.75~1.00 (0.70)			☐
2	洗脸盆	单阀水嘴	0.75			☐
		混合水嘴	0.75 (0.50)			☐

序号	名称	用水单位	最高日用水定额 q_L（L）	用水数量 m	最高日小时变化系数 K_h	用水时数 T（h）	每户卫生器具给水当量数 N_G	平均出流概率 U_{0i}（%）	实施情况	备注

（续表 — 内嵌子表）

			续表				

序号	名称		给水当量 N	卫生器具数量 n	当量小计 N	实施情况
3	浴盆	单阀水嘴	1.00			☐
		混合水嘴（含带淋浴转换器）	1.20（1.00）			☐
4	淋浴器	混合阀	0.75（0.50）			☐
5	大便器	冲洗水箱浮球阀	0.50			☐
6	净身盆冲洗水嘴		0.50（0.35）			☐
7	家用洗衣机水嘴		1.00			☐
8	当量总数 N_{g2}					☐

......

主表左侧竖排标注："计算内容输出模板"；第 4 行名称列为 N_{gi}，实施情况列为 ☐。

序号	名称	说明	实施情况
5	$\sum U_{0i} N_{gi}$		☐
6	$\sum N_{gi}$		☐
7	$\overline{U}_0$		☐
8	α_c	对应于 $\overline{U}_0$ 的系数，引自《建筑给水排水设计标准》GB 50015—2019 附录 B，项中 α_c 取____	☐

U_0（%）	α_c	U_0（%）	α_c
1.0	0.00323	4.0	0.02816
1.5	0.00697	4.5	0.03263
2.0	0.01097	5.0	0.03715
2.5	0.01512	6.0	0.04629
3.0	0.01939	7.0	0.05555
3.5	0.02374	8.0	0.06489

序号	名称	说明	实施情况
9	U（%）	计算管段的卫生器具给水当量同时出流概率为____%	☐
10	q_g（L/s）	计算管段的设计秒流量为____ L/s	☐

注：1. 本表主要用于计算给水干管有两条或两条以上具有不同最大用水时卫生器具给水当量平均出流概率的给水支管时，给水干管管段的设计秒流量。

2. 设计秒流量还可以由上表中计算出的 $\overline{U}_0$、N_g、U 直接根据《建筑给水排水设计标准》GB 50015—2019 附录 C 查表求得。

4.1.4 公共建筑生活给水管道设计秒流量计算

公共建筑生活给水管道设计秒流量计算表一 表 4.1.4-1

名称	内容		实施情况	备注
计算公式及取值	公共建筑生活给水管道设计秒流量计算公式	$q_g = 0.2 \cdot \alpha \cdot \sqrt{N_g}$	☐	
	q_g	计算管段的给水设计秒流量（L/s）	☐	
	N_g	计算管段的卫生器具给水当量总数	☐	
	α	根据建筑物用途而定的系数	☐	

	序号	给水配件名称		给水当量 N	卫生器具数量 n	当量小计 N	实施情况	备注
计算内容输出模板	1	洗涤盆、拖布盆、盥洗盆	单阀水嘴	0.75~1.00			☐	
			单阀水嘴	1.50~2.00			☐	
			混合水嘴	0.75~1.00 (0.70)			☐	
	2	洗脸盆	单阀水嘴	0.75			☐	
			混合水嘴	0.75 (0.50)			☐	
	3	洗手盆	感应水嘴	0.75			☐	
			混合水嘴	0.75 (0.50)			☐	
	4	浴盆	单阀水嘴	1.00			☐	
			混合水嘴（含带淋浴转换器）	1.20 (1.00)			☐	
	5	淋浴器	混合阀	0.75 (0.50)			☐	
	6	大便器	冲洗水箱浮球阀	0.50			☐	
			延时自闭式冲洗阀	6.00			☐	
	7	小便器	手动或自动自闭式冲洗阀	0.50			☐	
			自动冲洗水箱进水阀	0.50			☐	
	8	小便槽穿孔冲洗管（每 m 长）		0.25			☐	
	9	净身盆冲洗水嘴		0.50 (0.35)			☐	
	10	医院倒便器		1.00			☐	
	11	实验室化验水嘴（鹅颈）	单联	0.35			☐	
			双联	0.75			☐	
			三联	1.00			☐	
	12	饮水器喷嘴		0.25			☐	
	13	洒水栓		2.00			☐	
				3.50			☐	
	14	室内地面冲洗水嘴		1.00			☐	

	序号	给水配件名称	给水当量 N	卫生器具数量 n	当量小计 N	实施 情况	备注
计算内容输出模板	15	家用洗衣机水嘴	1.00			☐	
	16	当量总数 N_g				☐	
	17	α	引自《建筑给水排水设计标准》GB 50015—2019 中表 3.7.6，项目中 α 取＿＿＿ 建筑物名称 / α 值 / 实施情况 子表如下			☐	
	18	q_g（L/s）	计算管段的设计秒流量为＿＿＿L/s			☐	

序号17内部子表：

建筑物名称	α 值	实施情况
幼儿园、托儿所、养老院	1.2	☐
门诊部、诊疗所	1.4	☐
办公楼、商场	1.5	☐
图书馆	1.6	☐
书店	1.7	☐
教学楼	1.8	☐
医院、疗养院、休养所	2.0	☐
酒店式公寓	2.2	☐
宿舍（居室内设卫生间）、旅馆、招待所、宾馆	2.5	☐
客运站、航站楼、会展中心、公共厕所	3.0	☐

注：1. 计算内容输出模板序号 1～15 为工程建设项目中各种公共建筑需要用到的给水配件给水当量及其当量值统计数据，引自《建筑给水排水设计标准》GB 50015—2019 中表 3.2.12。

2. 本表适用于计算内容输出模板序号 17 中列出的各种建筑物类型的生活给水管道设计秒流量计算，未提及的建筑物类型可参照执行。

3. 表中括号内的数值系在有热水供应时，单独计算冷水或热水时使用。当浴盆上附设淋浴器时，或混合水嘴有淋浴器转换开关时，其当量只计水嘴，不计淋浴器。

4. 当计算值小于该管段上一个最大卫生器具给水额定流量时，应采用一个最大卫生器具给水额定流量作为设计流量；当计算值大于该管段上按卫生器具给水额定流量累加所得流量值时，应按卫生器具给水额定流量累加所得流量值采用。

5. 有大便器延时自闭式冲洗阀的给水管段，大便器延时自闭式冲洗阀的给水当量均以 0.5 计，计算得到的 q_g 附加 1.20L/s 的流量后为该管段的给水设计秒流量。

6. 综合楼建筑的 α 值应按加权平均法计算。

公共建筑生活给水管道设计秒流量计算表二　　　　表 4.1.4-2

名称	内容		实施 情况	备注
计算公式及取值	公共建筑生活给水管道设计秒流量计算公式	$q_g = \Sigma q_{go}\, n_o\, b_g$	☐	
	q_g	计算管段的给水设计秒流量（L/s）	☐	
	q_{go}	同类型的一个卫生器具给水额定流量（L/s）	☐	
	n_o	同类型卫生器具数	☐	
	b_g	同类型卫生器具的同时给水百分数（%）	☐	

续表

序号	给水配件名称		额定流量 q_{g0} (L/s)	同类型卫生器具数量 n_0	同时给水百分数 b_g (%)	给水设计秒流量小计 q_{gj} (L/s)	实施情况	备注
1	洗涤盆、拖布盆、盥洗盆	单阀水嘴	0.15～0.20				☐	
		单阀水嘴	0.30～0.40				☐	
		混合水嘴	0.15～0.20 (0.14)				☐	
2	洗脸盆	单阀水嘴	0.15				☐	
		混合水嘴	0.15 (0.10)				☐	
3	洗手盆	感应水嘴	0.10				☐	
		混合水嘴	0.15 (0.10)				☐	
4	浴盆	单阀水嘴	0.20				☐	
		混合水嘴（含带淋浴转换器）	0.24 (0.20)				☐	
5	淋浴器	混合阀	0.15 (0.10)				☐	
6	大便器	冲洗水箱浮球阀	0.10				☐	
		延时自闭式冲洗阀	1.20				☐	
7	小便器	手动或自动自闭式冲洗阀	0.10				☐	
		自动冲洗水箱进水阀	0.10				☐	
8	小便槽穿孔冲洗管（每 m 长）		0.05				☐	
9	净身盆冲洗水嘴		0.10 (0.07)				☐	
10	医院倒便器		0.20				☐	
11	实验室化验水嘴（鹅颈）	单联	0.07				☐	
		双联	0.15				☐	
		三联	0.20				☐	
12	饮水器喷嘴		0.05				☐	
13	洒水栓		0.40				☐	
			0.70				☐	
14	室内地面冲洗水嘴		0.20				☐	
15	家用洗衣机水嘴		0.20				☐	
16	q_g (L/s)		计算管段的设计秒流量为 L/s				☐	

注：1. 计算内容输出模板序号 1～15 为工程建设项目中各种公共建筑需要用到的给水配件额定流量及同类型卫生器具给水设计秒流量的统计数据，引自《建筑给水排水设计标准》GB 50015—2019 中表 3.2.12；表中括号内数值系在有热水供应时，单独计算冷水或热水时使用。

2. 本表适用于宿舍（设公用盥洗卫生间）、工业企业生活间、公共浴室、影剧院、体育场馆、职工食堂或营业餐馆的厨房、科研教学实验室及生产实验室等建筑的生活给水管道的设计秒流量计算。

3. 当表中计算值小于该管段上一个最大卫生器具给水额定流量时，应采用一个最大的卫生器具给水额定流量作为设计秒流量。

4. 大便器自闭式冲洗阀应单列计算，当单列计算值小于 1.2L/s 时，以 1.2L/s 计；当单列计算值大于 1.2L/s 时，以计算值计。

5. 表中同时给水百分数 b_g 按表 4.1.4-3 中数值选用。

左侧竖排：计算内容输出模板

卫生器具、厨房设备及化验水嘴同时给水百分数（%）汇总表　　表 4.1.4-3

设施名称	宿舍（设公用盥洗卫生间）	工业企业生活间	公共浴室	影剧院	体育场馆	职工食堂或营业餐馆的厨房	科研教学实验室	生产实验室
洗涤盆（池）	—	33	15	15	15	70	—	—
煮锅	—	—	—	—	—	60	—	—
生产性洗涤机	—	—	—	—	—	40	—	—
器皿洗涤机	—	—	—	—	—	90	—	—
开水器	—	—	—	—	—	50	—	—
蒸汽发生器	—	—	—	—	—	100	—	—
灶台水嘴	—	—	—	—	—	30	—	—
单联化验水嘴	—	—	—	—	—	—	20	30
双联或三联化验水嘴	—	—	—	—	—	—	30	50
洗手盆	—	50	50	50	70（50）	—	—	—
洗脸盆、盥洗槽水嘴	5～100	60～100	60～100	50	80	—	—	—
浴盆	—	—	50	—	—	—	—	—
无间隔淋浴器	20～100	100	100	—	100	—	—	—
有间隔淋浴器	5～80	80	60～80	（60～80）	（60～100）	—	—	—
大便器冲洗水箱	5～70	30	20	50（20）	70（20）	—	—	—
大便槽自动冲洗水箱	100	100	—	100	100	—	—	—
大便器自闭式冲洗阀	1～2	2	2	10（2）	5（2）	—	—	—
小便器自闭式冲洗阀	2～10	10	10	50（10）	70（10）	—	—	—
小便器(槽)自动冲洗水箱	—	100	100	100	100	—	—	—
净身盆	—	33	—	—	—	—	—	—
饮水器	—	30～60	30	30	30	—	—	—
小卖部洗涤盆	—	—	50	50	50	—	—	—

注：1. 本表数据引自《建筑给水排水设计标准》GB 50015—2019 中表 3.7.8-1、表 3.7.8-2 及表 3.7.8-3。

2. 表中括号内的数值系电影院、剧院的化妆间、体育场馆的运动员休息室使用。

3. 健身中心的卫生间，可采用本表体育场馆运动员休息室的同时给水百分数。

4. 职工或学生食堂的洗碗台水嘴，按 100% 同时给水，但不与厨房用水叠加。

4.1.5　生活水箱（池）有效容积计算

生活水箱（池）有效容积计算表　　表 4.1.5

名称	序号	内容		实施情况	备注
计算公式及取值	1	生活用水低位贮水池有效容积计算公式	$V_{水池} = (0.2 \sim 0.25) \cdot Q_d$	☐	详见本表注1
	2	生活用水高位水箱有效容积计算公式	$V_{高位水箱} = 0.5 \cdot Q_h$	☐	
		由城镇给水管网夜间直接进水的高位水箱调节容积计算公式	$V_{高位水箱} = m \cdot q_L$	☐	

名称	序号	内容		实施情况	备注
	3	生活用水中间水箱有效容积计算公式	$V_{中间水箱} = V_{供水容积} + V_{转输容积}$	☐	
	4	中间水箱供水水量的调节容积计算公式	$V_{供水容积} = 0.5 \cdot Q_{h1}$	☐	
	5	中间水箱转输水量的调节容积计算公式	中间水箱有供水水量时采用： $V_{转输容积} = (1/20 \sim 1/12) Q_{h2}$	☐	
			中间水箱无供水水量时采用： $V_{转输容积} = (1/12 \sim 1/6) Q_{h2}$	☐	
计算公式及取值	Q_d	建筑物低位贮水池供水服务区域内的最高日用水量（m^3/d）		☐	
	$0.2 \sim 0.25$	低位贮水池有效容积占最高日用水量的比值		☐	
	$V_{水池}$	低位贮水池的有效容积（m^3）		☐	
	Q_h	建筑物高位水箱供水服务区域内的最大时用水量（m^3/h）		☐	
	$V_{高位水箱处的}0.5$	高位水箱有效容积占最大时用水量的比值		☐	
	$V_{高位水箱}$	高位水箱的有效容积（m^3）		☐	
	Q_{h1}	中间水箱供水服务区域内的最大时用水量（m^3/h）		☐	
	$V_{供水容积处的}0.5$	中间水箱供水部分的水量调节容积占最大时用水量的比值		☐	
	$V_{供水容积}$	中间水箱供水部分的水量调节容积（m^3）		☐	
	Q_{h2}	向上一级水箱供水水泵经计算后确定的设计流量，为上一级水箱的供水水量与上一级水箱的转输水量之和（m^3/h）		☐	
	$1/20 \sim 1/12$	3~5min 本级提升水泵经计算后确定的设计流量		☐	
	$1/12 \sim 1/6$	5~10min 本级提升水泵经计算后确定的设计流量		☐	
	$V_{转输容积}$	中间水箱转输部分的水量调节容积（m^3）		☐	
	$V_{中间水箱}$	中间水箱的有效容积（m^3）		☐	

名称	序号	名称及单位	内容	实施情况	备注
计算内容输出模板	1	Q_d（m^3/d）	供水服务区域内最高日用水量为＿＿ m^3/d （根据表 4.1.1 计算）	☐	
	2	$V_{水池}$（m^3）	低位贮水池的有效容积为＿＿m^3（填入本表计算公式 1 的计算结果）	☐	
	3	Q_h（m^3/h）	供水服务区域内最大时用水量为＿＿ m^3/h （根据表 4.1.1 计算）	☐	
	4	q_L [L/（人·d）]	最高日的用水定额为＿＿ L/（人·d） （填入表 4.1.1 中数据）	☐	
	5	m	每户用水人数为＿＿	☐	
	6	$V_{高位水箱}$（m^3）	（填入本表计算公式 2 的计算结果）	☐	
	7	Q_{h1}（m^3/h）	中间水箱供水服务区域内最大时用水量为＿＿ m^3/h （根据表 4.1.1 计算）	☐	
	8	$V_{供水容积}$（m^3）	中间水箱供水部分的水量调节容积为＿＿m^3（填入本表计算公式 4 的计算结果）	☐	
	9	Q_{h2}（m^3/h）	本级提升水泵经计算后确定的设计流量为＿＿ m^3/h （根据表 4.1.1，求得上一级水箱供水服务区域内的计算结果，再计算出上一级水箱的转输水量，将两者之和填入）	☐	详见本表注 2

计算内容输出模板	序号	名称及单位	内容	实施情况	备注
	10	$V_{转输容积}$（m³）	（填入本表计算公式 5 的计算结果）	☐	
	11	$V_{中间水箱}$（m³）	（填入本表计算公式 3 的计算结果）	☐	

注：1. 生活用水低位贮水池的有效容积应按进水量与用水量变化曲线经计算确定；当资料不足时，宜按建筑物最高日用水量的 20%～25% 确定；当地方水务主管部门有特别规定时，应按地方规定执行。

2. 计算内容输出模板序号 7 中，本级提升水泵的设计流量，应按上一级水箱的供水水量与上一级水箱的转输水量之和计算；当上一级水箱为高位水箱时，转输流量为 0，供水水量按表 4.1.1 计算，求得高位水箱供水服务区域内最大时用水量即可。

3. 超高层建筑中，如出现多级中间水箱，应按本表计算方式逐一列表计算。

4.1.6 生活水泵参数选用计算

生活水泵参数选用计算表 表 4.1.6-1

名称	序号	内容		实施情况	备注
计算公式及取值	1	生活水泵流量计算公式（采用高位水箱供水方式）	$Q \geqslant Q_h$	☐	
	2	生活水泵流量计算公式（采用变频调速泵组供水方式）	$Q = q_g$	☐	
	3	生活水泵扬程计算公式	$H \geqslant H_1 + H_2 + H_3$	☐	
	4	管路系统水头损失计算公式	$H_2 = H_g + H_p$	☐	
	Q	生活水泵流量（m³/h、L/s）		☐	
	Q_h	供水系统的生活用水最大时用水量（m³/h）		☐	
	q_g	供水系统的生活用水设计秒流量（L/s）		☐	
	H	生活水泵扬程（m）		☐	
	H_1	加压供水系统的最不利点与底部生活水箱最低水位的高程差（m）		☐	
	H_2	管路的全部水头损失（m）		☐	
	H_3	最不利点所需的最低工作压力（m）		☐	
	H_g	管网水头损失（m）		☐	
	H_p	泵房及各类附件水头损失（m）		☐	

计算内容输出模板	序号	名称及单位	内容	实施情况	备注
	1	Q（m³/h、L/s）	定频泵组流量为 ___ m³/h（供水系统用水情况属于表 4.1.1 列出内容时，按表 4.1.1 计算结果填入；用水有特殊单一用途，如中间水箱转输、给水系统循环、给水系统补水、给水处理系统供水等情况时，按各自系统的计算结果填入）	☐	
			变频调速泵组流量为 ___ L/s（根据计算对象的属性，可按表 4.1.2、表 4.1.3、表 4.1.4-1 及表 4.1.4-2 计算结果填入；估算时，可按最大时用水量乘以系数计算，最大时用水量可按表 4.1.1 确定）	☐	

序号	名称及单位	内容			实施情况	备注
计算内容输出模板	2	H_1(m)	加压供水系统的最不利点标高为____ m			☐	
			加压供水系统底部生活水箱最低水位标高为____ m			☐	
			加压供水系统高程差（H_1）为____ m			☐	
	3	H_2(m)	管网水头损失（H_g）为____ m（填入表4.1.6-2中的计算结果）			☐	
			泵房及各类附件水头损失（H_p）可按下表取值，项目实际取值为____ m			☐	

附件名称	水头损失参考值（m）	实施情况
住宅入户管上的水表	1	☐
建筑物或小区引入管上的水表，在生活用水工况时	3	☐
建筑物或小区引入管上的水表，在校核消防工况时	5	☐
管道过滤器	1	☐
水泵房	3	☐
比例式减压阀	（阀后静水压的10%～20%）	☐
倒流防止器、真空破坏器	（按产品测试参数确定）	☐
其他		☐
合计		☐

表中数据引自《建筑给水排水设计标准》GB 50015—2019 第3.7.16条，水泵房数据为经验值

管路的全部水头损失（H_2）为____ m ☐

序号	名称及单位	内容
4	H_3(m)	最不利点所需的最低工作压力（H_3）为____ m

序号	给水配件名称		工作压力（m）	实施情况
1	洗涤盆、拖布盆、盥洗盆	单阀水嘴	10	☐
		单阀水嘴		☐
		混合水嘴		☐
2	洗脸盆	单阀水嘴	10	☐
		混合水嘴		☐
3	洗手盆	感应水嘴	10	☐
		混合水嘴		☐
4	浴盆	单阀水嘴	10	☐
		混合水嘴（含带淋浴转换器）		☐
5	淋浴器	混合阀	10～20	☐

序号	名称及单位	内容			实施情况	备注
4	计算内容输出模板 H_3（m）	序号	给水配件名称	工作压力（m）	实施情况	

（内容栏内嵌表格）

序号	给水配件名称		工作压力（m）	实施情况
6	大便器	冲洗水箱浮球阀	5	☐
		延时自闭式冲洗阀	10～15	☐
7	小便器	手动或自动自闭式冲洗阀	5	☐
		自动冲洗水箱进水阀	2	☐
8	小便槽穿孔冲洗管（每m长）		1.5	☐
9	净身盆冲洗水嘴		10	☐
10	医院倒便器		10	☐
11	实验室化验水嘴（鹅颈）	单联	2	☐
		双联		☐
		三联		☐
12	饮水器喷嘴		5	☐
13	洒水栓		5～10	☐
14	室内地面冲洗水嘴		10	☐
15	家用洗衣机水嘴		10	☐
16	贮水设施进水管出口自由水头		≤5	☐
17	其他			☐

（注：表中数据引自《建筑给水排水设计标准》GB 50015—2019中表3.2.12；卫生器具给水配件的工作压力有特殊要求时，其值应按产品要求确定；贮水设施进水管出口自由水头数据为经验值）

序号	名称及单位	内容	实施情况	备注
5	H（m）	生活水泵扬程（H）为＿＿＿m	☐	详见本表注2
6	选用水泵参数	定频泵组参数：$Q=$＿＿＿（☐m³/h　☐L/s），$H=$＿＿＿m；选用水泵＿＿＿台，＿＿＿用＿＿＿备；单台水泵参数：$Q=$＿＿＿（☐m³/h　☐L/s），$H=$＿＿＿m，功率＿＿＿kW，效率＿＿＿%，转速＿＿＿r/min	☐	
		变频调速泵组参数：$Q=$＿＿＿（☐m³/h　☐L/s），$H=$＿＿＿m；选用水泵＿＿＿台，＿＿＿用＿＿＿备；配置＿＿＿L气压罐一个；单台水泵参数：$Q=$＿＿＿（☐m³/h　☐L/s），$H=$＿＿＿m，功率＿＿＿kW，效率＿＿＿%，转速＿＿＿r/min	☐	

注：1. 本表仅列出了某种水泵的计算过程，项目实际设计过程中会有多种水泵需要计算，应按本表格式逐一计算列出。

2. 表中计算内容输出模板序号5为序号2～4的合计，当系统设计参数齐全时，应按本表格式计算；当供水泵组用于特殊单一用途，如给水系统循环、给水系统补水、给水处理系统供水等情况时，按各自系统的实际需求选用定值。

管网水头损失（H_g）计算表 表 4.1.6-2

名称	序号	内容		实施情况	备注
计算公式及取值	1	管网水头损失计算公式	$H_g = H_{沿程损失} + H_{局部损失}$	☐	
	2	管道单位长度沿程水头损失计算公式	$i = 105 C_h^{-1.85} \cdot d_j^{-4.87} \cdot q_g^{1.85}$	☐	
	3	管道沿程水头损失计算公式	$H_{沿程损失} = 0.1 \cdot i \cdot l$	☐	
	4	管道局部水头损失计算公式	$H_{局部损失} = k \cdot H_{沿程损失} + H_4$	☐	
	5	阀门和螺纹管件的摩阻损失计算公式	$H_4 = 0.1 \cdot i \cdot l_1$	☐	
	H_g	管网水头损失（m）		☐	
	$H_{沿程损失}$	管道沿程水头损失（m）		☐	
	$H_{局部损失}$	管道局部水头损失（m）		☐	
	d_j	管道计算内径（m）		☐	
	q_g	计算管段给水设计流量（m³/s）		☐	
	v	计算管段的水流速度（m/s）		☐	
	i	管道单位长度沿程水头损失（kPa/m）		☐	
	C_h	海澄-威廉系数		☐	
	l	计算管段的长度（m）		☐	
	k	管网局部水头损失占沿程水头损失的百分数（%）		☐	
	H_4	阀门和螺纹管件的摩阻损失（m）		☐	
	l_1	阀门和螺纹管件摩阻损失的折算管道长度总和（m）		☐	

名称	序号	名称及单位	内容	实施情况	备注
计算内容输出模板	1	q_g（m³/s）	计算管段给水设计流量为____ m³/s （根据计算对象的属性，可按表 4.1.2、表 4.1.3、表 4.1.4-1 及表 4.1.4-2 计算结果填入；估算时，可按最大时用水量乘以系数计算，最大时用水量可按表 4.1.1 确定）	☐	
	2	v（m/s）	计算管段的水流速度取值为____ m/s <table><tr><td>公称直径（mm）</td><td>DN15～DN20</td><td>DN25～DN40</td><td>DN50～DN70</td><td>≥DN80</td></tr><tr><td>水流速度（m/s）</td><td>≤1.0</td><td>≤1.2</td><td>≤1.5</td><td>≤1.8</td></tr></table> （水流速度取值应基于计算管段给水设计流量以及本表的参照数据进行推算，当推算数据不符合本表规定时，宜放大或减小表中数据调整至符合规定为止）	☐	
	3	d_j（m）	管道计算内径为____ m （可由公式 $d_j = \sqrt{\dfrac{4 q_g}{\pi v}}$ 求得）	☐	
	4	C_h	项目中海澄-威廉系数（C_h）取值为____ <table><tr><td>管材种类</td><td>C_h 值</td></tr><tr><td>各种塑料管、内衬（涂）塑管</td><td>140</td></tr><tr><td>铜管、不锈钢管</td><td>130</td></tr><tr><td>内衬水泥、树脂的铸铁管</td><td>130</td></tr><tr><td>普通钢管、铸铁管</td><td>100</td></tr><tr><td>其他</td><td></td></tr></table>	☐	

	序号	名称及单位	内容	实施情况	备注
计算内容输出模板	5	i（kPa/m）	管道单位长度沿程水头损失为____ kPa/m	☐	
	6	l（m）	计算管段的长度为____ m	☐	
	7	$H_{沿程损失}$（m）	管道沿程水头损失为____ m	☐	
	8	k	管网局部水头损失占沿程水头损失的百分数取值为____ % 	内容	百分数（%）
---	---
管(配)件内径与管道内径一致,采用三通分水时	25～30
管(配)件内径与管道内径一致,采用分水器分水时	15～20
管(配)件内径略大于管道内径,采用三通分水时	50～60
管(配)件内径略大于管道内径,采用分水器分水时	30～35
管(配)件内径小于管道内径,管(配)件的插口插入管口内连接,采用三通分水时	70～80
管(配)件内径小于管道内径,管(配)件的插口插入管口内连接,采用分水器分水时	35～40		☐	详见本表注1
	9	l_1（m）	阀门和螺纹管件摩阻损失的折算管道长度总和为____ m （阀门和螺纹管件摩阻损失的折算管道长度取值参照表4.1.6-3）	☐	
	10	H_4（m）	阀门和螺纹管件的摩阻损失为____ m	☐	
	11	$H_{局部损失}$（m）	管道局部水头损失为____ m	☐	
	12	H_g（m）	管网水头损失为____ m	☐	

注:1. 表中计算内容输出模板序号8提及的管网局部水头损失占沿程水头损失的百分数取值问题,通常按照管(配)件内径与管道内径一致,并采用三通分水情况设计,故常选用30%用于计算取值。

2. 表中计算内容输出模板序号2列出的水流速度与管道公称直径的对应关系适用于所有生活给水系统的管道计算(有特殊规定数据时除外)。

阀门和螺纹管件摩阻损失的折算管道长度总和(l_1)计算表　　　表 4.1.6-3

管件内径（mm）	各种管件的折算管道长度(m)						
	90°标准弯头及数量	45°标准弯头及数量	标准三通90°转角流及数量	三通直向流及数量	闸板阀及数量	球阀及数量	角阀及数量
9.5	0.3×___	0.2×___	0.5×___	0.1×___	0.1×___	2.4×___	1.2×___
12.7	0.6×___	0.4×___	0.9×___	0.2×___	0.1×___	4.6×___	2.4×___
19.1	0.8×___	0.5×___	1.2×___	0.2×___	0.2×___	6.1×___	3.6×___
25.4	0.9×___	1.2×___	1.5×___	0.3×___	0.2×___	7.6×___	4.6×___
31.8	1.2×___	0.7×___	1.8×___	0.4×___	0.2×___	10.6×___	5.5×___
38.1	1.5×___	0.9×___	2.1×___	0.5×___	0.3×___	13.7×___	6.7×___
50.8	2.1×___	1.2×___	3.0×___	0.6×___	0.4×___	16.7×___	8.5×___
63.5	2.4×___	1.5×___	3.6×___	0.8×___	0.5×___	19.8×___	10.3×___

管件内径 （mm）	各种管件的折算管道长度(m)						
	90°标准弯 头及数量	45°标准弯 头及数量	标准三通 90°转角流 及数量	三通直向 流及数量	闸板阀 及数量	球阀 及数量	角阀及 数量
76.2	3.0×___	1.8×___	4.6×___	0.9×___	0.6×___	24.3×___	12.2×___
101.6	4.3×___	2.4×___	6.4×___	1.2×___	0.8×___	38.0×___	16.7×___
127.0	5.2×___	3.0×___	7.6×___	1.5×___	1.0×___	42.6×___	21.3×___
152.4	6.1×___	3.6×___	9.1×___	1.8×___	1.2×___	50.2×___	24.3×___
小计(m)							
总计(m)							

注：1. 表中数据引自《建筑给水排水设计标准》GB 50015—2019 附录 D。
　　2. 本表的螺纹接口是指管件无凹口的螺纹，即管件与管道在连接点内径有突变，管件内径大于管道内径；当管件为凹口螺纹，或管件与管道为等径焊接时，其折算管道长度取本表值的 1/2。
　　3. 本表列出各种管件的折算管道长度值是为了方便设计人员取值及计算折算管道长度总和，复杂项目在实际计算中可以简化计算过程，宜按计算管段中管件内径最大的规格选用表中的参数。

4.1.7　气压水罐容积计算

气压水罐容积计算表　　　　　　　　　　　　　　　　表 4.1.7

名称	序号	内容		实施 情况	备注
计算公式及取值	1	气压水罐调节容积计算公式	$V_{q2} = \dfrac{\alpha_a \cdot q_b}{4 n_q}$	☐	
	2	气压水罐总容积计算公式	$V_q = \dfrac{\beta \cdot V_{q1}}{1 - \alpha_b}$	☐	
	V_{q2}	气压水罐的调节容积(m³)		☐	
	q_b	水泵（或泵组）的出流量(m³/h)		☐	
	α_a	安全系数，宜取 1.0～1.3		☐	
	n_q	水泵在 1h 内的启动次数，宜采用 6～8 次/h		☐	
	V_q	气压水罐的总容积(m³)		☐	
	V_{q1}	气压水罐的水容积(m³)，应大于或等于调节容量		☐	
	α_b	气压水罐内的工作压力比(以绝对压力计)，宜采用 0.65～0.85		☐	
	β	气压水罐的容积系数，隔膜式气压水罐取 1.05		☐	

计算内容输出模板	序号	名称及单位	内容	实施 情况	备注
	1	q_b (m³/h)	（按表 4.1.6-1 的计算结果填入）	☐	
	2	α_a	（取 1.0～1.3）	☐	
	3	n_q (次/h)	（采用 6～8 次/h）	☐	
	4	V_{q2} (m³)	气压水罐的调节容积为____ m³	☐	
	5	V_{q1} (m³)	气压水罐的水容积取值为____ m³（$V_{q1} \geqslant V_{q2}$）	☐	
	6	α_b	（采用 0.65～0.85）	☐	
	7	β	☐隔膜式气压水罐取 1.05　　☐其他	☐	
	8	V_q (m³)	气压水罐的总容积为____ m³	☐	

注：本表为生活给水系统采用气压给水设备供水时选用的计算表，非采用变频调速泵组中选用的气压罐计算表。

4.1.8　冷却塔补充水量计算

冷却塔补充水量计算表　　　表 4.1.8

名称		内容		实施情况	备注
计算公式及取值		冷却塔补充水量计算公式	$q_{bc} = q_z \cdot \dfrac{N_n}{N_n - 1}$	☐	
	q_{bc}	冷却塔补充水量(m^3/h);对于建筑物空调、制冷设备的补充水量,应按冷却水循环水量的 1%~2%确定		☐	
	q_z	冷却塔蒸发损失水量(m^3/h)		☐	
	N_n	浓缩倍数,设计浓缩倍数不宜小于 3.0		☐	

名称	序号	名称及单位	内容	实施情况	备注
计算内容输出模板	1	q_z (m^3/h)	冷却塔蒸发损失水量为＿＿＿ m^3/h (应根据项目所在地历年平均不保证 50h 的干球温度和湿球温度经计算确定)	☐	
	2	N_n	设计浓缩倍数为＿＿＿(不宜小于 3.0)	☐	
	3	q_{bc} (m^3/h)	冷却塔补充水量为＿＿＿ m^3/h (应按冷却水循环水量的 1%~2%确定)	☐	

注:本表为冷却塔补充水量计算表。冷却水在循环过程中共有三部分水量损失,即蒸发损失水量、排污损失水量、风吹损失水量,这三部分中蒸发损失水量占了绝大多数,且计算过程复杂,因此在实际计算补充水量时,采用简化计算方式,直接按补充水量占冷却水循环水量的百分数确定,百分数通常选用 1.5%。

4.1.9　游泳池与水上游乐池给水系统设计计算

游泳池与水上游乐池给水系统设计计算表　　　表 4.1.9

名称	序号	内容		实施情况	备注
计算公式及取值	1	游泳池与水上游乐池等的池水容积计算公式	$V = A_s \cdot \overline{H}$	☐	
	2	水池的循环水流量计算公式	$q_c = \dfrac{V \cdot \alpha_P}{T}$	☐	
	3	均衡水池有效容积计算公式	$V_j = V_a + V_d + V_c + V_s$	☐	逆流式或混合流循环时采用
	4	池水循环净化处理系统运行时所需的水量计算公式	$V_s = A_s \cdot h_s$	☐	
	5	平衡水池有效容积计算公式	$V_p = V_d + 0.08 q_c$	☐	顺流式循环时多采用
	6	水池的补充水量计算公式	$q_补 = k \cdot V$	☐	
	7	水池的初次充水量计算公式	$q_初 = \dfrac{V}{t}$	☐	
	A_s	水池的池水水表面面积(m^2)		☐	
	$\overline{H}$	水池平均深度(m)		☐	
	V	水池的池水容积(m^3)		☐	
	α_P	水池等的管道和设备的水容积附加系数,一般取 1.05~1.10		☐	
	T	水池等的池水循环周期(h)		☐	

名称		内容	实施情况	备注
计算公式及取值	q_c	水池的循环水流量（m³/h）	☐	
	V_j	均衡水池的有效容积（m³）	☐	
	V_a	最大游泳及戏水负荷时每位游泳者入池后所排出水量（m³/人），取 0.06m³/人	☐	
	V_d	单个过滤器反冲洗时所需水量（m³）	☐	
	V_c	充满池水循环净化处理系统管道和设备所需的水量（m³）；当补充水量充足时，可不计此容积	☐	
	V_s	池水循环净化处理系统运行时所需的水量（m³）	☐	
	h_s	水池溢流回水时溢流水层厚度（m），可取 0.005～0.010m	☐	
	V_p	平衡水池的有效容积（m³）	☐	
	k	每日补充水量占池水容积的百分数（%）	☐	
	$q_补$	游泳池和水上游乐池每日的补充水量（m³/d）	☐	
	$q_初$	游泳池和水上游乐池初次补充水量（m³/h）	☐	
	t	游泳池和水上游乐池初次充水时间（h）	☐	

名称	序号	名称及单位	内容				实施情况	备注
计算内容输出模板	1	A_s（m²）	水池的池水水表面面积为＿＿ m²				☐	
	2	$\overline{H}$（m）	水池平均深度为＿＿ m				☐	
	3	V（m³）	水池的池水容积为＿＿ m³				☐	
	4	α_p	水容积附加系数取值为＿＿（一般取 1.05～1.10）				☐	
	5	T（h）	水池等的池水循环周期取值为＿＿ h				☐	

水池等的池水循环周期取值表：

游泳池和水上游乐池分类		使用有效池水深度（m）	循环次数（次/d）	循环周期（h）
竞赛类	竞赛游泳池	2.0	8～6	3～4
		3.0	6～4.8	4～5
	水球、热身游泳池	1.8～2.0	8～6	3～4
	跳水池	5.5～6.0	4～3	6～8
	放松池	0.9～1.0	80～48	0.3～0.5
专用类	训练池、健身池、教学池	1.35～2.0	6～4.8	4～5
	潜水池	8.0～12.0	2.4～2	10～12
	残疾人池、社团池	1.35～2.0	6～4.5	4～5
	冷水池	1.8～2.0	6～4	4～6
	私人泳池	1.2～1.4	4～3	6～8
公共类	成人泳池（含休闲池、学校泳池）	1.35～2.0	8～6	3～4
	成人初学池、中小学校泳池	1.2～1.6	8～6	3～4
	儿童泳池	0.6～1.0	24～12	1～2
	多用途池、多功能池	2.0～3.0	8～6	3～4
水上游乐类	成人戏水休闲池	1.0～1.2	6	4
	儿童戏水池	0.6～0.9	48～24	0.5～1.0
	幼儿戏水池	0.3～0.4	>48	<0.5
	造浪池 深水区	>2.0	6	4
	造浪池 中深水区	2.0～1.0	8	3
	造浪池 浅水区	1.0～0	24～12	1～2
	滑道跌落池	1.0	12～8	2～3
	环流河（漂流河）	0.9～1.0	12～6	2～4
	文艺演出池		6	4

本表引自《游泳池给水排水工程技术规程》CJJ 122—2017 中表 4.4.1

续表

序号	名称及单位	内容	实施情况	备注
6	q_c (m³/h)	水池的循环水流量为___ m³/h	☐	
7	V_a (m³/人)	0.06m³/人	☐	
8	V_d (m³)	单个过滤器反冲洗时所需水量为___ m³	☐	
9	V_c (m³)	充满池水循环净化处理系统管道和设备所需的水量为___ m³；（当补充水量充足时，可不计此容积）	☐	
10	h_s (m)	水池溢流回水时溢流水层厚度为___ m（可取0.005~0.010m）	☐	
11	V_s (m³)	池水循环净化处理系统运行时所需的水量为___ m³	☐	
12	V_j (m³)	均衡水池的有效容积为___ m³	☐	
13	V_p (m³)	平衡水池的有效容积为___ m³	☐	
14	k	每日补充水量占池水容积的百分数取值为___ %	☐	

池的类型和特征		每日补充水量占池水容积的百分数（%）
比赛池、训练池、跳水池	室内	3~5
	室外	5~10
公共游泳池、水上游乐池	室内	5~10
	室外	10~15
儿童游泳池、幼儿戏水池	室内	≥15
	室外	≥20
家庭游泳池	室内	3
	室外	5

表中数据引自《建筑给水排水设计标准》GB 50015—2019 表3.10.19

序号	名称及单位	内容	实施情况	备注
15	$q_补$ (m³/d)	游泳池和水上游乐池每日的补充水量为___ m³/d	☐	详见本表注2
16	t (h)	游泳池和水上游乐池初次充水时间取值为___ h（游泳池不宜超过48h，水上游乐池不宜超过72h）	☐	
17	$q_初$ (m³/h)	游泳池和水上游乐池初次补充水量为___ m³/h	☐	

注：1. 本表仅列出了游泳池与水上游乐池中某种水池的标准计算过程，项目实际设计过程中会有各种类型的水池需要计算，应按本表格式逐一计算列出。

2. 游泳池和水上游乐池每日的补充水量由池水水面蒸发的水量、过滤设备冲洗水量（用池水反冲洗时）、游泳池排污水量、溢流水量、游泳者身体带走的水量等部分组成。补充水量应符合当地卫生防疫部门规定的全部池水更新一次所需时间的要求，最小补充水量应保证一个月内池水全部更新一次。

4.1.10　饮水系统设计计算

饮水系统设计计算表　　　　　　　　　　表 4.1.10

名称	序号	内容		实施情况	备注
计算公式及取值	1	饮用水最高日饮水量计算公式	$Q_d = q_L \cdot m$	☐	
	2	饮用水最大时饮水量计算公式	$Q_h = K_h \cdot \dfrac{Q_d}{T}$	☐	
	3	管道直饮水系统计算管段设计秒流量计算公式	$q_g = m_1 \cdot q_o$	☐	
	Q_d	饮用水最高日饮水量(L/d)		☐	
	Q_h	饮用水最大时饮水量(L/h)		☐	
	q_L	最高日饮水定额		☐	
	m	饮用水每日饮水数量		☐	
	T	用水时间(h)		☐	
	K_h	小时变化系数		☐	
	m_1	计算管段上同时使用饮用水水嘴的数量(个)		☐	
	q_o	计算管段上采用的饮用水水嘴额定流量(L/s),取 0.04~0.06L/s		☐	
	q_g	管道直饮水系统计算管段的设计秒流量(L/s)		☐	

名称	序号	名称及单位	内容				实施情况	备注
计算内容输出模板	1	q_L	项目最高日饮水定额取值为____（单位）				☐	
			建筑物名称	单位	饮水定额（L）	小时变化系数 K_h		
			热车间	每人每班	3~5	1.5		
			一般车间	每人每班	2~4	1.5		
			工厂生活间	每人每班	1~2	1.5		
			住宅楼、公寓	每人每日	2.0~2.5	1.5		
			办公楼	每人每班	1~2	1.5		
			宿舍	每人每日	1~2	1.5		
			教学楼	每学生每日	1~2	2.0		
			医院	每病床每日	2~3	1.5		
			影剧院	每观众每场	0.2	1.0		
			招待所、旅馆	每客人每日	2~3	1.5		
			体育场馆	每观众每场	0.2	1.0		
			会展中心（博物馆、展览馆）	每人每日	0.4	1.0		
			航站楼、火车站、客运站	每人每日	0.2~0.4	1.0		
			表中数据引自《建筑给水排水设计标准》GB 50015—2019 中表 6.9.1 及表 6.9.2					

序号	名称及单位	内容				实施情况	备注
2	m	饮用水每日饮水数量为____（单位）				☐	
3	Q_d (L/d)	饮用水最高日饮水量为____ L/d				☐	
4	T (h)	用水时间为____ h				☐	详见本表注
5	K_h	小时变化系数取值为____（按本表计算内容输出模板序号 1 中引用数据取值）				☐	
6	Q_h (L/h)	饮用水最大时饮水量为____ L/h				☐	
7	m_1	计算管段上同时使用饮用水水嘴的数量为____ 个				☐	
		当计算管段上饮用水水嘴数量不大于 24 个时，同时使用数量按下表取值：				☐	
		水嘴数量	1	2	3～8	9～24	
		使用数量	1	2	3	4	
		当计算管段上饮用水水嘴数量大于 24 个时，同时使用数量按《建筑给水排水设计标准》GB 50015—2019 附录 J 第 J.0.2 条、第 J.0.3 条以及表 J.0.2 确定				☐	
8	q_o (L/s)	计算管段上采用的饮用水水嘴额定流量取值为____ L/s（取 0.04～0.06L/s）				☐	
9	q_g (L/s)	管道直饮水系统计算管段的设计秒流量为____ L/s				☐	

注：表中计算内容输出模板序号 4 列出的用水时间取值见表 4.1.1。

4.2　排水系统

4.2.1　建筑生活排水管道设计秒流量计算

建筑生活排水管道设计秒流量计算表一　　　　表 4.2.1-1

名称	内容		实施情况	备注
计算公式及取值	建筑生活排水管道设计秒流量计算公式	$q_p = 0.12\alpha\sqrt{N_p} + q_{max}$	☐	适用范围见本表注 1
	q_p	计算管段排水设计秒流量（L/s）	☐	
	N_p	计算管段的卫生器具排水当量总数	☐	
	α	根据建筑物用途而定的系数	☐	
	q_{max}	计算管段上最大一个卫生器具的排水流量（L/s）	☐	

续表

序号	卫生器具名称		排水当量 N	卫生器具数量 n	当量小计 N	实施 情况	备注
1	洗涤盆、污水盆（池）		1.00			☐	
2	餐厅、厨房 洗菜盆 （池）	单格洗涤盆（池）	2.00			☐	
		双格洗涤盆（池）	3.00			☐	
3	盥洗槽（每个水嘴）		1.00			☐	
4	洗手盆		0.30			☐	
5	洗脸盆		0.75			☐	
6	浴盆		3.00			☐	
7	淋浴器		0.45			☐	
8	大便器	冲洗水箱	4.50			☐	
		自闭式冲洗阀	3.60			☐	
9	医用倒便器		4.50			☐	
10	小便器	自闭式冲洗阀	0.30			☐	
		感应式冲洗阀	0.30			☐	
11	大便槽	≤4个蹲位	7.50			☐	
		>4个蹲位	9.00			☐	
12	小便槽 （每米长）	自动冲洗水箱	0.50			☐	
13	化验盆（无塞）		0.60			☐	
14	净身器		0.30			☐	
15	饮水器		0.15			☐	
16	家用洗衣机		1.50			☐	
17	ΣN_p		当量总数为____			☐	

左侧竖排：计算内容输出模板

序号		内容			实施情况	备注
18	α	项目中 α 取____			☐	
		建筑物名称	住宅、宿舍（居室内设卫生间）、宾馆、酒店式公寓、医院、疗养院、幼儿园、养老院卫生间	旅馆和其他公共建筑的盥洗室和厕所间		
		α 值	1.5	2.0～2.5		
		引自《建筑给水排水设计标准》GB 50015—2019中表4.5.2				
19	q_{max}（L/s）	最大一个卫生器具的排水流量为____ L/s				
20	q_p（L/s）	计算管段排水设计秒流量为____ L/s			☐	

注：1. 计算公式适用于住宅、宿舍（居室内设卫生间）、旅馆、宾馆、酒店式公寓、医院、疗养院、幼儿园、养老院、办公楼、商场、图书馆、书店、客运中心、航站楼、会展中心、中小学教学楼、食堂或营业餐厅等建筑生活排水管道设计秒流量的计算。

2. 计算内容输出模板序号1～16为工程建设项目中各种建筑需要用到的卫生器具排水当量及其当量值统计数据，引自《建筑给水排水设计标准》GB 50015—2019中表4.5.1。

3. 当计算所得流量值大于该管段上按卫生器具排水流量叠加值时，应按卫生器具排水流量叠加值计。

建筑生活排水管道设计秒流量计算表二

表 4.2.1-2

名称	内容		实施情况	备注
计算公式及取值	建筑生活排水管道设计秒流量计算公式	$q_p = \Sigma q_{po} n_o b_p$	☐	适用范围见本表注1
	q_{po}	同类型的一个卫生器具排水流量（L/s）	☐	
	n_o	同类型卫生器具数量	☐	
	b_p	卫生器具的同时排水百分数（%）	☐	
	q_p	计算管段排水设计秒流量（L/s）	☐	

	序号	卫生器具名称		排水流量 q_{po} (L/s)	同类型卫生器具数量 n_o	同时排水百分数 b_p (%)	排水设计秒流量小计 q_{pi} (L/s)	实施情况	备注
计算内容输出模板	1	洗涤盆、污水盆（池）		0.33				☐	
	2	餐厅、厨房洗菜盆（池）	单格洗涤盆（池）	0.67				☐	
			双格洗涤盆（池）	1.00				☐	
	3	盥洗槽（每个水嘴）		0.33				☐	
	4	洗手盆		0.10				☐	
	5	洗脸盆		0.25				☐	
	6	浴盆		1.00				☐	
	7	淋浴器		0.15				☐	
	8	大便器	冲洗水箱	1.50				☐	
			自闭式冲洗阀	1.20				☐	
	9	医用倒便器		1.50				☐	
	10	小便器	自闭式冲洗阀	0.10				☐	
			感应式冲洗阀	0.10				☐	
	11	大便槽	≤4 个蹲位	2.50				☐	
			>4 个蹲位	3.00				☐	
	12	小便槽（每米长）	自动冲洗水箱	0.17				☐	
	13	化验盆（无塞）		0.20				☐	
	14	净身器		0.10				☐	
	15	饮水器		0.05				☐	
	16	家用洗衣机		0.50				☐	
	17	Σq_{pi} (L/s)		计算管段排水设计秒流量合计为____ L/s				☐	

注: 1. 计算公式适用于宿舍（设公用盥洗卫生间）、工业企业生活间、公共浴室、洗衣房、职工食堂或营业餐厅的厨房、实验室、影剧院、体育场（馆）等建筑生活排水管道设计秒流量的计算。

2. 计算内容输出模板序号1～16为工程建设项目中各种建筑需要用到的卫生器具排水流量及同类型卫生器具排水设计秒流量的统计数据，引自《建筑给水排水设计标准》GB 50015—2019 中表 4.5.1。

3. 表中同时排水百分数 b_p 按表4.1.4-3中数值选用；冲洗水箱大便器的同时排水百分数应按12%计算。

4.2.2 室内外生活排水横管水力计算

室内外生活排水横管水力计算表 表 4.2.2

名称	序号	内容		实施情况	备注
计算公式及取值	1	计算管段排水设计秒流量计算公式	$q_p = A \cdot v$	☐	
	2	排水管道水流速度计算公式	$v = \dfrac{1}{n} R^{2/3} I^{1/2}$	☐	
	3	水力半径计算公式	$R = \dfrac{A}{\chi} = \left(\dfrac{d}{4}\right)\left(1 - \dfrac{57.3\sin B}{B}\right)$	☐	
	4	排水管道设计充满度计算公式	$a = \dfrac{h}{d} = \left(\sin\dfrac{B}{4}\right)^2$	☐	
	5	圆管湿周计算公式	$\chi = \dfrac{B}{360} \cdot \pi d$	☐	
	6	圆管过水断面面积计算公式	当充满度大于 0.5 时，采用下式： $A = \dfrac{B}{360} \cdot \dfrac{\pi d^2}{4} + \dfrac{d^2}{8} \cdot \sin(360 - B)$	☐	
			当充满度等于 0.5 时，采用下式： $A = \dfrac{\pi d^2}{8}$	☐	
			当充满度小于 0.5 时，采用下式： $A = \dfrac{B}{360} \cdot \dfrac{\pi d^2}{4} - \dfrac{d^2}{8} \cdot \sin B$	☐	
	7	小区室外生活排水最大时排水流量计算公式	$Q_{ph} = (0.85 \sim 0.95)\Sigma Q_h$	☐	
	q_p	计算管段排水设计秒流量（m³/s）		☐	
	Q_{ph}	小区室外生活排水最大时排水流量（m³/h）		☐	
	A	管道在设计充满度下的过水断面面积（m²）		☐	
	χ	湿周（与水体接触的输水管道边长）（m）		☐	
	v	水流速度（m/s）		☐	
	R	水力半径（m）		☐	
	I	水力坡度，采用排水管的坡度		☐	
	n	管道粗糙系数，塑料管取 0.009、铸铁管取 0.013、钢管取 0.012		☐	
	d	排水管道的内径（m）		☐	
	B	在一定充满度时，水面线与管壁形成的两个交点和管道圆心组成的夹角角度（°）；充满度小于 0.5 时，夹角小于 180°；充满度大于 0.5 时，夹角大于 180°		☐	
	a	排水管道设计充满度		☐	
	h	在一定充满度时，管道内水位的高度（m）		☐	
	57.3	弧度与角度的换算值，即 1 弧度=180/π≈57.3°		☐	
	ΣQ_h	项目最大时生活用水总量（m³/h）		☐	
	0.85~0.95	系数，按住宅生活给水最大时流量与公共建筑生活给水最大时流量之和的 85%~95%计		☐	

序号	名称及单位	内容	实施情况	备注
1	a	排水管道设计充满度采用____ （按本表计算内容输出模板序号 5 列出的数据填入）	☐	见注 1
2	B（°）	水面线与管壁形成的两个交点和管道圆心组成的夹角角度经公式 4 计算为____°	☐	
3	d（m）	排水管道的内径取值为____ m	☐	
4	R（m）	水力半径为____ m （简化计算：当最大设计充满度采用 0.5 时，B=180°，R≈d/4；当最大设计充满度采用 0.6 时，B≈203.08°，R≈0.278d）	☐	

计算内容输出模板

序号	名称及单位	内容						实施情况	备注
5	I（室内）	水力坡度取值为____						☐	

水力坡度取值为____

管径（mm）	通用坡度		最小坡度		最大设计充满度
	铸铁管	塑料管	铸铁管	塑料管	
50	0.035	—	0.025	—	0.5
75	0.025	—	0.015	—	
100	0.020	0.012	0.012	0.0040	
125	0.015	0.010	0.010	0.0035	
150	0.010	0.007	0.007		
200	0.008		0.005		0.6
250		0.005		0.0030	
300					

表中数据引自《建筑给水排水设计标准》GB 50015—2019 中表 4.5.5 及表 4.5.6；
塑料排水横支管的标准坡度为 0.026，最大设计充满度为 0.5

序号	名称及单位	内容	实施情况	备注
6	I（室外）	水力坡度取值为____	☐	

管道类型	最小管径（mm）	最小设计坡度	最大设计充满度
接户管	150	0.005	0.5
支管	150		
干管	200	0.004	
	≥300	0.003	

表中数据引自《建筑给水排水设计标准》GB 50015—2019 中表 4.10.7
（生活污水单独排至化粪池的室外接户管管径为 150mm 时，最小设计坡度宜为 0.010～0.012；当管径为 200mm 时，最小设计坡度宜为 0.010）

序号	名称及单位	内容	实施情况	备注
7	n	管道粗糙系数取值为____ （塑料管取 0.009、铸铁管取 0.013、钢管取 0.012）	☐	
8	v（m/s）	水流速度为____ m/s	☐	
9	A（m²）	过水断面面积为____ m²	☐	

名称	序号	名称及单位	内容	实施情况	备注
计算内容输出模板	10	χ（m）	湿周为____ m	☐	
	11	q_p（m³/s）	计算管段排水设计秒流量为____ m³/s	☐	
	12	ΣQ_h（m³/d）	项目最大时生活用水总量为____ m³/h（填入表 4.1.1 中的计算结果）	☐	
	13	Q_{ph}（m³/h）	小区室外生活排水最大时排水流量为____ m³/h	☐	见注 3

注：1. 设计充满度取计算内容输出模板序号 5、序号 6 表中的最大设计充满度数值。
2. 小区室外生活排水管道系统的设计流量应按最大小时排水流量计算，最大小时排水流量按给水最大小时流量的 85%～95%确定。
3. 计算不同管段时，应按本表格式逐一计算顺序列出。

4.2.3 生活排水立管水力计算

生活排水立管水力计算表   表 4.2.3

名称	序号	内容		实施情况	备注
计算公式及取值	1	建筑生活排水管道设计秒流量计算公式	$q_p = 0.12\alpha \sqrt{N_p} + q_{max}$	☐	
	2	建筑生活排水管道设计秒流量计算公式	$q_p = \Sigma q_{po} n_o b_p$	☐	
	q_p	计算管段排水设计秒流量（L/s）		☐	
	N_p	计算管段的卫生器具排水当量总数		☐	
	α	根据建筑物用途而定的系数		☐	
	q_{max}	计算管段上最大一个卫生器具的排水流量（L/s）		☐	
	q_{po}	同类型的一个卫生器具排水流量（L/s）		☐	
	n_o	同类型卫生器具数量		☐	
	b_p	卫生器具的同时排水百分数（%）		☐	

名称	序号	内容					实施情况	备注
计算内容输出模板	1	计算管段排水设计秒流量（q_p）为____ L/s（将表 4.2.1-1 或表 4.2.1-2 中的计算结果填入）					☐	
	2	生活排水立管采用建筑排水光壁管时，按下表直接选用，选用管径为____ mm					☐	

		排水立管系统类型		最大设计排水能力（L/s）		
				排水立管管径（mm）		
				75	100(110)	150(160)
		伸顶通气	厨房	1.00	4.00	6.40
			卫生间	2.00		
		专用通气	专用通气管 75mm 结合通气管每层连接		6.30	
			专用通气管 75mm 结合通气管隔层连接		5.20	
			专用通气管 100mm 结合通气管每层连接	—	10.00	—
			专用通气管 100mm 结合通气管隔层连接		8.00	
		主通气立管＋环形通气管				
		自循环通气	专用通气形式		4.40	
			环形通气形式		5.90	

表中数据引自《建筑给水排水设计标准》GB 50015—2019 中表 4.5.7

	3	其他管材	☐	

4.2.4　化粪池有效容积计算

化粪池有效容积计算表

表 4.2.4

名称	序号	内容		实施情况	备注
计算公式及取值	1	化粪池有效容积计算公式	$V = V_w + V_n$	☐	
	2	化粪池污水部分容积计算公式	$V_w = \dfrac{m_f \cdot b_f \cdot q_w \cdot t_w}{24 \times 1000}$	☐	
	3	化粪池污泥部分容积计算公式	$V_n = \dfrac{m_f \cdot b_f \cdot q_n \cdot t_n (1-b_x) \cdot M_s \times 1.2}{(1-b_n) \times 1000}$	☐	
	V	化粪池有效容积(m³)		☐	
	V_w	化粪池污水部分容积(m³)		☐	
	V_n	化粪池污泥部分容积(m³)		☐	
	q_w	每人每日计算污水量[L/(人·d)]		☐	
	t_w	污水在池中停留时间(h),应根据污水量确定,宜采用 12～24h		☐	
	q_n	每人每日计算污泥量[L/(人·d)]		☐	
	t_n	污泥清掏周期,应根据污水温度和当地气候条件确定,宜采用 3～12 个月		☐	
	b_x	新鲜污泥含水率,可按 95% 计算		☐	
	b_n	发酵浓缩后的污泥含水率,可按 90% 计算		☐	
	M_s	污泥发酵后体积缩减系数,宜取 0.8		☐	
	1.2	清掏后遗留 20% 的容积系数		☐	
	m_f	化粪池服务总人数		☐	
	b_f	化粪池实际使用人数占总人数的百分数(%)		☐	

	序号	名称及单位	内容		实施情况	备注
计算内容输出模板	1	m_f	化粪池服务总人数为____人		☐	
	2	b_f	化粪池实际使用人数占总人数的百分数取值为____%		☐	

化粪池实际使用人数占总人数的百分数取值为____%

建筑物名称	百分数(%)
医院、疗养院、养老院、幼儿园(有住宿)	100
住宅、宿舍、旅馆	70
办公楼、教学楼、试验楼、工业企业生活间	40
职工食堂、餐饮业、影剧院、体育场(馆)、商场和其他场所(按座位)	5～10

表中数据引自《建筑给水排水设计标准》GB 50015—2019 中表 4.10.15-3

每人每日计算污水量取值为____L/(人·d)

分类	生活污水与生活废水合流排入	生活污水单独排入
每人每日污水量[L/(人·d)]	(0.85～0.95)给水定额	15～20

表中数据引自《建筑给水排水设计标准》GB 50015—2019 中表 4.10.15-1;提及的给水定额,见表 4.1.1

（序号3 q_w[L/(人·d)]）

序号	名称及单位	内容			实施情况	备注
4	t_w (h)	污水在池中停留时间为____ h(取 12~24h)			☐	详见本表注
		传染病医院污水在池中停留时间为____ h(取 24~36 h)			☐	
5	V_w (m³)	化粪池污水部分容积为____ m³			☐	
6	q_n [L/(人·d)]	每人每日计算污泥量为____ L/(人·d)			☐	
		建筑物分类	生活污水与生活废水合流排入	生活污水单独排入		
		有住宿的建筑物	0.7	0.4		
		人员逗留时间大于 4h 并小于或等于 10h 的建筑物	0.3	0.2		
		人员逗留时间小于或等于 4h 的建筑物	0.1	0.07		
		表中数据引自《建筑给水排水设计标准》GB 50015—2019 中表 4.10.15-2				
7	t_n (d)	污泥清掏周期取值为____ d（宜采用 3~12 个月，计算时需换算为 d）			☐	详见本表注
		传染病医院污泥清掏周期取值为____ d（取值范围为 180~360d）			☐	
8	b_x	0.95			☐	
9	b_n	0.90			☐	
10	M_s	0.8			☐	
11	V_n (m³)	化粪池污泥部分容积为____ m³			☐	
12	V (m³)	化粪池有效容积为____ m³			☐	
13	化粪池选型	项目选用____ 型化粪池____ 座，尺寸为____；……			☐	

（表左侧合并单元格：计算内容输出模板）

注：本表计算内容输出模板序号 4 及序号 7 中列出的数据引自《医疗机构水污染物排放标准》GB 18466—2005 第 5.3 条的规定。

4.2.5 污水泵与集水井（池）设计计算

污水泵设计计算表　　　　　表 4.2.5-1

名称	序号	内容		实施情况	备注
计算公式及取值	1	污水泵流量	按生活排水设计秒流量计的计算公式　$Q_p = q_p$	☐	
			设有污水处理设施及调节池时按生活排水最大小时流量计的计算公式　$Q_p = q_{ph}$	☐	
			接纳水箱（池）溢流水、泄空水时，按排入集水池的各种排水量中大者计算	☐	
	2	污水泵扬程	$H_p = H_1 + H_2 + H_3$	☐	

名称	内容		实施情况	备注
计算公式及取值	Q_p	污水泵的设计流量（L/s）	☐	
	q_p	生活排水设计秒流量（L/s）	☐	
	q_{ph}	生活排水最大小时流量（m³/h）	☐	
	H_P	污水泵扬程（m）	☐	
	H_1	污水泵提升高度（m）	☐	
	H_2	管路系统水头损失（m）	☐	
	H_3	流出水头（m）	☐	

名称	序号	名称及单位	内容	实施情况	备注
计算内容输出模板	1	q_p（L/s）	生活排水设计秒流量为____ L/s （填入表 4.2.1-1、表 4.2.1-2 中的计算结果）	☐	
	2	q_{ph}（m³/h）	生活排水最大小时流量为____ m³/h （可按生活给水最大时流量计，填入表 4.1.1 中的计算结果）	☐	
	3	Q_p（L/s）	污水泵的设计流量为____ L/s	☐	
	4	H_1（m）	污水泵提升高度为____ m	☐	
	5	H_2（m）	管路系统水头损失为____ m	☐	详见本表注
	6	H_3（m）	流出水头取值为____ m（取值范围为 2～3m）	☐	
	7	H_P（m）	污水泵扬程为____ m	☐	
	8		污水泵选用____ 台，____ 用____ 备； 每台 $Q=$ ____（☐m³/h ☐L/s），$H=$ ____ m； 功率____ kW，效率____ %，转速____ r/min		

注：污水泵管路系统水头损失包括沿程水头损失和局部水头损失，可参照生活给水泵的计算方式，见表 4.1.6-2。由于污水泵管路通常较短、管道附件设置数量少等原因，污水泵扬程计算值通常不大，在实际计算中，多采用估算的方式。因为污水中存在杂质，所以污水泵管路系统的水头损失会高于给水泵。

集水井（池）有效容积计算表　　　　　表 4.2.5-2

名称	内容		实施情况	备注
计算公式及取值	集水井（池）有效容积计算公式	$V \geqslant q_p \cdot \dfrac{t_z}{60}$	☐	
	V　集水井（池）有效容积（m³）		☐	
	q_p　最大一台排水泵的出水量（m³/h）		☐	
	t_z　水泵启动后连续运转时间（min），不宜小于最大一台排水泵 5min 出水量		☐	

续表

计算内容输出模板	序号	名称及单位	内容	实施情况	备注
	1	q_p（m³/h）	最大一台排水泵的出水量为＿＿＿ m³/h	☐	
	2	t_z（min）	水泵启动后连续运转时间取＿＿＿ min	☐	
	3	V（m³）	集水井（池）有效容积为＿＿＿ m³	☐	
	4	集水井（池）编号	＿＿＿（属性）集水井（池），编号为＿＿＿	☐	

注：1. 表中序号 2 提及的水泵启动后连续运转时间不宜小于最大一台排水泵 5min 出水量，排水泵每小时启动次数不宜超过 6 次，采用成品污水提升装置的污水泵每小时启动次数应满足其产品技术要求。

　　2. 设计地下车库出入口的雨水集水井（池）时，t_z 取 5min；设计下沉式广场的地面排水集水井（池）时，t_z 应≥30s。

　　3. 当下沉式广场汇水面积大，设计重现期高，排水量大时，集水井（池）的有效容积计算宜取最大一台排水泵出水量的小值；当下沉式广场汇水面积小，设计重现期低，排水量小时，集水井（池）的有效容积计算可取最大一台排水泵出水量的大值；当下沉式广场与地铁、建筑物的出入口相连接时，集水井（池）的有效容积宜按最大一台排水泵 5min 的出水量计算，并可配置一台小泵，用于小水量时排水。

　　4. 项目中往往设置有多种集水井，应按本表格式逐一计算同种规格的集水井顺序列出。

4.2.6 油水分离装置处理量计算

　　油水分离装置处理量应以含油废水排水秒流量设计，无厨房设备等参数时，可按表 4.2.6估算。

油水分离装置处理量计算表　　　　表 4.2.6

名称		内容		实施情况	备注
计算公式及取值	油水分离装置处理量	按用餐人数计的计算公式	$Q_y = 0.9 \cdot \dfrac{K_h m q_0}{t}$	☐	
		按排水设计秒流量计的计算公式	$Q_y = 3.6 q_p$	☐	
		按餐厅面积计的计算公式	$Q_y = \dfrac{nS}{S_s} \cdot \dfrac{q_0 K_h K_s \gamma}{1000t}$	☐	见注2
	Q_y	油水分离装置小时处理水量（m³/h）		☐	
	q_p	排水设计秒流量（L/s）		☐	
	m	每日用餐人数		☐	
	q_0	最高日用水定额［L/（人·餐）］		☐	
	K_h	小时变化系数		☐	
	t	用餐历时（h）		☐	
	S	餐厅净使用面积（m²）		☐	
	K_s	秒时变化系数		☐	
	γ	用水量南北地区差异系数		☐	
	S_s	每个座位最小使用面积（m²）		☐	
	n	每天就餐次数		☐	

序号	名称及单位	内容	实施情况	备注
1	S（m^2）	餐厅净使用面积为____m^2	☐	
2	S_s（m^2）	每个座位最小使用面积为____m^2 （常按每人 0.85～1.3m^2使用面积计）	☐	
3	n（次/d）	每天就餐次数取值为____次/d （可取 2～4 次/d，当 K_h、K_s、γ 等系数取大值时，n 宜取低值）	☐	
4	q_0[L/（人·餐）]	最高日用水定额为____L/（人·餐） 表中数据引自《建筑给水排水设计标准》GB 50015—2019 中表 3.2.2	☐	
5	K_h	小时变化系数为____（可取 1.5～1.2）	☐	
6	m	每日用餐人数为____	☐	
7	t（h）	用餐历时为____h （取本表计算内容输出模板序号 4 中的数据）	☐	
8	q_p（L/s）	排水设计秒流量为____L/s 当厨房工艺设计完成后，可参照下表确定： 表中数据引自《建筑给水排水设计手册（上册）》（第三版）255 页	☐	
9	K_s	秒时变化系数为____（可取 1.5）	☐	
10	γ	用水量南北地区差异系数为____（可取 1.2）	☐	
11	Q_y（m^3/h）	油水分离装置小时处理水量为____m^3/h	☐	
12		油水分离装置选用____台，每台处理量为____m^3/h	☐	

序号 4 内容中的表格：

餐饮类型	最高日用水定额[L/（人·餐）]	用餐时间（h）	小时变化系数 K_h
中餐酒楼	40～60	10～12	1.5～1.2
快餐店、职工及学生食堂	20～25	12～16	1.5～1.2
酒吧、咖啡馆、茶座、卡拉 OK 房	5～15	8～18	1.5～1.2

序号 8 内容中的表格：

规模（人次/d）	快餐排水设计秒流量（L/s）	中餐排水设计秒流量（L/s）
50	1	1.5～2
200	2	3～4
400	4	6～8
700	7	10.5～14
1000	10	15～20
1500	15	22.5～30
2000	20	30～40
2500	25	37.5～50

左侧竖排：计算内容输出模板

注：1. 表中的计算公式引自《建筑给水排水设计手册（上册）》（第三版）255～257 页的相关内容。

2. 当用餐人数无法确定时，应按餐厅面积计算。

4.2.7 降温池设计计算

降温池设计计算表 　　　　　　表 4.2.7

名称	序号	内容		实施情况	备注
计算公式及取值	1	降温池的有效容积计算公式	$V = V_1 + V_2 + V_3$	☐	
	2	降温池中存放热废水容积的计算公式	$V_1 = (Q - Kq)/\rho$	☐	
	3	二次蒸发带走的水量计算公式	$q = Q \cdot C_B(t_1 - t_2)/\gamma$	☐	
	4	降温池中存放冷却水容积的计算公式	$V_2 = V_1 K_1(t_2 - t_y)/(t_y - t_l)$	☐	
	5	所需冷却水量计算公式	$Q_l \geqslant Q_P(t_2 - t_y)/(t_y - t_l)$	☐	
	6	锅炉（加热设备）排水量计算公式	$Q_P = Q/T$	☐	
	7	降温池保护容积的计算公式	V_3 按保护高度为 0.3~0.5m 确定	☐	
	V	降温池的总容积（m³）		☐	
	V_1	降温池中存放热废水的容积（m³）		☐	
	V_2	降温池中存放冷却水的容积（m³）		☐	
	V_3	降温池的保护容积，按保护高度为 0.3~0.5m 确定		☐	
	Q	热废水排放量，即锅炉（加热设备）最大一次排放的热废水质量（kg）		☐	
	K	安全系数，采用 0.8		☐	
	q	二次蒸发带走的水量（kg）		☐	
	ρ	锅炉（加热设备）工作压力下水的密度（kg/m³）		☐	
	C_B	水的比热 [kJ/(kg·℃)]		☐	
	t_1	锅炉（加热设备）工作压力下热废水的温度（℃）		☐	
	t_2	大气压力下热废水的温度（℃）		☐	
	γ	热废水的热焓（kJ/kg）		☐	
	K_1	混合不均匀系数，取 1.5		☐	
	t_y	允许降温池排出的水温（℃），一般取 40℃		☐	
	t_l	冷却水温度，取该地最冷月平均水温（℃）		☐	
	Q_P	锅炉（加热设备）的排水量（kg/h）		☐	
	T	锅炉（加热设备）最大一次排放热废水时连续排水的时间（h）		☐	
	Q_l	所需冷却水量（kg/h）		☐	

名称	序号	名称及单位	内容	实施情况	备注
计算内容输出模板	1	Q（kg）	热废水排放量为 ___ kg（根据锅炉或加热设备的选型，取其最大一次排放的热废水质量；采用蒸汽锅炉时，可按总蒸发量的 6.5% 计）	☐	
	2	C_B[kJ/(kg·℃)]	水的比热为 4.187kJ/(kg·℃)	☐	
	3	t_1（℃）	锅炉（加热设备）工作压力下热废水的温度为 ___ ℃（根据锅炉或加热设备自身工况确定）	☐	
	4	t_2（℃）	大气压力下热废水的温度为 ___ ℃（取值＜100℃）	☐	

续表

序号	名称及单位	内容	实施情况	备注
5	γ (kJ/kg)	热废水的热焓为____ kJ/kg （简化计算方式：可按本书附录 2 中的数据填入，也可按水温与水的比热的乘积进行估算）	☐	
6	q (kg)	二次蒸发带走的水量为____ kg （简化计算时，可查表；一般当锅炉（加热设备）绝对压力为1.2MPa时，最高大气压力为0.2MPa时，1m³ 热废水可蒸发 112kg的蒸汽）	☐	
7	K	0.8	☐	
8	ρ (kg/m³)	锅炉（加热设备）工作压力下水的密度为____ kg/m³ （可按本书附录 2 中的数据填入）	☐	
9	V_1 (m³)	降温池中存放热废水的容积为____ m³	☐	
10	K_1	1.5	☐	
11	t_y (℃)	允许降温池排出的水温取 40℃	☐	
12	t_l (℃)	冷却水温度为____ ℃ （参见《建筑给水排水设计标准》GB 50015—2019 中表 6.2.5）	☐	
13	V_2 (m³)	降温池中存放冷却水的容积为____ m³	☐	
14	T (h)	热废水连续排水的时间为____ h	☐	
15	Q_p (kg/h)	锅炉（加热设备）的排水量为____ kg/h	☐	
16	Q_l (kg/h)	所需冷却水量为____ kg/h	☐	
17	V_3 (m³)	降温池的保护容积为____ m³ （按保护高度 0.3～0.5m 确定）	☐	
18	V (m³)	降温池的总容积为____ m³	☐	

（左侧合并单元格：计算内容输出模板）

4.2.8　消毒池有效容积及加药量计算

消毒池有效容积及加药量计算表　　　　　表 4.2.8

名称	序号	内容		实施情况	备注
计算公式及取值	1	消毒池有效水容积计算公式	$V_{有效} = K Q_h \cdot t$	☐	
	2	根据医院污水最高日排放量和投氯量计算次氯酸钠（以有效氯计）的日耗量计算公式	$W = Q \cdot w$	☐	
	$V_{有效}$	消毒池有效水容积（m³）		☐	
	K	安全系数		☐	
	Q_h	最大时排水量（m³/h）		☐	
	t	消毒池水力停留时间（h）		☐	
	W	含氯消毒剂日消耗量（g/d），以游离氯计		☐	
	Q	日最高污水量（m³/d）		☐	
	w	污水含氯消毒剂投加量（g/m³），以游离氯计		☐	

	序号	名称及单位	内容	实施情况	备注
计算内容输出模板	1	Q_h（m³/h）	最大时排水量为___ m³/h （按拟排入消毒池的最大时排水量计）	☐	
	2	t（h）	消毒池水力停留时间为___ h （非传染病医院污水接触消毒时间不宜小于 1h；传染病医院污水接触消毒时间不宜小于 1.5h；采用二级消毒工艺时，预消毒池不宜小于 1h，二级消毒池不应小于 2h）	☐	见注 1
	3	K	安全系数为___（宜取 1.05～1.10）	☐	
	4	$V_{有效}$（m³）	消毒池有效水容积为___ m³	☐	
	5	w（g/m³）	污水含氯消毒剂投加量为___ g/m³，以游离氯计 （一级消毒池的加氯量可取 30～50mg/L；二级消毒池的加氯量可取 15～25mg/L；对于传染病医院，当消毒池停留时间满足要求时，参考投加量为 50mg/L，当消毒池停留时间不满足要求时，参考投加量为 80mg/L；1mg/L=1g/m³）	☐	见注 1
	6	Q（m³/d）	日最高污水量为___ m³/d	☐	
	7	W（g/d）	含氯消毒剂日消耗量为___ g/d，以游离氯计	☐	

注：1. 表中引用的消毒池停留时间以及含氯消毒剂投加量等数据尚需结合项目实际情况确定。
　　2. 项目中有多个消毒池设计时，应按本表格式逐一计算。

4.2.9 衰变池设计计算

衰变池设计计算表　　　　表 4.2.9

名称	序号	内容		实施情况	备注
计算公式及取值	1	某种放射性废水日产生量计算公式	$Q = 0.8q \cdot m$	☐	
	2	10 个半衰期放射性废水产生总量的计算公式	$Q_0 = t \cdot \Sigma Q$	☐	
	Q	某种放射性废水日产生量（L/d）		☐	
	Q_0	10 个半衰期放射性废水产生总量（L）		☐	
	q	用水量定额 [L/(人·d)]		☐	
	m	日最大病人数（人）		☐	
	t	核素 10 个半衰期时间（d）		☐	

名称	序号	核素名称	用水量定额 q [L/(人·d)]	日最大病人数 m（人）	某种放射性废水日产生量 Q（L/d）	半衰期	实施情况	备注
计算内容输出模板	1	99mTc	10			6.02h	☐	
	2	131I（甲癌）	250			8.04d	☐	
	3	131I（甲亢）	10			8.04d	☐	
	4	89Sr	10			50.4d	☐	
	5	153Sm	10			1.95d	☐	

	序号	核素名称	用水量定额 q [L/(人·d)]	日最大病人数 m（人）	某种放射性废水日产生量 Q (L/d)	半衰期	实施情况	备注
计算内容输出模板	6	68Ga	10			1.13h	☐	
	7	177Lu	10			6.71d	☐	
	8	18F	10			109.7min	☐	
	9	ΣQ (L/d)	—	—		—	☐	
	10	t (d)	核素 10 个半衰期时间为____ d（一般取项目中实际采用的核素半衰期最大值的 10 倍作为衰变池容积的计算时间）				☐	
	11	Q_0 (L)	10 个半衰期放射性废水产生总量为____ L				☐	
	12	衰变池拟选用____ 个，每个规格为____					☐	

注：1. 表中用水量定额 10L/(人·d)、250L/(人·d) 分别引自《建筑给水排水设计标准》GB 50015—2019 中门诊病人及住院病人（设单卫生间）的数据。
2. 甲癌病人数量应按病床数核算。根据污染源分析，核医学科放射性废水核素组成包括：碘-131、锝-99m、锶-89、钐-153、镓-68、镥-177、氟-18。通常以碘-131 的 10 个半衰期(81d)来核算衰变池的容积有效性。
3. 如有特殊核素未在本表列出，应根据环评报告等相关医学资料，确定所有核素半衰期中的最大值。

4.2.10 中和池设计计算

中和池设计计算表 表 4.2.10-1

名称	序号	内容		实施情况	备注
计算公式及取值	1	中和池有效容积计算公式	$V_{中} = (Q_z + Q_x)t$	☐	
	2	酸碱废水中和能力计算公式	$\Sigma Q_z B_z \geqslant \Sigma Q_x B_x aK$	☐	
	$V_{中}$	中和池的有效容积(m³)		☐	
	Q_z	碱性废水流量(L/h)		☐	
	Q_x	酸性废水流量(L/h)		☐	
	t	中和反应时间，与排水情况及水质变化情况有关，一般采用 1~2h		☐	
	B_z	碱性废水浓度(克当量/L)		☐	
	B_x	酸性废水浓度(克当量/L)		☐	
	a	药剂比耗量，即中和 1kg 酸所需碱量(kg)		☐	
	K	考虑中和过程不完全的系数，一般采用 1.5~2.0		☐	

名称	序号	名称及单位	内容	实施情况	备注
计算内容输出模板	1	Q_z (L/h)	碱性废水流量为____ L/h	☐	
	2	Q_x (L/h)	酸性废水流量为____ L/h	☐	
	3	t (h)	中和反应时间为____ h(一般采用 1~2h)	☐	
	4	$V_{中}$ (L)	中和池的有效容积为____ L	☐	
	5	a (kg)	药剂比耗量取值为____ kg(见表 4.2.10-2)	☐	
	6	K	考虑中和过程不完全的系数取____ (一般采用 1.5~2.0)	☐	
	7	B_z (克当量/L)	碱性废水浓度为____ 克当量/L	☐	
	8	B_x (克当量/L)	酸性废水浓度为____ 克当量/L	☐	
	9	$\Sigma Q_z B_z$ (克当量/h)	碱性废水总量为____ 克当量/h	☐	
	10	$\Sigma Q_x B_x aK$ (克当量/h)	酸性废水总量为____ 克当量/h	☐	

注：计算内容输出模板序号 9、10 中的数据与酸(碱)当量值有关，且序号 9 的计算结果应大于等于序号 10 的计算结果。酸(碱)当量值 R 可按表 4.2.10-3 进行换算。如已知酸(碱)浓度为 C(g/L) 或 P(%) 时，则当量浓度为 $B = C/R = 10P/R$(克当量/L)。

酸碱中和药剂比耗量表

表 4. 2. 10-2

酸和碱		药剂名称						
分子式	分子量	CaO 56	Ca(OH)₂ 74	CaCO₃ 100	NaOH 40	Na₂CO₃ 106	MgO 40.3	CaMg(CO₃)₂ 184.3
H_2SO_4	98	0.56	0.755	1.02	0.866	1.08	0.40	0.91
HNO_3	63	0.445	0.59	0.795	0.635	0.84	0.33	0.732
HCl	36.5	0.77	1.01	1.37	1.10	1.45	1.11	1.29
CH_3COOH	60	(0.466)	0.616	(0.83)	0.666	0.88	0.60	(0.695)
CO_2	44	(1.27)	1.68	(2.27)	1.82	—	—	(1.91)
$FeSO_4$	151.90	0.37	0.49					
$FeCl_2$	126.75	0.45	0.58					
$CuSO_4$	159.63	0.352	0.465	0.628	0.251	0.667		

注：1. 比耗量加括号的试剂由于反应缓慢，建议不予采用。
 2. 以上药剂、酸及盐均以100%的纯度计算，实际需要投药量应以实际发生的工况经试验调整确定。
 3. 表中数据引自《给水排水设计手册 第六册：室外排水与工业污水处理》表 7-4。

酸(碱)当量值 R 表

表 4. 2. 10-3

酸或碱名称	H_2SO_4	HCl	HNO_3	CH_3COOH	NaOH	KOH	Ca(OH)₂	CaO	NH_3
当量值 R	40.04	36.41	63.01	60.00	40.01	56.10	37.05	28.04	17.00

注：表中数据引自《给水排水设计手册 第六册：室外排水与工业污水处理》表 7-5。

4. 2. 11 建筑屋面设计雨水流量计算

建筑屋面设计雨水流量计算表

表 4. 2. 11

名称	序号	内容		实施情况	备注
计算公式及取值	1	建筑屋面设计雨水流量计算公式	$q_y = \dfrac{q_j \cdot \psi \cdot F_w}{10000}$	☐	
	2	设计暴雨强度计算公式	$q_j = \dfrac{167A(1+c\lg P)}{(t+b)^n}$	☐	
	q_y	设计雨水流量(L/s)		☐	
	q_j	设计暴雨强度[L/(s·hm²)]，主要与设计重现期 P、降雨历时 t 以及 A、b、c、n 等当地降雨参数相关		☐	
	ψ	径流系数		☐	
	F_w	雨水汇水总面积(m²)		☐	
	P	各种汇水区域的设计重现期(年)		☐	
	t	降雨历时(min)		☐	

名称	序号	名称及单位	内容		实施情况	备注
计算内容输出模板	1	P(年)	屋面的设计重现期为____年		☐	
			建筑物性质	设计重现期(年)		
			一般性建筑物屋面	5		
			重要公共建筑屋面	≥10		
			表中数据引自《建筑给水排水设计标准》GB 50015—2019 中表 5.2.4			

名称	序号	名称及单位	内容		实施情况	备注
计算内容输出模板	2	t（min）	降雨历时为 5min		☐	
	3	q_j [L/（s·hm²）]	按____城市的设计暴雨强度计算公式计算		☐	
			设计暴雨强度计算公式为____ （详见本书附录3）		☐	
			设计暴雨强度取值为____ L/（s·hm²）		☐	
	4	F_w（m²）	屋面雨水汇水总面积为____ m²		☐	
	5	Ψ	屋面雨水径流系数为____，雨水径流系数可参见下表：<table><tr><td>屋面类型</td><td>雨水径流系数</td><td>实施情况</td></tr><tr><td>屋面</td><td>1.00</td><td>☐</td></tr><tr><td>铺石子的平屋面</td><td>0.80</td><td>☐</td></tr><tr><td>绿化屋面</td><td>应按绿化面积、覆土厚度经试验确定</td><td>☐</td></tr></table>表中数据引自《建筑给水排水设计标准》GB 50015—2019 第5.2.6条以及《建筑屋面雨水排水系统技术规程》CJJ 142—2014 中表3.3.2 的规定		☐	
	6	q_y	建筑屋面为平屋面时，设计雨水流量为____ L/s		☐	
			对于坡度大于 2.5% 的斜屋面或采用内檐沟集水时，屋面设计雨水流量应乘以系数1.5，设计雨水流量为____ L/s		☐	

注：1. 当项目中有多栋建筑屋面需要计算时，应按本表格式逐一计算。

　　2. 当同一建筑屋面有多种布置形式时，雨水径流系数应按表4.2.12 中计算公式及取值序号4 的计算公式求得。

　　3. 计算内容输出模板序号2 提及的降雨历时一般取 5min，当建筑屋面面积过大时，应做复核。

4.2.12　小区场地设计雨水流量计算

小区场地设计雨水流量计算表　　　　表 4.2.12

名称	序号	内容		实施情况	备注
计算公式及取值	1	小区场地设计雨水流量计算公式	$q_y = \dfrac{q_j \cdot \psi \cdot F_w}{10000}$	☐	
	2	设计暴雨强度计算公式	$q = \dfrac{167A（1+c\lg P）}{（t+b）^n}$	☐	
	3	降雨历时计算公式	$t = t_1 + t_2$	☐	
	4	雨水综合径流系数计算公式	$\psi = \dfrac{\sum \psi_i F_{wi}}{\sum F_{wi}}$	☐	
	q_y	设计雨水流量（L/s）		☐	
	q_j	设计暴雨强度 [L/（s·hm²）]，主要与设计重现期 P、降雨历时 t 以及 A、b、c、n 等当地降雨参数相关		☐	
	ψ	径流系数		☐	

名称		内容		实施情况	备注
计算公式及取值	F_w	雨水汇水总面积(m^2)，计算内容输出模板中为ΣF_{wi}值		☐	
	P	各种汇水区域的设计重现期(年)		☐	
	t	降雨历时(min)		☐	
	t_1	地面集水时间(min)，视距离长短、地形坡度和地面铺盖情况而定，可选用5~10min		☐	
	t_2	排水管内雨水流行时间(min)		☐	

	序号	名称及单位	内容			实施情况	备注
计算内容输出模板	1	P(年)	场地的设计重现期为___年			☐	
			汇水区域名称		设计重现期(年)		
			小区		3~5		
			车站、码头、机场的基地		5~10		
			下沉式广场、地下车库坡道出入口		10~50		
			表中数据引自《建筑给水排水设计标准》GB 50015—2019中表5.3.12				
	2	t_1(min)	地面集水时间为___min (可选用5~10min)			☐	
	3	t_2(min)	排水管内雨水流行时间为___min			☐	
	4	t(min)	降雨历时为___min			☐	
	5	q_j[L/($s \cdot hm^2$)]	按___城市的设计暴雨强度计算公式计算			☐	
			设计暴雨强度计算公式为___ (详见本书附录3)			☐	
			设计暴雨强度取值为___L/($s \cdot hm^2$)			☐	
	6	ΣF_{wi}(m^2)	小区内场地雨水汇水总面积(ΣF_{wi})为___m^2			☐	
			下垫面类型	汇水面积(m^2)	实施情况		
			混凝土和沥青路面		☐		
			块石路面		☐		
			级配碎石路面		☐		
			干砖及碎石路面		☐		
			非铺砌地面		☐		
			绿地		☐		
			水面		☐		
			地下建筑覆土绿地(覆土厚度≥500mm)		☐		
			地下建筑覆土绿地(覆土厚度<500mm)		☐		
			透水铺装地面		☐		
			其他		☐		
			合计		☐		

续表

<table>
<tr><th></th><th>序号</th><th>名称及单位</th><th>内容</th><th>实施情况</th><th>备注</th></tr>
<tr><td rowspan="3">计算内容输出模板</td><td>7</td><td>$\Sigma\psi_i F_{wi}$ (m^2)</td><td>
<table>
<tr><th>下垫面类型</th><th>雨水径流系数 ψ_i</th><th>汇水面积 (m^2)</th><th>$\psi_i F_{wi}$ (m^2)</th><th>实施情况</th></tr>
<tr><td>混凝土和沥青路面</td><td>0.90</td><td></td><td></td><td>□</td></tr>
<tr><td>块石路面</td><td>0.60</td><td></td><td></td><td>□</td></tr>
<tr><td>级配碎石路面</td><td>0.45</td><td></td><td></td><td>□</td></tr>
<tr><td>干砖及碎石路面</td><td>0.40</td><td></td><td></td><td>□</td></tr>
<tr><td>非铺砌地面</td><td>0.30</td><td></td><td></td><td>□</td></tr>
<tr><td>绿地</td><td>0.15</td><td></td><td></td><td>□</td></tr>
<tr><td>水面</td><td>1.00</td><td></td><td></td><td>□</td></tr>
<tr><td>地下建筑覆土绿地（覆土厚度≥500mm）</td><td>0.15</td><td></td><td></td><td>□</td></tr>
<tr><td>地下建筑覆土绿地（覆土厚度<500mm）</td><td>0.30～0.40</td><td></td><td></td><td>□</td></tr>
<tr><td>透水铺装地面</td><td>0.29～0.36</td><td></td><td></td><td>□</td></tr>
<tr><td>其他</td><td>……</td><td></td><td></td><td>□</td></tr>
<tr><td>$\Sigma\psi_i F_{wi}$ (m^2)</td><td colspan="3"></td><td>□</td></tr>
</table>
表中雨水径流系数的数据部分引自《建筑给水排水设计标准》GB 50015—2019 中表 5.3.13 以及《建筑与小区雨水控制及利用工程技术规范》GB 50400—2016 中表 3.1.4 的规定</td><td>□</td><td></td></tr>
<tr><td>8</td><td>Ψ</td><td>项目综合雨水径流系数为____</td><td>□</td><td></td></tr>
<tr><td>9</td><td>q_y</td><td>小区场地设计雨水流量为____ L/s</td><td>□</td><td></td></tr>
</table>

注：1. 复杂项目中如有多个地块时，应按本表格式逐一计算。

2. 小区场地设计雨水流量计算还应考虑墙面面积的因素，当建筑高度大于等于 100m 时，按夏季主导风向迎风墙面 1/2 面积作为有效汇水面积，径流系数取 1.0，设计重现期与小区雨水设计重现期相同。

4.2.13　室内外雨水排水横管水力计算

室内外雨水排水横管水力计算表　　　　**表 4.2.13**

名称	序号	内容		实施情况	备注
计算公式及取值	1	计算管段雨水设计秒流量计算公式	$q_p = A \cdot v$	□	
	2	雨水管道水流速度计算公式	$v = \frac{1}{n} R^{2/3} I^{1/2}$	□	
	3	水力半径计算公式	$R = \frac{A}{\chi} = \left(\frac{d}{4}\right)\left(1 - \frac{57.3\sin B}{B}\right)$	□	
	4	雨水管道设计充满度计算公式	$a = \frac{h}{d} = \left(\sin\frac{B}{4}\right)^2$	□	
	5	圆管湿周计算公式	$\chi = \frac{B}{360} \cdot \pi d$	□	
	6	圆管过水断面面积计算公式	当充满度大于 0.5 时，采用下式： $A = \frac{B}{360} \cdot \frac{\pi d^2}{4} + \frac{d^2}{8} \cdot \sin(360 - B)$	□	

名称			内容	实施情况	备注
计算公式及取值		q_p	计算管段雨水设计秒流量（m^3/s）	☐	
		A	管道在设计充满度下的过水断面面积（m^2）	☐	
		χ	湿周（与水体接触的输水管道边长）（m）	☐	
		v	水流速度（m/s）	☐	
		R	水力半径（m）	☐	
		I	水力坡度，采用雨水管的坡度	☐	
		n	管道粗糙系数，塑料管取 0.009、铸铁管取 0.013、钢管取 0.012	☐	
		d	雨水管道公称直径（m）	☐	
		B	在一定充满度时，水面线与管壁形成的两个交点和管道圆心组成的夹角角度（°）；充满度小于 0.5 时，夹角小于 $180°$，充满度大于 0.5 时，夹角大于 $180°$	☐	
		a	雨水管道设计充满度	☐	
		h	在一定充满度时，管道内水位的高度（m）	☐	
		57.3	弧度与角度的换算值，即 1 弧度 $=180/\pi\approx57.3°$	☐	

	序号	名称及单位	内容	实施情况	备注
计算内容输出模板	1	a	设计充满度取值为 0.8	☐	见注1
			设计充满度取值为 1.0	☐	
	2	B（°）	水面线与管壁形成的两个交点和管道圆心组成的夹角角度经公式 4 计算为____。	☐	
	3	d（m）	雨水管道公称直径取值为____ m	☐	
	4	R（m）	水力半径为____ m （简化计算：当最大设计充满度采用 0.8 时，$B=253.76°$，$R\approx0.304d$；当最大设计充满度采用 1.0 时，按满管流设计）	☐	

序号 5 I（室内） 水力坡度取值为____

管道类型	最小管径（mm）	横管最小设计坡度	
		铸铁管、钢管	塑料管
建筑外墙雨落水管	75	—	—
雨水排水立管	100	—	—
重力流排水悬吊管	100	0.01	0.005
满管压力流屋面排水悬吊支管	50	0.00	0.000
雨水排出管	100	0.01	0.005

表中数据引自《建筑给水排水设计标准》GB 50015—2019 中表 5.2.38   ☐

序号 6 I（室外） 水力坡度取值为____

管道类型	最小管径（mm）	横管最小设计坡度
小区建筑物周围雨水接户管	200	0.0030
小区道路下干管、支管	300	0.0015
建筑物周围明沟雨水口的连接管	150	0.0100

表中数据引自《建筑给水排水设计标准》GB 50015—2019 中表 5.3.17   ☐

名称	序号	名称及单位	内容	实施情况	备注
计算内容输出模板	7	n	管渠粗糙系数取值为____ （塑料管取 0.009、铸铁管取 0.013、钢管取 0.012、混凝土及钢筋混凝土管取 0.013～0.014）	□	
	8	v（m/s）	水流速度为____ m/s	□	
	9	A（m²）	过水断面面积为____ m² （简化计算：当最大设计充满度采用 0.8 时，$B=253.76°$，$A\approx0.674d^2$；当最大设计充满度采用 1.0 时，按满管流设计）	□	
	10	χ（m）	湿周为____ m （简化计算：当最大设计充满度采用 0.8 时，$B=253.76°$，$\chi\approx2.214d$；当最大设计充满度采用 1.0 时，按满管流设计）	□	
	11	q_p（m³/s）	计算管段雨水设计秒流量为____ m³/s	□	

注：1. 重力流多斗系统的雨水悬吊管充满度取 0.8，其余的雨水排水横管充满度取 1.0。

　　2. 当计算多根雨水排水横管时，应按本表格式逐一计算顺序列出。

4.2.14　屋面天沟水力计算

屋面天沟水力计算表　　　　　　　　　　　　　表 4.2.14

名称	序号	内容		实施情况	备注
计算公式及取值	1	计算天沟排水段的雨水排水量计算公式	$Q=A\cdot v$	□	
	2	天沟内排水水流速度计算公式	$v=\dfrac{1}{n}R^{2/3}I^{1/2}$	□	
	3	天沟水力半径计算公式	$R=\dfrac{A}{x}$	□	
	4	天沟湿周计算公式	$\chi=B_1+2h$	□	
	5	天沟过水断面面积计算公式	$A=B_1\cdot h$	□	
	Q	计算天沟排水段的雨水排水量（m³/s）		□	
	Q_1	对应于计算天沟排水段的屋面设计雨水流量（m³/s）		□	
	A	天沟过水断面面积（m²）		□	
	χ	湿周（m）		□	
	R	水力半径（m）		□	
	v	水流速度（m/s）		□	
	B_1	天沟宽度（m）		□	
	h	天沟内水位有效深度（m）		□	
	n	天沟粗糙度系数		□	
	I	天沟坡度		□	

	序号	名称及单位	内容	实施情况	备注
计算内容输出模板	1	Q_1（m³/s）	项目屋面设计雨水流量为___ m³/s （填入表4.2.11计算结果，并将单位由L/s换算为m³/s）	☐	
			拟设置___ 条雨水排水天沟，对应于计算天沟排水段的屋面设计雨水流量分别为：___ m³/s、___ m³/s、……	☐	
	2	I	天沟坡度取值为___（不宜小于0.003）	☐	
	3	n	天沟粗糙度系数取值为____ <table><tr><td>天沟壁面材料种类</td><td>n 值</td><td>实施情况</td></tr><tr><td>钢板</td><td>0.012</td><td>☐</td></tr><tr><td>不锈钢板</td><td>0.011</td><td>☐</td></tr><tr><td>水泥砂浆抹面混凝土沟</td><td>0.012～0.013</td><td>☐</td></tr><tr><td>混凝土及钢筋混凝土沟</td><td>0.013～0.014</td><td>☐</td></tr></table>表中数据引自《建筑屋面雨水排水系统技术规程》CJJ 142—2014 中表4.2.7	☐	
	4	B_1（m）	天沟宽度取值为___ m（不宜小于300mm）	☐	
	5	h（m）	天沟内水位有效深度取值为___ m （排水系统有坡度的檐沟、天沟分水线处最小有效水深不应小于100mm；满管压力流雨水斗布置在集水槽中时，有效水深不宜小于250mm）	☐	
	6	A（m²）	天沟过水断面面积为___ m²	☐	
	7	χ（m）	湿周为___ m	☐	
	8	R（m）	水力半径为___ m	☐	
	9	v（m/s）	水流速度为___ m/s	☐	
	10	Q（m³/s）	计算天沟排水段的雨水排水量为___ m³/s	☐	
	11		项目计算天沟排水段的雨水排水量 $Q \geqslant Q_1$，符合设计要求	☐	

注：1. 天沟宽度、有效深度及设置坡度应根据设计雨水流量数据调整至最合理的工况。
　　2. 室外场地雨水采用明渠排水设计时，应参照本表格式计算。其中场地设计雨水流量见表4.2.12，明渠宽度、有效深度、设置坡度等应根据项目实际情况选择；当采用成品排水沟设计时，应另行计算。

4.2.15 溢流孔溢流量设计计算

表 4.2.15

溢流孔溢流量设计计算表

名称	序号	内容		实施情况	备注
计算公式及取值	1	金属天沟溢流孔溢流量计算公式	$q_{yL} = 400\, b_{yL}\, \sqrt{2g}\, h_{yL}^{3/2}$	☐	
	2	墙体方孔溢流量计算公式	当溢流水位高度 $h_{yl} > 100\text{mm}$ 时，采用： $q_{yL} = 320\, b_{yL}\, \sqrt{2g}\, h_{yL}^{3/2}$	☐	
			当溢流水位高度 $h_{yl} \leqslant 100\text{mm}$ 时，采用： $q_{yL} = (320 + 65\sigma)\, b_{yL}\, \sqrt{2g}\, h_{yL}^{3/2}$	☐	

名称	序号	内容		实施情况	备注
计算公式及取值	3	溢流水流断面面积与天沟断面面积之比的计算公式	$\sigma = \omega/\Omega$	☐	
	4	雨水系统排水总能力计算公式	$Q_y = q_y + Q_{yL} = \dfrac{q_j \cdot \psi \cdot F_w}{10000}$	☐	
	Q_y	雨水系统排水总能力（m³/s）		☐	
	q_y	雨水排水管道工程设计流量（m³/s），见表 4.2.11 计算结果		☐	
	Q_{yL}	溢流设施溢流能力（m³/s）		☐	
	q_{yL}	溢流孔溢流量（m³/s）		☐	
	b_{yL}	溢流孔宽度（m）		☐	
	400	流量系数		☐	
	h_{yl}	溢流水位高度（m）		☐	
	g	重力加速度（m/s²）		☐	
	Ω	天沟断面面积（m²）		☐	
	ω	溢流水流断面面积（m²）		☐	
	σ	溢流水流断面面积与天沟断面面积之比		☐	

名称	序号	名称及单位	内容			实施情况	备注
计算内容输出模板	1	Q_y（m³/s）	雨水系统排水总能力设计重现期取值为_____年（计算过程详见表 4.2.11）			☐	
			建筑及屋面形式	排水总能力设计重现期（年）	实施情况		
			一般建筑	≥10	☐		
			重要公共建筑、高层建筑	≥50	☐		
			屋面无外檐天沟或无直接散水条件且采用溢流管道系统	≥100	☐		
			表中数据引自《建筑给水排水设计标准》GB 50015—2019 第 5.2.5 条				
			排水总能力为____ m³/s			☐	
	2	q_y（m³/s）	雨水排水管道工程设计流量为____ m³/s（填入表 4.2.11 计算结果）			☐	
	3	Q_{yL}（m³/s）	溢流设施溢流能力为____ m³/s			☐	
	4	b_{yL}（m）	溢流孔宽度取值为____ m			☐	
	5	h_{yl}（m）	溢流水位高度取值为____ m			☐	
	6	g（m/s²）	重力加速度为 9.8m/s²			☐	
	7	ω（m²）	溢流水流断面面积取值为____ m²			☐	
	8	Ω（m²）	天沟断面面积取值为____ m²			☐	
	9	σ	溢流水流断面面积与天沟断面面积之比为____			☐	
	10	q_{yL}（m³/s）	溢流孔溢流量为____ m³/s			☐	
	11	溢流孔实际溢流量 $q_{yL} \geqslant Q_{yL}$，符合要求				☐	

注：1. 项目实际设计中，可能开设多个溢流孔，溢流孔总溢流量（q_{yL}）应为溢流孔开设数量与单孔溢流量的乘积。

2. 计算内容输出模板序号 1 中提及的建筑雨水排水管道工程与溢流设施的排水总能力应根据建筑物的重要程度、屋面特征等确定；工业厂房屋面雨水管道工程与溢流设施的总排水能力设计重现期应根据生产工艺、重要程度等因素确定。

4.2.16 溢流管溢流量设计计算

溢流管溢流量设计计算表　　　　　　　　　　　　　表 4.2.16

名称	序号	内容		实施情况	备注
计算公式及取值	1	墙体圆管溢流量计算公式 （此公式只在淹没出流时才成立）	$q_{yL} = 562\, d_{yL}^2\, \sqrt{2gh_{y2}}$	☐	
	2	漏斗形管溢流量计算公式	$q_{yL} = 1130\, D_{yL}\, \sqrt{2g}\, h_{y3}^{3/2}$	☐	
	3	直管溢流量计算公式	$q_{yL} = 1130\, d_{yL}\, \sqrt{2g}\, h_{y3}^{3/2}$	☐	
	4	雨水系统排水总能力计算公式	$Q_y = q_y + Q_{yL} = \dfrac{q_i \cdot \psi \cdot F_w}{10000}$	☐	
	Q_y	雨水系统排水总能力（m³/s）		☐	
	q_y	雨水排水管道工程设计流量（m³/s），见表4.2.11计算结果		☐	
	Q_{yL}	溢流设施溢流能力（m³/s）		☐	
	q_{yL}	溢流管溢流量（m³/s）		☐	
	d_{yL}	溢流管内径（m）		☐	
	D_{yL}	漏斗喇叭口直径（m）		☐	
	h_{y2}	天沟水位至管中心淹没高度（m）		☐	
	h_{y3}	喇叭口上边缘溢流水位深度（m）		☐	
	g	重力加速度（m/s²）		☐	

名称	序号	名称及单位	内容			实施情况	备注
计算内容输出模板	1	Q_y（m³/s）	雨水系统排水总能力设计重现期取值为＿＿＿年 （计算过程详见表4.2.11）			☐	
			建筑及屋面形式	排水总能力设计重现期（年）	实施情况		
			一般建筑	≥10	☐		
			重要公共建筑、高层建筑	≥50	☐		
			屋面无外檐天沟或无直接散水条件且采用溢流管道系统	≥100	☐		
			表中数据引自《建筑给水排水设计标准》GB 50015—2019 第5.2.5条				
			排水总能力为＿＿＿ m³/s			☐	
	2	q_y（m³/s）	雨水排水管道工程设计流量为＿＿＿ m³/s （填入表4.2.11计算结果）			☐	
	3	Q_{yL}（m³/s）	溢流设施溢流能力为＿＿＿ m³/s			☐	
	4	d_{yL}（m）	溢流管内径为＿＿＿ m			☐	
	5	D_{yL}（m）	漏斗喇叭口直径为＿＿＿ m			☐	
	6	h_{y2}（m）	天沟水位至管中心淹没高度为＿＿＿ m			☐	
	7	h_{y3}（m）	喇叭口上边缘溢流水位深度为＿＿＿ m			☐	
	8	g（m/s²）	重力加速度为9.8m/s²			☐	
	9	q_{yL}	溢流管溢流量为＿＿＿ m³/s			☐	
	10	溢流管实际溢流量 $q_{yL} \geqslant Q_{yL}$，符合要求				☐	

注：项目实际设计中，可能设置多根溢流管，溢流管系统的总溢流量（q_{yL}）应为溢流管设置根数与单根溢流管溢流量的乘积。

4.3　热水系统

4.3.1　全日集中热水供应系统生活热水设计小时耗热量及设计小时热水量计算

全日集中热水供应系统生活热水设计小时耗热量及设计小时热水量计算表

表 4.3.1-1

名称	序号	内容		实施情况	备注
计算公式及取值	1	设计小时耗热量（最大时耗热量）计算公式（按人员热水用水定额计）	$Q_h = K_h \dfrac{m q_r C (t_r - t_l) \rho_r}{T}$	□	适用范围见本表注 1
	2	设计小时热水量（最大时热水量）计算公式	$q_{rh} = \dfrac{Q_h}{(t_{t2} - t_l) C \rho_r C_r}$	□	
	Q_h	设计小时耗热量（kJ/h）		□	
	q_{rh}	设计小时热水量（L/h）		□	
	K_h	最高日小时变化系数		□	
	m	用水计算单位数（人数或床位数）		□	
	q_r	最高日热水用水定额[L/(人·d) 或 L/(床·d)]		□	
	C	水的比热[kJ/(kg·℃)]		□	
	t_r	热水温度（℃），按 60℃设计		□	
	t_l	冷水温度（℃），按表 4.3.1-2 取用		□	
	t_{t2}	设计热水温度（℃）		□	
	ρ_r	设计热水密度（kg/L）		□	
	C_r	热水供应系统的热损失系数，$C_r = 1.10 \sim 1.15$		□	
	T	每日使用时间（h）		□	

序号	建筑物名称		单位	最高日用水定额 q_r (L)	用水计算单位数 m	最高日小时变化系数 K_h	每日使用时间 T (h)	热水温度 t_r (℃)	冷水温度 t_l (℃)	设计热水温度 t_{t2} (℃)	热水密度 ρ_r (kg/L)	水的比热 C [kJ/(kg·℃)]	热损失系数 C_r	设计小时耗热量 Q_h (kJ/h)	设计小时热水量 q_{rh} (L/h)	实施情况	备注
1	普通住宅	有热水器和沐浴设备	每人每日	40~80			24	60								□	
		有集中热水供应和沐浴设备	每人每日	60~100	100~6000	4.80~2.75	24	60				4.187				□	
2	别墅		每人每日	70~110	100~6000	4.21~2.47	24	60				4.187				□	
3	酒店式公寓		每人每日	80~100	150~1200	4.00~2.58	24	60				4.187				□	
4	宿舍楼	居室内设卫生间	每人每日	70~100	150~1200	4.80~3.20	24	60				4.187				□	
		设公用盥洗卫生间	每人每日	40~80			24	60				4.187				□	

续表

序号	建筑物名称		单位	最高日用水定额 q_r (L)	用水计算单位数 m	最高日小时变化系数 K_h	每日使用时间 T (h)	热水温度 t_r (℃)	冷水温度 t_1 (℃)	设计热水温度 t_{r2} (℃)	水的比热 C [kJ/(kg·℃)]	热损失系数 C_r	热水密度 ρ_r (kg/L)	设计小时耗热量 Q_h (kJ/h)	设计小时热水量 q_{rh} (L/h)	实施情况	备注
5	招待所、培训中心、普通旅馆	设公用盥洗室	每人每日	25~40	150~1200	3.84~3.00	24或定时供应	60			4.187					☐	
		设公用盥洗室、淋浴室	每人每日	40~60	150~1200	3.84~3.00	24或定时供应	60			4.187					☐	
		设公用盥洗室、淋浴室、洗衣室	每人每日	50~80	150~1200	3.84~3.00	24或定时供应	60			4.187					☐	
		设单独卫生室、公用洗衣室	每人每日	60~100	150~1200	3.84~3.00	24或定时供应	60			4.187					☐	
6	宾馆客房	旅客	每床每日	120~160	150~1200	3.33~2.60	24	60			4.187					☐	
		员工	每人每日	40~50			24	60			4.187					☐	
7	医院住院部	设公用盥洗室或独立卫生间	每床每日	60~100	50~1000	3.63~2.56	24	60			4.187					☐	
		设公用淋浴室、盥洗室或独立卫生间	每床每日	70~130	50~1000	3.63~2.56	24	60			4.187					☐	
		设单独卫生间（含淋浴）	每床每日	110~200	50~1000	3.63~2.56	24	60			4.187					☐	
		传染病医院设单独卫生间（含淋浴）	每床每日	130~200	50~1000	3.63~2.56	24	60			4.187					☐	
		贵宾病房	每床每日	150~300	50~1000	3.63~2.56	24	60			4.187					☐	
		医务人员	每人每班	70~130	50~1000	3.63~2.56	24	60			4.187					☐	
	门诊部、诊疗所	病人	每病人每次	7~13		2.5	8~12	60			4.187					☐	

计算内容输出模板

续表

序号	建筑物名称		单位	最高日用水定额 q_r (L)	用水计算单位数 m	最高日小时变化系数 K_h	每日使用时间 T (h)	热水温度 t_r (℃)	冷水温度 t_1 (℃)	设计热水温度 t_2 (℃)	水的比热 C [kJ/(kg·℃)]	热损失系数 C_r	热水密度 ρ_r (kg/L)	设计小时耗热量 Q_h (kJ/h)	设计小时热水量 q_{rh} (L/h)	实施情况	备注
7	门诊部、诊疗所	传染病医院病人	每病人 每次	10~15		2.5	8~12	60			4.187					□	
		医务人员、后勤职工（无淋浴）	每人 每班	40~60		2.5~ 2.0	8	60			4.187					□	
		后勤职工（无淋浴）	每人 每班	10~15		2.5~ 2.0	8	60			4.187					□	
		疗养院、休养所住房部	每床位 每日	100~ 160			24	60			4.187					□	
8	养老院	全托	每床 每日	50~70	50~ 1000	3.20~ 2.74	24	60			4.187					□	
		日托	每床 每日	25~40			24	60			4.187					□	
9	幼儿园、托儿所	有住宿	每儿童 每日	25~50	50~ 1000	4.80~ 3.20	24	60			4.187					□	
		无住宿	每儿童 每日	20~30			10	60			4.187					□	
10	公共浴室	淋浴	每顾客 每次	40~60			12	60			4.187					□	
		淋浴、浴盆	每顾客 每次	60~80			12	60			4.187					□	
		桑拿浴（淋浴、按摩浴池）	每顾客 每次	70~ 100			12	60			4.187					□	
11	理发室、美容院（医院除外）		每顾客 每次	20~45			12	60			4.187					□	
12	洗衣房	洗衣房（医院除外）	每kg 干衣	15~30		1.5~ 1.0	8	60			4.187					□	
		综合医院洗衣房	每kg 干衣	15~30		1.5~ 1.0	8	60			4.187					□	
		传染病医院洗衣房	每kg 干衣	20~35		1.0	8	60			4.187					□	

计算内容输出模板

续表

序号	建筑物名称		单位	最高日用水定额 q_r (L)	用水计算单位数 m	最高日小时变化系数 K_h	每日使用时间 T (h)	热水温度 t_r (℃)	冷水温度 t_l (℃)	设计热水温度 t_{r2} (℃)	水的比热 C [kJ/(kg·℃)]	热损失系数 C_r	热水密度 ρ_r (kg/L)	设计小时耗热量 Q_h (kJ/h)	设计小时热水量 q_{rh} (L/h)	实施情况	备注
13	餐饮厅	中餐酒楼	每顾客每次	15~20			10~12	60			4.187					☐	
		快餐店、职工及学生食堂	每顾客每次	10~12			12~16	60			4.187					☐	
		酒吧、咖啡厅、茶座、卡拉OK房	每顾客每次	3~8			8~18	60			4.187					☐	
		医院食堂	每人每次	7~10		2.5~1.5	12~16	60			4.187					☐	
		坐班制食堂	每人每班	5~10			8~10	60			4.187					☐	
14	办公楼	公寓式办公	每人每日	60~100			10~24	60			4.187					☐	
		酒店式办公	每人每日	120~160			24	60			4.187					☐	
15	健身中心		每人每次	15~25			12	60			4.187					☐	
16	体育场(馆)	运动员淋浴	每人每次	17~26			4	60			4.187					☐	
17	会议厅		每座每次	2~3			4	60			4.187					☐	
18	其他															☐	
19	∑ Q_h (kJ/h)		设计小时总耗热量合计为 ___ kJ/h														
20	∑ q_{rh} (L/h)		设计小时热水量合计为 ___ L/h，相当于 ___ m³/h														

计算内容输出模板

注：
1. 表中计算公式适用于宿舍（居室内设卫生间）、住宅、别墅、酒店式公寓、招待所、培训中心、旅馆、宾馆等建筑的客房（不含员工）、医院住院部、养老院、幼儿园、托儿所（有住宿）、办公楼等建筑的全日集中热水供应系统的设计小时耗热量计算。
2. 本表引自《建筑给水排水设计标准》GB 50015—2019中表6.2.1-1。表中引用的用水定额已包含在表3.6.3中；此外，还引用了《综合医院建筑设计规范》GB 51039—2014中表6.4.1以及《传染病医院建筑设计规范》GB 50849—2014中表6.3.1。
3. 本表以60℃热水温度为计算取值。卫生器具的使用水温见表3.7.4-3。表中提及的设计冷水温度（t_l）按表4.3.1-2取值。表中提及的设计热水温度（t_{r2}）应根据项目实际情况确定建筑物热水温度。
4. 当有多栋建筑集中热水供应时，应按本表格式分栋计算顺序列出；超高层项目设计时，可按本表格式分栋计算，分区独立计算。
5. 表中提及的热水密度（ρ_r）应根据本表格项目所在地海拔高度对应的密度确定取值。也可参照表4.3.1-3取值。
6. 学生宿舍使用的IC卡计时计费用热水时，可按每人每日用热水定额25~30L。
7. 表中列出的"每日使用时间"，最高日小时变化系数（K_h）"两列数据应配套使用。使用人（床）数多时取高值，反之取低值。设有全日集中热水供应系统的办公楼、公共浴室等宜采用本插法求得。据用水定额高低，就取上限值及下限值，中间值可用插法。当热水用水定额低，使用人（床）数取少取高值，使用水定额高，使用人（床）数取多取低值。限值取高值。K_h就取低，使用水定额高，使用人数及定额与热水定额高。表中限值中，提及的用水定额方式及数据，还需与建设方确认。
8. 序号18可用于添加本表未提及的用水单项。
9. 表中给水的小时变化系数值中，提及的供应方式及建设方向确认。设有游泳池等建筑，如游泳池补水无水等。

各地冷水计算温度汇总表

表 4.3.1-2

区域	省、市、自治区、行政区		地面水（℃）	地下水（℃）	区域	省、市、自治区、行政区		地面水（℃）	地下水（℃）
东北	黑龙江		4	6～10	华北	北京			10～15
	吉林	大部		10～15		天津	北部	4	6～10
		南部	4	6～10			大部		10～15
	辽宁	偏北		10～15		河北	北部		6～10
		大部		15～20			大部		10～15
西北	陕西	秦岭以南	7	10～15		山西	北部		6～10
	甘肃	南部	4	15～20			大部		10～15
		秦岭以南	7	10～15		内蒙古		4	10～15
	青海	偏东	4	6～10		山东		4	15～20
	宁夏	偏东	5	10～15		上海		5	10～15
		南部		10～11		浙江		4	
	新疆	北疆	—	12	东南	江苏	偏北		15～20
		南疆	8				大部		
	乌鲁木齐		4	10～15		江西	大部	5	
中南	河南	北部	5	15～20		安徽	大部		
		南部	5	15～20			北部		
	湖北	东部	5	15～20		福建	南部	10～15	20
		西部	7			台湾			
	湖南	东部	5			重庆		7	15～20
		西部	7		西南	贵州			
	广东、港澳		10～15	20		四川	大部		
	海南		15～20	17～22		云南	大部	10～15	20
西藏			5	5			南部		
						广西	大部	7	15～20
							偏北		

注：表中数据引自《建筑给水排水设计标准》GB 50015—2019 中表 6.2.5。

1 个标准大气压下不同水温（0～100℃）的密度值统计表

表 4.3.1-3

温度（℃）	0	1	2	3	4	5	6	7	8	9	10	11	12	13	14
密度（kg/L）	0.99984	0.99990	0.99994	0.99996	0.99997	0.99996	0.99994	0.99990	0.99985	0.99978	0.99970	0.9996	0.9995	0.9994	0.9992
温度（℃）	15	16	17	18	19	20	21	22	23	24	25	26	27	28	29
密度（kg/L）	0.9991	0.9989	0.9988	0.9986	0.9984	0.9982	0.9980	0.9978	0.9975	0.9973	0.9970	0.9968	0.9965	0.9962	0.9959
温度（℃）	30	31	32	33	34	35	36	37	38	39	40	41	42	43	44
密度（kg/L）	0.9957	0.9953	0.9950	0.9947	0.9944	0.9940	0.9937	0.9933	0.9930	0.9926	0.9922	0.9918	0.9914	0.9910	0.9906
温度（℃）	45	46	47	48	49	50	51	52	53	54	55	56	57	58	59
密度（kg/L）	0.9902	0.9898	0.9894	0.9889	0.9885	0.9880	0.9876	0.9871	0.9867	0.9862	0.9857	0.9852	0.9847	0.9842	0.9837
温度（℃）	60	61	62	63	64	65	66	67	68	69	70	71	72	73	74
密度（kg/L）	0.9832	0.9827	0.9822	0.9816	0.9811	0.9806	0.9800	0.9795	0.9789	0.9783	0.9778	0.9772	0.9766	0.9760	0.9754
温度（℃）	75	76	77	78	79	80	81	82	83	84	85	86	87	88	89
密度（kg/L）	0.9748	0.9742	0.9736	0.9730	0.9724	0.9718	0.9712	0.9705	0.9699	0.9693	0.9686	0.9680	0.9673	0.9666	0.9660
温度（℃）	90	91	92	93	94	95	96	97	98	99	≈100				
密度（kg/L）	0.9653	0.9646	0.9640	0.9633	0.9626	0.9619	0.9612	0.9605	0.9598	0.9591	0.9584				

注：表中数据系网上摘录，仅供参考。

4.3.2　生活热水系统用水量、太阳能热水系统平均耗热量及水源热泵供热量计算

表 4.3.2-1

名称	序号	内容	实施情况	备注
计算公式及取值	1	最高日生活热水用水量计算公式　$Q_{rd}=\dfrac{q_r\cdot m}{1000}$	□	
	2	平均日生活热水用水量计算公式　$Q_{mrd}=\dfrac{q_{mr}\cdot m}{1000}$	□	
	3	平均时生活热水用水量计算公式　$q_{mrh}=\dfrac{Q_{mrd}}{T}$	□	
	Q_{rd}	最高日热水量(m³/d)	□	
	q_{th}	设计小时热水量(m³/h)，应将表 4.3.1-1 中的数据指除以 1000，将单位由 L/h 换算为 m³/h	□	
	q_r	最高日热水用水定额[L/(人·d)或 L/(床·d)]	□	
	q_{mr}	平均日热水用水定额[L/(人·d)或 L/(床·d)]	□	
	m	用水计算单位数(人数或床位数)	□	
	T	每日使用时间(h)	□	
	Q_{mrd}	平均日热水量(m³/d)	□	
	q_{mrh}	平均时热水量(m³/h)	□	

生活热水系统用水量汇总计算表

序号	建筑物名称		单位	最高日用水定额 q_r (L)	平均日用水定额 q_{mr} (L)	用水计算单位数 m	每日使用时间 T (h)	最高日小时变化系数 K_h	最高日热水量 Q_{rd} (m³/d)	设计小时热水量 q_{rh} (m³/h)	平均日热水量 Q_{mrd} (m³/d)	平均时热水量 q_{mrh} (m³/h)	实施情况	备注
1	普通住宅	有热水器和淋浴设备	每人每日	40~80	20~60	100~6000	24	4.80~2.75					□	
		有集中热水供应和淋浴设备	每人每日	60~100	25~70	100~6000							□	
2	别墅		每人每日	70~110	30~80	100~6000	24	4.21~2.47					□	
3	酒店式公寓		每人每日	80~100	65~80	150~1200	24	4.00~2.58					□	

续表

序号	建筑物名称		单位	最高日用水定额 q_r (L)	平均日用水定额 q_{md} (L)	用水计算单位数 m	最高日小时变化系数 K_h	每日使用时间 T (h)	最高日热水量 Q_{rd} (m³/d)	设计小时热水量 q_{rh} (m³/h)	平均日热水量 Q_{md} (m³/d)	平均时热水量 q_{mrh} (m³/h)	实施情况	备注
4	宿舍楼	居室内设卫生间	每人每日	70~100	40~55	150~1200	4.80~3.20	24					□	
		设公用盥洗卫生间	每人每日	40~80	35~45			24					□	
5	招待所、培训中心、普通旅馆	设公用盥洗室	每人每日	25~40	20~30	150~1200	3.84~3.00	24 或定时供应					□	
		设公用盥洗室、淋浴室	每人每日	40~60	35~45	150~1200	3.84~3.00	24 或定时供应					□	
		设公用盥洗室、淋浴室、洗衣室	每人每日	50~80	45~55	150~1200	3.84~3.00	24 或定时供应					□	
		设单独卫生间、公用洗衣室	每人每日	60~100	50~70	150~1200	3.84~3.00	24 或定时供应					□	
6	宾馆客房	旅客	每床每日	120~160	110~140	150~1200	3.33~2.60	24					□	
		员工	每人每日	40~50	35~40	50~1000		24					□	
7	医院住院部	设公用盥洗室	每床每日	60~100	40~70	50~1000	3.63~2.56	24					□	
		设公用盥洗室、淋浴室	每床每日	70~130	65~90	50~1000	3.63~2.56	24					□	
		设单独卫生间	每床每日	110~200	110~140	50~1000	3.63~2.56	24					□	
		医务人员	每人每班	70~130	65~90	50~1000	3.63~2.56	24					□	

计算内容输出模板

264

续表

序号	建筑物名称		单位	最高日用水定额 q_r (L)	平均日用水定额 q_{mr} (L)	用水计算单位数 m	最高日小时变化系数 K_h	每日使用时间 T (h)	设计小时热水量 q_{rh} (m³/h)	最高日热水量 Q_{rd} (m³/d)	平均日热水量 Q_{mrd} (m³/d)	平均时热水量 q_{mrh} (m³/h)	实施情况	备注
7	门诊部、诊疗所	病人	每病人每次	7~13	3~5			8~12					☐	
		医务人员	每人每班	40~60	30~50			8					☐	
8	养老院	疗养院、休养所所住房部	每床每日	100~160	90~110			24					☐	
		全托	每床每日	50~70	45~55	50~1000	3.20~2.74	24					☐	
		日托	每床每日	25~40	15~20			24					☐	
9	幼儿园、托儿所	有住宿	每儿童每日	25~50	20~40	50~1000	4.80~3.20	24					☐	
		无住宿	每儿童每日	20~30	15~20			10					☐	
10	公共浴室	淋浴	每顾客每次	40~60	35~40			12					☐	
		淋浴、浴盆	每顾客每次	60~80	55~70			12					☐	
		桑拿浴(淋浴、浴盆、按摩池)	每顾客每次	70~100	60~70			12					☐	
11	理发室、美容院		每顾客每次	20~45	20~35			12					☐	
12	洗衣房		每kg干衣	15~30	15~30			8					☐	
13	餐饮厅	中餐酒楼	每顾客每次	15~20	8~12			10~12					☐	
		快餐店、职工及学生食堂	每顾客每次	10~12	7~10			12~16					☐	
		酒吧、咖啡厅、茶座、卡拉OK房	每顾客每次	3~8	3~5			8~18					☐	

计算内容输出模板

建筑给水排水施工图标准化设计

续表

序号	建筑物名称		单位	最高日用水定额 q_r (L)	平均日用水定额 q_{rar} (L)	用水计算单位数 m	最高日小时变化系数 K_h	每日使用时间 T (h)	最高日热水量 Q_{rd} (m³/d)	设计小时热水量 q_{rh} (m³/h)	平均日热水量 Q_{mrd} (m³/d)	平均时热水量 q_{mrh} (m³/h)	实施情况	备注
14	办公楼	坐班制办公	每人每班	5~10	4~8			8~10					□	
		公寓式办公	每人每日	60~100	25~70			10~24					□	
		酒店式办公	每人每日	120~160	55~140			24					□	
15	健身中心		每人每次	15~25	10~20			12					□	
16	体育场(馆)	运动员淋浴	每人每次	17~26	15~20			4					□	
17	会议厅		每座每次	2~3	2			4					□	
18	其他												□	
19	∑Q_{mrd}(m³/d)		平均日热水量合计为____m³/d										□	
20	∑q_{mrh}(m³/h)		平均时热水量合计为____m³/h										□	
21	∑Q_{rd}(m³/d)		最高日热水量合计为____m³/d										□	

注：1. 表中平均日用水定额以及平均日计算结果仅用于计算太阳能热水系统集热器面积和计算节水用水量，数据引自《建筑给水排水设计标准》GB 50015—2019 中表6.2.1-1。

2. 本表以60℃热水温度为计算温度，卫生器具的使用水温见表3.7.4-3。

3. 表中提及的设计小时热水量（q_{rh})引自表4.3.1-1。

4. 学生宿舍使用IC卡计费用热水时，可按每人每日用热水定额25~30L，平均日用水定额为每人每日 20~25L。

5. 序号18可用于添加本表未提及的用水单项，如游泳池补充水等。

6. 其余说明详见表4.3.1-1中的注。

计算内容输出模板

266

太阳能热水系统平均耗热量计算表

表 4.3.2-2

名称	内容		实施情况	备注
计算公式及取值	$Q_{md} = q_{mr} \cdot m \cdot b_1 \cdot C \cdot \rho_r \cdot (t_r - t_L^m)$			
	Q_{md}	太阳能热水系统的平均日耗热量[kJ/d]	□	
	q_{mr}	平均日热水用水定额[L/(人·d)或 L/(床·d)]	□	
	m	用水计算单位数(人数或床位数)	□	
	b_1	同日使用率(住宅建筑为入住率)的平均值,应按实际使用工况确定	□	
	C	水的比热[kJ/(kg·℃)]	□	
	ρ_r	热水密度(kg/m³),按表 4.3.1-3 取用	□	
	t_r	热水温度(℃)	□	
	t_L^m	年平均冷水温度(℃)	□	

计算内容输出模板

序号	建筑物名称		单位	平均日用水定额 q_{mr} (L)	用水计算单位数 m	同日使用率平均值 b_1	水的比热 C [kJ/(kg·℃)]	热水密度 ρ_r (kg/m³)	热水温度 t_r (℃)	年平均冷水温度 t_L^m (℃)	太阳能热水系统的平均耗热量 Q_{md} (kJ/d)	实施情况	备注
1	普通住宅	有热水器和沐浴设备	每人每日	20~60		0.5~0.9	4.187					□	
		有集中热水供应和沐浴设备	每人每日	25~70		0.5~0.9	4.187					□	
2	别墅		每人每日	30~80		0.5~0.9	4.187					□	
3	酒店式公寓		每人每日	65~80		0.7~1.0	4.187					□	
4	宿舍楼	居室内设卫生间	每人每日	40~55		0.7~1.0	4.187					□	
		设公用盥洗卫生间	每人每日	35~45		0.3~0.7	4.187					□	
5	招待所、培训中心、普通旅馆	设公用盥洗室	每人每日	20~30		0.3~0.7	4.187					□	
		设公用盥洗室、淋浴室	每人每日	35~45		0.3~0.7	4.187					□	
		设公用盥洗室、淋浴室、洗衣室	每人每日	45~55		0.3~0.7	4.187					□	
		设单独卫生间、公用洗衣室	每人每日	50~70		0.3~0.7	4.187					□	
6	宾馆客房	旅客	每床每日	110~140		0.3~0.7	4.187					□	
		员工	每人每日	35~40		0.3~0.7	4.187					□	

续表

序号	建筑物名称		单位	平均日用水定额 q_{mr} (L)	用水计算单位数 m	同日使用率平均值 b_1	水的比热 C [kJ/(kg·℃)]	热水密度 ρ_r (kg/m³)	热水温度 t_r (℃)	年平均冷水温度 t_l^m (℃)	太阳能热水系统的平均平均耗热量 Q_{md} (kJ/d)	实施情况	备注
7	医院住院部	设公用盥洗室	每床每日	40~70		0.8~1.0	4.187					□	
		设公用盥洗室、淋浴室	每床每日	65~90		0.8~1.0	4.187					□	
		设单独卫生间	每床每日	110~140		0.8~1.0	4.187					□	
		医务人员	每人每班	65~90		0.8~1.0	4.187					□	
	门诊部、诊疗所	病人	每病人每次	3~5			4.187					□	
		医务人员	每人每班	30~50			4.187					□	
		疗养院、休养所住房部	每床每日	90~110		0.8~1.0	4.187					□	
8	养老院	全托	每床每日	45~55		0.8~1.0	4.187					□	
		日托	每床每日	15~20		0.8~1.0	4.187					□	
9	幼儿园、托儿所	有住宿	每儿童每日	20~40		0.8~1.0	4.187					□	
		无住宿	每儿童每日	15~20		0.8~1.0	4.187					□	
10	公共浴室	淋浴	每顾客每次	35~40			4.187					□	
		淋浴、浴盆	每顾客每次	55~70			4.187					□	
		桑拿浴（淋浴、按摩池）	每顾客每次	60~70			4.187					□	
11	理发室、美容院		每顾客每次	20~35			4.187					□	
12	洗衣房		每kg干衣	15~30			4.187					□	

计算内容输出模板

续表

序号	建筑物名称		单位	平均日用水定额 q_{md} (L)	用水计算单位数 m	同日使用率平均值 b_1	水的比热 C [kJ/(kg·℃)]	热水密度 ρ_r (kg/m³)	热水温度 t_r (℃)	年平均冷水温度 t_L^m (℃)	太阳能热水系统的平均耗热量 Q_{md} (kJ/d)	实施情况	备注
13	餐饮厅	中餐酒楼	每顾客每次	8~12			4.187					□	
		快餐店、职工及学生食堂	每顾客每次	7~10			4.187					□	
		酒吧、咖啡厅、茶座、卡拉OK房	每顾客每次	3~5			4.187					□	
14	办公楼	坐班制办公	每人每班	4~8			4.187					□	
		公寓式办公	每人每日	25~70			4.187					□	
		酒店式办公	每人每日	55~140			4.187					□	
15	健身中心		每人每次	10~20			4.187					□	
16	体育场（馆）	运动员淋浴	每人每次	15~20			4.187					□	
17	会议厅		每座每次	2								□	
18	其他											□	
19	$\sum Q_{md}$ (kJ/d)			太阳能热水系统的平均耗热量合计为 ____ kJ/d								□	

注：1. 表中计算内容输出模板序号1～17提及的平均日用水定额数据引自《建筑给水排水设计标准》GB 50015—2019中表6.2.1-1。以60℃热水水温为计算温度。

2. 表中列出的同日使用率的平均值 b_1 按实际使用工况确定（住宅建筑为入住率，缺乏资料时，可近似取为0.7）。表中数据引自《建筑给水排水设计标准》GB 50015—2019中表6.6.3-1。分散集热、分散供热太阳能热水系统的 b_1 取1。

3. 学生宿舍使用IC卡计费用热水时，可按每人每日用热水定额25～30L，平均日用水额为每人每日20～25L。

4. 当实际设计温度不等于60℃时，可先按本表计算，再根据温度换算后的平均耗热量，式中 Q_{md2} 为根据实际设计温度换算公式 $Q_{md2} = Q_{md} \cdot \dfrac{(t_r - t_l)\rho_r}{(t_2 - t_l)\rho_{r2}}$，$t_2$ 为温度设计温度，ρ_{r2} 为实际设计温度值，ρ_{r2} 为温度为 t_2 时的密度。将基于60℃时计算的 Q_{md} 值换算为实际设计温度时的数值（公

5. 表中提及的年平均冷水温度（t_L^m），可参照当地自来水厂年平均水温值计算，也可按相关设计手册中提供的水温月平均最高值和最低值的平均值计算。如当地无此参数时，可参照邻近城市的参数取值。

6. 序号18可用于添加本表未提及的用水单项，如游泳池补充水等。

7. 其余说明详见表4.3.1-1中的注。

水源热泵设计小时供热量计算表

表 4.3.2-3

名称		内容	实施情况	备注
计算公式及取值	水源热泵设计小时供热量计算公式	$Q_g = \dfrac{m \cdot q_r \cdot C(t_r - t_l)\,\rho_r \cdot C_r}{T_5}$		
	Q_g	水源热泵设计小时供热量（kJ/h）	□	
	q_r	热水用水定额[L/(人·d)或 L/(床·d)]	□	
	m	用水计算单位数（人数或床位数）	□	
	C	水的比热[kJ/(kg·℃)]	□	
	t_r	热水温度（℃）	□	
	t_l	冷水温度（℃），按表 4.3.1-2 取用		
	ρ_r	热水密度（kg/L），按表 4.3.1-3 取用		
	C_r	热水供应系统的热损失系数，$C_r=1.10\sim1.15$		
	T_5	热泵机组设计工作时间(h/d)，取 8～16h/d		

序号	建筑物名称		单位	最高日用水定额 q_r (L)	用水计算单位数 m	热损失系数 C_r	水的比热 C [kJ/(kg·℃)]	热水密度 ρ_r (kg/m³)	热水温度 t_r (℃)	冷水温度 t_l (℃)	设计工作时间 T_5 (h/d)	设计小时供热量 Q_g (kJ/d)	实施情况	备注
1	普通住宅	有热水器和沐浴设备	每人每日	40~80			4.187						□	
		有集中热水供应和沐浴设备	每人每日	60~100			4.187						□	
2	别墅		每人每日	70~110			4.187						□	
3	酒店式公寓		每人每日	80~100			4.187						□	
4	宿舍楼	居室内设卫生间	每人每日	70~100			4.187						□	
		设公用盥洗卫生间	每人每日	40~80			4.187						□	
5	招待所、培训中心、普通旅馆	设公用盥洗室	每人每日	25~40			4.187						□	
		设公用盥洗室、淋浴室	每人每日	40~60			4.187						□	

续表

序号	建筑物名称		单位	最高日用水定额 q_r (L)	用水计算单位数 m	热损失系数 C_r	水的比热 C [kJ/(kg·℃)]	热水密度 ρ_r (kg/m³)	热水温度 t_r (℃)	冷水温度 t_l (℃)	设计工作时间 T_5 (h/d)	设计小时供热量 Q_g (kJ/d)	实施情况	备注
5	招待所、培训中心、普通旅馆	设公用盥洗室、淋浴室、洗衣室	每人每日	50~80			4.187						☐	
		设单独卫生间、公用洗衣室	每人每日	60~100			4.187						☐	
6	宾馆客房	旅客	每床每日	120~160			4.187						☐	
		员工	每人每日	40~50			4.187						☐	
7	医院住院部	设公用盥洗室	每床每日	60~100			4.187						☐	
		设公用盥洗室、淋浴室	每床每日	70~130			4.187						☐	
		设单独卫生间	每床每日	110~200			4.187						☐	
		医务人员	每人每班	70~130			4.187						☐	
	门诊部、诊疗所	病人	每病人每次	7~13			4.187						☐	
		医务人员	每人每班	40~60			4.187						☐	
	疗养院、休养所住房部		每床每日	100~160			4.187						☐	
8	养老院	全托	每床每日	50~70			4.187						☐	
		日托	每床每日	25~40			4.187						☐	
9	幼儿园、托儿所	有住宿	每儿童每日	25~50			4.187						☐	
		无住宿	每儿童每日	20~30			4.187						☐	
10	公共浴室	淋浴	每顾客每次	40~60			4.187						☐	
		淋浴、浴盆	每顾客每次	60~80			4.187						☐	
		桑拿浴（淋浴、按摩池）	每顾客每次	70~100			4.187						☐	

计算内容输出模板

续表

序号	建筑物名称		单位	最高日用水定额 q_r (L)	用水计算单位数 m	热损失系数 C_r	水的比热 C [kJ/(kg·℃)]	热水密度 ρ_r (kg/m³)	热水温度 t_r (℃)	冷水温度 t_l (℃)	设计工作时间 T_5 (h/d)	设计小时供热量 Q_g (kJ/d)	实施情况	备注
11	理发室、美容院		每顾客每次	20~45			4.187						☐	
12	洗衣房		每kg干衣	15~30			4.187						☐	
13	餐饮厅	中餐酒楼	每顾客每次	15~20			4.187						☐	
		快餐店、职工及学生食堂	每顾客每次	10~12			4.187						☐	
		酒吧、咖啡厅、茶座、卡拉OK房	每顾客每次	3~8			4.187						☐	
14	办公楼	坐班制办公	每人每班	5~10			4.187						☐	
		公寓式办公	每人每日	60~100			4.187						☐	
		酒店式办公	每人每日	120~160			4.187						☐	
15	健身中心		每人每次	15~25			4.187						☐	
16	体育场(馆)	运动员淋浴	每人每次	17~26			4.187						☐	
17	会议厅		每座每次	2~3			4.187						☐	
18	其他												☐	
19	ΣQ_g (kJ/h)												☐	

水源热泵设计小时供热量合计为 ＿＿ kJ/h

（左侧纵向标注：计算内容输出模板）

注:
1. 表中计算内容输出模板1~17提及的最高日用水定额数据引自《建筑给水排水设计标准》GB 50015—2019中表6.2.1-1,以60℃热水水温为计算温度。
2. 当实际设计温度不等于60℃时,可先按本表计算后,再根据温度换算公式 $Q_{md2}=Q_{md}\cdot\dfrac{(t_r-t_l)\rho_r}{(t_2-t_l)\rho_{r2}}$,将基于60℃时计算的 Q_{md} 值换算为实际设计温度时的数值(公式中 Q_{md2} 为根据实际设计温度换算后的平均耗热量,t_2 为实际设计温度,ρ_{r2} 为温度为 t_2 时的密度)。
3. 表中列出的热水设计工作时间 T_5 取 8~16h/d。设计时可根据热水系统是否设置辅助热源采取:当不设辅助热源时,宜取 8~12h/d;设辅助热源时,宜取 16h/d。
4. 学生宿舍用热水时,可按每人每日用水单项。
5. 序号18可用于添加本表未提及的用水单项。
6. 如采用基于卫生器具用热水小时用水定额计算小时供热量时,应按表4.3.3的格式计算。同时小时热水用水定额应取该表中的下限值。
7. 其余说明详见表4.3.1-1中的注。

4.3.3　定时集中热水供应系统、部分建筑的全日集中热水供应系统及局部热水供应系统生活热水设计小时耗热量及设计小时热水量计算

定时、全日集中热水供应系统及局部热水供应系统(按卫生器具小时热水用水定额计)
生活热水设计小时耗热量及设计小时热水量计算表

表 4.3.3

名称	序号	内容		实施情况	备注
计算公式及取值	1	设计小时耗热量(最大时耗热量)计算公式(按卫生器具小时热水用水定额计)　$Q_h=\sum q_h C(t_{r1}-t_l)\rho_r n_0 b_g C_r$		□	见注 1
	2	设计小时热水量(最大时热水量)计算公式　$q_{rh}=\dfrac{Q_h}{(t_{r2}-t_l)C\rho_r C_r}$		□	
		Q_h	设计小时耗热量(kJ/h)	□	
		q_{rh}	设计小时热水量(L/h)	□	
		q_h	卫生器具热水的小时用水定额(L/h)	□	
		C	水的比热[kJ/(kg·℃)]	□	
		t_{r1}	使用温度(℃)	□	
		t_{r2}	设计热水温度(℃)	□	
		t_l	冷水温度(℃),可按表 4.3.1-2 选用	□	
		ρ_r	热水密度(kg/L),可按表 4.3.1-3 选用	□	
		n_0	同类型卫生器具数量	□	
		b_g	同类型卫生器具的同时使用百分数(%)	□	
		C_r	热水供应系统的热损失系数,$C_r=1.10\sim1.15$	□	

序号	卫生器具名称		小时用水量 q_h (L/h)	使用温度 t_{r1} (℃)	冷水温度 t_l (℃)	水的比热 C [kJ/(kg·℃)]	热水密度 ρ_r (kg/L)	同类型卫生器具数量 n_0	同类型卫生器具同时使用百分数 b_g (%)	热损失系数 C_r	设计小时耗热量 Q_h (kJ/h)	设计热水温度 t_{r2} (℃)	设计小时热水量 q_{rh} (L/h)	实施情况	备注
1	住宅、旅馆、宾馆、酒店式公寓	带有淋浴器的浴盆	300	40		4.187								□	
		无淋浴器的浴盆	250	40		4.187								□	
		淋浴器	140~200	37~40		4.187								□	
		洗脸盆、盥洗槽水嘴	30	30		4.187								□	
		洗涤盆(池)	180	50		4.187								□	

续表

序号	卫生器具名称		小时用水量 q_h (L/h)	使用温度 t_{r1} (℃)	冷水温度 t_1 (℃)	水的比热 C [kJ/(kg·℃)]	热水密度 ρ_r (kg/L)	同类型卫生器具数量 n_o	同类型卫生器具的同时使用百分数 b_g (%)	热损失系数 C_r	设计小时耗热量 Q_h (kJ/h)	设计热水温度 t_{r2} (℃)	设计小时热水量 q_{rh} (L/h)	实施情况	备注
2	宿舍、招待所、培训中心	淋浴器 有淋浴小间	210~300	37~40		4.187								□	
		淋浴器 无淋浴小间	450	37~40		4.187								□	
		盥洗槽水嘴	50~80	30		4.187								□	
		洗涤盆（池）	250	50		4.187								□	
3	餐饮业	洗脸盆 工作人员用	60	30		4.187								□	
		洗脸盆 顾客用	120	30		4.187								□	
		淋浴器	400	37~40		4.187								□	
4	幼儿园、托儿所	浴盆 幼儿园	400	35		4.187								□	
		浴盆 托儿所	120	35		4.187								□	
		淋浴器 幼儿园	180	35		4.187								□	
		淋浴器 托儿所	90	35		4.187								□	
		盥洗槽水嘴	25	30		4.187								□	
		洗涤盆（池）	180	50		4.187								□	
5	医院、疗养院、休养所	洗手盆	15~25	35		4.187								□	
		洗涤盆（池）	300	50		4.187								□	
		淋浴器	200~300	37~40		4.187								□	
		浴盆	250~300	40		4.187								□	

计算内容输出模板

续表

序号	卫生器名称		小时用水量 q_h (L/h)	使用温度 t_{r1} (℃)	冷水温度 t_l (℃)	水的比热 C [kJ/(kg·℃)]	热水密度 ρ_r	同类型卫生器具数量 n_0	同类型卫生器具的同时使用百分数 b_g (%)	热损失系数 C_r	设计小时耗热量 Q_h (kJ/h)	设计热水温度 t_{r2} (℃)	设计小时热水量 q_{rh} (L/h)	实施情况	备注
6	公共浴室	浴盆	250	40		4.187								□	
		淋浴器 有淋浴小间	200~300	37~40		4.187								□	
		淋浴器 无淋浴小间	450~540	37~40		4.187								□	
7	办公楼	洗脸盆	50~80	35		4.187								□	
8	理发室、美容院	洗脸盆	50~100	35		4.187								□	
9	实验室	洗脸盆	35	35		4.187								□	
		洗手盆	60	50		4.187								□	
10	剧场	洗脸盆	15~25	30		4.187								□	
		淋浴器	200~400	37~40		4.187								□	
		演员用洗脸盆	80	35		4.187								□	
11	体育场馆	淋浴器	300	35		4.187								□	
12	工业企业生活间	淋浴器 一般车间	360~540	37~40		4.187								□	
		脏车间	180~480	40		4.187								□	
		洗脸盆或盥洗槽水嘴 一般车间	90~120	30		4.187								□	
		脏车间	100~150	35		4.187								□	
13	净身器		120~180	30		4.187								□	
14	$\sum Q_h$ (kJ/h)		设计小时总耗热量合计为 ____ kJ/h											□	
15	$\sum q_{rh}$ (L/h)		设计小时总热水量合计为 ____ L/h，相当于 ____ m³/h											□	

（计算内容输出模板）

注：
1. 表中计算公式适用于定时集中热水供应系统、工业企业生活间、公共浴室（设公用盥洗卫生间）、宿舍、旅馆、剧院化妆间、体育场（馆）运动员休息室等建筑的全日集中热水供应系统及局部热水供应系统的设计小时耗热量计算。
2. 表中小时用水量（q_h）及使用温度（t_{r1}）的数据引自《建筑给水排水设计标准》GB 50015—2019中表6.2.1-2。热水密度（ρ_r）应根据项目所在地海拔高度所对应的水的密度确定取值；设计热水温度（t_{r2}）应根据项目实际情况确定取值，也可参照表4.3.1-3取值。
3. 表中提及的冷水温度（t_l）按表4.3.1-3取值。
4. 表中提及的同类型卫生器具的同时使用百分数（b_g）中，住宅、旅馆、医院、疗养院病房、卫生间内浴盆或淋浴器可按70%~100%计，其他器具不计，但定时连续供水时间应大于或等于2h；工业企业生活间、公共浴室、宿舍（设公用盥洗卫生间）、剧院、体育场（馆）等的浴室内的淋浴器和洗脸盆均按表4.1.4-3的上限取值。住宅一户设有多个卫生间时，可按一个卫生间计算。
5. 其余说明详见表4.3.1-1中的注。

4.3.4 集中热水供应系统热源设备及水加热设备的设计小时供热量计算

集中热水供应系统热源设备及水加热设备的设计小时供热量计算表　　　表 4.3.4

名称	序号	内容		实施情况	备注
计算公式及取值	1	导流型容积式水加热器或贮热容积与其相当的水加热器、燃油（气）热水机组设计小时供热量计算公式	$Q_g = Q_h - \dfrac{\eta \cdot V_r}{T_1}(t_{r2} - t_l)C \cdot \rho_r$	☐	
	2	半容积式水加热器或贮热容积与其相当的水加热器、燃油（气）热水机组设计小时供热量计算公式	$Q_g = Q_h$	☐	
	3	半即热式、快速式水加热器设计小时供热量计算公式	$Q_g = 3600\, q_g (t_{r2} - t_l)C \cdot \rho_r$	☐	
	4	总贮热容积计算公式	$V_r = \dfrac{\Delta Q_h}{(t_{r2} - t_l)C \cdot \rho_r}$	☐	
	Q_g	设计小时供热量（kJ/h）		☐	
	Q_h	设计小时耗热量（kJ/h）		☐	
	ΔQ_h	水加热设施的总贮热量（kJ）		☐	
	η	有效贮热容积系数		☐	
	V_r	总贮热容积（L）		☐	
	T_1	设计小时耗热量持续时间（h）		☐	
	t_{r2}	设计热水温度（℃）		☐	
	t_l	冷水温度（℃）		☐	
	C	水的比热 [kJ/(kg·℃)]		☐	
	ρ_r	热水密度（kg/L）		☐	
	q_g	集中热水供应系统总干管的设计秒流量（L/s）		☐	

名称	序号	名称及单位	内容					实施情况	备注
计算内容输出模板	1	Q_h（kJ/h）	设计小时耗热量为＿＿＿ kJ/h（填入表 4.3.1-1 或表 4.3.3 的计算结果）					☐	
	2	ΔQ_h（kJ）	项目拟设＿＿＿台＿＿＿（类型）水加热设施，每台水加热设施的贮热量取值为＿＿＿ kJ					☐	
			加热设施	以蒸汽和95℃以上的热水为热媒		以小于或等于95℃的热水为热媒			
				工业企业淋浴室	其他建筑物	工业企业淋浴室	其他建筑物		
			内置加热盘管的加热水箱	≥30min·Q_h	≥45min·Q_h	≥60min·Q_h	≥90min·Q_h		
			导流型容积式水加热器	≥20min·Q_h	≥30min·Q_h	≥30min·Q_h	≥40min·Q_h		
			半容积式水加热器	≥15min·Q_h	≥15min·Q_h	≥15min·Q_h	≥20min·Q_h		
			表中数据引自《建筑给水排水设计标准》GB 50015—2019 中表6.5.11，燃油（气）热水机组所配贮热水罐的贮热量宜根据热媒供应情况按导流型容积式水加热器或半容积式水加热器确定						
			水加热设施的总贮热量为＿＿＿ kJ					☐	

名称	序号	名称及单位	内容		实施情况	备注
计算内容输出模板	3	t_{r2}（℃）	设计热水温度为＿＿＿℃（应根据项目实际情况确定取值）		☐	
	4	t_l（℃）	冷水温度为＿＿＿＿℃（按表 4.3.1-2 取值）		☐	
	5	C[kJ/（kg·℃）]	水的比热为 4.187kJ/（kg·℃）		☐	
	6	ρ_r（kg/L）	热水密度为＿＿＿kg/L（可参照表 4.3.1-3 取值）		☐	
	7	V_r（L）	总贮热容积为＿＿＿L		☐	
	8	η	有效贮热容积系数为＿＿＿＿＿ 热源及水加热设备类型 / η 值 导流型容积式水加热器 / 0.8～0.90 第一循环系统为自然循环时，卧式贮热水罐 / 0.80～0.85 立式贮热水罐 / 0.85～0.90 第一循环系统为机械循环时，卧、立式贮热水罐 / 1.0 表中数据引自《建筑给水排水设计标准》GB 50015—2019 第 6.4.3 条第 1 款		☐	
	9	T_1（h）	设计小时耗热量持续时间取值＿＿＿h 系统形式 / 持续时间（h） 全日集中热水供应系统 / 2～4 定时集中热水供应系统 / 定时供水的时间 表中数据引自《建筑给水排水设计标准》GB 50015—2019 第 6.4.3 条第 1 款		☐	
	10	q_g（L/s）	集中热水供应系统总干管的设计秒流量为＿＿＿L/s（应按照给水系统表 4.1.4-2 的格式计算，并应按该表注 1 中规定的选用括号内的数据作为单独计算热水时的数据；表中出现的同类型卫生器具的同时使用百分数按表 4.3.3 注 4 采用）		☐	
	11	Q_g（kJ/h）	设计小时供热量为＿＿＿kJ/h		☐	

注：1. 当设计小时供热量计算值小于平均小时耗热量时，供热量应取平均小时耗热量。

2. 当半即热式、快速式水加热器配贮热水罐（箱）供热水时，其设计小时供热量可按导流型容积式或半容积式水加热器的设计小时供热量计算。

4.3.5　水加热器的加热面积计算

水加热器的加热面积计算表　　　　　　　　　表 4.3.5

名称	序号	内容		实施情况	备注
计算公式及取值	1	水加热器加热面积计算公式	$F_{jr} = \dfrac{Q_g}{\varepsilon K \Delta t_j}$	☐	
	2	水加热器热媒与被加热水的计算温度差计算公式	导流型容积式水加热器、半容积式水加热器： $\Delta t_j = \dfrac{t_{mc} + t_{mz}}{2} - \dfrac{t_c + t_z}{2}$	☐	
			快速式水加热器、半即热式水加热器： $\Delta t_j = \dfrac{\Delta t_{max} - \Delta t_{min}}{\ln \dfrac{t_{max}}{t_{min}}}$	☐	

名称		内容	实施情况	备注
计算公式及取值	F_{jr}	水加热器的加热面积（m^2）	☐	
	Q_g	设计小时供热量（kJ/h）	☐	
	K	传热系数[kJ/($m^2 \cdot ℃ \cdot h$)]	☐	
	ε	水垢和热媒分布不均匀影响传热效率的系数，采用 0.6～0.8	☐	
	Δt_j	水加热器热媒与被加热水的计算温度差（℃）	☐	
	t_{mc}	热媒的初温（℃）	☐	
	t_{mz}	热媒的终温（℃）	☐	
	t_c	被加热水的初温（℃）	☐	
	t_z	被加热水的终温（℃）	☐	
	Δt_{max}	热媒与被加热水在水加热器一端的最大温度差（℃）	☐	
	Δt_{min}	热媒与被加热水在水加热器一端的最小温度差（℃）	☐	

	序号	名称及单位	内容	实施情况	备注
计算内容输出模板	1	t_{mc}（℃）	热媒的初温为____℃	☐	详见本表注1
	2	t_{mz}（℃）	热媒的终温为____℃	☐	
	3	t_c（℃）	被加热水的初温为____℃	☐	
	4	t_z（℃）	被加热水的终温为____℃	☐	
	5	Δt_{max}（℃）	热媒与被加热水在水加热器一端的最大温度差为____℃	☐	
	6	Δt_{min}（℃）	热媒与被加热水在水加热器一端的最小温度差为____℃	☐	
	7	Δt_j（℃）	水加热器热媒与被加热水的计算温度差为____℃（当采用快速式水加热器时，Δt_j 应为 3～6℃）	☐	
	8	Q_g（kJ/h）	设计小时供热量为____kJ/h（填入表 4.3.4 的计算结果）	☐	
	9	K [kJ/($m^2 \cdot ℃ \cdot h$)]	传热系数应根据所选设备自身材质及性能确定，当采用快速水加热器时，应按下表取值： 水加热器类型 ／ K'值[W/($m^2 \cdot ℃$)] 板式快速水加热器 ／ 3000～4000 管束式快速水加热器 ／ 1500～3000 表中数据引自《建筑给水排水设计标准》GB 50015—2019 中第 6.6.7 条第 3 款（选用表中数值后，需将单位换算至 [kJ/($m^2 \cdot ℃ \cdot h$)]）	☐	见注2
			传热系数为____kJ/($m^2 \cdot ℃ \cdot h$)	☐	
	10	ε	水垢和热媒分布不均匀影响传热效率的系数，取值为____（可采用 0.6～0.8）	☐	
	11	F_{jr}（m^2）	水加热器的加热面积为____m^2	☐	

注：1. 计算内容输出模板序号 1 及序号 2 中提及的热媒的初温（t_{mc}）及热媒的终温（t_{mz}）计算，还应符合下列规定：

  (1) 热媒为热水时，热媒的初温应按热媒供水的最低温度计算；热媒的终温应由经热工性能测定的产品提供；当热媒初温为 70～100℃时，可按终温为 50～80℃计算。

  (2) 热媒为饱和蒸汽时，当饱和蒸汽压力大于 70kPa 时，热媒的初温应按饱和蒸汽温度计算；当压力小于等于 70kPa 时，热媒的初温应按 100℃计算。热媒的终温应由热工性能测定的产品提供，可按 50～90℃计算。

  (3) 热媒为热力管网的热水时，热媒的计算温度应按热力管网供回水的最低温度计算。

  2. 计算内容输出模板序号 9 中提及的[W/($m^2 \cdot ℃$)]与[kJ/($m^2 \cdot ℃ \cdot h$)]的单位换算关系，应按 1J=1W·s 进行换算，即 1 W/($m^2 \cdot ℃$)=3.6kJ/($m^2 \cdot ℃ \cdot h$)。

4.3.6　集中生活热水供应系统利用低谷电制备生活热水时热水箱总容积及电热机组功率计算

集中生活热水供应系统利用低谷电制备生活热水时
热水箱总容积及电热机组功率计算表　　　　表 4.3.6

名称	序号	内容			实施情况	备注
计算公式及取值	1	高温贮热水箱贮热、低温供热水箱供热的直接供应热水系统热水箱总容积计算公式	高温贮热水箱总容积	$V_1 = \dfrac{1.1\,T_2 \cdot m \cdot q_\mathrm{r} \cdot (t_\mathrm{r} - t_l) \cdot C_\mathrm{r}}{1000\,(t_\mathrm{h} - t_l)}$	☐	
			低温供热水箱总容积	$V_2 = \dfrac{T_3 \cdot q_\mathrm{rh}}{1000}$	☐	
	2	贮热、供热合一的低温水箱的直接供应热水系统中热水箱总容积计算公式		$V_3 = \dfrac{1.1\,T_2 \cdot m \cdot q_\mathrm{r} \cdot C_\mathrm{r}}{1000}$	☐	
	3	贮热水箱贮存热媒水的间接供应热水系统中贮热水箱总容积计算公式		$V_4 = \dfrac{1.1\,T_2 \cdot m \cdot q_\mathrm{r} \cdot (t_\mathrm{r} - t_l) \cdot C_\mathrm{r}}{1000\,\Delta t_\mathrm{m}^\mathrm{m}}$	☐	
	4	电热机组功率计算公式		$N = \dfrac{m \cdot q_\mathrm{r} \cdot C(t_\mathrm{r} - t_l)\,\rho_\mathrm{r} \cdot C_\mathrm{r}}{3600\,T_4 \cdot M}$	☐	
	V_1	高温贮热水箱总容积（m³）			☐	
	V_2	低温（供水温度 $t_\mathrm{r} = 60℃$）供热水箱总容积（m³）			☐	
	V_3	贮热、供热合一的低温贮水箱（供水温度 $t_\mathrm{r} = 60℃$）的总容积（m³）			☐	
	V_4	热媒贮热水箱总容积（m³）			☐	
	N	电热机组功率（kW）			☐	
	1.1	总容积与有效贮水容积之比值			☐	
	T_2	高温热水贮热时间，$T_2 = 1\mathrm{d}$			☐	
	T_3	低温热水贮热时间，$T_3 = 0.25 \sim 0.30\mathrm{h}$			☐	
	T_4	每天低谷电加热的时间，$T_4 = 6 \sim 8\mathrm{h}$			☐	
	q_r	最高日热水用水定额[L/（人·d）或 L/（床·d）]			☐	
	m	用水计算单位数（人数或床位数）			☐	
	t_r	热水温度（℃）			☐	
	t_l	冷水温度（℃）			☐	
	t_h	贮水温度（℃），$t_\mathrm{h} = 80 \sim 90℃$			☐	
	C_r	热水供应系统的热损失系数，$C_\mathrm{r} = 1.10 \sim 1.15$			☐	
	q_rh	设计小时热水量（L/h）			☐	
	$\Delta t_\mathrm{m}^\mathrm{m}$	热媒间接换热被加热水时，热媒供、回水平均温度差；一般可取热媒供水温度 $t_\mathrm{mc} = 80 \sim 90℃$，$\Delta t_\mathrm{m}^\mathrm{m} = 25℃$			☐	
	M	电能转化为热能的效率，$M = 0.98$			☐	
	C	水的比热[kJ/（kg·℃）]			☐	
	ρ_r	热水密度（kg/L）			☐	

续表

序号	名称及单位	内容	实施情况	备注
	1	T_2 (d)	高温热水贮热时间为 1d	☐	
	2	q_r [L/(人·d) 或 L/(床·d)]	最高日热水用水定额取值为＿＿ L/(人·d) 或 L/(床·d) （填入表 4.3.1-1 中的数据）	☐	
	3	t_r (℃)	热水温度取值为＿＿℃	☐	
	4	t_l (℃)	冷水温度为＿＿℃ （填入表 4.3.1-2 中的数据）	☐	
	5	t_b (℃)	贮水温度取值为＿＿℃(取值范围为 80～90℃)	☐	
	6	C_r	热水供应系统的热损失系数取值为＿＿ （取值范围为 1.10～1.15）	☐	
	7	m	用水计算单位数为＿＿ (人数或床位数)	☐	
计算内容输出模板	8	V_1 (m³)	高温贮热水箱总容积为＿＿ m³	☐	
	9	T_3 (h)	低温热水贮热时间为＿＿ h(取值范围为 0.25～0.30h)	☐	
	10	q_{rh} (L/h)	设计小时热水量为＿＿ L/h （填入表 4.3.1-1 或表 4.3.3 中的数据）	☐	
	11	V_2 (m³)	低温(供水温度 t_r =60℃)供热水箱总容积为＿＿ m³	☐	
	12	V_3 (m³)	贮热、供热合一的低温贮水箱(供水温度 t_r =60℃)的总容积为＿＿ m³	☐	
	13	$\Delta t^{均}_{媒}$	间接换热的热媒供、回水平均温度差取值为 25℃ （一般可取热媒供水温度 t_{mc} =80～90℃，$\Delta t^{均}_{媒}$ =25℃）	☐	
	14	V_1 (m³)	热媒贮热水箱总容积为＿＿ m³	☐	
	15	M	电能转化为热能的效率为 0.98	☐	
	16	T_4 (h)	每天低谷电加热的时间为＿＿ h(取值范围为 6～8h)	☐	
	17	C[kJ/(kg·℃)]	水的比热为 4.187kJ/(kg·℃)	☐	
	18	ρ_r (kg/L)	标准大气压下热水密度取值为 0.9832kg/L(60℃时) （也可查表 4.3.1-3）	☐	
	19	N (kW)	电热机组功率为＿＿ kW	☐	

4.3.7 开式热水供应系统膨胀管设置高度及最小管径计算

开式热水供应系统膨胀管设置高度及最小管径计算表 　　　表 4.3.7

名称		内容		实施情况	备注
计算公式及取值		膨胀管高出高位冷水箱最高水位的垂直高度计算公式	$h_1 \geqslant H_1 \cdot \left(\dfrac{\rho_l}{\rho_r} - 1 \right)$	☐	
	h_1	膨胀管高出高位冷水箱最高水位的垂直高度（m）		☐	详见本表注
	H_1	热水锅炉、水加热器底部至高位冷水箱水面的高度（m）		☐	
	ρ_l	冷水密度（kg/m³）		☐	
	ρ_r	热水密度（kg/m³）		☐	

续表

	序号	名称及单位	内容			实施情况	备注
计算内容输出模板	1	H_1（m）	热水锅炉、水加热器底部至高位冷水箱水面的高度为____ m			☐	
	2	ρ_l（kg/m³）	冷水密度为____ kg/m³（填入表 4.3.1-3 中的数值）			☐	
	3	ρ_r（kg/m³）	热水密度为____ kg/m³（填入表 4.3.1-3 中的数值）			☐	
	4	h_1（m）	膨胀管高出高位冷水箱最高水位的垂直高度为____ m			☐	
	5		膨胀管的最小管径取值为____ mm			☐	
			热水锅炉或水加热器的加热面积（m²）	<10	≥10 且 <15	≥15 且 <20	≥20		
			膨胀管最小管径（mm）	25	32	40	50		
			表中数据引自《建筑给水排水设计标准》GB 50015−2019 中表 6.5.19					

注：膨胀管出口离接入非生活饮用水箱溢流水的高度不应少于100mm。

4.3.8　最高日日用热水量大于 30m³ 的热水供应系统中压力式膨胀罐的总容积计算

热水供应系统中压力式膨胀罐的总容积计算表　　　表 4.3.8

名称	内容		实施情况	备注
计算公式及取值	膨胀罐的总容积计算公式	$V_e = \dfrac{(\rho_f - \rho_r)P_2}{(P_2 - P_1)\rho_r} \cdot V_s$	☐	
	V_e　膨胀罐的总容积（m³）		☐	
	ρ_f　加热前加热、贮热设备内水的密度（kg/m³），定时供应热水的系统宜按冷水温度确定；全日集中热水供应系统宜按热水回水温度确定		☐	
	ρ_r　热水密度（kg/m³）		☐	
	P_1　膨胀罐处管内水压力（MPa，绝对压力），为管内工作压力加 0.1MPa		☐	
	P_2　膨胀罐处管内最大允许压力（MPa，绝对压力），其数值可取 $1.10P_1$，但应校核 P_2 值，并应小于水加热器设计压力		☐	
	V_s　系统内热水总容积（m³）		☐	

	序号	名称及单位	内容	实施情况	备注
计算内容输出模板	1	ρ_f（kg/m³）	加热前加热、贮热设备内水的密度取值为____ kg/m³ （定时供应热水的系统宜按冷水温度确定；全日集中热水供应系统宜按热水回水温度确定；水的密度按表 4.3.1-3 取值）	☐	
	2	ρ_r（kg/m³）	热水密度为____ kg/m³（按表 4.3.1-3 取值）	☐	
	3	P_1（MPa）	膨胀罐处管内水压力为____ MPa	☐	
	4	P_2（MPa）	膨胀罐处管内最大允许压力为____ MPa	☐	
	5	V_s（m³）	系统内热水总容积为____ m³	☐	
	6	V_e（m³）	膨胀罐的总容积为____ m³ （简化计算时：$P_2 = 1.1P_1$；定时供应热水的系统，如设备内冷水温度采用 4~5℃，热水温度按 60℃ 计时，$V_e \approx 0.188 V_s$；全日集中热水供应系统，如设备内回水温度采用 50℃，热水温度按 60℃ 计时，$V_e \approx 0.054 V_s$）	☐	

注：本表适用于最高日日用热水量大于 30m³ 的热水供应系统中压力式膨胀罐总容积的计算，最高日日用热水量小于或等于 30m³ 的热水供应系统可用安全阀等泄压措施。

4.3.9 太阳能热水系统的集热器总面积计算

太阳能热水系统的集热器总面积计算表　　　表 4.3.9-1

名称	序号	内容		实施情况	备注
计算公式及取值	1	直接太阳能热水系统集热器总面积计算公式	$A_{jz}=\dfrac{Q_{md}\cdot f}{b_j\cdot J_t\cdot \eta_j\cdot(1-\eta_l)}$	☐	
	2	间接太阳能热水系统集热器总面积计算公式	$A_{jj}=A_{jz}\left(1+\dfrac{U_L\cdot A_{jz}}{K\cdot F_{jr}}\right)$	☐	
	A_{jz}	直接太阳能热水系统集热器总面积（m²）		☐	
	A_{jj}	间接太阳能热水系统集热器总面积（m²）		☐	
	Q_{md}	平均日耗热量（kJ/d）		☐	
	f	太阳能保证率		☐	
	b_j	集热器面积补偿系数		☐	
	J_t	集热器总面积的平均日太阳辐照量[kJ/(m²·d)]		☐	
	η_j	集热器总面积的年平均集热效率，应根据经过测定的基于集热器总面积的瞬时效率方程再归一化温差为 0.03 时的效率值确定		☐	
	η_l	集热系统的热损失，应根据集热器类型、集热管路长短、集热水箱（罐）大小及当地气候条件、集热系统保温性能等因素综合确定		☐	
	U_L	集热器热损失系数[kJ/(m²·℃·h)]，应根据集热器产品的实测值确定		☐	
	K	水加热器传热系数[kJ/(m²·℃·h)]		☐	
	F_{jr}	水加热器加热面积(m²)		☐	

名称	序号	名称及单位	内容		实施情况	备注
计算内容输出模板	1	Q_{md}(kJ/d)	平均日耗热量为___ kJ/d(填入表 4.3.2-2 的计算结果)		☐	
	2	f	太阳能保证率取值为___		☐	
			年太阳能辐照量[MJ/(m²·年)]	f(%)		
			≥6700	60~80		
			5400~6700	50~60		
			4200~5400	40~50		
			<4200	30~40		
			表中数据引自《建筑给水排水设计标准》GB 50015—2019 中表 6.6.3-2；宿舍、医院、疗养院、幼儿园、托儿所、养老院等系统负荷较稳定的建筑取表中上限值，其他类建筑取下限值；分散集热、分散供热太阳能热水系统可按表中上限取值			

序号	名称及单位	内容	实施情况	备注
3	b_j	集热器面积补偿系数为____	☐	详见本表注
4	J_t [kJ/ (m²·d)]	集热器总面积的平均日太阳辐照量为____ kJ/ (m²·d) （根据表 4.3.9-2 中的数据，将表中最左列的年太阳辐照量除以最右列的天数，即得平均日太阳辐照量）	☐	
5	η_j	集热器总面积的年平均集热效率为____ 系统形式 / η_j 经验值 分散集热、分散供热系统 / 40%～70% 集中集热供热系统 / 30%～45% 表中数据引自《建筑给水排水设计标准》GB 50015—2019 第 6.6.3 条第 5 款	☐	
6	η_l	集热系统的热损失为____ 布置方式 / η_l 经验值 集热器或集热器组紧靠集热水箱（罐）/ 15%～20% 集热器或集热器组与集热水箱（罐）分别布置在两处 / 20%～30% 表中数据引自《建筑给水排水设计标准》GB 50015—2019 第 6.6.3 条第 6 款	☐	
7	A_{jz} (m²)	直接太阳能热水系统集热器总面积为____ m²	☐	
8	U_L [kJ/ (m²·℃·h)]	集热器热损失系数为____ kJ/ (m²·℃·h) 集热器类型 / U_L 值[kJ/ (m²·℃·h)] 平板型 / 14.4～21.6 真空管型 / 3.6～7.2 表中数据引自《建筑给水排水设计标准》GB 50015—2019 第 6.6.2 条第 2 款	☐	
9	K [kJ/ (m²·℃·h)]	水加热器传热系数为____ kJ/ (m²·℃·h) （根据所选设备自身材质及性能确定）	☐	
10	F_{jr} (m²)	水加热器加热面积为____ m² （填入表 4.3.5 中的计算结果）	☐	
11	A_{jj} (m²)	间接太阳能热水系统集热器总面积为____ m²	☐	

（序号1-11左侧合并单元格为：计算内容输出模板）

注：集热器面积补偿系数 b_j 应根据集热器的布置方位及安装倾角确定。当集热器朝南布置的偏离角小于或等于 15°，安装倾角为当地纬度 $\varphi\pm10°$ 时，b_j 取 1；当集热器布置不符合上述规定时，应按照现行国家标准《民用建筑太阳能热水系统应用技术标准》GB 50364—2018 中附录 C 的规定进行集热器面积的补偿计算。

我国的太阳能资源分区及其特征表 表 4.3.9-2

分区	太阳辐照量 [MJ/ (m²·年)]	主要地区	月平均气温≥10℃、 日照时数≥6h 的天数
资源丰富地区	≥6700	新疆南部、甘肃西北一角	275 左右
		新疆南部、西藏北部、青海西部	275～325
		甘肃西部、内蒙古巴彦淖尔盟西部、青海一部分	275～325
		青海南部	250～300
		青海西南部	250～275
		西藏大部分	250～300
		内蒙古乌兰察布市、巴彦淖尔市及鄂尔多斯市一部分	>300
资源较丰富地区	5400～6700	新疆北部	275 左右
		内蒙古呼伦贝尔市	225～275
		内蒙古锡林郭勒盟、乌兰察布市、河北北部部分	>275
		山西北部、河北北部、辽宁部分	250～275
		北京、天津、山东西北部	250～275
		内蒙古鄂尔多斯市大部分	275～300
		陕北及甘肃东部一部分	225～275
		青海东部、甘肃南部、四川西部	200～300
		四川南部、云南北部一部分	200～250
		西藏东部、四川西部和云南北部一部分	<250
		福建、广东沿海一带	175～200
		海南	225 左右
资源一般地区	4200～5400	山西南部、河南大部分及安徽、山东、江苏部分	200～250
		黑龙江、吉林大部分	225～275
		吉林、辽宁、长白山地区	<225
		上海、湖南、安徽、江苏南部、浙江、江西、福建、广东北部、湖南东部和广西大部分	150～200
		湖南西部、广西北部一部分	125～150
		陕西南部	125～175
		湖北、河南西部	150～175
		四川西部	125～175
资源缺乏地区	<4200	云南西南一部分	175～200
		云南东南一部分	175 左右
		贵州西部、云南东南部分	150～175
		广西西部	150～175
		四川、贵州大部分	<125
		成都平原	<100

注：表中数据引自《建筑给水排水设计标准》GB 50015—2019 中附录 H。

4.3.10　集热水加热器或集热水箱（罐）的有效容积计算

集热水加热器或集热水箱（罐）的有效容积计算表　　　　　　表 4.3.10

名称		内容		实施情况	备注
计算公式及取值	集热水加热器或集热水箱（罐）的有效容积计算公式	集中集热、集中供热太阳能热水系统的集热与供热的水加热器或集热水箱（罐）串联分设，辅助热源设在供热设施内	$V_{rx} = q_{rjd} \cdot A_j$	□	
		集中集热、分散供热太阳能热水系统，当分散供热用户采用热水器辅热直接供水	$V_{rx} = q_{rjd} \cdot A_j$	□	
		分散集热、分散供热太阳能热水系统采用集热、供热共用热水箱（罐）	$V_{rx} = q_{rjd} \cdot A_j$	□	
		集中集热、分散供热太阳能热水系统，当分散供热用户采用容积式热水器间接换热冷水	$V_{rx1} = V_{rx} - b_1 \cdot m_1 \cdot V_{rx2}$	□	
	V_{rx}	集热水加热器或集热水箱（罐）的有效容积（L）		□	
	A_j	集热器总面积（m²），$A_j = A_{jj}$ 或 $A_j = A_{jz}$		□	
	q_{rjd}	集热器单位轮廓面积平均日产 60℃ 热水量[L/(m²·d)]，根据集热器产品的实测结果确定		□	
	V_{rx1}	集热水箱的有效容积（L）		□	
	m_1	分散供热用户的个数（户数）		□	
	b_1	同日使用率（住宅建筑为入住率）的平均值，应按实际使用工况确定		□	
	V_{rx2}	分散供热用户设置的分户容积式热水器的有效容积（L），应按每户实际用水人数确定		□	

	序号	名称及单位	内容		实施情况	备注
计算内容输出模板	1	A_j（m²）	集热器总面积为____ m²（填入表 4.3.9-1 的计算结果）		□	
	2	q_{rjd}[L/(m²·d)]	集热器单位轮廓面积平均日产 60℃ 热水量为____ L/(m²·d)		□	
			系统形式	q_{rjd}[L/(m²·d)]		
			直接太阳能热水系统	40~80		
			间接太阳能热水系统	30~55		
			当缺乏集热器产品实测结果时，可根据当地太阳能辐照量、集热面积大小等要求，选用上表中参数，表中数据引自《建筑给水排水设计标准》GB 50015—2019 第 6.6.5 条第 1 款			
	3	V_{rx}（L）	集热水加热器或集热水箱（罐）的有效容积为____ L		□	见注 1
	4	m_1	分散供热用户共计____（户数）		□	
	5	b_1	同日使用率（住宅建筑为入住率）的平均值为____		□	
			建筑物名称	b_1 值		
			住宅	0.5~0.9		
			宾馆、旅馆	0.3~0.7		
			宿舍	0.7~1.0		
			医院、疗养院	0.8~1.0		
			幼儿园、托儿所、养老院	0.8~1.0		
			表中数据引自《建筑给水排水设计标准》GB 50015—2019 中表 6.6.3-1			

计算内容输出模板	序号	名称及单位	内容	实施情况	备注
	6	V_{rx2} (L)	分散供热用户设置的分户容积式热水器的有效容积为____L（应按每户实际用水人数确定，一般取60～120L）	□	
	7	V_{rx1} (L)	集热水箱的有效容积为____L，规格为____	□	见注2

注：1. 集中集热、集中供热太阳能热水系统的集热与供热的水加热器或集热水箱（罐）串联分设，辅助热源设在供热设施内时，供热水加热器或供热水箱（罐）的有效容积应按表4.3.4计算公式及取值中序号4的计算公式计算。

2. V_{rx1} 除按表中公式计算外，还宜留有调节集热系统超温排回的一定容积；其最小有效容积不应小于3min热媒循环泵的设计流量且不宜小于800L。

4.3.11 强制循环的太阳能集热系统集热循环水泵的流量及扬程计算

强制循环的太阳能集热系统集热循环水泵的流量及扬程计算表　　　表4.3.11

名称	序号	内容		实施情况	备注
计算公式及取值	1	强制循环的太阳能集热系统集热循环水泵的流量计算公式	$q_x = q_{gz} \cdot A_j$	□	
	2	开式太阳能集热系统循环水泵的扬程计算公式	$H_b = h_{jx} + h_j + h_z + h_f$	□	
	3	闭式太阳能集热系统循环水泵的扬程计算公式	$H_b = h_{jx} + h_e + h_j + h_f$	□	
	q_x	集热系统循环流量（L/s）		□	
	q_{gz}	单位轮廓面积集热器对应的工质流量[L/(m² · s)]，按集热器产品实测数据确定		□	
	A_j	集热器总面积（m²）		□	
	H_b	循环水泵扬程（kPa）		□	
	h_{jx}	集热系统循环流量通过循环管道的沿程与局部阻力损失（kPa）		□	
	h_j	集热系统循环流量通过集热器的阻力损失（kPa）		□	
	h_z	集热器顶与集热水箱最低水位之间的几何高差（kPa）		□	
	h_f	附加压力（kPa）		□	
	h_e	循环流量通过集热水加热器的阻力损失（kPa）		□	

计算内容输出模板	序号	名称及单位	内容	实施情况	备注
	1	q_{gz} [L/(m² · s)]	单位轮廓面积集热器对应的工质流量为____L/(m² · s)[通常应按集热器产品实测数据确定，无实测数据时，可采用0.015～0.020L/(m² · s)]	□	
	2	A_j (m²)	集热器总面积为____m²（填入表4.3.9-1的计算结果）	□	
	3	q_x (L/s)	集热系统循环流量为____L/s	□	
	4	h_{jx} (kPa)	循环流量通过循环管道的沿程与局部阻力损失为____kPa（可填入表4.1.6-2的计算结果；当集热器与集热水箱同设一处且系统规模不大时，可简化计算，按经验值取10kPa）	□	
	5	h_j (kPa)	集热系统循环流量通过集热器的阻力损失为____kPa（应根据集热系统形式、集热器产品数量、集热器材料及性能要求确定）	□	详见本表注

续表

名称	序号	名称及单位	内容	实施情况	备注
计算内容输出模板	6	h_2（kPa）	集热器顶与集热水箱最低水位之间的几何高差为___kPa （当集热器与集热水箱同设一处时，几何高差较小，可按经验值取 10~20kPa）	□	
	7	h_f（kPa）	附加压力取值为___kPa（取值范围为 20~50kPa）	□	
	8	h_e（kPa）	循环流量通过集热水加热器的阻力损失为___kPa （应根据采用的集热水加热器的性能确定，宜选用阻力损失小于 10kPa 的集热水加热器）	□	
	9	H_b（kPa）	循环水泵扬程为___kPa	□	
	10	系统选用循环水泵___台（__用__备），流量为___L/s，扬程为___kPa，功率为___W，转速为___r/min，效率为___%		□	

注：计算内容输出模板序号 5 提及的集热系统循环流量通过集热器的阻力损失（h_j）计算，应按集热器单位面积阻力损失、单组集热器面积以及集热器组数的乘积确定。当集热系统内各组集热器串接时，集热器组数为集热系统内设置的所有集热器。集热器单位面积阻力损失可按经验值 0.5kPa/m² 估算。

4.3.12　水源热泵贮热水箱（罐）的有效容积计算

水源热泵贮热水箱（罐）的有效容积计算表　　　　表 4.3.12

名称	序号	内容		实施情况	备注
计算公式及取值	1	全日集中热水供应系统的贮热水箱（罐）的有效容积计算公式	$V_r = k_1 \dfrac{(Q_h - Q_g) T_1}{(t_r - t_l) C \cdot \rho_r}$	□	
	2	定时热水供应系统的贮热水箱（罐）的有效容积计算公式	按定时供应热水的全部热水量计	□	
	V_r	贮热水箱（罐）总容积（L）		□	
	k_1	用水均匀性的安全系数，按用水均匀性选值		□	
	Q_h	设计小时耗热量（kJ/h）		□	
	Q_g	设计小时供热量（kJ/h）		□	
	T_1	设计小时耗热量持续时间（h）		□	
	t_r	热水温度（℃）		□	
	t_l	冷水温度（℃）		□	
	C	水的比热［kJ/（kg·℃）］		□	
	ρ_r	热水密度（kg/L）		□	

名称	序号	名称及单位	内容		实施情况	备注
计算内容输出模板	1	k_1	用水均匀性的安全系数取值为___（取值范围为 1.25~1.50）		□	
	2	Q_h（kJ/h）	设计小时耗热量为___kJ/h（填入表 4.3.1-1 中的计算结果）		□	
	3	Q_g（kJ/h）	设计小时供热量为___kJ/h（填入表 4.3.2-3 中的计算结果）		□	
	4	T_1（h）	设计小时耗热量持续时间取值___h <table><tr><td>系统形式</td><td>持续时间（h）</td></tr><tr><td>全日集中热水供应系统</td><td>2~4</td></tr><tr><td>定时集中热水供应系统</td><td>定时供水的时间</td></tr></table>表中数据引自《建筑给水排水设计标准》GB 50015—2019 第 6.4.3 条第 1 款		□	

续表

	序号	名称及单位	内容	实施情况	备注
计算内容输出模板	5	t_r（℃）	热水温度为___℃	☐	
	6	t_l（℃）	冷水温度为___℃（填入表4.3.1-2中的数据）	☐	
	7	C[kJ/（kg·℃）]	水的比热为4.187kJ/（kg·℃）	☐	
	8	ρ_r（kg/L）	热水密度为___kg/L（填入表4.3.1-3中的数据）	☐	
	9	V_r（L）	贮热水箱（罐）总容积为___L 采用规格为___	☐	

注：1. 水源热泵宜采用快速式水加热器配贮热水箱（罐）间接换热制备热水。

2. 计算内容输出模板序号2及序号3中提及的Q_h及Q_g值采用的计算方式应一致，或者全部采用按人员热水用水定额计的计算公式，或者全部采用按卫生器具小时热水用水定额计的计算公式。

4.3.13 水源热泵系统快速式水加热器两侧与热泵及贮热水箱（罐）连接的循环水泵流量和扬程计算

水源热泵系统快速式水加热器两侧与热泵及贮热水箱（罐）

连接的循环水泵流量和扬程计算表 　　表4.3.13

名称	序号	内容		实施情况	备注
计算公式及取值	1	水源热泵系统循环水泵流量计算公式	$q_{xh} = \dfrac{k_2 \cdot Q_g}{3600C \cdot \rho_r \cdot \Delta t}$	☐	
	2	水源热泵系统循环水泵扬程计算公式	$H_b = h_{xh} + h_{el} + h_f$	☐	
	q_{xh}	循环水泵流量（L/s）		☐	
	k_2	考虑水温差因素的附加系数		☐	
	Q_g	设计小时供热量（kJ/h）		☐	
	C	水的比热[kJ/（kg·℃）]		☐	
	ρ_r	热水密度（kg/L）		☐	
	Δt	快速式水加热器两侧的热媒进水、出水温差或热水进水、出水温差		☐	
	H_b	循环水泵扬程（kPa）		☐	
	h_{xh}	循环流量通过循环管道的沿程与局部阻力损失（kPa）		☐	
	h_{el}	循环流量通过热泵冷凝器、快速式水加热器的阻力损失（kPa）		☐	
	h_f	附加压力（kPa）		☐	

	序号	名称及单位	内容	实施情况	备注
计算内容输出模板	1	k_2	考虑水温差因素的附加系数为___（取值范围为1.2～1.5）	☐	
	2	Q_g（kJ/h）	设计小时供热量为___kJ/h（填入表4.3.12中引用的数据，或填入表4.3.2-3中的计算结果）	☐	
	3	C[kJ/（kg·℃）]	水的比热为4.187kJ/（kg·℃）	☐	
	4	ρ_r（kg/L）	热水密度为___kg/L（填入表4.3.1-3中的数据）	☐	

续表

	序号	名称及单位	内容	实施情况	备注
计算内容输出模板	5	Δt (℃)	快速式水加热器两侧的热媒进水、出水温差或热水进水、出水温差取值为___℃（取值范围为 5~10℃）	☐	
	6	q_{xh} (L/s)	循环水泵流量为___L/s	☐	
	7	h_{xh} (kPa)	循环流量通过循环管道的沿程与局部阻力损失为___kPa（可填入表 4.1.6-2 的计算结果；当水加热器两侧循环水泵及热泵及贮热水箱（罐）同设一处且系统规模不大时，可简化计算，按经验值取 10kPa）	☐	
	8	h_{cl} (kPa)	循环流量通过热泵冷凝器的阻力损失取值为___kPa（冷凝器阻力由产品提供）	☐	
			循环流量通过快速式水加热器的阻力损失取值为___kPa（应根据采用的快速式水加热器的性能确定，板式水加热器阻容力为 40~60kPa，有条件时宜选用阻力损失更低的设备）	☐	
	9	h_f (kPa)	附加压力取值为___kPa（取值范围为 20~50kPa）	☐	
	10	H_b (kPa)	循环水泵扬程为___kPa	☐	
	11	系统选用循环水泵___台（__用 _备），流量为___L/s，扬程为___kPa，功率为___W，转速为___r/min，效率为___%		☐	

注：快速式水加热器两侧与热泵及贮热水箱（罐）连接的循环水泵的流量及扬程应根据本表格式分别计算。

4.3.14　热水供应系统的热水循环流量计算

热水供应系统的热水循环流量计算表　　　　　　　　　表 4.3.14

名称	序号	内容		实施情况	备注
计算公式及取值	1	全日集中热水供应系统的热水循环流量计算公式	$q_x = \dfrac{Q_s}{C \cdot \rho_r \cdot \Delta t_s}$	☐	
	2	定时集中热水供应系统的热水循环流量计算公式	$q_x = n \cdot V_{管网}$	☐	
	q_x	热水供应系统循环流量（L/h）		☐	
	Q_s	配水管道的热损失（kJ/h），经计算确定		☐	
	C	水的比热 [kJ/（kg·℃）]		☐	
	ρ_r	热水密度（kg/L）		☐	
	Δt_s	配水管道的热水温度差（℃），按系统大小确定		☐	
	n	循环管网总水容积的倍数		☐	
	$V_{管网}$	循环管网总水容积（L）		☐	

	序号	名称及单位	内容	实施情况	备注
计算内容输出模板	1	Q_s (kJ/h)	配水管道的热损失为___kJ/h（单体建筑可取 2%~4% Q_h，小区可取 3%~5% Q_h，其中 Q_h 按表 4.3.1-1 或表 4.3.3 中的计算结果填入）	☐	
	2	C [kJ/（kg·℃）]	水的比热为 4.187kJ/（kg·℃）	☐	

	序号	名称及单位	内容	实施情况	备注
计算内容输出模板	3	ρ_r (kg/L)	热水密度为____ kg/L（填入表4.3.1-3中的数值）	☐	
	4	Δt_s（℃）	配水管道的热水温度差取值为____ ℃ （单体建筑可取5～10℃，小区可取6～12℃）	☐	
	5	$V_{管网}$ (L)	循环管网总水容积为____ L	☐	见注1
	6	n	循环管网总水容积的倍数取值为____（取值范围为2～4倍）	☐	
	7	q_x (L/h)	热水供应系统循环流量为____ L/h	☐	见注3

注：1. 循环管网总水容积包括配水管、回水管的总容积，不包括不循环的管网、水加热器或贮热水设施的容积。

2. 采用定时集中热水供应系统的热水循环流量计算公式时，计算结果的单位应直接改为 L/h。

3. 计算内容输出模板序号7热水供应系统的循环流量宜控制在 $0.1～0.15 q_{rh}$（设计小时热水量）的范围。

4.3.15 集中热水供应系统循环水泵的流量及扬程计算

集中热水供应系统循环水泵的流量及扬程计算表　　　　表 4.3.15

名称	序号	内容		实施情况	备注
计算公式及取值	1	集中热水供应系统循环水泵的流量计算公式	$q_{xh} = K_x \cdot q_x$	☐	
	2	集中热水供应系统循环水泵的扬程计算公式	$H_b = h_p + h_x$	☐	
	q_{xh}	循环水泵的流量（L/h）		☐	
	K_x	相应循环措施的附加系数		☐	
	q_x	全日集中热水供应系统循环流量（L/s）		☐	
	H_b	循环水泵的扬程（kPa）		☐	
	h_p	循环流量通过配水管网的水头损失（kPa）		☐	
	h_x	循环流量通过回水管网的水头损失（kPa）		☐	

	序号	名称及单位	内容		实施情况	备注
计算内容输出模板	1	q_x (L/s)	全日集中热水供应系统循环流量为____ L/s （填入表4.3.14中的计算结果）		☐	
	2	K_x	相应循环措施的附加系数取值为____（取值范围为1.5～2.5）		☐	
	3	q_{xh} (L/h)	循环水泵的流量为____ L/h （也可按下表直接选用）		☐	
			循环措施	q_{xh}值		
			采用温控循环阀、流量平衡阀等具有自控和调节功能的阀件作循环元件	$0.15 q_{rh}$		
			采用同程布管系统、设导流三通的异程布管系统	$(0.20～0.25) q_{rh}$		
			采用大阻力短管的异程布管系统	$\geqslant 0.30 q_{rh}$		

续表

序号	名称及单位	内容		实施情况	备注
			续表		
		循环措施	q_{xh} 值		
3	q_{xh}（L/h）	供给两个或多个使用部门的单栋建筑集中热水供应系统、小区集中热水供应系统	各部门或单栋建筑热水子系统的回水分干管上设温控平衡阀、流量平衡阀 —— 子系统：$q_{xhi}=0.15q_{rhi}$ 母系统总回水干管：$q_{xh}=\sum q_{xhi}$	□	
			子系统的回水分干管上设分循环泵 —— 取所有 q_{xhi} 中的最大值，各分循环泵采用同一型号 总循环泵：$q_{xh}=0.15q_{rh}$		
		表中数据引自《建筑给水排水设计标准》GB 50015—2019 第 6.7.10 条的条文说明			
4	h_p（kPa）	循环流量通过配水管网的水头损失为____kPa		□	见注 1
5	h_x（kPa）	循环流量通过回水管网的水头损失为____kPa		□	见注 1
6	H_b（kPa）	循环水泵的扬程为____kPa（当计算值较小时，可选 0.05～0.10MPa）		□	见注 2
7		系统选用循环水泵____台（__用__备），流量为____L/s，扬程为____kPa，功率为____W，转速为____r/min，效率为____%		□	

(左侧纵排：计算内容输出模板)

注：1. 循环流量通过配水管网、回水管网的水头损失可按表 4.1.6-2 的计算结果填入。

2. 当采用半即热式水加热器或快速式水加热器时，水泵扬程尚应计算水加热器的水头损失。

3. 复杂系统中，需计算多组热水循环泵时，应根据本表格式逐一计算顺序列出。

4.3.16　第一循环管的自然压力值计算

第一循环管的自然压力值计算表　　　　　表 4.3.16

名称	内容		实施情况	备注
	第一循环管的自然压力值计算公式	$H_{xr}=10 \cdot \Delta h(\rho_1-\rho_2)$	□	
	H_{xr}	第一循环管的自然压力值（Pa）	□	
	Δh	热水锅炉或水加热器中心与贮热水罐中心的标高差（m）	□	
	ρ_1	贮热水罐回水的密度（kg/m³）	□	
	ρ_2	热水锅炉或水加热器供水的密度（kg/m³）	□	

(左侧纵排：计算公式及取值)

序号	名称及单位	内容	实施情况	备注
1	Δh（m）	热水锅炉或水加热器中心与贮热水罐中心的标高差为____m	□	
2	ρ_1（kg/m³）	贮热水罐回水的密度为____kg/m³（填入表 4.3.1-3 中的数据）	□	
3	ρ_2（kg/m³）	热水锅炉或水加热器供水的密度为____kg/m³（填入表 4.3.1-3 中的数据）	□	
4	H_{xr}（Pa）	第一循环管的自然压力值为____Pa	□	

(左侧纵排：计算内容输出模板)

4.3.17 游泳池与水上游乐池热水系统设计计算

游泳池与水上游乐池热水系统设计计算表 表 4.3.17-1

名称	序号	内容		实施情况	备注
计算公式及取值	1	池水表面蒸发损失的热量计算公式	$Q_s = \dfrac{1}{\beta}\rho \cdot \gamma(0.0174\,v_w + 0.0229)(P_b - P_q)\,A_s\dfrac{B}{B'}$	☐	
	2	水池传导热损失计算公式（游泳池、水上游乐池及文艺演出水池的池底、池壁、管道和设备等传导所损失的热量）	$Q_{sc} = 20\%\,Q_s$	☐	
	3	补充新鲜水加热所需的热量计算公式	$Q_b = \dfrac{\rho V_b C(T_d - T_f)}{t_{h1}}$	☐	
	4	水池保温加热时所需的总热量计算公式	$Q_总 = Q_s + Q_{sc} + Q_b$	☐	
	5	水池初次加热所需的总热量计算公式	$Q_初 = \rho V C(T_d - T_f)/t_{h2}$	☐	
	Q_s	池水表面蒸发损失的热量（kJ/h）		☐	
	Q_{sc}	水池传导热损失（kJ/h）		☐	
	Q_b	补充新鲜水加热所需的热量（kJ/h）		☐	
	$Q_总$	水池保温加热时所需的总热量（kJ/h）		☐	
	$Q_初$	水池初次加热所需的总热量（kJ/h）		☐	
	β	压力换算系数，取 133.32Pa		☐	
	ρ	水的密度（kg/L）		☐	
	γ	与池水温度相等的饱和蒸汽的蒸发汽化潜热（kJ/kg）		☐	
	v_w	池水表面上的风速（m/s），室内池为 0.2~0.5m/s，室外池为 2~3m/s		☐	
	P_b	与池水温度相等的饱和空气的水蒸气分压力（Pa）		☐	
	P_q	水池的环境空气的水蒸气分压力（Pa）		☐	
	A_s	水池的水表面面积（m²）		☐	
	B	标准大气压力（Pa）		☐	
	B'	当地的大气压力（Pa）		☐	
	V_b	新鲜水的补充量（L/d）		☐	
	C	水的比热[kJ/（kg·℃）]		☐	
	T_d	池水设计温度（℃）		☐	
	T_f	补充新鲜水的温度（℃）		☐	
	t_{h1}	水池加热时间（h）		☐	
	V	水池池水总容积（m³）		☐	
	t_{h2}	水池初次加热时间（h）		☐	

续表

序号	名称及单位	内容	实施情况	备注
1	β	压力换算系数取值为133.32Pa	☐	
2	ρ(kg/L)	水的密度为___kg/L（根据池水设计温度查表4.3.1-3）	☐	
3	γ（kJ/kg）	与池水温度相等的饱和蒸汽的蒸发汽化潜热为___kJ/kg（填入表4.3.17-2中的数据）	☐	
4	v_w（m/s）	池水表面上的风速取值为___m/s（室内池为0.2~0.5m/s，室外池为2~3m/s）	☐	
5	P_b（Pa）	与池水温度相等的饱和空气的水蒸气分压力为___Pa（填入表4.3.17-2中的数据）	☐	
6	P_q（Pa）	水池的环境空气的水蒸气分压力为___Pa（填入表4.3.17-3中的数据）	☐	
7	A_s（m²）	水池的水表面面积为___m²	☐	
8	B（Pa）	标准大气压力为101325Pa	☐	
9	B'（Pa）	当地的大气压力为___Pa（按表4.3.17-4选用）	☐	
10	Q_s（kJ/h）	池水表面蒸发损失的热量为___kJ/h	☐	
11	Q_{sc}（kJ/h）	水池传导热损失为___kJ/h	☐	
12	V_b（L/d）	新鲜水的补充量为___L/d（填入表4.1.9中计算公式及取值序号6计算公式的计算结果）	☐	
13	C[kJ/（kg·℃）]	水的比热为4.187kJ/（kg·℃）	☐	

计算内容输出模板

序号 14　T_d（℃）

池水设计温度为___℃

水池的用途及类型		池水设计温度（℃）	水池的用途及类型		池水设计温度（℃）
竞赛池	游泳池	26~28	公共类	成人池	26~28
	花样游泳池			儿童池	28~30
	水球池			残疾人池	28~30
	热身池		水上游乐池	成人戏水池	26~30
	跳水池	27~29		儿童戏水池	28~30
	放松池	36~40		幼儿戏水池	30
专用类	训练池	26~28		造浪池	26~30
	健身池			环流河	
	教学池			滑道跌落池	
	潜水池		其他类	多用途池	26~30
	俱乐部			多功能池	
	冷水池	≤16		私人泳池	
	文艺演出池	30~32			

表中数据引自《游泳池给水排水工程技术规程》CJJ 122—2017中表3.3.1

	序号	名称及单位	内容	实施情况	备注
计算内容输出模板	15	T_f (℃)	补充新鲜水的温度取值为____℃ （填入表 4.3.1-2 中的数据）	☐	
	16	t_{h1} (h)	水池加热时间为____h （由水池加热设备每日运行的时间确定，也与水池每日开放的时间相关）	☐	
	17	Q_b (kJ/h)	补充新鲜水加热所需的热量为____kJ/h	☐	
	18	$Q_总$ (kJ/h)	水池保温加热时所需的总热量为____kJ/h	☐	
	19	V (m³)	水池池水总容积为____m³	☐	
	20	t_{h2} (h)	水池初次加及加热热时间为____h （初次充水及加热时间应根据供水条件和使用要求确定，一般按 24～48h 计）	☐	
	21	$Q_初$ (kJ/h)	水池初次加热所需的总热量为____kJ/h	☐	

注：复杂项目中如有多种水池需要计算时，应按本表格式逐一计算顺序列出。

与池水温度相等的饱和空气的水蒸气分压（P_b）及饱和蒸汽的蒸发汽化潜热（γ）数据表

表 4.3.17-2

温度(℃)	饱和空气的水蒸气分压 P_b (Pa)	温度(℃)	饱和空气的水蒸气分压 P_b (Pa)	与游泳池水温相等的饱和蒸汽的蒸发汽化潜热 γ (kJ/kg)	温度(℃)	饱和空气的水蒸气分压 P_b (Pa)	与游泳池水温相等的饱和蒸汽的蒸发汽化潜热 γ (kJ/kg)
0	611.2	14	1598.9	—	28	3773.0	2436
1	657.1	15	1705.7	—	29	3999.7	2434
2	706.0	16	1818.8	—	30	4329.6	2432
3	758.1	17	1938.3	—	31	4496.6	2429
4	813.5	18	2066.5	2460	32	4759.2	2427
5	872.6	19	2199.8	2458	33	5035.1	2425
6	935.4	20	2333.1	2455	34	5324.7	2422
7	1002.1	21	2493.1	2453	35	5628.6	2420
8	1073.0	22	2639.8	2441	36	5947.5	2418
9	1148.3	23	2813.1	2448	37	6281.8	2415
10	1228.2	24	2986.4	2445	38	6632.4	2413
11	1312.9	25	3173.1	2443	39	6999.7	2410
12	1402.8	26	3359.7	2441	40	7384.4	2408
13	1498.1	27	3559.7	2438			

注：表中温度指池水温度，18～30℃的数据引自《游泳池给水排水工程技术手册》中的表 11-3；其他数据为网上摘录，两者之间存在一定的误差。

与水池环境气温相等的水蒸气分压力（P_q）数据表　　　表 4.3.17-3

温度 （℃）	空气相对湿度 （%）	蒸发分压P_q （Pa）	温度 （℃）	空气相对湿度 （%）	蒸发分压P_q （Pa）
21	50	1239.9	26	50	1666.5
	55	1359.9		55	1839.8
	60	1466.5		60	2026.5
22	50	1319.9	27	50	1773.2
	55	1453.2		55	1959.6
	60	1586.5		60	2133.2
23	50	1399.9	28	50	1906.5
	55	1533.2		55	2079.8
	60	1679.9		60	2266.8
24	50	1479.9	29	50	2013.2
	55	1639.9		55	2199.8
	60	1786.5		60	2399.8
25	50	1586.5	30	50	2133.2
	55	1733.2		55	2266.5
	60	1893.2		60	2546.5

注：表中数据引自《游泳池给水排水工程技术手册》中的表 11-4。

全国部分城市海拔高度及夏季大气压参考数据　　　表 4.3.17-4

地名	海拔 （m）	大气压 （kPa）	地名	海拔 （m）	大气压 （kPa）	地名	海拔 （m）	大气压 （kPa）	地名	海拔 （m）	大气压 （kPa）
北京			山西			福建			吉安	76.4	99.62
北京	31.2	99.86	太原	777.9	91.92	福州	84.0	99.64	赣州	123.8	99.09
延庆	489.0	95.04	大同	1066.7	88.86	建阳	181.1	98.54	贵州		
密云	71.6	99.69	阳泉	741.9	92.27	南平	125.6	99.13	贵阳	1071.2	88.79
天津			介休	748.8	92.24	永安	206.0	98.26	思南	416.3	95.66
天津	3.3	100.48	阳城	659.5	93.18	上杭	205.4	98.34	遵义	843.9	91.15
蓟县	16.4	100.35	运城	376.0	96.28	漳州	30.0	100.27	毕节	1510.6	84.41
塘沽	5.4	100.47	安徽			厦门	63.2	99.91	威宁	2237.5	77.58
河北			合肥	29.8	100.09	江西			安顺	1392.9	85.56
石家庄	80.5	99.56	亳县	37.1	99.98	南昌	46.7	100.10	独山	972.2	89.54
承德	375.2	96.28	蚌埠	21.0	100.23	九江	32.2	100.09	兴仁	1378.5	85.72
张家口	723.9	92.44	六安	60.5	99.76	景德镇	61.5	99.82	上海		
唐山	25.9	100.22	芜湖	14.8	100.28	德兴	56.4	99.99	上海	4.5	100.53
保定	17.2	100.26	安庆	19.8	100.29	上饶	118.3	99.26	崇明	2.2	100.53
邢台	76.8	99.58	屯溪	145.4	98.89	萍乡	106.9	99.33	金山	4.0	100.52

地名	海拔(m)	大气压(kPa)	地名	海拔(m)	大气压(kPa)	地名	海拔(m)	大气压(kPa)	地名	海拔(m)	大气压(kPa)
吉林			株洲	73.6	99.55	本溪	185.2	98.55	玛多	4272.3	61.08
长春	236.8	97.79	芷江	272.2	97.43	锦州	65.9	99.74	玉树	3681.2	65.10
通榆	149.5	98.73	邵阳	248.6	97.67	鞍山	77.3	99.71	宁夏		
吉林	183.4	98.47	衡阳	103.2	99.28	营口	3.3	100.54	银川	1111.5	88.35
四平	164.2	98.63	零陵	174.1	98.52	丹东	15.1	100.53	石嘴山	1091.0	88.53
延吉	176.8	98.65	郴州	184.9	98.42	大连	92.8	99.47	吴忠	1127.0	88.19
通化	402.9	96.07	云南			山东			盐池	1347.8	85.99
黑龙江			昆明	1891.4	80.80	济南	51.6	99.85	中卫	1225.7	87.14
哈尔滨	171.7	98.51	昭通	1949.5	80.18	烟台	46.7	100.10	固原	1753.2	82.11
爱辉	165.8	98.58	丽江	2393.2	76.11	德州	21.2	100.24	重庆		
伊春	231.3	97.86	腾冲	1647.8	83.13	莱阳	30.5	100.23	重庆	259.1	97.32
齐齐哈尔	145.9	98.77	蒙自	1300.7	86.44	淄博	34.0	100.10	万州	186.7	98.21
鹤岗	227.9	97.92	思茅	1302.1	86.50	潍坊	44.1	99.97	江苏		
佳木斯	81.2	99.60	景洪	552.7	94.29	青岛	76.0	99.72	南京	8.9	100.40
安达	149.3	98.73	甘肃			菏泽	49.7	99.89	连云港	3.0	100.50
鸡西	232.3	97.94	兰州	1517.2	84.31	临沂	87.9	99.66	徐州	41.0	100.07
牡丹江	241.4	97.87	敦煌	1138.7	87.96	湖北			淮阴	15.5	100.34
绥芬河	496.7	95.10	酒泉	1477.2	84.70	武汉	23.3	100.17	南通	5.3	100.51
河南			山丹	1764.6	81.91	光化	90.0	99.35	武进	9.2	100.49
郑州	110.4	99.17	平凉	1346.6	86.03	宜昌	130.4	98.91	浙江		
安阳	75.5	99.59	天水	1131.7	88.07	荆州	32.6	100.00	杭州	41.7	100.05
新乡	72.7	99.60	武都	1079.1	88.58	恩施	437.2	97.17	舟山	35.7	100.25
三门峡	410.1	95.83	内蒙古			黄石	19.6	100.20	宁波	4.2	100.58
开封	72.5	99.60	呼和浩特	1063.0	88.94	四川			金华	64.1	99.86
洛阳	154.5	98.76	海拉尔	612.8	93.55	成都	505.9	94.77	衢州	66.9	99.79
商丘	50.1	99.91	锡林浩特	989.5	89.56	广元	487.0	94.92	温州	6.0	100.55
许昌	71.9	99.62	二连浩特	964.7	89.81	甘孜	3393.5	64.49	台湾		
平顶山	84.7	99.48	通辽	178.5	98.43	南充	297.7	96.94	台北	9.0	100.53
南阳	129.8	98.96	赤峰	571.1	94.09	宜宾	340.8	96.49	花莲	14.0	100.46
驻马店	82.7	99.51	辽宁			西昌	1590.7	83.48	恒春	24.0	100.37
信阳	114.5	99.09	沈阳	41.6	100.07	青海			广东		
湖南			开原	98.2	99.43	西宁	2261.2	77.35	广州	6.6	100.45
长沙	44.9	99.94	阜新	144.0	98.90	格尔木	2807.7	72.40	韶关	69.3	99.71
岳阳	51.6	99.82	抚顺	118.1	99.24	都兰	3191.1	69.14	汕头	1.2	100.55
常德	35.0	100.02	朝阳	168.7	98.57	共和	2835.0	72.19	阳江	23.3	100.26
									湛江	25.3	100.11

续表

地名	海拔 （m）	大气压 （kPa）	地名	海拔 （m）	大气压 （kPa）	地名	海拔 （m）	大气压 （kPa）	地名	海拔 （m）	大气压 （kPa）
海南			香港			陕西			新疆		
海口	14.1	100.24	香港	32.0	100.56	西安	396.9	95.92	乌鲁木齐	917.9	90.67
西沙	4.7	100.50	西藏			榆林	1057.5	88.96	阿勒泰	735.3	92.52
广西			拉萨	3658.0	65.23	延安	957.6	90.02	克拉玛依	427.0	95.89
南宁	72.2	99.60	索县	3950.0	62.04	宝鸡	612.4	93.61	伊宁	662.5	93.35
桂林	161.8	98.61	那曲	4507.0	58.90	汉中	508.4	94.74	吐鲁番	34.5	99.77
柳州	96.9	99.33	昌都	3306.0	68.14	安康	290.8	97.13	哈密	737.9	92.11
百色	173.1	98.30	林芝	3000.0	70.54	澳门			喀什	1288.7	86.59
梧州	119.2	99.14	日喀则	3836.0	63.83	澳门	19.0	100.44	和田	1374.6	85.65
北海	101.7	100.24									

注：1. 表中数据部分引自《游泳池给水排水工程技术手册》中的表11-5。
　　2. 澳门的数据来源于网络资料，因区内多为岛屿，平均海拔高度有多个版本，本表取值参考了广东省阳江、湛江的数据，引用了与之接近的数据。

4.4　消防系统

4.4.1　消防用水量计算

消防用水量计算表　　　　　　　　表 4.4.1-1

名称	序号	内容		实施 情况	备注
计算公式及取值	1	消防给水用水总量计算公式	$V = V_1 + V_2$	☐	
	2	室外消防给水用水量计算公式	$V_1 = 3.6 \sum_{i=1}^{n} q_{1i} t_{1i}$	☐	
	3	室内消防给水用水量计算公式	$V_2 = 3.6 \sum_{i=1}^{m} q_{2i} t_{2i}$	☐	
	V	建筑消防给水一起火灾灭火用水总量（m³）		☐	
	V_1	室外消防给水一起火灾灭火用水总量（m³）		☐	
	V_2	室内消防给水一起火灾灭火用水总量（m³）		☐	
	q_{1i}	室外第 i 种水灭火系统的设计流量（L/s）		☐	
	t_{1i}	室外第 i 种水灭火系统的火灾延续时间（h）		☐	
	n	建筑需要同时作用的室外水灭火系统数量		☐	
	q_{2i}	室内第 i 种水灭火系统的设计流量（L/s）		☐	
	t_{2i}	室内第 i 种水灭火系统的火灾延续时间（h）		☐	
	m	建筑需要同时作用的室内水灭火系统数量		☐	

名称	序号	名称及单位	内容	实施 情况	备注
计算内容输出模板	1	q_{11}（L/s）	室外消火栓灭火系统的设计流量为___L/s （室外消火栓设计流量取值详见表4.4.1-2）	☐	
		q_{1i}（L/s）	室外第 i 种水灭火系统的设计流量为___L/s （各种水灭火系统的设计流量应根据具体设计系统的类型单独计算）	☐	
			……（$i=2\sim n$）	☐	

序号	名称及单位	内容	实施情况	备注
2	t_{11}（h）	室外消火栓灭火系统的火灾延续时间取值为＿＿h（取值要求见下表） 《内嵌表格见下》	☐	
	t_{1i}（h）	室外第 i 种水灭火系统的火灾延续时间取值为＿＿h	☐	
		……（$i＝2\sim n$）	☐	
3	$3.6q_{11} \cdot t_{11}$（m³）	室外消火栓灭火系统的一起火灾灭火用水量为＿＿m³	☐	
	$3.6q_{1i} \cdot t_{1i}$（m³）	室外第 i 种水灭火系统的一起火灾灭火用水量为＿＿m³	☐	
		……（$i＝2\sim n$）	☐	
4	V_1（m³）	室外消防给水一起火灾灭火用水总量为＿＿m³	☐	
5	q_{21}（L/s）	室内消火栓灭火系统的设计流量为＿＿L/s（室内消火栓设计流量取值详见表 4.4.1-3）	☐	
	q_{22}（L/s）	自动喷水灭火系统的设计流量为＿＿L/s	☐	见注 1、2
	q_{2i}（L/s）	室内第 i 种水灭火系统的设计流量（L/s）（其余水灭火系统的设计流量应根据具体设计系统的类型单独计算）	☐	
		……（$i＝3\sim m$）	☐	
6	t_{21}（h）	室内消火栓灭火系统的火灾延续时间取值为＿＿h	☐	详见本表注 3
	t_{22}（h）	自动喷水灭火系统的火灾延续时间取值为＿＿h	☐	
	t_{2i}（h）	室内第 i 种水灭火系统的火灾延续时间取值为＿＿h	☐	
		……（$i＝3\sim m$）	☐	

序号栏左侧竖排：计算内容输出模板

序号2内容栏内嵌表格：

建筑		场所与火灾危险性	火灾延续时间（h）
工业建筑	仓库	甲、乙、丙类仓库	3.0
		丁、戊类仓库	2.0
	厂房	甲、乙、丙类厂房	3.0
		丁、戊类厂房	2.0
建筑物 民用建筑	公共建筑	高层建筑中的商业楼、展览楼、综合楼，建筑高度大于 50m 的财贸金融楼、图书馆、书库、重要的档案楼、科研楼和高级宾馆等	3.0
		其他公共建筑	2.0
		住宅	
人防工程		建筑面积小于 3000m²	1.0
		建筑面积大于或等于 3000m²	2.0
		地下建筑、地铁车站	

表中数据引自《消防给水及消火栓系统技术规范》GB 50974—2014 中表 3.6.2；构筑物火灾延续时间未列出

续表

	序号	名称及单位	内容	实施情况	备注
计算内容输出模板	7	$3.6q_{21} \cdot t_{21}$（m³）	室内消火栓灭火系统的一起火灾灭火用水量为___ m³	☐	
		$3.6q_{22} \cdot t_{22}$（m³）	自动喷水灭火系统的一起火灾灭火用水量为___ m³	☐	
		$3.6q_{2i} \cdot t_{2i}$（m³）	室内第 i 种水灭火系统的一起火灾灭火用水量为___ m³	☐	
			……（$i=3\sim m$）	☐	
	8	V_2（m³）	室内消防给水一起火灾灭火用水总量为___ m³	☐	
	9	V（m³）	建筑消防给水一起火灾灭火用水总量为___ m³	☐	
	10	消防水池有效容积（m³）	消防水池有效容积为___ m³，规格为___ （消防水池有效容积应为建筑物灭火时同时作用的所有水灭火系统的用水量总和）	☐	详见本表注5

注：1. 本表中的计算公式均引自《消防给水及消火栓系统技术规范》GB 50974—2014 中的相关条文。

2. 计算内容输出模板序号 5 中的自动喷水灭火系统设计流量应按公式 $q_{22} = \dfrac{\text{喷水强度} \cdot \text{作用面积}}{60}$ 计算，喷水强度、作用面积应填入表 4.4.1-4 或表 4.4.1-6 中的数值，填写最大值。同时，还应根据《自动喷水灭火系统设计规范》GB 50084—2017 第 9.1.3 条的规定，按最不利点处作用面积内喷头同时喷水的总流量确定，计算公式为 $q_{22} = \dfrac{1}{60} \sum\limits_{i=1}^{n} q_i$，计算格式详见表 4.4.10-1。

3. 室内、外消火栓灭火系统火灾延续时间取值见本表计算内容输出模板序号 2；除本书列出的表格中另有规定外，自动喷水灭火系统的持续喷水时间应按火灾延续时间不小于 1h 确定。

4. 室内水灭火系统的类型较多，设计人员应根据项目实际情况进行取舍，主要的类型可参见表 3.10.2-2；水幕系统的计算方式应根据表 4.4.1-8 及注的规定计算。

5. 根据调研，除了上海中心城区建筑物可不设消防水池外（超高层建筑除外），全国其余地区均需设置消防水池；当生产、生活用水量达到最大，市政给水管网或入户引入管能满足消防给水设计流量，且市政给水管网能够提供两路供水时，消防水池中可不贮存室外消防用水量。

建筑物室外消火栓设计流量汇总表（L/s）　　　　表 4.4.1-2

耐火等级	建筑物名称及类别			建筑体积 V（m³）					
				$V \leqslant 1500$	$1500 < V \leqslant 3000$	$3000 < V \leqslant 5000$	$5000 < V \leqslant 20000$	$20000 < V \leqslant 50000$	$V > 50000$
一、二级	工业建筑	厂房	甲、乙	15	20	25	30		35
			丙	15	20	25	30		40
			丁、戊	15					20
		仓库	甲、乙	15		25		—	
			丙	15		25	35		45
			丁、戊	15					20
	民用建筑	住宅		15					
		公共建筑	单层及多层	15		25	30		40
			高层	—		25	30		40
	地下建筑（包括地铁）、平战结合的人防工程			15		20	25		30

耐火等级	建筑物名称及类别		建筑体积 V（m³）					
			V≤1500	1500<V ≤3000	3000<V ≤5000	5000<V ≤20000	20000<V ≤50000	V>50000
三级	工业建筑	乙、丙	15	20	30	40	45	—
		丁、戊	15			20	25	35
	单层及多层民用建筑		15		20	25	30	
四级	丁、戊类工业建筑		15		20	25	—	
	单层及多层民用建筑		15		20	25		

注：1. 表中数据引自《消防给水及消火栓系统技术规范》GB 50974—2014 中表 3.3.2。
　　2. 当单座建筑的总建筑面积大于 500000m² 时，建筑物室外消火栓设计流量应按本表规定的最大值增加一倍。
　　3. 成组布置的建筑物应按消火栓设计流量较大的相邻两座建筑物的体积之和确定。
　　4. 火车站、码头和机场的中转库房，其室外消火栓设计流量应按相应耐火等级的丙类物品库房确定。
　　5. 国家级文物保护单位的重点砖木、木结构的建筑物室外消火栓设计流量，按三级耐火等级民用建筑物消火栓设计流量确定。
　　6. 当设计构筑物水灭火系统时，应查相应的国家现行标准。

建筑物室内消火栓设计流量汇总表　　　　　　　　　　　表 4.4.1-3

建筑物名称			高度 h（m）、层数、体积 V（m³）、座位数 n（个）、火灾危险性		消火栓设计流量（L/s）	同时使用消防水枪数（支）	每根竖管最小流量（L/s）
工业建筑	厂房	h≤24	甲、乙、丁、戊		10	2	10
			丙	V≤5000	10	2	10
				V>5000	20	4	15
		24<h≤50	乙、丁、戊		25	5	15
			丙		30	6	15
		h>50	乙、丁、戊		30	6	15
			丙		40	8	15
	仓库	h≤24	甲、乙、丁、戊		10	2	10
			丙	V≤5000	15	3	15
				V>5000	25	5	15
		h>24	丁、戊		30	6	15
			丙		40	8	15
民用建筑	单层及多层	科研楼、试验楼	V≤10000		10	2	10
			V>10000		15	3	10
		车站、码头、机场的候车（船、机）楼和展览建筑（包括博物馆）等	5000<V≤25000		10	2	10
			25000<V≤50000		15	3	10
			V>50000		20	4	15
		剧场、电影院、会堂、礼堂、体育馆等	800<n≤1200		10	2	10
			1200<n≤5000		15	3	10
			5000<n≤10000		20	4	15
			n>10000		30	6	15

建筑物名称			高度 h（m）、层数、体积 V（m³）、座位数 n（个）、火灾危险性	消火栓设计流量（L/s）	同时使用消防水枪数（支）	每根竖管最小流量（L/s）
民用建筑	单层及多层	旅馆	5000<V≤10000	10	2	10
			10000<V≤25000	15	3	10
			V>25000	20	4	15
		商店、图书馆、档案馆等	5000<V≤10000	15	3	10
			10000<V≤25000	25	5	15
			V>25000	40	8	15
		病房楼、门诊楼等	5000<V≤25000	10	2	10
			V>25000	15	3	10
		办公楼、教学楼、公寓、宿舍等其他建筑	高度超过 15m 或 V>10000	15	3	10
		住宅	21<h≤27	5	2	5
	高层	住宅	27<h≤54	10	2	10
			h>54	20	4	10
		二类公共建筑	h≤50	20	4	10
		一类公共建筑	h≤50	30	6	15
			h>50	40	8	15
国家级文物保护单位的重点砖木或木结构的古建筑			V≤10000	20	4	10
			V>10000	25	5	15
地下建筑			V≤5000	10	2	10
			5000<V≤10000	20	4	15
			10000<V≤25000	30	6	15
			V>25000	40	8	20
人防工程	展览厅、影院、剧场、礼堂、健身体育场所等		V≤1000	5	1	5
			1000<V≤2500	10	2	10
			V>2500	15	3	10
	商场、餐厅、旅馆、医院等		V≤5000	5	1	5
			5000<V≤10000	10	2	10
			10000<V≤25000	15	3	10
			V>25000	20	4	10
	丙、丁、戊类生产车间、自行车库		V≤2500	5	1	5
			V>2500	10	2	10
	丙、丁、戊类物品库房、图书资料档案库		V≤3000	5	1	5
			V>3000	10	2	10

注：1. 表中数据引自《消防给水及消火栓系统技术规范》GB 50974—2014 中表 3.5.2。

2. 丁、戊类高层厂房（仓库）室内消火栓的设计流量可按本表减少 10L/s，同时使用消防水枪数量可按本表减少 2 支。

3. 消防软管卷盘、轻便消防水龙及多层住宅楼梯间中的干式消防竖管，其消火栓设计流量可不计入室内消防给水设计流量。

4. 当一座多层建筑有多种使用功能时，室内消火栓设计流量应分别按本表中不同功能计算，且应取最大值。

5. 当建筑物室内设有自动喷水灭火系统、水喷雾灭火系统、泡沫灭火系统或固定消防炮灭火系统等一种以上自动水灭火系统全保护时，高层建筑当高度不超过 50m 且室内消火栓系统设计流量超过 20L/s 时，其室内消火栓设计流量可按本表中数据减少 5L/s；多层建筑室内消火栓设计流量可减少 50%，但不应小于 10L/s。

6. 宿舍、公寓等非住宅类居住建筑的室内消火栓设计流量，当为多层建筑时，应按本表中的宿舍、公寓确定，当为高层建筑时，应按本表中的公共建筑确定。

7. 当设计本表中未提及的特殊建筑类型时，如地铁、隧道等，应查相应的国家现行标准。

民用建筑和厂房采用湿式系统的设计基本参数汇总表　　　　表 4.4.1-4

适用场所		最大净空高度 h(m)	喷水强度 $[L/(min \cdot m^2)]$	作用面积 (m^2)	喷头间距 S(m)
轻危险级		$h \leqslant 8$	4	160	—
中危险级 I 级		$h \leqslant 8$	6	160	—
中危险级 II 级		$h \leqslant 8$	8	160	—
严重危险级 I 级		$h \leqslant 8$	12	260	—
严重危险级 II 级		$h \leqslant 8$	16	260	—
民用建筑	中庭、体育馆、航站楼等	$8 < h \leqslant 12$	12	160	$1.8 < S \leqslant 3.0$
		$12 < h \leqslant 18$	15	160	$1.8 < S \leqslant 3.0$
	影剧院、音乐厅、会展中心等	$8 < h \leqslant 12$	15	160	$1.8 < S \leqslant 3.0$
		$12 < h \leqslant 18$	20	160	$1.8 < S \leqslant 3.0$
厂房	制衣制鞋、玩具、木器、电子生产车间等	$8 < h \leqslant 12$	15	160	$1.8 < S \leqslant 3.0$
	棉纺厂、麻纺厂、泡沫塑料生产车间等	$8 < h \leqslant 12$	20	160	$1.8 < S \leqslant 3.0$

注：1. 表中数据引自《自动喷水灭火系统设计规范》GB 50084—2017 中表 5.0.1、表 5.0.2。

2. 表中未列入的场所，应根据本表规定场所的火灾危险性类比确定。

3. 雨淋系统的喷水强度和作用面积应按本表中的规定值确定，且每个雨淋报警阀控制的喷水面积不宜大于表中的作用面积。

4. 干式系统的喷水强度应按表中的规定值确定，系统的作用面积应按对应值的 1.3 倍确定。预作用系统的喷水强度应按表中的规定值确定，当系统采用仅由火灾自动报警系统直接控制预作用装置时，系统的作用面积应按表中的规定值确定；当系统采用由火灾自动报警系统和充气管道上设置的压力开关控制预作用装置时，系统的作用面积应按表中规定值的 1.3 倍确定。装设网格、栅板类通透性吊顶的场所，系统的喷水强度应按表中规定值的 1.3 倍确定。

自动喷水灭火系统设置场所火灾危险等级分类表　　　　表 4.4.1-5

火灾危险等级		设置场所分类
轻危险级		住宅建筑、幼儿园、老年人建筑、建筑高度为 24m 及以下的旅馆、办公楼；仅在走道设置闭式系统的建筑等
中危险级	I 级	(1) 高层民用建筑：旅馆、办公楼、综合楼、邮政楼、金融电信楼、指挥调度楼、广播电视楼（塔）等； (2) 公共建筑（含单多高层）：医院、疗养院，图书馆（书库除外）、档案馆、展览馆（厅）、影剧院、音乐厅和礼堂（舞台除外）及其他娱乐场所； (3) 文化遗产建筑：木结构古建筑、国家文物保护单位等； (4) 工业建筑：食品、家用电器、玻璃制品等工厂的备料与生产车间等；冷藏库、钢屋架等建筑构件
	II 级	(1) 民用建筑：书库、舞台（葡萄架除外）、汽车停车场（库）、总建筑面积 5000m² 及以上的商场、总建筑面积 1000m² 及以上的地下商场，净空高度不超过 8m，物品高度不超过 3.5m 的超级市场等； (2) 工业建筑：棉毛麻丝及化纤的纺织、织物及制品、木材木器及胶合板、谷物加工、烟草及制品、饮用酒（啤酒除外）、皮革及制品、造纸及纸制品、制药等工厂的备料与生产车间等

续表

火灾危险等级		设置场所分类
严重危险级	Ⅰ级	印刷厂、酒精制品、可燃液体制品等工厂的备料与车间，净空高度不超过8m、物品高度超过3.5m的超级市场等
	Ⅱ级	易燃液体喷雾操作区域、固体易燃物品、可燃的气溶胶制品、溶剂清洗、喷涂油漆、沥青制品等工厂的备料及生产车间，摄影棚、舞台葡萄架下部等
仓库危险级	Ⅰ级	食品、烟酒；木箱、纸箱包装的不燃、难燃物品等
	Ⅱ级	木材、纸、皮革、谷物及制品、棉毛麻丝化纤及制品、家用电器、电缆、B组塑料与橡胶及其制品、钢塑混合材料制品、各种塑料瓶包装的不燃、难燃物品及各类物品混杂储存的仓库等
	Ⅲ级	A组塑料与橡胶及其制品；沥青制品等

注：1. 表中内容引自《自动喷水灭火系统设计规范》GB 50084—2017中附录A。

2. 表中A组包括：丙烯腈-丁二烯-苯乙烯共聚物（ABS）、缩醛（聚甲醛）、聚甲基丙烯酸甲酯、玻璃纤维增强聚酯（FRP）、热塑性聚酯（PET）、聚丁二烯、聚碳酸酯、聚乙烯、聚丙烯、聚苯乙烯、聚氨基甲酸酯、高增塑聚氯乙烯（PVC，如人造革、胶片等）、苯乙烯-丙烯腈（SAN）等；丁基橡胶、乙丙橡胶（EPDM）、发泡类天然橡胶、腈橡胶（丁腈橡胶）、聚酯合成橡胶、丁苯橡胶（SBR）等。B组包括：醋酸纤维素、醋酸丁酸纤维素、乙基纤维素、氟塑料、锦纶（锦纶6、锦纶6/6）、三聚氰胺甲醛、酚醛塑料、硬聚氯乙烯（PVC，如管道、管件等）、聚偏二氯乙烯（PVDC）、聚偏氟乙烯（PVDF）、聚氟乙烯（PVF）、脲甲醛等；氯丁橡胶、不发泡类天然橡胶、硅橡胶等；粉末、颗粒、压片状的A组塑料。

仓库危险级场所的湿式系统的设计基本参数汇总表　　表4.4.1-6

适用场所	储存方式及货架布置	最大净空高度 h(m)	最大储物高度 h_s(m)	喷水强度[L/(min·m²)]				作用面积 (m²)	持续喷水时间 (h)	货架内置洒水喷头		
				A	B	C	D			层数	高度(m)	流量系数 K
仓库危险级Ⅰ级	堆垛、托盘	9.0	$h_s\leqslant3.5$	8.0				160	1.0	—		
			$3.5<h_s\leqslant6.0$	10.0				200		—		
			$6.0<h_s\leqslant7.5$	14.0				200		—		
	单、双、多排货架		$h_s\leqslant3.0$	6.0				160	1.5	—		
			$3.0<h_s\leqslant3.5$	8.0				160		—		
	单、双排货架		$3.5<h_s\leqslant6.0$	18.0						—		
			$6.0<h_s\leqslant7.5$	14.0+1J				200		—		
	多排货架		$3.5<h_s\leqslant4.5$	12.0						—		
			$4.5<h_s\leqslant6.0$	18.0						—		
			$6.0<h_s\leqslant7.5$	18.0+1J						—		
仓库危险级Ⅱ级	堆垛、托盘	9.0	$h_s\leqslant3.5$	8.0				160	1.5	—		
			$3.5<h_s\leqslant6.0$	16.0				200	2.0	—		
			$6.0<h_s\leqslant7.5$	22.0				200	2.0	—		
	单、双、多排货架		$h_s\leqslant3.0$	8.0				160	1.5	—		
			$3.0<h_s\leqslant3.5$	12.0				200	1.5	—		
	单、双排货架		$3.5<h_s\leqslant6.0$	24.0				280	2.0	—		
			$6.0<h_s\leqslant7.5$	22.0+1J						—		
	多排货架		$3.5<h_s\leqslant4.5$	18.0						—		
			$4.5<h_s\leqslant6.0$	18.0+1J				200	2.0	—		
			$6.0<h_s\leqslant7.5$	18.0+2J						—		

适用场所	储存方式及货架布置	最大净空高度 h(m)	最大储物高度 h_s(m)	喷水强度[L/(min·m²)]				作用面积 (m²)	持续喷水时间 (h)	货架内置洒水喷头		
				A	B	C	D			层数	高度(m)	流量系数 K
仓库危险级Ⅲ级	单、双、多	4.5	1.5<h_s≤3.0	12.0				≥200	≥2.0	—	—	—
	单、双、多	6.0	1.5<h_s≤3.0	18.0						—	—	—
	单、双、多	7.5	3.0<h_s≤4.5	24.5						—	—	—
	单、双、多	7.5	3.0<h_s≤4.5	12.0						1	3.0	80
	单、双	7.5	4.5<h_s≤6.0	24.5						—	—	—
	单、双、多	7.5	4.5<h_s≤6.0	12.0						1	4.5	115
	单、双、多	9.0	4.5<h_s≤6.0	18.0						1	3.0	80
	单、双、多	8.0	4.5<h_s≤6.0	24.5						—	—	161、202、242、363
	单、双、多	9.0	6.0<h_s≤7.5	18.5						1	4.5	115
	单、双、多	9.0	6.0<h_s≤7.5	32.5						—	—	242、363
	单、双、多	9.0	6.0<h_s≤7.5	12.0						2	3.0、6.0	80
	堆垛	7.5	1.5	8.0				≥240	≥2.0	—		
	堆垛	4.5	3.5	16.0	16.0	12.0	12.0					
	堆垛	6.0	3.5	24.5	22.0	20.5	16.5					
	堆垛	9.0	3.5	32.5	28.5	24.5	18.5					
	堆垛	6.0	4.5	24.5	22.0	20.5	16.5					
	堆垛	7.5	6.0	32.5	28.5	24.5	18.5					
	堆垛	9.0	7.5	36.5	34.5	28.5	22.5					
仓库危险级Ⅰ级与Ⅱ级场所中混杂储存仓库危险级Ⅲ级场所物品	沥青制品或箱装A组塑料橡胶堆垛与货架	9.0	h_s≤1.5	8.0				160	1.5	—	—	—
		4.5	1.5<h_s≤3.0	12.0				240	2.0	—	—	—
		6.0	1.5<h_s≤3.0	16.0				240	2.0	—	—	—
		5.0	3.0<h_s≤3.5	16.0				240	2.0	—	—	—
	沥青制品或箱装A组塑料橡胶堆垛	8.0	3.0<h_s≤3.5	16.0				240	2.0	—	—	—
	沥青制品或箱装A组塑料橡胶货架	9.0	1.5<h_s≤3.5	8.0+1J				160	2.0	—	—	—
	袋装A组塑料橡胶堆垛与货架	9.0	h_s≤1.5	8.0				160	1.5	—	—	—
		4.5	1.5<h_s≤3.0	16.0				240	2.0	—	—	—
		5.0	3.0<h_s≤3.5	16.0				240	2.0	—	—	—
	袋装A组塑料橡胶堆垛	9.0	1.5<h_s≤2.5	16.0				240	2.0	—	—	—
	袋装不发泡A组塑料橡胶堆垛与货架	6.0	1.5<h_s≤3.0	16.0				240	2.0	—	—	—

适用场所	储存方式及货架布置	最大净空高度 h(m)	最大储物高度 h_s(m)	喷水强度[L/(min·m²)]				作用面积(m²)	持续喷水时间(h)	货架内置洒水喷头		
				A	B	C	D			层数	高度(m)	流量系数 K
仓库危险级Ⅰ级与Ⅱ级场所中混杂储存仓库危险级Ⅲ级场所物品	袋装发泡A组塑料橡胶货架	6.0	$1.5<h_s\leqslant3.0$	8.0+1J				160	2.0	—	—	—
	轮胎或纸卷堆垛与货架	9.0	$1.5<h_s\leqslant3.5$	12.0				240	2.0	—	—	—

注：1. 表中数据引自《自动喷水灭火系统设计规范》GB 50084—2017 中表 5.0.4-1、表 5.0.4-2、表 5.0.4-3、表 5.0.4-4、表 5.0.4-5。

2. 表中字母"J"表示货架内置洒水喷头，"J"前的数字表示货架内置洒水喷头的层数。

3. 仓库危险级Ⅰ级的货架储物高度大于 7.5m 时，应设置货架内置洒水喷头；顶板下洒水喷头的喷水强度不应低于 18L/(min·m²)，作用面积不应小于 200m²，持续喷水时间不应小于 2h。仓库危险级Ⅱ级的货架储物高度大于 7.5m 时，应设置货架内置洒水喷头；顶板下洒水喷头的喷水强度不应低于 20 L/(min·m²)，作用面积不应小于 200m²，持续喷水时间不应小于 2h。仓库危险级Ⅲ级的货架储物高度大于 7.5m 时，应设置货架内置洒水喷头；顶板下洒水喷头的喷水强度不应低于 22L/(min·m²)，作用面积不应小于 200m²，持续喷水时间不应小于 2h。

4. 仓库危险级Ⅲ级中，当最大净空高度为 9.0m、最大储物高度为 6.0m<h_s≤7.5m、喷水强度为 18.5L/(min·m²)时，货架内设置一排货架内置洒水喷头时，喷头的间距不应大于 2.4m；设置两排或多排货架内置洒水喷头时，喷头的间距不应大于 2.4×2.4(m)。

5. 仓库危险级Ⅲ级中，在第一种情况：最大净空高度为 7.5m、最大储物高度为 3.0m<h_s≤4.5m、喷水强度为 12L/(min·m²)，第二种情况：最大净空高度为 7.5m、最大储物高度为 4.5m<h_s≤6.0m、喷水强度为 12L/(min·m²)，第三种情况：最大净空高度为 9.0m、最大储物高度为 4.5m<h_s≤6.0m、喷水强度为 18L/(min·m²)，第四种情况：最大净空高度为 9.0m、最大储物高度为 6.0m<h_s≤7.5m、喷水强度为 12L/(min·m²)时，货架内设置一排货架内置洒水喷头时，喷头的间距不应大于 3.0m；设置两排或多排货架内置洒水喷头时，喷头的间距不应大于 3.0×2.4(m)。

6. 本表第 1 行喷水强度列中的 A、B、C、D 分别指：A—袋装与无包装的发泡塑料橡胶，B—箱装的发泡塑料橡胶，C—袋装与无包装的不发泡塑料橡胶，D—箱装的不发泡塑料橡胶。

7. 仓库危险级Ⅰ级与Ⅱ级场所中混杂储存仓库危险级Ⅲ级场所物品时，无包装的塑料橡胶视同纸袋、塑料袋包装；其货架内置洒水喷头应采用与顶板下洒水喷头相同的喷水强度，用水量应按开放 6 只洒水喷头确定。

8. 当仓库中采用早期抑制快速响应喷头或仓库型特殊应用喷头时，应根据选用的喷头流量系数、作用面积内开放的喷头数以及喷头最低工作压力进行计算。数据可参见《自动喷水灭火系统设计规范》GB 50084—2017 表 5.0.5 及表 5.0.6。

9. 干式系统的喷水强度应按表中的规定值确定，系统的作用面积应按对应值的 1.3 倍确定。预作用系统的喷水强度应按表中的规定值确定，当系统采用仅由火灾自动报警系统直接控制预作用装置时，系统的作用面积应按表中的规定值确定；当系统采用由火灾自动报警系统和充气管道上设置的压力开关控制预作用装置时，系统的作用面积应按表中规定值的 1.3 倍确定。装设网格、栅板类通透性吊顶的场所，系统的喷水强度应按表中规定值的 1.3 倍确定。

10. 设置自动喷水灭火系统的仓库及类似场所，当采用货架储存时应采用钢制货架，并应采用通透层板，且层板中通透部分的面积不应小于层板总面积的 50%。当采用木制货架或采用封闭层板货架时，其系统设置应按堆垛储物仓库确定。

货架内开放洒水喷头数量表　　　　表 4.4.1-7

仓库危险级	货架内置洒水喷头的层数		
	1	2	>2
Ⅰ级	6	12	14
Ⅱ级	8	14	14
Ⅲ级	10	14	14

注：1. 表中数据引自《自动喷水灭火系统设计规范》GB 50084—2017 表 5.0.8。

2. 本表仅在货架仓库的最大净空高度或最大储物高度超过《自动喷水灭火系统设计规范》GB 50084—2017 第 5.0.5 条的规定时选用，计算货架内开放洒水喷头数量不应小于表中的规定。

3. 货架内设置洒水喷头时，仓库危险级Ⅰ级、Ⅱ级场所应在自地面起每 3.0m 设置一层货架内洒水喷头，仓库危险级Ⅲ级场所应在自地面起每 1.5～3.0m 设置一层货架内置洒水喷头，且最高层货架内置洒水喷头与储物顶部的距离不应超过 3.0m。

4. 当采用流量系数等于 80 的标准覆盖面积洒水喷头时，工作压力不应小于 0.20MPa；当采用流量系数等于 115 的标准覆盖面积洒水喷头时，工作压力不应小于 0.10MPa。

5. 洒水喷头间距不应大于 3m，且不应小于 2m。设置 2 层及以上货架内置洒水喷头时，洒水喷头应交错布置。货架内置洒水喷头超过 2 层时，计算流量应按最顶层 2 层，且每层开放洒水喷头数按本表规定值的 1/2 确定。

水幕系统设计基本参数汇总表　　　　表 4.4.1-8

水幕系统类别	喷水点高度 h(m)	喷水强度 [L/(s·m)]	喷头工作压力 (MPa)	持续喷水时间 (h)	喷头布置排数	
防火分隔水幕	$h \leqslant 12$	2.0	0.1	不应小于系统设置部位的耐火极限要求	水幕喷头	≥3 排
					开式洒水喷头	≥2 排
防护冷却水幕	$h \leqslant 4$	0.5	0.1		单排	

注：1. 表中数据引自《自动喷水灭火系统设计规范》GB 50084—2017 中表 5.0.14。

2. 防护冷却水幕的喷水点高度每增加 1m，喷水强度应增加 0.1L/(s·m)，但超过 9m 时喷水强度仍采用 1.0L/(s·m)。当防护冷却系统用于保护防火卷帘、防火玻璃墙等防火分隔设施时，系统应独立设置，喷头设置高度不应超过 8m；当设置高度为 4～8m 时，应采用快速响应洒水喷头；喷头设置高度不超过 4m 时，喷水强度不应小于 0.5L/(s·m)；当超过 4m 时，每增加 1m，喷水强度应增加 0.1L/(s·m)；喷头设置应确保喷洒到被保护对象后布水均匀，喷头间距应为 1.8～2.4m；喷头溅水盘与防火分隔设施的水平距离不应大于 0.3m。

3. 防火分隔水幕的喷头布置，应保证水幕的宽度不小于 6m。

4.4.2　消防给水管道单位长度沿程水头损失计算

消防给水管道单位长度沿程水头损失计算表　　　　表 4.4.2

名称	序号	内容			实施情况	备注
计算公式及取值	1	消防给水管道或室外塑料管	沿程水头损失计算公式	$i = 10^{-6} \dfrac{\lambda}{d_i} \dfrac{\rho v^2}{2}$	☐	简化算法详见本表注1
			沿程损失阻力系数计算公式	$\dfrac{1}{\sqrt{\lambda}} = -2\log\left(\dfrac{2.51}{Re\sqrt{\lambda}} + \dfrac{\varepsilon}{3.71\, d_i}\right)$	☐	

名称	序号	内容			实施情况	备注
计算公式及取值	1	消防给水管道或室外塑料管	雷诺数计算公式	$Re = \dfrac{\upsilon d_i \rho}{\mu}$	☐	
			水的动力黏滞系数计算公式	$\mu = \rho \nu$	☐	
			水的运动黏滞系数计算公式	$\nu = \dfrac{1.775 \times 10^{-6}}{1 + 0.0337T + 0.000221\,T^2}$	☐	
	2	内衬水泥砂浆球墨铸铁管	沿程水头损失计算公式	$i = 10^{-2}\,\dfrac{v^2}{C_v^2 R}$	☐	
			流速系数计算公式	$C_v = \dfrac{1}{n_\varepsilon}\,R^y$	☐	
			y 系数计算公式	$0.1 \leqslant R \leqslant 3.0$ 且 $0.011 \leqslant n_\varepsilon \leqslant 0.040$ 时，$y = 2.5\sqrt{n_\varepsilon} - 0.13 - 0.75\sqrt{R}(\sqrt{n_\varepsilon} - 0.1)$	☐	
	3	室内外输配水及自动喷水灭火系统管道	沿程水头损失计算公式	$i = 2.9660 \times 10^{-7}\left(\dfrac{q^{1.852}}{C^{1.852}d_i^{4.87}}\right)$	☐	详见本表注5
	i	管道单位长度沿程水头损失（MPa/m）			☐	
	d_i	计算管段的水力直径，满流圆管时为管道的内径（m）			☐	
	υ	计算管段内水的平均流速（m/s）			☐	
	ρ	水的密度（kg/m³）			☐	
	λ	沿程损失阻力系数			☐	
	ε	当量粗糙度（m）			☐	
	Re	雷诺数			☐	
	μ	水的动力黏滞系数（Pa/s）			☐	
	ν	水的运动黏滞系数（m²/s）			☐	
	T	水的温度（℃）			☐	
	R	水力半径（m）			☐	
	C_v	流速系数			☐	
	n_ε	管道粗糙系数			☐	
	y	系数，管道计算时可取1/6			☐	
	C	海澄-威廉系数			☐	
	q	计算管段消防给水设计流量（L/s）			☐	

序号	名称及单位	内容	实施情况	备注
1	T（℃）	水的温度为____℃（宜取 10℃）	☐	
2	ν（m²/s）	水的运动黏滞系数为____m²/s	☐	
3	ρ（kg/m³）	水的密度为____kg/m³（可填入表 4.3.1-3 中的数据）	☐	
4	μ（Pa/s）	水的动力黏滞系数为____Pa/s	☐	
5	d_i（m）	计算管段的管道内径为____m	☐	
6	q（L/s）	计算管段消防给水设计流量为____L/s（填入表 4.4.1-1 中的数据）	☐	
7	v（m/s）	计算管段内水的平均流速为____m/s（可由公式 $\frac{q}{1000}=\frac{\pi}{4}d_i^2\cdot v$，求得 $v=\frac{q}{250\pi d_i^2}$）	☐	
8	Re	雷诺数为____	☐	

计算内容输出模板

序号	名称及单位	内容	实施情况	备注
9	ε（m）	当量粗糙度取值为____m（见下表）	☐	

管材名称	当量粗糙度 ε（m）	管道粗糙系数 n_ε	海澄-威廉系数 C
球墨铸铁管（内衬水泥）	0.0001	0.011～0.012	130
钢管（旧）	0.0005～0.001	0.014～0.018	100
镀锌钢管	0.00015	0.014	120
铜管、不锈钢管	0.00001	—	140
钢丝网骨架 PE 塑料管	0.00001～0.00003	—	140
涂塑钢管、氯化聚氯乙烯（PVC-C）管			150

表中数据引自《消防给水及消火栓系统技术规范》GB 50974—2014 中表 10.1.2、《自动喷水灭火系统设计规范》GB 50084—2017 中表 9.2.2

序号	名称及单位	内容	实施情况	备注
10	λ	沿程损失阻力系数为____	☐	
11	n_ε	管道粗糙系数为____（填入本表计算内容输出模板序号 9 列出的表中数据）	☐	
12	R（m）	水力半径为____m（$R=\frac{d_i}{4}$）	☐	
13	y	系数为____（管道计算时可取 1/6）	☐	
14	C_v	流速系数为____	☐	

计算内容输出模板	序号	名称及单位	内容	实施情况	备注
	15	C	海澄-威廉系数为＿＿＿ （填入本表计算内容输出模板序号 9 列出的表中数据）	□	
	16	i (MPa/m)	管道单位长度沿程水头损失为＿＿＿MPa/m	□	

注：1. $\dfrac{1}{\sqrt{\lambda}} = -2\log\left(\dfrac{2.51}{Re\sqrt{\lambda}} + \dfrac{\varepsilon}{3.71 d_i}\right)$ 被称为科尔布鲁克-怀特（Colebrook-White）公式。1933 年德国科学家尼古拉兹通过实验揭示了 λ 值分为紊流水力光滑区、过渡粗糙区和水力粗糙区三个流区，并结合实验推出了紊流水力光滑区和粗糙区的半经验公式；英国科学家科尔布鲁克将尼古拉兹研究的两个公式结合后，于 1939 年 2 月在伦敦出版的《土木工程师学会期刊》（第 11 卷第 4 期）发表论文，正式提出了紊流过渡粗糙区的计算公式，即科尔布鲁克-怀特公式。其后应用发现，该公式计算结果最精确，并适用于紊流各流区，后人均以此作为沿程损失阻力系数的经典计算公式。1944 年美国工程师穆迪（Lewis Ferry Moody）绘制了穆迪图（Moody chart）供查用，虽然方便，但穆迪图比例小，目估内插时，结果并不精确。科尔布鲁克-怀特公式可以通过迭代法或试算法求得，对于一般管道初值的简化计算时，λ 值可取 0.02～0.03。

2. $C_v = \dfrac{1}{n_\varepsilon} R^y$ 被称为巴普洛夫斯基公式（1925 年），其中 R^y 的 y 值有简化算法，当采用近似计算方式时，$R < 1.0\text{m}$ 时，$y \approx 1.5\sqrt{n_\varepsilon}$；$R > 1.0$ m 时，$y \approx 1.3\sqrt{n_\varepsilon}$；用于管道计算，当 $n_\varepsilon < 0.02$ 时，y 值可取 1/6，即为 $C_v = \dfrac{1}{n_\varepsilon} R^{\frac{1}{6}}$，此为常用的曼宁公式。

3. 当需要计算不同管径、流量的管道单位长度沿程水头损失时，应按本表格式逐一计算顺序列出；复杂项目估算时，可以简化计算过程，宜按计算管段中管径最大或管线最长的规格作为估算参数。

4. 消防给水管道的设计流速不宜大于 2.5m/s，但不应大于 7m/s；自动喷水灭火系统管道设计流速，应符合现行国家标准《自动喷水灭火系统设计规范》GB 50084、《泡沫灭火系统设计规范》GB 50151、《水喷雾灭火系统设计规范》GB 50219 和《固定消防炮灭火系统设计规范》GB 50338 的有关规定，宜采用经济流速，必要时可超过 5m/s，但不应大于 10m/s。

5. 《自动喷水灭火系统设计规范》GB 50084—2017 第 9.2.2 条引用的计算公式 $i = 6.05 \times 10^{-7}\dfrac{q^{1.85}}{C^{1.85} d_i^{4.87}}$ 与本表计算公式及取值序号 3 的计算公式为同一个公式，仅因两者取值时的量纲不同而导致表达式不一致。采用该式计算时，可见表 4.4.10-1。

4.4.3　消防水泵的设计扬程和流量以及消防给水所需要的设计压力计算

消防水泵的设计扬程和流量以及消防给水所需要的设计压力计算表　表 4.4.3-1

名称	序号	内容		实施情况	备注
计算公式及取值	1	消防水泵或消防给水系统设计扬程（设计压力）计算公式	$P = k_2(\sum P_f + \sum P_p) + 0.01H + P_0 - h_c$	□	
	2	管道沿程水头损失计算公式	$P_f = iL$	□	
	3	管道局部水头损失计算公式	$P_p = iL_p$	□	
	P	消防水泵或消防给水系统所需要的设计扬程或设计压力（MPa）		□	
	P_f	管道沿程水头损失（MPa）		□	
	P_p	管件和阀门等局部水头损失（MPa）		□	
	P_0	最不利点水灭火设施所需的设计压力（MPa）		□	
	h_c	从城市市政管网直接抽水时城市管网的最低水压（MPa）		□	

名称			内容	实施情况	备注
计算公式及取值	H		当消防水泵从消防水池吸水时，H 为最低有效水位至最不利水灭火设施的几何高差；当消防水泵从市政给水管网直接吸水时，H 为火灾时市政给水管网在消防水泵入口处的设计压力值的高程至最不利水灭火设施的几何高差（m）	☐	
	k_2		安全系数，宜根据管道的复杂程度和不可预见发生的管道变更所带来的不确定性选择	☐	
	i		管道单位长度沿程水头损失（MPa/m）	☐	
	L		管道直线段的长度（m）	☐	
	L_p		管件和阀门等当量长度（m）	☐	
	q		消防水泵的流量（L/s）	☐	

	序号	名称及单位	内容	实施情况	备注
计算内容输出模板	1	i（MPa/m）	管道单位长度沿程水头损失为____MPa/m （填入表 4.4.2 的计算结果）	☐	
	2	L（m）	管道直线段的长度为____m	☐	
	3	P_f（MPa）	管道沿程水头损失为____MPa	☐	
	4	L_p（m）	管件和阀门等当量长度取值为____m （应根据表 4.4.3-2 中的数据，经计算汇总后填入，计算方式参见表 4.1.6-3）	☐	
	5	P_p（MPa）	管件和阀门等局部水头损失为____MPa （当资料不全时，局部水头损失可按管道沿程水头损失的 10%～30% 估算，消防给水干管和室内消火栓可按 10%～20% 计，自动喷水等支管较多时可按 30% 计）	☐	
	6	k_2	安全系数取值为____（取值范围为 1.20～1.40 ）	☐	
	7	H（m）	当消防水泵从消防水池吸水时，H 为最低有效水位至最不利水灭火设施的几何高差，为____m	☐	
			当消防水泵从市政给水管网直接吸水时，H 为火灾时市政给水管网在消防水泵入口处的设计压力值的高程至最不利水灭火设施的几何高差，为____m	☐	
	8	P_0（MPa）	最不利点水灭火设施所需的设计压力为____MPa （需按设计系统分别选用）	☐	
	9	$\sum P_f$	不同管径及流量的管道沿程水头损失合计为____MPa （当有不同管径、不同流量的管段时，应按本表计算内容输出模板序号 1～3 的计算方式，逐一计算后，将合计数据填入）	☐	
	10	$\sum P_p$	不同管径及流量的管件和阀门等局部水头损失合计为____MPa （当有不同管径、不同流量的管段时，应按本表计算内容输出模板序号 1、4、5 的计算方式，逐一计算后，将合计数据填入）	☐	
	11	h_c（MPa）	从消防水池吸水时，h_c 取 0.00MPa	☐	
			从城市市政管网直接抽水时，h_c 取____MPa （上海部分地区可按 0.1MPa 估算）	☐	

	序号	名称及单位	内容	实施情况	备注
计算内容输出模板	12	P（MPa）	消防水泵所需要的设计扬程为____MPa	☐	
			消防给水系统所需要的设计压力为____MPa	☐	
	13	q（L/s）	____消防水泵的流量为____L/s （填入表 4.4.1-1 计算内容输出模板序号 5 中的数据）	☐	
	14		____消防泵组设计参数为：$Q=$____（☐m³/h　☐L/s），$H=$____m；选用水泵____台，____用____备； 单台水泵参数：$Q=$____（☐m³/h　☐L/s），$H=$____m，功率____kW，效率____%，转速____r/min	☐	

注：1. 计算消防水泵设计扬程时，应以水泵出水管管径及流量作为计算参数。

2. 计算不同类型的消防水泵，如室内消火栓水泵、喷淋水泵等时，应按本表格式逐一计算顺序列出。

3. 估算局部水头损失时，水泵房水头损失参考值可取 0.05MPa，倒流防止器水头损失应按产品测试参数确定，比例式减压阀可按阀后静水压力的 10%～20% 计。计算喷淋水泵时，报警阀的局部水头损失应按照产品样本或检测数据确定；当无上述数据时，湿式报警阀取值 0.04MPa、干式报警阀取值 0.02MPa、预作用装置取值 0.08MPa、雨淋报警阀取值 0.07MPa、水流指示器取值 0.02MPa。

消防给水系统管件和阀门当量长度表（m）　　　　表 4.4.3-2

管件名称	管件直径（mm）											
	DN25	DN32	DN40	DN50	DN65	DN80	DN100	DN125	DN150	DN200	DN250	DN300
45°弯头	0.3	0.3	0.6	0.6	0.9	0.9	1.2	1.5	2.1	2.7	3.3	4.0
90°弯头	0.6	0.9	1.2	1.5	1.8	2.1	3.0	3.7	4.3	5.5	5.5	8.2
90°长弯管	0.6	0.6	0.6	0.9	1.2	1.5	1.8	2.4	2.7	—	—	—
三通四通（侧向）	1.5	1.8	2.4	3.0	3.7	4.6	6.1	7.6	9.1	10.7	15.3	18.3
蝶阀	—	—	—	1.8	2.1	3.1	3.7	2.7	3.1	3.7	5.8	6.4
闸阀	—	—	0.3	0.3	0.3	0.4	0.6	0.6	0.9	1.2	1.5	1.8
止回阀	1.5	2.1	2.7	3.4	4.3	4.9	6.7	8.2	9.3	13.7	16.8	19.8
异径接头	DN32/ DN25	DN40/ DN32	DN50/ DN40	DN65/ DN50	DN80/ DN65	DN100/ DN80	DN125/ DN100	DN150/ DN125	DN200/ DN150	—	—	—
	0.2	0.3	0.3	0.5	0.6	0.8	1.1	1.3	1.6			
U 型过滤器	12.3	15.4	18.5	24.5	30.8	36.8	49.0	61.2	73.5	98.0	122.5	—
Y 型过滤器	11.2	14.0	16.8	22.4	28.0	33.6	46.2	57.4	68.6	91.0	113.4	—

注：1. 表中数据引自《消防给水及消火栓系统技术规范》GB 50974—2014 中表 10.1.6-1 以及《自动喷水灭火系统设计规范》GB 50084—2017 中附录 C。两表中 90°弯头（DN100）、三通四通（侧向）（DN50、DN150）以及止回阀（DN125、DN150）几处有细微偏差，本表按《自动喷水灭火系统设计规范》GB 50084—2017 的数值填入。

2. 当异径接头的出口直径不变而入口直径提高 1 级时，其当量长度应增加 0.5 倍；提高 2 级或 2 级以上时，其当量长度应增加 1.0 倍。

3. 表中当量长度是在海澄-威廉系数 $C=120$ 的条件下测得的，当选择的管材不同时，当量长度应根据下列系数作调整：$C=100$，$k_1=0.713$；$C=120$，$k_1=1.0$；$C=130$，$k_1=1.16$；$C=140$，$k_1=1.33$；$C=150$，$k_1=1.51$。

4. 表中过滤器当量长度的取值，由生产厂家提供。

5. 表中没有提供管件和阀门当量长度时，可按表 4.4.3-3 中的参数经计算确定。

6. 当采用铜管或不锈钢管时，当量长度应乘以系数 1.33；当采用涂覆钢管、氯化聚氯乙烯（PVC-C）管时，当量长度应乘以系数 1.51。

各种管件和阀门的当量长度折算系数表 表 4.4.3-3

管件或阀门名称	45°弯头	90°弯头	三通四通	蝶阀	闸阀	止回阀	异径弯头	U型过滤器	Y型过滤器
折算系数（L_p/d_i）	16	30	60	30	13	70~140	10	500	410

注：表中数据引自《消防给水及消火栓系统技术规范》GB 50974—2014 中表 10.1.6-2。

4.4.4 消防管道某点处压力计算

消防管道某点处压力计算表 表 4.4.4

名称	序号	内容	实施情况	备注
计算公式及取值	1	管道某一点处压力计算公式 $P_n = P_t - P_v = P - \Delta H - k_2 \cdot (P_f + P_p) - P_v$	☐	
	2	管道速度压力计算公式 $P_v = 8.11 \times 10^{-10} \dfrac{q^2}{d_i^4}$	☐	
	P_n	管道某一点处压力（MPa）	☐	
	P_v	管道速度压力（MPa）	☐	
	P_t	管道某一点处总压力（MPa）	☐	
	P	消防水泵设计扬程（MPa）	☐	
	k_2	安全系数取值	☐	
	P_f	管道沿程水头损失（MPa）	☐	
	P_p	管件和阀门等局部水头损失（MPa）	☐	
	ΔH	该点管道处和消防水泵位置的几何高差（MPa）	☐	
	q	计算管段消防给水设计流量（L/s）	☐	
	d_i	管道的内径（m）	☐	

名称	序号	名称及单位	内容	实施情况	备注
计算内容输出模板	1	d_i（m）	管道的内径为___m	☐	
	2	q（L/s）	计算管段消防给水设计流量为___L/s	☐	
	3	P_v（MPa）	管道速度压力为___MPa	☐	
	4	P_f（MPa）	管道沿程水头损失为___MPa（填入表4.4.3-1的计算结果）	☐	
	5	P_p（MPa）	管件和阀门等局部水头损失为___MPa（填入表4.4.3-1的计算结果）	☐	
	6	k_2	安全系数取值为___（取值范围为1.20~1.40）	☐	
	7	ΔH（MPa）	该点管道处和消防水泵位置的几何高差为___MPa	☐	
	8	P（MPa）	消防水泵设计扬程为___MPa（填入表4.4.3-1的计算结果）	☐	
	9	P_n（MPa）	管道某一点处压力为___MPa	☐	

4.4.5　室外最不利点消火栓压力计算

室外最不利点消火栓压力计算表　　　　　　　　表 4.4.5

名称		内容		实施情况	备注
计算公式及取值	室外最不利点消火栓压力计算公式	$P_{消火栓} = P_{市政} - 0.01 \times H - k_2 \cdot (P_f + P_p)$		□	
	$P_{消火栓}$	地面算起的最不利点供水压力（MPa）		□	
	$P_{市政}$	市政进水压力（MPa）		□	
	H	市政进水管与室外最不利点消火栓所在位置室外地面的几何高差（m）		□	
	P_f	管道沿程水头损失（MPa）		□	
	P_p	管道和阀门等局部水头损失（MPa）		□	
	k_2	安全系数		□	

计算	序号	名称及单位	内容	实施情况	备注
计算内容输出模板	1	$P_{市政}$（MPa）	市政进水压力为___MPa （坡地时，应考虑坡降对市政进水压力的影响）	□	
	2	H（m）	市政进水管与室外最不利点消火栓所在位置室外地面的几何高差为___m	□	
	3	k_2	安全系数取值为___（取值范围为 1.20～1.40）	□	
	4	P_f（MPa）	管道沿程水头损失为___MPa （按表 4.4.2 计算公式及取值序号 3 的公式可计算出管道单位长度的沿程水头损失，乘以计算管段的管道长度后，即可求得）	□	
	5	P_p（MPa）	管道和阀门等局部水头损失为___MPa （可按管道沿程水头损失的 10%～20% 计，设有倒流防止器时应单独计算，建议采用低阻力倒流防止器，其水头损失应按产品测试参数确定）	□	
	6	$P_{消火栓}$（MPa）	地面算起的最不利点供水压力为___MPa	□	

4.4.6　消防给水系统水泵启停压力计算

消防给水系统水泵启停压力计算表（稳压泵设于高位）　　　　　　表 4.4.6-1

名称	序号	内容		实施情况	备注
计算公式及取值	1	稳压泵启泵压力计算公式	$P_1 > P_{静压} + 0.07 - 0.01 H_1$	□	本处需同时满足
			$P_1 \geqslant 0.01(H_2 + 7)$	□	
	2	稳压泵停泵压力计算公式	$P_2 = P_1/0.80$	□	本处需同时满足
			$P_2 \geqslant P_1 + (0.07 \sim 0.10)$	□	
	3	消防给水系统主泵启泵压力计算公式	$P = P_1 + 0.01(H_1 + H - 7)$	□	
	P_1	稳压泵启泵压力（MPa）		□	
	$P_{静压}$	最不利点最低静压力（MPa）		□	
	H_1	高位消防水箱最低水位与最不利点处水灭火设施之间的高差（m）		□	

续表

名称		内容	实施情况	备注
计算公式及取值	H_2	高位消防水箱的有效水深（m）	☐	
	P_2	稳压泵停泵压力（MPa）	☐	
	P	消防给水系统主泵启泵压力（MPa）	☐	
	H	消防水池的低水位与最不利点处水灭火设施的高差（m）	☐	

	序号	名称及单位	内容	实施情况	备注
计算内容输出模板	1	$P_{静压}$（MPa）	最不利点最低静压力取值为____MPa 高位消防水箱的设置位置应高于其所服务的水灭火设施，且最低有效水位应满足水灭火设施最不利点处静水压力： 表格： 建筑类型 / 水灭火设施最不利点处静水压力（MPa） 一类高层公共建筑 / ≥0.10 超过100m的超高层公共建筑 / ≥0.15 高层住宅、二类高层公共建筑、多层公共建筑 / ≥0.07 多层住宅 / 不宜低于0.07 工业建筑 / ≥0.10 建筑体积小于20000m³的工业建筑 / 不宜低于0.07 自动喷水灭火系统等自动水灭火系统应根据喷头灭火需求压力确定 / 最小值≥0.10 表中数据引自《消防给水及消火栓系统技术规范》GB 50974—2014 第5.2.2条	☐	
	2	H_1（m）	高位消防水箱最低水位与最不利点处水灭火设施之间的高差为____m	☐	
	3	H_2（m）	高位消防水箱的有效水深为____m	☐	
	4	P_1（MPa）	稳压泵启泵压力为____MPa （应按本表计算公式及取值序号1的两个计算公式结果取值，数值可取同时满足两个公式的最低值）	☐	
	5	P_2（MPa）	稳压泵停泵压力为____MPa （应按本表计算公式及取值序号2的两个计算公式结果取值，数值可取同时满足两个公式的最低值）	☐	
	6	H（m）	消防水池的低水位与最不利点处水灭火设施的高差为____m	☐	
	7	P（MPa）	消防给水系统主泵启泵压力为____MPa	☐	

注：1. 消防给水系统管网的正常泄漏量应根据管道材质、接口形式等确定，当没有管网泄漏量数据时，稳压泵的设计流量宜按消防给水设计流量的1%～3%计，且不宜小于1L/s。

2. 设置稳压泵的临时高压消防给水系统应设置防止稳压泵频繁启停的技术措施，当采用气压水罐时，其调节容积应根据稳压泵启泵次数不大于15次/h计算确定，但有效贮水容积不宜小于150L。

3. 不同消防给水系统配置各自的稳压泵时，应按本表格式逐一计算顺序列出，最常用的包括室内、外消火栓稳压泵以及喷淋稳压泵，室内消防给水系统的稳压泵可设于高位或低位，设计人员应根据项目实际情况进行计算。

4. 当市政给水管网设有市政消火栓时，其平时运行工作压力不应小于0.14MPa，火灾时水力最不利市政消火栓的出流量不应小于15L/s，且供水压力从地面算起不应小于0.10MPa。

消防给水系统水泵启停压力计算表（稳压泵设于低位）　　表 4.4.6-2

名称	序号	内容		实施情况	备注
计算公式及取值	1	稳压泵启泵压力计算公式	$P_1 > 0.01(H+15)$	☐	本处需同时满足
			$P_1 \geqslant 0.01(H_1+10)$	☐	
	2	稳压泵停泵压力计算公式	$P_2 = P_1/0.85$	☐	本处需同时满足
			$P_2 \geqslant P_1 + (0.07 \sim 0.10)$	☐	
	3	消防给水系统主泵启泵压力计算公式	$P = P_1 - (0.07 \sim 0.10)$	☐	
	P_1	稳压泵启泵压力（MPa）		☐	
	H	消防水池的低水位与最不利点处水灭火设施的高差（m）		☐	
	H_1	消防水池的低水位与高位消防水箱高水位之间的高差（m）		☐	
	P_2	稳压泵停泵压力（MPa）		☐	
	P	消防给水系统主泵启泵压力（MPa）		☐	

名称	序号	名称及单位	内容	实施情况	备注
计算内容输出模板	1	H（m）	消防水池的低水位与最不利点处水灭火设施的高差为＿＿＿m	☐	
	2	H_1（m）	消防水池的低水位与高位消防水箱高水位之间的高差为＿＿＿m	☐	
	3	P_1（MPa）	稳压泵启泵压力为＿＿＿MPa（应按本表计算公式及取值序号1的两个计算公式结果取值，数值可取同时满足两个公式的最低值）	☐	
	4	P_2（MPa）	稳压泵停泵压力为＿＿＿MPa（应按本表计算公式及取值序号2的两个计算公式结果取值，数值可取同时满足两个公式的最低值）	☐	
	5	P（MPa）	＿＿＿（消防给水系统）主泵启泵压力为＿＿＿MPa	☐	

注：稳压泵设于低位时，如果仍然从高位消防水箱吸水，仍应按本表公式计算，但稳压泵壳的承压能力应不小于停泵压力 P_2 的 1.5 倍。

4.4.7　自动跟踪定位射流灭火系统设计计算

自动跟踪定位射流灭火系统设计流量计算表　　表 4.4.7-1

名称	序号	内容		实施情况	备注
计算公式及取值	1	单台灭火装置的设计流量计算公式	$q = q_0 \cdot \sqrt{\dfrac{P_e}{P_0}}$	☐	
	2	系统设计流量计算公式	$Q = \sum\limits_{n=1}^{N} q_n$	☐	
	q	单台灭火装置的设计流量（L/s）		☐	
	q_0	灭火装置的额定流量（L/s）		☐	
	P_e	灭火装置的设计工作压力（MPa）		☐	
	P_0	灭火装置的额定工作压力（MPa）		☐	
	Q	系统的设计流量（L/s）		☐	
	N	灭火装置的设计同时开启数量（台）		☐	
	q_n	第 n 个灭火装置的设计流量（L/s）		☐	

序号	名称及单位	内容		实施情况	备注
1	q_0 (L/s)	灭火装置的额定流量为____L/s（填入表4.4.7-2中的数据）		☐	
2	P_e (MPa)	灭火装置的设计工作压力为____MPa		☐	
3	P_0 (MPa)	灭火装置的额定工作压力为____MPa（填入表4.4.7-2中的数据）		☐	
4	q (L/s)	单台灭火装置的设计流量为____L/s		☐	
5	N (台)	灭火装置的设计同时开启数量为____台（自动消防炮灭火系统和喷射型自动射流灭火系统灭火装置的设计同时开启数量应按2台确定）		☐	见注1

喷洒型自动射流灭火系统灭火装置的设计同时开启数量为____台

保护场所的火灾危险等级		灭火装置的流量规格（L/s）	
		5	10
轻危险级		$4 \leqslant N \leqslant 6$	$N=2$ 或 $N=3$
中危险级	Ⅰ级	$6 \leqslant N \leqslant 9$	$3 \leqslant N \leqslant 5$
	Ⅱ级	$8 \leqslant N \leqslant 12$	$4 \leqslant N \leqslant 6$

表中数据引自《自动跟踪定位射流灭火系统技术标准》GB 51427—2021中表4.2.6

序号	名称及单位	内容		实施情况	备注
6	Q (L/s)	系统的设计流量为____L/s（同一系统中设置的灭火装置规格一致时，q_n 即为 q ）		☐	

（计算内容输出模板）

注：1. 当喷洒型自动射流灭火系统最大保护区的面积不大于300m²时，灭火装置的开启数量可按最大保护区面积对应的全部灭火装置数量确定。

2. 自动跟踪定位射流灭火系统包括自动消防炮灭火系统、喷射型自动射流灭火系统以及喷洒型自动射流灭火系统三种；项目中如有多个系统时，应按本表格式逐一计算顺序列出。

自动跟踪定位射流灭火系统灭火装置的性能参数表 表4.4.7-2

灭火装置类型	额定流量（L/s）	额定工作压力上限（MPa）	额定工作压力时的最大保护半径（m）	定位时间（s）	最小安装高度（m）	最大安装高度（m）
自动消防炮	20	1.0	42	≤60	8	35
	30		50			
	40		52			
	50		55			
喷射型自动射流灭火装置	5	0.8	20	≤30	8	20
	10		28			25
喷洒型自动射流灭火装置	5	0.6	6	≤30		25
	10		7			

注：表中数据引自《自动跟踪定位射流灭火系统技术标准》GB 51427—2021中表4.3.2-1、表4.3.2-2、表4.3.2-3。

自动跟踪定位射流灭火系统管道总水头损失计算表　　　　表 4.4.7-3

名称	序号	内容		实施情况	备注
计算公式及取值	1	管道总水头损失计算公式	$\sum h = h_1 + h_2$	☐	
	2	沿程水头损失计算公式	$h_1 = iL$	☐	
	3	局部水头损失计算公式	$h_2 = 0.01 \sum \zeta \dfrac{v^2}{2g}$	☐	
	4	管道内的平均流速计算公式	$v = 0.004 \dfrac{q_g}{\pi d_j^2}$	☐	
	5	管道单位长度的沿程水头损失计算公式	$i = 2.966 \times 10^{-7} \left(\dfrac{q_g^{1.852}}{C_h^{1.852} d_j^{4.87}} \right)$	☐	
	$\sum h$	水泵出口至最不利点灭火装置进口的管道总水头损失（MPa）		☐	
	h_1	沿程水头损失（MPa）		☐	
	h_2	局部水头损失（MPa）		☐	
	i	单位长度管道的沿程水头损失（MPa/m）		☐	
	L	计算管道长度（m）		☐	
	ζ	局部阻力系数		☐	
	v	管道内的平均流速（m/s）		☐	
	g	重力加速度（m/s²）		☐	
	q_g	管道设计流量（L/s）		☐	
	d_j	管道的计算内径（m）		☐	
	C_h	海澄-威廉系数		☐	

名称	序号	名称及单位	内容	实施情况	备注
计算内容输出模板	1	q_g（L/s）	管道设计流量为＿＿＿L/s	☐	
	2	d_j（m）	管道的计算内径为＿＿＿m （取值按管道内径 d 减少 1mm 确定）	☐	
	3	C_h	海澄-威廉系数取值为＿＿＿ <table><tr><td>管道类型</td><td>C_h 值</td></tr><tr><td>镀锌钢管</td><td>120</td></tr><tr><td>铜管、不锈钢管</td><td>140</td></tr><tr><td>涂覆钢管、氯化聚氯乙烯（PVC-C）管</td><td>130</td></tr></table>表中数据引自《自动跟踪定位射流灭火系统技术标准》GB 51427—2021 中表 4.6.5	☐	
	4	i（MPa/m）	管道单位长度的沿程水头损失为＿＿＿MPa/m	☐	
	5	L（m）	计算管道长度为＿＿＿m	☐	
	6	h_1（MPa）	沿程水头损失为＿＿＿MPa	☐	
	7	v（m/s）	管道内的平均流速为＿＿＿m/s	☐	
	8	ζ	局部阻力系数为＿＿＿（应由实验测定）	☐	
	9	g（m/s²）	重力加速度为 9.8m/s²	☐	
	10	h_2（MPa）	局部水头损失为＿＿＿MPa （当资料不全时，可直接按管道沿程水头损失的 10%～20% 计）	☐	
	11	$\sum h$（MPa）	水泵出口至最不利点灭火装置进口的管道总水头损失为＿＿＿MPa	☐	

自动跟踪定位射流灭火系统水泵或消防给水设计压力计算表　　　　表 4.4.7-4

名称	内容		实施情况	备注
计算公式及取值	消防水泵或消防给水系统所需要的设计压力计算公式	$P = 0.01Z + \sum h + P_e - h_c$	☐	
	P	消防水泵或消防给水系统所需要的设计压力（MPa）	☐	
	Z	最不利点处灭火装置进口与消防水池最低水位或系统供水入口管水平中心线之间的高程差（m）	☐	
	$\sum h$	水泵出口至最不利点灭火装置进口的管道总水头损失（MPa）	☐	
	P_e	灭火装置的设计工作压力（MPa）	☐	
	h_c	消防水泵从城市市政管网直接抽水时市政管网的最低水压（MPa）	☐	

名称	序号	名称及单位	内容	实施情况	备注
计算内容输出模板	1	Z（m）	最不利点处灭火装置进口与消防水池最低水位或系统供水入口管水平中心线之间的高程差为____m	☐	
	2	$\sum h$（MPa）	管道总水头损失为____MPa（填入表 4.4.7-3 中的计算结果）	☐	
	3	P_e（MPa）	灭火装置的设计工作压力为____MPa	☐	
	4	h_c（MPa）	消防水泵从城市市政管网直接抽水时市政管网的最低水压为____MPa	☐	
	5	P（MPa）	消防水泵或消防给水系统所需要的设计压力为____MPa	☐	

注：结合本表以及表 4.4.7-1 中的数据，即可选择水泵的设计参数。

4.4.8　消防水灭火系统减压计算

消火栓灭火系统减压计算表　　　　表 4.4.8-1

名称	序号	内容		实施情况	备注
计算公式及取值	1	消火栓系统减压孔板的水头损失计算公式	$H_k = 0.01 \, \xi_1 \dfrac{V_k^2}{2g}$	☐	
	2	消火栓系统减压孔板的局部阻力系数计算公式	$\xi_1 = \left\{ 1.75 \dfrac{d_i^2}{d_k^2} \cdot \dfrac{1.1 - \dfrac{d_k^2}{d_i^2}}{1.175 - \dfrac{d_k^2}{d_i^2}} - 1 \right\}^2$	☐	
	3	消火栓系统节流管的水头损失计算公式	$H_g = 0.01 \, \xi_2 \dfrac{V_g^2}{2g} + 0.0000107 \dfrac{V_g^2}{d_g^{1.3}} L_j$	☐	
	H_k	减压孔板的水头损失（MPa）		☐	
	V_k	减压孔板后管道内水的平均流速（m/s）		☐	
	g	重力加速度（m/s²）		☐	
	ξ_1	减压孔板的局部阻力系数		☐	
	d_k	减压孔板孔口的计算内径（m）		☐	
	d_i	管道的内径（m）		☐	

续表

名称		内容	实施情况	备注
计算公式及取值	H_g	节流管的水头损失（MPa）	☐	
	ξ_2	节流管中渐缩管与渐扩管的局部阻力系数之和	☐	
	V_g	节流管内水的平均流速（m/s）	☐	
	d_g	节流管的计算内径，取值应按节流管内径减 1mm 确定（m）	☐	
	L_j	节流管的长度（m）	☐	

	序号	名称及单位	内容	实施情况	备注
计算内容输出模板	1	d_i (m)	计算管段管道的内径为＿＿m	☐	
	2	d_k (m)	减压孔板孔口的计算内径为＿＿m（取值应按减压孔板孔口直径减 1mm 确定）	☐	
	3	d_k/d_i	计算比值为＿＿	☐	
	4	ξ_1	减压孔板的局部阻力系数为＿＿ 也可按下表取值： 表中数据引自《消防给水及消火栓系统技术规范》GB 50974—2014 中表 10.3.3	☐	
	5	g (m/s²)	重力加速度为 9.8m/s²	☐	
	6	q (L/s)	计算管段消防给水设计流量为＿＿L/s	☐	
	7	V_k (m/s)	减压孔板后管道内水的平均流速为＿＿m/s（可由公式 $V_k=\dfrac{q}{250\pi d_i^2}$ 求得）	☐	
	8	H_k (MPa)	减压孔板的水头损失为＿＿MPa	☐	
	9	d_g (m)	节流管的计算内径为＿＿m（取值应按节流管内径减 1mm 确定）	☐	详见本表注 2
	10	V_g (m/s)	节流管内水的平均流速为＿＿m/s（可由公式 $V_g=\dfrac{q}{250\pi d_g^2}$ 求得）	☐	
	11	ξ_2	局部阻力系数之和，取值 0.7	☐	
	12	L_j (m)	节流管的长度为＿＿m（由产品技术参数确定，可取 1m）	☐	详见本表注 2
	13	H_g (MPa)	节流管的水头损失为＿＿MPa	☐	

序号4表格：

d_k/d_i	0.3	0.4	0.5	0.6	0.7	0.8
ξ_1	292	83.3	29.5	11.7	4.75	1.83

注：1. 减压孔板应设置在直径不小于 50mm 的水平直管段上，前后管段的长度均不宜小于该管段直径的 5 倍；孔口直径不应小于设置管段直径的 30%，且不应小于 20mm；应采用不锈钢板制作，按常规确定的孔板厚度为：$\phi50\sim\phi80$mm 时，$\delta=3$mm；$\phi100\sim\phi150$mm 时，$\delta=6$mm；$\phi200$mm 时，$\delta=9$mm。
2. 节流管的直径宜按上游管段直径的 1/2 确定，长度不宜小于 1m，节流管内水的平均流速不应大于 20m/s。
3. 减压阀的水头损失计算时，应根据产品技术参数确定；当无资料时，减压阀前后静压与动压差按不小于 0.10MPa 计算；减压阀串联减压时，应计算第一级减压阀的水头损失对第二级减压阀出水动压的影响。

喷淋灭火系统减压计算表

表 4.4.8-2

名称	序号	内容		实施情况	备注
计算公式及取值	1	喷淋系统减压孔板的水头损失计算公式	$H_k = 0.01 \xi_1 \dfrac{V_k^2}{2g}$	☐	
	2	喷淋系统减压孔板的局部阻力系数计算公式	$\xi_1 = \left\{ 1.75 \dfrac{d_i^2}{d_k^2} \cdot \dfrac{1.1 - \frac{d_k^2}{d_i^2}}{1.175 - \frac{d_k^2}{d_i^2}} - 1 \right\}^2$	☐	详见本表注1
	3	喷淋系统节流管的水头损失计算公式	$H_g = 0.01 \xi_2 \dfrac{V_g^2}{2g} + 0.0000107 \dfrac{V_g^2}{d_g^{1.3}} L$	☐	
	H_k	减压孔板的水头损失（MPa）		☐	
	H_g	节流管的水头损失（MPa）		☐	
	V_k	减压孔板后管道内水的平均流速（m/s）		☐	
	g	重力加速度（m/s²）		☐	
	ξ_1	减压孔板的局部阻力系数		☐	
	d_k	减压孔板孔口的计算内径（m）		☐	
	d_j	管道的内径（m）		☐	
	ξ_2	节流管中渐缩管与渐扩管的局部阻力系数之和		☐	
	V_g	节流管内水的平均流速（m/s）		☐	
	d_g	节流管的计算内径，取值应按节流管内径减1mm确定（m）		☐	
	L	节流管的长度（m）		☐	

名称	序号	名称及单位	内容						实施情况	备注
计算内容输出模板	1	q（L/s）	计算管段消防给水设计流量为＿＿L/s						☐	
	2	d_j（m）	计算管段管道的内径为＿＿m						☐	
	3	d_k（m）	减压孔板孔口的计算内径为＿＿m （取值应按减压孔板孔口直径减1mm确定）						☐	
	4	d_k/d_j	计算比值为＿＿						☐	
	5	ξ_1	减压孔板的局部阻力系数为＿＿ 也可按下表取值：						☐	
			d_k/d_j	0.3	0.4	0.5	0.6	0.7	0.8	
			ξ_1	292	83.3	29.5	11.7	4.75	1.83	
			表中数据引自《自动喷水灭火系统设计规范》GB 50084—2017 中附录D							
	6	V_k（m/s）	减压孔板后管道内水的平均流速为＿＿m/s （可由公式 $V_k = \dfrac{q}{250\pi d_j^2}$ 求得）						☐	
	7	g（m/s²）	重力加速度为9.8m/s²						☐	
	8	H_k（MPa）	减压孔板的水头损失为＿＿MPa						☐	

	序号	名称及单位	内容	实施情况	备注
计算内容输出模板	9	d_g (m)	节流管的计算内径为___m` （取值应按节流管内径减 1mm 确定）	□	详见本表注 3
	10	V_g (m/s)	节流管内水的平均流速为___m/s （可由公式 $V_g = \dfrac{q}{250\pi\, d_g^2}$ 求得）	□	
	11	L (m)	节流管的长度为___m（由产品技术参数确定，可取 1m）	□	详见本表注 3
	12	ξ	局部阻力系数之和，取值 0.7	□	
	13	H_g (MPa)	节流管的水头损失为___MPa	□	

注：1. 减压孔板的局部阻力系数计算公式引自《自动喷水灭火系统设计规范》GB 50084—2017 中附录 D。

2. 减压孔板应设置在直径不小于 50mm 的水平直管段上，前后管段的长度均不宜小于该管段直径的 5 倍；孔口直径不应小于设置管段直径的 30%，且不应小于 20mm；应采用不锈钢板制作，按常规确定的孔板厚度为：$\phi50\sim\phi80$mm 时，$\delta=3$mm；$\phi100\sim\phi150$mm 时，$\delta=6$mm；$\phi200$mm 时，$\delta=9$mm。

3. 节流管的直径宜按上游管段直径的 1/2 确定，长度不宜小于 1m，节流管内水的平均流速不应大于 20m/s。

4. 减压阀的水头损失计算时，应根据产品技术参数确定；当无资料时，减压阀前后静压与动压差应按不小于 0.10MPa 计算。

4.4.9　消防水泵停泵水锤压力计算

消防水泵停泵水锤压力计算表　　　　表 4.4.9

名称	序号	内容		实施情况	备注
计算公式及取值	1	水锤最大压力计算公式	$\Delta p = \rho c v$	□	
	2	水击波的传播速度计算公式	$c = \dfrac{c_0}{\sqrt{1 + \dfrac{K}{E}\dfrac{d_i}{\delta}}}$	□	
	Δp	水锤最大压力（Pa）		□	
	ρ	水的密度（kg/m³）		□	
	c	水击波的传播速度（m/s）		□	
	v	管道中水流速度（m/s）		□	
	c_0	水中声波的传播速度（m/s）		□	
	K	水的体积弹性模量（Pa），宜取 $K=2.1\times10^9$Pa		□	
	E	管道的材料弹性模量（Pa）		□	
	d_i	管道的公称直径（mm）		□	
	δ	管道壁厚（mm）		□	

	序号	名称及单位	内容	实施情况	备注
计算内容输出模板	1	c_0 (m/s)	水中声波的传播速度为___m/s 宜取 $c_0=1435$m/s（压强 0.10～2.50MPa，水温 10℃）	□	
	2	K (Pa)	水的体积弹性模量为___Pa（宜取 $K=2.1\times10^9$Pa）	□	
	3	E (Pa)	管道的材料弹性模量取值为___Pa （钢管 $E=20.6\times10^{10}$Pa，铸铁管 $E=9.8\times10^{10}$Pa，钢丝网骨架塑料（PE）复合管 $E=6.5\times10^{10}$Pa）	□	

	序号	名称及单位	内容	实施情况	备注
计算内容输出模板	4	d_i(mm)	管道的公称直径为___mm	☐	
	5	δ(mm)	管道壁厚为___mm	☐	
	6	c(m/s)	水击波的传播速度为___m/s	☐	
	7	ρ(kg/m³)	水的密度为___kg/m³ （填入表 4.3.1-3 中的数据，温度可按 10℃计，该表中数据单位为 kg/L，需乘以 1000 换算为 kg/m³后代入公式）	☐	
	8	v(m/s)	管道中水流速度为___m/s （可由公式 $v = \dfrac{q}{250\pi d^2}$ 求得，q 为计算管段设计流量，单位应换算为 m³/s，d 为管道内径，单位应换算为 m）	☐	
	9	Δp(Pa)	水锤最大压力为___Pa	☐	

注：不同消防给水系统水泵的停泵水锤压力应按本表格式逐一计算顺序列出。

4.4.10 自动喷水灭火系统水力计算

自动喷水灭火系统设计流量计算表　　　　　表 4.4.10-1

名称	序号	内容		实施情况	备注
计算公式及取值	1	喷头流量计算公式	$q = K\sqrt{10P}$	☐	
	2	第 i 个喷头节点处的喷头流量计算公式	$q_i = K\sqrt{10P_i}$	☐	
	3	管道单位长度沿程水头损失计算公式	$i = 6.05 \cdot 10^{-7}\left(\dfrac{q^{1.85}}{C^{1.85} d_i^{4.87}}\right)$	☐	
	4	第 i 个喷头节点处的工作压力计算公式	$P_i = P_{i-1} + 0.001 k_2(iL + iL_p) + 0.01H$	☐	
	5	自动喷水灭火系统设计流量计算公式	$Q_i = \dfrac{1}{60}\sum_{i=1}^{n} q_i$	☐	
	q	最不利点处喷头流量（L/min）		☐	
	q_i	最不利点处作用面积内第 i 个喷头节点处的喷头流量（L/min）		☐	
	Q_i	流过第 i 个喷头节点处的系统设计流量（L/s）		☐	
	K	喷头流量系数		☐	
	P	喷头工作压力（MPa）		☐	
	P_i	第 i 个喷头节点处的工作压力（MPa）		☐	
	P_{i-1}	第 $i-1$ 个喷头节点处的工作压力（MPa）		☐	
	k_2	安全系数		☐	
	L	从第 $i-1$ 个喷头节点至第 i 个喷头节点处之间的管段长度（m）		☐	
	L_p	从第 $i-1$ 个喷头节点至第 i 个喷头节点处之间设置的管道配件经折算后的管道当量长度（m）		☐	
	H	从第 $i-1$ 个喷头节点至第 i 个喷头节点处之间高差（m）		☐	
	n	最不利点处作用面积内的洒水喷头数		☐	
	i	管道单位长度沿程水头损失（kPa/m）		☐	
	C	海澄-威廉系数		☐	
	d_i	计算管段的管道直径（mm）		☐	

序号	名称及单位	内容	实施情况	备注

1	K	喷头流量系数为____	☐	
2	P（MPa）	第一个计算喷头工作压力为____MPa （通常按照 0.10MPa 计）	☐	
3	q（L/min）	第一个计算喷头流量为____L/min	☐	

计算内容输出模板

| 4 | C | 海澄-威廉系数取值为____
<table><tr><td>管道类型</td><td>C 值</td></tr><tr><td>镀锌钢管</td><td>120</td></tr><tr><td>铜管、不锈钢管</td><td>140</td></tr><tr><td>涂覆钢管、氯化聚氯乙烯（PVC-C）管</td><td>150</td></tr></table>表中数据引自《自动喷水灭火系统设计规范》GB 50084—2017 中表 9.2.2 | ☐ | |

序号	名称及单位	内容	实施情况	备注
5	d_i（mm）	计算管段的管道直径为____mm 采用标准流量洒水喷头时，可参照下表数据： 公称管径（mm）／控制的喷头数（只）（轻危险级／中危险级） 25 — 1 — 1 32 — 3 — 3 40 — 5 — 4 50 — 10 — 8 65 — 18 — 12 80 — 48 — 32 100 — — — 64 150 — — — >64 表中数据引自《自动喷水灭火系统设计规范》GB 50084—2017 中表 8.0.9	☐	详见本表注
6	i（kPa/m）	管道单位长度沿程水头损失为____kPa/m	☐	
7	L（m）	从第 $i-1$ 个喷头节点至第 i 个喷头节点处之间的管段长度为____m	☐	
8	L_p（m）	从第 $i-1$ 个喷头节点至第 i 个喷头节点处之间设置的管道配件经折算后的管道当量长度为____m （将表 4.4.3-2 中列出的数值，经汇总后填入）	☐	
9	H（m）	从第 $i-1$ 个喷头节点至第 i 个喷头节点处之间高差为____m	☐	
10	k_2	安全系数取值为____（取值范围为 1.20~1.40）	☐	
11	P_i（MPa）	第 i 个喷头节点处的工作压力为____MPa	☐	
12	q_i（L/min）	第 i 个喷头节点处的喷头流量为____L/min	☐	
13	Q_i（L/s）	流过第 i 个喷头节点处的系统设计流量为____L/s （包含该节点处设置的喷头流量）	☐	
14		依次重复计算内容输出模板序号 4~序号 14 的计算步骤，将各计算节点处的 P_i、q_i 及对应该节点处的 Q_i 逐一计算，填入表 4.4.10-2	☐	
15	Q（L/s）	系统设计流量为____L/s （填入计算内容输出模板序号 14 的流量之和）	☐	

注：计算内容输出模板序号 5 列出的表中数据，适用于轻、中危险级场所中配水支管、配水管控制的标准流量洒水喷头数量；管道直径 d_i 也可以通过公式 $d_i = \sqrt{\dfrac{q}{15\pi v}}$（已经过单位换算）求得，流量 q 为计算管段的流量，流速 v 宜采用经济流速，必要时可超过 5m/s，但不应超过 10m/s。项目设计中，如计算管段流速过大，使得计算节点的压力偏高时，宜放大管径。

自动喷水灭火系统管段水力计算汇总表   表 4.4.10-2

管段 名称	管段 流量 $Q_{i-1\sim i}$ (L/min)	起点 压力 P_{i-1} (MPa)	流量 系数 K	起点 流量 q_{i-1} (L/min)	管段 长度 L (m)	当量 长度 L_p (m)	管径 d (mm)	管内径 d_i (mm)	水力 坡降 i (kPa/ m)	流速 v (m/s)	水头 损失 (MPa)	高差 (MPa)	终点 压力 P_i (MPa)
1~2													
……													
$i-1\sim i$													

注：表中水头损失指表 4.4.10-1 计算公式及取值序号 4 公式中 $0.001k_2(iL+iL_p)$ 的计算结果，高差指表 4.4.10-1 计算公式及取值序号 4 公式中 $0.01H$ 的计算结果。

4.4.11　七氟丙烷气体灭火系统设计计算

七氟丙烷气体灭火系统设计计算表   表 4.4.11-1

名称	序号	内容		实施 情况	备注
计算公式及取值	1	防护区灭火设计用量或惰化设计用量计算公式	$W = K\dfrac{V}{S}\dfrac{C_1}{(100-C_1)}$	☐	
	2	灭火剂过热蒸气在 101kPa 大气压和防护区最低环境温度下的质量体积计算公式	$S = 0.1269 + 0.000513 \cdot T$	☐	
	3	防护区泄压口面积计算公式	$F_x = 0.15\dfrac{Q_x}{\sqrt{P_f}}$	☐	
	4	灭火剂在防护区（主干管内）的平均喷放速率计算公式	$Q_x = \dfrac{W}{t}$	☐	
	5	系统灭火剂储存量计算公式	$W_0 = W + \Delta W_1 + \Delta W_2$	☐	
	6	储存容器的数量计算公式	$n = \dfrac{W_0}{w}$	☐	
	W	灭火设计用量或惰化设计用量（kg）		☐	
	W_0	系统灭火剂储存量（kg）		☐	
	C_1	灭火设计浓度或惰化设计浓度（%），灭火设计浓度不应小于灭火浓度的 1.3 倍，惰化设计浓度不应小于惰化浓度的 1.1 倍		☐	
	K	海拔高度修正系数		☐	
	V	防护区净容积（m³）		☐	
	S	灭火剂过热蒸气在 101kPa 大气压和防护区最低环境温度下的质量体积（m³/kg）		☐	
	T	防护区最低环境温度（℃），一般取 20℃，但不应低于 -10℃		☐	
	F_x	泄压口面积（m²）		☐	
	Q_x	灭火剂在防护区（主干管内）的平均喷放速率（kg/s）		☐	
	P_f	围护结构承受内压的允许压强（Pa）		☐	
	t	灭火剂设计喷放时间（s）		☐	
	ΔW_1	储存容器内的灭火剂剩余量（kg）		☐	
	ΔW_2	管道内的灭火剂剩余量（kg）		☐	
	w	单个储存容器储存的灭火剂量（kg）		☐	
	n	储存容器的数量（个）		☐	

续表

<table>
<tr><th></th><th>序号</th><th>名称及单位</th><th>内容</th><th>实施情况</th><th>备注</th></tr>
<tr><td rowspan="11">计算内容输出模板</td><td>1</td><td>T(℃)</td><td>防护区最低环境温度取值为____℃
(当建筑物内设有空调系统时，设计温度应取 20℃，但防护区最低环境温度不应低于−10℃，采用不同的设计温度时，其余设计参数也会有相应的变动)</td><td>□</td><td></td></tr>
<tr><td>2</td><td>S(m^3/kg)</td><td>灭火剂过热蒸气在 101kPa 大气压和防护区最低环境温度下的质量体积为____m^3/kg(20℃时，S=0.13716)</td><td>□</td><td></td></tr>
<tr><td>3</td><td>V(m^3)</td><td>防护区净容积为____m^3</td><td>□</td><td>见注 2</td></tr>
<tr><td>4</td><td>K</td><td>海拔高度修正系数取值为____
<table><tr><th>海拔高度(m)</th><th>修正系数 K</th></tr><tr><td>−1000</td><td>1.130</td></tr><tr><td>0</td><td>1.000</td></tr><tr><td>1000</td><td>0.885</td></tr><tr><td>1500</td><td>0.830</td></tr><tr><td>2000</td><td>0.785</td></tr><tr><td>2500</td><td>0.735</td></tr><tr><td>3000</td><td>0.690</td></tr><tr><td>3500</td><td>0.650</td></tr><tr><td>4000</td><td>0.610</td></tr><tr><td>4500</td><td>0.565</td></tr></table>表中数据引自《气体灭火系统设计规范》GB 50370—2005 中附录 B</td><td>□</td><td></td></tr>
<tr><td>5</td><td>C_1(%)</td><td>灭火设计浓度或惰化设计浓度取值为____%
<table><tr><th>火灾类型</th><th>灭火设计浓度(%)</th></tr><tr><td>图书、档案、票据和文物资料库等防护区</td><td>10</td></tr><tr><td>油浸变压器室、带油开关的配电室和自备发电机房等防护区</td><td>9</td></tr><tr><td>通信机房和电子计算机房等防护区</td><td>8</td></tr><tr><td>其他可燃物</td><td>见表 4.4.11-2</td></tr></table>表中数据引自《气体灭火系统设计规范》GB 50370—2005 第 3.3.3 条、第 3.3.4 条和第 3.3.5 条，防护区实际应用的浓度不应大于灭火设计浓度的 1.1 倍</td><td>□</td><td></td></tr>
<tr><td>6</td><td>W(kg)</td><td>灭火设计用量或惰化设计用量为____kg</td><td>□</td><td></td></tr>
<tr><td>7</td><td>t(s)</td><td>灭火剂设计喷放时间为____s
(在通信机房和电子计算机房等防护区，设计喷放时间不应大于 8s；在其他防护区，设计喷放时间不应大于 10s)</td><td>□</td><td></td></tr>
<tr><td>8</td><td>Q_x(kg/s)</td><td>灭火剂在防护区(主干管内)的平均喷放速率为____kg/s</td><td>□</td><td></td></tr>
<tr><td>9</td><td>P_f(Pa)</td><td>围护结构承受内压的允许压强为____Pa
(不宜低于 1200Pa)</td><td>□</td><td></td></tr>
<tr><td>10</td><td>F_x(m^2)</td><td>泄压口面积为____m^2</td><td>□</td><td></td></tr>
<tr><td>11</td><td>ΔW_1(kg)</td><td>储存容器内的灭火剂剩余量为____kg</td><td>□</td><td>详见本表注 3</td></tr>
</table>

续表

	序号	名称及单位	内容	实施情况	备注
计算内容输出模板	12	ΔW_2(kg)	管道内的灭火剂剩余量为___kg (如为均衡管网和只含一个封闭空间的非均衡管网,其管网内的灭火剂剩余量均可不计;一般管网内的灭火剂剩余量在常压条件下所占的量非常小)	☐	详见本表注4
	13	W_0(kg)	系统灭火剂储存量为___kg	☐	
	14	w(kg)	单个储存容器储存的灭火剂量为___kg (设计参数应由供应商提供,主要与充装量、储存容器的容量、系统设计压力等有关)	☐	
	15	n(个)	储存容器的数量为___个	☐	

注:1. 不同的防护区应按本表格式逐一计算顺序列出,同一系统内有多个防护区时,该系统的储存容器总数量应为最大防护区设置的储存容器数。汇总后的计算表格可参照表3.10.9-2。

2. 防护区宜以单个封闭空间划分,同一区间的吊顶层和地板下需同时保护时,可合为一个防护区;采用管网灭火系统时,一个防护区的面积不宜大于800m²,且容积不宜大于3600m³;采用预制灭火系统时,一个防护区的面积不宜大于500m²,且容积不宜大于1600m³。

3. 储存容器内的灭火剂剩余量可按储存容器内引升管管口以下的容器容积量换算,一般由产品供应商提供参数,估算时可按≤3kg/瓶估算。

4. 采用预制灭火系统时,ΔW_2按0kg计。

5. 防护区选用的喷头数,应根据选用喷头的性能参数、喷头保护半径、喷头安装高度等因素确定。

七氟丙烷灭火浓度及惰化浓度汇总表

表4.4.11-2

可燃物	灭火浓度(%)	可燃物	灭火浓度(%)	可燃物	惰化浓度(%)
甲烷	6.2	异丙醇	7.3	甲烷	8.0
乙烷	7.5	丁醇	7.1	二氯甲烷	3.5
丙烷	6.3	甲乙酮	6.7	1,1-二氟乙烷	8.6
庚烷	5.8	甲基异丁酮	6.6	1-氯-1,1-二氟乙烷	2.6
正庚烷	6.5	丙酮	6.5	丙烷	11.6
硝基甲烷	10.1	环戊酮	6.7	1-丁烷	11.3
甲苯	5.1	四氢呋喃	7.2	戊烷	11.6
二甲苯	5.3	吗啉	7.3	乙烯氧化物	13.6
乙腈	3.7	汽油(无铅,7.8%乙醇)	6.5		
乙基醋酸酯	5.6	航空燃料汽油	6.7		
丁基醋酸酯	6.6	2号柴油	6.7		
甲醇	9.9	喷气式发动机燃料(-4)	6.6		
乙醇	7.6	喷气式发动机燃料(-5)	6.6		
乙二醇	7.8	变压器油	6.9		

注:1. 表中数据引自《气体灭火系统设计规范》GB 50370—2005中附录A。

2. 固体表面火灾的灭火浓度为5.8%;表中未列出的,应经试验确定。

4.4.12　IG541 气体灭火系统设计计算

IG541 气体灭火系统设计计算表　　　　　　　　　表 4.4.12-1

名称	序号	内容		实施情况	备注
计算公式及取值	1	防护区灭火设计用量或惰化设计用量计算公式	$W = K\dfrac{V}{S} \cdot \ln\left(\dfrac{100}{100-C_1}\right)$	☐	
	2	灭火剂过热蒸气在 101kPa 大气压和防护区最低环境温度下的质量体积计算公式	$S = 0.6575 + 0.0024 \cdot T$	☐	
	3	防护区泄压口面积计算公式	$F_x = 1.1\dfrac{Q_x}{\sqrt{P_f}}$	☐	
	4	灭火剂在防护区（主干管内）的平均喷放速率计算公式	$Q_x = 0.95\dfrac{W}{t}$	☐	
	5	系统灭火剂储存量计算公式	$W_0 = W + W_s$	☐	
	6	系统灭火剂剩余量计算公式	$W_s \geqslant 2.7V_0 + 2.0V_p$	☐	
	7	储存容器的数量计算公式	$n = \dfrac{W_0}{w}$	☐	
	W	灭火设计用量或惰化设计用量（kg）		☐	
	W_0	系统灭火剂储存量（kg）		☐	
	W_s	系统灭火剂剩余量（kg）		☐	
	C_1	灭火设计浓度或惰化设计浓度（%），灭火设计浓度不应小于灭火浓度的 1.3 倍，惰化设计浓度不应小于惰化浓度的 1.1 倍		☐	
	K	海拔高度修正系数		☐	
	V	防护区净容积（m³）		☐	
	S	灭火剂过热蒸气在 101kPa 大气压和防护区最低环境温度下的质量体积（m³/kg）		☐	
	T	防护区最低环境温度（℃），一般取 20℃，但不应低于 -10℃		☐	
	F_x	泄压口面积（m²）		☐	
	Q_x	灭火剂在防护区（主干管内）的平均喷放速率（kg/s）		☐	
	P_f	围护结构承受内压的允许压强（Pa）		☐	
	t	灭火剂设计喷放时间（s）		☐	
	V_0	系统全部储存容器的总容积（m³）		☐	
	V_p	管网的管道内容积（m³）		☐	
	w	单个储存容器储存的灭火剂量（kg）		☐	
	n	储存容器的数量（个）		☐	

名称	序号	名称及单位	内容	实施情况	备注
计算内容输出模板	1	T（℃）	防护区最低环境温度取值为＿＿℃（当建筑物内设有空调系统时，设计温度应取 20℃，但防护区最低环境温度不应低于 -10℃，采用不同的设计温度时，其余设计参数也会有相应的变动）	☐	
	2	S（m³/kg）	灭火剂过热蒸气在 101kPa 大气压和防护区最低环境温度下的质量体积为＿＿m³/kg（20℃时，$S=0.7055$）	☐	
	3	V（m³）	防护区净容积为＿＿m³	☐	见注 2

序号	名称及单位	内容	实施情况	备注
4	K	海拔高度修正系数取值为____ 表中数据引自《气体灭火系统设计规范》GB 50370—2005中附录B	☐	
5	C_1（%）	灭火设计浓度或惰化设计浓度取值为____% （可填入表4.4.12-2中的数据）	☐	
6	W（kg）	灭火设计用量或惰化设计用量为____kg	☐	
7	t（s）	灭火剂设计喷放时间取值为____s （当IG541混合气体灭火剂喷放至设计用量的95%时，其喷放时间不应大于60s；且不应小于48s）	☐	
8	Q_x（kg/s）	灭火剂在防护区（主干管内）的平均喷放速率为____kg/s	☐	
9	P_f（Pa）	围护结构承受内压的允许压强为____Pa （不宜低于1200Pa）	☐	
10	F_x（m²）	泄压口面积为____m²	☐	
11	V_0（m³）	系统全部储存容器的总容积为____m³	☐	
12	V_p（m³）	管网的管道内容积为____m³	☐	
13	W_s（kg）	系统灭火剂剩余量为____kg	☐	
14	W_0（kg）	系统灭火剂储存量为____kg	☐	
15	w（kg）	单个储存容器储存的灭火剂量为____kg （设计参数应由供应商提供，主要与充装量、储存容器的容量、系统设计压力等有关）	☐	
16	n（个）	储存容器的数量为____个	☐	

海拔高度修正系数取值表：

海拔高度（m）	修正系数K
−1000	1.130
0	1.000
1000	0.885
1500	0.830
2000	0.785
2500	0.735
3000	0.690
3500	0.650
4000	0.610
4500	0.565

左栏：计算内容输出模板

注：1. 不同的防护区应按本表格式逐一计算顺序列出，同一系统内有多个防护区时，该系统的储存容器总数量应为最大防护区设置的储存容器数。汇总后的计算表格可参照表3.10.9-2。

2. 防护区宜以单个封闭空间划分，同一区间的吊顶层和地板下需同时保护时，可合为一个防护区；采用管网灭火系统时，一个防护区的面积不宜大于800m²，且容积不宜大于3600m³；采用预制灭火系统时，一个防护区的面积不宜大于500m²，且容积不宜大于1600m³。

3. 防护区选用的喷头数，应根据选用喷头的性能参数、喷头保护半径、喷头安装高度等因素确定。

IG541混合气体灭火浓度及惰化浓度汇总表　　　　表4.4.12-2

可燃物	灭火浓度（%）	惰化浓度（%）	可燃物	灭火浓度（%）
甲烷	15.4	43.0	丙酮	30.3
乙烷	29.5		丁酮	35.8

续表

可燃物	灭火浓度（%）	惰化浓度（%）	可燃物	灭火浓度（%）
丙烷	32.3	49.0	甲基异丁酮	32.3
戊烷	37.2		环己酮	42.1
庚烷	31.1		甲醇	44.2
正庚烷	31.0		乙醇	35.0
辛烷	35.8		1-丁醇	37.2
乙烯	42.1		异丁醇	28.3
醋酸乙烯酯	34.4		普通汽油	35.8
醋酸乙酯	32.7		航空汽油100	29.5
二乙醚	34.9		Avtur（Jet A）	36.2
石油醚	35.0		2号柴油	35.8
甲苯	25.0		真空泵油	32.0
乙腈	26.7			

注：1. 表中数据引自《气体灭火系统设计规范》GB 50370—2005 中附录 A。
　　2. 固体表面火灾的灭火浓度为 28.1%；表中未列出的，应经试验确定。

4.4.13　建筑灭火器配置设计计算

建筑灭火器配置设计计算表　　　　　　　　　　　　表 4.4.13

名称	序号	内容		实施情况	备注
计算公式及取值	1	计算单元的最小需配灭火级别计算公式	$Q = K \dfrac{S}{U}$	□	
	2	歌舞娱乐放映游艺场所、网吧、商场、寺庙以及地下场所等的计算单元的最小需配灭火级别计算公式	$Q = 1.3K \dfrac{S}{U}$	□	
	3	计算单元中每个灭火器设置点的最小需配灭火级别计算公式	$Q_e = \dfrac{Q}{N}$	□	
	Q	计算单元的最小需配灭火级别（A 或 B）		□	
	Q_e	计算单元中每个灭火器设置点的最小需配灭火级别（A 或 B）		□	
	K	修正系数		□	
	S	计算单元的保护面积（m²）		□	
	U	A 类或 B 类火灾场所单位灭火级别最大保护面积（m²/A 或 m²/B）		□	
	N	计算单元中的灭火器设置点数（个）		□	

名称	序号	名称及单位	内容	实施情况	备注
计算内容输出模板	1	K	修正系数取值为____ 表中数据引自《建筑灭火器配置设计规范》GB 50140—2005 中表 7.3.2	□	

修正系数取值表：

计算单元	K 值
未设置室内消火栓系统和灭火系统	1.0
设有室内消火栓系统	0.9
设有灭火系统	0.7
设有室内消火栓系统和灭火系统	0.5
可燃物露天堆场 甲、乙、丙类液体储罐区 可燃气体储罐区	0.3

续表

序号	名称及单位		内容			实施情况	备注
		2	S(m²)	计算单元的保护面积为____m²		☐	
计算内容输出模板	3	U	(m²/A)	A类火灾场所单位灭火级别最大保护面积为____m²/A		☐	
				危险等级	单具灭火器最小配置灭火级别	单位灭火级别最大保护面积（m²/A）		
				严重危险级	3A	50		
				中危险级	2A	75		
				轻危险级	1A	100		
				表中数据引自《建筑灭火器配置设计规范》GB 50140—2005 中表6.2.1（适用于A类）				
			(m²/B)	B类火灾场所单位灭火级别最大保护面积为____m²/B		☐	
				危险等级	单具灭火器最小配置灭火级别	单位灭火级别最大保护面积（m²/B）		
				严重危险级	89B	0.5		
				中危险级	55B	1.0		
				轻危险级	21B	1.5		
				表中数据引自《建筑灭火器配置设计规范》GB 50140—2005 中表6.2.2（适用于B、C类）				
	4	Q	(A)	A类火灾场所计算单元的最小需配灭火级别为____A		☐	
			(B)	B类火灾场所计算单元的最小需配灭火级别为____B		☐	
	5	Q_e	(A)	计算单元中每个灭火器设置点的最小需配灭火级别拟采用____A		☐	
			(B)	计算单元中每个灭火器设置点的最小需配灭火级别拟采用____B		☐	
	6	N（个）		计算单元中的灭火器设置点数最少应为____个		☐	见注2
	7			项目在计算单元中实际设置点数为____个，大于计算的N值，满足设计要求		☐	
	8			项目拟在每个设置点设置____（类型）手提式灭火器____具，规格为		☐	

注：1. 复杂项目中计算多个不同计算单元时，灭火器配置应按本表格式逐一计算顺序列出。

2. 每个灭火器设置点实配灭火器的灭火级别和数量不得小于最小需配灭火级别和数量的计算值。灭火器设置点的位置和数量应根据灭火器的最大保护距离确定，并应保证最不利点至少在1具灭火器的保护范围内。

3. 确定计算单元中每个灭火器设置点的最小需配灭火级别 Q_e 时，应充分考虑每个设置点灭火器设置数量。一般每个设置点的灭火器数量不宜多于5具；当住宅楼每层的公共部位建筑面积超过100m²时，应配置1具1A的手提式灭火器；每增加100m²时，增配1具1A的手提式灭火器。

4. 灭火器配置场所的危险等级举例见《建筑灭火器配置设计规范》GB 50140—2005 中附录C及附录D。

4.5 其他专项系统

4.5.1 建筑中水系统设计计算

建筑中水系统原水量及中水用水量设计计算表　　　表 4.5.1-1

名称	序号	内容		实施情况	备注
计算公式及取值	1	中水原水量计算公式	$Q_Y = \sum \beta \cdot Q_{nd} \cdot b$	☐	
	2	最高日中水用水量计算公式	$Q_z = Q_c + Q_{js} + Q_{cx} + Q_j + Q_n + Q_x + Q_t$	☐	
	3	最高日冲厕中水用水量计算公式	$Q_c = \sum q_L \cdot F \cdot N/1000$	☐	
	Q_Y	中水原水量（m³/d）		☐	

续表

名称	序号	内容	实施情况	备注
计算公式及取值	β	建筑物按给水量计算排水量的折减系数，一般取 0.85~0.95	☐	
	Q_{ad}	建筑物平均日生活给水量（m³/d）	☐	
	b	建筑物分项给水百分率（%）	☐	
	Q_z	最高日中水用水量（m³/d）	☐	
	Q_c	最高日冲厕中水用水量（m³/d）	☐	
	Q_{js}	浇洒道路或绿化中水用水量（m³/d）	☐	
	Q_{cx}	车辆冲洗中水用水量（m³/d）	☐	
	Q_j	景观水体补充中水用水量（m³/d）	☐	
	Q_n	供暖系统补充中水用水量（m³/d）	☐	
	Q_x	循环冷却水补充中水用水量（m³/d）	☐	
	Q_t	其他用途中水用水量（m³/d）	☐	
	q_L	给水用水定额［L/（人·d）］	☐	
	F	冲厕用水占生活用水的比例（%）	☐	
	N	使用人数（人）	☐	

名称	序号	名称及单位	内容	实施情况	备注
计算内容输出模板	1	Q_{ad}（m³/d）	建筑物平均日生活给水量为____ m³/d（填入表 4.1.1 中的计算结果）	☐	见注 2
	2	b	建筑物分项给水百分率分别为____%、____%、____%、____%、____% 表中数据引自《建筑中水设计标准》GB 50336—2018 中表 3.1.4，单位为%	☐	
	3	β	按给水量计算排水量的折减系数取值为____（取值范围为 0.85~0.95）	☐	
	4	Q_Y（m³/d）	中水原水量为____ m³/d	☐	详见本表注 1
	5	q_L［L/（人·d）］	给水用水定额为____ L/（人·d）（按表 4.1.1 取值）	☐	
	6	F	冲厕用水占生活用水的比例为____%（按本表计算内容输出模板序号 2 列出的表中数据确定）	☐	

序号 2 内嵌表格：

项目	住宅	宾馆、饭店	办公楼、教学楼	公共浴室	职工及学生食堂	宿舍
冲厕	21.3~21	10~14	60~66	2~5	6.7~5	30
厨房	20~19	12.5~14	—	—	93.3~95	—
沐浴	29.3~32	50~40	—	98~95	—	40~42
盥洗	6.7~6.0	12.5~14	40~34	—	—	12.5~14
洗衣	22.7~22	15~18	—	—	—	17.5~14
总计	100	100	100	100	100	100

名称	序号	名称及单位	内容	实施情况	备注
计算内容输出模板	7	N（人）	使用人数为___人	☐	
	8	Q_c（m³/d）	最高日冲厕中水用水量为___m³/d	☐	
	9	Q_{js}（m³/d）	浇洒道路或绿化中水用水量为___m³/d （填入表4.1.1的计算结果）	☐	
	10	Q_{cx}（m³/d）	车辆冲洗中水用水量为___m³/d （按《建筑给水排水设计标准》GB 50015—2019中表3.2.7的规定，将计算结果填入）	☐	
	11	Q_l（m³/d）	景观水体循环水流量为___m³/h ☐室内，按循环水流量的1%～3% ☐室内，按循环水流量的3%～5%	☐	
			补充中水用水量为___m³/d		
	12	Q_n（m³/h）	供暖系统补充中水用水量为___m³/d （填入项目实际计算结果）	☐	
	13	Q_x（m³/d）	循环冷却水补充中水用水量为___m³/d （填入表4.1.8的计算结果）	☐	
	14	Q_t（m³/d）	其他用途中水用水量为___m³/d	☐	
	15	Q_z（m³/d）	最高日中水用水量为___m³/d	☐	

注：1. 表中计算用作中水原水的水量宜为中水回用水量的110%～115%。

2. 平均日生活给水量应按《民用建筑节水设计标准》GB 50555—2010中第3.1.1～3.1.6条以及表3.1.1、表3.1.2、表3.1.3、表3.1.5、表3.1.6列出的节水用水定额经计算确定，本书可按表4.1.1选用。

建筑中水系统收集及利用率计算表　　　表 4.5.1-2

名称	序号	内容		实施情况	备注
计算公式及取值	1	建筑中水利用率计算公式	$\eta_1 = \dfrac{Q_{za}}{Q_{Ja}} \cdot 100\%$	☐	
	2	原水收集率计算公式	$\eta_2 = \dfrac{\sum Q_P}{\sum Q_J} \cdot 100\%$	☐	
	η_1	建筑中水利用率（%）		☐	
	Q_{za}	项目中水年总供水量（m³/年）		☐	
	Q_{Ja}	项目年总用水量（m³/年）		☐	
	η_2	原水收集率（%）		☐	
	$\sum Q_P$	中水系统回收排水项目的回收水量之和（m³/d）		☐	
	$\sum Q_J$	中水系统回收排水项目的给水量之和（m³/d）		☐	

名称	序号	名称及单位	内容	实施情况	备注
计算内容输出模板	1	Q_{za}（m³/年）	项目中水年总供水量为___m³/年 （根据表4.1.1的计算结果，选择使用中水的数据按年计后填入）	☐	
	2	Q_{Ja}（m³/年）	项目年总用水量为___m³/年 （填入表4.1.1的计算结果）	☐	

	序号	名称及单位	内容	实施情况	备注
计算内容输出模板	3	η_1（%）	建筑中水利用率为____%	☐	
	4	$\sum Q_P$（m³/d）	中水系统回收排水项目的回收水量之和为____m³/d（按折减系数折减以后水量叠加后填入）	☐	
	5	$\sum Q_l$（m³/d）	中水系统回收排水项目的给水量之和为____m³/d（填入表 4.1.1 的计算叠加结果）	☐	
	6	η_2（%）	原水收集率为____%	☐	

建筑中水系统设计计算表　　　　　　　　　　　　表 4.5.1-3

名称	序号	内容		实施情况	备注
计算公式及取值	1	中水处理系统设计处理能力计算公式	$Q_h = (1 + n_1)\dfrac{Q_z}{t}$	☐	
	2	中水日处理量计算公式	$Q_d = Q_h \cdot t$	☐	
	3	原水调节池（箱）调节容积计算公式	连续运行：$Q_{yc} = (0.35 \sim 0.50)Q_d$	☐	
			间歇运行：$Q_{yc} = 1.2 Q_h \cdot T$	☐	
	4	中水贮存池（箱）容积计算公式	连续运行：$Q_{zc} = (0.25 \sim 0.35)Q_z$	☐	
			间歇运行：$Q_{zc} = 1.2(Q_h \cdot T - Q_{zt})$	☐	
	Q_z	最高日中水用水量（m³/d）		☐	
	t	处理系统每日设计运行时间（h/d）		☐	
	n_1	处理设施自耗水系数，一般取值为 5%~10%		☐	
	Q_h	中水处理系统设计处理能力（m³/h）		☐	
	Q_d	中水日处理量（m³/d）		☐	
	T	设备日最大连续运行时间（h）		☐	
	Q_{yc}	原水调贮量（m³）		☐	
	Q_{zt}	日最大连续运行时间内的中水用水量（m³）		☐	
	Q_{zc}	中水调贮量（m³）		☐	

	序号	名称及单位	内容	实施情况	备注
计算内容输出模板	1	Q_z（m³/d）	最高日中水用水量为____m³/d（填入表 4.5.1-1 计算内容输出模板序号 15 中的数值）	☐	
	2	t（h/d）	处理系统每日设计运行时间为____h/d	☐	
	3	n_1	处理设施自耗水系数取值为____（取值范围为 5%~10%）	☐	
	4	Q_h（m³/h）	中水处理系统设计处理能力为____m³/h	☐	
	5	Q_d（m³/d）	中水日处理量为____m³/d	☐	
	6	T（h）	设备日最大连续运行时间为____h	☐	
	7	Q_{yc}（m³）	连续运行：原水调贮量为____m³	☐	
			间歇运行：原水调贮量为____m³	☐	
	8	Q_{zt}（m³）	日最大连续运行时间内的中水用水量为____m³	☐	
	9	Q_{zc}（m³）	连续运行：中水调贮量为____m³	☐	
			间歇运行：中水调贮量为____m³	☐	

4.5.2 海绵城市建设系统设计计算

建筑与小区室外场地设计雨水流量计算表   表 4.5.2-1

名称	序号	内容		实施情况	备注
计算公式及取值	1	建筑与小区室外场地设计雨水流量计算公式	$q_y = \dfrac{q_j \cdot \psi \cdot F_w}{10000}$	☐	
	2	设计暴雨强度计算公式	$q_j = \dfrac{167A(1+c\lg P)}{(t+b)^n}$	☐	
	3	降雨历时计算公式	$t = t_1 + t_2$	☐	
	4	雨水综合径流系数计算公式	$\psi = \dfrac{\sum \psi_i F_{wi}}{\sum F_{wi}}$	☐	
	q_y	设计雨水流量（L/s）		☐	
	q_j	设计暴雨强度[L/(s·hm²)]，主要与设计重现期 P、降雨历时 t 以及 A、b、c、n 等当地降雨参数相关		☐	
	ψ	综合径流系数		☐	
	F_w	雨水汇水总面积(m²)，计算内容输出模板中为 $\sum F_{wi}$ 值		☐	
	P	各种汇水区域的设计重现期(年)		☐	
	t	降雨历时(min)		☐	
	t_1	地面集水时间(min)，视距离长短、地形坡度和地面铺盖情况而定，可选用 5～10min		☐	
	t_2	排水管内雨水流行时间(min)		☐	

	序号	名称及单位	内容			实施情况	备注
计算内容输出模板	1	P(年)	场地的设计重现期为 ___ 年			☐	
			汇水区域名称	设计重现期（年）			
			小区	3～5			
			车站、码头、机场的基地	5～10			
			下沉式广场、地下车库坡道出入口	10～50			
			表中数据引自《建筑给水排水设计标准》GB 50015—2019 中表 5.3.12				
	2	t_1(min)	地面集水时间为 ___ min （可选用 5～10min）			☐	
	3	t_2(min)	排水管内雨水流行时间为 ___ min			☐	
	4	t(min)	降雨历时为 ___ min			☐	
	5	q_j[L/(s·hm²)]	按 ___ 城市的设计暴雨强度计算公式计算			☐	
			设计暴雨强度计算公式为 ___（详见本书附录3）			☐	
			设计暴雨强度取值为 ___ L/(s·hm²)			☐	
	6	$\sum F_{wi}$(m²)	小区内场地雨水汇水总面积（$\sum F_{wi}$）为 ___ m²			☐	
			下垫面类型	汇水面积（m²）	实施情况		
			混凝土和沥青路面		☐		
			块石路面		☐		
			级配碎石路面		☐		

续表

序号	名称及单位	内容			实施情况	备注
计算内容输出模板						
6	$\sum F_{wi}$（m²）	<table><tr><td colspan=3>续表</td></tr><tr><td>下垫面类型</td><td>汇水面积（m²）</td><td>实施情况</td></tr><tr><td>干砖及碎石路面</td><td></td><td>☐</td></tr><tr><td>非铺砌地面</td><td></td><td>☐</td></tr><tr><td>绿地</td><td></td><td>☐</td></tr><tr><td>水面</td><td></td><td>☐</td></tr><tr><td>地下建筑覆土绿地（覆土厚度≥500mm）</td><td></td><td>☐</td></tr><tr><td>地下建筑覆土绿地（覆土厚度＜500mm）</td><td></td><td>☐</td></tr><tr><td>透水铺装地面</td><td></td><td>☐</td></tr><tr><td>其他</td><td></td><td>☐</td></tr><tr><td>合计</td><td></td><td>☐</td></tr></table>				
7	$\sum \psi_i F_{wi}$（m²）	<table><tr><td>下垫面类型</td><td>雨水径流系数 ψ_i</td><td>汇水面积（m²）</td><td>$\psi_i F_{wi}$（m²）</td><td>实施情况</td></tr><tr><td>混凝土和沥青路面</td><td>0.90</td><td></td><td></td><td>☐</td></tr><tr><td>块石路面</td><td>0.60</td><td></td><td></td><td>☐</td></tr><tr><td>级配碎石路面</td><td>0.45</td><td></td><td></td><td>☐</td></tr><tr><td>干砖及碎石路面</td><td>0.40</td><td></td><td></td><td>☐</td></tr><tr><td>非铺砌地面</td><td>0.30</td><td></td><td></td><td>☐</td></tr><tr><td>绿地</td><td>0.15</td><td></td><td></td><td>☐</td></tr><tr><td>水面</td><td>1.00</td><td></td><td></td><td>☐</td></tr><tr><td>地下建筑覆土绿地（覆土厚度≥500mm）</td><td>0.15</td><td></td><td></td><td>☐</td></tr><tr><td>地下建筑覆土绿地（覆土厚度＜500mm）</td><td>0.30～0.40</td><td></td><td></td><td>☐</td></tr><tr><td>透水铺装地面</td><td>0.29～0.36</td><td></td><td></td><td>☐</td></tr><tr><td>其他</td><td>……</td><td></td><td></td><td>☐</td></tr><tr><td>$\sum \psi_i F_{wi}$（m²）</td><td></td><td></td><td></td><td>☐</td></tr></table> 表中雨水径流系数的数据部分引自《建筑给水排水设计标准》GB 50015—2019 中表 5.3.13 以及《建筑与小区雨水控制及利用工程技术规范》GB 50400—2016 中表 3.1.4 的规定			☐	
8	ψ	项目综合雨水径流系数为____			☐	
9	q_y	建筑与小区室外场地设计雨水流量为____L/s			☐	

注：1. 本表引自表 4.2.12。

　　2. 建筑与小区室外场地雨水径流系数应按各类下垫面径流系数加权平均法计算。

335

每日雨水控制及利用的雨水径流总量和渗透量设计计算表　　表 4.5.2-2

名称	序号	内容		实施情况	备注
计算公式及取值	1	每日需控制及利用的雨水径流总量计算公式	$W = 10(\psi - \psi_0)h_a \cdot F$	☐	
	2	渗透设施的日雨水渗透（利用）量计算公式	$W_1 = \alpha K J A_s t_s$	☐	
	W	每日需控制及利用的雨水径流总量（m^3/d）		☐	
	ψ	综合径流系数		☐	
	ψ_0	控制径流峰值所对应的径流系数		☐	
	h_a	常年降雨厚度（mm）		☐	
	F	硬化汇水面面积（hm^2）		☐	
	W_1	渗透量（m^3/d）		☐	
	α	综合安全系数		☐	
	K	土壤渗透系数（m/s）		☐	
	J	水力坡降		☐	
	A_s	有效渗透面积（m^2）		☐	
	t_s	渗透时间（s）		☐	

名称	序号	名称及单位	内容			实施情况	备注
计算内容输出模板	1	ψ	综合径流系数为___（填入表4.5.2-1中的计算结果）			☐	
	2	ψ_0	控制径流峰值所对应的径流系数为___			☐	详见本表注
	3	h_a(mm)	常年降雨厚度为___mm（可由当地气象资料取得）			☐	
	4	F(hm^2)	硬化汇水面面积为___hm^2（应按硬化汇水面水平投影面积计算）			☐	
	5	W(m^3/d)	每日需控制及利用的雨水径流总量为___m^3/d			☐	
	6	α	综合安全系数取值为___（一般可取0.5～0.8）			☐	
	7	K(m/s)	土壤渗透系数为___m/s			☐	

地层	地层粒径		渗透系数 K	
	粒径（mm）	所占重量（%）	(m/s)	(m/h)
黏土			$<5.70 \times 10^{-8}$	—
粉质黏土			$5.70 \times 10^{-8} \sim 1.16 \times 10^{-6}$	—
粉土			$1.16 \times 10^{-6} \sim 5.79 \times 10^{-6}$	$0.0042 \sim 0.0208$
粉砂	>0.075	>50	$5.79 \times 10^{-6} \sim 1.16 \times 10^{-5}$	$0.0208 \sim 0.0420$
细砂	>0.075	>85	$1.16 \times 10^{-5} \sim 5.79 \times 10^{-5}$	$0.0420 \sim 0.2080$
中砂	>0.25	>50	$5.79 \times 10^{-5} \sim 2.31 \times 10^{-4}$	$0.2080 \sim 0.8320$
均质中砂			$4.05 \times 10^{-4} \sim 5.79 \times 10^{-4}$	
粗砂	>0.50	>50	$2.31 \times 10^{-4} \sim 5.79 \times 10^{-4}$	

表中数据引自《建筑与小区雨水控制及利用工程技术规范》GB 50400—2016中表3.2.7

续表

名称	序号	名称及单位	内容	实施情况	备注
计算内容输出模板	8	J	水力坡降为＿＿（一般可取 1.0）	☐	
	9	A_s（m²）	有效渗透面积为＿＿m²	☐	
	10	t_s（s）	渗透时间为＿＿s（按 24h 计，入渗池、井的渗透时间宜按 3d 计，代入公式时需将单位换算至 s）	☐	
	11	W_1（m³/d）	渗透量为＿＿m³/d	☐	

注：控制径流峰值所对应的径流系数 ψ_0 一般由区域规划确定，项目设计中该值因具体工程设计情况而异，当规划没有给出这个限值时，可取 0.2～0.4。

雨水回用系统设计计算表　　　　　　　表 4.5.2-3

名称	序号	内容			实施情况	备注
计算公式及取值	1	收集回用系统汇水面上的雨水设计容量计算公式		$W' = \sum q_i\, n_i\, t_y = (W_{id} + W_{jd} + W_{td} + W_{cd})\, t_y$	☐	见注 1
		日均回用雨水设计流量计算公式		$W_2 = W_{id} + W_{jd} + W_{td} + W_{cd}$	☐	
	2	日均绿化灌溉回用水量计算公式		$W_{id} = 0.001\, q_l\, F_l$	☐	见注 2
	3	日均冲洗路面或地面回用水量计算公式		$W_{id} = 0.001\, q_l\, F_l$	☐	
	4	景观水体	平均日补水量计算公式	$W_{jd} = W_{zd} + W_{sd} + W_{fd}$	☐	
			年用水量计算公式	$W_{ja} = W_{jd} \cdot D_j$	☐	
	5	冷却塔	日均补水量计算公式	$W_{td} = (0.5 \sim 0.6) q_q \cdot T$	☐	
			年补水量计算公式	$W_{ta} = W_{td} \cdot D_t$	☐	
	6	冲厕用水	日均冲厕用水量计算公式	$W_{cd} = q_c n_c / 1000$	☐	见注 3
			年冲厕用水量计算公式	$W_{ci} = W_{cd} \cdot D_t$	☐	
	W_2	日均回用雨水设计流量（m³/d）			☐	
	W'	收集回用系统汇水面上的雨水设计容量（m³）			☐	
	q_i	第 i 种用水户的日用水定额（m³/d），根据《建筑给水排水设计标准》GB 50015 和《建筑中水设计标准》GB 50336 的规定计算，参见本书表 4.1.1，使用时需经过单位换算			☐	
	n_i	第 i 种用水户的数量			☐	
	t_y	用水时间			☐	见注 4
	W_{id}	日均绿化灌溉、冲洗路面或地面水量（m³/d）			☐	
	q_l	用水定额 [L/(m²·d)]			☐	
	F_l	绿地面积、路面或地面面积（m²）			☐	
	W_{jd}	景观水体平均日补水量（m³/d）			☐	
	W_{zd}	景观水体日均蒸发量（m³/d）			☐	
	W_{sd}	景观水体渗透量（m³/d）			☐	
	W_{fd}	景观水体处理站机房自用水量等（m³/d）			☐	
	W_{ja}	景观水体年用水量（m³/年）			☐	
	D_j	景观水体年平均运行天数（d/年）			☐	

续表

名称		内容	实施情况	备注
计算公式及取值	W_{td}	冷却塔日均补水量（m³/d）	☐	
	q_q	补水定额（m³/h）	☐	
	T	冷却塔每天运行时间（h/d）	☐	
	W_{ta}	冷却塔年补水量（m³/年）	☐	
	D_t	冷却塔每年运行时间（d/年）	☐	
	W_{cd}	日均冲厕用水量（m³/d）	☐	
	q_c	日均用水定额 [L/（m²·d）]	☐	
	n_c	年平均使用人数（人）	☐	
	W_{ca}	年冲厕用水量（m³/年）	☐	
	D_t	年平均使用天数（d/年）	☐	

	序号	名称及单位	内容	实施情况	备注
计算内容输出模板	1	q_l[L/(m²·d)]	用水定额为＿＿L/（m²·d）（可取2L/（m²·d））	☐	
	2	F_l（m²）	绿地面积、路面或地面面积为＿＿m²	☐	
	3	W_{id}（m³/d）	日均绿化灌溉水量为＿＿m³/d	☐	
			日均冲洗路面水量为＿＿m³/d	☐	
			日均冲洗地面水量为＿＿m³/d	☐	
	4	W_{zd}（m³/d）	景观水体日均蒸发量为＿＿m³/d（根据当地水面日均蒸发厚度乘以水面面积计算）	☐	
	5	W_{srl}（m³/d）	景观水体渗透量为＿＿m³/d（为水体渗透面积与入渗速率的乘积）	☐	
	6	W_{fd}（m³/d）	景观水体处理站机房自用水量等为＿＿m³/d	☐	
	7	W_{jd}（m³/d）	景观水体平均日补水量为＿＿m³/d	☐	
	8	D_j（d/年）	景观水体年平均运行天数为＿＿d/年	☐	
	9	W_{ja}（m³/年）	景观水体年用水量为＿＿m³/年	☐	
	10	q_q（m³/h）	补水定额为＿＿m³/h（可按循环冷却水的1%～2%计算，使用雨水时宜取高限）	☐	
	11	T（h/d）	冷却塔每天运行时间为＿＿h/d	☐	
	12	W_{td}（m³/d）	冷却塔日均补水量为＿＿m³/d	☐	
	13	D_t（d/年）	冷却塔每年运行时间为＿＿d/年	☐	
	14	W_{ta}（m³/年）	冷却塔年补水量为＿＿m³/年	☐	
	15	q_c[L/(m²·d)]	日均用水定额为＿＿L/（m²·d）（可按《民用建筑节水设计标准》GB 50555—2010 第3.1.1条、第3.1.2条和表3.1.8的规定采用）	☐	
	16	n_c（人）	年平均使用人数为＿＿人 [对于酒店客房，应考虑年入住率；对于住宅，应按《民用建筑节水设计标准》GB 50555—2010 公式（3.2.1-1）中 n_z 计算，居住人数按3～5人/户，入住率按60%～80%计]	☐	

续表

	序号	名称及单位	内容	实施情况	备注
计算内容输出模板	17	W_{cd}（m³/d）	日均冲厕用水量为____m³/d	☐	
	18	D_t（d/年）	年平均使用天数为____d/年	☐	
	19	W_{ca}（m³/年）	年冲厕用水量为____m³/年	☐	
	20	W_2（m³/d）	日均回用雨水设计流量为____m³/d	☐	
	21	t_y（d）	用水时间为____d	☐	
	22	W'（m³）	收集回用系统汇水面上的雨水设计容量为____m³	☐	

注：1. 本表中计算公式及取值序号 1 的计算结果也是序号 2～序号 6 的合计，当有序号 2～序号 6 中未列出的内容时，可按序号 1 的公式求得，然后一并求和计算。

2. 冲洗路面、地面等用水量计算原理同绿化灌溉用水量，年浇洒次数可按 30 次计。

3. 本表中计算公式及取值序号 6 计算公式的计算方式也可以按表 4.5.1-1 中计算公式及取值序号 1 的计算方式求得。

4. 本表计算公式及取值序号 1 中提及的用水时间 t_y 并不完全相同，通常宜取 2.5d；但当雨水主要用于小区景观水体，并作为该水体主要水源时，可取 7d 甚至更长，但需同时加大蓄水容积。

雨水调蓄水量计算表　　　　　　　　　　　　　　　表 4.5.2-4

名称		内容		实施情况	备注
计算公式及取值		雨水调蓄水量计算公式	$W_3 = W - W_1 - W_2$	☐	
	W	每日需控制及利用的雨水径流总量（m³/d）		☐	
	W_1	每日渗透量（m³/d）		☐	
	W_2	日均回用雨水设计流量（m³/d）		☐	
	W_3	每日雨水调蓄量（m³/d）		☐	

	序号	名称及单位	内容	实施情况	备注
计算内容输出模板	1	W（m³/d）	每日需控制及利用的雨水径流总量为____m³/d	☐	
	2	W_1（m³/d）	每日渗透量为____m³/d	☐	
	3	W_2（m³/d）	日均回用雨水设计流量为____m³/d	☐	
	4	W_3（m³/d）	每日雨水调蓄量为____m³/d	☐	

注：建筑与小区室外场地中每场降雨总量超出需控制及利用的雨水径流总量的部分，应及时排入市政雨水管网。

雨水资源化利用率及年径流污染控制率计算表　　　表 4.5.2-5

名称	序号	内容		实施情况	备注
计算公式及取值	1	雨水回用系统年收集雨水量计算公式	$W_{ya} = (0.6 \sim 0.7)\psi' \cdot h_a \cdot F/1000$	☐	
	2	室外场地年均降雨量计算公式	$W_a = h_a \cdot F_w/1000$	☐	
	3	雨水资源化利用率计算公式	$P_a = W_{ya}/W_a$	☐	
	4	年径流污染控制率计算公式	$C = \eta \dfrac{\sum V_i C_i}{\sum V_i}$	☐	
	W_a	年均降雨量（m³/年）		☐	
	W_{ya}	雨水回用系统年收集雨水量（m³/年）		☐	

名称			内容	实施情况	备注
计算公式及取值	h_a		常年降雨厚度（mm）	☐	
	F_w		雨水汇水总面积（m²）	☐	
	$0.6 \sim 0.7$		除不能形成径流的降雨、弃流雨水以外的可回用系数	☐	
	ψ'		可回收雨水汇水面的综合径流系数	☐	
	F		可回收雨水汇水面积（m²）	☐	
	P_a		雨水资源化利用率（%）	☐	
	C		年径流污染控制率（%）	☐	
	C_i		各类单个海绵设施对固体悬浮物（SS）的消减率，各类下垫面的污染物去除率（以SS计）可参考《海绵城市建设技术指南——低影响开发雨水系统构建（试行）》（2014版）中"表4-1 低影响开发设施比选一览表"的相关数据	☐	
	V_i		单个海绵设施的汇水量（m³）	☐	
	$\sum V_i C_i$		各类单个海绵设施的汇水量与固体悬浮物（SS）的消减率乘积之和	☐	
	$\sum V_i$		各类海绵设施的汇水量之和（m³）	☐	
	η		年径流总量控制率（%）	☐	

名称	序号	名称及单位	内容	实施情况	备注
计算内容输出模板	1	ψ'	可回收雨水汇水面的综合径流系数为___	☐	见注2
	2	h_a（mm）	常年降雨厚度为___mm（可由当地气象资料取得）	☐	
	3	F（m²）	可回收雨水汇水面积为___m²	☐	
	4	W_{ys}（m³/年）	雨水回用系统年收集雨水量为___m³/年	☐	
	5	F_w（m²）	雨水汇水总面积为___m²（填入表4.5.2-1中的计算结果）	☐	
	6	W_a（m³/年）	年均降雨量为___m³/年	☐	
	7	P_a（%）	雨水资源化利用率为___%	☐	
	8	C_i	各类单个海绵设施对固体悬浮物（SS）的消减率为___（各类下垫面的污染物去除率（以SS计）可参考《海绵城市建设技术指南——低影响开发雨水系统构建（试行）》（2014版）中"表4-1 低影响开发设施比选一览表"的相关数据 ……	☐	
	9	V_i（m³）	单个海绵设施的汇水量为___m³ ……	☐	
	10	$\sum V_i C_i$	各类单个海绵设施的汇水量与固体悬浮物（SS）的消减率乘积之和为___	☐	
	11	$\sum V_i$（m³）	各类海绵设施的汇水量之和为___m³	☐	
	12	η（%）	年径流总量控制率为___%（应由当地规划控制要求提供）	☐	
	13	C（%）	年径流污染控制率为___%	☐	

注：1. 城市径流污染物中，固体悬浮物（SS）往往与其他污染物指标具有一定的相关性，因此，一般采用SS作为径流污染物控制指标。

2. 表中计算内容输出模板序号1提及的可回收雨水汇水面的综合径流系数 ψ'，应按照表4.5.2-1计算公式及取值序号4的计算公式重新计算，并与本表计算内容输出模板序号3的可回收雨水汇水面积 F 相对应。

第5章 建筑给水排水施工图标准化设计图纸

本章以可实现标准化设计为编制原则，主要分为标准化设计主要设备表及图例、标准化设计展开原理图、标准化设计二次深化设计专篇图、标准化设计机房详图、标准化设计卫生间详图五大部分。由于平面图纸在表达方式、内容等方面极难统一，所以未纳入标准化设计图纸章节。

标准化图纸包含的五大部分均由图纸使用说明及标准化设计图纸（图示模板）组成，共计 67 张图纸。一般图纸使用说明主要供设计人员理解用，正式出具设计文件时无需全文引用，仅需纳入少量与工程建设项目相关的设计内容；标准化设计图纸（图示模板）大多数均可以直接引用，如果图名中明确为图示模板时，则只能供参照使用；如果图名中明确为索引图时，则在正式出具设计文件时无需表达。

标准化设计图纸中编制了大量表格，主要用于规格参数、尺寸及标高等的填写，同时这种表达方式有利于标准化设计图纸的编制，即尽可能将图纸部分作为固定设计元素编制，而将表格作为可变设计元素编制。标准化设计图纸中还编制了较多节点详图，并作为固定设计元素用于多种使用场合。受本书篇幅的限制，本章仅将特别有代表性或最常用的设计内容进行标准化样图的编制，所以提供的样图尚无法满足实际工程建设项目的设计需要，但这类样图的图示格式可以作为所有工程建设项目的设计模板，并将之后在实际项目中编制的标准化图纸不断补充入标准化设计图纸库中，以期实现直接调用的可能。

设计图纸是设计说明以及计算书的直观展示，也是施工环节最重要的文件资料，特别是对施工人员而言务必做到内容准确、清晰明了、简单易读、没有缺漏，因此设计图纸按照标准化方向编制是设计的必由之路。

5.1 标准化设计主要设备表及图例

本书编制的标准化设计主要设备表及图例包括2张主要设备表以及2张图例，主要参考了国家建筑标准设计图集以及上海建筑设计研究院有限公司的常用表达方式。因篇幅所限，有部分内容未纳入，例如：主要设备表中的管道材料以及图例中的管道线形、立管编号等，如设计人员需要增补，应按本书编制格式自行补充完善。

标准化设计主要设备表中的参数表达方式并非唯一，特别是某些新型设备、成套化设备的规格参数可能有特殊的表达方式，设计人员需自行调整；当部分设备无需对某些常规参数标注时，可结合项目实际情况判断调整；当有条件明确设备、附件的材质时，应进行规定；系统设施涉及的设备、附件和材料等一般种类较多，难以在主要设备表中逐一体现，此时，应明确整个系统设施的功能及运营参数。编制主要设备表时，需特别关注用电设备的配电要求，及时将信息反馈给电气专业；还需重点关注承重负荷特别大的设施，及时将承重负荷（一般以500kg/m² 为限）要求反馈给结构专业。

标准化设计图例是为了方便使用人员读图，但因为项目中实际采用的表达方式过多，很难将所有的设计内容均用标准化设计图例的方式表达完整，为此，本书中仅列出了较为常用的设计图例。在项目实际设计中，如遇图中出现独特且重复出现次数很少的设计内容时，仍然建议在出现的该张图纸上直接标注中文名称。

生活给水系统设备表

序号	设备名称	规格或性能参数	数量	设置位置	备注
1	生活水池(箱)(服务范围)	总有效容积为___m³,采用___材质,分___格,带稳位装置,电板模基础,槽钢基础,其他附属品一组,单座水池(箱)规格:长×宽×高___m×___m×___m	___座	设于×××	
2	耐压变频供水泵组(服务范围)	总供水能力:Q=___L/s,H=___m,气压罐___,L,共___台,单泵参数:Q=___L/s,H=___m,N=___kW,转速___r/min,效率___%,共___台水泵	___套	设于×××	___用___备
3	工频供水泵组(服务范围)	单泵参数:Q=___L/s,H=___m,N=___kW,转速___r/min,效率___%,共___台水泵	___台	设于×××	___用___备
4	稳压变频供水泵组(服务范围)	总供水能力:Q=___L/s,H=___m,气压罐___,L,共___台,单泵参数:Q=___L/s,H=___m,N=___kW,转速___r/min,效率___%,共___台水泵	___套	设于×××	___用___备
5	水箱自洁消毒器(服务范围)	额定功率N=___kW,自带循环泵组,电压___V	___台	设于×××	
6	紫外线消毒器(服务范围)	额定流量Q=___m³/h,带泵功率N=___kW,电压___V	___台	设于×××	

生活热水系统设备表

序号	设备名称	规格或性能参数	数量	设置位置	备注
1	商用/户内/户外型燃气热水炉(服务范围)	单台额定热水热负荷___kW,燃料制热量___kW	___台	设于×××	
2	一体式空气源热泵机组(服务范围)	单台额定输入功率___kW,额定制热量___kW,机组运行环境温度___~___	___台	可选,设于×××	___用___备
3	热水循环泵组(服务范围)	单泵参数:Q=___L/s,H=___m,N=___kW,转速___r/min,效率___%	___台	设于×××	___用___备
4	热膨胀罐(服务范围)	采用立式/卧式膨胀罐,采用___材质,容积___,L,P=___MPa	___台	设于×××	
5	水-水/汽-水热交换器(服务范围)	采用导流型浮动盘管式/半即热式/快速式半即热式,采用立式/卧式,换热面积___m²	___台	设于×××	
6	承压储热水罐(服务范围)	单台有效容积___m³,采用立式/卧式,采用___材质,尺寸:直径(φ)×高度(H)___m×___m,P=___MPa,荷载为___kg	___台	设于×××	
7	储热水箱(服务范围)	总有效容积为___m³,单台有效容积___m³,采用___材质,分___格,带稳位装置,电板模基础,槽钢基础,其他附属品一组,单座水箱(箱)规格:长×宽×高___m×___m×___m	___座	设于×××	
8	容积式电热水器(服务范围)	采用立式/卧式,储热容积___,L,额定输入功率N=___kW,P=___MPa,出水温度采用___℃,一次连续处理水量上出水/下出水___	___台	设于×××	
9	小厨宝(服务范围)	储热容积___,L,即热式/步进式,N=___kW,P=___MPa,配有___个水箱	___台	设于×××	
10	终端直饮水处理设备(服务范围)	加热能力___kW,额定输入功率N=___kW,P=___MPa	___台	设于×××	
11	银离子消毒器(服务范围)	系统流量Q=___m³/h,N=___kW,P=___MPa	___台	设于×××	
12	AOT紫外光触媒二氧化氯消毒装置(服务范围)	换热量___,N=___kW,P=___MPa,采用___	___台	设于×××	
13	板式热交换器	换热量___kW,P=___MPa,采用___材质	___台	设于×××	

排水系统设备表

序号	设备名称	规格或性能参数	数量	设置位置	备注
1	成品油水分离装置(服务范围)	流量___L/s,材质,全密闭装置,预留___kW电量,容积___,最高___m³/h,配套___/d,预留电量	___套	设于×××	
2	配套集储污水提升装置(服务范围)	采用污水排水泵系___台,单泵参数:Q=___L/s,H=___m,N=___kW,内置___台/水箱品量水潜水泵,L水箱一个,抗阻塞配置,设置___r/min,效率___%	___套	设于×××	___用___备
3	潜水排水泵(服务范围)	单泵参数:Q=___L/s,H=___m,N=___kW,转速___r/min,效率___%,带自动耦合导轨,电控器,液位控制器	___台	设于×××	___用___备
4	污水排水泵(服务范围)	抗阻塞配置,单泵参数:Q=___L/s,H=___m,N=___kW,材质,采用___,转速___r/min,效率___%,带自动耦合导轨,电控器,液位控制器,带不锈钢电控箱	___台	设于×××	___用___备
5	化粪池(服务范围)	采用___型/不经生化激励,外型尺寸:直径(φ)×高度(H)___m×___m,长×宽×高___m×___m,带自动耦合导轨,电控器,液位控制器,带不锈钢倒冒塞型	___座	设于×××	
6	一体化泵制二氧化氯排水泵站(服务范围)	总排水能力:Q=___L/s,H=___m,N=___kW,___%(采用污水排水潜水泵应为抗阻塞型)	___台	设于×××	___用___备

给水排水系统设施

序号	设备名称	规格或性能参数	数量	设置位置	备注
1	给水深度处理设施(服务范围)	最大小时产水量___m³/h,最高日产水量___m³/d,预留电量(详见专项设计)	___套	设于×××	专项设计的主体建设各单项设计篇
2	管道直饮水处理设施(服务范围)	最大小时产水量___m³/h,最高日产水量___m³/d,预留电量,采用___工艺(详见专项设计)	___套	设于×××	
3	游泳池水处理系统(服务范围)	水池形式,设于室内/室外,池体积为___m³,工艺流程(详见专项设计)	___套	设于×××	
4	太阳能生活热水系统(服务范围)	系统采用集中集热供热方式为___,循环方式为真空管/平板型集热器,单位集热器温度为___℃,恒温耗热量为___,m(详见专项设计)	___套	设于×××	
5	中水回用设施(服务范围)	收集生活杂用水,采用真空收容,回用于___,总处理水量___m³/h,处理工艺,采用___(详见专项设计)	___套	设于×××	
6	雨水回用设施(服务范围)	收集屋面雨水,雨水收集池容积___m³,回用于___,回用量___m³/h,预留电量(详见专项设计)	___套	设于×××	
7	满管压力流雨水排水系统(服务范围)	屋面汇水总面积___m²,设计重现期采用___年,总排水能力为___L/s,小时处理能力___m³/h,预留电量(详见专项设计)	___套	设于×××	
8	污水处理(服务范围)	采用___工艺,日处理量___m³/d,处理工艺,采用___(详见专项设计)	___套	设于×××	
9	室内真空排水系统(服务范围)	系统总流量___L/s,真空负荷___,(详见专项设计)	___套	设于×××	

给水排水主要设备表一	图纸编号 5.1-1

消防系统设备表

序号	设备名称	规格或性能参数	数量	设置位置	备注
1	屋顶消防水箱(服务范围图)	总有效容积为___m³,采用___材质,分格,带液位器	___	座	设于天××	备用
2	消防稳压泵组(服务范围图)	泵组:Q=___L/s,H=___m;气压罐1个;配置___材质;单泵参数:Q=___L/s,H=___m,N=___kW,转速___r/min,效率___%	___	座	设于天××	___用
3	消防水池(服务范围图)	总有效容积为___m³,采用___材质,分___;单座水池容积___m³;单座水池控制中心,长×宽×高为___m×___m×___m	___	座	设于天××	___用
4	消防射给水系统主泵(服务范围图)	泵组:Q=___L/s,H=___m,单泵参数:N=___kW,转速___r/min,效率___%	___	台	设于天××	
5	室外消火栓	采用DN100/DN150 规格,地上式,地下式安装	___	个	设于天××	
6	室内减压稳压型消火栓(挂墙式)	减压稳压型消火栓,DN65栓口,口径19mm消火栓,25m长衬胶水龙带,组合箱内尺寸:L×W×H=___mm	___	套	设于天××	
7	室内消火栓(挂墙式)	单阀单出水,DN65栓口,带长30m内径不小于Φ19的自救水带,配置19mm消火枪,带报警按钮,配置手提式灭火器	___	套	设于天××	
8	信号阀	单阀单出水,DN65栓口,带长30m内径不小于Φ19的自救水带,带报警按钮,配置手提式灭火器	___	组	设于天××	
9	水泵接合器	用于___系统,其余配置同室内消火栓箱,P=___MPa	___	套	设于天××	
10	湿式报警阀	规格为DN___,型号为___	___	个	设于天××	
11	信号阀	规格为DN___	___	只	设于天××	
12	末端试水装置	带信号器,水力警铃,压力开关及压力表等,P=___MPa	___	个	设于天××	
13	玻璃球洒水喷头	快速响应/标准响应/特殊响应;扩大覆盖面积喷头或洒水型喷头,K=___,动作温度___℃,直立型喷头	___	个	设于天××	
14	易熔金属喷头	手动式/推车式,水型/泡沫,___L	___	具	设于天××	
15	灭火器	手提式/推车式,磷酸铵盐干粉/碳酸氢钠干粉/二氧化碳,A/B,单具___kg	___	具	设于天××	
16	灭火器	规格为___,___	___	个	设于天××	
17	直接流量计	集成式洒水阀,压力表及试水接头	~___L/s	个	设于天××	
18	电动末端试水装置	流量测试范围___~___L/s	___	个	设于天××	
19	末端试水装置	带信号器电磁阀,压力表及试水接头	___	个	设于天××	

消防系统、设施

序号	设备名称	规格或性能参数	数量	设置位置	备注
1	高压细水雾灭火系统(服务范围图)	采用开式/闭式系统,共设___个防护区,共设置___台;灭火泵组,泵组流量Q=___L/min,工作压力P___MPa,功率 N=___kW(详见专项设计)	___	套	设于天××	专项设计的主要设备表详见各专项设计专篇
2	自动跟踪定位射流灭火系统(服务范围图)	采用___灭火装置,共设置___台;单台装置流量Q=___L/s,工作压力P___MPa,保护半径R=___m(详见专项设计)	___	台	设于天××	
3	七氟丙烷气管网式灭火系统(服务范围图)	采用预制式/管网式系统,系统设计储存压力P1=___MPa,总药剂量Q=___kg(详见专项设计)	___	套	设于天××	
4	氮气(IG100)气体灭火系统(服务范围图)	系统设计储存压力P1=___MPa,总药剂量Q=___kg(详见专项设计)	___	套	设于天××	
5	柔性(ICG43)气体灭火系统(服务范围图)	管网式组合分配系统,系统储存压力P1=___MPa,总剂量Q=___kg(详见专项设计)	___	套	设于天××	
6	超细干粉灭火装置(服务范围图)	喷射强度大于等于0.32kg/(s·m²)设计用量≥___L,喷射时间不小于1s(详见专项设计)	___	套	设于天××	
7	厨房灶尾自动灭火装置	灭火剂持续喷射时间≥30s,0.10MPa喷射速度0.02L/(s·m²)排烟管道0.41/(s·m²)(详见专项设计)	___	套	设于天××	

管道配件、附件及水表

序号	设备名称	规格或性能参数	数量	设置位置	备注
1	水力液控阀	规格为DN___,P=___MPa,阀质,阀芯	___	个	设于天××	
2	电动液控阀	规格为DN___,P=___MPa,阀质,附带电控制	___	个	设于天××	
3	闸阀/蝶阀/快闭阀/信号阀	规格为DN___,P=___MPa,阀质,阀体(采用闸阀式,采用蝶阀式,是否带电信号)	___	个	设于天××	
4	止回阀	缓闭型/微阻缓闭止回阀,规格为DN___,P=___MPa,网体,材质	___	个	设于天××	
5	减压阀	话变(低阻力)/双止回阀型,规格为DN___,P=___,P=___MPa,网体,材质	___	个	设于天××	
6	Y型过滤器	篮框/滤网型,规格为DN___,P=___MPa,网体	___	个	设于天××	
7	自动排气阀	规格为DN___,P=___MPa,网体,材质	___	个	设于天××	
8	不锈钢金属软管	规格为DN___,P=___MPa,材质(采用比例减压阀体时,应注明减压比例)	___	个	设于天××	
9	水表	规格为DN___,P=___MPa,表盘直径___	___	个	设于天××	
10	压力表	规格为DN___,~___MPa,表盘直径___	___	个	设于天××	
11	泄压阀	式,规格为DN___,P=___MPa	___	个	设于天××	
12	水锤消除器	型,规格为DN___,P=___MPa	___	个	设于天××	
13	水锤消除器	型,规格为DN___,P=___MPa	___	个	设于天××	
14	旋流防止器	型,规格为DN___,P=___MPa	___	个	设于天××	
15	温控阀	型,规格为DN___,P=___MPa,网体,材质	___	个	设于天××	
16	流量平衡阀	型,规格为DN___,P=___MPa,网体,材质	___	个	设于天××	
17	膨胀节	型,规格为DN___,P=___MPa,网体,材质	___	个	设于天××	

给水排水主要设备表二 | 图纸编号 5.1-2

图例（一）

一、阀门

1. 阀门（蝶阀、截止阀）
2. 阀门（闸阀）
3. 电动阀
4. 止回阀（消声止回阀）
5. 水力遥控浮球阀
6. 球阀
7. 减压阀
8. 旋塞阀
9. 泄压阀
10. 水流指示器及监控蝶阀
11. 倒流防止器
12. 温控阀
13. 电磁阀
14. 电动闸阀
15. 流量平衡阀
16. 自动排气阀
17. 安全阀
18. 排水自动吸气阀
19. 角阀
20. 真空破坏器（大气型）
21. 真空破坏器（压力型）

二、排水

1. 管堵
2. 地漏
3. 多通道地漏
4. 消扫口
5. 带网框地漏
6. 检查口
7. 升顶通气帽
8. 侧墙通气帽（成品透气帽）
9. 明沟排水
10. 排水潜水泵
11. 重力流雨水斗
12. 侧入式雨水斗
13. 满管压力（虹吸）斗
14. 13号沟头雨水口
15. 路旁雨水口
16. 排水漏斗

三、消防设施

1. 单栓消防箱
2. 室外消火栓
3. 室内消火栓带自救水喉（带阀）
4. 湿式报警阀
5. 干式报警阀
6. 预作用报警阀
7. 雨淋报警阀
8. 单上喷头　开式
9. 单下喷头　开式
10. 上下喷头　开式
11. 侧墙喷头
12. 水力警铃
13. 地上式水泵接合器
14. 墙式水泵接合器
15. 信号闸阀
16. 信号蝶阀
17. 推车式灭火器
18. 手提式灭火器

四、管配件及仪表

1. 橡胶软接头
2. 波纹膨胀节
3. 金属软管
4. 固定支架
5. 滑动支架
6. 减压孔板
7. Y型过滤器
8. 水表
9. 室外水表及阀门井
10. 压力表
11. 电接点压力表
12. 真空压力表
13. 温度计
14. 压力开关
15. 金属软接头
16. 偏心异径大小头
17. 同心异径大小头
18. 流量检测装置
19. 水锤消除器
20. 自动记录流量计

图例一　图纸编号　5.1-3

图例（二）

六、洁具给水排水

	洁具给水排水
1.	冷水给水龙头
2.	热水给水龙头
3.	皮带给水龙头
4.	化验给水龙头
5.	肘式给水龙头
6.	脚踏给水龙头
7.	浴盆混合给水龙头
8.	浴盆单柄混合给水龙头
9.	淋浴给水龙头
10.	淋浴器单柄混合给水龙头
11.	大、小便槽冲洗水箱
12.	小便器排水（自带存水弯）
13.	座便器排水（自带存水弯）
14.	S弯（上、下）
15.	蹲便器排水水件
16.	洗涤盆排水水件
17.	浴缸排水水件
18.	P弯/S弯地漏

注：线形图例、立管图例等因项目特殊要求需自行
按本图格式补充完善。

图例二　图纸编号　5.1-4

16.	一体化成品隔油池
17.	污水提升装置
18.	沉淀池
19.	降温池
20.	中和池
21.	雨水检查井
22.	污水检查井
23.	虹吸雨水检查点
24.	燃气进户点
25.	市政给水管入户井
26.	消防给水管入户井
27.	水封井
28.	室外洒水龙头
29.	雨水蓄水模块
30.	污水监测井
31.	弃流井
32.	溢流井

21.	刚性防水套管
22.	柔性防水套管
23.	吸水喇叭口支座
24.	吸水喇叭口
25.	侧壁过水孔

五、设备及小型构筑物

1.	卧式水泵
2.	立式水泵
3.	热水循环泵
4.	水泵
5.	潜水排污泵
6.	卧式换热器
7.	立式换热器
8.	容积式燃气热水炉
9.	闭式储水罐
10.	膨胀罐
11.	银离子消毒器
12.	紫外光催化二氧化钛灭菌器
13.	水池自洁消毒器
14.	化粪池
15.	土建隔油池

5.2　标准化设计展开原理图

本书编制的标准化设计展开原理图均为图示模板形式，主要包括系统展开原理图使用说明、给水系统展开原理图图示模板、热水系统展开原理图图示模板、生活排水系统展开原理图图示模板、雨水排水系统展开原理图图示模板、地下室压力排水系统展开原理图图示模板、消火栓系统展开原理图图示模板、自动喷水系统展开原理图图示模板，共计 8 张标准化图纸。

为方便设计人员理解和引用图纸，编写组专门编制了系统展开原理图使用说明，图中主要介绍了两部分内容：其一，本套图示模板的建筑功能和相应的建筑设计参数，如不超过 100m 的高层建筑、设有两层地下室、设有三层裙房（含少量商业功能）、高区为酒店客房、三层以上至酒店区为敞开式办公等；其二，针对给水排水各系统展开原理图图示模板的特点进行简要的描述。系统展开原理图使用说明在正式出具设计文件时，无需提供。

建筑类型中除了高层建筑外，还有多层建筑、超高层建筑等类型，设计人员可以按照本书提供的系统展开原理图图示模板进行补充完善。由于每个项目中建筑层高及层数均不同，实际的系统展开原理图更加复杂，因此，系统展开原理图图示模板中仍可能会有缺少的设计内容，如超高层建筑中的避难层和设备层等处的设计。

每张系统展开原理图图示模板的设备层均增设了一个设备及附件简表，表中仅表达重要设计参数，参数均从主要设备表中摘录。增设的目的是方便设计人员、校审人员以及其他使用人员读图，减少查阅图纸时间。

系统展开原理图使用说明	
1	展开原理图图示模板标准化图纸介绍
1.1	展开原理图图示模板标准化图纸以实际工程中较为常见的系统为例进行绘制，共计 8 张，具体分布如下：
	图纸编号 5.2-1，系统展开原理图使用说明
	图纸编号 5.2-2，给水系统展开原理图图示模板
	图纸编号 5.2-3，热水系统展开原理图图示模板
	图纸编号 5.2-4，生活排水系统展开原理图图示模板
	图纸编号 5.2-5，雨水排水系统展开原理图图示模板
	图纸编号 5.2-6，地下室压力排水系统展开原理图图示模板
	图纸编号 5.2-7，消火栓系统展开原理图图示模板
	图纸编号 5.2-8，自动喷水系统展开原理图图示模板
1.2	本套标准化图纸以不超过 100m 的高层建筑为展示模板，其中地下分为两层，主要建筑功能为设备机房与车库；地上 1～3 层为裙房，设有少量商业、管理办公、会议等辅助用房；上部分为中区及高区两个部分，其中中区为办公，高区为酒店客房。
	集中生活热水系统仅在高区酒店客房设置。为保证冷热水系统同程布置，高区生活给水系统与生活热水系统均采用上行下给的供水方式，在实际工程中，也可采用下行上给的供水方式。
	排水系统采用隔层排水设计，未采用同层排水设计。
1.3	设计文件中标注的尺寸均以 mm 计，标高以 m 计。
	设计文件中标注的管道标高均以管中心计。
设计说明	
2.1	给水系统概述：
	市政给水压力 0.15MPa。生活给水系统设定三个分区，其中地下室及首层采用市政管网直供；中区设置一套恒压变频供水设备；高区设置一套恒压变频供水设备。
	生活水箱、变频供水泵组、消毒设备等均设置在地下一层生活水泵房内。
	当生活给水系统分区供水时，各分区的静水压力不宜大于 0.45MPa；当设有集中热水系统时，分区静水压力不宜大于 0.55MPa。
	当生活给水系统用水点处供水压力大于 0.20MPa 时，采用支管减压阀减压供水，减压阀后压力 0.20MPa。
	采用成品不锈钢生活水池，生活变频供水设备设置备用泵及小泵。
2.2	热水系统概述：
	仅高区有集中热水供水需求，高区生活热水水源与高区变频供水分区同源。系统采用上行下给，管网同程布置。
	生活热水集中供热系统采用太阳能预热+燃气热水炉辅助加热的系统形式。
	生活热水回水管设置 AOT 消毒装置。
2.3	排水系统概述：
	排水系统分生活排水系统、雨水排水系统、地下室压力排水系统。以展示各种常见系统为目标，不同系统形式各展示一组。
	生活排水立管隔层/每层需设置连接管道与专用通气管道连接，通气管道原则上全部接至屋面高空排放。
	其中重力流生活排水系统包括：分流制生活排水系统、合流制生活排水系统、空调机房排水系统、茶水间排水系统等；
	压力流生活排水系统包括：地下室集水坑排水、沉砂隔油池排水、消防电梯集水坑排水、一体化成品隔油池及污水提升装置；
	其中一体化成品隔油池及污水提升装置需设置伸顶通气。
	雨水排水分为采用重力流雨水斗、满管压力流（虹吸）雨水斗两种情况展示。
2.4	消火栓系统概述：
	根据本工程建筑体量，消火栓设计流量 40L/s；采用临时高压系统，屋顶设置消防水箱及消火栓稳压泵组；消火栓系统竖向分两个区，通过减压阀进行竖向分区；
	在消火栓栓口压力 $P > 0.70$MPa 的楼层设置减压稳压消火栓，栓口设定压力值为 0.35～0.40MPa。
	在消火栓栓口压力 0.70MPa$> P >$0.50MPa 的楼层消火栓处设置减压孔板，栓口设定压力值为 0.35～0.40MPa。
2.5	自动喷水系统概述：
	根据本工程建筑体量，喷淋设计流量 40L/s；采用临时高压系统，屋顶设置消防水箱及喷淋稳压泵组；喷淋系统竖向不分区；
	配水管道的工作压力不应大于 1.20MPa。
	报警阀处的工作压力大于 1.60MPa 时，应分区供水。
	每个报警阀组供水的最高与最低位置喷头，其高程差不大于 50m。
	本模板标准化图纸仅以该项目为例进行设计展示，重点展现的是系统分区原理设计，其余未尽事宜，在本书各系统章节详尽说明。

		系统展开原理图使用说明	图纸编号	5.2-1

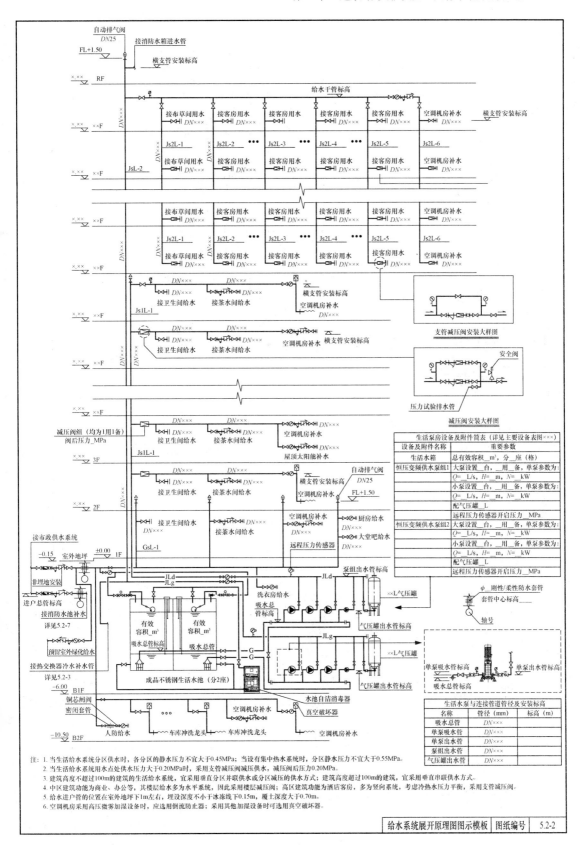

注：1. 生活给水系统分区供水时，各分区的静水压力不宜大于0.45MPa；当设有集中热水系统时，分区静水压力不宜大于0.55MPa。
　　2. 当生活给水系统用水点处供水压力大于0.20MPa时，采用支管减压阀减压供水，减压阀后压力为0.20MPa。
　　3. 建筑高度不超过100m的建筑的生活给水系统，宜采用垂直分区并联供水或分区减压的供水方式；建筑高度超过100m的建筑，宜采用垂直串联供水方式。
　　4. 中区建筑功能为商业、办公等，其楼层给水多为水平系统，因此采用楼层减压阀；高区建筑功能为酒店客房，多为竖向系统，考虑冷热水压力平衡，采用支管减压阀。
　　5. 给水进户管的位置在室外地坪下1m左右，埋设深度不小于冰冻线下0.15m，覆土深度大于0.70m。
　　6. 空调机房采用高压微雾设备时，应选用倒流防止器；采用其他加湿设备时可选用真空破坏器。

| 给水系统展开原理图图示模板 | 图纸编号 | 5.2-2 |

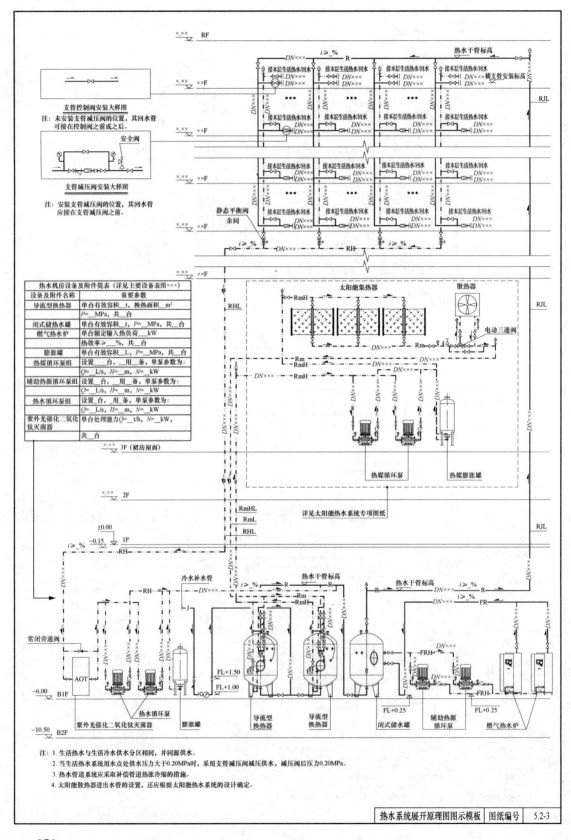

注：1. 生活热水与生活冷水供水分区相同，并同源供水。
2. 当生活热水系统用水点处供水压力大于0.20MPa时，采用支管减压阀减压供水，减压阀后压力0.20MPa。
3. 热水管道系统应采取补偿管道热胀冷缩的措施。
4. 太阳能散热器进出水管的设置，还应根据太阳能热水系统的设计确定。

热水系统展开原理图图示模板　图纸编号　5.2-3

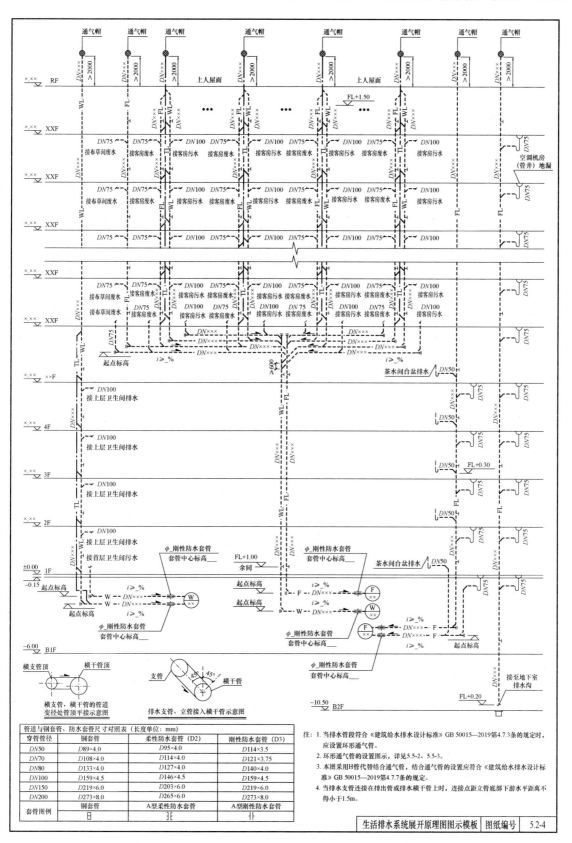

生活排水系统展开原理图图示模板 | 图纸编号 | 5.2-4

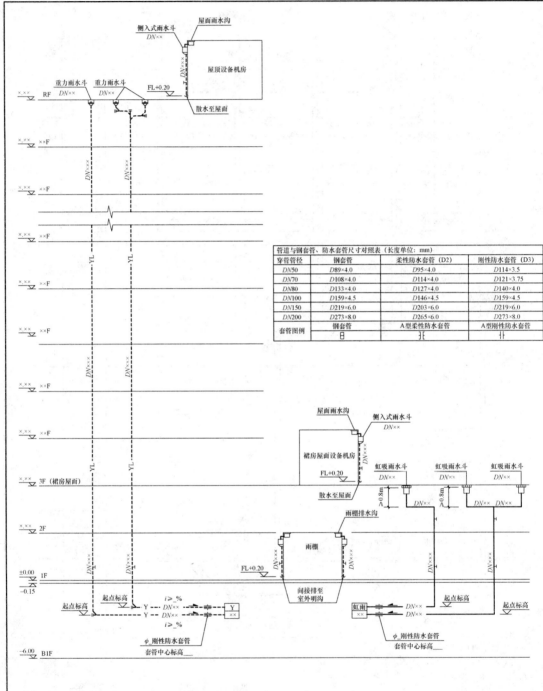

管道与钢套管、防水套管尺寸对照表（长度单位：mm）			
穿管管径	钢套管	柔性防水套管（D2）	刚性防水套管（D3）
DN50	D89×4.0	D95×4.0	D114×3.5
DN70	D108×4.0	D114×4.0	D121×3.75
DN80	D133×4.0	D127×4.0	D140×4.0
DN100	D159×4.5	D146×4.5	D159×4.5
DN150	D219×6.0	D203×6.0	D219×6.0
DN200	D273×8.0	D265×6.0	D273×8.0
套管图例	钢套管	A型柔性防水套管	A型刚性防水套管

注：1. 本工程塔楼屋面采用重力流雨水排水系统；裙房屋面采用满管压力流（虹吸）雨水排水系统。
2. 一般建筑的总排水能力不应小于10年重现期的雨水量。
3. 重要公共建筑、高层建筑的总排水能力不应小于50年重现期的雨水量。
4. 当屋面无外檐天沟或无直接散水条件且采用溢流管道系统时，总排水能力不应小于100年重现期的雨水量。
5. 建筑屋面雨水排水工程应设置溢流孔口或溢流管系等溢流设施，且溢流排水不得危害建筑设施和行人安全。
6. 当采用外檐天沟排水、可直接散水的屋面雨水排水，或民用建筑雨水管道单斗内排水系统、重力流多斗内排水系统按重现期P大于或等于100年设计时，可不设溢流设施。
7. 本图中虹吸雨水系统仅表示管道路由。

	雨水排水系统展开原理图图示模板	图纸编号	5.2-5

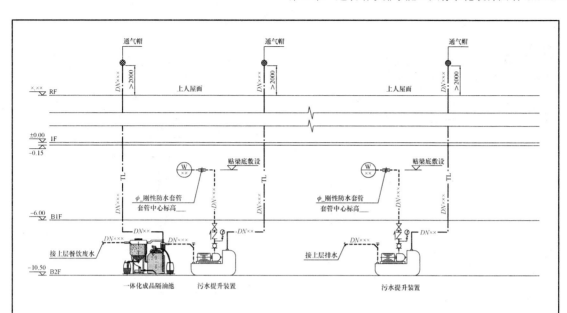

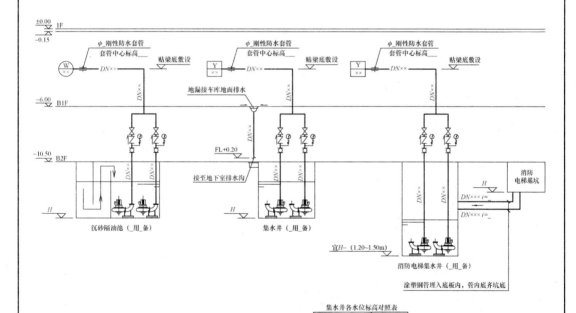

集水井各水位标高对照表

地坪标高	H+×××
报警水位标高	H+×××
三泵启泵水位标高	H+×××
双泵启泵水位标高	H+×××
单泵启泵水位标高	H+×××
停泵水位标高	H+×××
池底标高	H

本表格所有单位均以米计。

注：1. 本图所示管径仅为示意，读者需根据工程实际设置的排水洁具设计排水管径。

2. 本图所有压力流排水管接入室外雨、污水井时，均由室外雨污水井上部高位接入。

3. 消防电梯集水井的有效容量不应小于2.00m³；排水泵的排水量不应小于10L/s。

4. 消防电梯基坑与集水坑的连通管，也可以采用侧向连接方式。

管道与钢套管、防水套管尺寸对照表（长度单位：mm）

穿管管径	钢套管	柔性防水套管（D2）	刚性防水套管（D3）
DN50	D89×4.0	D95×4.0	D114×3.5
DN70	D108×4.0	D114×4.0	D121×3.75
DN80	D133×4.0	D127×4.0	D140×4.0
DN100	D159×4.5	D146×4.5	D159×4.5
DN150	D219×6.0	D203×6.0	D219×6.0
DN200	D273×8.0	D265×6.0	D273×8.0
套管图例	钢套管	A型柔性防水套管	A型刚性防水套管

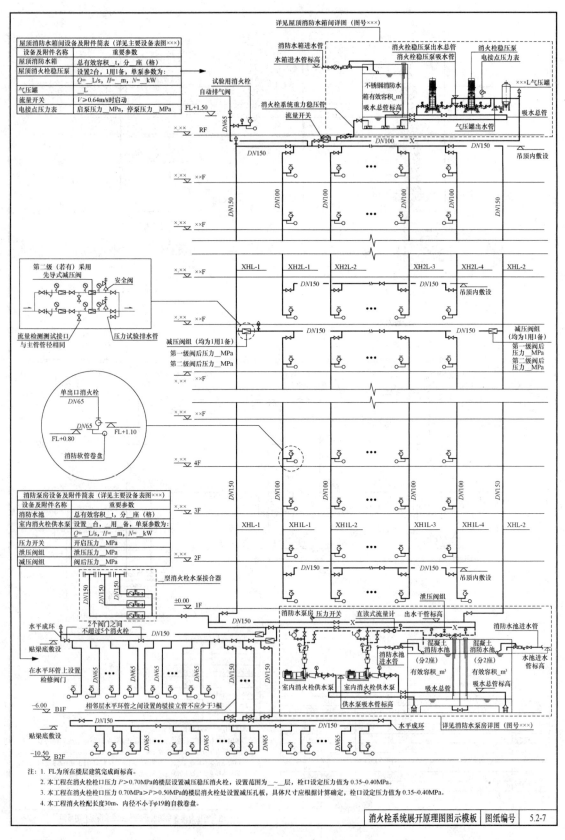

消火栓系统展开原理图图示模板 | 图纸编号 | 5.2-7

注：1. FL为所在楼层建筑完成面标高。
　　2. 本工程在消火栓栓口压力 P>0.70MPa的楼层设置减压稳压消火栓，设置范围为__~__层，栓口设定压力值为0.35~0.40MPa。
　　3. 本工程在消火栓栓口压力 0.70MPa>P>0.50MPa的楼层消火栓处设置减压孔板，具体尺寸应根据计算确定，栓口设定压力值为0.35~0.40MPa。
　　4. 本工程消火栓配备长度30m，内径不小于φ19的自救卷盘。

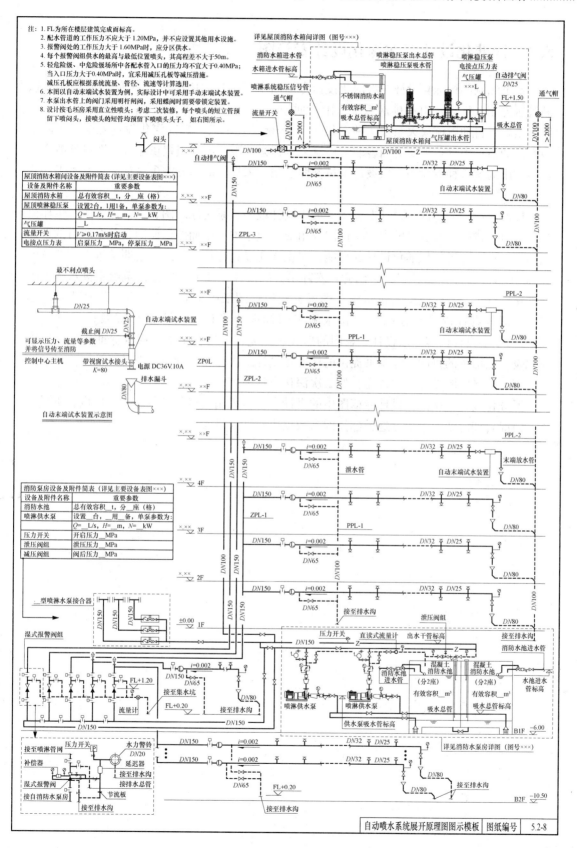

注：1. FL为所在楼层建筑完成面标高。
　　2. 配水管道的工作压力不应大于1.20MPa，并不应设置其他用水设施。
　　3. 报警阀处的工作压力大于1.60MPa时，应分区供水。
　　4. 每个报警阀组供水的最高与最低位置喷头，其高程差不大于50m。
　　5. 轻危险级、中危险级场所中各配水入口的压力均大于0.40MPa；
　　　 当入口压力大于0.40MPa时，宜采用减压孔板等减压措施。
　　　 减压孔板应根据系统流量、管径、流速等计算选用。
　　6. 本图以自动末端试水装置为例，实际设计中可采用手动末端试水装置。
　　7. 水泵出水管上的阀门采用明杆闸阀，采用蝶阀时需要带锁定装置。
　　8. 设计按毛坯房采用直立喷头；考虑二次装修，每个喷头的短立管预
　　　 留下喷闷头，接喷头的短管均预留下喷喷头头子，如右图所示。

屋顶消防水箱间设备及附件简表（详见主要设备表图×××）	
设备及附件名称	重要参数
屋顶消防水箱	总有效容积_t，分_座（格）
屋顶喷淋稳压泵	设置2台，1用1备，单套参数为：Q=_L/s，H=_m，N=_kW
气压罐	_L
流量开关	V>0.17m/s时启动
电接点压力表	启泵压力_MPa，停泵压力_MPa

消防泵房设备及附件简表（详见主要设备表图×××）	
设备及附件名称	重要参数
消防水池	总有效容积_t，分_座（格）
喷淋供水泵	设置_台，_用_备，单套参数为：Q=_L/s，H=_m，N=_kW
压力开关	开启压力_MPa
泄压阀组	泄压压力_MPa
减压阀组	阀后压力_MPa

自动末端试水装置示意图

自动喷水系统展开原理图图示模板　图纸编号　5.2-8

355

5.3 标准化设计二次深化设计专篇图

本书编制的标准化设计二次深化设计专篇图主要包括太阳能热水系统、游泳池系统、满管压力流（虹吸）雨水排水系统、雨水回用系统、气体灭火系统、高压细水雾灭火系统、喷射型自动射流灭火系统7种，共计25张标准化图纸。二次深化设计是施工图阶段最常见的设计内容，涉及的内容非常广泛，因篇幅所限，编写组提供了施工图设计阶段中较为常用的这7种专篇图，供设计人员参照绘制；未提供的部分需由设计人员按本书格式自行补充完善。

标准化设计二次深化设计专篇图一般由设计说明、系统原理图、工艺流程图、工作流程图、节点详图以及少量的安装类详图等组成，但未纳入平面图，原因是每个项目的平面图均不一致，无进行标准化设计的可能。二次深化设计专篇图的设计说明从本书第3章的3.10节及3.20节中直接摘录，因此，实际出具的设计文件中不应在建筑给水排水施工图标准化设计说明及建筑给水排水施工图标准化设计图纸中重复提供这部分设计内容。通常，这部分设计内容在建筑给水排水施工图标准化设计说明中简略提及即可（如表3.20），主要设计内容应以设计专篇图的形式表达完整。这也是本书提供标准化设计二次深化设计专篇图的目的。除本书提供的标准化设计二次深化设计专篇图外，设计人员还应补充相关的平面图设计，组成完整的二次深化设计内容。

标准化设计二次深化设计专篇图中的设计参数多采用表格化填写方式，但也有直接标注的情况，如游泳池系统，这类标注的参数仅供设计人员参考使用。

右侧竖排标签:**太阳能热水系统设计说明　图纸编号 5.3.1-1**

序号	项目名称	内容
1	主要设计依据	《建筑给水排水设计标准》GB 50015—2019 《建筑物防雷设计规范》GB 50057—2010 《民用建筑太阳能热水系统应用技术标准》GB 50364—2018 《真空管型太阳能集热器》GB/T 17581—2021 《建筑节能与可再生能源利用通用规范》GB 55015—2021 其他___
2	设计范围	本设计文件为太阳能生活热水系统范围内的工艺施工图设计 本设计说明为太阳能生活热水系统范围内专项设计说明，说明未见部分参照建筑给水深化设计计说明相关部分 本设计文件提供的专项设计由专业主认可的工艺施工说明及工艺施工图预由专业承包商深化设计，并经主承包单位审核确认后才能用于施工。本设计仅供招标使用 其他___
3	工程概况	___（项目名称）位于___ 处于北纬，东经___，属___气候
4	各月设计用气象参数	水平面月平均日太阳总辐照量：___kJ/（m²·d） 倾斜面月平均日太阳总辐照量：___kJ/（m²·d） 月日照小时数：___h 月平均室外气温：___℃
5	太阳能热水系统	太阳能热水系统选用： □开式系统　□闭式系统 集中集热、集中供热水系统 集中集热、分散供热水系统 分散集热、分散供热水系统 系统换热方式采用：□间接换热　□直接换热 系统循环方式采用：□强制循环　□自然循环 系统换热方式采用：□间接　□直接 技术措施___
6	集热器性能参数	热水温度：　冷水温度：___℃　设置干___ （1）设置的集热器面积为___m²，采用的集热器前面为___ （2）产品类型___（真空管/平板），采用集热器类___ 全日集热效率为___ （3）集热器安装方式：□水平安装　□倾斜安装 最大机械荷载（350kg/m²）另加考虑雪载荷载； 集热器承压：___MPa （4）集热器内部换热介质为：□防冻液　□水； 集热器内防冻介质输送介质为___ （5）集热器采用抗风、抗冰雹、外壳应有保护涂层、能防锈、抗氧化、能防腐蚀、抗段腐蚀、耐酸臭氧等，满足使用寿命不低于15年，抗震设计，抗风、雪载
7	集热系统防冻要求	所有与集热系统相关的设备在使用过程中正常输送介质的部件，所有与集热系统相关的部件在正常使用的情况下正常使用，输送介质不应低于100℃ 冻液的输送在不低于___下正常使用
8	其他太阳能集热系统要求	集热系统防冻要求防冻的部件的材质应能承受的材质，与输送介质相关系统相关的部件的设备或与集热系统相关输送介质输送温度不低于100℃

序号	项目名称	内容
9	系统说明	（1）集热系统由设置在___（屋面/阳台/立面）上的太阳能集热器、散热器及热媒供回水管道组成。 （2）当集热器出水温度与系统设定值达到___上限时，集热循环泵启动，将太阳能集热器吸收至___kW 频热至储存到的快水箱中 储热系统及热交换器（容积式热交换器/热水箱/闭式太阳能地储存列水罐中）通过（直接/间接）换热的方式，将太阳能最大限度地储存列水罐中 （4）防冻系统采用方式： □防冻循环　□防冻排液 （5）防过热系统采用方式： □设置热水循环　□设置遮阳散热器 （6）定压补液系统：通过控制系统检输信号，___（手动/自动）补液 定压补液介质采用___防冻液
10	主要实施工依据	《建筑给水排水及采暖工程施工质量验收规范》GB 50242—2002 《建筑给水排水管道工程施工及验收规范》GB 50268—2008 《管道和设备保温、防结露及电伴热》16S401 《常用小型阀及特种阀门选用与安装》01SS105 《太阳能集中热水系统选用与安装》15S128 其他___ 设计文件中标注的尺寸均以 mm 计，标高以 m 计
11	计量单位	设计文件中标注的管道标高均以管中心计
12	管道安装	管道支吊架参照的国家建筑标准设计图集：（见表 3.11.2 或自行添加） □管道支吊架 03SG520 管道支吊架设置：□抗震支吊架　□成品支吊架　□其他___ 主要设备基础：___（长）×___（宽）×___（高） 采用基础尺寸规格为___
13	管道及配件	（1）太阳能热水的热媒供回水管采用___（材质）___管道、连接方式，阀门、管件、附件及阀件质为不锈钢 （2）阀门：DN50 及以下采用螺纹，DN50 以上采用法兰，阀门材质为不锈钢 （3）开式太阳能热水系统应采用耐温不低于100℃的金属管材，应将热水做保温，或对水箱内做空，或采用带保温夹套热水箱的离心闭式太阳能热水系统应采用耐温不低于200℃的金属管道，管件、管件、附件及阀件，直接用太玻璃钢管等保温（60℃时导热系数小于或等于0.041W/（m·K），用专用阳能集热系统采用不锈钢，接缝处用耐腐胶密封
14	管道试压	见表 3.7.9
15	保温	（1）室外明敷及安装在室内公共部位有可能结冻的热水管道，应采取保温措施，热回水管、热媒管、热媒回水管、供热循环管、供热回水管，应采取保温措施。 （2）处理：阀门、法兰如长期不用、或室外管道低于0℃时，应将水管内放空。 （3）闭式太阳能热水系统采用耐温不低于200℃的金属管道用做保温，用做热放空
16	运行控制	采用___（定温控制/温差控制），具体为___
17	其他	因为每个项目的平面布置各不相同，所以太阳能平面布置各有不同，所以以平面布置仅供设计图纸中提供的标准化设计图纸仅提供设计计说明，系统原理图，系统选用情况应根据实际情况进行太阳能热水系统的平面设计 其他___

注：序号4中，采用太阳能热水系统时，应满足日照时数大于1400h/年，年太阳辐射量大于4200MJ/㎡的要求。在所在地区位置，所在地区冬季最低气温不低于−45℃。

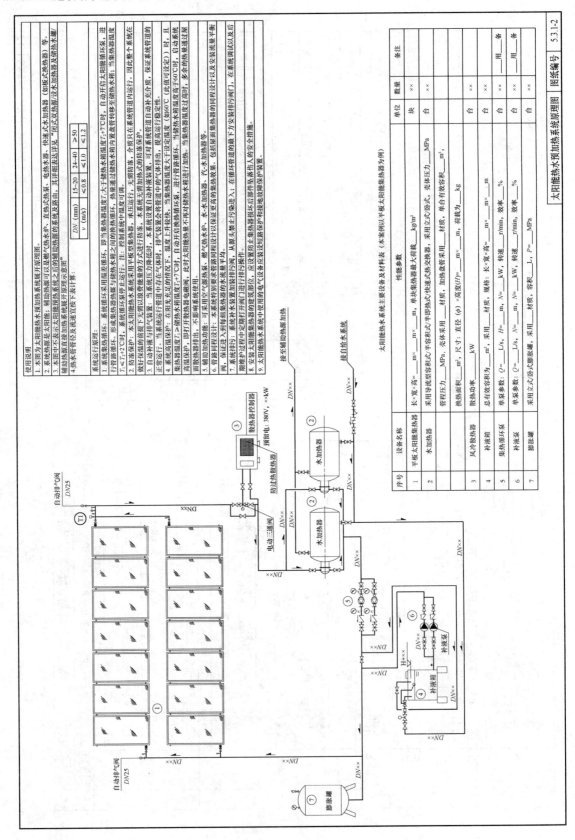

序号	项目名称	内容
1	主要设计依据	《生活饮用水卫生标准》GB 5749—2022 《建筑给水排水设计标准》GB 50015—2019 《游泳池给水排水工程技术规程》CJJ 122—2017 《饮用净水水质标准》CJ 94—2005 《游泳池水质标准》CJ/T 244—2016 国际游泳联合会及相关专业部门要求 其他
2	设计范围	本设计文件为哪些游泳池给水排水系统范围内的工艺施工图设计 本设计文件提供的专项设计说明及工艺施工图应由工艺施工图设计单位认可的专业承包商深化设计、说明未见相关部分参照建筑给水排水设计相关部分 本设计说明书为游泳池给水排水系统专项设计说明，并经主体设计单位审核确认通过后才能用于施工。本设计文件仅供设计招标使用 其他
3	概况及工艺设计参数	(1) ___ (项目名称) 位于 ___ (2) 项目设置的水池形式为: □游泳池 □竞赛池 □训练池 □造浪池 □环流河 □幼儿戏水池 □其他 (3) ___ 池 (哪种形式) 设置于 □室内 □室外; …… (4) ___ 池 (哪种形式) 设计 ___ 层 (机房位置); …… (5) ___ 池 (哪种形式) 的循环水质 ___, 补充水质 ___ (6) 池体面积 ___ m², 池体容积 ___ m, 池体水深 ___ m, 补水量 ___ m³, 循环流量 ___ m³/h, 过滤器流速 ___ m/h, 池水设计温度 ___ ℃, 循环周期 ___ h, 均衡水池 □平衡水池 ___ 循环水设计速 ___ , 恒温耗热量 ___ kW, 池有效容积 ___ m³, 初次充水时间 ___ h, 放空时间 ___ h, 初次总加热量 ___ kW, 恒温耗热量 ___ kW, 预留结构荷载 ___ t/m² 消毒方式为: □氯消毒 □臭氧消毒 □紫外消毒 □室外消毒 …… (7) ___ 池 (哪种形式) 的循环系统配置: □每个水池独立一个系统 □游乐池和水上乐池可合用一个系统 □其他 …… (8) ___ 池 (哪种形式) 初次充水和水质 初次总加热量 ___ (9) ___ 池 (哪种形式) 放空方式为: □重力排空 □动力式强排水方式; (市政直供/加压变频水泵 ___); □动力式强排空 □其他
3	概况及工艺设计参数	(10) ___ 池 (哪种形式) 的循环系统流程为: (11) 游泳池的池水水质应符合现行行业标准《游泳池水标准》CJ/T 244 的规定 (1) 动力系统: 各个系统均设置备用泵, 每泵均自带毛发收集器, 水系统选用 □工业塑料成品池专用泵 □不锈钢水泵 (2) 过滤系统: 过滤器数量 ___ , 规格 (直径 ___ mm, 高度 ___ m), 材质 ___ , 滤料 ___ , 单台处理量 ___ m³/h, 运行流速 ___ , 工作压力 ___ MPa, 反冲洗周期 ___ , 反冲洗方式 ___ (3) 消毒系统: 1) 紫外线消毒设备: 采用中压紫外灯消毒器, 采用 □立式 □卧式, 接触 ___ (室内 ___ 池 (哪种形式), 内外涂防腐涂层; 紫外线消毒剂量不小于 ___ mJ/cm², 紫外线消毒剂量 640MJ/cm² 2) 臭氧消毒系统 □全流量全程式 □分流量半程式 消毒工艺, 臭氧投加量为 ___ mg/L, 臭氧采用负压方式投加到循环水中, 池水中余氯量不小于 ___ 室内 60MJ/cm² ___ 室内 640MJ/cm² 应采用与循环水泵连锁的全自动控制投加系统, 臭氧接触反应器采用 □立式 □卧式, 接触 ___ (SUS316L 不锈钢 □玻璃钢), 内外涂防腐涂层: 3) 氯消毒系统 □氯消毒 应投加到过滤后循环水中, 次氯酸钠投加到池水过滤器后 ___ %, 药消制备时间注入游泳池 应采用与循环水泵前湿式投加, 采用 ___ mg/L; 次氯酸钠消毒剂采用外购成品型或现场制备次氯酸钠, 药消制备为 ___ ; 严禁氯气消毒剂在滤后湿式投加, 采用 ___ mg/L; 药消剂直接注入游泳池 量: ___ mL/h, 接触时间 ___ 4) pH 调整剂投加量为 ___ , 设计投加量为 ___ mg/L; 5) 絮凝剂投加量为 ___ , 设计投加量为 ___ mg/L; 6) 加热恒温系统: 采用 □板式换热器 □半容积式换热器 ___ 台, 热媒进回水 ___ , 换热量 ___ kW, 恒温: ___ 池 (哪种形式) 的设置情况; 耗热量 ___ kW, 板式换热器 □初次加热开启 ___ 台, 换热量 ___ kW, 初次总加热量 ___ , 单台换热量 ___ kW 温度为 ___ ℃, 换热片板采用 ___ , 恒温加热开启 ___ 台, 热媒回水 ___ 其他 ___
4	主要系统要求	
5	主要施工依据	《建筑给水排水及采暖工程施工质量验收规范》GB 50242—2002 《给水排水管道工程施工及验收规范》GB 50268—2008 《游泳池给水排水工程技术规程》CJJ 122—2017 《游泳池及附件安装》10S605 设计文件中标注的尺寸以 mm 计, 标高以 m 计 其他
6	计量单位	设计文件中标注的管道标高均以管中心计 参照相关国家标准设计图集: (见表 3.11.2 或自行添加) □ ___ 其他
7	管道安装和施工要求	管道支吊架设置: □防晃支吊架 □防震支吊架 □成品支吊架 □其他 主要设备基础: 采用基础形式为 ___ , ___ 规格为: ___ (长) × ___ (宽) × ___ (高)

太阳能热水系统设计说明　图纸编号　5.3.1-1

序号	项目名称	内容
9	管道试压、冲洗、消毒、保温、设备安装要求等	各设施溢流排水管、放空排水管应按《给水排水管道工程施工及验收规范》GB 50268 的要求进行闭水试验合格后方能隐蔽或进入下道工序
	其他	
10	套管预埋	所有管道穿越地下室外墙时，应预埋防水套管；所有穿池壁及安装在水池底部的管道，施工时应配合土建进行预埋套管，预留孔洞；套管穿越消防车道时，应做法可参见国家建筑标准设计图集《防水套管》02S404；管道穿越车道内，埋比穿越路管径各大于1~2号的钢制套管作为保护管
11	安全要求	臭氧发生器房间内，应在位于臭氧发生器设备水平距离1.0m内，不低于地面上0.3m且不超过设备高度的墙壁上设置臭氧气体浓度检测传感报警器1个
12	其他	因为每个项目的机房平面布置各不相同，所以游泳池系统合用一套池水循环净化处理系统的标准化设计图纸仅提供设计说明、工艺流程图，实际项目应根据项目实际情况进行游泳池系统的平面设计
	其他	

序号	项目名称	内容
8	管道及配件	(1) 水处理循环系统管道采用___MPa的___，连接方式为___ (2) 热媒管采用___MPa的___，连接方式为___ (3) 阀门：DN50及以下采用___，DN50以上采用___，阀门材质___ (4) 给水口、池底排水时水流速度采用不宜小于0.5m/s (5) 池壁给水时流速度采用1.0m/s，池底给水时水流速度不宜大于0.2m/s 游泳池和水上游乐池的进水口、池底回水口和泄排水口应配设格栅盖板 (6) 池壁和池底排水回水应配设格栅数量不宜少于2个。游泳池和水上游乐池的进水口、池底回水口和泄排水口应配设格栅盖板，格栅间隙宽度不得大于8mm，泄水口的数量应满足不会对人体造成伤害的负压，通过格栅的水流速度应大于0.2m/s (7) 比赛用跳水池必须设置水面制波和吸水装置
9	管道试压、冲洗、消毒、保温、设备安装要求等	安装（含保温）：见表3.6.8，表3.11.3，表3.11.4 试压：见表3.6.9 冲洗和消毒：在交付使用前必须进行冲洗和消毒，并经有关部门检验，符合《生活饮用水卫生标准》GB 5749的要求后方可使用

注：1. 游泳池必须采用循环给水的供水方式，并应设置池水循环净化处理系统，不同使用要求的游泳池应设置各自独立的池水循环净化处理系统；当多座水上游乐池合用一套池水循环净化处理系统时，需满足《游泳池给水排水工程技术规程》CJJ 122—2017第4.1.5条的规定。
2. 在有多个游泳池时，应按本表格式逐一表达。

太阳能热水系统设计说明 | 图纸编号 | 5.3.1-1

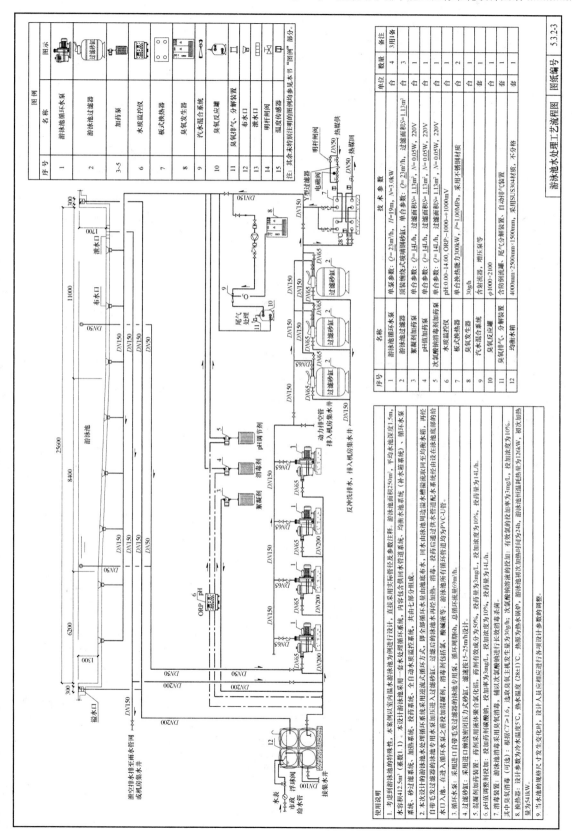

游泳池水处理工艺流程图 | 图纸编号 5.3.2-3

吸污管安装图

吸污口正面图

50

吸污口切面图

50

300

池面

吸污口

150

D3 114 A型刚性防水套管

DN50吸污管

溢水沟回水接管安装图

池面

DN50

D3 114 A型刚性防水套管

DN150

底部给水管安装图

流量调节板

φ100

布水口侧切面图

φ40

30

50

布水口正面图

布水口

池面

300

D3 114 A型刚性防水套管

DN150

φ50 316不锈钢刚性连接管

DN150

进水管

底部排水管安装图

泄水口侧切面图

99

300

泄水口正面图

300

300

泄水口

底部泄水口

池面

D3 219 A型刚性防水套管

DN150

300

底部排水管

游泳池工艺设计局部节点详图　图纸编号　5.3.2.4

序号	项目名称	内容
1	主要设计依据	《室外排水设计标准》GB 50014—2021 《建筑给水排水设计标准》GB 50015—2019 《建筑给水排水与节水通用规范》GB 55020—2021 《建筑屋面雨水排水技术规程》CJJ 142—2014 《虹吸式屋面雨水排水系统技术规程》CECS 183：2015 其他
2	设计范围	本设计文件为满管压力流雨水排水系统专项设计图纸 本设计说明为满管压力流雨水排水系统专项设计说明，说明未见部分参照建筑给水排水设计文件相关部分 并经设计单位审核通过后才能用于施工。本设计文件仅供本设计单位才能用于投标招标使用 其他
3	工程概况和设计参数	其中__（锅房/塔楼）屋面采用满管压力流雨水排水系统设计 （项目名称）位于__ 满流溢流设施采用：□溢流口 □管道溢流系统 溢流设施能力按__年，降雨历时__min； 其排水量复核 按__市暴雨强度公式，设计降雨强度为__，径流系数为__ 满管压力流雨水排水系统总汇水面积__m²，其中__（位置）屋面汇水面积为__m²，共设置__个满管压力流雨水排水系统 __个满管压力流雨水排水系统设计由业主认可的专业承包商深化设计 其他
4	雨水斗	项目中满管压力流雨水斗采用的规格为 □DN50 □DN75 □DN100 □DN125 □DN150 □其他__，共计__个；__规格的雨水斗共设__个，…… 规格__雨水斗额定流量为__，规格的雨水斗采用__ 雨水斗采用大于20m，斗前水深为__mm； 设置同间距不宜大于20m，距排水处的距离不应小于10m，不应小于__mm 溢流口底边出高出虹吸雨水斗顶≥50mm
5	管材及配件	用于同一系统的管道面雨水系统的管道（含与雨水斗相连的管道），与管材相同的材质的 满管压力流雨水斗系统配件以连接口以及连接件仍能耐受变系统正压和负压设计计算要求的规定，管材供厂商提供管材耐正压和负压的检测报告 HDPE承压塑料管及配件、管材连接、电熔连接，有"BD" 选用S12.5等系列，距离雨水斗等于DN80 时丝扣连接 热浸镀锌钢管及配件，管道及配件承受等级为__MPa，管径小于等于DN80 时丝扣连接，管径大于DN80 时沟槽式机械接头连接 不锈钢管及配件，焊接，耐腐蚀性能不低于S30408，管道及配件承受压等级为__MPa 涂塑复合钢管及配件，沟槽式机械连接（负压段采用E型密封圈），管道及配件承受压等级为__MPa 其他
6	消能	与排出管连接的起始满管压力流雨水检查井应能承受水流的冲击力，并以采用钢筋混凝土检查井或消能井，其出口流速不宜小于1.0m×1.0m。其出口处水流流速应小于1.8m/s，否则应在雨水检查井内设置牢固的消能钢板等消能措施

序号	项目名称	内容
6	消能	起始雨水检查井出水管管顶应低于雨水排出管管底0.3m，检查井接入管与排出管的方向宜呈180°，且不得小于90°
7	主要施工依据	每个雨水检查井宜接一根排出管，接排出管的检查井盖宜开通气孔或采用格栅井盖、通气孔的面积不应小于检查井井筒截面积的30% 当同一检查井接多根排出管时，宜设带排水功能的消能井 《建筑给水排水及采暖工程施工质量验收规范》GB 50242—2002 《给水排水管道工程施工及验收规范》GB 50268—2008 《虹吸式屋面雨水排水系统技术规程》CECS 183：2015 《雨水斗选用及安装》09S302 《屋面雨水排水管及配件》15S412 《海绵型建筑与小区雨水控制及利用》17S705 其他
8	计量单位	设计文件中标注的尺寸均以mm计，标高以m计 设计文件中标注的管道标高均以管中心计 参照的国家建筑标准设计图集：（见表3.11.2 或自行添加） □…… 其他
9	管道安装和施工要求	管道支吊架设置：□抗震支吊架 □成品支吊架 □其他 悬吊管无坡度要求，但不得倒坡 连接管设计流速不应小于1.0m/s，悬吊管设计流速不宜小于1.0m/s；立管设计流速不宜小于1.8m/s时应采取消能措施 过渡段下游管道设计流速不宜大于1.8m/s，当流速大于1.8m/s时应根据雨水系统承包商的要求设置检查口 项目屋面雨水系统交界处的距离不应小于10m，立管设计流速大于2.2m/s，且不宜大于10m 其他要求见表3.9.6
10	管道标识	管道的标识，采用黄绿色系
11	密封性能和验收	(1)系统密封性能验收应堵住所有雨水斗、向屋顶或天沟灌水、水位应淹没雨水斗，持续1h后，雨水口周围屋面应无渗漏现象 (2)安装在室内的雨水管道，应根据雨水管道建筑高度进行灌水试验 (3)当立管高度大于250m时，应分下至250m高度段进行灌水试验 (4)灌水试验应持续1h后，管道及其所有连接处应无渗漏现象
12	其他	(1)用于满管压力流计算的计算软件应经过权威部门的鉴定 (2)雨水管道所产生的噪声应符合该类建筑物的噪声要求 (3)雨水沟最小宽度__mm，最小深度__mm 因每个项目的平面布置及条件不同，所以满管压力流（虹吸）雨水设计图纸仅仅以标准化设计图纸以及原理图及节点示详图，设计人员应根据项目实际情况进行满管压力流（虹吸）雨水系统的平面设计 其他

太阳能热水系统设计说明		图纸编号	5.3.1-1

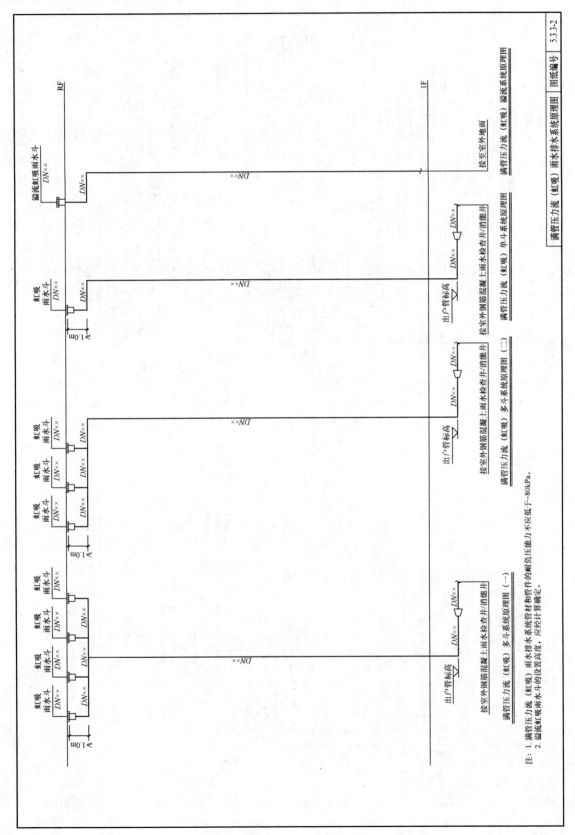

满管压力流（虹吸）雨水排水系统原理图

图纸编号 5.3.3-2

注: 1. 满管压力流（虹吸）雨水排水系统管材和管件的耐负压能力不应低于-80kPa。
2. 溢流虹吸雨水斗的设置高度，应经计算确定。

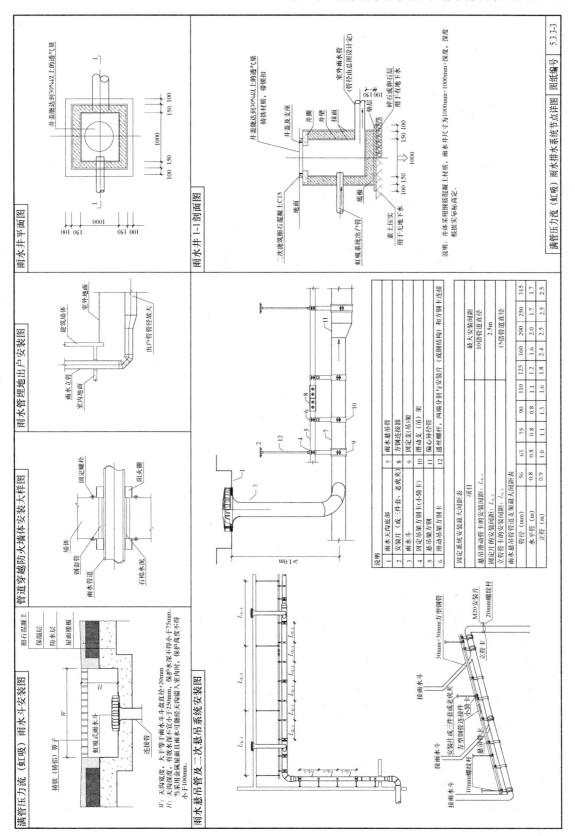

序号	项目名称	内容
1	主要设计依据	《地表水环境质量标准》GB 3838—2002 《室外排水设计标准》GB 50014—2021 《建筑给水排水设计标准》GB 50015—2019 《城市排水工程规划规范》GB 50318—2017 《建筑中水设计标准》GB 50336—2018 《建筑与小区雨水控制及利用工程技术规范》GB 50400—2016 《城镇给水排水技术规范》GB 50788—2012 《建筑给水排水与节水通用规范》GB 55020—2021 《城市污水再生利用 城市杂用水水质》GB/T 18920—2020 《城市污水再生利用 景观环境用水水质》GB/T 18921—2019 其他
2	设计范围	本设计文件为本工程范围内的雨水专项施工图设计 本设计文件提供的专项设计及施工工艺施工说明，说明须与本设计图纸须认可的部分参照建筑给水排水相关标准设计 并经本设计单位审核确认后才能用于施工 本设计文件的设计中包括：雨水预处理系统、净化处理系统、雨水调蓄池、雨水供水系统、自动控制系统 其他
3	工程概况和主要设计计算参数	___（项目名称）位于 ___ m²（硬化屋面/绿化屋面/地面）雨水 项目共收集 ___ m²，年回用水量 ___ m³ 雨水处理设备每日运行时间 ___ h，处理量 ___ m³/h 雨水收集池容积 ___ m³，清水池容积 ___ m³
4	水质	屋面雨水弃流厚度为 2~3mm，地面雨水弃流流量为 3~5mm；初期雨水弃流后，满足相应用途的回用水质要求 处理后雨水弃流后水质（COD/SS/色度），应符合 ___
5	雨水回用处理工艺	(1) 项目雨水回用处理工艺流程采用 ___ (2) 雨水收集系统 采用 ___（雨水预处理系统、雨水处理系统、雨水调蓄池清水池）组成 (3) 雨水预处理系统 采用 ___（一体化埋地机/室外混凝土池）容积为 ___ m³，用 ___（材质）的清水 (4) 雨水调蓄池 采用 ___，设置情况：□设置 □不设 (5) 净化处理系统 采用 ___，投加用 ___；消毒剂采用 ___，投加浓度为 ___，消毒时间为 ___ min (6) 雨水供水系统 采用 ___（室内/室外）供 ___（用途）的清水 (7) 自动控制系统 采用 ___（雨水系统控制器）进行控制，控制程序采用芯片程序控制，配有显示屏，可以做到对 ___（各调蓄池液位状况）进行监控，水泵工作状况，净化设备的控制，同时监控供水、排水、补水情况
6	用水安全措施	(1) 雨水供水管应与生活用水管道分开设置，严禁回用雨水进入生活饮用水给水系统，供水管路应设补水系统，并满足如下要求： 1) 补水的水质应满足雨水供水系统的水质要求； 2) 补水应在净化雨水供水不足时进行； 3) 补水能力应满足雨水中断时系统的用水量要求； 4) 补水路为自来水时，应在自来水管路上设置倒流防止器，以防污染自来水； 5) 清水池（箱）内的自来水补水管口应高于清水水位，补水流出口，且应高于溢流边缘的空气间隙不得小于2.5倍补水管径，且不应小于150mm；向最低点高出溢流边缘处不得小于空气间隙。雨水供水取水口应设在地面外，且应高于室外地面 (2) 雨水供水管道上不得装设取水龙头，并应采取下列防止误饮的措施： 1) 管外壁应按设计规定涂浅绿色或标识环； 2) 有取水口时，应设锁具或专门开启工具； 3) 水表、给水栓、取水口应有明显"雨水"标识； 4) 雨水供水管道应与生活饮用水管道分开设置，误用、误接、误饮的清
7	主要施工依据	《建筑给水排水及采暖工程施工质量验收规范》GB 50242—2002 《给水排水管道工程施工及验收规范》GB 50268—2008 《建筑与小区雨水控制及利用工程技术规范》GB 50400—2016 其他
8	计量单位	设计文件中标注的尺寸均以mm计，标高以m计 设计文件中标注的管道标高均以管中心计 其他
9	管道安装施工要求	参照相应的国家建筑标准设计图集：（见表3.11.2或自行添加） □ ___ 管道支吊架设置：□抗震支吊架 □成品支吊架 □其他 主要设备基础：___ ......
10	管道及配件	(1) 管道采用 ___ MPa（含保温），___（材质）管道，连接方式为 ___ (2) 阀门：DN50及以上采用 ___，阀门材质 ___
11	管道试压、保温、设备安装要求等	安装 见表3.6.8，表3.6.9 试压：DN50及以下采用 ___，表3.11.3、表3.11.4 其他
12	处理机房要求	(1) 为防止异味影响环境，雨水处理机房进出门需具有良好的密封性，机房内换气次数不少于 ___次/h 不少于12次/h； (2) 储药、加药间需配备紧急洗眼装置，换气次数不少于 ___次/h
13	其他	因每个项目的机房及室外平面布置各不相同，所以雨水回用系统的标准化设计图仅提供供应商的工艺说明，设计人员应根据项目实际情况进行雨水回用系统的平面设计 其他

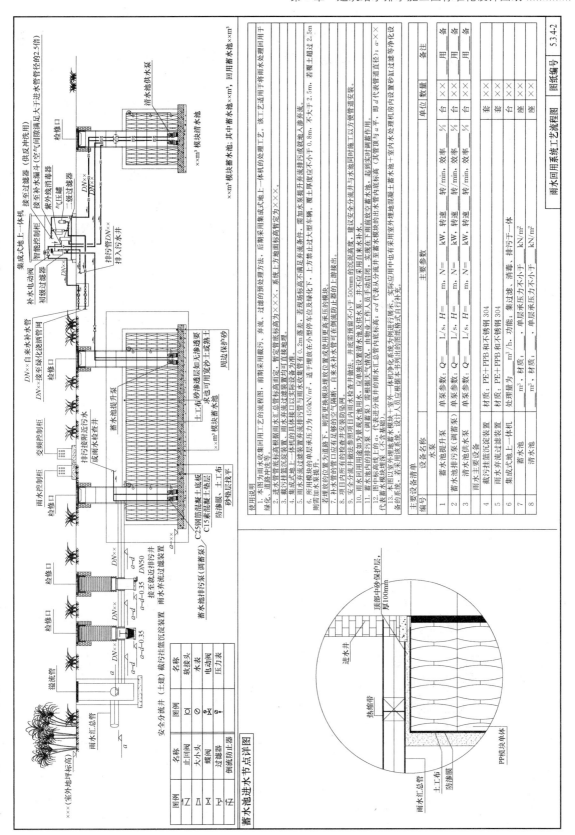

蓄水池进水节点详图

图例	名称
⊠	止回阀
⊘	大小头
⊠	水表
⊠	电动阀
⊢	过滤器
匝	倒流防止器

安全分流井图例

使用说明

1. 本图为雨水收集利用工艺的流程图。
2. 进水管底标高根据雨水汇总管而定，前期采用截污、弃流、过滤等上方处理方法。后期采用集成地上一体机进行处理。该工艺适用于进水管将雨水处理利用于绿化、道路冲洗等。
3. 截污弃流装置、雨水井设置过滤装置均可直接地埋，系统上方地面标高为×××。
4. 集成式地上一体机的具体设备口以实际所配设备为准。
5. 集成式地上一体机过滤装置宜在雨水排污管与雨水收集管下0.2m落差。若现场标高不满足有条件，需加水泵提升弃流排污就地入渗系统。
6. 所有模块的位置下，则宜于模块埋地处标高0.8m。若大于过大型车停车平台下，上方禁止过大型车的上部防止器的上游设施。
7. 若雨水管的位置下，则需要模块更换位置或到倒流防止器的安装相关的网。
8. 补水管下方所有的检查井有足够的安装时大于足于过倒流防止器的上游设备出。
9. 安全分流井做法参照项目内雨水检查井做法。自来水补水管可待倒流防止器的上游设备出。
10. 雨水回用用途加为景观水用水。应根据实气情况，需根据气情况。变更实时调整与平。
11. 图内标高的排污管（调蓄泵）需根据实气情况。由物业工作人员手动启动，实现安全调蓄与平。
12. 本图仅供设计参照使用模块十室内一体机处理设施回用蓄水池工艺流展示。实际应用中有采用室外埋管埋碰凝土蓄水池→室内水处理机房内设置砂缸过滤净化设。
13. 本图设计使用说明书为代表性的图纸格式的图纸。设计人员应参照本书列出的图纸格式自行补充。

代表水表高程上的a，a代表安全分流井的排污管。a-d代表模块出。a-d代表模块的出管道有下设底标高。a-d代表分流井至蓄水模块的的出水管内埋凝混凝土蓄水池。即a代表管道管径，a-d代表安全分流井底标高。

主要设备清单

编号	设备名称	主要参数				单位	数量	备注
	水泵							
1	蓄水池提升泵	单泵参数：Q=___L/s，H=___m，N=___kW，转速___r/min，效率___%				台	××	备用
2	蓄水池排污泵（调蓄泵）	单泵参数：Q=___L/s，H=___m，N=___kW，转速___r/min，效率___%				台	××	备用
3	清水池供水泵	单泵参数：Q=___L/s，H=___m，N=___kW，转速___r/min，效率___%				台	××	备用
	雨水主要设备							
4	截污挂篮沉淀装置	材质：PE+PPB和不锈钢304				套	××	
5	雨水弃流过滤装置	材质：PE+PPB和不锈钢304				套	××	
6	集成式地上一体机	处理量为___m³/h。功能：集过滤、消毒、排污一体				台	××	
7	模块蓄水池	___m³，材质：___。单层承压力≥___kN/m²				座	××	
8	清水池	___m³，材质：___。单层承压力不小于___kN/m²				座	××	

×× m³模块蓄水池；其中蓄水池×× m³，回用蓄水池×× m³

雨水回用系统工艺流程图 | 图纸编号 | 5.3.4-2

序号	项目名称	内容
1	设计及收验依据	《建筑设计防火规范》GB 50016—2014（2018年版） 《气体灭火系统施工及验收规范》GB 50263—2007 《气体灭火系统设计规范》GB 50370—2005 《工业金属管道工程施工规范》GB 50235—2010 《气体灭火系统及部件》GB 25972—2010 《输送流体用无缝钢管》GB/T 8163—2018 《洁净气体灭火系统技术规程》CECS 312: 2012 保护区域建筑平面布置图
2	设计范围	本设计文件为氮气气体灭火系统范围内的设计施工设计 本设计说明为氮气气体灭火系统专项设计，说明未见本部分参照建筑深化设计，其他水排水见设计说明相关部分。其他主体专业设计文 本设计文件提供作的专项设计说明及工艺施工图须由业主认可的专业承包深化设计，并经主体设计单位确认后方可能用于施工。本设计文件仅供招标使用
3	概况及主要设计参数	（项目名称）位于____ 设置氮气气体灭火系统，系统储存于____ □15MPa □20MPa □30MPa 其他 喷头入口压力：____MPa ____MPa 其他 其他____ 系统按全淹没设灭火方式设计 灭火剂用量计算依据 （见表4.4.11-1或表4.4.12-1计算内____℃ （一般取20℃） 保护区环境温度____℃ 其他海拔高度修正系数____；…… 容积用模数板修正系数4) 灭火剂的储存设置72h内不能重新充装工作的 应按系统原存储备量的100%设置备用量 □备按系统原存储备量的100%设置备用量 系统选择情况： □管网式，采用组合分配形式：设置区域有____ □其他 灭火剂用浓度均采用40.3%，当灭火剂释放用量的95%时，喷放时间应不小于60s，且不应大于48s，灭火抑制时间不小于10min 喷放时间应不大于72h 钢瓶启动方式： □设置自动钢瓶 □电磁型驱动装置
4	基本技术要求	(1) 项目设置独立的气体灭火报警与联动控制系统，设置的气体灭火 报警设计依据： 感烟探测器＋感温探测器 □感烟探测器 □其他 □红外对射探测器 □空气采样探测装置 □其他

序号	项目名称	内容
4	基本技术要求	(2) 防护区要求： 1) 防护区尺寸：管网式系统最大防护区的面积不大于800m²，容积不大于3600m³；系统最大防护区的面积为____m²，容积为____m³。 2) 防护区内的开口应能自行关闭。但动应保证用于疏散的门在启动状态下都可以从防护区内部打开； 3) 气体灭火实行完全的防火分隔，围护结构及门窗应满足耐火极限不小于0.5h、吊顶的耐火极限不宜低于0.25h，气体防护围护结构承受灭火剂释放内压的允许压强不宜小于1200Pa； 4) 防护区域内影响气体灭火效果的各种防护状态和放气指示灯，前联动停止或关闭； 5) 各防护区的入口处应设置放气指示灯 (3) 泄压口： 1) 每个防护区应设置泄压口，可采用成品泄压装置； 2) 泄压口宜设置在防护区净高的2/3以上处；室外墙（走道） (4) 通风要求： 灭火后的防护区应通风换气，无窗及设固定窗扇的防护区，应设置机械排风装置，排风口宜设在防护区的下部并应直通室外；有可开外窗的防护区，可采用自然通风换气；防护区通风换气次数应照不少于6次/h考虑 (5) 钢瓶间要求： 钢瓶间的环境温度应在-10~50℃之间，并保持干燥和良好通风 瓶组应避免阳光直射； 2) 钢瓶间内设置在防护区内设置钢瓶的数量 通信设施： 3) 钢瓶间所需面积的承重不宜小于1200kg/m² 及规格见表3.10.9-2
5	控制方式及要求	(1) 控制方式：设置自动控制、手动控制和机械应急操作三种控制方式 (2) 控制要求： 1) 在打开释放灭火气体前，具有0~30s可调的延时功能，同时在保护区内外可发出声光报警，以通知人员疏散撤离； 2) 自动控制时，须同时接收到设在防护区内各自独立的两个火灾信号后，再启动灭火系统； 3) 手动控制装置与自动控制装置应设在防护区疏散出口门外 4) 机械应急操作装置应设在钢瓶间或防护区疏散出口门外便于操作的地方； 5) 控制模式：有人值班时，应将灭火系统转换为手动控制方式；无人值班时，切换为自动控制方式；当人员进入防护区时，应能将灭火系统恢复为手动控制方式； 6) 人员离开防护区时，应能将其转为自动控制状态； 7) 防护区内外应设置自动、手动控制状态的显示装置，当灭火系统操作应有防止误操作及机械应急操作的警示显示 与措施

IG100氮气灭火系统设计说明一 图纸编号 5.3.5-1

序号	项目名称	内容
6	系统安装	（4）集流管：系统的集流管应根据现场钢瓶的实际形状和尺寸，以及瓶组的实际摆放方式，由专业承包商设计和定制，并经严格试验合格后方可安装。 （5）喷嘴：喷嘴安装前应与设计文件上标明的型号规格和喷孔方向逐个核对，并应符合设计要求；安装在吊顶下的喷嘴，其连接螺纹应进行试压。喷嘴挡流罩应紧贴吊顶安装
7	试压及验收	项目应按《气体灭火系统施工及验收规范》GB 50263 的规定 气体灭火系统储存容器或容器阀上，应安设安全泄压装置和压力表。安全泄压装置的动作压力应符合气体灭火系统设计规定
8	其他要求	设有气体灭火系统的场所，须配置空气呼吸器。 系统开通运行前，启动管路与启动气瓶应保持分离状态，并应经过消防检测和验收。操作维护人员应当经过培训
9	系统计算结果	见表 3.10.9-2
10	出图要求	因为每个单项的机房及保护区的平面布置各不相同，所以组合分配式气体灭火系统的标准化设计图纸及设计说明及系统原理图的平面设计 氮气气体灭火系统的标准化设计图纸仅提供设计说明及系统原理图，设计人员应根据项目实际情况进行气体灭火系统的平面设计

JG100氮气气体灭火系统设计说明一　图纸编号　5.3.5-1

序号	项目名称	内容
6	系统安装	（1）管材：应采用内外热浸镀锌无缝钢管及配件，连接方式为：公称直径等于或小于80mm的管道，宜采用螺纹连接；公称直径大于80mm的管道，宜采用法兰连接

公称直径（mm）	管道外径×壁厚（mm）	公称直径（mm）	管道外径×壁厚（mm）	公称直径（mm）	管道外径×壁厚（mm）
DN15	22×4	DN40	48×5	DN100	114×8.5
DN20	27×4	DN50	60×5.5	DN125	140×9.5
DN25	34×4.5	DN65	76×6.5	DN150	168×10
DN32	42×5	DN80	89×7.5		

（2）管道敷设：
1）管道穿过墙壁、楼板处应安装套管。穿端套管的长度应和端面相等；穿过楼板的套管应高出楼面50mm。管道与套管之间的空隙应用柔性不燃烧材料填实；
2）管道应固定牢固；管道支架或吊架之间的距离不应大于以下规定：

管道支架或吊架之间的距离

公称直径（mm）	距离（m）
DN15	1.5
DN20	1.8
DN25	2.1
DN32	2.4
DN40	2.7
DN50	3.4

支架与喷嘴间的距离

公称直径（mm）	距离（m）
DN65	3.5
DN80	3.7
DN100	4.3
DN125	5.2
DN150	5.2

3）管道末端喷嘴处应采用防晃支架固定。支架与喷嘴间的管道长度不应大于500mm。
4）公称直径大于或等于50mm的主干管道，垂直和水平方向安装一个防晃支架。当穿过建筑物楼层时，每层应设一个防晃支架，当水平管道改变方向时，应设防晃支架

（3）油漆和吹扫：
1）水压强度试验后或气压严密性试验前管道要进行吹扫，吹扫介质用氮气或压缩空气，吹扫完毕，直至无铁锈、尘土、水渍及其他杂物出现。
2）灭火剂输送管道的外表面应涂红色油漆。在吊顶内、活动地板下等隐蔽场所内的管道，可涂红色油漆色环，每个防护区的色环宽度、间距应一致

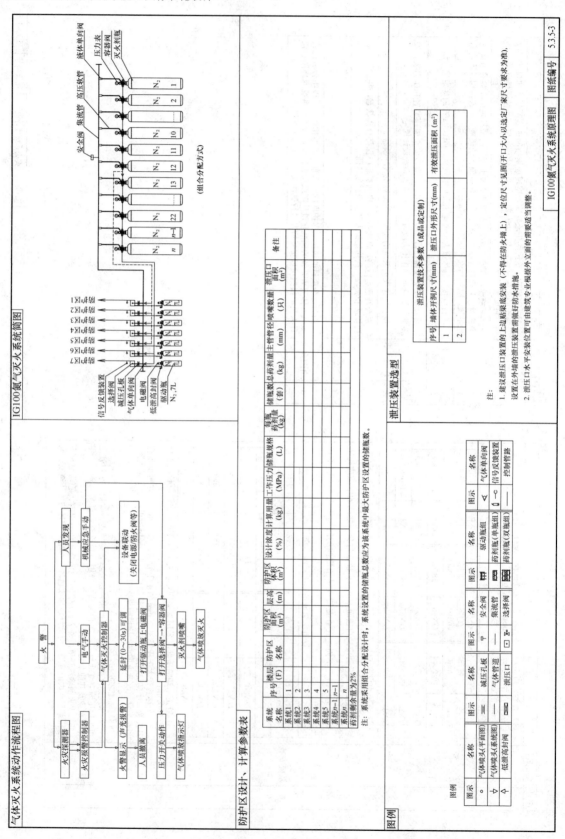

气体灭火系统动作流程图

防护区设计、计算参数表

泄压装置选型

图例

IG100氮气灭火系统原理图　图纸编号　5.3.5-3

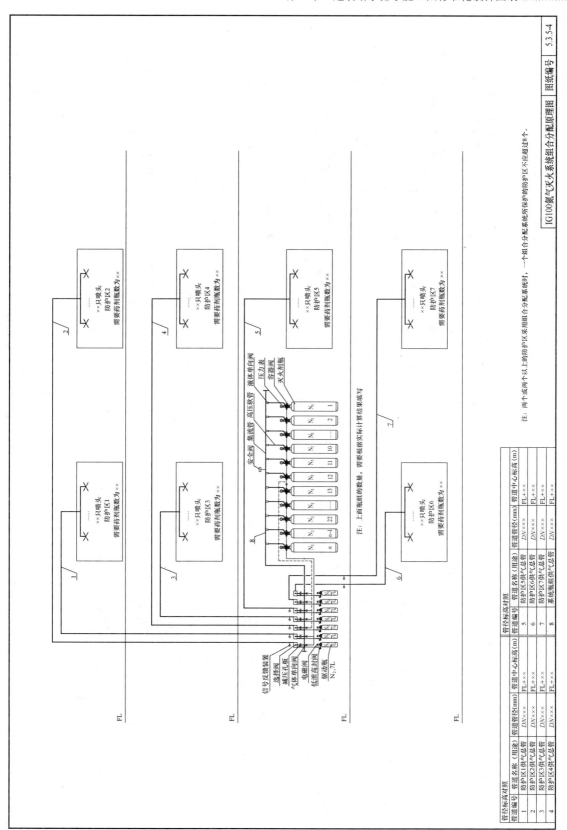

IG100氮气灭火系统组合分配原理图

图纸编号 5.3.5.4

序号	项目名称	内容
1	设计及验收依据	《建筑设计防火规范》GB 50016—2014（2018年版） 《气体灭火系统设计规范》GB 50263—2007 《气体灭火系统施工及验收规范》GB 50370—2005 《气体灭火系统组件》GB 25972—2010 《工业金属管道工程施工规范》GB 50235—2010 《输送流体用无缝钢管》GB/T 8163—2018 保护区域各建筑平面布置图
2	设计范围	本设计范围为预制式七氟丙烷气体灭火系统范围内的工艺施工图设计 本设计文件说明书为预制式七氟丙烷气体灭火系统专项设计，说明未见部分参照建筑给水排水设计说明相应部分。其他专业的设计由相关专业承担，本设计文件仅供招标使用 本设计文件提供的预制式气体灭火系统专项设计说明及工艺施工图须由业主认可的专业设计单位深化设计，并经主体设计单位审核通过后才能用于施工。包括深化设计的其他设计文件
3	概况及主要设计参数	（项目名称）位于___。 设置预制式七氟丙烷气体灭火系统。系统储存压力为___MPa；喷头入口压力≥___MPa 系统按全淹没设灭火方式设计 灭火剂用量计算依据： 　保护区环境温度：___℃（一般取20℃） 　海拔高度修正系数：___ 　灭火系统的储存装置的100%设置备用量 　应按系统储存装置设置的100%设置备用量 系统选择情况：设置区域有___、___、...... 　□预制式　□其他 灭火设计浓度： 　运营管理机房、IT机房灭火设计浓度为8%，设计喷放时间为10s，灭火浸渍时间为5min； 　进线室机房、10kV开关室，灭火设计浓度为9%，设计喷放时间为10s，灭火浸渍时间为10min； 　变电所下方管沟及10kV开关站下方关站灭火设计浓度为10%，设计喷放时间为10s，灭火浸渍时间为20min 设钢瓶启动方式： 　□设置自动驱动装置　□电磁型驱动装置 　□其他
4	基本技术要求	（1）项目设设置独立的气体灭火报警与联动控制系统。设置的气体灭火控制系统 报警设施为： 　□感烟探测器＋感温探测器 　□红外对射探测器 　□空气采样探测装置 　□其他

序号	项目名称	内容
4	基本技术要求	（2）防护区要求： 1）防护区尺寸： 　预制式系统最大防护区的面积不大于500m²，容积不大于1600m³； 　系统最大防护区的面积为___m²，容积为___m³； 　防护区的门应向疏散方向开启，防护区内除泄压口以外的开口应能自行关闭，但亦能保证灭火剂喷放后状态下在任何状态下都可以从防护区内部打开； 3）气体保护区应实行完全的防护分隔，围护结构及吊顶应满足耐火极限不小于0.5h，吊顶的耐火极限不宜低于0.25h。气体灭火防护的围护结构承受内压的允许压强不宜低于1200Pa； 4）防护区设置的泄压口宜位于外墙上，泄压口位置应位于防护区净高的2/3以上处。靠外墙（走道） 5）各防护区的入口处应设置灭火系统防护标志和放气指示灯 （3）泄压口： 1）每个防护区应设置泄压口，可采用成品泄压装置； 2）泄压口或风口应影响灭火效果的各种气体的防护区 （4）通风要求： 灭火后的防护区应通风换气，无窗或设固定窗扇的地上防护区，应设置机械排风装置，排风口宜设在防护区的下部并应直通室外。有门开窗外窗的防护区，可采用自然通风换气的方法；防护区通风换气的次数不少于每小时6次
5	控制方式及要求	（1）控制要求：具有0～30s可调的延时功能。同时在室内外均应出声光报警，以通知人员疏散撤离 （2）自动控制时，须同时接收到两个独立发出的火灾信号后，再启动灭火系统： 1）在开始释放灭火气体前，具有0～30s可调的延时功能。同时在防护区疏散出口门外各自 2）自动控制时，须同时接收到两个独立发出的火灾信号 3）手动控制装置应设置在防护区疏散出口门外便于操作的地方 4）机械应急操作装置应设在储瓶间内或防护区疏散出口门外便于操作的地方 5）有人值班时，应采用手动控制方式，无人时转为自动控制 6）当人员离开入防护区时，应能将状态转换为自动控制方式 7）防护区内或防护区外应设置手动、自动控制状态的显示装置 8）灭火系统的手动控制与机械应急操作应有防止误操作的警示标志与措施

序号	项目名称	内容
6	系统安装	(4) 集流管：系统的集流管应根据现场钢瓶间的实际形状和尺寸，以及瓶组的实际摆放方式，由专业承包商设计和定制，并经严格试验合格后方可安装 (5) 喷嘴：喷嘴安装前应与设计文件上标明的型号规格和喷孔方向逐个核对，并应符合设计要求；安装在吊顶下的喷嘴，喷嘴挡流罩应紧贴吊顶安装
7	试压及验收	项目应按《气体灭火系统施工及验收规范》GB 50263 的规定进行试压和验收
8	其他要求	气体灭火系统储存容器或容器阀上，应设安全泄压装置和压力表；安全泄压装置的动作压力应符合气体灭火系统设计规定 设有气体灭火系统的场所，须配置空气呼吸器 系统开通运行前，启动管路与启动气瓶应保持分离状态，并应经过清防检测和验收，操作维护人员应当经过培训
9	系统计算结果	见表 3.10.9-2
10	出图要求	因为每个项目保护区的平面布置各不相同，所以预制式七氟丙烷两烷气体灭火系统的标准化设计图纸仅提供设计说明补充说明及系统原理图，根据项目实际情况进行气体灭火系统的平面设计

序号	项目名称	内容
6	系统安装	(1) 管材：应采用内外层热浸锌无缝钢管及配件。连接方式为： □公称直径等于或小于80mm的管道，宜采用螺纹连接；公称直径大于80mm的管道，宜采用法兰连接 □样连接

公称直径(mm)	管道外径×壁厚(mm)	公称直径(mm)	管道外径×壁厚(mm)
DN15	22×4	DN40	48×5
DN20	27×4	DN50	60×5.5
DN25	34×4.5	DN65	76×6.5
DN32	42×5	DN80	89×7.5

公称直径(mm)	管道外径×壁厚(mm)
DN100	114×8.5
DN125	140×9.5
DN150	168×10

(2) 管道敷设：
1) 管道穿过墙壁、楼板处应安装套管。穿墙套管的长度应和墙厚度相等，穿过楼板的套管应高出楼面50mm。管道与套管之间的空隙应用柔性不燃烧材料填实；
2) 管道应固定牢固。管道支架或吊架之间的距离不应大于以下规定：

管道支架或吊架之间的距离

公称直径(mm)	距离(m)	公称直径(mm)	距离(m)
DN15	1.5	DN65	3.5
DN20	1.8	DN80	3.7
DN25	2.1	DN100	4.3
DN32	2.4	DN125	5.2
DN40	2.7	DN150	5.2
DN50	3.4		

3) 管道末端喷嘴处应采用支架固定，支架与喷嘴间的管道长度不应大于500mm；
4) 公称直径大于或等于50mm的主干管道，垂直和水平方向各至少应安装一个防晃支架；当穿过建筑物楼层时，每层应设一个防晃支架；当水平管道改变方向时，应设置防晃支架

(3) 油漆和吹扫：
1) 水压强度试验后或气压严密性试验前管道要进行吹扫；吹扫完毕，采用白布检查，直至无铁锈、尘土、水渍及其他杂物出现；
灭火剂输送管道的外表面应涂红色油漆，在吊顶内、活动地板下等隐蔽场所内的管道，可涂红色色环，每个防护区的色环宽度、间距应一致
2) 隐蔽场所内的管道，同距应一致

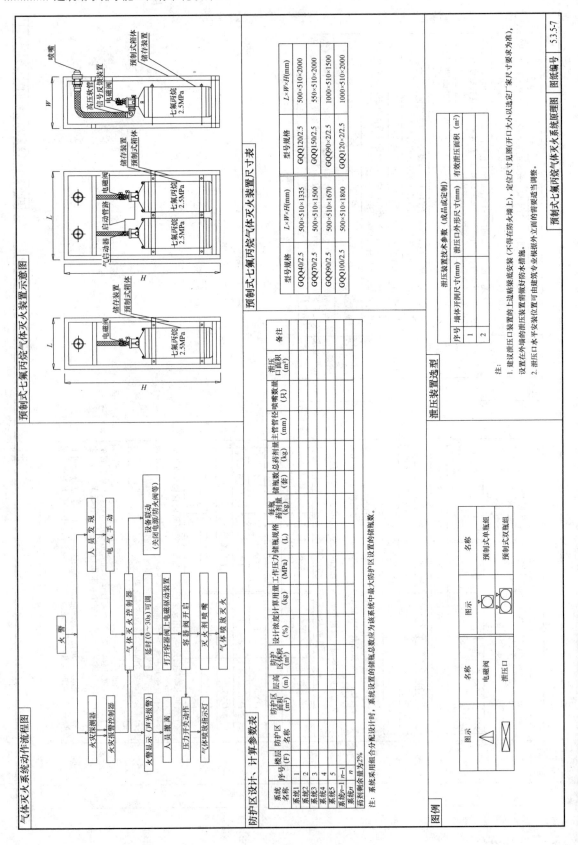

预制式七氟丙烷气体灭火装置示意图

（储存装置、预制式箱体、喷嘴、高压软管、信号反馈装置、电磁阀、气启动管路、启动容器、七氟丙烷 2.5MPa）

预制式七氟丙烷气体灭火装置尺寸表

型号规格	L×W×H(mm)	型号规格	L×W×H(mm)
GQQ40/2.5	500×510×1335	GQQ120/2.5	500×510×2000
GQQ70/2.5	500×510×1500	GQQ150/2.5	550×510×2000
GQQ90/2.5	500×510×1670	GQQ90×2/2.5	1000×510×1500
GQQ100/2.5	500×510×1800	GQQ120×2/2.5	1000×510×2000

气体灭火系统动作流程图

火警 → 人员发现 → 电气手动
（设备联动：关闭电源、防火阀等）

火灾探测器 → 火灾报警控制器 →（声光报警）气体灭火控制器 → 延时（0~30s可调）→ 打开启动容器阀上电磁驱动装置 → 容器阀开启 → 灭火剂喷嘴 → 气体喷放灭火

火警显示 → 人员撤离 → 压力开关动作 → 气体喷放显示灯

防护区设计、计算参数表

系统名称	序号	防护区名称	防护区面积(m²)	层高(m)	防护区体积(m³)	设计浓度(%)	设计用量计算值(kg)	工作压力(MPa)	储瓶规格(L)	每瓶药剂量(kg)	储瓶数(套)	总药剂量(kg)	主管管径(mm)	喷嘴数量(只)	泄压口面积(m²)	备注
系统1	1															
系统2	2															
系统3	3															
系统4	4															
系统5	5															
系统n-1	n-1															
系统n	n															

注：系统采用组合分配设计时，系统设置的储瓶总数应为该系统中最大防护区设置的储瓶数。
药剂剩余量为2%。

泄压装置选型

泄压装置技术参数（成品或定制）

序号	墙体开洞尺寸(mm)	泄压口外形尺寸(mm)	有效泄压面积(m²)
1			
2			

注：
1. 建议泄压口装置的上边贴梁底安装（不得在防火墙上），定位尺寸见图（开口大小以选定厂家尺寸要求为准），设置在外墙的泄压装置需做好防水措施。
2. 泄压口水平安装位置可由建筑专业根据外立面的需要适当调整。

名称	图示
预制式单瓶组	
预制式双瓶组	

图例

图示	名称	图示	名称
	电磁阀		泄压口

预制式七氟丙烷气体灭火系统原理图　图纸编号　5.3.5-7

序号	项目名称	内容
1	设计及验收依据	《建筑设计防火规范》GB 50016—2014（2018年版） 《建筑给水排水设计标准》GB 50015—2019 《细水雾灭火系统技术规范》GB 50898—2013 《工业金属管道工程施工规范》GB 50235—2010 《细水雾灭火系统选用与安装》12SS209 保护区域形平面布置图 美国消防协会《细水雾灭火系统标准》NFPA750（参考依据） 经国家固定灭火系统和耐火构件质量监督检验报告，国家3C认证以及国际通用的FM、UL或EN认证
2	设计范围	本设计文件为高压细水雾灭火系统范围内的工艺施工图设计 本设计说明为高压细水雾灭火系统专项设计说明，说明末段部分参照建筑给水排水设计相关各部分。其他专业的设计与说明详见相应专业的施工图纸 本设计文件提供的专项设计及工艺施工图预由专业主承包商深化设计，并经主体设计单位审核通过后才能用于施工。本设计文件仅供相应标准使用 其他
3	概况及主要工艺设计要求	（项目名称）（位置）位于 ___ 高压细水雾灭火系统设备机房设于保护区域外的 ___（位置）机房内 高压细水雾灭火系统防护区火系统防护区域为： □消防控制中心； □电气设备机房，包括：___； □数据中心，包括：___； □档案室，包括：___； □医用设备机房； □其他 ___ 高压细水雾灭火系统由高压细水雾不锈钢九柱塞立式泵组、区域控制阀、过滤器、高压不锈钢管道系统及喷头等组成，且应通过国家固定灭火系统和耐火构件质量监督检验中心检验。总情况见表 3.10.6-2 系统经国家3C认证以及国际通用的FM、UL或EN认证 开式系统（包括全淹没局部应用方式）： 高压细水雾灭火系统共设 ___ 套，其中 第一套防护区 ___，防护区 ___ L/min，工作压力 ___ MPa，q为 ___ L/s，H为 ___ m，N为 ___ kW； 第二套保护 ___，防护区 ___ L/min，工作压力 ___ MPa，q为 ___ L/s，H为 ___ m，N为 ___ kW； 第三套保护 ___，功率为 ___ kW； ...... ___ 台，1用1备，供水流量 ___ 闭式系统： 高压细水雾泵组共设 ___ 套，其中 第一套 ___，防护区 ___ L/min，工作压力 ___ MPa，q为 ___ L/s，H为 ___ m，N为 ___ kW，泵组设置 ___ 台，每台稳压泵 2； 第二套 ___，防护区 ___ L/min，工作压力 ___ MPa，q为 ___ L/s，H为 ___ m，N为 ___ kW，泵组设置 ___ 台，每台稳压泵 2； ...... ___ 台，1用1备，供水流量 ___

序号	项目名称	内容
3		系统工作压力应按最不利点处进行水力计算，采用 Darcy-Weisbach（达西-魏斯巴赫）公式计算 主要设计参数： □系统持续喷雾时间30min； □开式系统的响应时间不大于30s； □最不利喷头工作压力不低于10MPa； □高压泵组出口工作压力不小于14MPa； □细水雾喷头孔径Dv0.5小于65μm，Dv0.99小于100μm； □其他 高压细水雾喷头头本： 防护区选用的K为 ___，q为 ___ L/min的 ___（种类）喷头； 防护区选用的K为 ___，q为 ___ L/min的 ___（种类）喷头； 防护区选用的K为 ___，q为 ___ L/min的 ___（种类）喷头； ...... 供水及水质要求： (1) 系统的水质不应低于国家现行标准《生活饮用水卫生标准》GB 5749的规定，系统补充水水源的水质应与系统供水水质一致； (2) 系统供水压力不低于0.2MPa，且不得大于0.6MPa； (3) 供水方式： □水源水及水压不满足要求时，采用设置水箱的增压供水方式，设置水泵 ___ 台，1用1备，参数为：Q= ___ L/s，H= ___ m，N= ___ kW，高压细水雾泵组供水水箱为 ___； □不设增压供水系统，同时启动启时； □不设细水雾泵供水系统（SUS304/316/444）不锈钢材质，水箱制作和安装要求参照国家建筑标准设计图集《矩形给水箱》12S101，水箱有效容积应为 ___ m³ (4) 设置增压供水系统
4	工作原理	开式系统：在准工作状态下，从组喷前的管网由稳压泵系统维持稳压力0.1~1.2MPa，区域控制阀前的管网由稳压泵系统依次开启对应的区域控制阀和主泵。发生火灾时，由火灾报警系统启动开启对应的火灾喷放细水雾供水方式，喷放细水雾确认火灾扑灭后，手动关闭消防泵和区域控制阀，系统复位 闭式系统：平时由稳压泵保持系统压力，火灾发生时，随即喷放，当闭式喷头火达到温度指标时，喷放细水雾指标示，经人员确认火灾后，手动关闭消防泵和区域控制阀，系统复位
5	系统控制	系统具备三种控制方式：自动控制、手动控制和机械应急操作。其机械控制方式有自动、手动和机械应急操作。 自动控制方式：发生火灾时，由火灾报警系统探测到火灾信号并自动启动，或手动开启对应的火灾喷放细水雾供水。 手动控制方式：开式系统自动控制对应能收到的两个独立的火灾报警信号反馈信号后，由收到对应火灾确认信号后，手动关闭消防泵和区域控制。 机械应急操作：能在收到火灾报警装置和系统所设置的手动操作位置，应设置明显位置处。 (1) 在消防控制室内防护区入口处，应设置系统自动启动操作，并完成采取取自动启动装置有自动误操作的措施，手动应急操作装置和系统的自动控制应能在接收到两个独立的火灾报警装置处直接设置系统启动装置和机械应急操作，手动的明确标识，设置系统的手动操作场所以及系统的场所应明显设置 (2) 在消防控制室内防护区入口处，应完成系统启动操作位置说明操作说明

IG100氮气火系统设计说明一　图纸编号　5.3.5-1

序号	项目名称	内容
10	与其他专业协调	2) 配电系统需提供一路 AC220V/1A 消防专用电源线至现场高压细水雾区域控制阀箱，接口位置在细水雾区域控制阀箱内接线端子上。 (3) 与火灾自动报警： 1) 需针对系统的联动控制部分要求如下： 火灾报警控制系统及与细水雾系统相连的消防联动控制器不需对系统的每个分区设置两路的火灾报警信号； 2) 需针对系统的每个保护分区主要出入口内侧设置消防高压细水雾泵组的火灾报警器，释放指示灯： 外测细水雾喷头光报警指示灯； 3) 针对高压细水雾系统的每个保护分区对应设置消防防护分区的返回信号；在消防控制中心，设置远程手动控制阀组启动、控制每个保护分区对应的火灾区域阀组。并接收压力开关及泵系统故障等信号； 4) 需细水雾系统运行时或系统启动后，在灭火完毕后，应对房停止，并联动切断对应的电源、应关闭的设备，启动时联动切断对应的电源，应同时切断阀组或关闭可燃气体、液体或粉体供应设备和设施； 5) 控制每个保护分区对应的防护措； 6) 系统启动后，应自动关闭相应通风空调系统等，在实施灭火前，应对房体或液体或粉体供应设备和设施。 (4) 与暖通专业： 在实施灭火前，应对需相应通风间进行通风。
11	其他	细水雾管网及喷头安装位置可以根据现场情况进行优化。但必须将高压细水雾系统出水管口的连接管定位后按照其实际进出水管位置进行配合安装。 高压细水雾系统应采用成套专用设备，设备由专业泵组按配套。 采购细水雾系统主管道管径应根据现场实际情况确定。 喷头安装高度以平面图为准，喷头及其安装保护所确定。 一套高压细水雾系统所保护的高压细水雾系统不应超过8个。 因为每个项目的机房与保护区的平面布置各不相同，所以高压细水雾系统相应的机房布置图及工作原理图及系统原理图、系统平面设计图根据项目实际情况进行高压细水雾系统的平面设计。

防护区设计、计算参数表

序号	防护区域名称	层高(m)	面积(m²)	喷雾强度 L/(min·m²)	喷头的数量 K(只)	最低压力(MPa)	喷头型式	阀箱数量(只)	系统类型(开式/闭式)	喷头安装高度(m)	阀箱供水管径 DN(mm)
1											
2											
3											
4											
5											
6											
…											

	IG100氮气灭火系统设计说明一	图纸编号	53.5-1

序号	项目名称	内容
6	计量方式	标高以m计。设计标高以首层地坪±0.00m计。尺寸除注明外均以mm计。设计文中标明的管道标高均以管中心计。
7	管材及附件	(1) 管道：管道施工工作层要求的不锈钢采用316L。管道采用氩弧焊或卡套连接。管道的材质和性能应符合现行国家标准《流体输送用不锈钢无缝钢管》GB/T 14976 和《流体输送用不锈钢焊接钢管》GB/T 12771 的规定。 (2) 过滤器：在配水管入口处应设置过滤器。过滤器安装位置应便于维护、更换和清洗等，过滤器的网孔不锈钢材质应为不锈钢材。过滤器的网孔孔眼最小应小于喷孔孔径的80%。
8	安装	(1) 穿墙及过楼板的管道必须加套管。管道穿过楼板套管的厚度应与楼板地面相平，穿过墙体套管两端应与墙体装饰面相平。管道穿出套管的套管长度应不小于该墙体的厚度。穿过端口的套管处应用高出楼板地面50mm，管道穿越墙管处加套管填充。管道与套管之间的缝隙应用柔性不燃材料填塞，管道穿越变形缝处需加缩缝措施。 (2) 采取防冻、除锈措施，沉降缝或防止管道穿越建筑物变形缝的管道采取防护措施。控制阀组及配水管路应采用严格的安装。按照说明书设计与安装（吊架）体采用。按国家建筑标准设计图集《消防（二）》 22S204-2安装。 (3) 区域控制阀箱应安装在防护区域外方便操作的地方（包括电动阀、控水球阀、正面操作距离不小于1.00m。正面操作距离离高度距地面在1~50℃之间选用，其空气温度不得超过90%。安装管道前，必须对防底的高压细水雾取静电接地。 (4) 采取防腐、静电、除锈，铁件、细小微管等采取余隙。其管道支吊架之间采用橡胶软垫石棉化绝缘作用。 (5) 管道支吊架的安装应满足有效防腐蚀性强度要求，管道支吊架之间安装间距同采用下表。以镀免锈钢对不锈钢产生电偶腐蚀作见下表。

管道最大支吊架安装间距表

管道外径×壁厚(mm)	公称直径(mm)	支吊架间距(m)
12×1.5	DN10	1.7
22×2	DN15	2.2
28×2.5	DN20	2.4
34×3	DN25	2.8
42×3.5	DN32	2.8

序号	项目名称	内容
9	试压	管道末端应采用金属固定，支架或支吊架在水系统工作压力不影响喷头的喷效果。当水压升高度试验应采用系统工作压力的1.5倍。试压采用水压装置缓慢升压，当压力升至试验压力后，稳压120min，管道无损坏、变形，再将压力降至设计压力，检查无渗漏、变形，无渗漏为合格。吹扫进行试验大于管道的设计压力，系统喷管道宜采用空气或氮气进行吹扫，吹扫气体流速不小于20m/s
10	与其他专业协调	(1) 与建筑专业： 对系统有同样的要求。环境温度为4~50℃；室内应保持干燥和良好的通风要求，门窗向内开启，门宽直径在1.2m以上。 (2) 与电气专业： 1) 配电系统需应采用AC380V/60kW及两路AC380V/2.2kW电源至消防泵房和细水雾泵组及消防泵系统供电，包括细水雾泵系统自控系统的电源线WDZA-N-BY/2线进线在自控系统控制柜，设备金属屏蔽管采用电缆线KTTZ5×1mm²，进线在自控系统控制柜和细水雾泵组控制柜数组电源WDZA-N-BY/2×1.5； 防泵系统之间采用的电接地保护；增压泵至控制柜和控制柜细水雾泵组控制柜的接地保护，增压泵元件应作接地保护×1.5；

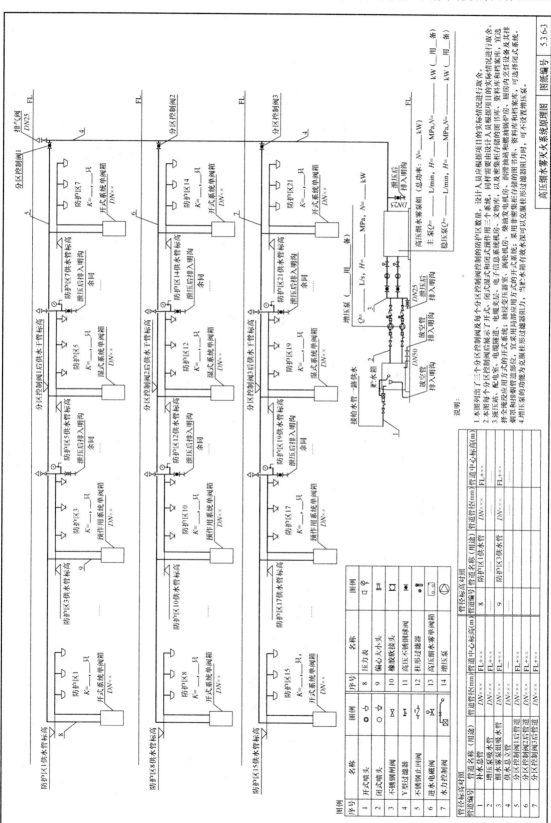

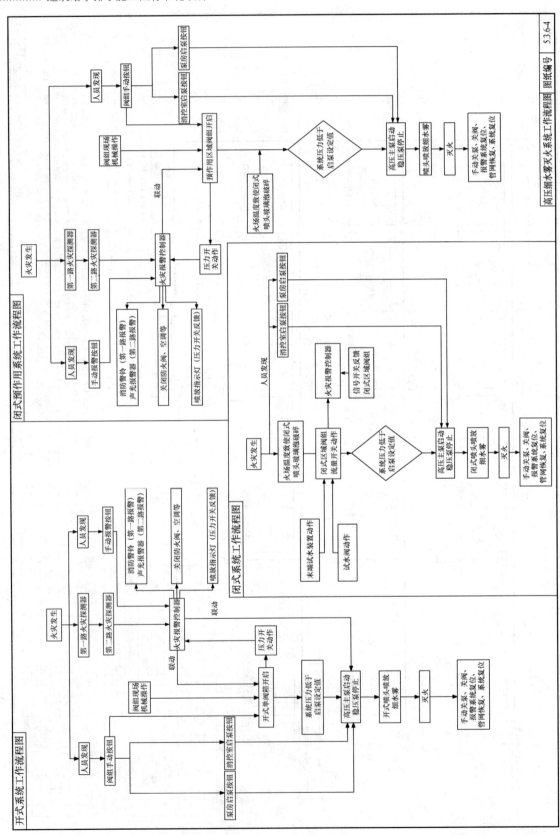

闭式预作用系统工作流程图

闭式系统工作流程图

开式系统工作流程图

高压细水雾灭火系统工作流程图

图名 高压细水雾灭火系统工作流程图 图纸编号 5.3.6.4

序号	内容
9	系统自动启动后应能连续射流灭火，当系统探测不到火源时，应连续射流不小于 5min 后停止喷射，系统停止射流后再次探测到火源时，应能再次启动射流灭火； 信号阀、自动控制阀的启、闭信号应传至消防控制室； 控制主机应具有与火灾自动报警系统和其他联动控制设备的通信接口
10	管道及材料 (1) 室内、外架空管道宜采用____（热浸镀锌加厚钢管 / 热浸镀锌钢管；外架空管道不应采用焊接连接，宜采用下列连接方式：承压等级为____MPa。架空管道不应采用焊接连接，宜采用下列连接方式： □螺纹连接　□法兰连接　□沟槽连接　□卡压连接　□其他 (2) 埋地管道采用球墨铸铁管、钢丝骨架复合管和加强防腐的钢管管材；埋地金属管道外壁应采取可靠的防腐措施； 阀门应有明显的启、闭标志。
11	试压及验收 (1) 系统强度试验压力为____MPa，严密性试验压力为____MPa； (2) 水压强度试验的测试点应设在系统管网的最低点，施工、监理单位参加； (3) 消防系统管道的强度试验要求：对管网注水时，应将管网内的空气排净，且压力降并应大于 0.05MPa 为合格； (4) 消防系统管道的严密性试验应在强度试验和管网冲洗合格后进行，稳压 30min，管网应无变形、无泄漏，试验压力值为系统工作压力，应稳压 24h 无泄漏； (5) 系统竣工后，必须进行工程验收，验收应由建设单位组织质检，施工、监理单位参加； (6) 所有模拟末端试水装置应作下列功能的检验并应符合设计要求：流量、压力验收不合格不应投入使用； 模拟火灾探测功能；报警、联动控制信号传输与控制功能； 水功能；手动与自动相互转换功能
12	安装参见表 3.10.4-5
13	设计文件中标注的尺寸均以 mm 计，标高以 m 计
14	因为每个项目保护区的平面布置各不相同，所以自动射流灭火系统的标准化设计图纸仅提供设计平面图及说明，系统原理图仅做标准化设计，设计人员应根据项目实际情况进行自动射流灭火系统的平面设计

序号	内容
1	设计及验收主要依据： 《建筑设计防火规范》GB 50016—2014（2018 年版） 《自动跟踪定位射流灭火系统技术标准》GB 51427—2021 《自动喷水灭火系统设计规范》GB 50084—2017 《消防给水及消火栓系统技术规范》GB 50974—2014 《室内固定消防炮选用及安装》08S208
2	本设计文件提供的喷射型自动射流灭火系统专项设计应由业主认可的专业承包商深化设计，并经主体设计单位审核通过后才能用于施工。本设计文件仅供招标时使用
3	设置喷射型自动射流灭火系统保护区域为：____处净空高度大于 12m 的高大空间场所；____处净空高度大于 8m 且不大于 12m，难以设置自动喷水灭火系统的高大空间场所
4	喷射型自动射流灭火装置采用____（种类），共设置____台，每台装置技术参数：流量____L/s，工作压力____MPa，保护半径____m，安装高度____m
5	系统设计流量：系统最大设计流量按____台装置同时喷水计算，系统设计流量按____L/s，火灾延续时间按 1h 计算
6	系统中设有水流指示信号阀。系统拟与自动喷水灭火系统合用一套供水系统时，在自动喷水灭火系统报警阀前将管道分开，在各分区管网末端最不利点处设置模拟末端试水装置
7	探测装置应符合下列规定： (1) 应采用复合探测方式，并应能有效探测和判定保护区域内的火源； (2) 监控半径应对应保护半径或探测保护范围相匹配； (3) 探测装置的布置应保证对保护区域内无探测盲区； (4) 探测装置应满足相应使用环境的防尘、防水、抗现场干扰要求；
8	系统应设置声、光报警装置，并应满足下列要求： (1) 保护区内应设置声、光警报器，可与火灾自动报警系统合用； (2) 声、光警报器的设置声压级应小于 60dB，在环境噪声大于 60dB 的场所，其声压级应高于背景噪声 15dB
9	系统应具有自动控制、消防控制室手动控制和现场手动控制三种控制方式，消防控制室手动控制和现场手动控制相对于自动控制应具有优先权，当探测到火源后，应对至少 2 台灭火装置对火源扫描定位，并应至少有 1 台目标处启动射流灭火，且其最多 2 台火灾自动启动射流，且应能探测到达火源进行灭火；

IG100 氮气灭火系统设计说明一　图纸编号　5.3.5-1

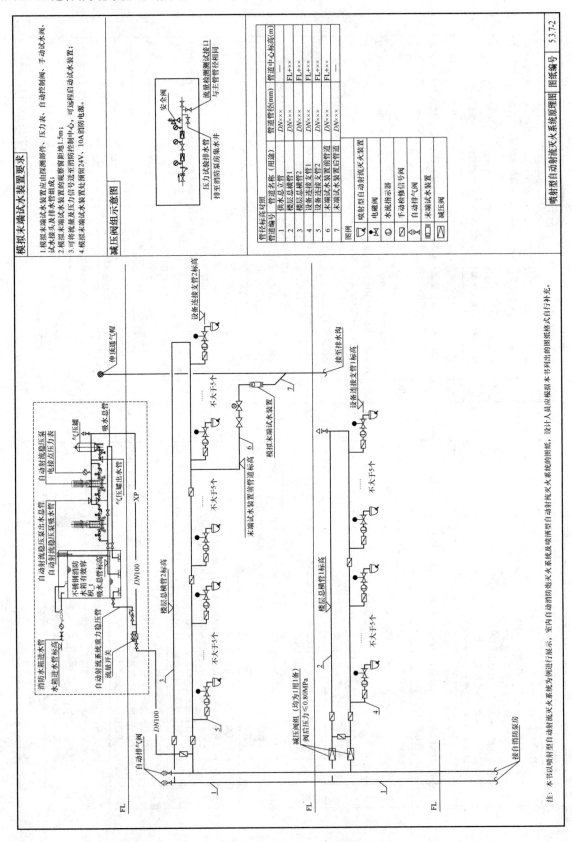

模拟末端试水装置要求

1.模拟末端试水装置应由控制测部件、压力表、自动控制阀、手动试水阀、试水接头及排水管组成；
2.模拟末端试水装置的观察距地1.5m；
3.可将流量反压力信号送至消防控制中心，可远程启动试水装置；
4.模拟末端试水装置处预留24V、10A消防电源。

减压阀组示意图

管径标高对照		
管道编号	管道名称（用途）	管道管径(mm)	管道中心标高(m)
1	供水总立管	DN××	FL+××
2	楼层总横管1	DN××	FL+××
3	楼层总横管2	DN××	FL+××
4	设备连接支管1	DN××	FL+××
5	设备连接支管2	DN××	FL+××
6	末端试水装置前管道	DN××	—
7	末端试水装置后管道	DN××	—

图例	
◇	喷射型自动射流灭火装置
●	电磁阀
◐	水流指示器
◇	手动检修信号阀
◇	自动排气阀
◻◇	末端试水装置
◿	减压阀

喷射型自动射流灭火系统原理图	图纸编号	5.3.7-2

注：本书以喷射型自动射流灭火系统为例进行展示，室内自动消防灭火系统及喷消射型自动射流灭火系统的图纸，设计人员应根据本书列出的图纸格式自行补充。

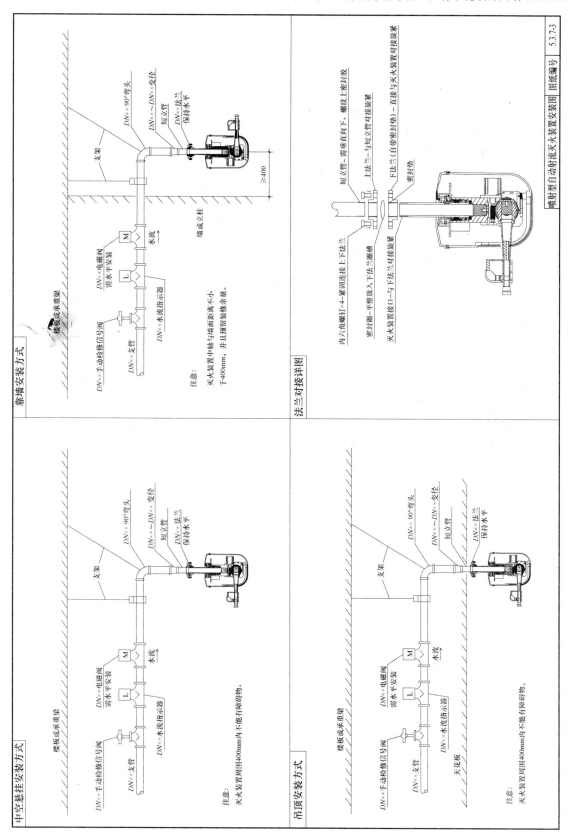

中垂悬挂安装方式

靠墙安装方式

吊顶安装方式

法兰对接详图

喷射型自动射流灭火装置安装图 ｜图纸编号｜5.3.7-3

5.4 标准化设计机房详图

本书编制的标准化设计机房详图主要包括生活水泵房、热水机房、消防水泵房以及屋顶消防水箱间四类机房，共计 27 张标准化图纸。机房详图的标准化设计在编制过程中发现了较多的困难，原因是机房中各种设施的规格参数、布置尺寸等在每个工程建设项目中均不一致，但为了实现标准化设计或者是标准化设计的模板，编写组对此进行了深入研究和多次修改。为了供设计人员理解和正确使用，各类机房的标准化设计详图主要由标准化图纸使用说明、标准化布置索引图、平面大样图、平面定位布置图、设施与管道布置剖面与节点详图以及系统展开原理图等组成。通过这些图纸的整合，最终实现了由平面、立面示意、展开原理示意图、展开原理图、节点详图等组成的标准化组合图示，将机房设计表达完整，并省略了透视图的表达方式。正因为省略了透视图，而广泛采用节点详图的表达方式，使机房详图的标准化设计工作得以加速推进。

因为机房中各种设施规格参数、布置尺寸的不一致性，所以书中提供的标准化图纸只是实际项目中的一种，并且以最常用的形式及布置方式进行编制，例如：消防水泵房详图中设置消防水池时，吸水总管从消防水池吸水的方式有设置吸水喇叭口及设置旋流防止器两种，实际仅表达了设置吸水喇叭口这种方式。节点详图的表达方式完全是按照固定设计元素的编制方式进行绘制的，理论上在同类机房中具有通用性，设计人员可以直接引用。节点详图中难免出现管径和标高的标注问题，为避免每个项目中因设计参数不同而需要对节点详图进行修改的问题，编写组对此进行了调整，即在详图中的管径及标高均用文字描述，同时编制了对应于这类文字描述的表格，将需要标注的管径和标高均用表格填写的方式进行表达，最终解决了这类问题。

机房详图的平面图只能提供图示模板供设计人员参照绘制，暂无实现标准化设计的可能；标准化图纸使用说明主要用于设计人员引用时，对全套图纸的正确理解，除少量有针对性的设计要求需要被引用至图纸中，正式出图时无需出具该张图纸。

图纸使用说明

1.1	生活水泵房标准化图纸图纸共计6张。第一张为图纸使用说明。第二张为布置索引图。第三张为布置总引图及设备原理图。第四张为平面定位布置图。第五张为水池与管道布置节点详图。第六张为开原理图及设备布置节点详图。
1.2	布置索引图中列举了六种生活水池与水泵的布置关系。除此之外，还有多种布置关系，设计人员在工程建设项目的设计中应根据实际情况进行补充或添加。
1.3	当生活水池的有效容积大于50m³时，宜分成容积基本相等，能独立运行的两格（格）。生活水池十一体化变频供水泵组设共用吸水泵总管平面示意。本书中生活水泵房标准化图仅供布置索引图提供参考，生活水泵组的完整内容，按照设置一组一体化恒压变频表供水泵组，设计人员应按本书格式自行完善。生活水池不分格或水泵数量较少可单独直接从水池底部吸水等其余类型的标准化图纸，设计人员应从本书中选用完整。
1.4	本图所绘生活水池均为成品水池。不锈钢材质，不锈钢型号采用食品级品级S30408/S31603/S1972。生活恒压变频供水泵建议采用成组、成套产品。

设计说明

2.1	水泵基础高度应满足地脚螺栓安装的长度，经核实无误方可施工。
2.2	水泵吸水管标高待水泵到货后应进行复核。
2.3	溢流管排水入明沟的管口处应有18目铜丝网罩，管口离地为0.20m。当水泵功率<7.5kW时不应小于300mm、≥7.5kW时不应小于500mm。水泵基础须设备到货后，经核实货后。
2.4	各管路上的阀门平时常开（除放水、试验阀门外）。
2.5	水泵吸水管，出水管上所选用的闸阀均为明杆闸阀。
2.6	图中的FL为泵房室内完成面标高。FL±0.00m相当于建筑标高×××，本图所有标高都以此为基准以FL±×××表示。图中管道所注标高均为管中心标高。
2.7	水池的人孔。通气管、溢流管应有防止昆虫爬入水池的措施。生活水池入孔应加盖加锁。
2.8	人孔盖与基座应吻合紧密。并用富有弹性的无毒发泡垫或采水密材料嵌在接缝处。
2.9	通气管口和溢流管口处应有18目防虫网罩。
2.10	水池放空管不直接排入集水坑。放空管底部不防虫网罩。
2.11	生活水泵上偏心异径管应按管顶平接。
2.12	机房内所有管道应悬空（吊）安装。压力管道需进行隔振处理。可采用XDH型吊架弹簧减振器及DT型管道弹性托架减振器。
2.13	泵房管道穿过楼层应填充弹性材料（GD隔振垫或水密），并盖封好。
2.14	水泵底座上需加装混合型隔振器合座和ZDII型阻尼弹簧复合减振器。
2.15	应根据生活水泵重量在水泵上方设置相应的起重吊钩，方便后期设备维护使用，并对结构专业提资载资料。
2.16	水池的水位显示及控制装置。电磁阀等相关设施的控制部分见相关的电气图纸。
2.17	生活水池应设置水位显示装置，并在物业值班室（控制室）等集中点设置显示装置显示生活水池水位的装置。同时应具有最高和最低水位报警功能。

IG100氟气火系统设计说明—图纸编号—5.3.5-1

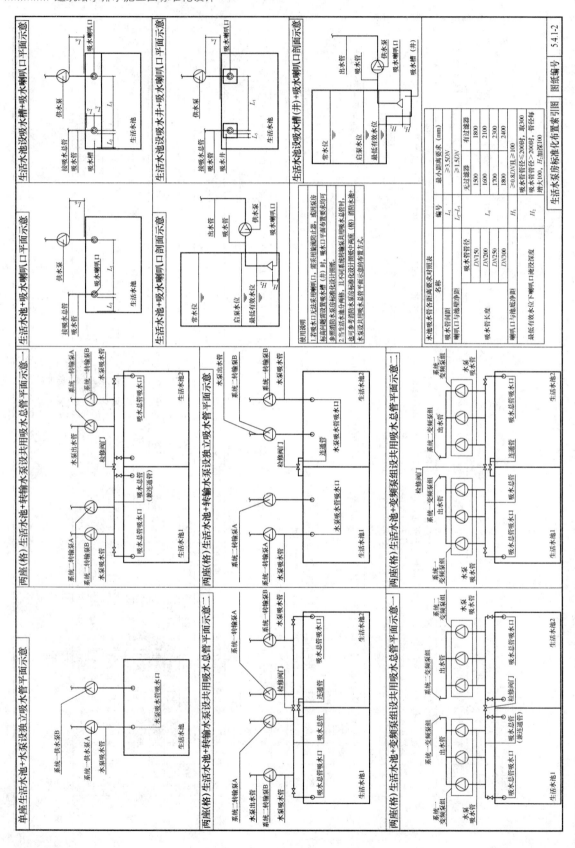

建筑给水排水施工图标准化设计

384

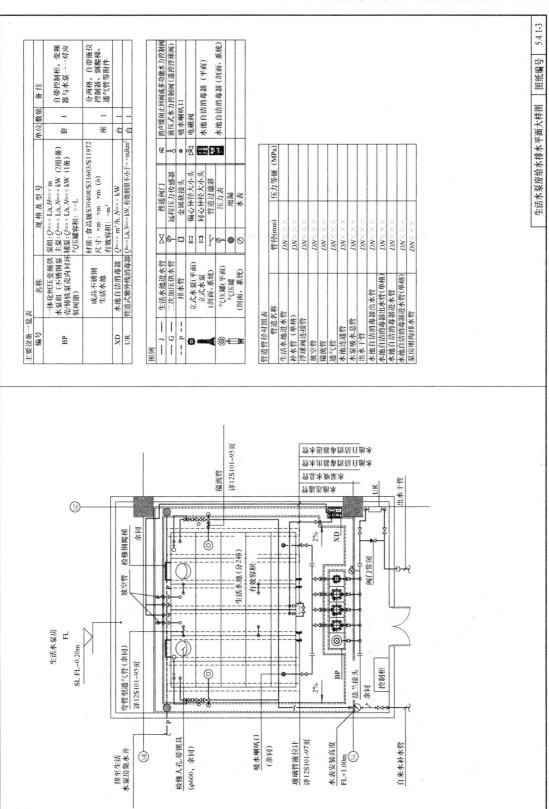

主要设备一览表

编号	名称	规格及型号	单位	数量	备注
BP	一体化柜压变频供水泵组（不锈钢泵壳碳钢泵完内衬环氧树脂）	泵组:$Q=\times\times$ L/s, $H=\times\times$ m 主泵:$Q=\times\times$ L/s, $N=\times\times$ kW（2用1备） 辅泵:$Q=\times\times$ L/s, $N=\times\times$ kW（1备） 气压罐容积:$\times\times$ L	套	1	自带控制柜、变频器等一对应器与水泵一对应附件
	成品不锈钢生活水池	材质:食品级S30408/S31603/S11972 尺寸:$\times$m $\times$m（h） 有效容积:$\times\times$m³	座	1	分两格、自带液位控制器、钢爬梯、通气管等附件
XD	水池自洁消毒器	$Q=\times\times$ m³/h, $N=\times\times$ kW	台	1	
UR	管道式紫外线消毒器	$Q=\times\times$ L/s, $N=\times\times$ kW, 有效剂量不小于$\times\times$mJ/cm²	台	1	

图例

—J—	生活水池进水管	⊠	普通阀门	⛁	消声级附止回阀或多功能水力控制阀	⛔	液压式水力控制阀（遥控浮球阀）
—G—	二次加压供水管	▭	远程压力传感器	○	吸水喇叭口
--P--	排水管	▭	金属软接头	⊠	电磁阀
	立式水泵（平面） 立式水泵	▭	偏心异径大小头	▦	水池自洁消毒器（平面）
	气压罐（剖面、系统） 气压罐（剖面、系统）	▱	同心异径大小头	▦	水池自洁消毒器（剖面、系统）
		▱	管道过滤器
		▱	压力表
		▱	地漏
		▱	水表

管道管径对照表

管道名称	管径(mm)	压力等级(MPa)
生活水池进水管	$DN\times\times\times$	$DN\times\times\times$
补水管（单阀）	$DN\times\times\times$	$DN\times\times\times$
浮球阀连接管	$DN\times\times\times$	$DN\times\times\times$
放空管	$DN\times\times\times$	$DN\times\times\times$
溢流管	$DN\times\times\times$	$DN\times\times\times$
通气管	$DN\times\times\times$	$DN\times\times\times$
水池连通管	$DN\times\times\times$	$DN\times\times\times$
水泵吸水总管	$DN\times\times\times$	$DN\times\times\times$
出水干管	$DN\times\times\times$	$DN\times\times\times$
水池自洁消毒器出水管（单格）	$DN\times\times\times$	$DN\times\times\times$
水池自洁消毒器进水管（单格）	$DN\times\times\times$	$DN\times\times\times$
泵房明沟排水管	$DN\times\times\times$	$DN\times\times\times$

生活水泵房给水排水平面大样图

图纸编号 5.4.1-3

385

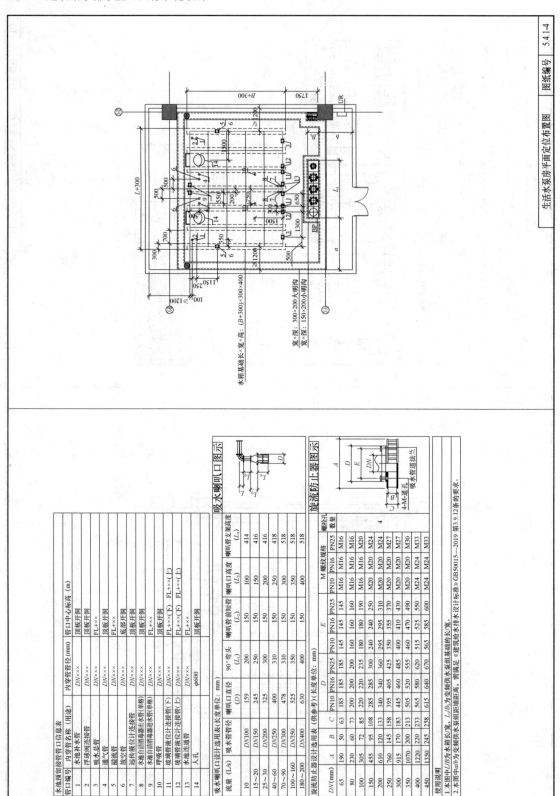

水箱基础长×宽×高: (B+300)×300×400

宽×深: 300×200大明沟
宽×深: 150×200小明沟

吸水喇叭口图示

旋流防止器图示

4-M-连孔
吸水管道法兰

水池溢流排接管管口总表

管口编号	内穿管名称（用途）	内穿管管径（mm）	管口中心标高（m）
1	水池补水管	DN×××	顶板开洞
2	浮球阀连接管	DN×××	FL+×××
3	吸水总管	DN×××	顶板开洞
4	通气管	DN×××	顶板开洞
5	溢流管	DN×××	FL+×××
6	放空管	DN×××	底部开洞
7	远传液位计连接管	DN×××	顶板开洞
8	水池自洁消毒器出水管（单格）	DN×××	顶板开洞
9	水池自洁消毒器进水管（单格）	DN×××	FL+×××
10	呼吸管	DN×××	顶板开洞
11	玻璃管液位计连接管（下）	DN×××	FL+×××（下）
12	玻璃管液位计连接管（上）	DN×××	FL+×××（上）
13	水池通气管	DN×××	顶板开洞
14	人孔	φ600	顶板开洞

吸水喇叭口设计选用表（长度单位：mm）

流量（L/s）	吸水喇叭管径	喇叭口直径（D）	90°弯头（L_1）	喇叭口前短管（L_2）	喇叭口高度（L_3）	喇叭管支架高度（L_4）
10	DN100	159	200	150	100	414
15～20	DN150	245	250	150	150	416
25～30	DN200	325	300	150	200	416
40～60	DN250	400	310	150	250	418
70～90	DN300	478	310	150	300	518
100～160	DN350	525	350	150	350	518
180～200	DN400	630	400	150	400	518

旋流防止器设计选用表（长度单位：mm）

DN(mm)	A	B	C	D			E			M螺纹规格			螺栓孔数量
				PN10	PN16	PN25	PN10	PN16	PN25	PN10	PN16	PN25	
65	190	50	63	185	185	185	145	145	145	M16	M16	M16	4
80	230	60	73	200	200	200	160	160	160	M16	M16	M16	
100	305	72	85	220	220	235	180	180	190	M16	M16	M20	
150	455	95	108	285	285	300	240	240	250	M20	M20	M24	
200	610	120	133	340	340	360	295	295	310	M20	M20	M24	
250	760	145	158	395	405	425	350	355	370	M20	M20	M27	
300	915	170	183	445	460	485	400	410	430	M20	M24	M30	
350	1070	200	213	505	505	555	460	470	490	M24	M24	M30	
400	1220	220	233	565	580	620	515	525	585	M24	M24	M33	
450	1350	245	258	640	615	670	585	565	600	M24	M24	M33	

使用说明

1. 本图中L/B为水箱长/宽，L_1/B_1为变频供水泵组基础的长度。
2. 本图中a/b为变频供水泵组距墙距离，需满足《建筑给水排水设计标准》GB50015—2019 第3.9.12条的要求。

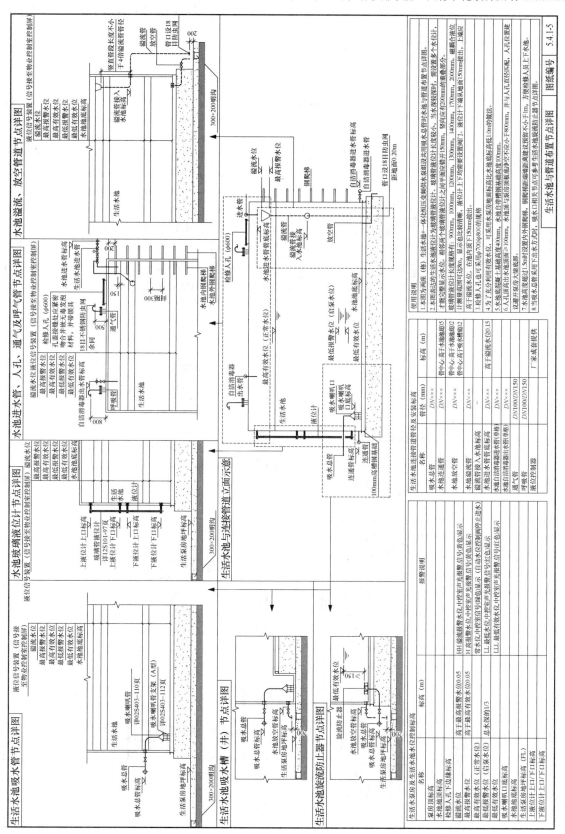

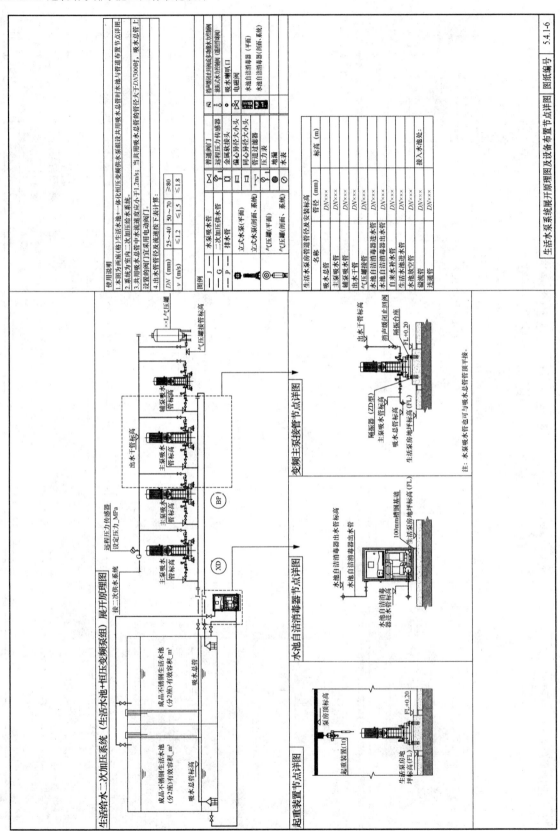

生活给水一次加压系统（生活水池＋恒压变频泵组）展开原理图

生活水泵系统展开原理图及设备布置节点详图

图纸编号 5.4.1-6

		说明内容
图纸使用说明	1.1	热水机房标准化图纸共计6张，第一张为图纸使用说明，第二张为布置索引图，第三张为闭式双热源（设水加热器及储热水罐/设水加热器及储热水罐）直接加热系统热水罐及设备布置平面图，第四张为闭式单热源（自带储热水罐）（直接加热系统）平面及系统展开原理图及设备布置节点详图，第五张为第五张与第六张对应的系统展开原理图及设备布置节点详图，第六张为第五张与第六张对应的系统展开原理图及设备布置节点详图。
	1.2	布置索引图中列举了十种闭式热水系统与换热设备布置关系。除此之外，还有多种布置关系。设计人员在工程建设项目中应根据实际情况进行补充或添加。
	1.3	本书索引图中布置的闭式双热源（设水加热器及储热水罐/设水加热器及储热水罐）直接加热系统平面示意和系统平面示意的完整性设计内容。闭式双热源（自带储热水罐）直接加热系统、单热源（自带储热水罐）直接加热系统平面示意中，两套循环泵组设置四台燃气热水炉；两套循环泵组平面示意中应保留本套系统组的完整内容。其余类型的标准化图纸，设计人员应按本书编制的标准化图纸进行完善。
	1.4	本图中设备所需燃气管及排烟管本图中并未表示。
	1.5	本图中闭式储热水罐、换热器、热水炉主体设备上的压力表、温度传感器、安全阀等附件均由设备供应商成套提供。
	1.6	集中热水供应的热源应通过技术经济比较，并应按下列顺序选择：（详见《建筑给水排水设计标准》GB 50015—2019 第6.3.1条） (1) 采用具有稳定可靠的余热、废热、地热。 (2) 当日照时数大于1400h/年且年太阳辐射量大于4200MJ/m²及年极端最低气温不低于-45℃的地区，采用太阳能。 (3) 在夏热冬暖、夏热冬冷地区采用空气源热泵。 (4) 在地下水源充沛、水文地质条件适宜，并能保证回灌的地区，采用地下水源热泵。 (5) 在沿江、沿海、沿湖、地表水源充足，水文地质条件适宜，以及有条件利用城市污水、再生水等作为水源的地区，采用地表水源热泵。
	1.7	热水系统的储热容积应满足《建筑给水排水设计标准》GB 50015—2019 第6.5.11条的要求。
	1.8	当采用空气源热泵作为主要热源或辅助热源时，需根据项目所在地区的最冷月平均气温进行区分：在最冷月平均气温≥10℃的地区，空气源热泵可以作为单独热源供热；0℃≤最冷月平均气温<10℃的地区，空气源热泵建议配置辅助热源；或采取延长空气源热泵的工作时间等措施满足使用需求。最冷月平均气温<0℃的地区不宜采用空气源热泵。
	1.9	冬季室外干球温度低于-7℃的地区，应采用低温型空气源热泵机组。
	1.10	空气源热泵选型时，其在名义制冷工况和规定条件下，性能系数COP不应低于《建筑节能与可再生能源利用通用规范》GB 55015—2021 第3.4.3条的要求。
	1.11	集中热水系统的最终出水温度宜按60℃设计。
	1.12	集中热水系统的消毒装置可以采用紫外光催化二氧化钛灭菌器（AOT），银离子消毒器（SID）或者定时升温措施。当采用紫外光催化二氧化钛灭菌器（AOT），银离子消毒器（SID）时，设置在水平干管上；当采用银离子消毒器时，需设置在空气源热泵与水加热器之间的管道上。
设计说明	2.1	设备基础高度应满足地脚螺栓安装的长度（除旁通、放水、试验阀、热媒三通阀门外），基础须设备到货后经核实无误方可施工。
	2.2	各管路上的阀门平时常开，出水管上所选用的闸阀为明杆闸阀。
	2.3	水泵吸水管、出水管室内安装完成面标高×××。
	2.4	图中的FL为泵房室内完成面标高。FL±0.00m相当于建筑标高×××。本图所有标高都以此为基准以FL±×××表示。图中管道所注标高均为管中心高。
	2.5	人孔应加盖加锁。盖与盖座应吻合紧密，并用有弹性的无毒充填材料嵌在接缝处。
	2.6	换热器、储热水罐放空排水建议进行隔振处理，可采用XDH型吊架弹簧减振器。
	2.7	机房内所有排水入集水坑。宜直接排水至40℃以下后排放。放空管不设防虫网罩、防止堵塞。
	2.8	储热水罐放空管应进行悬空（吊）安装。压力管道需进行隔振处理，可采用DT型管道弹性托架减振器。水泵过滤器及管道穿过楼层顶板和墙体间应填充弹性型材料（GD隔振元件）和ZD II型阻尼弹簧复合减振器。
	2.9	水泵底座上高应加装隔层混合型保温软木，并密封好。
	2.10	热水机房内设备及管道保温以项目设计施工总说明为准。

闭式单源/设水加热器/间接加热系统平面示意

闭式双热源/无独立储热罐/辅助热源直接加热系统平面示意

闭式单热源/设储热水罐/直接加热系统平面示意二

闭式双热源/设水加热器及储热水罐/辅助热源直接加热系统平面示意

闭式单热源/设储热水罐/直接加热系统平面示意一

闭式双热源/设水加热器/辅助热源/间接加热系统平面示意

闭式双热源/设水加热器及储热水罐/辅助热源间接加热系统平面示意

闭式单热源（自带储热水罐）/直接加热系统平面示意

闭式单热源/设储热水罐/间接加热系统平面示意

闭式双热源/设水加热器/辅助热源间接加热系统平面示意

使用说明：

热水机房标准化布置索引图	图纸编号	5.4.2-2

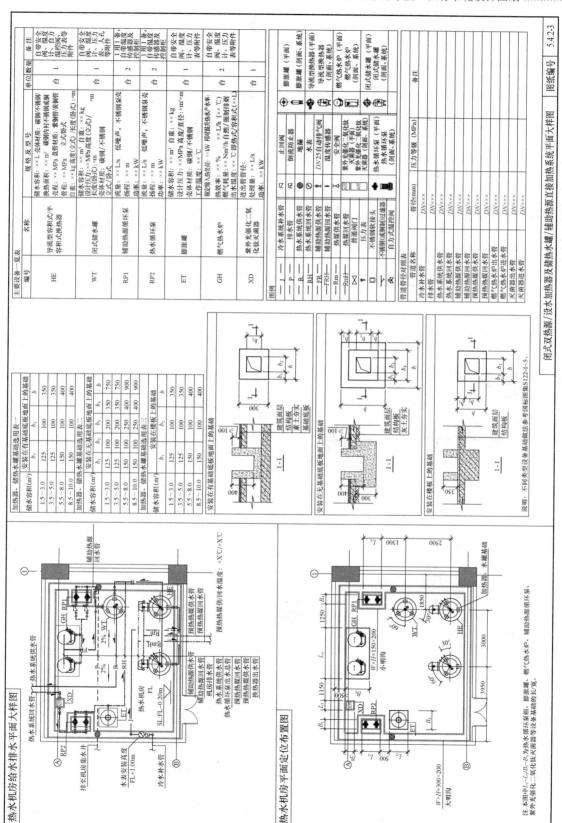

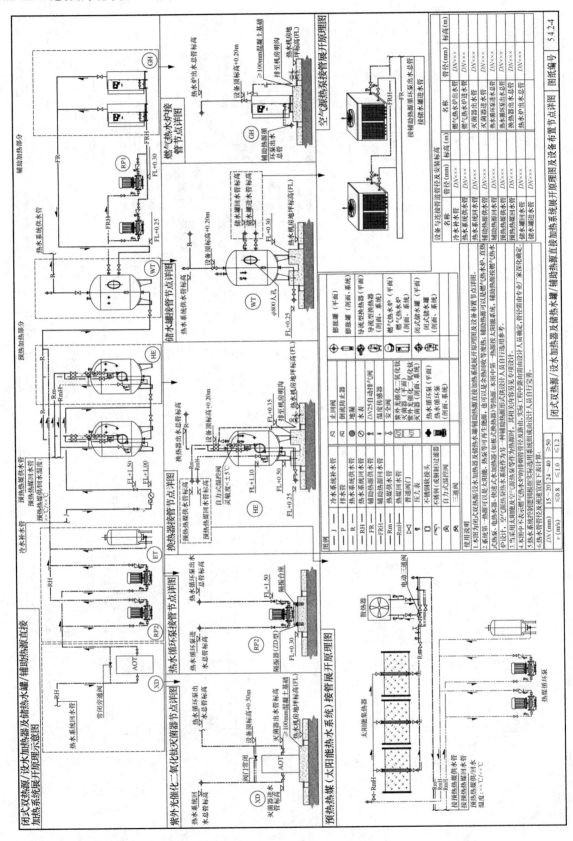

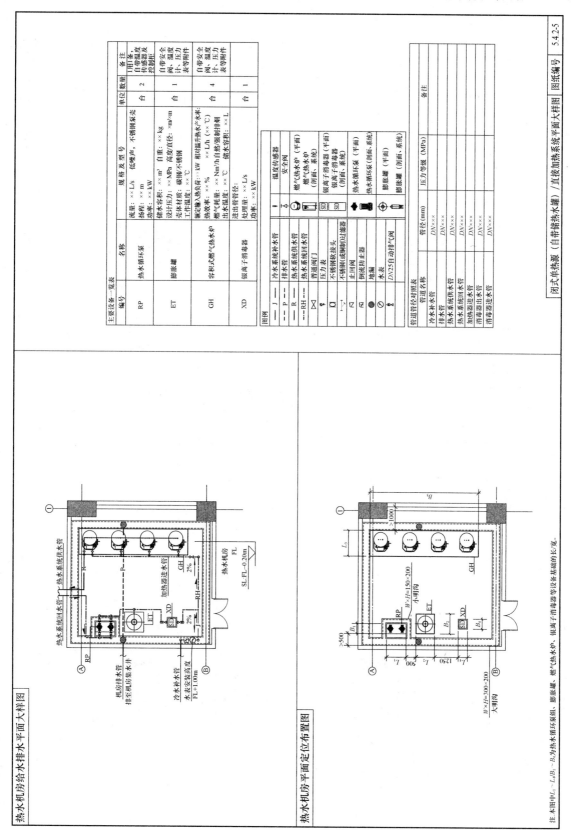

主要设备一览表

编号	名称	规格及型号	单位	数量	备注
RP	热水循环泵	流量：×× L/s 扬程：×× m 功率：×× kW	台	2	1用备 自带温度 传感器及 控制柜
ET	膨胀罐	储水容积：×× m³　自重：×× kg 设计压力：××MPa　高度/直径：×m/×m 壳体材质：碳钢/不锈钢 工作温度：××℃	台	1	自带安全 阀、温度 计、压力 表等附件
GH	容积式燃气热水炉	额定输入热负荷：×× kW　贮存温升提升热产×水率： 热效率：××%　贮存温度：（××℃） 燃气耗量：×× Nm³/h 自然强制排烟 出水温度：××℃　储水容积：×× L	台	4	自带安全 阀、温度 计、压力 表等附件
XD	银离子消毒器	进出管管径： 处理水量：×× L/s 功率：×× kW	台	1	

图例

符号	名称	符号	名称
—— J ——	冷水系统补水管		温度传感器
—— P ——	排水管		安全阀
—— R ——	热水系统供水管		燃气热水炉（平面） （剖面、系统）
---- RH ----	热水系统回水管	SD	银离子消毒器（平面） （剖面、系统）
⋈	普通阀门		
⊠	压力表		热水循环泵（平面）
⊡	不锈钢软接头		热水循环泵（剖面、系统）
⋉	不锈钢（或铜制）过滤器		膨胀罐（平面）
⋈	止回阀		膨胀罐（剖面、系统）
⊙	地漏		
⊘	倒流防止器		
⊙	水表		
⚏	DN25 自动排气阀		

管道管径对照表

管道名称	管径（mm）	压力等级（MPa）	备注
冷水补水管	DN×××		
排水管	DN×××		
热水系统供水管	DN×××		
热水系统回水管	DN×××		
加热器进水管	DN×××		
消毒器出水管	DN×××		
消毒器进水管	DN×××		

闭式单热源（自带储热水罐）/直接加热系统平面大样图

图纸编号 5.4.2-5

热水机房给水排水平面大样图

热水机房平面定位布置图

注：本图中 L_1～L_n、B_1～B_n为热水循环泵泵组、膨胀罐、燃气热水炉、银离子消毒器等设备基础的长宽。

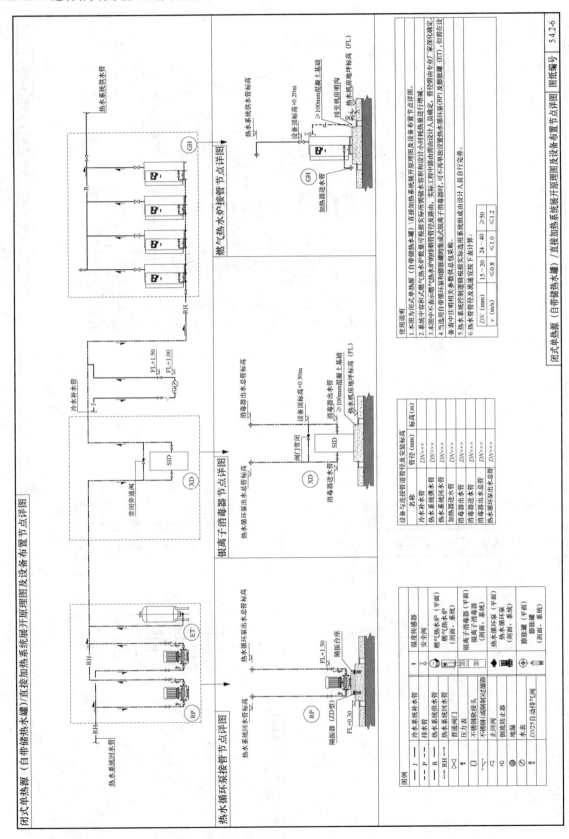

图纸使用说明	
1.1	消防水泵标准化图纸共计6张。第一张为图纸使用说明，第二张为图纸索引图，第三张为平面布置索引图，第四张为平面定位大样图，第五张为水池与水管布置节点详图。第六张为展开布置原理图及设备布置节点详图。
1.2	布置索引图中列举了六种消防水池与水泵的布置关系。除此之外，还有多种布置关系。设计人员在工程建设项目的设计中应根据实际情况进行补充或添加。
1.3	本书中消防水池水泵布置索引图仅提供水泵的布置关系。其余类型的完整示意"（格）"消防水池+水泵设共用吸水总管平面示意的完整示意内容，设计人员应按本书格式自行完善。
1.4	两座（格）消防水池+水泵设共用吸水总管平面示意一按照设置室外消火栓系统，室内消火栓系统和喷淋系统三种消防水系统进行标准化设计，其中主要的消防火栓系统配置稳压泵组。
1.5	消防水泵房平面定位布置图中标注的所有定位尺寸均为示意。使用时可根据具体工程相应调整。

设计说明	
2.1	水泵基础高度应满足地脚螺栓安装的长度。水泵基础安装前应进行复核。
2.2	水泵吸水管高针水泵标高针水泵到货后应进行复核。
2.3	排水排入明沟的管口应设有18目铜丝网罩（除放水），管口离台为0.20m。
2.4	各管路上的阀门平时常开（除放水、试验阀门外）。
2.5	水泵吸水管、出水管上所选用的阀门宜为明杆闸阀。
2.6	图中的FL为水泵房室内地面标高，FL±0.00m相当于建筑标高×××，本图所有标高都以此为基准以"FL"±×××表示。图中管道所注标高均为管中心标高。
2.7	水池的入孔、通气管、溢流管应有防止昆虫且止昆虫爬入水池的措施，水池人孔应加盖加锁，人孔内外应设置钢爬梯，设有防护栏。
2.8	人孔盖与盖座应吻合紧密，并用富有弹性的无毒发泡材料嵌在接缝处。
2.9	通气管管口和溢流管管口处应有18目不锈钢防虫网罩。
2.10	水池放空宜直接排入水坑。放空管底部不设防虫网罩，防止垃圾堵塞。
2.11	消防水泵吸水管宜采用避免形成气囊。
2.12	机房内所有管道进行隔振处理，压力管道需进行隔振处理，可采用XDH型吊架弹簧振器及DT型管道弹性托架减振器。
2.13	泵房管道穿过楼层预板和墙体时应填满（GD）型阻尼弹性复合材料，并密封好。
2.14	水泵底座上需加装混合型隔振台座和ZDⅡ型阻尼弹簧吊架。
2.15	应根据消防管高道重量在消防水泵上方设置相应的起重吊耳，方便后期设备维护使用，并对结构专业提荷载资料。
2.16	水池、水箱的水位显示及控制装置。信号阀等设施的控制部分见相关的电气图纸。
2.17	消防水池、水箱应设置就地水位显示装置，并应在消防控制中心或消防泵房（值班室）等地点应设置显示消防水池水位的装置，同时应具有最高和最低水位报警功能。
2.18	消防水泵流量检测装置：（吊）最大量程应大于消防水泵设计流量的175%。最小量程应为0.4级。
2.19	消防水泵压力检测装置：计量精度为0.5级。最大量程应为消防水泵设计压力值的165%。
2.20	消防水泵吸水管和出水管上应设置压力表： (1) 出水管上的压力表的最大量程不应低于其设计工作压力的2倍； (2) 消防水泵吸水管应设置真空表、压力表或真空压力表。压力表的最大量程不应低于0.70MPa。真空表的最大量程宜为-0.10MPa； (3) 压力表和真空表的直径不应小于100mm，应采用直径不小于6mm的管道与消防水泵进出口管相接，并应设置关断阀门。
2.21	消防水泵上设置管道过滤器。其过水面积应大于管道过水面积的4倍，且孔径不小于3mm。
2.22	消防水泵穿越水池的结构本体结构均应牢固，采用独立结构形式。
2.23	为保持水泵整洁，水泵周围应设150mm宽×100mm宽小明沟，汇至明沟。
2.24	消防水泵应设置挡水门槛，高度不小于300mm。
2.25	消防水池最低有效水位高需在卧式水泵出水管中心线，立式消防泵叶轮或高差不小于600mm。管道穿越消防水池或建筑顶板时应采用柔性防水套管。当管位于水池溢流液位以下时应用防水套管，其中直接与水泵相连的管线宜采用柔性防水套管。
2.26	消防水泵机组应符合下列规定： (1) 相邻两台机组及机组至墙壁间的净距。当电动机容量小于22kW时，不宜小于0.60m；当电动机容量不大于22kW且大于55kW时，不宜小于0.8m； 当电动机功率小于55kW宜小于1.2m；当电动机宜小于255kW时，不宜小于1.5m； (2) 当相邻两个机组应设置基础时，应至少在每个机组一侧的通道。当消防泵机组宽度加上0.5m的通道； (3) 消防水泵房的主要通道宽度不应小于1.2m。
2.27	

图纸编号	5.3.5-1
	IG100氮气灭火系统设计说明一

395

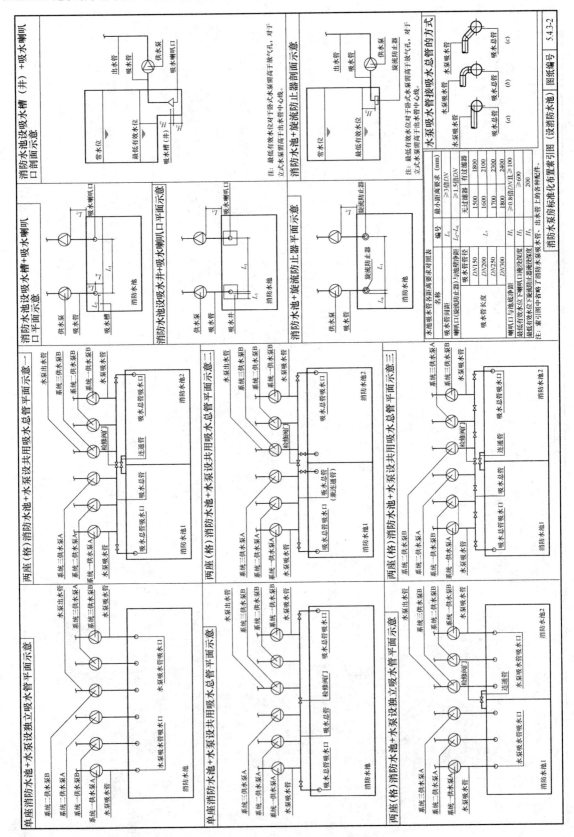

消防水泵房标准化布置索引图（设消防水池）　图纸编号 5.4.3-2

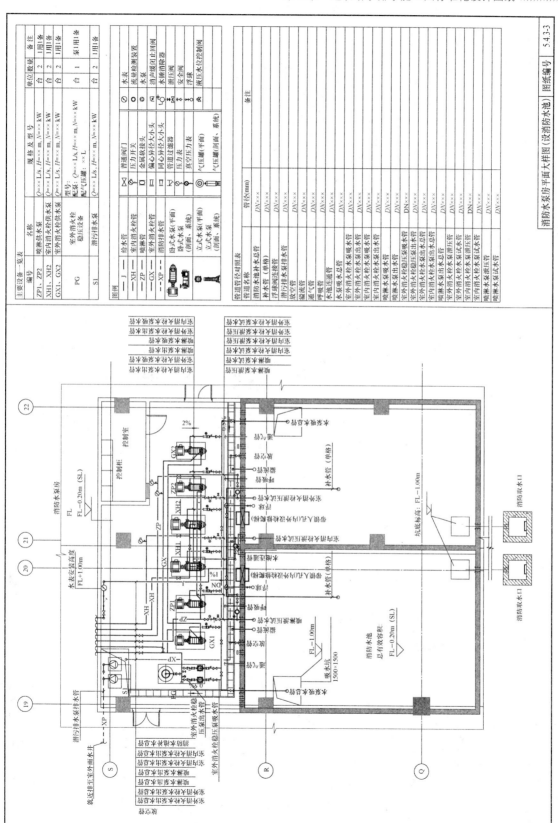

消防水泵房平面大样图（设消防水池）

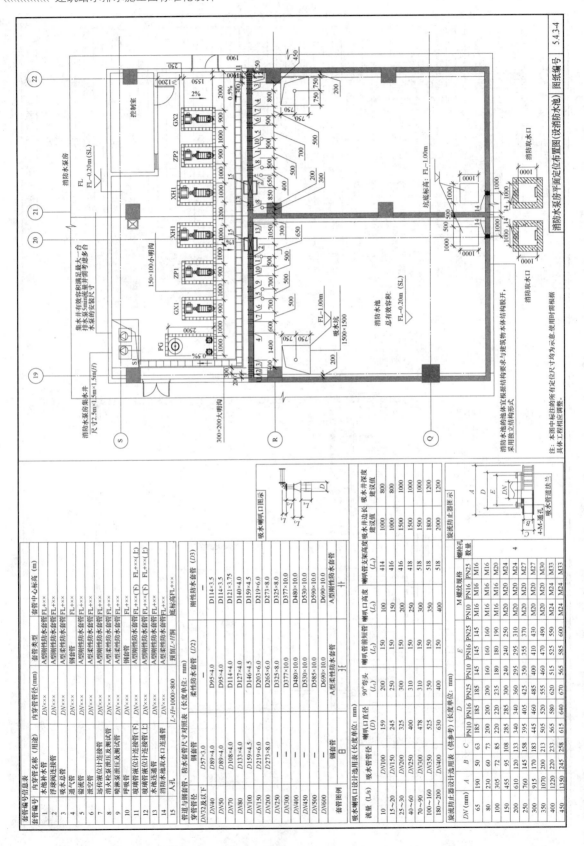

消防水泵房平面定位布置图(设消防水池) 图纸编号 5.4.3.4

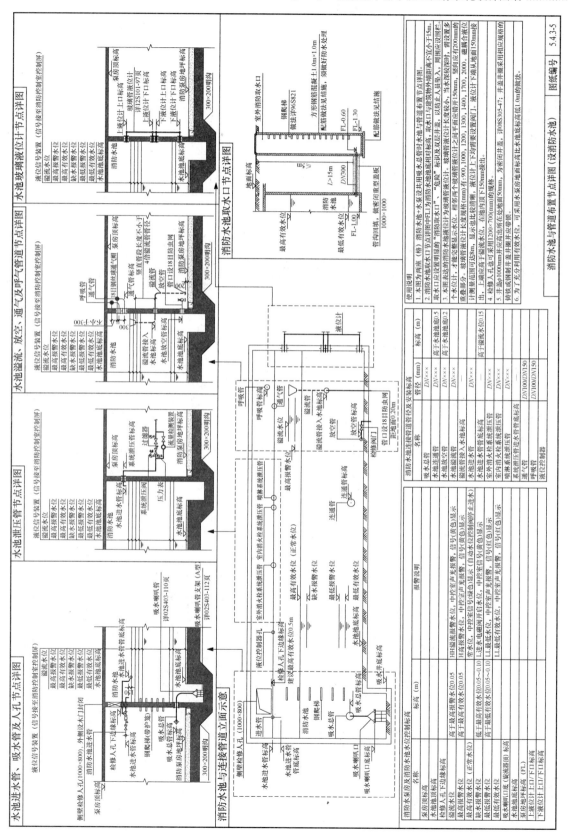

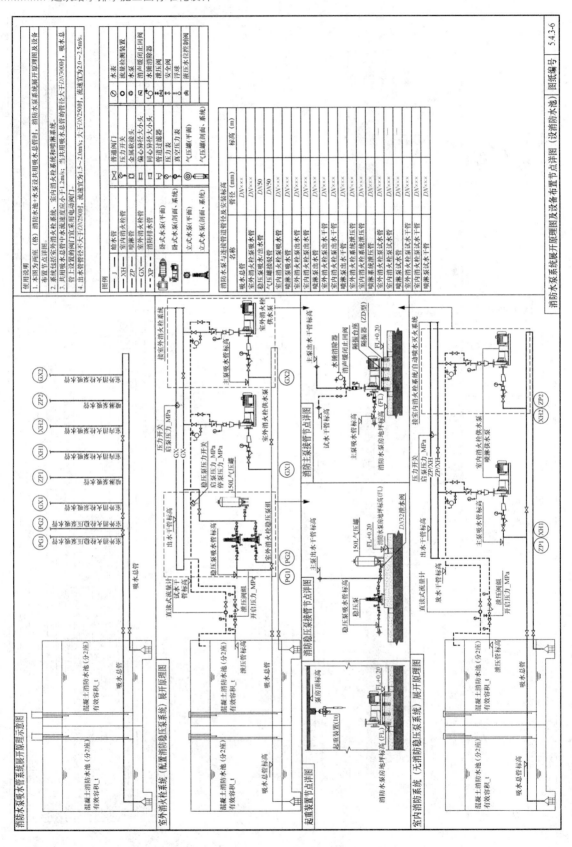

消防水泵系统展开原理图及设备布置节点详图（设消防水池）

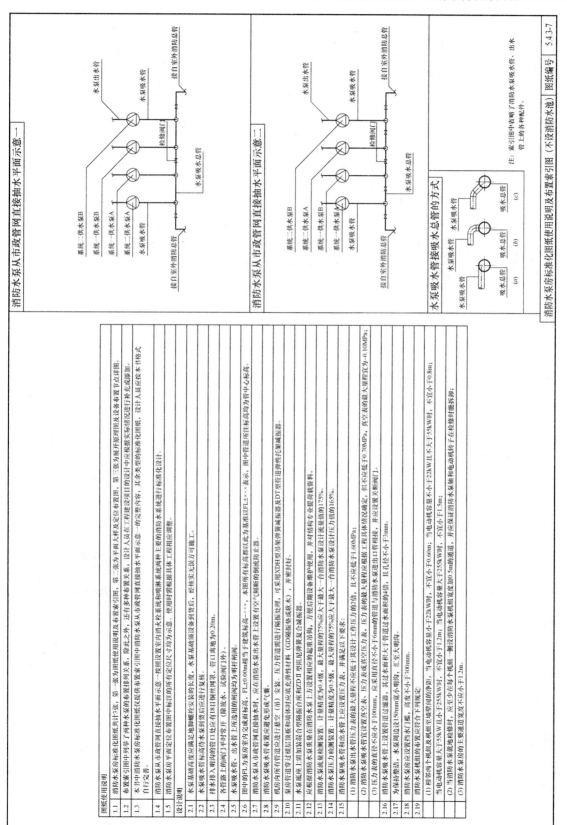

消防水泵从市政管网直接抽水平面示意一

消防水泵从市政管网直接抽水平面示意二

水泵吸水管接水总管的方式

消防水泵房标准化图纸使用说明及布置索引图（不设消防水池） 图纸编号 5.4.3-7

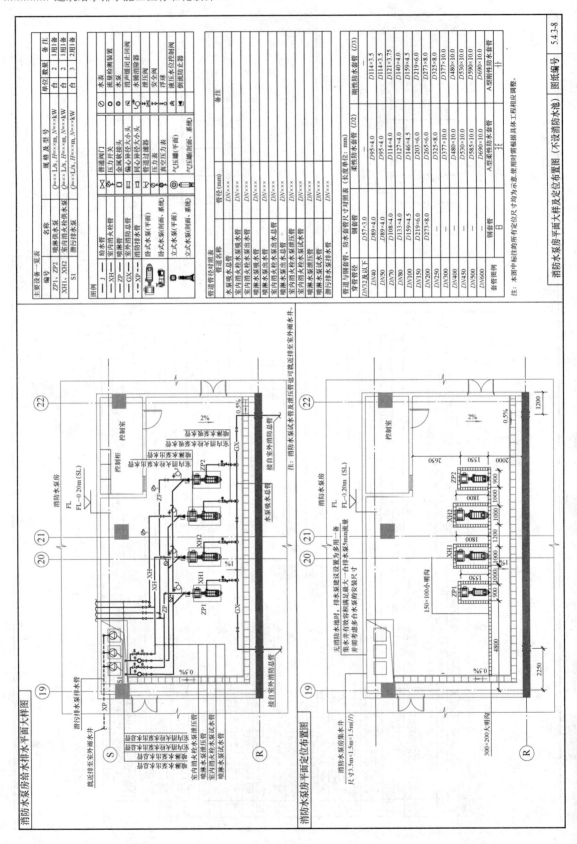

主要设备一览表

图例	名称	规格及型号	单位	数量	备注
ZP1、ZP2	喷淋供水泵	Q=×L/s,H=×m,N=×kW	台	2	1用1备
XH1、XH2	室内消火栓供水泵	Q=×L/s,H=×m,N=×kW	台	2	1用1备
S1	潜污排水泵	Q=×L/s,H=×m,N=×kW	台	3	2用1备

图例一览表

图例	名称
	水表
	流量检测装置
	消声缓闭止回阀
	滤流消声器
	水泵
	普通阀门
	压力开关
	金属软接头
	偏心异径大小头
	同心异径大小头
	管道过滤器
	压力表
	真空压力表
	安全阀
	液压水位控制阀
	倒流防止器
	浮球阀
	吸嘴(平面)
	(压力瓶)(剖面、系统)

管道管径对照表

管道名称	管径(mm)
—J— 给水管	DN×××
—XH— 室内消火栓给水管	DN×××
—ZP— 喷淋管	DN×××
—GX— 室外消防总管	DN×××
—XP— 消防排水管	DN×××
卧式水泵(平面)	DN×××
卧式水泵(平面)	DN×××
立式水泵(平面)	DN×××
立式水泵(剖面、系统)	DN×××
室内消火栓水泵出水管	DN×××
喷淋水泵出水管	DN×××
室内消火栓水泵试水管	DN×××
喷淋水泵试水管	DN×××
潜污排水泵排水管	DN×××

管道与钢套管、防水套管尺寸对照表 (长度单位: mm)

穿管管径	钢套管	柔性防水套管(D2)	刚性防水套管(D3)
DN32及以下	D57×3.0	D95×4.0	D114×3.5
DN40	D89×4.0	D95×4.0	D114×3.5
DN50	D89×4.0	D114×4.0	D121×3.75
DN70	D108×4.0	D127×4.0	D140×4.0
DN80	D133×4.0	D146×4.5	D159×4.5
DN100	D159×4.5	D203×6.0	D219×6.0
DN150	D219×6.0	D265×6.0	D273×8.0
DN200	D273×8.0	D325×8.0	D325×8.0
DN250	—	D377×10.0	D480×10.0
DN300	—	D480×10.0	D530×10.0
DN400	—	D530×10.0	D590×10.0
DN450	—	D585×10.0	D690×10.0
DN500	—	D690×10.0	—
DN600	—	D690×10.0	—
套管图例	钢套管	A型柔性防水套管	A型刚性防水套管

注:本图中标注的所有固定位尺寸均为示意,使用时请根据具体工程相应调整。

消防水泵房平面大样及定位布置图 (不设消防水池)   图纸编号 5.4.3-8

消防水泵房给水排水平面大样图

消防水泵房
FL FL-0.20m(SL)

控制室

控制柜

2%   0.5%

接自室外消防总管
水泵吸水总管
接自室外消防总管

注:消防水泵试水管及泄压管也可就近排至室外雨水井。

靠近排至室外雨水井

消防水泵房平面定位布置图

消防水泵房集水井
尺寸3.5m×1.5m×1.5m(H)

无消防水池时,排水泵建议设置为多用一备,
集水井有效容积满足单台一台排水5min流量
并需考虑多台水泵的安装尺寸

150×100小明沟

300×200大明沟

消防水泵房
FL FL-0.20m(SL)

2%   0.5%

1200
2000 900
1550 1000
2650
1800
1800
1550
900 1000
2250
4800

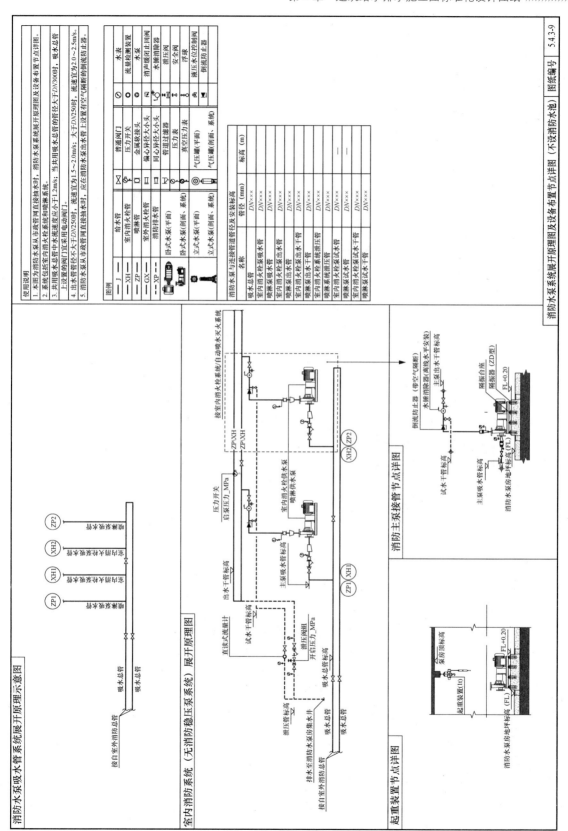

消防水泵吸水管系统展开原理示意图

室内消防系统（无消防稳压泵系统）展开原理图

起重装置节点详图

消防主泵接管节点详图

消防水泵系统展开原理图及设备布置节点详图（不设消防水池）

图纸使用说明

1.1 屋顶消防水箱同标准化图纸共计 6 张。第一张为标准图纸使用说明。第二张为布置索引图。第三张为平面大样图。第四张为平面定位布置图。第五张为水箱与管道布置图。第六张为展开原理图及设备布置节点详图。

1.2 布置索引图中列举了三种屋顶消防水箱与设备的布置关系。当屋顶消防水箱与两组稳压泵（格）或稳压泵组数量大于两组时，设计人员在工程建设项目的设计中应根据实际情况进行补充或添加。

1.3 本书中屋顶消防水箱同标准化图纸仅提供水总管平面示意，按照设置两组稳压泵设吸水总管平面示意。本图引图中两组稳压泵组采用 S30408/S31603/S11972。其余类型的标准化图纸（立式气压罐）的完整内容，设计人员应按本书格式自行完善。

1.4 本图所绘消防水箱均采用不锈钢材质，不锈钢型号采用 S30408/S31603/S11972。消防稳压泵组建议采用成组，成套产品。

1.5 当消防水箱平面设置时，水箱的人孔以及设置出水管的阀门等应采取锁具或阀门门罩等措施。

1.6 严寒、寒冷等冬季冰冻地区的消防水箱应设置在消防水箱间内，当消防水箱间为非采暖房间时，应采取防冻措施。在屋顶露天设置时，应采取防冻隔热等安全措施。包括但不限于自带电伴热防冻保温层，设置电伴热水箱保温层等。

1.7 当稳压泵与消防主泵一同设于消防水泵房内时，可按本节（5.4.3）图纸的表达方式补充在消防水泵房标准化图纸中。

设计说明

2.1 水泵基础高度应满足地脚螺栓安装的长度，水泵基础须设备到货后，经核实无误方可施工。

2.2 水泵吸水管高存水管到货后应进行复核。

2.3 排水排入明沟的管口应有 18 目铜丝网罩，管口离地为 0.20m。

2.4 各管路上的阀门平时常开（除放水、旁通阀门外）。

2.5 水泵吸水管、出水管上所选用的闸阀均为明杆闸阀。

2.6 图中的 FL 为楼房室内完成面标高，FL±0.00m 相当于建筑标高 -×××。本图所有标高都以为基准以 FL±××× 表示。图中管道所注标高均为管中心标高。

2.7 水箱的人孔、通气管、溢流管应有防止昆虫爬入水箱的措施。

2.8 人孔盖与盖座应吻合紧密，并用富弹性的无毒泡沫材料嵌在接缝处。

2.9 通气管管口和溢流管管口处应有 18 目防虫网罩。

2.10 水箱放空官宜直接排入专用排水立管或屋面。放空管底部不设除虫网罩，防止堵塞。

2.11 机房内所有管道应进行悬空（吊）安装。压力分管道需进行隔振处理，可采用 XDH 型吊架弹簧减震器及 DT 型管道弹性托架减震器。

2.12 泵房管道穿过楼层顶板和墙体时应选用填充弹性材料（GD 隔振垫软木），并密封好。

2.13 水泵底座上需加装组合型隔振器和 ZDⅡ 型阻尼型复合减震器。

2.14 应根据消防水泵重量配置相应的起重吊钩，方便后期设备维护使用。并对结构专业提荷载资料。

2.15 水箱的水位显示及控制装置，电磁阀等相关的控制部分见相关的电气图纸。

2.16 消防水箱应就近设置就地水位显示装置，并应在消防控制室等地点设置显示消防水箱水位的装置。同时应具有最高和最低水位的报警功能。

IGJ100氟气水系统设计说明一

图纸编号 5.3.5-1

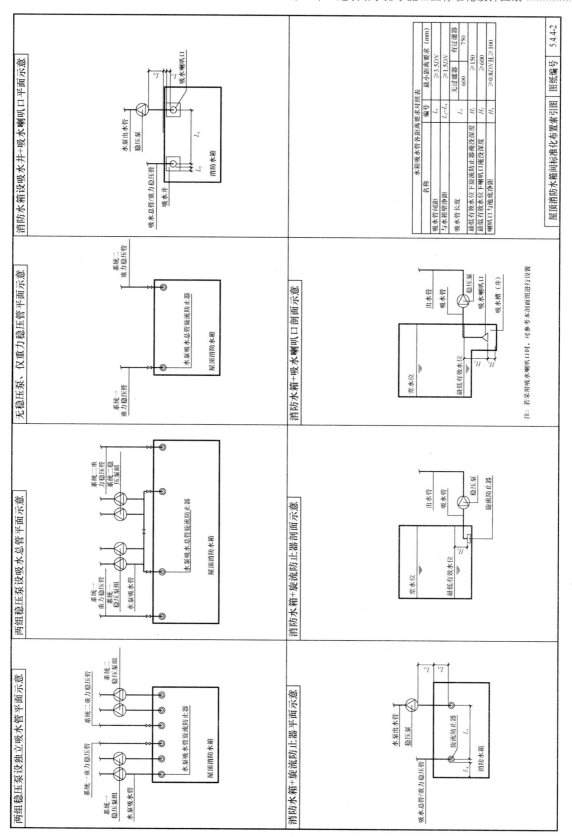

水箱吸水管各距离要求对照表		
名称	编号	最小距离要求（mm）
吸水管间距	L_1	≥3.5DV
与水箱壁净距	L_2、L_4	≥1.5DV
吸水管长度		无过滤器　600
	L_3	有过滤器　750
最低有效水位下旋流防止器淹没深度	H_1	≥150
最低有效水位下喇叭口淹没深度	H_2	≥600
喇叭口与池底净距	H_3	≥0.8DN且≥100

两组稳压泵设独立吸水管平面示意

两组稳压泵设吸水总管平面示意

无稳压泵、仅重力稳压管平面示意

消防水箱设吸水井+吸水喇叭口平面示意

消防水箱+旋流防止器平面示意

消防水箱+旋流防止器剖面示意

消防水箱+吸水喇叭口剖面示意

注：若采用吸水喇叭口时，可参考本剖面图进行设置。

屋顶消防水箱间标准化布置索引图　图纸编号 5.4.4-2

405

主要设备一览表

编号	名称	规格及型号	单位	数量	备注
FH	消火栓系统稳压泵组（不锈钢泵壳铸铁泵壳内衬环氧树脂）	单泵：Q=××L/s,H=××m（1用1备）N=××kW；气压罐容积：××L（立式/卧式）	套	1	自带控制柜，罐体工作压力：××MPa
SP	喷淋系统稳压泵组（不锈钢泵壳铸铁泵壳内衬环氧树脂）	单泵：Q=××L/s,H=××m（1用1备）N=××kW；气压罐容积：××L（立式/卧式）	套	1	自带控制柜，罐体工作压力：××MPa
	成品不锈钢消防水箱	材质：S30408/S31603/S11972 尺寸：×m·×m·×m(h) 有效容积：××m³	座	1	自带液位控制器 钢爬梯、通气管等附件

图例

— J —	消防水箱进水管		普通阀门
— X —	消火栓稳压泵出水管		电接点压力表
— Z —	喷淋稳压泵出水管		金属软接头
— P — —	稳压罐（平面）		管道过滤器
	稳压罐（剖面）		压力表
	气压罐（剖面、系统）		地漏
	气压罐（平面、系统）		水表
			止回阀
			电磁阀
			旋流防止器

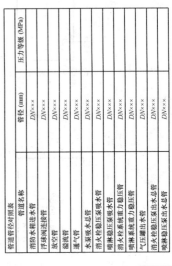

液压式水力控制阀（遥控浮球阀）

管道管径对照表

管道名称	管径(mm)	压力等级(MPa)
消防水箱进水管	DN××	DN××
浮球阀连接管	DN××	
放空管	DN××	
溢流管	DN××	
通气管	DN××	
水泵吸水总管	DN××	
消火栓稳压泵吸水管	DN××	
喷淋稳压泵吸水管	DN××	
消火栓系统重力稳压管	DN××	
喷淋系统重力稳压管	DN××	
消火栓稳压泵出水总管	DN××	
喷淋稳压泵出水总管	DN××	

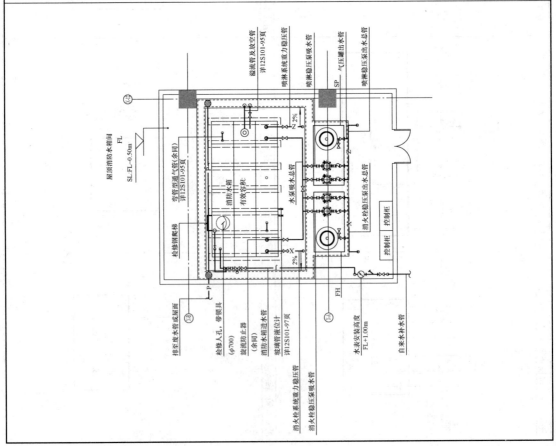

屋顶消防水箱间 FL
SL·FL-0.50m

溢流管及放空管 详12S101-95页
喷淋系统重力稳压管
喷淋稳压泵出水管
气压罐出水管 SP
喷淋稳压泵出水总管
空管型通气管(余同) 详12S101-95页
消防水箱 有效容积：
水泵吸水总管
消火栓稳压泵出水总管
控制柜 控制柜
检修钢爬梯
排至废水管或地面
检修人孔，带盖具 (φ700)
旋流防止器 (余同)
消防水箱进水管
玻璃管液位计 详12S101-97页
水表安装高度 FL+1.00m
自来水补水管
消火栓系统重力稳压管
消火栓稳压泵吸水管
FH

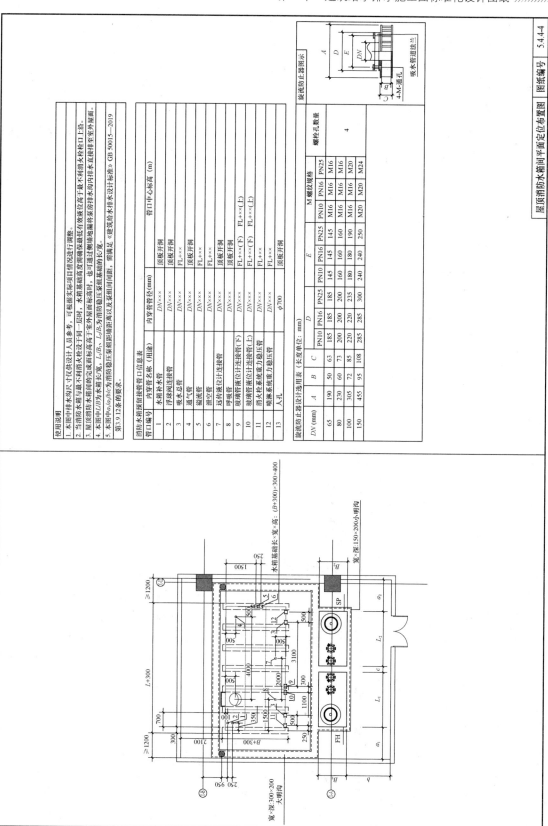

使用说明

1. 本图中排水沟尺寸仅供设计人员参考，可根据实际情况自行进行调整。
2. 当消防水箱与最不利消火栓设于同一层时，水箱基础应适当抬高使其底有效液位高于最不利消火栓口上沿。
3. 屋顶消防水箱间内的完成地面标高高于室外屋面时，也可通过排水沟内地漏将废水直接排至室外屋面。
4. 本图中 L_1、B 为水箱长×宽，L_1、B_1 为消防防稳压泵组离墙距离及泵组基础的长宽。
5. 本图中 a_1、a_2/b、c 为消防防稳压泵组离墙距离及泵组间间距，需满足《建筑给水排水设计标准》GB 50015—2019 第3.9.12条的要求。

消防水箱预留接管口信息表

管口编号	内穿管名称（用途）	内穿管径(mm)	管口中心标高 (m)
1	水箱补水管	DN×××	顶板开洞
2	浮球阀连接管	DN×××	FL+××
3	吸水总管	DN×××	FL+××
4	通气管	DN×××	顶板开洞
5	溢流管	DN×××	FL+××
6	泄空管	DN×××	FL+××
7	远传液位计连接管	DN×××	顶板开洞
8	呼吸管	DN×××	顶板开洞
9	玻璃管液位计连接管（下）	DN×××	FL+××（下）
10	玻璃管液位计连接管（上）	DN×××	FL+××（上）
11	消火栓系统重力稳压管	DN×××	FL+××
12	喷淋系统重力稳压管	DN×××	FL+××（上）
13	人孔	φ700	顶板开洞

旋流防止器选用表（长度单位：mm）

DN(mm)	A	B	C	D			E			M螺纹规格			螺栓孔数量
				PN10	PN16	PN25	PN10	PN16	PN25	PN10	PN16	PN25	
65	190	50	63	185	185		145	145		M16	M16		4
80	230	60	73	200	200		160	160		M16	M16		
100	305	72	85	220	235		180	190		M16	M20		
150	455	95	108	285	300		240	250		M20	M24		

旋流防止器图示

吸水管道法兰

4-M通孔

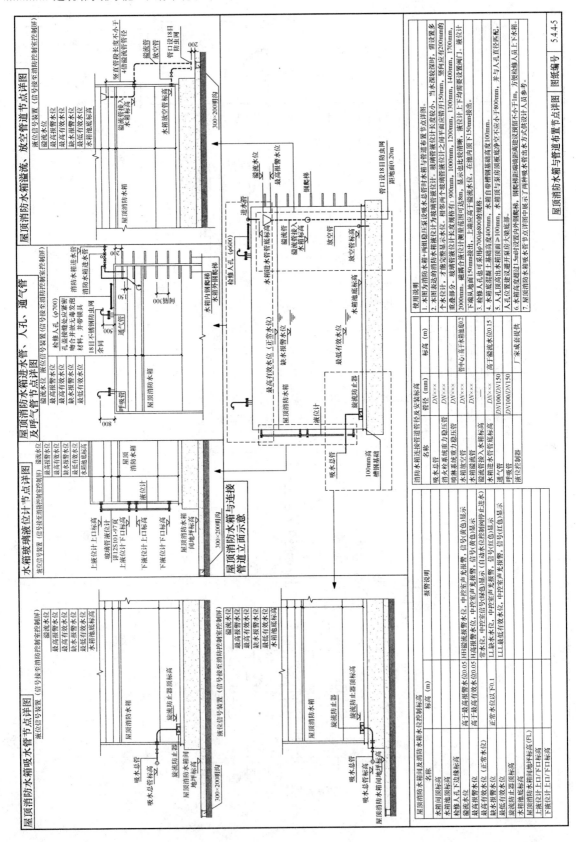

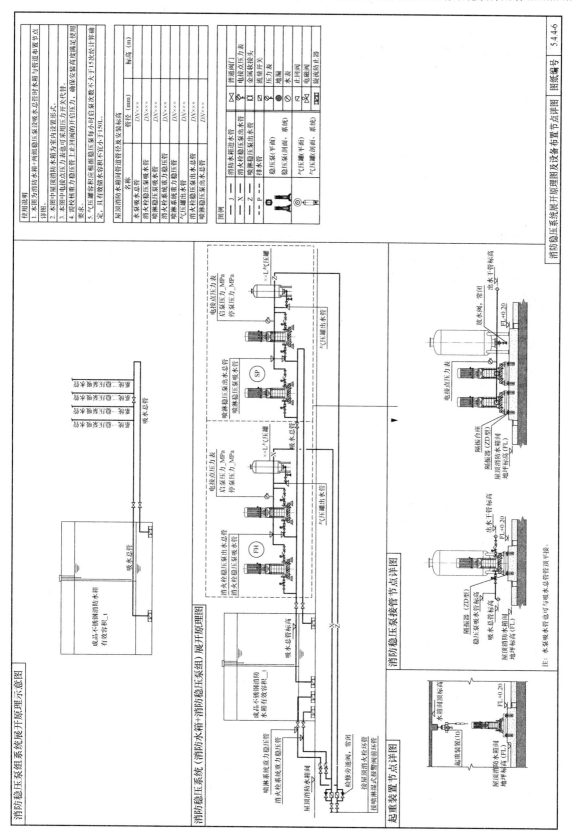

5.5 标准化设计卫生间详图

    本书编制的标准化设计卫生间详图主要包括卫生间大样图标准化图纸使用说明、卫生间（接排水立管）标准化大样图示例、卫生间（底层独立出户）标准化大样图示例，共计3张标准化图纸。

    施工图阶段卫生间详图的设计工作量很大，从平面布局看，千变万化，难以实现标准化设计，但从展开原理图的设计内容看，仍然可以对部分内容进行标准化设计。例如：卫生洁具的接管管径、安装高度等。因此，标准化设计卫生间详图编制了详细的表格，专门用于各类卫生洁具设计参数的标注；此外，图中还补充了增设假墙处卫生洁具安装的节点，特别是挂式小便器等。

    因为同层排水设计表达方式比较独特，且主要用于居住建筑，而本书主要按公共建筑进行相关图纸的编制，所以本书采用异层排水设计。如设计人员需按同层排水设计时，应自行设计补充。

图纸使用说明

1.1	卫生间大样图标准化图纸共计3张。第一张为图纸使用说明。第二张...（底层独立出户）及非首层（排水接立管）的方式。第三张为卫生间标准化大样图示例。
1.2	本图以某学校的首层（底层独立方式为出户）的公共卫生间为示例。设计人员在实际工程应用中应参照本书的格式，并结合建筑的实际情况及项目的具体要求自行完善。
1.3	本图中示意热水供应方式为集中热水系统—干管循环的方式。另有多种热水系统方式，设计人员在实际应用中需根据具体项目情况选用。
1.4	本图中的排水管采用塑料管材进行示例。当选用其他管材时，可选用相应的排水管形式。对于采用同层排水系统的卫生间，可参照《卫生设备安装》19S306进行设计。
1.5	本图示例中的排水管采用隔层排水形式。当选用同层排水形式时，对于采用同层排水系统的卫生间需依据现行行业标准《建筑同层排水系统技术规程》CECS 247 按照本书相关规范和本书的...居住建筑卫生间可参照《居住建筑卫生间同层排水系统安装》19S806进行设计。
1.6	隔层排水的排水横管下穿楼板时，应注意平面布置的合理与有效的避让措施。
1.7	卫生间（该排水立管为底层独立出户）标准化大样图例中的排水管道按污废水合流方式分流方式布置。

设计说明

2.1	图中的FL为室内完成面标高，FL±0.00m相当于建筑标高±×××。本图所有标高均以此为基准以FL±×××表示。图中管道所注标高均为管中心标高。
2.2	卫生洁具的定位见建筑装饰或专业图中表达。
2.3	所有卫生洁具及附件的安装参照《卫生设备安装》09S304，并在施工图中反映。
2.4	大便器的排水进户管材及技术要求，均应符合现行国家标准《卫生陶瓷》GB 6952 和现行行业标准《非陶瓷类卫生洁具》JC/T 2116 的规定。
2.5	卫生器具的选用应根据现有项目要求，设置合适的型号和大便器。
2.6	坐式大便器均应自带存水弯，本图中的蹲式大便器可自带存水弯。当选择不含存水弯的产品，本图中应设存水弯。
2.7	蹲式大便器采用脚踏式或自闭式冲洗阀和水嘴，连接洁具的立管应采用感应式龙头。小便器均采用感应式冲洗阀。
2.8	公共卫生间宜采用挂式小便器...坐便器等采用符合现行国家标准的节水型产品，同时选用符合绿建要求的节水器件。
2.9	老年照料设施、幼儿园、安宁病区...监狱等场所显见功能部位的冷热水点应采用防水外溅的措施。
2.10	公共浴室等采用恒温混合接触式冷热水终端热水温控阀件。
2.11	下列场所的卫生器具排水点应采用非手动开关，并应采取防止污水外溅的措施： (1) 公共卫生间的洗手盆、小便器、大便器。 (2) 护士站、治疗室、诊疗室等处的洗手盆。 (3) 产房、手术间、无菌室...盥洗池、洗手盆。 (4) 诊室、检验科等房间内的洗手盆。 (5) 有无菌要求或防止交叉感染场所的卫生器具。
2.12	医疗建筑中的中心...中的医疗加工、口腔科等房间内设置洗手盆的排水管，应大于计算管径，应大于计算管径1~2级。且不得小于100.00mm。支管管径不得小于75.00mm。地漏的选择应符合下列规定：
2.13	地漏的材质宜采用《地漏》CJ/T 186的规定。地漏宜设置在易被...设置在易被溅水的器具...附近，且应在地面的最低处。连接地漏的排水立管不宜共用地漏。 (1) 食堂、厨房和公共浴室等排水宜采用网框式地漏。 (2) 对洗涤废水...均应采用水封地漏。 (3) 车间排水地漏...应采用密闭地漏。 (4) 严禁采用钟罩式地漏。 (5) 严禁采用中罩式地漏。 淋浴室内采用排水沟排水时，8个淋浴器可设置1个直径为100mm的地漏。

淋浴室地漏直径	
淋浴器数量（个）	地漏直径（mm）
1~2	50
3	75
4~5	100

2.14	淋浴室内间距的排水负荷，可按下表确定。当用排水沟排水时，可用排水沟排水时。
2.15	严禁生活饮用水管道与大便器（槽）、小便斗（槽）采用非专用冲洗阀直接连接冲洗。
2.16	存水弯的水封高度不得小于50.00mm，且不得大于100.00mm。采用专用非专用冲洗阀。严禁采用活动机械密封替代水封。
2.17	卫生洁具存水弯段且不得大于重复设置水封。
2.18	当卫生洁具或其他污染物...可能产生有害气体或其他污染物在有害气体的卫生器具排水管道直接连接，必须在排水口以下设存水弯。
2.19	医疗卫生机构门诊、病房、化验室、试验室等用水口均不采用共用存水弯。
2.20	存水弯安装应采用室内排水管三通。
2.21	所有排水横管应尽量紧贴楼板或采用墙体敷设。室内排水横管垂直穿墙或穿板DN100。
2.22	清扫口连接管口径应不小于其端部横管管径。当管径小于DN100时采用横管带1个清扫口或直通DN100。
2.23	楼面清扫口设置室内排水管...当管径大于等于DN100时采用排水管带1个直通或直通DN100。
2.24	所有卫生间排水横支管与其端部横管垂直连接的距离不得小于0.20m。
2.25	对不采用角阀的卫生间，冷热水角阀中心距为150mm。
2.26	所有卫生洁具的角阀...进水口均为DN15。冷热水角阀中心距为150mm。
2.27	当采用进水角阀时，小厨宝一小厨宝可对应设置高位安装。
2.28	有卫生洁具间预留洞或室外墙穿越管道时需预留套管或插座。相应位置安装02S404。
2.29	供水管出户管穿越楼板或室外外墙的套管或插座必须设引地线。
2.30	底层供户立管出户管穿越地下室及管道井时，套管管径应大于DN100的穿越地下室。
2.31	污、废水立管、通气立管穿越地下室及管道井时，防火墙及管道井处应设置套板，防火墙及管道井处应设置防火圈。

IG100氮气灭火系统设计说明一 | 图纸编号 5.3.5-1

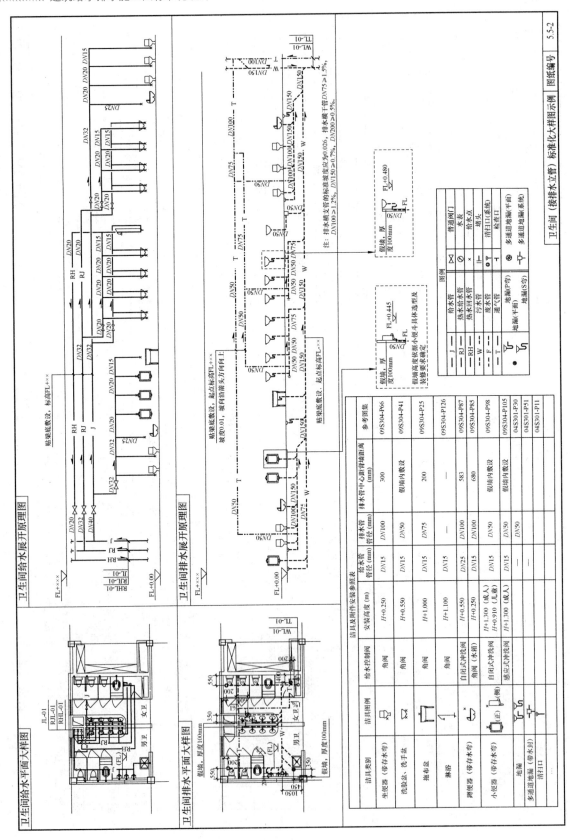

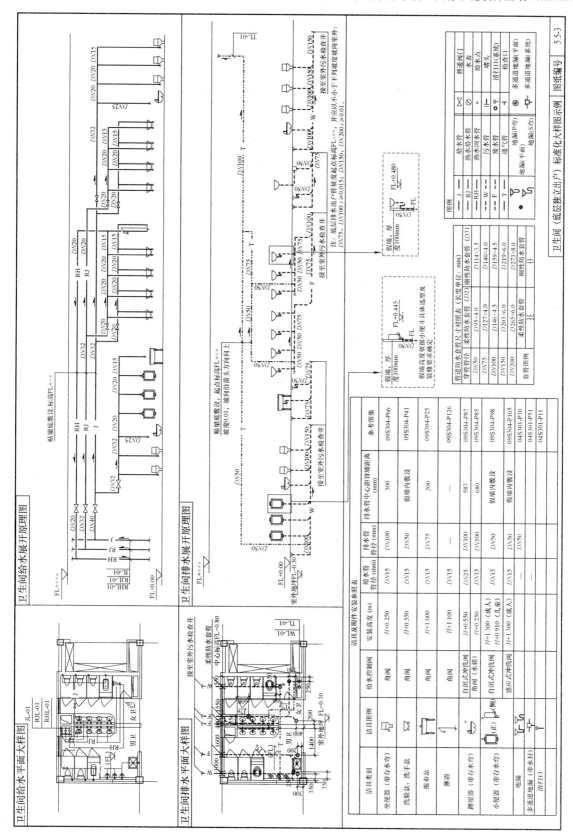

413

附录1 给水水质指标

生活饮用水水质常规指标及限值 附表1-1

指标	限值
1. 微生物指标	
总大肠菌群/(MPN/100mL 或 CFU/100mL)[a]	不应检出
大肠埃希氏菌/(MPN/100mL 或 CFU/100mL)[a]	不应检出
菌落总数/(MPN/mL 或 CFU/mL)[b]	100
2. 毒理指标	
砷/(mg/L)	0.01
镉/(mg/L)	0.005
铬（六价）/(mg/L)	0.05
铅/(mg/L)	0.01
汞/(mg/L)	0.001
氰化物/(mg/L)	0.05
氟化物/(mg/L)[b]	1.0
硝酸盐（以 N 计）/(mg/L)[b]	10
三氯甲烷/(mg/L)[c]	0.06
一氯二溴甲烷/(mg/L)[c]	0.1
二氯一溴甲烷/(mg/L)[c]	0.06
三溴甲烷/(mg/L)[c]	0.1
三卤甲烷（三氯甲烷、一氯二溴甲烷、二氯一溴甲烷、三溴甲烷的总和）[c]	该类化合物中各种化合物的实测浓度与其各自限值的比值之和不超过 1
二氯乙酸/(mg/L)[c]	0.05
三氯乙酸/(mg/L)[c]	0.1
溴酸盐/(mg/L)[c]	0.01
亚氯酸盐/(mg/L)[c]	0.7
氯酸盐/(mg/L)[c]	0.7
3. 感官性状和一般化学指标[d]	
色度（铂钴色度单位）/度	15
浑浊度（散射浑浊度单位）/NTU[b]	1
臭和味	无异臭、异味
肉眼可见物	无
pH	不小于 6.5 且不大于 8.5
铝/(mg/L)	0.2

续表

指标	限值
铁/（mg/L）	0.3
锰/（mg/L）	0.1
铜/（mg/L）	1.0
锌/（mg/L）	1.0
氯化物/（mg/L）	250
硫酸盐/（mg/L）	250
溶解性总固体/（mg/L）	1000
总硬度（以 $CaCO_3$ 计）/（mg/L）	450
高锰酸盐指数（以 O_2 计）/（mg/L）	3
氨（以 N 计）/（mg/L）	0.5
4. 放射性指标[e]	
总 α 放射性/（Bq/L）	0.5（指导值）
总 β 放射性/（Bq/L）	1（指导值）

注：[a] MPN 表示最可能数；CFU 表示菌落形成单位。当水样检出总大肠菌群时，应进一步检验大肠埃希氏菌；当水样未检出总大肠菌群时，不必检验大肠埃希氏菌。

[b] 小型集中式供水和分散式供水因水源与净水技术受限时，菌落总数指标限值按 500MPN/mL 或 500CFU/mL 执行，氟化物指标限值按 1.2mg/L 执行，硝酸盐（以 N 计）指标限值按 20mg/L 执行，浑浊度指标限值按 3NTU 执行。

[c] 水处理工艺流程中预氧化或消毒方式：

——采用液氯、次氯酸钙及氯胺时，应测定三氯甲烷、一氯二溴甲烷、二氯一溴甲烷、三溴甲烷、三卤甲烷、二氯乙酸、三氯乙酸；

——采用次氯酸钠时，应测定三氯甲烷、一氯二溴甲烷、二氯一溴甲烷、三溴甲烷、三卤甲烷、二氯乙酸、三氯乙酸、氯酸盐；

——采用臭氧时，应测定溴酸盐；

——采用二氧化氯时，应测定亚氯酸盐；

——采用二氧化氯与氯混合消毒剂发生器时，应测定亚氯酸盐、氯酸盐、三氯甲烷、一氯二溴甲烷、二氯一溴甲烷、三溴甲烷、三卤甲烷、二氯乙酸、三氯乙酸；

——当原水中含有上述污染物，可能导致出厂水和末梢水的超标风险时，无论采用何种预氧化或消毒方式，都应对其进行测定。

[d] 当发生影响水质的突发公共事件时，经风险评估，感官性状和一般化学指标可暂时适当放宽。

[e] 放射性指标超过指导值（总 β 放射性扣除 ^{40}K 后仍然大于 1Bq/L），应进行核素分析和评价，判定能否饮用。

生活饮用水消毒剂常规指标及要求　　　　　　　　　　　　　附表 1-2

指标	与水接触时间/（min）	出厂水和末梢水限值/（mg/L）	出厂水余量/（mg/L）	末梢水余量/（mg/L）
游离氯[a,d]	≥30	≤2	≥0.3	≥0.05
总氯[b]	≥120	≤3	≥0.5	≥0.05
臭氧[c]	≥12	≤0.3	—	≥0.02 如采用其他协同消毒方式，消毒剂限值及余量应满足相应要求
二氧化氯[d]	≥30	≤0.8	≥0.1	≥0.02

[a] 采用液氯、次氯酸钠、次氯酸钙消毒方式时，应测定游离氯。

[b] 采用氯胺消毒方式时，应测定总氯。

[c] 采用臭氧消毒方式时，应测定臭氧。

[d] 采用二氧化氯消毒方式时，应测定二氧化氯；采用二氧化氯与氯混合消毒剂发生器消毒方式时，应测定二氧化氯和游离氯。两项指标均应满足限值要求，至少一项指标应满足余量要求。

生活饮用水水质扩展指标及限制 附表 1-3

指标	限值
1. 微生物指标	
贾第鞭毛虫/(个/10L)	<1
隐孢子虫/(个/10L)	<1
2. 毒理指标	
锑/(mg/L)	0.005
钡/(mg/L)	0.7
铍/(mg/L)	0.002
硼/(mg/L)	1.0
钼/(mg/L)	0.07
镍/(mg/L)	0.02
银/(mg/L)	0.05
铊/(mg/L)	0.000 1
硒/(mg/L)	0.01
高氯酸盐/(mg/L)	0.07
二氯甲烷/(mg/L)	0.02
1,2-二氯乙烷/(mg/L)	0.03
四氯化碳/(mg/L)	0.002
氯乙烯/(mg/L)	0.001
1,1-二氯乙烯/(mg/L)	0.03
1,2-二氯乙烯（总量）/(mg/L)	0.05
三氯乙烯/(mg/L)	0.02
四氯乙烯/(mg/L)	0.04
六氯丁二烯/(mg/L)	0.000 6
苯/(mg/L)	0.01
甲苯/(mg/L)	0.7
二甲苯（总量）/(mg/L)	0.5
苯乙烯/(mg/L)	0.02
氯苯/(mg/L)	0.3
1,4-二氯苯/(mg/L)	0.3
三氯苯（总量）/(mg/L)	0.02
六氯苯/(mg/L)	0.001
七氯/(mg/L)	0.000 4
马拉硫磷/(mg/L)	0.25
乐果/(mg/L)	0.006
灭草松/(mg/L)	0.3
百菌清/(mg/L)	0.01

指标	限值
呋喃丹/(mg/L)	0.007
毒死蜱/(mg/L)	0.03
草甘膦/(mg/L)	0.7
敌敌畏/(mg/L)	0.001
莠去津/(mg/L)	0.002
溴氰菊酯/(mg/L)	0.02
2,4-滴/(mg/L)	0.03
乙草胺/(mg/L)	0.02
五氯酚/(mg/L)	0.009
2,4,6-三氯酚/(mg/L)	0.2
苯并（a）芘/(mg/L)	0.000 01
邻苯二甲酸二（2-乙基己基）酯/(mg/L)	0.008
丙烯酰胺/(mg/L)	0.000 5
环氧氯丙烷/(mg/L)	0.000 4
微囊藻毒素-LR（藻类暴发情况发生时）/(mg/L)	0.001
3. 感官性状和一般化学指标[a]	
钠/(mg/L)	200
挥发酚类（以苯酚计）/(mg/L)	0.002
阴离子合成洗涤剂/(mg/L)	0.3
2-甲基异莰醇/(mg/L)	0.000 01
土臭素/(mg/L)	0.000 01

[a] 当发生影响水质的突发公共事件时，经风险评估，感官性状和一般化学指标可暂时适当放宽。

注：本附录的表中数据引自《生活饮用水卫生标准》GB 5749—2022 第 4.2 条中的表 1、表 2 和表 3，顺序对应本附录的附表 1-1、附表 1-2 和附表 1-3。其中生活饮用水水质应符合附表 1-1 和附表 1-3 的要求，出厂水和末梢水中消毒剂限值、消毒剂余量均应符合附表 1-2 的要求。

附录 2　不同水温时的密度和焓值表

不同水温时的密度和焓值表（工作压力≤1.0MPa）　　　　　　　　　附表 2-1

表中数据为 P=0.60MPa、温度为 1～150℃时水的密度和焓值

温度 （℃）	密度 （kg/m³）	焓 （kJ/kg）	温度 （℃）	密度 （kg/m³）	焓 （kJ/kg）	温度 （℃）	密度 （kg/m³）	焓 （kJ/kg）
1	1000.2	4.7841	29	996.17	122.10	57	984.93	239.12
2	1000.2	8.9963	30	995.87	126.28	58	984.43	243.30
3	1000.2	13.206	31	995.56	130.46	59	983.93	247.48
4	1000.2	17.412	32	995.25	134.63	60	983.41	251.67
5	1000.2	21.616	33	994.93	138.81	61	982.90	255.85
6	1000.2	25.818	34	994.59	142.99	62	982.37	260.04
7	1000.1	30.018	35	994.25	147.17	63	981.84	264.22
8	1000.1	34.215	36	993.91	151.35	64	981.31	268.41
9	1000.0	38.411	37	993.55	155.52	65	980.77	272.59
10	999.94	42.605	38	993.19	159.70	66	980.22	276.78
11	999.84	46.798	39	992.81	163.88	67	979.67	280.97
12	999.74	50.989	40	992.44	168.06	68	979.12	285.15
13	999.61	55.178	41	992.05	172.24	69	978.55	289.34
14	999.48	59.367	42	991.65	176.41	70	977.98	293.53
15	999.34	63.554	43	991.25	180.59	71	977.41	297.72
16	999.18	67.740	44	990.85	184.77	72	976.83	301.91
17	999.01	71.926	45	990.43	188.95	73	976.25	306.10
18	998.83	76.110	46	990.01	193.13	74	975.66	310.29
19	998.64	80.294	47	989.58	197.31	75	975.06	314.48
20	998.44	84.476	48	989.14	201.49	76	974.46	318.68
21	998.22	88.659	49	988.70	205.67	77	973.86	322.87
22	998.00	92.840	50	988.25	209.85	78	973.25	327.06
23	997.77	97.021	51	987.80	214.03	79	972.63	331.26
24	997.52	101.20	52	987.33	218.21	80	972.01	335.45
25	997.27	105.38	53	986.87	222.39	81	971.39	339.65
26	997.01	109.56	54	986.39	226.57	82	970.76	343.85
27	996.74	113.74	55	985.91	230.75	83	970.12	348.04
28	996.46	117.92	56	985.42	234.94	84	969.48	352.24

表中数据为 $P=0.60$MPa、温度为 1~150℃时水的密度和焓值

温度 (℃)	密度 (kg/m³)	焓 (kJ/kg)	温度 (℃)	密度 (kg/m³)	焓 (kJ/kg)	温度 (℃)	密度 (kg/m³)	焓 (kJ/kg)
85	968.84	356.44	107	953.44	449.07	129	935.86	542.35
86	968.19	360.64	108	952.69	453.30	130	935.01	546.61
87	967.53	364.84	109	951.93	457.52	131	934.15	550.87
88	966.87	369.04	110	951.17	461.75	132	933.29	555.13
89	966.21	373.25	111	950.40	465.98	133	932.43	559.40
90	965.54	377.45	112	949.63	470.20	134	931.56	563.67
91	964.86	381.65	113	948.86	474.44	135	930.69	567.93
92	964.18	385.86	114	948.08	478.67	136	929.81	572.21
93	963.50	390.07	115	947.29	482.90	137	928.93	576.48
94	962.81	394.27	116	946.51	487.14	138	928.05	580.76
95	962.12	398.48	117	945.71	491.37	139	927.16	585.04
96	961.42	402.69	118	944.92	495.61	140	926.26	589.32
97	960.72	406.90	119	944.11	499.85	141	925.37	593.60
98	960.01	411.11	120	943.31	504.09	142	924.46	597.88
99	959.30	415.33	121	942.50	508.34	143	923.56	602.17
100	958.58	419.54	122	941.68	512.58	144	922.64	606.46
101	957.86	423.76	123	940.86	516.83	145	921.73	610.76
102	957.14	427.97	124	940.04	521.08	146	920.81	615.05
103	956.41	432.19	125	939.21	525.33	147	919.88	619.35
104	955.67	436.41	126	938.38	529.58	148	918.95	623.65
105	954.93	440.63	127	937.54	533.83	149	918.02	627.95
106	954.19	444.85	128	936.70	538.09	150	917.08	632.26

不同水温时的密度和焓值表（1.0MPa＜工作压力≤2.5MPa） 附表 2-2

表中数据为 $P=1.60$MPa、温度为 1~150℃时水的密度和焓值

温度 (℃)	密度 (kg/m³)	焓 (kJ/kg)	温度 (℃)	密度 (kg/m³)	焓 (kJ/kg)	温度 (℃)	密度 (kg/m³)	焓 (kJ/kg)
1	1000.7	5.7964	8	1000.6	35.197	15	999.80	64.511
2	1000.7	10.004	9	1000.5	39.389	16	999.64	68.693
3	1000.7	14.209	10	1000.4	43.579	17	999.47	72.875
4	1000.7	18.411	11	1000.3	47.768	18	999.29	77.057
5	1000.7	22.611	12	1000.2	51.956	19	999.10	81.237
6	1000.7	26.808	13	1000.1	56.142	20	998.89	85.417
7	1000.6	31.004	14	999.95	60.327	21	998.68	89.596

表中数据为 $P=1.60MPa$、温度为 $1\sim150℃$ 时水的密度和焓值

温度 (℃)	密度 (kg/m³)	焓 (kJ/kg)	温度 (℃)	密度 (kg/m³)	焓 (kJ/kg)	温度 (℃)	密度 (kg/m³)	焓 (kJ/kg)
22	998.45	93.774	56	985.86	235.78	90	965.99	378.22
23	998.22	97.952	57	985.37	239.96	91	965.32	382.43
24	997.98	102.13	58	984.87	244.14	92	964.64	386.63
25	997.72	106.31	59	984.36	248.33	93	963.96	390.83
26	997.46	110.48	60	983.85	252.51	94	963.27	395.04
27	997.19	114.66	61	983.33	256.69	95	962.58	399.24
28	996.91	118.84	62	982.81	260.87	96	961.88	403.45
29	996.62	123.01	63	982.28	265.05	97	961.18	407.66
30	996.32	127.19	64	981.75	269.24	98	960.48	411.87
31	996.01	131.36	65	981.21	273.42	99	959.77	416.08
32	995.69	135.54	66	980.66	277.61	100	959.05	420.29
33	995.37	139.72	67	980.11	281.79	101	958.33	424.51
34	995.04	143.89	68	979.55	285.98	102	957.61	428.72
35	994.69	148.07	69	978.99	290.16	103	956.88	432.93
36	994.35	152.24	70	978.43	294.35	104	956.15	437.15
37	993.99	156.42	71	977.85	298.54	105	955.41	441.37
38	993.62	160.59	72	977.27	302.72	106	954.67	445.59
39	993.25	164.77	73	976.69	306.91	107	953.92	449.81
40	992.87	168.94	74	976.10	311.10	108	953.17	454.03
41	992.49	173.12	75	975.51	315.29	109	952.41	458.25
42	992.09	177.30	76	974.91	319.48	110	951.65	462.48
43	991.69	181.47	77	974.30	323.67	111	950.89	466.70
44	991.28	185.65	78	973.70	327.86	112	950.12	470.93
45	990.87	189.82	79	973.08	332.06	113	949.34	475.16
46	990.44	194.00	80	972.46	336.25	114	948.57	479.39
47	990.02	198.18	81	971.84	340.44	115	947.78	483.62
48	989.58	202.36	82	971.21	344.64	116	947.00	487.85
49	989.14	206.53	83	970.57	348.83	117	946.21	492.08
50	988.69	210.71	84	969.93	353.03	118	945.41	496.32
51	988.23	214.89	85	969.29	357.23	119	944.61	500.56
52	987.77	219.07	86	968.64	361.42	120	943.81	504.80
53	987.30	223.25	87	967.99	365.62	121	943.00	509.04
54	986.83	227.42	88	967.33	369.82	122	942.19	513.28
55	986.35	231.60	89	966.66	374.02	123	941.37	517.52

续表

表中数据为 $P=1.60$ MPa、温度为 1～150℃时水的密度和焓值

温度 (℃)	密度 (kg/m³)	焓 (kJ/kg)	温度 (℃)	密度 (kg/m³)	焓 (kJ/kg)	温度 (℃)	密度 (kg/m³)	焓 (kJ/kg)
124	940.55	521.77	133	932.95	560.07	142	925.01	598.53
125	939.72	526.02	134	932.09	564.33	143	924.10	602.81
126	938.89	530.27	135	931.22	568.60	144	923.19	607.10
127	938.06	534.52	136	930.35	572.87	145	922.28	611.39
128	937.22	538.77	137	929.47	577.14	146	921.36	615.68
129	936.37	543.03	138	928.58	581.41	147	920.44	619.97
130	935.52	547.28	139	927.70	585.69	148	919.51	624.27
131	934.67	551.54	140	926.81	589.96	149	918.58	628.57
132	933.82	555.80	141	925.91	594.24	150	917.65	632.87

注：本附录的表中数据部分引自网络，供参考。

附录3 全国各地暴雨强度计算公式

暴雨强度计算公式汇总表

附表 3-1

城镇名称			内容		更新时间及备注
北京	I 区	$1\text{min} \leqslant t \leqslant 5\text{min}$，$P=2 \sim 100$ 年		$q = \dfrac{1558(1+0.955\lg P)}{(t+5.551)^{0.835}}$	2017 年 2 月
		$5\text{min} < t \leqslant 1440\text{min}$，$P=2 \sim 100$ 年		$q = \dfrac{2719(1+0.96\lg P)}{(t+11.591)^{0.902}}$	
	II 区	$1\text{min} \leqslant t \leqslant 5\text{min}$，$P=2 \sim 100$ 年		$q = \dfrac{591(1+0.893\lg P)}{(t+1.859)^{0.436}}$	
		$5\text{min} < t \leqslant 1440\text{min}$，$P=2 \sim 100$ 年		$q = \dfrac{1602(1+1.037\lg P)}{(t+11.593)^{0.681}}$	
上海			$q = \dfrac{1600(1+0.846\lg P)}{(t+7.0)^{0.656}}$		2017 年 5 月
天津（市内六区、北辰区、东丽区、津南区和西青区）	I 区		$q = \dfrac{2141(1+0.7562\lg P)}{(t+9.6093)^{0.6893}}$		2016 年 6 月
天津（滨海新区）	II 区		$q = \dfrac{2728(1+0.7672\lg P)}{(t+13.4757)^{0.7386}}$		2016 年 6 月
天津（静海区、宁河区、武清区、宝坻区和蓟县的平原区）	III 区		$q = \dfrac{3034(1+0.7589\lg P)}{(t+13.2148)^{0.7849}}$		2016 年 6 月
天津（蓟县北部山区20m 等高线以上）	IV 区		$q = \dfrac{2583(1+0.7780\lg P)}{(t+13.7521)^{0.7677}}$		2016 年 6 月
重庆	沙坪坝	长江和嘉陵江之间的地区，包括沙坪坝区、渝中区、九龙坡区、大渡口区和北碚区嘉陵江以南部分区域		$q = \dfrac{1132(1+0.958\lg P)}{(t+5.408)^{0.595}}$	2017 年 8 月
	巴南	长江以南地区，包括巴南区、南岸区		$q = \dfrac{1898(1+0.867\lg P)}{(t+9.480)^{0.709}}$	
	渝北	长江和嘉陵江以北的地区，包括渝北区、江北区和北碚区嘉陵江以北部分区域		$q = \dfrac{1111(1+0.945\lg P)}{(t+9.713)^{0.561}}$	
	璧山		$q = \dfrac{2784(1+0.906\lg P)}{(t+18.327)^{0.790}}$		
	荣昌		$q = \dfrac{1000(1+0.841\lg P)}{(t+4.677)^{0.554}}$		
	长寿		$q = \dfrac{986(1+0.932\lg P)}{(t+5.725)^{0.595}}$		

续表

城镇名称		内容	更新时间及备注
重庆	涪陵	$q=\dfrac{1975(1+0.633\lg P)}{(t+12.647)^{0.720}}$	2017 年 8 月
	江津	$q=\dfrac{1332(1+0.880\lg P)}{(t+9.168)^{0.637}}$	
	合川	$q=\dfrac{1004(1+0.750\lg P)}{(t+8.698)^{0.567}}$	
	永川	$q=\dfrac{1312(1+0.971\lg P)}{(t+7.739)^{0.631}}$	
	南川	$q=\dfrac{1642(1+0.815\lg P)}{(t+10.333)^{0.710}}$	
	大足	$q=\dfrac{1304(1+0.815\lg P)}{(t+5.755)^{0.643}}$	
	铜梁	$q=\dfrac{1516(1+0.945\lg P)}{(t+10.351)^{0.653}}$	
	潼南	$q=\dfrac{610(1+0.958\lg P)}{(t+1.170)^{0.504}}$	
	万盛	$q=\dfrac{3442(1+0.750\lg P)}{(t+14.792)^{0.832}}$	
	綦江	$q=\dfrac{3148(1+0.867\lg P)}{(t+15.348)^{0.827}}$	
	彭水	$q=\dfrac{1035(1+0.763\lg P)}{(t+5.240)^{0.560}}$	
	黔江	$q=\dfrac{826(1+0.581\lg P)}{(t+3.510)^{0.520}}$	
	石柱	$q=\dfrac{799(1+0.997\lg P)}{(t+3.120)^{0.558}}$	
	武隆	$q=\dfrac{1793(1+0.997\lg P)}{(t+12.292)^{0.724}}$	
	秀山	$q=\dfrac{1982(1+0.984\lg P)}{(t+11.462)^{0.752}}$	
	酉阳	$q=\dfrac{712(1+0.724\lg P)}{(t+2.730)^{0.500}}$	
	万州	$q=\dfrac{1504(1+0.945\lg P)}{(t+7.213)^{0.704}}$	
	梁平	$q=\dfrac{1015(1+0.659\lg P)}{(t+6.649)^{0.556}}$	
	城口	$q=\dfrac{2521(1+0.997\lg P)}{(t+14.439)^{0.857}}$	
	垫江	$q=\dfrac{3321(1+0.997\lg P)}{(t+14.738)^{0.830}}$	
	忠县	$q=\dfrac{2296(1+0.997\lg P)}{(t+9.310)^{0.768}}$	

城镇名称		内容		更新时间及备注
重庆	开州	$q=\dfrac{1148(1+0.932\lg P)}{(t+6.133)^{0.633}}$		2017 年 8 月
	云阳	$q=\dfrac{795(1+0.672\lg P)}{(t+2.860)^{0.548}}$		
	奉节	$q=\dfrac{1527(1+0.893\lg P)}{(t+9.389)^{0.654}}$		
	巫山	$q=\dfrac{1774(1+0.997\lg P)}{(t+9.228)^{0.752}}$		
	巫溪	$q=\dfrac{2425(1+0.997\lg P)}{(t+13.739)^{0.822}}$		
	丰都	$q=\dfrac{1546(1+0.789\lg P)}{(t+8.422)^{0.703}}$		
安徽	合肥	汇水面积超过 2km²	$q=\dfrac{4850(1+0.846\lg P)}{(t+19.1)^{0.896}}$	2015 年 2 月
		汇水面积不超过 2km²	$q=\dfrac{3600(1+0.76\lg P)}{(t+14)^{0.84}}$	
	马鞍山	$q=\dfrac{3255.057(1+0.672\lg P)}{(t+13.105)^{0.808}}$		2015 年 6 月
	淮北	$q=\dfrac{927.306(1+0.711\lg P)}{(t+2.340)^{0.505}}$		2015 年 7 月
	宿州	$q=\dfrac{559.506(1+1.176\lg P)}{(t+0.027)^{0.438}}$		2016 年 11 月
	阜阳	年多个样本法	$q=\dfrac{2847.673(1+0.524\lg P)}{(t+17.154)^{0.749}}$	2017 年 12 月
		年最大值法	$q=\dfrac{2242.494(1+1.408\lg P)}{(t+15.517)^{0.749}}$	
	蚌埠	$q=\dfrac{2957.275(1+0.399\lg P)}{(t+12.892)^{0.747}}$		2014 年 1 月
	淮南	$q=\dfrac{1693.951(1+0.971854\lg P)}{(t+7.691)^{0.609}}$		给排水视界 2020 年 12 月
	滁州	$q=\dfrac{2696.075(1+0.438\lg P)}{(t+14.830)^{0.692}}$		2015 年 8 月
	芜湖	江南区	$q=\dfrac{2094.971(1+0.633\lg P)}{(t+11.731)^{0.710}}$	2015 年 12 月
		江北区	$q=\dfrac{1094.977(1+0.906\lg P)}{(t+3.770)^{0.605}}$	
	亳州	$q=\dfrac{1321.161(1+0.73911\lg P)}{(t+5.989)^{0.596}}$		2015 年 6 月

城镇名称		内容		更新时间及备注
安徽	安庆	$5\text{min}{\leqslant}t{\leqslant}180\text{min}$	$q=\dfrac{465.7(1+0.86\lg P)}{(t-2.12)^{0.342}}$	2013 年
		$P=3$ 年	$q=\dfrac{1570.16}{(t+4.79)^{0.54}}$	
		$P=5$ 年	$q=\dfrac{1270.37}{(t+2.00)^{0.47}}$	
		$P=10$ 年	$q=\dfrac{1074.35}{(t-0.54)^{0.39}}$	
		$P=20$ 年	$q=\dfrac{995.66}{(t-2.06)^{0.34}}$	
		$P=30$ 年	$q=\dfrac{975.84}{(t-2.65)^{0.32}}$	
		$P=50$ 年	$q=\dfrac{967.31}{(t-3.19)^{0.30}}$	
		$P=100$ 年	$q=\dfrac{971.65}{(t-3.7)^{0.27}}$	
	池州	$q=\dfrac{783.54(1+0.581\lg P)}{(t+1.820)^{0.461}}$		2015 年 1 月
	六安	$q=\dfrac{4849.675(1+0.846\lg P)}{(t+19.1)^{0.896}}$		旧版供参考
	铜陵	$q=\dfrac{1588(1+0.73\lg P)}{(t+10)^{0.64}}$		2015 年
	宣城	$q=\dfrac{2632.104(1+0.6071\lg P)}{(t+11.604)^{0.769}}$		2015 年 10 月
	黄山	$q=\dfrac{1159.530(1+0.8411\lg P)}{(t+3.770)^{0.597}}$		2018 年 11 月 供参考
		$q=\dfrac{10174(1+0.844\lg P)}{(t+25)^{1.038}}$		1983 年杭州
福建	福州	主城区	$q=\dfrac{2457.435(1+0.633\lg P)}{(t+12.0)^{0.724}}$	2022 年 3 月
		长乐区	$q=\dfrac{1326.815(1+1.056\lg P)}{(t+10.7)^{0.598}}$	
	福清	$q=\dfrac{1518.76(1+0.75\lg P)}{(t+11.8)^{0.608}}$		
	闽侯县	$q=\dfrac{5019.517(1+0.81\lg P)}{(t+21.9)^{0.882}}$		
	罗源县	$q=\dfrac{1427.566(1+0.768\lg P)}{(t+7.9)^{0.607}}$		
	永泰县	$q=\dfrac{2416.657(1+0.686\lg P)}{(t+11.0)^{0.741}}$		

城镇名称		内容	更新时间及备注
福建	连江县	$q = \dfrac{1727.815(1+0.843\lg P)}{(t+6.0)^{0.697}}$	2022 年 3 月
	闽清县	$q = \dfrac{2257.756(1+0.613\lg P)}{(t+10.2)^{0.709}}$	
	平潭综合实验区	$q = \dfrac{1097.636(1+0.854\lg P)}{(t+9.1)^{0.566}}$	
	厦门 主城区	$q = \dfrac{928.15(1+0.716\lg P)}{(t+4.4)^{0.535}}$	
	厦门 同安区	$q = \dfrac{3026.708(1+0.514\lg P)}{(t+16.9)^{0.714}}$	
	宁德 主城区	$q = \dfrac{1431.621(1+0.672\lg P)}{(t+7.5)^{0.579}}$	
	福鼎	$q = \dfrac{2743.223(1+0.854\lg P)}{(t+17.7)^{0.733}}$	
	福安	$q = \dfrac{2384.543(1+0.398\lg P)}{(t+9.5)^{0.698}}$	
	屏南县	$q = \dfrac{2604.305(1+0.542\lg P)}{(t+13.3)^{0.769}}$	
	霞浦县	$q = \dfrac{1247.156(1+0.736\lg P)}{(t+6.5)^{0.594}}$	
	古田县	$q = \dfrac{1700.728(1+0.61\lg P)}{(t+5.4)^{0.693}}$	
	寿宁县	$q = \dfrac{2271.033(1+0.646\lg P)}{(t+12.1)^{0.717}}$	
	周宁县	$q = \dfrac{1582.392(1+0.898\lg P)}{(t+7.4)^{0.681}}$	
	柘荣县	$q = \dfrac{1339.34(1+0.558\lg P)}{(t+6.5)^{0.566}}$	
	莆田 主城区	$q = \dfrac{1236.802(1+0.568\lg P)}{(t+5.6)^{0.554}}$	
	仙游县	$q = \dfrac{2956.902(1+0.7\lg P)}{(t+12.6)^{0.772}}$	
	泉州主城区、晋江、石狮	$q = \dfrac{1517.455(1+0.763\lg P)}{(t+11.3)^{0.612}}$	
	南安	$q = \dfrac{2280.128(1+0.724\lg P)}{(t+13.4)^{0.699}}$	
	安溪县	$q = \dfrac{1308.612(1+0.506\lg P)}{(t+5.5)^{0.562}}$	
	永春县	$q = \dfrac{2179.167(1+0.763\lg P)}{(t+11.6)^{0.665}}$	

城镇名称	内容		更新时间及备注
	惠安县	$q=\dfrac{1093.368(1+0.893\lg P)}{(t+9.7)^{0.577}}$	
	德化县	$q=\dfrac{3620.560(1+0.571\lg P)}{(t+12.8)^{0.812}}$	
	漳州	主城区	$q=\dfrac{2649.205(1+0.777\lg P)}{(t+12.6)^{0.737}}$	
		龙海区	$q=\dfrac{1050.13(1+0.92\lg P)}{(t+3.5)^{0.553}}$	
		长泰区	$q=\dfrac{3966.434(1+0.553\lg P)}{(t+17.7)^{0.794}}$	
	诏安县	$q=\dfrac{1009.184(1+0.750\lg P)}{(t+7.6)^{0.519}}$	
	平和县	$q=\dfrac{2081.304(1+0.757\lg P)}{(t+11.7)^{0.699}}$	
	南靖县	$q=\dfrac{4218.921(1+0.595\lg P)}{(t+18.3)^{0.812}}$	
	云霄县	$q=\dfrac{923.928(1+0.779\lg P)}{(t+3.4)^{0.501}}$	
福建	漳浦县	$q=\dfrac{1652.298(1+0.843\lg P)}{(t+8.0)^{0.622}}$	2022年3月
	东山县	$q=\dfrac{915.494(1+0.995\lg P)}{(t+6.0)^{0.502}}$	
	华安县	$q=\dfrac{1670(1+0.598\lg P)}{(t+8.5)^{0.642}}$	
	龙岩	主城区	$q=\dfrac{3380.915(1+0.636\lg P)}{(t+13.9)^{0.805}}$	
		永定区	$q=\dfrac{1413.321(1+0.604\lg P)}{(t+6.2)^{0.617}}$	
	上杭县	$q=\dfrac{2883.589(1+0.439\lg P)}{(t+13.0)^{0.74}}$	
	长汀县	$q=\dfrac{1634.262(1+0.532\lg P)}{(t+7.0)^{0.641}}$	
	武平县	$q=\dfrac{1388.271(1+0.508\lg P)}{(t+4.0)^{0.621}}$	
	三明	主城区	$q=\dfrac{5453.218(1+0.551\lg P)}{(t+19.6)^{0.904}}$	
	永安	$q=\dfrac{3465.584(1+0.871\lg P)}{(t+15.2)^{0.843}}$	
	大田县	$q=\dfrac{2228.448(1+0.556\lg P)}{(t+10.5)^{0.720}}$	

城镇名称			内容	更新时间及备注
福建	泰宁县		$q=\dfrac{1786.232(1+0.617\lg P)}{(t+6.3)^{0.714}}$	2022 年 3 月
	宁化县		$q=\dfrac{1212.587(1+0.577\lg P)}{(t+4.2)^{0.600}}$	
	清流县		$q=\dfrac{1137.437(1+0.579\lg P)}{(t+3.1)^{0.582}}$	
	南平	建阳区	$q=\dfrac{3087.496(1+0.635\lg P)}{(t+9.1)^{0.821}}$	
		延平区	$q=\dfrac{2993.141(1+0.738\lg P)}{(t+11.8)^{0.804}}$	
	武夷山		$q=\dfrac{1365.041(1+0.508\lg P)}{(t+5.5)^{0.623}}$	
	邵武		$q=\dfrac{2663.65(1+0.617\lg P)}{(t+8.6)^{0.786}}$	
	建瓯		$q=\dfrac{3537.394(1+0.610\lg P)}{(t+13.0)^{0.823}}$	
	光泽县		$q=\dfrac{2156.054(1+0.546\lg P)}{(t+12.4)^{0.693}}$	
	顺昌县		$q=\dfrac{1726.145(1+0.497\lg P)}{(t+6.2)^{0.661}}$	
	政和县		$q=\dfrac{2138.268(1+0.61\lg P)}{(t+7.1)^{0.753}}$	
	松溪县		$q=\dfrac{2027.547(1+0.568\lg P)}{(t+7.3)^{0.731}}$	
甘肃	兰州		$i=\dfrac{23.9724+48.8172\lg T}{(t+24.3513)^{1.1412}}$	青协 2020 年
	靖远		$q=\dfrac{284(1+1.35\lg P)}{t^{0.505}}$	旧版供参考
	临夏		$q=\dfrac{479(1+0.86\lg P)}{t^{0.621}}$	旧版供参考
	平凉		$q=\dfrac{4.452+4.841\lg T_E}{(t+2.570)^{0.668}}$	旧版供参考
	天水		$i=\dfrac{37.104+33.385\lg T_E}{(t+18.431)^{1.131}}$	旧版供参考
	张掖		$q=\dfrac{88.4\,P^{0.623}}{t^{0.456}}$	2005 年 9 月
	嘉峪关		$q=\dfrac{193.887(1+1.470\lg P)}{(t+7.80)^{0.79}}$	旧版供参考
	武威		$i=\dfrac{1.5293+3.6485\lg T}{(t+5.1115)^{0.7427}}$	2014 年 10 月
	陇南		$i=\dfrac{7.5854+8.6294\lg T}{(t+8.7997)^{0.8534}}$	2014 年 10 月

城镇名称		内容	更新时间及备注
甘肃	庆阳	$q = \dfrac{1035.6(1+1.061 \lg P)}{(t+7.881)^{0.7329}}$	2020 年 4 月
	酒泉	$i = \dfrac{4.0964+10.3576 \lg T}{(t+14.3733)^{0.9257}}$	2014 年 10 月
	敦煌	$i = \dfrac{6.8041+52.0409 \lg T}{(t+14.5696)^{1.3569}}$	
	甘南	$i = \dfrac{5.76+8.8104 \lg T}{(t+10.0121)^{0.7491}}$	
	高台	$i = \dfrac{1.7435+4.612 \lg T}{(t+5.5272)^{0.8361}}$	
	华家岭	$i = \dfrac{3.2484+3.6492 \lg T}{(t+6.6164)^{0.6621}}$	
	环县	$i = \dfrac{5.5828+5.3498 \lg T}{(t+10.3175)^{0.7112}}$	
	景泰	$i = \dfrac{2.1569+4.1366 \lg T}{(t+4.6154)^{0.7549}}$	
	临洮	$i = \dfrac{29.3269+37.6712 \lg T}{(t+21.5386)^{1.0736}}$	
	岷县	$i = \dfrac{7.788+11.5545 \lg T}{(t+7.8494)^{0.8753}}$	
	山丹	$i = \dfrac{3.7434+10.304 \lg T}{(t+8.222)^{0.8902}}$	
	乌鞘岭	$i = \dfrac{5.89+10.741 \lg T}{(t+9.3213)^{0.9877}}$	
	榆中	$i = \dfrac{5.4966+10.1148 \lg T}{(t+9.1702)^{0.8416}}$	
广东	广州 中心城区（越秀区、荔湾区、海珠区、天河区、白云区、南沙区）	$q = \dfrac{3618.427(1+0.438 \lg P)}{(t+11.259)^{0.750}}$	2014 年 3 月
	花都区	$q = \dfrac{2017.873(1+0.582 \ln P)}{(t+9.437)^{0.716}}$	2014 年 3 月
	番禺区、黄浦区	$q = \dfrac{2458.657(1+0.476 \ln P)}{(t+8.873)^{0.749}}$	2017 年 11 月
	增城区	$q = \dfrac{2538.879(1+0.416 \ln P)}{(t+7.813)^{0.732}}$	2014 年 3 月
	从化区	$q = \dfrac{2690.403(1+0.388 \ln P)}{(t+7.897)^{0.748}}$	2014 年 3 月
	深圳	$q = \dfrac{1450.239(1+0.594 \lg P)}{(t+11.13)^{0.555}}$ $i = \dfrac{8.701(1+0.594 \lg P)}{(t+11.13)^{0.555}}$	2015 年 11 月

续表

城镇名称		内容		更新时间及备注
广东	深圳	市中部地区，东西部地区可参照执行	$P=3$ 年	$q=\dfrac{1378.039}{(t+3.749)^{0.482}}$	深圳市城市规划标准与准则2018年局部修订
			$P=5$ 年	$q=\dfrac{1358.201}{(t+3.158)^{0.452}}$	
			$P=10$ 年	$q=\dfrac{1275.955}{(t+1.210)^{0.408}}$	
	珠海	高新区、香洲区、横琴新区、金湾区、高栏区		$q=\dfrac{822.407(1+0.776\ln P)}{(t+5.000)^{0.390}}$	2019年11月珠海市自然资源局
		斗门区		$q=\dfrac{3932.790(1+0.568\ln P)}{(t+27.331)^{0.706}}$	
	汕头		$q=\dfrac{1602.902(1+0.633\lg P)}{(t+7.149)^{0.592}}$		2015年12月
	佛山	三水区、高明区		$q=\dfrac{2544.537(1+0.685\ln P)}{(t+10.789)^{0.703}}$	2016年6月
		南海区、禅城区		$q=\dfrac{5526.514(1+0.620\ln P)}{(t+15.618)^{0.851}}$	2016年6月
		顺德区		$q=\dfrac{2545.044(1+0.399\ln P)}{(t+9.414)^{0.665}}$	2016年6月
	韶关	2 年≤P≤10 年		$q=\dfrac{167\times11.095(1+0.6293\lg P)}{(t+9.6384)^{0.6697}}$	给排水视界2020年12月
		P>10 年		$q=\dfrac{167\times9.0316(1+0.5165\lg P)}{(t+8.9303)^{0.5903}}$	给排水视界2020年12月
	湛江		$q=\dfrac{4123.986(1+0.607\lg P)}{(t+28.766)^{0.693}}$		2015年11月
	肇庆		$q=\dfrac{4693.651(1+0.529\lg P)}{(t+13.023)^{0.812}}$		2018年2月
	江门		$q=\dfrac{2283.662(1+1.128\lg P)}{(t+11.663)^{0.662}}$		2015年12月
	茂名		$q=\dfrac{1861.341(1+0.360\lg P)}{(t+5.590)^{0.567}}$		2016年11月
	惠州		$q=\dfrac{1877.373(1+0.438\lg P)}{(t+8.131)^{0.598}}$		2021年1月
	河源		$q=\dfrac{1358.936(1+0.477\lg P)}{(t+4.401)^{0.553}}$		2017年5月
	阳江		$q=\dfrac{2098.401(1+0.412\lg P)}{(t+13.591)^{0.539}}$		2015年
	清远		$q=\dfrac{4071.713(1+0.633\lg P)}{(t+16.852)^{0.756}}$		2017年12月
	东莞		$q=\dfrac{3717.342(1+0.503\lg P)}{(t+14.533)^{0.729}}$		2016年6月
	中山	适用于五桂山以北地区南部地区（包括三乡镇、坦洲镇、神湾镇）参照珠海市公式		$q=\dfrac{1829.552(1+0.444\lg P)}{(t+6.0)^{0.591}}$	2014年12月

续表

城镇名称		内容	更新时间及备注
广西	南宁	$q = \dfrac{4306.586(1+0.516\lg P)}{(t+15.293)^{0.793}}$	2015 年
	桂林	分开 5 个城区有不同的暴雨强度计算公式　$q = \dfrac{2276.830(1+0.581\lg P)}{(t+10.268)^{0.686}}$	2015 年 12 月
	柳州	$q = \dfrac{1929.943(1+0.776\lg P)}{(t+9.507)^{0.652}}$	
	来宾	$q = \dfrac{1334.241(1+0.828\lg P)}{(t+6.172)^{0.594}}$	
	贺州	$q = \dfrac{1823.540(1+0.620\lg P)}{(t+7.017)^{0.669}}$	
	百色	$q = \dfrac{2995.381(1+0.620\lg P)}{(t+12.271)^{0.769}}$	
	北海	$q = \dfrac{1298.671(1+0.464\lg P)}{(t+5.322)^{0.480}}$	2015 年
	防城港	$q = \dfrac{1194.580(1+0.360\lg P)}{(t+3.900)^{0.445}}$	
	钦州	$q = \dfrac{1815.359(1+0.594\lg P)}{(t+6.669)^{0.596}}$	
	贵港	$q = \dfrac{1712.455(1+0.581\lg P)}{(t+6.241)^{0.604}}$	
	崇左	$q = \dfrac{3634.767(1+0.633\lg P)}{(t+14.613)^{0.791}}$	
	河池 主城区	$q = \dfrac{3157.233(1+0.607\lg P)}{(t+14.542)^{0.743}}$	2016 年 12 月
	河池 罗城城区	$q = \dfrac{1551.114(1+0.529\lg P)}{(t+9.240)^{0.582}}$	2019 年 1 月
	河池 南丹县	$q = \dfrac{4671.814(1+0.568\lg P)}{(t+21.067)^{0.828}}$	2019 年 11 月
	玉林	$q = \dfrac{3544.319(1+0.672\lg P)}{(t+16.065)^{0.745}}$	2017 年 11 月
	梧州	$q = \dfrac{6113.589(1+0.750\lg P)}{(t+22.627)^{0.865}}$	2017 年 12 月
	东兴	$q = \dfrac{1217[1+0.0685(\lg P)^2]}{(t+5)^{0.439} P^{-0.159}}$	给排水视界 2020 年 12 月
	宁明县	$q = \dfrac{4030(1+0.62\lg P)}{(t+12.5)^{0.823}}$	给排水视界 2020 年 12 月
	融水县	$q = \dfrac{2097(1+0.516\lg P)}{(t+6.7)^{0.65}}$	给排水视界 2020 年 12 月
贵州	贵阳	$q = \dfrac{1887(1+0.707\lg P)}{(t+9.35 P^{0.031})^{0.695}}$	青协 2020 年
	铜仁	$q = \dfrac{1346.557(1+0.698\lg P)}{(t+8.643)^{0.598}}$	2018 年

城镇名称		内容		更新时间及备注
贵州	六盘水	$i=\dfrac{42.25+62.60\lg P}{t+35}$		旧版供参考
		$q=\dfrac{1235.072(1+0.698\lg P)}{(t+4.940)^{0.646}}$		新版供参考
	安顺	$q=\dfrac{3756(1+0.875\lg P)}{(t+13.14\,P^{0.158})^{0.827}}$		1973 年
	毕节	$q=\dfrac{5055(1+0.473\lg P)}{(t+17)^{0.95}}$		
	罗甸	$q=\dfrac{763(1+0.647\lg P)}{(t+0.915\,P^{0.775})^{0.51}}$		
	榕江	$q=\dfrac{2223(1+0.767\lg P)}{(t+8.93\,P^{0.168})^{0.729}}$		
	桐梓	$q=\dfrac{2022(1+0.674\lg P)}{(t+9.58\,P^{0.044})^{0.733}}$		
	遵义	$i=\dfrac{21.2039+16.2281\lg T}{(t+17.4046)^{0.8411}}$		2014 年 10 月
海南	海口	$P=2\sim100$ 年	$q=\dfrac{3245.114(1+0.25\lg P)}{(t+17.172)^{0.654}}$	青协 2020 年
		$q=\dfrac{3681.176(1+0.257\lg P)}{(t+20.089)^{0.678}}$		2017 年 12 月
	三亚	$P=2\sim100$ 年	$q=\dfrac{1325.105(1+0.568\lg P)}{(t+7.641)^{0.535}}$	青协 2020 年
	儋州	$P=2\sim100$ 年	$q=\dfrac{30663.72(1+0.529\lg P)}{(t+51.628)^{1.099}}$	给排水视界 2020 年 12 月
	琼海	$P=2\sim100$ 年	$q=\dfrac{1958.576(1+0.660\lg P)}{(t+11)^{0.5921}}$	给排水视界 2020 年 12 月
	琼中黎族苗族自治县	$P=2\sim100$ 年	$q=\dfrac{4215.338(1+0.607\lg P)}{(t+25.722)^{0.757}}$	给排水视界 2020 年 12 月
河北	石家庄	$q=\dfrac{1689(1+0.898\lg P)}{(t+7)^{0.729}}$		2016 年 8 月
	保定	$q=\dfrac{2131.654(1+0.997\lg P)}{(t+11.026)^{0.757}}$		
	沧州	$q=\dfrac{2226.663(1+0.997\lg P)}{(t+9.596)^{0.731}}$		
	承德	$q=\dfrac{2958.422(1+0.789\lg P)}{(t+14.72)^{0.829}}$		
	邯郸	$q=\dfrac{1907.229(1+0.971\lg P)}{(t+11.842)^{0.671}}$		
	衡水	$q=\dfrac{3953.190(1+0.997\lg P)}{(t+16.393)^{0.852}}$		

续表

城镇名称		内容		更新时间及备注
河北	廊坊	$q=\dfrac{1226.812(1+0.776\lg P)}{(t+6.191)^{0.599}}$		2016 年 8 月
	秦皇岛	$q=\dfrac{605.709(1+0.711\lg P)}{(t+1.040)^{0.464}}$		
	唐山	$q=\dfrac{1983.569(1+0.685\lg P)}{(t+10.233)^{0.702}}$		
	邢台	$q=\dfrac{1616.117(1+0.854\lg P)}{(t+13.24)^{0.638}}$		
	张家口	$q=\dfrac{3777.488(1+0.906\lg P)}{(t+15.479)^{0.948}}$		
	定州	$q=\dfrac{3106.299(1+0.997\lg P)}{(t+15.751)^{0.815}}$		
	辛集	$q=\dfrac{9784.554(1+1.827\lg P)}{(t+29.043)^{1.109}}$		
河南	郑州	$q=\dfrac{2387(1+0.257\lg P)}{(t+10.605)^{0.792}}$		2002 年
		管网用短历时，5～180min	$q=\dfrac{2631.92(1+0.75\lg P)}{(t+14.2)^{0.779}}$	青协 2020 年
		排涝用长历时，5～1440min	$q=\dfrac{2479.78(1+0.963\lg P)}{(t+15.3)^{0.775}}$	青协 2020 年
	洛阳	$q=\dfrac{62.372+45.684\lg P}{(t+29.4)^{1.057}}$		2014 年 10 月
	安阳	$q=\dfrac{3680 P^{0.4}}{(t+16.7)^{0.858}}$		旧版供参考
	济源	$i=\dfrac{22.973+35.317\lg T_M}{(t+27.857)^{0.926}}$		旧版供参考
	开封	$q=\dfrac{5075(1+0.61\lg P)}{(t+19)^{0.92}}$		2014 年
	漯河	$q=\dfrac{1622.658(1+0.732\lg P)}{(t+8.7)^{0.677}}$		2013 年以后
	南阳	$i=\dfrac{3.591+3.970\lg T_M}{(t+3.434)^{0.416}}$		旧版供参考
	平顶山	$q=\dfrac{883.8(1+0.837\lg P)}{t^{0.57}}$		旧版供参考
	商丘	$i=\dfrac{9.821+9.068\lg T_E}{(t+4.492)^{0.694}}$		旧版供参考
	新乡	$q=\dfrac{1102(1+0.623\lg P)}{(t+3.20)^{0.60}}$		旧版供参考
	信阳	$q=\dfrac{2058 P^{0.341}}{(t+11.9)^{0.723}}$		旧版供参考

城镇名称		内容	更新时间及备注
河南	许昌	$q=\dfrac{1987(1+0.747\lg P)}{(t+11.7)^{0.75}}$	旧版供参考
	永城	$q=\dfrac{3118.085(1+0.977\lg P)}{(t+20.587)^{0.774}}$	2021年4月
	焦作	$q=\dfrac{1345.941(1+0.997\lg P)}{(t+7.155)^{0.680}}$	2015年8月
	濮阳	$q=\dfrac{1507.808(1+0.945\lg P)}{(t+8.701)^{0.667}}$	2016年4月
黑龙江	哈尔滨 江南主城区	$q=\dfrac{1935.797(1+0.646\lg P)}{(t+6.984)^{0.748}}$	2016年12月
	呼兰区、松北区	$q=\dfrac{4798.68(1+0.997\lg P)}{(t+17.872)^{0.968}}$	
	阿城区	$q=\dfrac{2267.148(1+0.997\lg P)}{(t+9.043)^{0.865}}$	
	巴彦县	$q=\dfrac{1828.587(1+0.997\lg P)}{(t+9.283)^{0.774}}$	
	宾县	$q=\dfrac{2354.681(1+0.984\lg P)}{(t+12.681)^{0.825}}$	
	方正县	$q=\dfrac{2939.029(1+0.815\lg P)}{(t+11.399)^{0.907}}$	
	木兰县	$q=\dfrac{6582.68(1+0.997\lg P)}{(t+20.762)^{1.006}}$	
	尚志	$q=\dfrac{2015.841(1+0.997\lg P)}{(t+9.839)^{0.824}}$	
	双城区	$q=\dfrac{3124.58(1+0.997\lg P)}{(t+14.973)^{0.864}}$	
	通河县	$q=\dfrac{9002.306(1+0.997\lg P)}{(t+23.271)^{1.131}}$	
	五常	$q=\dfrac{3995.229(1+0.997\lg P)}{(t+13.86)^{0.974}}$	
	延寿县	$q=\dfrac{1987.735(1+0.997\lg P)}{(t+8.898)^{0.835}}$	
	依兰县	$q=\dfrac{1663.504(1+0.997\lg P)}{(t+10.097)^{0.785}}$	
	鸡西	$q=\dfrac{5264.175(1+0.997\lg P)}{(t+17.087)^{1.045}}$	2017年12月
	双鸭山	$q=\dfrac{1698.498(1+0.997\lg P)}{(t+10.437)^{0.808}}$	2017年11月
	鹤岗	$q=\dfrac{3855.962(1+0.88\lg P)}{(t+13.384)^{0.932}}$	2020年7月
	齐齐哈尔	$q=\dfrac{1920(1+0.89\lg P)}{(t+6.4)^{0.86}}$	2001年

城镇名称		内容	更新时间及备注
黑龙江	大庆	$q = \dfrac{1820(1+0.91\lg P)}{(t+8.3)^{0.77}}$	旧版供参考
	伊春	$q = \dfrac{3841(1+1.06\lg P)}{(t+13)^{0.995}}$	2021 年 6 月
	佳木斯	$q = \dfrac{2310(1+0.81\lg P)}{(t+8)^{0.87}}$	旧版供参考
	七台河	$q = \dfrac{2889(1+0.91\lg P)}{(t+10)^{0.88}}$	旧版供参考
	牡丹江	$q = \dfrac{2550(1+0.92\lg P)}{(t+10)^{0.93}}$	旧版供参考
	黑河	$q = \dfrac{2806(1+0.83\lg P)}{(t+8.5)^{0.93}}$	旧版供参考
	漠河	$q = \dfrac{1469.6(1+1.0\lg P)}{(t+6)^{0.86}}$	旧版供参考
	呼玛	$q = \dfrac{2538(1+0.857\lg P)}{(t+10.4)^{0.93}}$	旧版供参考
	嫩江	$q = \dfrac{1703.4(1+0.8\lg P)}{(t+6.75)^{0.8}}$	旧版供参考
	北安	$q = \dfrac{1503(1+0.85\lg P)}{(t+6)^{0.78}}$	旧版供参考
	同江	$q = \dfrac{2672(1+0.84\lg P)}{(t+9)^{0.89}}$	旧版供参考
	抚远	$q = \dfrac{1586.5(1+0.81\lg P)}{(t+6.2)^{0.78}}$	旧版供参考
	虎林	$q = \dfrac{1469.4(1+1.01\lg P)}{(t+6.7)^{0.76}}$	旧版供参考
湖北	武汉	5min≤t≤1440min，2 年≤P≤100 年　$i = \dfrac{9.686(1+0.887\lg P)}{(t+11.23)^{0.658}}$	2021 年 1 月
		$q = \dfrac{1614(1+0.887\lg P)}{(t+11.23)^{0.658}}$	2021 年 1 月
	宜昌	$q = \dfrac{1198.032(1+0.997\lg P)}{(t+11.058)^{0.559}}$	青协 2020 年
	荆州	$q = \dfrac{3100.593(1+0.932\lg P)}{(t+16.100)^{0.823}}$	青协 2020 年
	十堰	$q = \dfrac{3266.071(1+0.997\lg P)}{(t+21.156)^{0.838}}$	2016 年
		$i = \dfrac{19.596(1+0.997\lg P)}{(t+21.156)^{0.838}}$	
	襄阳	$q = \dfrac{7839.62(1+0.841\lg P)}{(t+31.481)^{0.963}}$	2015 年 12 月
		$i = \dfrac{47.038(1+0.841\lg P)}{(t+31.481)^{0.963}}$	

城镇名称		内容		更新时间及备注
湖北	黄石	黄荆山以北的黄石地区	$q=\dfrac{5644.204(1+0.6\lg P)}{(t+21.816)^{0.881}}$	2013 年 12 月
	大冶	包含黄荆山以南的黄石地区	$q=\dfrac{1734.681(1+0.451\lg P)}{(t+9.314)^{0.653}}$	2013 年 12 月
	荆门	$q=\dfrac{2230.377(1+1.224\lg P)}{(t+20.277)^{0.721}}$		2015 年 5 月
	孝感	$q=\dfrac{885[1+0.58\lg(P+0.66)]}{(t+6.37)^{0.604}}$		2015 年 7 月
	随州	$q=\dfrac{1023(1+0.8\lg P)}{t^{0.65}}$		2014 年
	汉口	$q=\dfrac{983(1+0.65\lg P)}{(t+4)^{0.56}}$		旧版供参考 或引用武汉公式
	恩施	$q=\dfrac{1108(1+0.73\lg P)}{t^{0.626}}$		旧版供参考
	鄂州	$i=\dfrac{14.096(1+0.5941\lg P)}{(t+12.565)^{0.711}}$		2021 年 3 月
	黄冈	麻城市	$i=\dfrac{10.0628+6.1022\lg T}{(t+12.2128)^{0.6607}}$	2014 年 10 月
	咸宁	嘉鱼县	$i=\dfrac{94.0786+64.8948\lg T}{(t+40.5112)^{1.0856}}$	2014 年 10 月
湖南	长沙	0.25 年≤P≤10 年	$q=\dfrac{1392.1(1+0.55\lg P)}{(t+12.548)^{0.5452}}$	2013 年 8 月
		P>10 年	$q=\dfrac{1141.9(1+0.54\lg P)}{(t+8.277)^{0.5127}}$	
	岳阳	$q=\dfrac{1201.291(1+0.819\lg P)}{(t+7.3)^{0.589}}$		青协 2020 年
	怀化	$q=\dfrac{1020(1+0.75\lg P)}{t^{0.533}}$		青协 2020 年
	常德	$q=\dfrac{1422(1+0.907\lg P)}{(t+5.419)^{0.654}}$		青协 2020 年
	株洲	$q=\dfrac{1839.712(1+0.724\lg P)}{(t+6.986)^{0.703}}$		青协 2020 年
	湘潭	$q=\dfrac{8844.178(1+1.038\lg P)}{(t+29.872)^{1.02}}$		2013 年以后
	湘西	土家族苗族自治州	$q=\dfrac{1082.721(1+0.659\lg P)}{(t+4.841)^{0.996}}$	2013 年以后
	邵阳	$q=\dfrac{3262.02(1+0.5817\lg P)}{(t+10)^{0.83178}}$		青协 2020 年

续表

城镇名称		内容		更新时间及备注
湖南	郴州	$q=\dfrac{1434.730(1+0.852\lg P)}{(t+6.0)^{0.647}}$		郴政办函（2015）196 号（2015—2025）
	益阳	$q=\dfrac{1938.229(1+0.802\lg P)}{(t+9.434)^{0.703}}$		2015 年 08 月
	衡阳	$q=\dfrac{892(1+0.67\lg P)}{t^{0.57}}$		青协 2020 年
	石门县	2 年≤P<10 年	$q=\dfrac{3093.039(1+0.629\lg P)}{(t+15.5)^{0.774}}$	2015 年 11 月
		P≥10 年	$q=\dfrac{2610.863(1+0.696\lg P)}{(t+13.0)^{0.745}}$	
	永州	$q=\dfrac{22992.792(1+0.77\lg P)}{(t+47.543)^{1.146}}$		2015 年
	凤凰	$q=\dfrac{1155.103(1+0.672\lg P)}{(t+5.406)^{0.593}}$		青协 2020 年
	张家界	$q=\dfrac{1686.533(1+0.491\lg P)}{(t+8.2)^{0.659}}$		青协 2020 年
	娄底	$q=\dfrac{1574.1(1+0.646\lg P)}{(t+5.098)^{0.6524}}$		青协 2020 年
	会同	$q=\dfrac{5083(1+0.848\lg P)}{(t+16)^{0.919}}$		青协 2020 年
	吉首	$i=\dfrac{7.46(1+0.572\lg P)}{(t+3.476)^{0.601}}$		《吉首市城市总体规划》2003 年
	桃江县	$q=\dfrac{1054(1+0.61\lg P)}{t^{0.548}}$		《益阳桃江县武潭镇排水专项规划》2010 年
	浏阳	$q=\dfrac{983(1+0.65\lg P)}{(t+4)^{0.56}}$		青协 2020 年
吉林	长春	$q=\dfrac{896(1+0.68\lg P)}{t^{0.6}}$		青协 2020 年
	吉林	$q=\dfrac{2085.14(1+0.88\lg P)}{(t+10.56)^{0.83}}$		2015 年 12 月
	四平	$q=\dfrac{937.7(1+0.7\lg P)}{t^{0.6}}$		旧版供参考
	通化	$q=\dfrac{1154.3(1+0.7\lg P)}{t^{0.6}}$		旧版供参考
	白城	$q=\dfrac{662(1+0.7\lg P)}{t^{0.6}}$		旧版供参考
	延吉	$q=\dfrac{666.2(1+0.7\lg P)}{t^{0.6}}$		旧版供参考
	梅河口	(海龙)	$i=\dfrac{16.4(1+0.899\lg P)}{(t+10)^{0.867}}$	旧版供参考

城镇名称		内容		更新时间及备注
吉林	白山	主城区（浑江）	$q = \dfrac{696(1+1.05\lg P)}{t^{0.67}}$	旧版供参考
	松原		$q = \dfrac{696(1+0.68\lg P)}{t^{0.6}}$	旧版供参考
江苏	南京		$i = \dfrac{64.300+53.800\lg P}{(t+32.900)^{1.011}}$	2014 年 2 月
			$q = \dfrac{10716.700(1+0.837\lg T)}{(t+32.900)^{1.011}}$	
	无锡		$i = \dfrac{28.551+18.537\lg P}{(t+18.469)^{0.845}}$	2014 年 8 月
			$q = \dfrac{4758.5+3089.5\lg T}{(t+18.469)^{0.845}}$	
	徐州		$i = \dfrac{16.007+11.48\lg T}{(t+17.217)^{0.7069}}$	2013 年 10 月
	常州		$i = \dfrac{134.5106(1+0.4784\lg T_M)}{(t+32.0692)^{1.1947}}$	2013 年 11 月
	苏州		$i = \dfrac{17.7111(1+0.8852\lg T_M)}{(t+14.6449)^{0.7602}}$	2019 年 10 月
	盐城		$i = \dfrac{16.2936(1+0.9891\lg P)}{(t+14.5565)^{0.7563}}$	2013 年 8 月
	泰州		$i = \dfrac{9.100(1+0.619\lg T)}{(t+5.648)^{0.644}}$	2014 年 3 月
	昆山		$i = \dfrac{9.5336(1+0.5917\lg T_M)}{(t+5.9828)^{0.6383}}$	2017 年 4 月
	常熟	修订后的市政管渠排水工程建设暴雨强度公式	$q = \dfrac{2021.504(1+0.64\lg T)}{(t+7.2)^{0.698}}$	2013 年 6 月
		修订后的城（镇）区排涝工程建设暴雨强度公式	$q = \dfrac{8446.184(1+0.696\lg T)}{(t+32.39)^{0.95}}$	
	张家港		$q = \dfrac{3672.330(1+0.663\lg T)}{(t+13.9)^{0.813}}$	2016 年 4 月
	南通	$t \leqslant 180\text{min}$	$i = \dfrac{9.972(1+1.004\lg T_M)}{(t+12.0)^{0.657}}$	2021 年 12 月
	连云港		$i = \dfrac{9.5(1+0.719\lg T)}{(t+11.2)^{0.619}}$	2014 年 7 月
	淮安		$i = \dfrac{13.928(1+0.72\lg T)}{(t+11.28)^{0.711}}$	2014 年 5 月
	宿迁		$i = \dfrac{61.2(1+1.05\lg T)}{(t+39.4)^{0.996}}$	2015 年 10 月
	扬州	扬州	$i = \dfrac{15.726941(1+0.696773\lg T)}{(t+13.117904)^{0.752221}}$	2012 年 3 月
		宝应	$i = \dfrac{30.651387(1+0.683933\lg T)}{(t+15.274126)^{0.938054}}$	

城镇名称			内容	更新时间及备注
常熟	扬州	高邮	$i = \dfrac{11.778799(1 + 0.844925\lg T)}{(t + 8.800832)^{0.741062}}$	2012 年 3 月
		江都	$i = \dfrac{20.699559(1 + 1.085941\lg T)}{(t + 14.434861)^{0.849929}}$	
		仪征	$i = \dfrac{20.826196(1 + 1.105823\lg T)}{(t + 11.876473)^{0.874772}}$	
	镇江		$i = \dfrac{38.3623 + 39.0267\lg T_M}{(t + 19.1377)^{0.975}}$	2014 年 6 月
江西	南昌		$q = \dfrac{1598(1 + 0.69\lg P)}{(t + 1.4)^{0.64}}$	2017 年 10 月
	九江		$q = \dfrac{1495.020(1 + 0.672\lg P)}{(t + 15.329)^{0.619}}$	2020 年 4 月
	抚州		$q = \dfrac{2890(1 + 0.672\lg P)}{(t + 15.329)^{0.619}}$	给排水视界 2020 年 12 月
			$q = \dfrac{2890(1 + 0.55\lg P)}{(t + 8)^{0.79}}$	旧版供参考
	上饶		$q = \dfrac{2744.378(1 + 0.555\lg P)}{(t + 17.408)^{0.759}}$	2017 年 12 月
	宜春		$q = \dfrac{1077.655(1 + 0.893\lg P)}{(t + 7.400)^{0.590}}$	2016 年 8 月
	鹰潭		$q = \dfrac{7014(1 + 0.49\lg P)}{(t + 19)^{0.96}}$	给排水视界 2020 年 12 月
	萍乡	中心城区	$q = \dfrac{1074.385(1 + 0.724\lg P)}{(t + 5.586)^{0.568}}$	2018 年 7 月
	景德镇		$q = \dfrac{2226(1 + 0.60\lg P)}{(t + 8)^{0.7}}$	旧版供参考
	新余		$q = \dfrac{2161(1 + 0.67\lg P)}{(t + 10)^{0.79}}$	旧版供参考
	吉安		$q = \dfrac{5007(1 + 0.48\lg P)}{(t + 10)^{0.92}}$	旧版供参考
	赣州		$q = \dfrac{4134(1 + 0.56\lg P)}{(t + 10)^{0.79}}$	旧版供参考
	贵溪		$q = \dfrac{2715.444(1 + 0.763\lg P)}{(t + 13.426)^{0.789}}$	给排水视界 2020 年 12 月
			$q = \dfrac{9205(1 + 0.49\lg P)}{(t + 19)^{0.96}}$	旧版供参考

城镇名称		内容	更新时间及备注
江西	婺源	$q=\dfrac{1818(1+0.47\lg P)}{(t+5)^{0.71}}$	旧版供参考
	鄱阳	$q=\dfrac{1724(1+0.58\lg P)}{(t+8)^{0.66}}$	旧版供参考
	瑞金	$q=\dfrac{2260(1+0.54\lg P)}{(t+6)^{0.68}}$	旧版供参考
	庐山	$q=\dfrac{1531(1+0.61\lg P)}{(t+8)^{0.73}}$	旧版供参考
	井冈山	$q=\dfrac{1828(1+0.56\lg P)}{(t+10)^{0.79}}$	旧版供参考
辽宁	沈阳	$q=\dfrac{1984(1+0.77\lg P)}{(t+9)^{0.77}}$	旧版供参考
	本溪	$q=\dfrac{1500(1+0.56\lg P)}{(t+6)^{0.70}}$	旧版供参考
	丹东	$q=\dfrac{1221(1+0.668\lg P)}{(t+7)^{0.605}}$	旧版供参考
	大连	$q=\dfrac{1900(1+0.66\lg P)}{(t+8)^{0.8}}$	旧版供参考
	营口	$q=\dfrac{1800(1+0.8\lg P)}{(t+8)^{0.76}}$	旧版供参考
	鞍山	$q=\dfrac{2306(1+0.701\lg P)}{(t+11)^{0.757}}$	旧版供参考
	辽阳	$q=\dfrac{1220(1+0.75\lg P)}{(t+5)^{0.65}}$	旧版供参考
	黑山	$q=\dfrac{1676(1+0.9\lg P)}{(t+7.4)^{0.747}}$	旧版供参考
	锦州	$q=\dfrac{2200(1+0.85\lg P)}{(t+7)^{0.8}}$	旧版供参考
	绥中	$q=\dfrac{1833(1+0.806\lg P)}{(t+9)^{0.724}}$	旧版供参考
	葫芦岛	$q=\dfrac{756.649(1+0.984\lg P)}{(t+5.483)^{0.528}}$	2017年3月
	抚顺、阜新、铁岭、朝阳、盘锦等地	暂按邻近市计算公式	2016年至今尚在编制中
内蒙古	呼和浩特	$q=\dfrac{973.99(1+0.906\lg P)}{(t+5.622)^{0.721}}$	2021年6月
	包头	$q=\dfrac{1394.042(1+0.997\lg P)}{(t+8.413)^{0.796}}$	
	赤峰	$q=\dfrac{1600(1+1.35\lg P)}{(t+10)^{0.8}}$	

城镇名称		内容	更新时间及备注
内蒙古	集宁	$q=\dfrac{534.4(1+\lg P)}{t^{0.63}}$	
	海拉尔	$q=\dfrac{2630(1+1.05\lg P)}{(t+10)^{0.99}}$	
	通辽	$q=\dfrac{6297(1+0.953\lg P)}{(t+31)^1}$	2021 年 6 月
	巴彦淖尔	$q=\dfrac{363(1+1.234\lg P)}{t^{0.62}}$	
	乌兰浩特	$q=\dfrac{4771.52(1+\lg P)}{(t+15.9)^{0.97}}$	
	乌海	$q=\dfrac{241.5(1+0.83\lg P)}{t^{0.477}}$	2021 年 6 月 按银川公式
宁夏	银川	$q=\dfrac{241.5(1+0.83\lg P)}{t^{0.477}}$	青协 2020 年
		$q=\dfrac{551.4(1+0.584\lg P)}{(t+11)^{0.669}}$	旧版供参考
	惠农	$i=\dfrac{12.6882+23.1435\lg T}{(t+17.9267)^{0.969}}$	
	陶乐	$i=\dfrac{14.9483+34.5637\lg T}{(t+21.6546)^{1.0826}}$	
	中宁	$i=\dfrac{3.1139+8.4738\lg T}{(t+8.8158)^{0.7811}}$	
	海原	$i=\dfrac{11.7935+20.5945\lg T}{(t+17.3869)^{0.9968}}$	2014 年 10 月
	同心	$i=\dfrac{6.4366+12.3843\lg T}{(t+10.7684)^{0.8975}}$	
	固原	$i=\dfrac{5.2211+5.9357\lg T}{(t+7.9754)^{0.7688}}$	
	西吉	$i=\dfrac{9.0719+13.6772\lg T}{(t+10.4347)^{0.9331}}$	
青海	西宁	$q=\dfrac{656.591(1+0.997\lg P)}{(t+4.490)^{0.759}}$	2019 年 11 月
	民和	$i=\dfrac{2.4686+4.2129\lg T}{(t+4.9963)^{0.6818}}$	
	共和	$i=\dfrac{15.6776+28.9019\lg T}{(t+14.1253)^{1.1312}}$	
	大柴旦	$i=\dfrac{0.9367+1.6855\lg T}{(t+6.0397)^{0.69}}$	2014 年 10 月
	德令哈	$i=\dfrac{5.2379+12.4698\lg T}{(t+14.0333)^{0.9478}}$	
	同仁	$i=\dfrac{12.0414+17.4501\lg T}{(t+14.5276)^{1.0906}}$	

城镇名称			内容	更新时间及备注
山东	济南		$q=\dfrac{1421.481(1+0.932\lg P)}{(t+7.347)^{0.617}}$	2014 年 11 月
	青岛		$q=\dfrac{1919.009(1+0.997\lg P)}{(t+10.740)^{0.738}}$	2015 年 12 月
	淄博		$q=\dfrac{2186.085(1+0.997\lg P)}{(t+10.328)^{0.791}}$	2015 年 11 月
	枣庄		$q=\dfrac{1170.206(1+0.919\lg P)}{(t+5.445)^{0.595}}$	2014 年 12 月
	东营		$q=\dfrac{1363.621(1+0.919\lg P)}{(t+5.778)^{0.653}}$	2016 年 1 月
	烟台		$q=\dfrac{1619.486(1+0.958\lg P)}{(t+11.142)^{0.698}}$	2015 年 8 月
	潍坊		$q=\dfrac{4843.466(1+0.984\lg P)}{(t+19.481)^{0.932}}$	2015 年 9 月
	济宁		$q=\dfrac{2451.987(1+0.893\lg P)}{(t+14.249)^{0.733}}$	2015 年 11 月
	泰安		$q=\dfrac{2024.805(1+0.958\lg P)}{(t+9.873)^{0.730}}$	2015 年 11 月
	威海		$q=167\dfrac{10.924+8.347\lg P}{(t_1+t_2+10)^{0.685}}$	2015 年 3 月
	日照		$q=\dfrac{1444.966(1+0.880\lg P)}{(t+6.952)^{0.650}}$	2016 年 2 月
	莱芜		$q=\dfrac{3731.4(1+0.997\lg P)}{(t+17.267)^{0.843}}$	2015 年 11 月
	临沂		$q=\dfrac{1652.094(1+0.997\lg P)}{(t+8.294)^{0.661}}$	2015 年 11 月
	德州		$q=\dfrac{2763.708(1+0.906\lg P)}{(t+15.670)^{0.751}}$	2015 年 10 月
	聊城		$q=\dfrac{1455.148(1+0.932\lg P)}{(t+9.346)^{0.614}}$	2015 年 11 月
	滨州		$q=\dfrac{2819.094(1+0.932\lg P)}{(t+14.368)^{0.808}}$	2015 年 12 月
	菏泽		$q=\dfrac{2578.764(1+0.997\lg P)}{(t+13.076)^{0.785}}$	2015 年 10 月
山西	太原、古交	城南	$q=\dfrac{1808.276(1+1.173\lg T)}{(t+11.994)^{0.826}}$	给排水视界 2020 年 12 月
		城北	$q=\dfrac{10491.942(1+1.627\lg T)}{(t+23.651)^{1.229}}$	给排水视界 2020 年 12 月
	大同		$q=\dfrac{8814.06(1+1.267\lg T)}{(t+27.388)^{1.187}}$	给排水视界 2020 年 12 月
	晋中、介休		$q=\dfrac{1695.878(1+0.920\lg T)}{(t+10.095)^{0.824}}$	给排水视界 2020 年 12 月

续表

城镇名称		内容	更新时间及备注
山西	运城、永济	$q=\dfrac{993.7(1+1.04\lg T)}{(t+10.3)^{0.65}}$	给排水视界 2020 年 12 月
	长治、潞城、高平	$q=\dfrac{3340(1+1.43\lg T)}{(t+15.8)^{0.93}}$	给排水视界 2020 年 12 月
	吕梁、汾阳	$q=\dfrac{724.2(1+1.58\lg T)}{(t+4.72)^{0.669}}$	给排水视界 2020 年 12 月
	临汾	$q=\dfrac{1325.646(1+1.623\lg T)}{(t+11.517)^{0.783}}$	给排水视界 2020 年 12 月
	忻州	$q=\dfrac{1803.6(1+1.04\lg T)}{(t+8.64)^{0.8}}$	给排水视界 2020 年 12 月
	朔州	$q=\dfrac{1402.8(1+0.8\lg T)}{(t+6)^{0.81}}$	给排水视界 2020 年 12 月
	晋城	$q=\dfrac{900(1+0.83\lg T)}{t^{0.558}}$	给排水视界 2020 年 12 月
	阳泉	$q=\dfrac{1730.1(1+0.61\lg P)}{(t+9.6)^{0.78}}$	给排水视界 2020 年 12 月
	河津	$q=\dfrac{1416.995(1+0.612\lg P)}{(t+7.909)^{0.733}}$	给排水视界 2020 年 12 月
	原平	$q=\dfrac{1803.6(1+1.04\lg T)}{(t+8.64)^{0.8}}$	给排水视界 2020 年 12 月
	侯马	$q=\dfrac{2212.8(1+1.04\lg T)}{(t+10.4)^{0.83}}$	给排水视界 2020 年 12 月
	霍州	$q=\dfrac{16263.629(1+0.824\lg T)}{(t+30.723)^{1.243}}$	给排水视界 2020 年 12 月
	孝义	$q=\dfrac{537.406(1+3.838\lg T)}{(t+5.234)^{0.729}}$	给排水视界 2020 年 12 月
陕西	西安	$q=\dfrac{2210.87(1+2.915\lg P)}{(t+21.933)^{0.974}}$ $i=\dfrac{13.26522(1+2.915\lg P)}{(t+21.933)^{0.974}}$	2014 年
	铜川	$q=\dfrac{990(1+1.39\lg P)}{(t+7.0)^{0.67}}$	旧版供参考
	宝鸡	$q=\dfrac{1838.5(1+0.94\lg P)}{(t+12.0)^{0.93}}$	旧版供参考
	咸阳	$q=\dfrac{384(1+1.5\lg P)}{t^{0.51}}$	旧版供参考
	渭南	$q=\dfrac{2602(1+1.07\lg P)}{(t+18.0)^{0.91}}$	旧版供参考
	延安	$i=\dfrac{5.582(1+1.292\lg P)}{(t+8.22)^{0.7}}$	旧版供参考
	汉中	$i=\dfrac{2.6(1+1.04\lg P)}{(t+4)^{0.518}}$	旧版供参考

城镇名称		内容	更新时间及备注
陕西	榆林	$i = \dfrac{8.22(1+1.152\lg P)}{(t+9.44)^{0.746}}$	旧版供参考
	安康	$i = \dfrac{8.74(1+0.96\lg P)}{(t+14)^{0.75}}$	旧版供参考
	宜川	$i = \dfrac{15.64(1+1.01\lg P)}{(t+10)^{0.856}}$	旧版供参考
	彬县	$i = \dfrac{8.802(1+1.328\lg P)}{(t+18.5)^{0.737}}$	旧版供参考
	子长	$i = \dfrac{18.612(1+1.04\lg P)}{(t+15)^{0.877}}$	旧版供参考
	商洛	$i = \dfrac{6.8(1+0.941\lg P)}{(t+9.556)^{0.731}}$	旧版供参考
四川	成都	$i = \dfrac{44.594(1+0.651\lg T)}{(t+27.346)^{0.953[(\lg P)^{-0.017}]}}$	2015 年 3 月
	自贡 5min≤t≤180min，2 年≤P≤10 年	$q = \dfrac{1986(1+0.945\lg P)}{(t+14.9)^{0.703}}$	2017 年 6 月
	自贡 5min≤t≤180min，10 年<P≤100 年	$q = \dfrac{2047(1+0.690\lg P)}{(t+20.2)^{0.643}}$	2017 年 6 月
	泸州	$q = \dfrac{1473.348(1+0.792\lg P)}{(t+11.017)^{0.662}}$	2017 年 6 月
	德阳	$q = \dfrac{5666.378(1+0.789\lg P)}{(t+28.804)^{0.881}}$	2019 年 2 月
	广元	$q = \dfrac{1234.955(1+0.633\lg P)}{(t+7.493)^{0.608}}$	2017 年 1 月
	乐山	$q = \dfrac{2213.141(1+0.57\lg P)}{(t+17.392)^{0.655}}$	2016 年 12 月
	宜宾	$q = \dfrac{7316.018(1+0.555\lg P)}{(t+30.890)^{0.903}}$	2017 年 9 月
	达州	$q = \dfrac{928.799(1+0.818\lg P)}{(t+5.788)^{0.565}}$	2021 年
	广安	$q = \dfrac{3534.719(1+0.750\lg P)}{(t+19.551)^{0.828}}$	旧版供参考
	巴中	$q = \dfrac{1969.666(1+0.698\lg P)}{(t+17.946)^{0.699}}$	旧版供参考
	眉山	$q = \dfrac{3682.174(1+1.214\lg T)}{(t+22.6)^{0.810}}$	2015 年 1 月
	内江 主城区	$q = \dfrac{1617.411(1+0.724\lg P)}{(t+8.635)^{0.621}}$	2017 年
	雅安 雨城区	$q = \dfrac{861.725(1+0.763\lg P)}{(t+3.994)^{0.469}}$	2021 年 8 月
	遂宁	$q = \dfrac{1610(1+0.544\lg P)}{(t+9.33P^{0.0455})^{0.649}}$	2016 年 2 月
	南充 城区	$q = \dfrac{1183.647(1+0.646\lg P)}{(t+8.635)^{0.549}}$	2016 年 4 月

续表

城镇名称		内容				更新时间及备注
四川	绵阳	城市防洪 20 年≤T≤100 年		$i=\dfrac{4.716(1+0.725\lg T)}{(t+4)^{0.471}}$		2004 年 6 月未见正式发布
		城市排水 0.5 年≤T≤10 年		$i=\dfrac{5.778(1+0.720\lg T)}{(t+5)^{0.528}}$		
	攀枝花	$q=\dfrac{2422(1+0.614\lg P)}{(t+13)^{0.78}}$				2021 年 11 月
台湾	台北	$P=1$ 年	$P=2$ 年	$P=3$ 年	$P=5$ 年	引自 2016 年 10 月以前数据
		$q=\dfrac{5220}{t+41.46}$	$q=\dfrac{6237}{t+38.96}$	$q=\dfrac{7453}{t+44.76}$	$q=\dfrac{8606}{t+49.14}$	
	淡水	$P=1$ 年	$P=2$ 年	$P=3$ 年	$P=5$ 年	
		$q=\dfrac{135.6}{t^{0.366}}$	$q=\dfrac{179.7}{t^{0.394}}$	$q=\dfrac{200.9}{t^{0.391}}$	$q=\dfrac{222.7}{t^{0.398}}$	
	台南	$P=1$ 年	$P=2$ 年	$P=3$ 年	$P=5$ 年	
		$q=\dfrac{755.73}{(t+10.23)^{0.601}}$	$q=\dfrac{457}{(t+5)^{0.433}}$	$q=\dfrac{458}{(t+5)^{0.415}}$	$q=\dfrac{500}{(t+5)^{0.413}}$	
西藏	拉萨	$i=\dfrac{5.7203+6.6653\lg T}{(t+6.2892)^{0.8643}}$				2014 年 10 月
		可以参照 96% 的日喀则数据估算				仅供参考
	日喀则	$q=\dfrac{700(1+0.75\lg P)}{t^{0.596}}$				新版供参考
		$i=\dfrac{4.9165+3.9271\lg T}{(t+6.6597)^{0.817}}$				2014 年 10 月
	拉孜	$i=\dfrac{3.3314+3.8589\lg T}{(t+4.8008)^{0.7902}}$				2014 年 10 月
	泽当	$i=\dfrac{6.9205+7.7104\lg T}{(t+10.4312)^{0.9764}}$				2014 年 10 月
	聂拉木	$i=\dfrac{0.3893+0.2788\lg T}{(t+0.0102)^{0.3661}}$				2014 年 10 月
	江孜	$i=\dfrac{6.5184+7.8486\lg T}{(t+8.5738)^{1.0007}}$				2014 年 10 月
	昌都	$i=\dfrac{5.6406+6.9530\lg T}{(t+5.9821)^{0.9086}}$				2014 年 10 月
	波密	$i=\dfrac{1.1209+5.0014\lg T}{(t+1.1501)^{0.8871}}$				2014 年 10 月
	左贡	$i=\dfrac{32.8108+43.2262\lg T}{(t+21.5013)^{1.2788}}$				2014 年 10 月
	察隅	$i=\dfrac{2.9115+4.022\lg T}{(t+6.0322)^{0.7675}}$				2014 年 10 月
	林芝	$i=\dfrac{10.3925+16.7017\lg T}{(t+11.6686)^{1.0986}}$				2014 年 10 月

城镇名称		内容	更新时间及备注
新疆	乌鲁木齐	$q=\dfrac{693(1+1.123\lg P)}{(t+15)^{0.841}}$	2014 年 5 月
	伊宁	$q=\dfrac{1695.415(1+0.997\lg P)}{(t+8.226)^{1.009}}$	2016 年 5 月
	塔城	$q=\dfrac{750(1+1.1\lg P)}{t^{0.85}}$	1973 年
	乌苏	$q=\dfrac{1135\,P^{0.583}}{t+4}$	1973 年
	石河子	$q=\dfrac{198\,P^{1.318}}{t^{0.56}\,P^{0.306}}$	1973 年
	奇台	$q=\dfrac{86.3\,P^{1.16}}{t^{0.56}\,P^{0.37}}$	1973 年
	伊犁	$i=\dfrac{5.3919+10.6092\lg T}{(t+6.7644)^{0.9861}}$	2014 年 10 月
	昭苏	$i=\dfrac{4.2469+4.88\lg T}{(t+4.6429)^{0.7295}}$	2014 年 10 月
	阿克苏	$i=\dfrac{2.6455+5.9571\lg T}{(t+8.1209)^{0.8076}}$	2014 年 10 月
	库车	$i=\dfrac{2.1961+5.3156\lg T}{(t+4.852)^{0.8052}}$	2014 年 10 月
	哈密	$i=\dfrac{0.7731+2.3355\lg T}{(t+1.4669)^{0.8566}}$	2014 年 10 月
	巴里坤	$i=\dfrac{1.6677+3.1073\lg T}{(t+2.2876)^{0.7717}}$	2014 年 10 月
云南	昆明	$q=\dfrac{1226.623(1+0.958\lg P)}{(t+6.714)^{0.648}}$	2015 年 11 月
	丽江	$q=\dfrac{317(1+0.958\lg P)}{t^{0.45}}$	旧版供参考
	下关	$q=\dfrac{1534(1+1.035\lg P)}{(t+9.86)^{0.762}}$	旧版供参考
	腾冲	$q=\dfrac{4342(1+0.96\lg P)}{t+13\,P^{0.09}}$	1973 年
	思茅	$q=\dfrac{4578.897(1+0.737\lg P)}{(t+16.905)^{0.880}}$	2020 年 11 月
	昭通	$q=\dfrac{4008(1+0.667\lg P)}{t+12\,P^{0.08}}$	1973 年
	沾益	$q=\dfrac{2355(1+0.654\lg P)}{(t+9.4\,P^{0.157})^{0.806}}$	1973 年
	开远	$q=\dfrac{995(1+1.15\lg P)}{t^{0.58}}$	旧版供参考
	广南	$q=\dfrac{977(1+0.641\lg P)}{t^{0.57}}$	1973 年

续表

城镇名称			内容	更新时间及备注
云南	玉溪		$q=\dfrac{2870.528(1+0.633\lg P)}{(t+14.742)^{0.818}}$	2015 年 12 月
	普洱市		$q=\dfrac{4578.897(1+0.737\lg P)}{(t+16.905)^{0.880}}$	2020 年
浙江	杭州	杭州主城区	$q=\dfrac{1455.550(1+0.958\lg P)}{(t+5.861)^{0.674}}$	2020 年 8 月
		萧山	$q=\dfrac{1276.330(1+0.828\lg P)}{(t+4.937)^{0.632}}$	
		余杭	$q=\dfrac{7039.735(1+0.497\lg P)}{(t+22.764)^{0.890}}$	
		富阳	$q=\dfrac{3968.269(1+0.906\lg P)}{(t+16.129)^{0.876}}$	
		临安	$q=\dfrac{2763.132(1+0.399\lg P)}{(t+10.870)^{0.753}}$	
		桐庐	$q=\dfrac{4239.188(1+0.685\lg P)}{(t+15.886)^{0.889}}$	
		淳安	$q=\dfrac{1695.159(1+0.867\lg P)}{(t+6.704)^{0.751}}$	
		建德	$q=\dfrac{10419.762(1+0.553\lg P)}{(t+26.791)^{1.031}}$	
	宁波	宁波主城区	$q=\dfrac{6576.744(1+0.685\lg P)}{(t+25.309)^{0.921}}$	
		北仑	$q=\dfrac{2664.628(1+0.945\lg P)}{(t+13.262)^{0.763}}$	
		镇海	$q=\dfrac{2710.303(1+0.958\lg P)}{(t+15.050)^{0.769}}$	
		奉化	$q=\dfrac{799.935(1+0.75\lg P)}{(t+2.080)^{0.508}}$	
		象山	$q=\dfrac{1311.955(1+0.698\lg P)}{(t+6.741)^{0.575}}$	
		宁海	$q=\dfrac{1287.699(1+0.724\lg P)}{(t+4.676)^{0.579}}$	
		余姚	$q=\dfrac{2293.666(1+0.698\lg P)}{(t+9.770)^{0.723}}$	
		慈溪	$q=\dfrac{3075.584(1+0.854\lg P)}{(t+14.466)^{0.781}}$	
	温州	温州主城区	$q=\dfrac{781.307(1+0.867\lg P)}{(t+5.029)^{0.429}}$	
		洞头	$q=\dfrac{956.762(1+0.955\lg P)}{(t+6.757)^{0.561}}$	
		永嘉	$q=\dfrac{922.098(1+0.815\lg P)}{(t+3.478)^{0.496}}$	

城镇名称			内容	更新时间及备注
浙江	温州	平阳	$q=\dfrac{1565.166(1+0.659\lg P)}{(t+10.928)^{0.606}}$	
		苍南	$q=\dfrac{1109.715(1+0.595\lg P)}{(t+9.571)^{0.506}}$	
		文成	$q=\dfrac{1846.477(1+0.503\lg P)}{(t+10.857)^{0.629}}$	
		顺泰	$q=\dfrac{2124.545(1+0.737\lg P)}{(t+12.807)^{0.668}}$	
		瑞安	$q=\dfrac{2521.430(1+0.854\lg P)}{(t+16.881)^{0.713}}$	
		乐清	$q=\dfrac{729.701(1+0.950\lg P)}{(t+3.563)^{0.474}}$	
	嘉兴市	嘉兴主城区	$q=\dfrac{6458.229(1+0.698\lg P)}{(t+19.571)^{0.937}}$	2020年8月
		嘉善	$q=\dfrac{13624.798(1+0.883\lg P)}{(t+35.704)^{1.065}}$	
		海盐	$q=\dfrac{3997.497(1+0.919\lg P)}{(t+16.203)^{0.859}}$	
		海宁	$q=\dfrac{1686.867(1+1.057\lg P)}{(t+11.300)^{0.682}}$	
		平湖	$q=\dfrac{1657.327(1+1.051\lg P)}{(t+11.500)^{0.659}}$	
		桐乡	$q=\dfrac{2116.469(1+0.909\lg P)}{(t+10.760)^{0.737}}$	
	湖州	湖州主城区	$q=\dfrac{3017.869(1+0.880\lg P)}{(t+10.033)^{0.833}}$	
		德清	$q=\dfrac{2473.310(1+0.737\lg P)}{(t+11.451)^{0.749}}$	
		长兴	$q=\dfrac{4937.615(1+0.789\lg P)}{(t+18.070)^{0.892}}$	
		安吉	$q=\dfrac{11884.022(1+0.809\lg P)}{(t+28.639)^{1.063}}$	
	绍兴	绍兴越城区	$q=\dfrac{4202.615(1+1.267\lg P)}{(t+21.018)^{0.863}}$	
		柯桥	$q=\dfrac{3758.038(1+0.698\lg P)}{(t+16.294)^{0.821}}$	
		上虞	$q=\dfrac{3699.701(1+0.815\lg P)}{(t+18.017)^{0.817}}$	
		新昌	$q=\dfrac{4314.002(1+0.854\lg P)}{(t+19.160)^{0.857}}$	

城镇名称			内容	更新时间及备注
浙江	绍兴	诸暨	$q=\dfrac{2763.362(1+0.750\lg P)}{(t+13.229)^{0.805}}$	
		嵊州	$q=\dfrac{4993.271(1+0.989\lg P)}{(t+19.759)^{0.912}}$	
	金华	金华主城区	$q=\dfrac{2734.581(1+0.747\lg P)}{(t+14.705)^{0.781}}$	
		武义	$q=\dfrac{1063.126(1+0.651\lg P)}{(t+2.992)^{0.594}}$	
		浦江	$q=\dfrac{7250.553(1+0.685\lg P)}{(t+19.823)^{0.986}}$	
		磐安	$q=\dfrac{3057.102(1+0.798\lg P)}{(t+18.104)^{0.782}}$	
		兰溪	$q=\dfrac{3490.405(1+0.919\lg P)}{(t+12.150)^{0.875}}$	
		义乌	$q=\dfrac{7015.518(1+0.802\lg P)}{(t+20.951)^{0.960}}$	2020 年 8 月
		东阳	$q=\dfrac{3748.528(1+0.761\lg P)}{(t+16.380)^{0.852}}$	
		永康	$q=\dfrac{3091.449(1+0.919\lg P)}{(t+11.924)^{0.805}}$	
	衢州	衢州主城区	$q=\dfrac{1633.573(1+0.607\lg P)}{(t+7.559)^{0.689}}$	
		常山	$q=\dfrac{1318.389(1+0.815\lg P)}{(t+5.247)^{0.660}}$	
		开化	$q=\dfrac{1003.122(1+0.685\lg P)}{(t+4.847)^{0.567}}$	
		龙游	$q=\dfrac{1934.359(1+0.997\lg P)}{(t+9.519)^{0.733}}$	
		江山	$q=\dfrac{3716.369(1+0.663\lg P)}{(t+17.185)^{0.842}}$	
	舟山	定海	$q=\dfrac{1989.570(1+0.854\lg P)}{(t+8.986)^{0.752}}$	
		普陀	$q=\dfrac{572.741(1+0.945\lg P)}{(t+0.390)^{0.487}}$	
		岱山	$q=\dfrac{1914.702(1+0.714\lg P)}{(t+13.969)^{0.695}}$	
		嵊泗	$q=\dfrac{1026.843(1+0.932\lg P)}{(t+5.162)^{0.629}}$	

续表

城镇名称			内容	更新时间及备注
浙江	台州	台州主城区	$q=\dfrac{695.993(1+0.802\lg P)}{(t+3.179)^{0.420}}$	
		玉环	$q=\dfrac{528.216(1+0.958\lg P)}{(t+0.780)^{0.396}}$	
		三门	$q=\dfrac{2157.448(1+0.646\lg P)}{(t+10.727)^{0.673}}$	
		天台	$q=\dfrac{1876.347(1+0.732\lg P)}{(t+10.364)^{0.658}}$	
		仙居	$q=\dfrac{1733.395(1+0.753\lg P)}{(t+6.796)^{0.683}}$	
		温岭	$q=\dfrac{969.755(1+0.659\lg P)}{(t+3.640)^{0.487}}$	
		临海	$q=\dfrac{2029.679(1+0.789\lg P)}{(t+10.471)^{0.670}}$	
	丽水	丽水主城区	$q=\dfrac{3098.757(1+0.730\lg P)}{(t+12.262)^{0.819}}$	2020 年 8 月
		青田	$q=\dfrac{2234.299(1+0.735\lg P)}{(t+12.411)^{0.712}}$	
		缙云	$q=\dfrac{3090.629(1+0.555\lg P)}{(t+12.886)^{0.820}}$	
		遂昌	$q=\dfrac{3552.521(1+0.681\lg P)}{(t+14.363)^{0.848}}$	
		松阳	$q=\dfrac{9167.632(1+0.651\lg P)}{(t+28.934)^{1.023}}$	
		云和	$q=\dfrac{2457.523(1+0.796\lg P)}{(t+14.668)^{0.760}}$	
		庆元	$q=\dfrac{792.52(1+0.673\lg P)}{(t+1.402)^{0.538}}$	
		景宁	$q=\dfrac{2134.093(1+0.816\lg P)}{(t+14.445)^{0.719}}$	
		龙泉	$q=\dfrac{1240.485(1+0.789\lg P)}{(t+5.745)^{0.633}}$	
澳门			当地通过查表求得，也可参照邻近的珠海市计算值	

城镇名称	内容				更新时间及备注

$$i = \frac{a}{(t+b)^c}$$

i—平均降雨强度（mm/h），t—降雨历时（min），a、b、c—降雨参数

重现期（年）	降雨参数		
	a	b	c
2	480	4	0.41
5	590	4	0.41
10	640	4	0.41
20	720	4	0.41
50	800	4	0.41
100	850	4	0.41
200	892	4	0.41
500	990	4	0.41
1000	1070	4	0.41

城镇名称：香港　更新时间及备注：2018 年 10 月　详见本表注 4

注：1. q 为暴雨强度 $[L/(s \cdot hm^2)]$，P 为设计降雨重现期（年），t 为降雨历时（min），t_1 为地面集水时间（min），t_2 为排水管内雨水流行时间（min），i 为暴雨强度（mm/min），$q=167i$；$T_E=T_M=T=P$。

2. 为便于查找，附录中的排列顺序先为 4 个直辖市，后为 28 个按拼音字母顺序排列的各个省份及自治区，最后为 2 个特别行政区。

3. 附录中列出的计算公式均引自各地的现行标准（如最新颁布实施的福建省工程建设地方标准《暴雨强度计算标准》DBJ/T 13-52—2021 等）、设计手册、图书或计算编程软件中的已有公式，但因为收集的时间和查找信息的滞后等缘故，设计人员仍应按照各地最新颁布实施的暴雨强度计算公式进行计算。表中 2000 年以后标注确切年月的，为有标准或政府正式发布文件中明确规定的计算公式。

4. 表中香港的设计资料引自香港特别行政区政府土木工程拓展署岩土工程办事处于 2018 年 10 月 23 日下发的地质技术指引第 30 号文（Updated Intensity-Duration-Frequency Curves with Provision for Climate Change for Slope Drainage Design）。

5. 对于划分过细的省份，采用以市县为主、著名地点为辅的编辑方式，如江西省等；对于广大的西部地区，因参考资料少，近些年更新也少，故摘录的地区地名及相关数据比较陈旧，其中部分省份的公式引自中国建筑工业出版社于 2014 年 10 月出版的《中国城市新一代暴雨强度公式》，设计人员引用时应注意复核。

参 考 文 献

[1] 彭圣浩. 建筑质量通病防止手册[M]. 2版. 北京：中国建筑工业出版社，1990.

[2] 鲁俊，金飞胜，陶寅，等. 黄山市暴雨强度公式的研制[J]. 气象研究与应用，2018，39(2)：24-28.

[3] 朱玲，龚强，李杨，等. 辽宁葫芦岛市新旧暴雨强度公式对比及暴雨雨型分析[J]. 暴雨灾害，2017，36(3)：251-258.

[4] 刘德明，鄢斌，丁若莹，等. 台湾海峡两岸城市排水设计之差异[J]. 市政技术，2017，35(2)：107-109.

[5] 徐文昊，张奇. 基于防洪排涝设计的鄂州市短历时暴雨雨型研究[J]. 自然科学，2021，9(3)：340-347.

[6] 覃光旭. 六盘水市新版暴雨强度公式推求探讨[J]. 水科学与工程技术，2016，3(6)：16～18.

[7] 彭愈满. 南充市城区暴雨强度公式探讨[J]. 低碳技术，2016，13(5)：71～72.